U0245623

装备人因工程

许硕贵　王　川　王子莹◎主编

北京航空航天大学出版社
BEIHANG UNIVERSITY PRESS

内 容 简 介

人因工程在工程机械、航空航天等诸多领域不断进步和日趋完善。装备人因工程在装备研发设计过程中逐渐受到重视，对提高装备人机系统绩效、安全性和人对系统的满意度具有重大意义。凝练总结该领域的理论、方法和技术将有利于装备人因工程的未来发展。本书重点介绍了装备人因工程的相关专业基础知识和设计评价方法，包括装备人因工程的研究内容与方向，基本理论与方法，人的能力及特征，人因数据及获取方法，装备热舒适性、氧舒适性、振动舒适性、噪声舒适性设计，以及装备人因系统的设计与评价共九章内容。

本书可以为船舶工程、航空航天、机械设计等领域研究人员及相关专业的广大科研人员提供深入学习的参考资料及广阔的研究视角。

图书在版编目（CIP）数据

装备人因工程 / 许硕贵，王川，王子莹主编 . -- 北京 : 北京航空航天大学出版社，2024.1

ISBN 978-7-5124-4231-3

Ⅰ. ①装… Ⅱ. ①许… ②王… ③王… Ⅲ. ①人因工程 Ⅳ. ① TB18

中国国家版本馆 CIP 数据核字（2023）第 211250 号

装备人因工程

许硕贵　王　川　王子莹　主编

策划编辑　陈守平　李晓琳　责任编辑　陈守平

*

北京航空航天大学出版社出版发行

北京市海淀区学院路 37 号（邮编 100191）　http：//www.buaapress.com.cn

发行部电话：（010）82317024　　传真：（010）82328026

读者信箱：goodtextbook@126.com　　邮购电话：（010）82316936

北京建宏印刷有限公司印装　各地书店经销

*

开本：787 × 1 092　1/16　印张：33.25　字数：650 千字

2024 年 3 月第 1 版　2024 年 3 月第 1 次印刷　印数：1 000 册

ISBN 978-7-5124-4231-3　定价：269.00 元

若本书有倒页、脱页、缺页等印装质量问题，请与本社发行部联系调换。联系电话：010-82317024

主编简介

许硕贵

主任医师，教授，医学博士，博士&博士后导师。上海长海医院战创伤急救中心执行主任兼创伤骨科主任，急诊医学&创伤骨科学科带头人。全军科技领军人才、学科拔尖人才，上海市医学领军人才。牵头负责的海军特殊作业环境人体效能增强技术创新团队入选“首批海军高端科技创新团队”，海军院士培养对象。兼任中国医师协会急诊分会副会长、解放军急救专业委员会副主任委员、上海市医学会急诊专科分会副主任委员。长期从事急性伤病的临床诊疗与基础科研，以第1完成人获得国家科技进步二等奖1项（2016）、军队科技进步一等奖1项（2014）、上海市科技进步一等奖1项（2013）；主编出版专著4部，以第一&通讯作者共发表论文162篇，其中SCI论文77篇，授权专利101项，其中发明专利13项，转化后临床应用获CFDA批件9个（III类证7个）。2014年荣立个人二等功一次。

王川

博士，副研究员，硕士生导师，人因工程专业，主要从事航海人因工程与特殊环境作业人员人体效能增强技术研究。现任分子神经生物学教育部重点实验室副主任，中国人类工效学学会理事兼生物力学专业委员会副主任委员，航海人因工程实验平台负责人。入选“首批海军高端科技创新团队”。海军特色医学中心“科技创新卓越人才”培养对象。主持国家自然科学基金、中央军委科技委、中央军委后勤保障部、海军参谋部、海军后勤部、海军装备部、国家重大武器装备型号科研、军民融合等各类项目20余项。主持制定军用标准4项。授权国家发明专利4项、实用新型专利5项、软件著作权登记9项。主编《生物节律与神经认知》《航海作业中的环境行为学》《装备人因工程》等著作6部，发表SCI和EI论文40余篇。多次执行深海密闭空间水下长远航重大任务。先后组织完成多批次多人次“潜艇环境模拟舱大型人体封舱试验”，被央视CCTV-7、央广网、央广军事、中国军事网、国防时空及《人民海军报》等多家权威媒体广泛报道。2022年完成国内首次“潜艇环境模拟舱艇员生物节律紊乱调控干预大型人体试验”，被《科技日报》和《人民海军报》报道。

王子莹

博士，助理研究员，从事航海特殊环境人因优化与作业工效提升技术研究。航海人因工程研究团队核心骨干，入选“首批海军高端科技创新团队”。现任分子神经生物学教育部重点实验室核心骨干暨认知障碍干预研究方向负责人，中国人类工效学学会生物力学专业委员会委员，《装备环境工程》核心期刊审稿人。主持上海市军民融合项目（省部级）1 项、中央军委后勤保障部课题 3 项、教学成果培育重点项目分题 1 项。参与制定军用标准 3 项。参加中央军委及海军各类军事课题 10 余项。多次参加重大武器装备演习演训任务，撰写的决策咨询建议被海军机关采纳。以第一作者和通讯作者发表 SCI 论文 8 篇（其中 2 篇影响因子 >15 分，1 篇影响因子 >11 分），EI 论文 5 篇，核心期刊 4 篇。授权发明专利 1 项，实用新型专利 2 项、软件著作权登记 6 项。编写著作 4 部。获军队“四有”优秀文职表彰。

编 委 会

序 I

作为一门涉及人体、工程、管理、系统、安全、环境及社会等多学科的新兴交叉学科，人因工程在其较短的发展历史中展现了飞速发展的蓬勃生机。在不同地区和阶段中，人因工程又被称作工效学、人机工程学、人类工效学、人体工学等。只要是有人存在的环境，都存在着人因工程需要解决的问题，因此人因工程逐渐在国计民生各领域都得到研究和应用。人因工程从人的生理、心理特性出发，着眼于整个人 – 机 – 环境系统，研究三者之间的相互作用与关系，最终以人为核心、以发挥整个系统最大工效为目的，保障人员的安全、健康和舒适，形成科学的理论与方法，贯穿于系统的设计、运行和维护之中。

军事装备优化升级是人因工程的重大应用领域，在我国科技进步、工业化水平大幅提升的基础上，装备设计、使用和管理人员由最初“人适应装备和环境”的思想，转变为大力发展装备人因工程的方法和技术。发达国家早就对装备人因工程高度重视，我国起步较晚，目前在载人航天领域的研究相对深入。军事装备的人机系统基本特征具有界面、信息、操作、环境变化及动态特性的多方面复杂性。其中，人员、装备和作战环境三者以相互作用的关系形成关联性极高的人 – 机 – 环整体系统。对于复杂的大型武器装备系统（如潜艇、航母等）来说，研究人因可靠性对其安全控制和使用至关重要。如今大型复杂系统可实现数字化控制，一方面提高了系统的信息化和自动化水平，另一方面系统的人 – 机接口更加多样化且高度集中，人员的作业任务、模式、负荷和认知发生很大变化。装备人因工程需要着眼于装备系统的安全性、高效性和经济性，用科学手段处理人 – 机 – 环系统中三要素之间的关系，重点研究人员特性、人机关系及人环关系三方面及其相互作用。

本书主编许硕贵教授、王川副研究员、王子莹助理研究员及其团队多年来从事海军装备人因工程领域研究，所在单位海军军医大学特色医学中心拥有国内唯一的深海极端环境 1∶1 尺寸模拟实验舱，专门开展特殊极端环境的人体医学实验研究。该团队充分结合实际需求，在装备人因工程的标准制定、设计优化、效能增强等方面开展大量调研与实验研究工作，始终致力于控制人因风险，保障装备核心战斗力，提升装备安全性和人因绩效，取得了丰硕成果。

本书总结了装备人因工程的基本研究内容、理论、方法以及近年来国际国内该领域的发展趋势和前沿技术，体现了编者博采众长、发扬特色的研究工作态度。全书内容和编纂兼具系统性与实用性，相信不仅适用于装备系统设计、技术运行及管理人员，也能为人因工程领域的学者、科研人员及相关专业的本科生、研究生提供重要参考。

中国工程院院士
海军专业技术少将
2023年11月于北京

序II

装备人因工程作为一门研究处于同一系统中的人-装备-环境的特性及相互关系，确保系统高效、协调运行的新兴交叉学科，经历了以装备为中心、人被动地适应装备运行，到以人为本、突出人在系统中的主导和关键作用的发展过程。随着现代科技不断进步，在装备中将越来越普遍地应用人工智能技术来减少人的操作和决策负荷，更加关注装备系统中人的个体差异和特性，开展个体定制化设计，以最大限度地在保障人体健康前提下，释放每个不同个体的潜能，最终达到提升装备运用效能的目的。从这一发展趋势看，未来新型装备研制中的人因工程设计显得尤为重要，也给当前装备人因工程研究的专家学者提出了新的研究课题与方向。

以许硕贵教授为带头人的海军高端科技创新团队，在长期军事医学研究和临床实践中，敏锐地看到了人体效能对未来装备运用日趋重要的作用，围绕海战战场特殊作业环境中人体效能增强技术开展了一系列创新研究，形成了综合多年来海军装备人因工程领域科研实践的理论成果，并编著成《装备人因工程》一书呈现给读者。书中从分析人的能力及特征、人因数据获取方法角度入手，以人-装备-环境中人的舒适性为主线，给出了装备的热舒适性、空间氧舒适性、振动舒适性和噪声舒适性，以及装备人因系统的设计与试验评价方法。全书的章节结构设置合理，逻辑性强，层次清晰，内容完整，观点新颖，有利于读者快速理解作者的意图和思路，产生深入学习研读的意愿。

在我长期从事海军装备论证与研究工作中，人因工程始终都是装备研制战术技术指标与要求中的重要内容，对人因工程设计在发挥装备作战效能方面的重要性有着深刻的体会。海军装备集当代先进科技于一体，具有打击火力密集、信息化程度高、使用环境恶劣等特点，需要掌握高科技知识的人操控，才能充分发挥装备作战效能，人因工程设计对改善人的舒适性、提高工作效率起着极为重要的作用。特别是对于身处密闭狭窄座舱空间的舰载机飞行员来说，航母上舰载机的弹射起飞和阻拦着舰、定点着舰瞬间因大海中浪涌引起的飞行甲板起伏，以及母舰航行中高动态复杂风场干扰，不仅使飞行员的颈椎、腰椎长期承受着大过载，而且飞行员要时刻保持高度集中的注意力，在强大的心理和生理承受力支撑下，克服各种干扰，操作舰载机在狭小飞行甲板上安全起降。这一过程对舰载机的人因工程设计提出了极高的要求，需要更加重视人体伤害防护设施设计，完善座舱人机交互和操作界面，以确保飞行员在适宜、容错的环境中健康工作、安全飞行。国内相关研制部门在舰载机等装备人因工程设施研制和人机交互设计中取得了较大进步和成绩，但在装备环境对人体作用和影响的医学基础理论方面研究不深不透，导致在全面落实装备人因工程指标要求中还存在一些差距。《装备人因工程》从医学工作者角度阐明了装备环境对人的生理和心理、认知和行为影响的机理，以及装备与人交互中人的生理和心理机能特性，使装备研制者了解和掌握人因工程设计措施背后蕴含的医学理论知识，在书中找到开展相关设计的本源，对持续深化和优化舰载机人因工程设计具有现实指导作用。

因此，可以说《装备人因工程》这本书的显著特点在于融合了许硕贵教授创新团队深厚的人体医学理论与丰富的临床实践经验，突出装备环境对人体感官激励，以及对生理、心理和行为影响的医学机理剖析，通过改进人因工程设计来减少人的疲劳和压力，提高装备运行效率，防止因不良设计和设计缺陷带来的各种问题，使装备研制中有关人舒适性设计、人机交互设计更具针对性和有效性。书中不仅提供了装备人因工程的基础理论知识和设计方法，还结合大量的实际应用案例分析和研究，使读者能够更直观地理解如何将这些理论应用到实际工作中。

总的来说，《装备人因工程》是一本理论与实践相结合的书籍，以深入浅出、循序渐进的方式给出了装备人因工程设计方法和准则，对于从事装备研制的设计师和工程师来说具有很高的参考价值。我愿意将这本书推荐给从事装备研究的同行和立志从事装备人因工程研究的年轻科研工作者，希望通过这本书，让行业内更多的人能够了解和掌握装备人因工程的知识和方法，为改善人的工作效率和健康品质、提升装备效能和安全性提供坚实的技术支撑。

是为序。

海军研究院　专业技术少将研究员 

2023 年 12 月 1 日

前言

装备设计制造发展至今，人们逐渐意识到装备使用者一系列相关特性是制约装备性能有效发挥的重要因素。装备人因工程的研究能够通过分析装备系统与人有关的各方面因素，更好地进行人–机–环境系统设计，更客观地测试和评价系统可用性，从而促进系统的完善和改进。本书结合各类装备舱室的设计使用，全面分析人因工程设计的理论体系、设计要素和评价方法，旨在从人因工程角度为装备在特殊的复杂和极端环境下性能提升和保障提供理论及技术支持。

目前，我国的装备设计领域的人因工程研究与国外相比有着显著差距，无论是设计原则、理念的推广落实还是技术、软硬件研发都亟待加强。本书力求由浅入深、循序渐进，较为系统地介绍装备人因工程的理论知识与发展现状，其内容包括装备人因工程的研究内容与方向，基本理论与方法，人的能力及特征，人因数据及获取方法，装备热舒适性、氧舒适性、振动舒适性、噪声舒适性设计，以及装备人因系统的设计与评价。全书共分为九章，第 1 章绪论概述了装备人因工程的研究范畴、需求、内容和方向，介绍了人因工程的经典案例；第 2 章叙述了人因工程学科的基本理论与研究方法，同时涉及装备人因工程的技术流程；第 3 章介绍了人的认知、行为、反应能力，人体力量和疲劳机制；第 4 章为各种人因相关数据的测量、获取方法，包含形态、生理、心理多维度体系；第 5~8 章分别讨论了装备热环境、氧环境、振动和噪声的舒适性设计，从各因素的基本评价指标和对人的影响入手，介绍涵盖了评价实验设计的舒适性研究进展；第 9 章装备人因系统的设计与评价着眼于人–机系统，讲述显示器、控制器、自动化设计，系统的设计原理、方法与综合评价，并延伸至设计中装备虚拟人技术的应用。

百尺竿头，更进一步。本书是编者所在的航海人因工程科研团队基于多年来海军装备人因工程领域科研实践工作，综合国内外相关文献研究进展形成的成果。主要编写人员有许硕贵、王川、王子莹、姚向辉、彭军、程靖伦、韩啸、曹莉，编写组徐浩丹、滕辰、王菲、杨桦、吕薇、卢东源、高忠峰、谭伟、王小军、屠志浩、戴俊、王伟、高宏宇、吴廉巍、赵广宇、武光江、程航涛、张皓宇、陈东宾在资料收集、内容筛选、图表绘制和整理校对上完成了大量工作。

本书编写得到了海军机关、海军舰艇部队以及海军驻船厂和配套企业各军代表室的鼎力支持和帮助，各级领导和专家们从装备设计、建造、使用、管理等角度提供了宝贵经验和意见建议。另外，本书在编写过程中参考了《人体工程学》《工程心理学》《人因工程学导论》《人因工程学研究方法 工程与设计实用指南》等书中的部分内容，在此一并对这些著作及本书所引用参考文献的作者表示衷心的感谢。

装备人因工程在我国处在蓬勃发展的基础阶段，随着研究方法、技术的日益提升和相关基础学科的认识加深，该领域必将面向更广泛的应用场景和更严格的应用需求，产生更多创新性成果。本书既可供高等工科院校机械工程、工业工程、航空航天、船舶与海洋工程等专业的学生阅读学习，也可供人因工程领域特别是从事装备设计、建造、使用和管理的科研、技术人员参考。

本书编写团队能力有限，书中内容及观点不妥之处还请读者批评指正，以期共同进步。

编　者

2023 年 6 月于上海

目 录

第1章 绪 论

第一节 人因工程学概述

一、起源与发展

在人因工程学科发展的过程中，不同的研究者从不同的角度给其下了不同的定义，这里给出较为权威的两例。国际工效学联合会（International Ergonomics Association, lEA）给出的人类工效学定义是“研究特定工作环境中人的生理学和心理学等各方面因素，以及在人-机-环境的相互作用下，将工作效率与人的安全、健康和舒适统一考虑达到最优的问题”。《中国企业管理百科全书》所定义的人类工效学是“研究人-机-环境的相互作用及三者结合，让设计出的机器和环境体系与人生理、心理等各方面特点相符合，目的是使生产效率提高，使人安全、健康和舒适”。

20世纪初，虽然人因工程学的思想已经萌芽，但人机关系总的特点是以机器为中心，通过选拔和培训使人去适应机器。机器频繁地更新换代使操作人员很难适应，这个过程中有许多威胁人身心的负面因素。二战期间欧美各国着力发展新式武器装备，片面地将注意力集中在工程技术研究领域，忽略了对具体操作者作业能力的训练和研究，为此付出了惨重代价。例如，由于飞机驾驶舱仪表和操控的设计位置不当，飞行员时常发生仪表认读或操作错误，进而引发飞机事故；另外，战斗时的操作不便降低了飞机对目标的打击命中率。

经分析，一些事故的发生原因包括在设计显示器或控制器时对人的生理和心理特征缺乏考量，不合理的设计导致仪器无法适应人的使用需求；操作者缺乏仪器设备使用的针对性训练，无法高效精准地操控复杂的机器系统。这些问题逐渐得到重视，人们开始认识到在装备仪器的设计过程中，人的因素不仅不可忽略，对其考虑不足还会引发严重后果；现代化装备的设计不仅需要先进的工程技术知识，设计者还必须充分了解操作者生理和心理的相关知识。

第二次世界大战后不久，人因工程学作为一门新兴的边缘学科正式形成。1949 年 7 月，英国海军成立了一个交叉学科研究组，专门研究影响人的工作效率的问题，被认为是人因工程学的诞生。此后，美国、日本和欧洲的许多国家先后成立了相关的学会。1960 年国际工效学联合会的正式成立标志着人因工程学科的基本成熟，该组织加强了国际交流，极大地推动了各国人因工程学的发展进步。

自 20 世纪 70 年代以来，电子信息技术飞速发展，计算机在人的工作生活中大量应用，操作系统对人提出的要求不断升高，人机系统里“人”的因素也显示出愈发重要的作用。美国三里岛核电站曾在 1979 年 3 月 28 日发生重大事故，尽管事故中无人员伤亡，但造成的经济损失惨重，不仅反应堆高度损坏，单是事故现场的清理就耗资约 10 亿美元，且这次事故的发生对核电站的发展产生了相当大的负面影响。事故发生后，美国总统宣布成立“总统三里岛事故委员会”并拨款约 100 万美元进行为期半年的事故调查。调查发现，首先，该事故并不是由一项错误或意外引发的，而是多方面因素共同造成的结果；其次，在这场事故中，在很多方面都有人造成的错误，包括操作人员误关紧急冷却阀、设计者对闸门显示器的设计不合理等等；或许最重要的原因在于，操作人员同时接收大量以复杂形式显示的信息，超出其内在有限的认知工作能力（注意力、记忆力等）。因此，在三里岛核电站事故中，虽然人的错误是事故的直接原因，但系统的设计者相关责任重大，可以说设计者给操作者带来了无法胜任的工作。

三里岛核电站事故的发生使得人因工程学在西方的发展越来越快，人因工程学科的影响力也逐步扩大。我国的人因工程学研究起步较晚，但近期发展较快。新中国成立前，仅有少数人从事工程心理学的研究，到 20 世纪 60 年代初也只有中国科学院、中国军事科学院等少数单位从事个别问题的研究，且研究范围仅局限于国防和军事领域，直到 20 世纪 70 年代末才进入较快的发展时期。全国人类工效学标准化技术委员会于 1980 年建立，至 1988 年制定了 22 个相关国家标准；中国科学院及一些高校分别建立了人因工程学研究机构，其研究和应用涉及铁路、冶金、汽车运输、工程机械、机床设计、航空航天等诸多领域。我国人因工程学正不断发展和日趋完善，将在科学技术和设计应用的发展中发挥积极的作用。

随着科学技术的进步、社会的发展、人类文明的不断提高，人们对工作和生活质量的要求也越来越高。创造优良的工作条件和舒适的生活环境，满足人的生活和心理需要，达到以人为本的目标。人因工程学（Human Factors Engineering, HFE）正是一门研究人、机、环境如何达到最佳配置，使人–机–环境系统能够适合人的生理和心理特点，以保证人安全、健康、高效、舒适地进行工作和生活的学科。随着军事装备发展和科技社会进步，特别是工业化水平提升，人因工程成为近些年发展迅速的一门新兴综合性交叉学科，国内外涌现出越来越多的相关研究。与人因工程本质上相近的学科名称包括人的因素、工效学、人机工程、工程心理学、认知心理学、人–机–环境系统工程等，研究内容各有不同的侧重点。目前更多学者倾向于应用“人因工程”这一学术名称，以凸显人在系统中的主导和关键作用。

二、目标、范围与内容

人因工程学的主要目标是提高人机系统绩效、安全性和人对系统的满意度。要实现以上三个目标，必须认识到它们在某些情况下存在冲突。绩效的概念比较笼统，既要减少工作失误，又要增加产出效率；然而，加快产出的速度可能引发工作失误甚至威胁工作人员安全。图 1.1 描述了工作人员在生理和心理上与人机系统的交互，解释了人因工程学的三个目标实现的回路过程。特定人–机系统交互中存在的问题必须在 A 点判断确认，为了确保这一点，应该将相关人员的生理特征核心内容（尺寸、形状、力度等）、心理特征核心内容（信息加工的特点、限度等）以及系统特征信息相结合，以恰当的工具进行分析；在发现问题之后，利用在 B 点的六种途径来发现解决问题的方法。

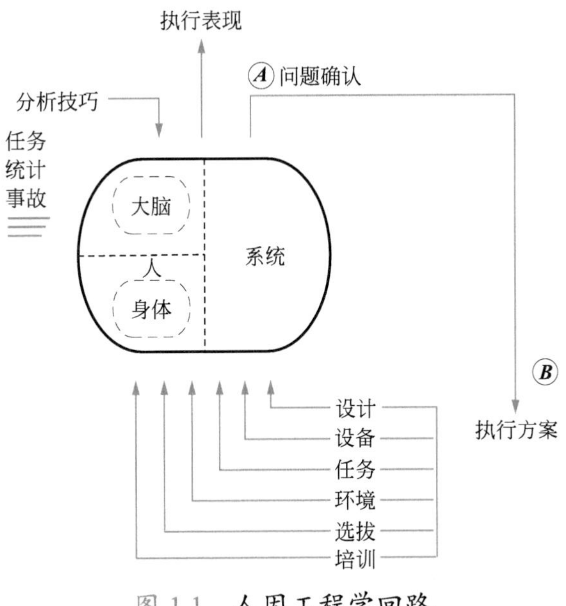

图 1.1 人因工程学回路

图 1.1 中，设备设计即通过改变工作中物质工具的特征来解决问题。任务设计不是改变操作者使用的设备工具，而是改变他们执行的任务安排；环境设计需要调整环境因子，如控制改善工作区域空间的照明、温湿度和噪声等，广义的环境因素也包括实际工作场合中的整体氛围。培训是以学习和实践的方式提升特定工作所需的人体力和智力上的能力，使人接受培训后能更好地进行工作。选拔则是制定生理和心理维度上的标准，根据不同个体存在的差异找到适于从事某项工作的人，从根本上促进系统绩效。上述方法都适用于问题解决，重复测定绩效又可以表征问题的实际解决情况。在图 1.1 的 *A* 点进行干预的目的是修正系统存在的根本问题，而更有效的手段是在设计阶段就评估并预防系统可能出现的问题，此时应当运用人因工程学。因此，应同时在 *A*、*B* 两点运用人因工程学。在系统设计初期就运用人因工程学知识不仅可以节约大量人力物力，还能够尽可能避免作业人员受到伤害。

图 1.2 展示了人因工程学与相关学科领域的关系。人因工程学的核心领域位于环最内部，紧靠核心领域的是人因工程学研究上的不同分支，外面圆圈贯穿的是心理学和工程学研究与人因工程学相交互的一些领域。圈底六边形内是部分具体的工程学领域，每个领域都包含具体的、独特的人因工程要素。在环外单独列出了部分与人因工程学在某些方面存在交互的其他学科。

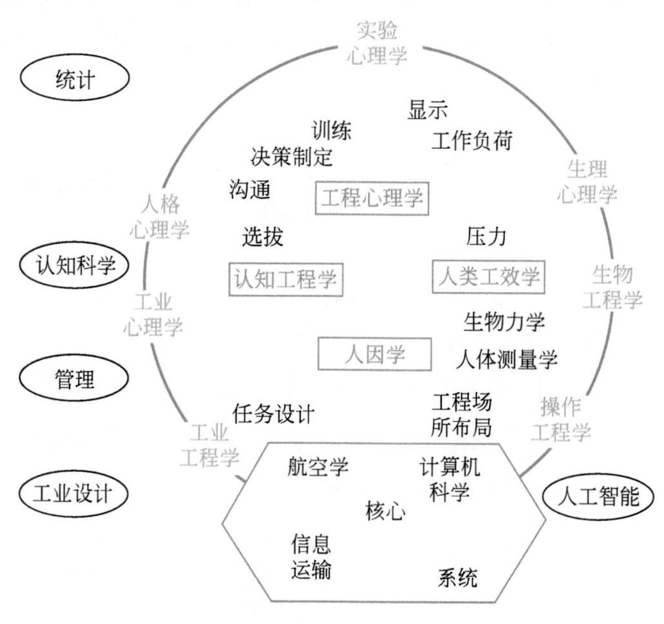

图 1.2 人因工程学和相关学科之间的关系

人类工效学、工程心理学和认知工程学均与人因工程学紧密相关。长期以来人类工效学的研究着重研究人在体力劳动中（如提举、拉伸、疲劳等）产生作用的因素，与生理学、心理学和生物工程学方面的研究有着密切的关系。人因工程学的最终研究目标是以科学合理的人生理与心理参数完成人-机-环境的系统设计，相对来说工程心理学研究的终极目标是阐明与涉及系统设计的心理问题，即工程心理学强调的是发现和发展普遍规律性的原理、理论，人因工程学注重构建实用性设计原则。需注意，人因工程学是一门工程类学科，而工程心理学属于心理学的分支，二者有本质区别。同样与人因工程学关系紧密的还有认知工程学，认知工程注重较为复杂的、与认知思考和知识相关的系统作业方面，且该部分作业无论由人还是机器进行。

人因工程学的内容主要包括以下几个方面：

（1）人的生理和心理特征

掌握人的生理和心理特征，特别是掌握人在这两方面能力上的局限性，是人因工程学的学科基础，对人机系统的发挥有关键性作用。人的生理和心理特征方面的研究，对人因工程研究者与心理学或医学科研人员来说有显著差别，主要在于人因工程学一般将人的两方面特征研究放在具体的工作环境之中。

人因工程学对人的特征的研究主要包括：人的基本尺寸，包括人的身高、重心、腿长、臂长、手掌尺寸、头部尺寸等；人的心理能力，包括人的感觉的局限性、人的反应时间和人的注意力、记忆能力等，只有对人的心理能力有所了解，才可能在系统的设计中考虑这些因素，使人所承受的负荷在可接受的范围之内。

（2）人机交互设计

人机交互的重点之一是人对机器实际状况的了解，因此显示界面的设计非常关键。传统显示设计主要针对机器上的各类仪表，现代的显示设计则包括计算机显示器。人与机器的交互主体是人对机器的操作和控制，传统的控制装置是机器上各种操作手柄或脚踏板的设计，当代的重要设计内容涵盖计算机键盘和鼠标，设计汉字输入编码同样是人因工程学的设计内容。

（3）人与环境

这部分包括照明设计、噪声防治、颜色设计和空气质量控制等，另外还涉及工作环境的通风、温湿度等内容。

三、基本研究方法

人因工程学采用的研究方法有很多，最常用的方法有以下三种：

（一）调查法

人因工程研究中最常用的数据收集形式就是调查法。调查法具体分成文献查阅、访谈、问卷调查和实地考察等，问卷调查法由于便捷、高效、低成本而最常被采用。问卷调查通常以书面方式进行，设计的问题要与研究主题紧密相关，含义明确，语言简洁；问卷作答应使被调查人感到简单方便，提高其配合积极性，使调查结果具有更高可信度。

问卷调查法的问题设置包含四种形式：是非题，被调查者只需要选择答案“是”或者“否”；选答题，问题的答案包含几个选项，被调查者可进行单选或多选；等级排列题，问题的答案按照一定标准列出等级供被调查者选择；等距量表题，通常使用 Likert 5 点或 7 点量表，被调查者在量表相应题目上选出所认同的答案。

作为一种主观性较高的方法，问卷调查法可靠性程度较低。为提高问卷结果可靠性，应确认调查结果不会影响到被调查者个人利益；应选择科学性、代表性样本，样本体量尽可能按照数理统计学规定设置，科学地检验所得数据的可靠性。

（二）测量法

测量法以标准测量工具（米尺、秒表等）测定系统中人或机器的效率，对获取人的特征和局限性相关信息来说，这是最常用同时也最可靠的方法。确定人体尺寸就采用测量法。

仅对某一项指标的测量来说，不仅个体之间的测量结果存在差异，不同时间同一人的测量结果也可能有波动，例如人的脉搏就在一个较大的范围内波动变化。因此，实验测量过程中要收集足够大的样本数据，同时做好被测者的特征及客观测量条件等的记录。应对测量结果做统计分析处理，得到数据的平均值、均方差和置信区间等。

（三）实验法

实验法是通过实验观测过程中发生的变化以获得真实、客观的数据材料。实验条件的可控性使实验法具备众多优势：实验者通过对实验条件和过程的控制使其可以对世界进行主动认知；在排除无关因素以及干扰的影响后，更易于实验者认识事物及现象中存在的因果关系及规律；通过重复性实验确认实验结果，验证猜想和假设，确保数据和结论的准确性。

实验方法中，对比实验最为常用。最简单的对比实验自变量是两种不同的实验条件（如座椅高或是低），目标是测定在不同自变量下产生的结果即因变量（如坐两种高度座椅 8 h 后人的疲劳感或感到不适的程度），收集数据后用数理统计法分析两类结果在数据上的差异性。

第二节 装备人因工程的研究范畴

一、研究范畴

相对于其他领域，军事装备的人机系统基本特征具有界面、信息、操作、环境变化及动态特性的多方面复杂性。其中，人员、装备和作战环境三者以相互作用的关系形成关联性极高的人–机–环整体系统。人因工程研究目标着眼于装备系统的效率、安全性和经济性，针对装备的人–机–环系统整体，用科学手段处理人、机、环三要素之间的关系，重点研究人员特性、人机关系及人环关系三方面及其相互作用。

二、人员特性

人员特性的研究奠定了军事装备人因工程的基础，研究侧重于人员基础能力、人员可靠性及工作负荷影响等方面。

（一）人员基础能力

装备物理环境因素包括噪声、振动、光照等，微气候环境因素有温度、湿度、气压、热辐射等，加之长时间在较重的压力负荷下执行作战任务，各方面因素综合起来对人员的能力特性产生综合影响，军事人员的基础能力本身又具备特殊性。在各军种作战平台的武器装备研制中，应研究并结合人员基础能力特性。基础能力特性主要包括物理特性（人体静态尺寸、肢体活动范围、握力、臂力等）、生理特性（视觉、听觉、疲劳、觉醒等）和认知心理特性（感知、注意、记忆、理解、决策等）。

对基础能力的研究包括长时间战备条件下人员的动作力量、认知能力、情绪和睡眠等方面的变化，研究还包括装备显示和控制界面的显示方式、显示布局、明暗色彩和警报方式等要素对人员感知、反应、决策等能力的影响。

（二）人员工作负荷

工作负荷作为重要指标用于评价人员的工作任务分配合理性，也用于判断工作能否被高效完成，是人因工程研究中的重点和难点。工作负荷可以分为体力、脑力及心理三方面的负荷。衡量工作负荷所使用的方法通常有绩效法、问卷法、生理参数测量法等。鉴于任务负荷的复杂性，可以将重点放在观察监测类、执行操作类和判断决策类等任务负荷上，研究人员工作负荷评价方法的指标体系和模型建立等。

（三）人员可靠性

尽管人为失误不可能完全避免，但人员一旦在作战状态下发生失误可能导致极为严重的后果，因此必须研究人员可靠性，从源头上规避重大失误，降低人员整体发生失误的概率，设计失误发生时的保险系统并提出即时应对方案。应进行的研究包括失误原理分析，即人员在装备条件下长时间工作时的生理因素、情绪心理、认知能力等的变化对人员可靠性的影响，以及各种岗位类别的失误时间、场景和类型等方面存在的客观规律；可以制定一系列人因工程相关的失误干预与应对措施设计，规范作业行为，保障人-机系统的可靠性，以此为依据进行人因工程学评价，或是从作业流程优化、人机系统交互设计、提升系统容错力等方面入手，降低人为失误从而提高系统可靠性。

三、人机关系

人机之间的相互作用产生人机关系，装备软、硬件系统的人机关系问题研究主要从力学关系、位置关系、功能关系及信息关系四个方面开展。

（一）力学关系

人员在操作装备的输入和控制人机交互装置（按钮、触摸屏、轨迹球等）时，手指、关节的姿势、力量及感受都有一定主客观的限制或要求，应确保人员的人机交互动作和操作高效、便捷、舒适。

（二）位置关系

硬件设备外观

主要涉及硬件设备的操作和视域空间，重点在设计设备外形尺寸以适应人员操作使用的方便性、安全性和舒适性需求。

舱室布置

结合人体在操作、使用及维护设备时的静态和动态尺寸、活动空间等方面因素，研究设计工作、生活舱室内设备和环境布置，提高工作舱室的人员作业效率与生活舱室的适居性。

（三）功能关系

工作任务分工

以观察监测类、执行操作类和判断决策类任务为重点，研究人与装备系统各自的能力优势，判断应当分别由系统和人员来主导完成的任务。

工作量分配

评估人员与系统配合共同完成作业任务时，人员应当参与的适宜工作量，保证人员维持在合理的情绪状态和足够的认知需求，从而达到最佳作业效率。

人工干预程度

在较高的系统自动化程度条件下，人员应当进行必要干预的阶段或具体步骤，确保系统安全。

（四）信息关系

人机界面信息显示

主要包括装备所显示软件界面的布局、格式及显示要素等，确定显示界面提供的图表、字符等信息是人员在执行作业任务时需要接收的，且这些信息要容易被认知理解。

人机界面交互

主要内容是交互界面的响应、提示和反馈等，重点保障人机界面各类控制及操作单元的交互使人员能够方便快捷、身心舒适地获取信息及操控机器系统。

四、人环关系

人环关系的主要研究对象是人和环境间的相互作用影响，环境设计及恶劣环境条件下人员防护等。

（一）环境对人的作用影响

噪声、振动、照明等物理因素，温湿度、空气、热辐射等舱室微气候因素，以及压力负荷、值守时间等具体作业任务因素，对舰员认知、记忆、联想、决策与操作效率等方面的影响。

（二）环境优化设计

根据人员的生理、心理特征与需求，进行工作和生活舱室环境的优化设计研究，要素包括舱室空间布局、温湿度、空气质量、照明与色彩等。要在设计阶段尽可能全面提出舱室环境需要考虑的因素以及相应的指标要求等。

（三）针对环境的人员防护

研究环境条件恶劣且不易改善、对人员生理和心理健康或作战能力产生一定威胁时，人员安全和健康保障以及降低对作业效率负面影响的措施，包括研究设计抗湿防寒服、防噪耳机、海上救生装备、助眠或促醒药物等。

第三节 装备人因工程的研究需求

军事装备的人因系统研究应在上述主要研究范畴内，按照人机功能分配、人机界面显示及交互等基本准则，通过技术性措施解决关键设计问题，在具体的任务条件下达成以人为本、安全高效的需求目标。

一、共性技术需求

共性技术基于各种具体作业条件下人-机-环之间的关系研究，为装备人因工程系统的开发设计提供较为通用的技术手段，主要技术需求包括人机交互模型构建、环境仿真分析、人因工程测量和人因工程实验。

（一）人机交互模型构建

人机交互模型的构建是装备设计过程“以部队操作使用人员为中心”的重要环节，研制方法针对装备人机显示界面和交互，根据人因工程的设计原则及典型作业场景建立人机交互模型，让部队用户在模型平台上能够以操作体验为基础，进一步发掘需求，及时反馈意见并参与装备设计。在装备开发初期以人机交互模型进行测试，有助于及时发现设计上的缺陷，尽快调整完善，整体上节约装备设计的开发、修改乃至今后使用维护的成本和时间。这部分的关键技术在于总体架构集成及流程分析、适人性设计的高效进展及修改、实现到具体装备的便捷移植和快速适配等。

（二）环境仿真分析

在装备研发阶段有时难以获得实际的作战环境及非常规突发事件背景下的环境条件数据，使用环境仿真分析技术可以模拟包括装备舱室空间尺寸、光线照明、噪声振动、电磁辐射等多种环境条件，人为控制改变指定参数来测试模拟出的仿真环境，分析评估真实作战场景的特点，高效比对多种环境变量和场景，节约装备研发经费，缩短研发周期，对人机交互的设计、评价和训练使用均有重要作用。主要的关键技术包括常规实际训练、作战与非常规突发事件的环境仿真模拟分析，多因素变量与多场景环境的快速对比和分析等。

（三）人因工程测量

人因工程测量技术是对具体作业任务条件下各人因指标进行测量的方法和手段，主要包括：绩效指标测量，包括操作正确率、反应时间、个人（团队）完成任务所需时间等，这些指标的检测和记录通常由设计计算机程序自动完成；生理指标测量，包括脑电、心电、皮肤电等，数据的采集记录通常使用可监测多参数的生理测量装置实时进行；眼动指标测量，包括注视时间、扫视轨迹、瞳孔直径等，这类指标需要高精度眼动捕捉装置实时追踪记录；工作状态测量，如作业人员的工作负荷、疲劳感受等，多人团队的情境意识、角色混淆程度等，可通过量表设计进行提取和计算，也可以编写计算机程序进行自动识别和提取。在具体任务环境中，通常会同时使用多种测量方法和手段综合测量并分析数据。主要关键技术包括实际作业任务条件下工作负荷、个人/团队协作绩效以及多指标综合的表征测量。

（四）人因工程实验

作为一门重在实践的学科，人因工程学的研究需要大量实验支撑，人因工程实验技术是本学科的关键技术手段。控制实验条件，探究自变量与因变量之间的关系，常用的自变量是军事装备软硬件或作业环境包含的设计要素，因变量包括人员作业绩效、眼动指标、生理指标、心理指标等。在实验技术方面，首先要明确实验目的和对于实验结果的理论猜想假设，然后通过严谨的实验设计，从被试的选择到实验条件控制、检测和对应设备、方法选择，再到具体操作步骤，列出详细实验计划，在实验结束后及时统计结果并分析，得出结论。人因工程实验的主要关键技术在于人员认知特征与人机界面交互形式的关系、任务环境条件对人员作业绩效的影响、人机系统优化设计的指标性验证等。

二、未来装备新技术需求

当代社会计算机、网络、人机交互、软硬件等高新技术高速发展并在部队装备上逐渐应用，军事装备性能大幅提高，更新速度加快，对人机交互的协调性和人性化需求随之增长。未来对军事装备领域的交互技术发展主要需求分为以下几方面：

（一）三维显示与交互技术

三维立体显示方式的出现开辟了一种全新视觉模式，逐渐替代了二维平面显示。以三维设计的海、陆、空态势图和军用标准等作为主要显示方式，使部队人员在人机交互时沉浸感更强，提高对作战环境和态势的感知。三维控制装置在计算机上生成可直接施加给人员对象的视觉、听觉和触觉，通过人机交互方便人员感知信息和操作三维输入设备（如三维鼠标、三维轨迹球等），直接提高人机交互效率。

（二）多通道交互技术

近年来，多通道交互技术发展迅速，它具有以人为中心、高效、和谐的交互特点。多通道覆盖使用人员的目的表达、动作执行或信息接收反馈的各种通信方式，如语言、眼神、表情、唇动、姿势、触觉、嗅觉及味觉等。在未来，军事装备设计将更多使用多通道交互技术，发展前景包括：用视线跟踪技术代替键盘或轨迹球输入，达到目视可得的状态；触觉通道的力反馈感应技术，主要分为触觉感应和动作感应，在新型显控台轨迹球或触摸屏设计上可得到应用；生物特征识别技术，通过识别人的虹膜、掌纹、笔迹、语音、面部特征等认证作业人员的身份、权限，保障军事装备使用的安全高效。

（三）虚拟现实技术

虚拟现实技术通过集成各种技术综合构建效果逼真的人工环境，能有效模拟客观环境中人所产生的视觉、听觉、触觉等各种感觉，是一种高级人机交互，具有沉浸性、交互性和延伸性强的特点。今后应将人因工程研究与虚拟现实技术相结合，以虚拟装备及舱室环境对军事装备进行人因效能评估，包括舱室空间布局及内饰设计、装备人机界面交互以及装备动力学和效能的分析、测试、评估，以及装配、维修等方面的虚拟评估，缩短研发周期，降低后续调整维护的成本。

（四）可穿戴智能设备

可穿戴增强现实设备有助于作战人员掌握周边战场态势信息，卫星地图、友军位置、目标距离等信息均在可穿戴屏幕上显示，甚至可以按照人员的视线，通过判断方向、距离及所处位置针对性地在人正常视线范围内提供这些信息。可穿戴健康设备能够实时监测人的心率、呼吸、脑电等指标，分析机体的健康状况，确保人员符合战备状态的要求。可穿戴电池设备仅通过人的穿戴即可发电，将在未来为智能化单兵作战装备提供电能续航，满足单兵作战装备的电力使用需求。

军事装备人因工程坚持以围绕部队用户特征、面向任务需求的设计理念，在装备人因工程技术手段的基础上，聚焦人员特性、人-机-环关系等研究范畴，持续挖掘和发展部队用户的装备使用需求，应用最新技术并实现创新，将人因工程的原则和理念贯穿于装备研制全程；努力达成装备系统、使用人员与任务环境三者的关系最优化，形成密切贴合军事装备的人因工程设计准则、人机交互模型、问题解决方案、评估优化建议等，一切从提供符合部队人员特性和作战使用需求的先进军事装备出发，提升军事装备人-机-环系统的作业效能。

第四节 人因工程的内容和方向

一、人体测量和空间设计

人体测量学是一门研究和测量人体尺寸的科学。人体测量学的数据用于指导仪器设备及装备作业空间的设计，使相关的高度、距离、施力等符合预期作业人员的身体尺寸；人体测量学数据同样大量用于消费产品的制造，针对不同产品的目标消费群体，选择最匹配目标消费群体的人体测量数据库，这是产品设计的重要原则之一。

（一）人体差异与统计特性

人体差异性包括年龄差异、性别差异、种族差异、职业差异、年代差异和暂时性昼夜差异。为了在工程设计中处理上述各种人体测量尺寸的差异性，要将人体测量数据作为统计分布值加以分析。由于绝大多数的人体测量数据都符合正态分布，因此正态分布是人体测量学最常用的统计分布。

正态分布曲线是对称的钟形曲线，曲线的两个关键参数是平均值和标准差。平均值度量数据的集中趋势，由数据总和（个体测量值）除以样本量（参与测量的人数）得到；标准差是对一组观测数据离散程度的度量。平均值决定正态曲线在横轴上的位置，相对来说平均值小的正态曲线位于平均值大的曲线左侧。标准差体现曲线的陡峭程度，标准差小的正态曲线形状尖陡，意味着大部分数据都集中在平均值附近；反之，标准差大的正态曲线由于大量数据距平均值较远，分布得比较分散，因此曲线形状平缓。在工程设计中，常常用百分位数作为人体测量学的数据指标，百分位的含义是某项尺寸小于等于某一数值的人占总体人数的百分比，百分位通常用来估算某一项具体装备设计的适用者在用户群整体中所占比例。

（二）人体测量学数据

用简单的仪器可以测量很多人体尺寸。软尺可以测量围长、曲线和直线距离。人体测量器的主尺上标有刻度，两段分别为固定直脚和活动直脚，主要用于测量标记明确的两个人体测量点之间的距离。弯脚规的两个量脚可弯曲，以一个铰链连接，其上附加的标尺用来衡量两个弯脚尖端的距离。若距离较短（如手的长和宽），可以用滑动式两脚规测量。用一种带有可变直径圆孔的平板可测量手指、臂、腿的直径。

测量时需要明确各项人体数据测量值的定义，规定测点的空间位置。例如，定义身高为从人脚下站立面到头顶的距离，而手长为右手的中指指尖到拇指根部的距离。测量时，被测者应按照仪器使用要求保持标准姿势，大多数测量情况下，被测者需要呈直立姿势，身体各部分相互平行或成 90° 互相垂直。测量坐姿时要求被测者大腿保持水平，小腿垂直于大腿，双脚平放于水平支撑面。

人体测量可分为静态人体测量和动态人体测量两大类，前者是指在确定的静止状态下（被测者的姿势为站立不动、坐着不动或静卧），利用人体测量仪器对人体的直线、曲线、角度等一些数据进行测量，一般静态测量涉及体型特征和身体各部分尺寸的测量等。我国现行国标规定的成年人静态测量项目包含 40 项立姿和 22 项坐姿。动态人体测量是指被测者处于动作状态下所进行的人体尺寸测量，通常是测量包括手脚在内的上肢和下肢所及范围，以及各关节能伸及的距离和能转动的角度。

1989 年 7 月 1 日开始实施的 GB/T 10000—1988《中国成年人人体尺寸》，根据人因工程学要求提供了我国成年人人体尺寸的基础数据，它适用于工业产品设计、建筑设计、军事工业以及工业的技术改造、设备更新及劳动安全保护。

（三）人体测量学数据应用

人体测量数据提供了空间和产品设计的精确尺寸信息，需要具体分析设计所面临的问题才能更好地利用测量数据。应用人体测量学数据进行设计的系统性分析步骤如下：

（1）确定目标用户群。年龄是决定人身体特征和使用、作业需求差别的决定性因素，此外必要考虑因素包括性别、种族、国籍、军用或民用等。

（2）确定所需人体尺寸指标。例如，在设计房间入口时必须考虑的因素有用户身高和肩宽，而设计座椅则必须考虑用户的臀部宽度和腿部长度。

（3）确定适宜的目标用户百分比。设计者大多数时候都希望在各种条件的限制框架下尽可能让产品满足更多用户的使用需求，通过三种主要方法解决：①极值设计，即以某个人体测量尺寸的极端数据值为设计参数，有时仅包含一端极值，有时则包含两端极值；②可调范围设计，即给某些仪器设置一定的调节范围以适应不同用户的要求；③平均值设计，即当种种限制条件导致设计者不能使用极值或可调设计，则使用人体测量数据中的平均值。

（4）确定人体测量尺寸的百分位。对于下限尺寸，设计者应选择高百分位；与下限尺寸相反，上限尺寸是指为了使产品适应一定比例的人群，因此设计者应选择低百分位作为尺寸的上限。

（5）修正人体测量表中的数据。

（6）使用实体模型或模拟装置进行测试。各种人体尺寸是在标准化测量中分别测得的，但在实际作业时，各个尺寸之间可能存在着交互作用。实体模型能够揭示潜在的交互作用，帮助设计者纠正初步设计中的错误。但实体模型也存在一些局限，它的主要问题是评估时选取的用户无法代表所有可能的用户群体。

（四）空间设计的一般原则

1. 满足人员的间距需求上限

空间设计中最常见的问题就是间距问题，间距尺寸在作业空间设计中最为重要。设备与设备之间的距离，设备周围与墙体间的空隙，过道的宽度和高度，人在操作、维护设备时手、臂、肘、腿、膝、足的活动范围，都应在空间设计中考虑全面。足够的间距是满足某些工作成功、顺利进行的必要条件；若间距过窄、范围过小，部分作业者被迫使用极不舒服的操作姿势，易引发和扩大疲劳、不适，降低工作绩效。

空间距离是一种下限尺寸，尺寸标准应该在目标用户的最大身材尺寸（通常选取第 95 百分位）基础上适当扩大，以满足用户穿厚衣服工作时的需求。需注意：下限尺寸采用高百分位，但并非均为男性的尺寸数据，某些男女性共用的作业空间设计也可能选用女性的尺寸数据，例如有时空间设计下限尺寸会使用孕妇的身体宽度。

2. 满足人员的最小伸及需求

伸手按压推拉或伸脚踩踏控制输入设备是作业人员经常需要进行的动作。与空间距离选取用户的用户尺寸相反，伸及范围的设计要求是参照作业人员所能触及的最小范围（通常选取第 5 个百分位）。考虑到厚重衣物会影响人的伸及动作，缩小伸及距离，应将人最小伸及范围的数据适度下调。在考虑对伸及目标的放置、操纵等动作和人员伸及范围时，要求说明作业人员的体质和疲劳等问题，这是因为在确定设计后，由于身材尺寸、力量能力和所需搬运的物体重量的潜在差别，作业人员的长期健康和安全存在隐患。

3. 满足维修人员的特殊需求

维修人员作业时经常需要进入那些日常作业无需涉及的区域，设计者必须专门分析维修人员作业的特殊需求，对其进行相应设计。由于日常作业和维修作业对空间的要求差别较大，根据维修人员需求对作业空间的设计进行修正必不可少。

4. 满足可调节性需要

普遍使用的调节方法包括调节作业空间，特别是允许作业人员对空间的形状、方向和相对位置进行自主调节，从而在工作时感到更加舒适便捷；调节作业人员在空间中的相对位置，有时调节作业空间本身可能在成本上不经济或影响到其他重要设备及维修，这种情况下可在不改变作业空间的前提下，对作业人员进行调节设计从而改变两者的相对位置；使用调节工件（例如升降台或者叉式升降装卸车）改变设备部件的高度；使用调节工具，例如长度可调的手持工具可适应不同臂长作业人员的需求，便于拿取不同距离的物体。

5. 可见度与正常视线

作业人员在作业位置上必须能够看清显示器上的内容，即作业人员的视线位置应是符合观察需要的正常视线。所谓正常视线是指眼睛处在放松状态的最佳注视方向，众多研究表明，正常视线位于眼睛水平线向下 10°~15°，这就是作业人员观看显示器的最佳方向。不仅要保障视觉信息的呈现位置，分辨显示器信息还需要适宜的视角和足够的显示器对比度，此外，设计人员还需考虑作业人员与显示器的距离及其视觉状况，关键信息是否位于正常视线内、外周闪光灯可见性、关键警示信号是否被视觉遮挡等等，这些信息获取及可能受到的妨碍都是可见度分析的内容。

6. 组件排列

在有限的物理空间内，作业空间设计人员需要布置各个仪器设备部件，包括显示装置、控制装置、工具以及配件设施等。布置作业空间应基于作业人员和具体任务的需求，高质量的空间布置能使作业人员操控各仪器设备时感到轻松舒适。总的来说，空间布置的一般原则是提高总体运动效率，减少总体运动距离，力求使身体各部分运动量的总和最小。

（五）立姿与坐姿作业空间的设计

立姿与坐姿是作业环境中人员最常见的姿势。作业空间较大，人员需要在作业区域内频繁行走、搬运或用手施较大的力时一般采用立姿。当人保持长时间立姿，血液在腿部累积会造成相当大的身体负担，若作业人员需要长时间站立，应在站立作业期间安排适当休息。脚踩垫子或使用鞋垫有助于缓解作业人员的站立疲劳。

相对于立姿来说，长时间作业应尽可能采用易于保持、可大大减轻身体负担的坐姿。人采用容易控制的臀部动作，能在保证平衡感和安全性的同时促进血液循环。坐姿作业空间设计必须确保作业人员的腿部空间（或腿部、膝部的空间间距）充足；长时间坐姿作业威胁腰部健康，因此坐姿作业人员最好使用可调节的座椅以及可放置双脚休息的踏板，且坐姿作业一定时间后应注意起身活动。若作业任务需要人频繁切换立姿和坐姿，可以采用坐-立式作业空间设计。设计人员应在详细分析各方面作业因素后再选择最佳的作业姿势空间设计。

作业任务特点决定了作业空间的台面高度。无论采用立姿或坐姿，进行精细操作的台面必须比人的肘部高，这样才能确保作业人员既看得清楚又无需身体前倾。若操作很费力或是人需要以较大的幅度动作，作业台面应比经验法则确定的高度略低，并且注意在台面以下设计出足够的膝、腿空间。如果条件允许，推荐将作业台面设计成高度可调，方便不同身材的作业人员。

常规及最大作业区域是设计作业台面深度时的重要概念。需要快速或频繁拿取的物品应放置在常规作业区域并尽量靠近作业人员，其他物品则可以布置在最大作业区域中。作业者可以偶尔探身拿取某些放在最大作业区域以外的物品，但应尽量避免这种情况在任务过程中频繁发生。

大多数作业台面都设计成水平平面，然而也有研究表明，台面约倾斜 15° 利于阅读。作业人员姿势能通过倾斜台面作业来矫正，减少躯干运动和颈部弯曲能缓解作业人员的疲劳、不适；但倾斜台面不适用于某些视觉任务，如大量书写任务。

二、人的信息处理

（一）信息处理系统模型

1. 唐德斯减法模型

心理学家唐德斯在 19 世纪发现人的选择反应比简单反应花费时间要长，于是认为以选择反应时间减去简单反应时间，得到的就是人进行信息处理时做出选择的用时。唐德斯减法模型立足于一种最古老的心理学假定，认为人的信息处理系统所包含的几个阶段是连续且具有相对独立功能的。唐德斯减法模型简明、直观，但是仅给出了选择反应与简单反应的关系，不论可靠程度如何，这个模型难以应用到更复杂的信息处理过程中。

2. 威尔福德单通道模型

威尔福德依据心理不应期的试验结果提出了单通道模型。心理不应期试验是连续在一定的时间内对被试人员显示两个刺激信号，发现若两个刺激信号间隔非常短的时间，被试人员对第二个信号的反应时间要长于对第一个信号的反应。威尔福德认为人是在对第一个信号作出反应之后才能进行第二个信号的处理，因此提出以如下公式预测人对第二个信号的反应时间：

$$RT_2 = RT_1 + DT_2 - ISI$$

式中，ISI 为两个刺激信号之间的时间间隔，DT_2 为处理第二个信号所需时间，RT_1 和 RT_2 分别为被试对第一个和第二个信号的实际反应时间。

心理不应期是威尔福德单通道模型的理论基础，模型的核心是在人的信息处理系统已经开始处理某一信号之后，直到该信号被处理完之前，之后的信号都无法进入系统。威尔福德模型作为关于人信息处理系统的基本模型来说太过绝对，许多研究结果都能推翻后至信号无法进入人信息处理系统的假定。例如，卡林等人发现被试人员对第一个刺激信号所需的反应时间受到接受第二个刺激信号困难程度的影响，这表明第一个刺激信号被处理完成之前，第二个就已经被人的信息处理系统接收。

3. 布若苯特过滤模型

心理学家布若苯特进行了双耳听力实验，根据实验结果提出了关于人的信息处理系统的一个理论，称为过滤模型。布若苯特认为，信息在到达人的工作记忆之前会被平行处理，也就是说人可以同时并列处理几个信息，但一旦通过了工作记忆，人在某时刻就仅能处理一个信息，因此人需要选择并决定继续处理哪个信息。而信息选择主要是根据其物理特性，如声音的声调、频率、方位等，做出选择就像用筛子对信息进行过滤，所以将这种理论称为过滤模型。那些没有被选择的信息暂时储存在短期记忆里，过一段时间若仍得不到处理则很快会被忘记。

布若苯特过滤模型在提出时极大地推动了对人的信息处理系统的研究，但后来研究也发现了这个模型的一些问题。例如，莫瑞的双耳听力实验发现，即使令被试人员专心听某一只耳朵接收到的信息，若在另一只耳朵听到的讲话中提到了他的名字，他也会知道；切斯曼的另一项实验发现，若不施加注意力的耳朵里的信息在语义上与集中注意力的耳朵里听到的信息相关，被试也会听到不注意的耳朵里的内容。这些研究足以证明，相关的其他信息能够通过人的信息系统中的过滤器。这些研究结果使布若苯特不得不修正自己的模型，认为没有被注意到的信息只是被减弱而非被完全筛除。

4. 克尼曼单资源模型

克尼曼提出了单资源模型对过滤模型进行补充，认为人的信息处理系统的灵活程度远高于过滤模型的假设。根据单资源模型假定，人的信息处理系统的能力是一种有限资源，人在资源限度内对注意力的分配比较自由，可以同时处理多件事情。各种脑力活动对注意力的要求程度不同，容易做的工作需要占用的注意力很少，而困难的工作需要占用的注意力更多。若注意力不能满足工作需求，人的行为受影响，甚至可能无法完成工作。鉴于这个模型，人无法完成某项任务的原因可能是任务超出了人的能力，或是人的注意力集中于其他的事情上。

5. 维肯斯多资源模型

克尼曼单资源模型能够帮助解释信息处理过程中人能力或注意力瓶颈不确定而造

成的矛盾，但许多实验表明，有的工作与某些工作产生冲突，却不与其他一些工作相冲突或仅有微小冲突。例如，脑力计算任务与跟踪任务的冲突较小，却与反应任务有较严重冲突，而反应任务却与脑力计算和跟踪任务都会产生较严重冲突。这些结果无法以单资源理论解释，说明存在更多资源的作用。

因此，维肯斯根据双重任务实验的结果提出了多资源模型。他认为人的信息处理系统是多资源的，将这些资源按对应关系可以分为三组：第一组是两阶段资源，对应早期阶段（如感觉）和晚期阶段（如反应）；第二组是两通道资源，对应视觉通道和听觉通道资源；第三组是过程编译资源，对应图像和文字资源。多资源模型认为，人资源并非一个中心的，而是多个不同且均有各自特性的。若不同的作业任务使用的资源不同，互相之间的干扰就较小；若所需资源相同或接近，任务之间的干扰就较大。

最初构建多资源模型是用于解释人在双项任务中行为之间的干扰，现在则是公认的人的信息处理系统经典模型。不过模型中部分内容仍不明晰，例如资源总量是多少、每种资源的含量多大、各种资源之间关系如何。维肯斯多资源模型的主要问题似乎不在于理论而是在应用，目前研究者正尝试以干扰矩阵将模型定量化。

6. 斯克雷德和雪佛瑞的控制与自动过程理论

斯克雷德和雪佛瑞根据一系列斯特伯格实验的结果提出，人的信息处理系统包含自动过程和控制过程两种基本处理过程。自动过程快速、平等地对信息进行处理，不会被人的工作记忆能力所限制，只需很少的控制，也可能基本无需直接控制。必须要经过大量训练才能获得这种信息处理能力。反之，控制过程较慢，会被人的工作记忆能力所限，需要人大量直接的控制行为，会施加给人较重的脑力负荷。

要形成自动过程，重要的先决条件是刺激信号和反应之间存在固定不变的对应关系。若某一刺激与某一反应相对应，经过大量训练，人的信息处理系统能形成高度平行的处理过程；反之，若刺激信号与反应的对应关系总是发生变化，则很难建立这种平行处理过程。自动处理过程有一条通道，不经过人的中枢处理系统而将感觉与反应直接相连。

7. 人的信息处理系统的基本结构

以上模型对人的信息处理系统进行了初步解释。综合这些模型的主要观点，可以得到人的信息处理系统基本组成的结构图，如图 1.3 所示。

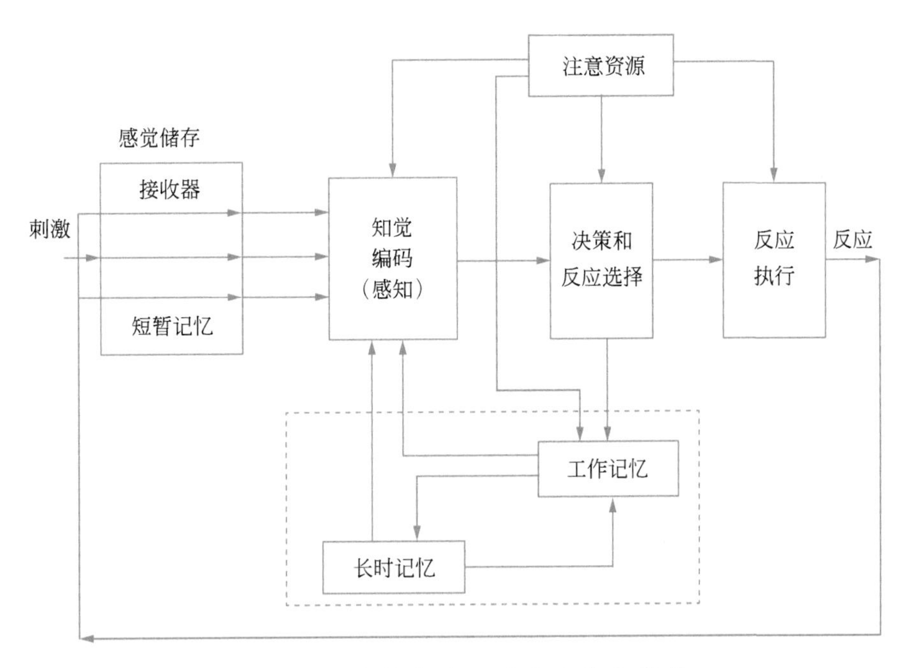

图 1.3 人的信息处理系统的基本结构

图 1.3 中方框是信息处理的各个阶段，箭头则指示信息流通的方向。人处理信息的第一个阶段是感觉，即信息被各种感觉器官接收后再传递给中枢信息处理系统。人体内有感觉存储器，先将未被中枢处理系统接收的感觉信息暂时储存，时间通常在1~2 s；如果这段时间内，信息始终没有进入中枢处理系统，就会消失在感觉存储器里。人的中枢信息处理系统被称作认知系统或决策系统，在这里，人会编辑、整理、选择该系统获得的信息；这个过程会不断联系到人的记忆，从记忆里选择相关信息，选择性地将有用信息存储到大脑。在中枢信息处理系统之后，人的反应系统负责执行中枢处理系统制定的命令，信息处理系统的输出就此产生。信息处理的三个阶段感觉、决策和反应几乎都离不开注意，而人的注意资源量有限，如果某些阶段信息处理占用的注意资源过多，则其他阶段仅能分配到较少注意资源，处理信息的效率就会因此降低。人的总的注意资源可以因个人努力而有所提高，经过学习和训练，人进行信息处理时可以降低对注意的需求。

（二）感觉通道

人的感觉包含视觉、听觉、肤觉、嗅觉、味觉、动觉等，信息输入的主要通道是视觉和听觉。每种感觉通道既有其特殊的功能和作用，也存在局限性，不仅可直接影响信息输入，还可能妨碍更高水平的信息处理。

对于外界刺激，感觉器官可接受的范围称为感觉阈限。只有到达一定强度的刺激才能引起人的感觉，能引起感觉的最小刺激量是绝对感觉阈限下限，低于这个刺激值就无法引起人的感觉；绝对感觉阈限上限则是施加后人能产生正常感觉的最大刺激量，感觉器官接受的刺激若超出这个强度上限就会引起痛觉，严重情况下甚至会造成器质性损伤。

1. 视　觉

日常生活和工作中，人以视觉获得的信息超过 80%。产生视觉的视觉系统由眼睛、传入神经和大脑皮质组成。视觉的主要特征如下：

（1）明适应和暗适应

当人从明亮环境进入黑暗环境，由于视觉仍处在明环境中短暂地不能视物，眼睛慢慢能看清物体的过程被称为暗适应过程。在黑暗环境停留 10 min，适应能力基本稳定；停留 25 min 之后适应力达到正常的 80%；35~50 min 后基本完全适应，此时人的视觉敏锐度显著增强。同理，人刚从黑暗环境进入明亮环境需要明适应，一开始眼睛失去辨别物体的能力，要经过约几十秒才能看清物体。明适应则远远快于暗适应，大约 1 min 后视力完全恢复正常。

（2）视野和视距

头部和眼球不动时，眼睛向正前方所能看到的空间范围称为视野，常用视角表示。眼睛观看的状态可分为静视野、注视野和动视野。这三种状态的数值范围以注视野最小，静视野和动视野则相对接近。狭小的视野范围会使工作效率降低，还有可能导致安全事故。视野范围受到照明条件的密切影响，只有在良好的照明条件下，周边视网膜才能清晰辨认物体，视野从而扩大，光线微弱则视野变狭小。人因工程学中，一般按照人眼静视野设计相关部件，以减轻眼部疲劳。

不同颜色对人眼的刺激不同，造成了不同视野。图 1.4 表示几种色觉视野在垂直和水平方向上的范围，可知白色能形成最大视野，其次为黄色、蓝色和红色，而绿色视野最小。

人在作业过程中正常的观察距离叫作视距。一般操作的视距范围为 38~76 cm，视距过大或过小都会使认读速度和准确性降低，而观察距离会影响工作的精确度，最佳视距的选择应参照具体任务要求。

（3）视觉运动规律

眼睛在水平方向上的运动比垂直方向敏捷，在观察时往往先看到水平方向、再看

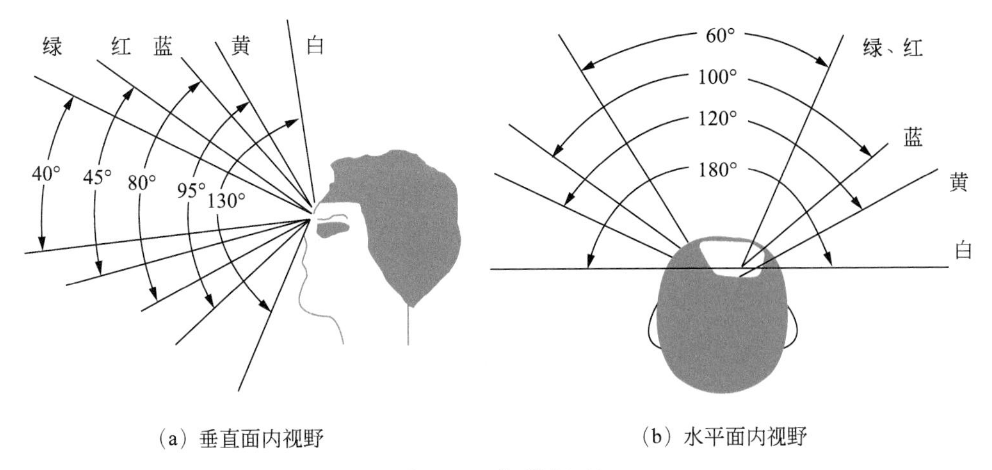

（a）垂直面内视野　　（b）水平面内视野

图 1.4　色觉视野

到垂直方向的物体。眼睛习惯的运动方向是从左到右、从上到下，认读圆形仪表时，沿顺时针方向比逆时针方向快速准确。人在尺寸估计方面，对水平方向尺寸的估计比对垂直方向尺寸的估计要准确。若观察需要眼睛偏离视野中心，观察优劣按顺序为左上象限、右上象限、左下象限、右下象限。两眼运动具有同步协调性，在睁开双眼的情况下不可能仅有一只眼睛观察或转动。

在视觉上，直线轮廓比曲线轮廓更容易接收。视力中心能有效识别视觉信息的细节，边缘处仅能识别大致且可能是模糊的信息。连续转换视觉目标时有时会出现视觉失真的现象，要保证看物体清晰必须进行注视，即将双眼视觉焦点停留在某一个目标上。一般人看清目标的时间为 0.07~0.3 s，平均 0.17 s，在昏暗光线下所需时间要加长。

2. 听　觉

听觉的重要性仅次于视觉，其适宜的刺激是声音，声源是物体振动，而振动以波的形式在弹性介质（气体、液体、固体）中传播，产生的弹性波即声波，耳朵接收一定频率范围内的声波，产生听觉。人的听觉系统主要由耳、传入神经和大脑皮质听区三部分组成，耳作为外部感受器包含外耳、中耳和内耳。人的听觉特征主要有：

（1）可听范围

声波的两个基本参数是频率和振幅，人的听觉范围正与这两个因素密切相关。人耳可以感受到的声音需要频率介于 16~20 000 Hz（超出这个范围人耳无法听到）并有足够的声压、声强。物体振动产生的压力叫声压，声强则是在单位时间内沿传播方向垂直通过单位面积的声波能量。每个振动频率对应的最小能引起听觉的振动声强被称为听阈；随着振动强度上升，听觉感受加强到某一程度时鼓膜会产生痛感，这就是痛阈。尽管人能感受的频率范围较广，但最敏感的频率范围是 1 000 ~ 3 000 Hz，略高于日常生活交流的语言频率。

（2）对频率和声强的辨别力

不同的声波使内耳基底膜发生共振的纤维不同，长纤维对低音共振，短纤维对高音共振，不同声波传到大脑皮质的不同部位，使人分辨出不同音调。因此，人耳有着很强的频率辨别力，对频率超过 4000 Hz 的声音能辨别 1% 的差别。但人耳对声强的辨别能力较弱，声强与人的主观感受不是线性关系而是对数关系，依据人耳的该感觉特性产生了噪声分级。

（3）对声音方向和距离的辨别力

根据两耳感受到的声音强度和到达时间顺序，人可以判断声源方向，主要由声强差判断高音，由时间差判断低音，与声源距离则基本靠主观经验判断。

（4）听觉的适应和疲劳

听觉的敏感程度会随着声音连续作用时间的延长而下降，这种听觉适应现象是人保护听觉的方法。如果声强不大且作用时间不长，通常听觉敏感度在声音刺激停止后 10~20 s 就能恢复最佳水平。若不仅声强大且作用时间很长，不仅会引发听觉适应问题，还会导致听觉疲劳，一旦产生听觉疲劳，恢复听觉敏感度要经过几小时甚至几天的时间，严重情况下会引起听力衰退甚至丧失。

（三）中枢信息处理

1. 决　策

信息被在内部编码后就进入人信息处理的下一阶段——中枢信息处理阶段，即决策阶段。人在该阶段对即时接收和记忆中保存的信息在综合分析后作出决策。人在信息处理过程中最复杂和最具创造性的步骤就是决策，同样也是信息处理系统的作用瓶颈，在系统中最大程度地限制着人的信息处理能力。通常认为人具有单通道中枢信息处理系统，人在决策阶段的某一时刻只能做一件事。

决策的含义是人为了达到特定目标而对行动方案进行选择，因此确定目标是进行决策的先决条件，归纳并比较可实现目标的各个方案的优缺点，选出最优或满意度最高的方案。感情、性格、观念等诸多主观因素都会影响人的决策，而信息处理能力对人决策限制的分析如下：

（1）由于人有限的计算能力，在超出自身能力范围又无法获得其他帮助时就需要进行猜测来帮助分析。实验发现，人对平均值的估计相对准确，但估算均方差会产生很大误差，用外推法预测的结果一般数值偏小。对各种事件概率的估计，人会尽量避免给出极端值，所以总体上人的估计偏向保守。

（2）人进行决策时需要在工作记忆中临时存储大量的信息，而由于人有限的工作记忆能力，大量没有被存储的信息就此丢失，决策因此受到影响。

（3）为了进行决策，人需要从长期记忆中提取必要信息。尽管人有着无限容量的长期记忆，却并不能保证决策所需的一切信息都存储在长期记忆里。

（4）心理学实验显示，人在大脑中进行一个单位的运算约需 0.1 s。若时间压力较大，大脑完成任务只能降低准确性，便会影响人决策的效果。

计算机发展至今已经成为一种强大的决策工具，出于对人决策系统局限性的考虑，计算机逐渐大量用于对人决策的辅助，但再先进的计算机也不能完全替代人进行决策。人是人机系统的决策者，系统能否安全有效地工作，人的决策水平起到关键性作用。人机系统决策水平的提升一方面要在系统要求的基础上选拔作业人员，通过训练提高他们的作业素质，培养和锻炼决策能力；另一方面，在进行系统设计时，应将人的决策行为能力的特点及局限性纳入统筹考虑，从必要条件上保障作业人决策最优化，尽可能提供工具辅助决策。

2. 记　忆

信息在输入人的大脑后，经过大脑加工后被存储，并在需要时可被取出，这一过程就是记忆。人的记忆包含三个阶段，分别是感觉记忆、短时记忆和长时记忆。这三个阶段的区别在于信息的输入、加工、存储、提取方式以及存储时间。

感觉记忆是指外部刺激给人造成的感性印象在刺激停止后的很短时间内状态维持不变，这种很短的时间可以以毫秒（ms）计，因此感觉记忆也称瞬时记忆。作为记忆的初始阶段，感觉记忆主要是当输入的刺激信号在极短时间内呈现后，一定量的信息在感觉通道内迅速登记并保持极短时间的过程。

短时记忆是很短的信息保持时间，作为感觉记忆和长时记忆的中间阶段，也被称为工作记忆。短时记忆一般保持 5~20 s，最长不超过 1 min，记忆容量小，对发生的中断高度敏感。通常人们对感觉记忆和长时记忆中的存储信息没有具体意识，但完全能够意识到短时记忆中信息的存储，也就是说人的意识之中仅仅保持着短时记忆信息。可以通过缩小工作记忆负荷、提供视觉反馈和利用组块来改进感觉记忆和短时记忆水平。

能够保持 1 min 到几年甚至更长时间的记忆就是长时记忆。人的知识和经验都是长时记忆中存储的信息。对过去的信息加工形成长时记忆，内容较为稳定，几乎不会增加人的负担，可用作备用。感觉记忆和短时记忆的容量和能力都十分有限，前者的记忆以毫秒（ms）记，后者存储量只有少数几个单元；而长时记忆能力庞大，是最重要也最复杂的记忆系统。人有着几乎无线容量的长时记忆，长时记忆囊括了一切后天获得和习得的经验，也包括语言能力。与长时记忆有关的真正困难主要在于提取，因其中包含的信息数量非常大，要在几百万甚至几十亿单元中找到有用的信息难度较大。

3. 注 意

注意是人的心理活动对一定对象的指向。在人机系统中，许多事故的发生都可以从注意上找原因，注意也被认为是人的信息处理的一个瓶颈。注意主要从三个方面对信息处理过程产生影响，即选择性、持续性和分配性。

（1）注意的选择性是指个体在同时呈现的两种或两种以上的刺激中选择一种进行注意，而忽略另外的刺激。在任何时候都有各种信息源同时对人发生作用，但人不可能对这些信息源传播的信息同时进行加工。既然有选择就必然有漏失，重要的是要选择恰当，做到注意对象的最佳选择或最佳取样，即以最小的代价得到最大的价值。人在观察某一信息源时，能够了解这个信息源的最新动向，这是所得，但人的能力资源是有限的，也有忽略其他信息源的代价，称为机会成本。人的注意的选择就是从这两方面入手找出最优。

各种主客观因素综合影响着装备研制。影响注意选择的客观因素主要是指信息源刺激的物理特点，如刺激的强度、数量、方式以及信息源的环境条件等。人一般容易注意到视野中央的、明亮的、声音响亮的、动态的或具有其他突出特点的刺激，这样的刺激是注意倾向选择的对象。在人机系统中，一般将视觉警告信号设计在中央视野范围，使用的信号亮度远远高于其他视觉刺激，或者使用特殊声音作为听觉警告信号。相比视觉来说，人听觉与触觉的感受器无法自然地拒绝刺激进入感觉通道，它们对人的作用较大且为强制接受机制，一般认为听觉或触觉刺激有用作报警信号的优越性。

（2）注意在一段时间内维持在某客体上就是注意的持续性，也被称为注意的稳定性。例如观测员长时间注视荧光屏等待记录可能出现的视觉信号，这就是一种持续性的注意。注意品质的重要衡量指标是持续性，因为人保持稳定的注意才能排除障碍和各类事故意外，是进行正确操作、保证作业绩效的必要条件。

（3）注意的分配与集中是对立的，通常对注意集中不利的因素都有助于注意分配。

刺激的产生位置、强度、内容、互相之间相似程度等会同时影响注意集中和注意分配。如果两个信息源在空间位置上比较靠近，当人仅需要将注意集中在其中一个上时，另一个信息源就会产生妨碍人注意集中的干扰刺激，此时的作业人员想要保持作业绩效就要付出更大努力；反之，如果作业任务是同时加工两个信息源产生的两种信息，那么二者邻近的空间位置显然有利于注意分配，容易提高作业绩效。人的注意范围从中心到边缘存在区别，即使在同一时间产生刺激，人的感觉对于处于注意中心的信息源更清楚，从而有更高效的信息处理过程；位于注意边缘的信息源则让人感觉更模糊，对应的信息处理效率更低。另外，人的注意分配还会受到对刺激的熟悉程度和学习、训练等因素的影响。

（四）反应执行

操作者的中枢神经系统对接收到的人机系统信息进行加工，作出的反应都是基于信息加工的结果，称为作业人员的信息输出。信息输出有很多种实际的形式，各种信息输出的质量由人员反应时间、运动速度和操作准确性等因素决定。

实际情境中，运动输出是人最主要的信息输出方式。按照操作形式，人体运动可分为五种：

（1）定位运动：按照作业目标要求，人身体的一部分从某个特定位置运动到另一个指定位置，是最基本的操纵控制运动。

（2）重复运动：在作业过程中，人持续不断地重复同样动作。

（3）连续运动：作业人员对操作对象连续进行的控制、调节。

（4）逐次运动：人以确定顺序相对独立地完成几个基本动作。

（5）静态运动：在一定时间内，肢体用力将身体部位维持在指定位置上，外在看起来无明显运动特征。

从出现外界刺激到作业人员在刺激信息作用下完成反应之间的时间叫作反应时，反应时由两部分组成：刺激发生到反应开始的时间称为反应潜伏时间，反应从开始到完成的时间称为运动时间。影响反应时的因素有刺激的种类和强度、感觉通道的性质、效应器官的特点、刺激发生的频率、训练和反应的程度以及作业人员个体的身心状况。

操作运动的准确性与视觉负荷、疲劳程度、运动速度和操作方式有关。

三、作业环境

（一）照明环境

1. 照明的影响

人-机-环境系统中，人从外界接受的各种感觉信息，其中视觉信息约占 80% 以上。环境照明则是人们视觉发挥作用的首要条件，直接影响着人从环境中获取信息的效率和质量。照明常用度量单位主要有光通量（光源在单位时间内发出的或被某一表面所接收到的光亮，单位：流明（lm））、光强度（光源在单位立体角内辐射的光通量，单位：坎德拉（cd））、照度（均匀投射到物体平面单位面积上的光通量，单位：勒克斯（lx））和亮度（给定方向单位投射面、单位立体角内发射或反射的光通量）。

人眼能适应 103 ~ 105 lx 的照度范围。人的活动、警觉和注意力可以通过提高照度而得到加强。实验表明，照度从 10 lx 增加到 1 000 lx 时，视力可提高 70%。在照明条件差的情况下，作业者需长时间反复辨认目标，会引起视疲劳，使视力下降，严重时会导致全身性疲劳。视疲劳的自觉症状有眼球干涩、怕光、眼痛、视力模糊、眼球充血、产生分泌物和流泪等。视疲劳可以通过闪光融合值、光反应时间、视力和眨眼次数等方法间接测定。

照明环境的改善既可以缓解视觉疲劳，又能够提高工作效率。照度值上升会使主体视觉效果和对客体识别速度提高，从而增强作业效率和准确性。大量有关照明影响作业绩效的研究表明，一般来说，当照度低于临界照度值时，作业效率随照度值的增加而显著提高；高于临界照度值时，继续增加照度则难以提高作业绩效，也可能失去进一步作用；而当照度值过高产生眩光现象时，人的健康和作业绩效都会受损。图 1.5 展示了一些被试者对各照度值的满意程度，粗线表示满意程度的平均值。可以看出，对大部分人比较适宜的照度是 2 000 lx，而当照度提高到 5 000 lx 则会出现显著降低的满意程度。

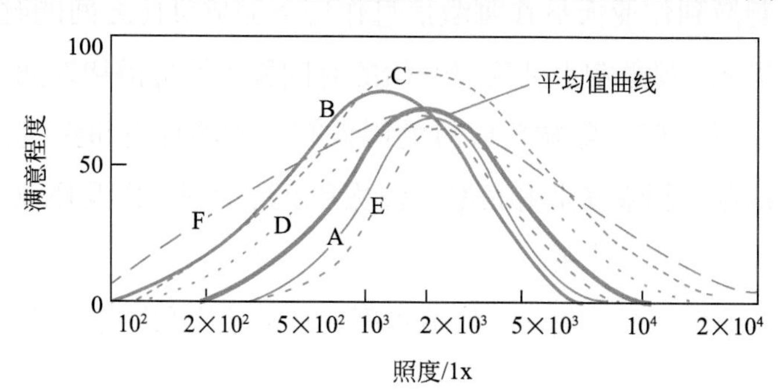

图 1.5 被试者对不同照度的满意程度

照明影响人的情绪，特别是人的普遍兴奋性和积极性，进而影响作业绩效。人的一般感觉是明亮环境令人心情愉悦，实验中给被试者提供不同照度的工作场所，被试者大多倾向于选择较为明亮的房间。即使作业任务对视觉条件的要求不高，照明环境提升同样利于提高作业效率。装备环境设计应尽量避免反光和眩光。另外，更多人适应左侧投射光。

2. 照明设计

最理想的照明条件是自然光照明。人习惯明亮柔和的太阳光，其光谱中的紫外线还能积极调节人体生理机能，因此应尽可能在光环境设计中最大限度地利用太阳光。但昼夜、季节和天气等因素都会对太阳光产生限制，装备作业环境往往离不开人工光源进行补充照明。在选择人工光源时，应尽可能使其光谱成分与自然光相近。人工照明的选择上，荧光灯光谱与太阳光相近，光线柔和、发热量低、光效率高、经济适用，所照射的视野照度均匀，相对优于白炽灯。通常在不同光源照射下，同一个物体可能使人视觉上感受到不同的色彩，而日光的显色作用相对最准确。若需检验待测光源对物体的显色，可将日光作为参照光源，比较白炽灯、荧光灯等人工待测光源与其显色情况的相符程度。

照明空间中的照度应尽可能均匀。照度均匀的衡量标准是空间中照度的最大值、最小值与平均值之差小于等于平均照度的三分之一。照度均匀性主要通过合理布置灯具提升，保持边行灯具与墙壁的距离设计为 $L/3$ 到 $L/2$（L 为灯具间的距离），若空间内壁和平面（尤其是墙壁、天花板）的反射系数太低，边行灯具与墙壁的距离可缩小至不足 $L/3$。

当环境亮度分布适当，人会感觉心情愉快、身体活跃。若作业区域明亮而周围其他空间较暗，人的动作显示出稳定、缓慢的特征；作业的目标对象也应与周围环境存在必要反差，柔和的阴影效果会给人立体感。作业对象、工作区域和周围环境的最佳亮度比为 5：2：1，最大允许亮度比为 10：3：1。

若视野内亮度过高或对比度过大，人感到刺眼，观察能力随之下降。使人感到刺眼的光线就是眩光。按产生原因可将眩光分为直射眩光、反射眩光和对比眩光。光源直接照射人眼引起的是直射眩光，对人的影响与光源位置相关；强光照射到较粗糙的物体表面，反射至人眼造成反射眩光；对比眩光则是物体与周围环境的明暗差距过大。眩光的控制和干预措施主要有以下几点：

（1）限制光源亮度。亮度大于 16 × 10^4 cd/m^2 的光源无论亮度对比如何均会发生严重的眩光现象。应考虑对产生眩光的光源采用半透明甚至不透明的遮挡材料，减少光源亮度或者消除直射作业人员的光线。

（2）合理设置光源分布。选择适宜的悬挂高度和设置保护角，让眩光光源尽可能位于视线外，降低对视觉的刺激。采用遮光材料做灯罩挡住光源，灯罩边缘和灯丝的两点一线与水平线所成的角度称为保护角，最佳保护角是 45°，最小也不应低于 30°。

（3）将直射转变成散射。例如让光线在灯罩、墙壁或天花板的散射作用下作用于工作场所。

（4）消除反射眩光。改变光源或工作区域的位置，让视线范围内反射光消除，此外可以挑选适当材质和平面、立面涂色来降低反射系数。

（5）将环境的背景亮度适度提高，以降低与工作区域的对比度。

（二）噪声环境

1. 评价指标

噪声的评价分为客观评价和主观评价，评价指标又包括物理指标、生理指标和心理指标。这些指标不仅适用于评价噪声，也适用于评价其他环境刺激，这不仅可以在客观上降低刺激的强度，还能够提高对刺激的预见性及控制感，从而增强刺激应对。

响度是评价声音强弱的指标，大小取决于声音的强度和频率，单位为宋（sone）。将 1 000 Hz 40 dB 纯音的响度定义为 1 sone，某声音的响度若为 1 000 Hz 40 dB 纯音响度的 n 倍，称其响度为 n sone。

人耳对声音的敏感度根据声音的频率有所差别，对高频声的敏感性比低频声更强，人的主观感受是同样声压级下的高频声比低频声响。因此，声压级表示的是声音强度对人耳响度感觉的影响，而不能反映声音频率的作用。响度级和响度可以解决这个问题，但它们对人主观声觉的反映过于复杂，因此学者又提出了计权声压级的概念。通过计权网络测得的声压级称为计权声级，简称声级，是指在人耳听阈内将特定频率按计权合成的声压级。通常声学测量仪器会依据等响度曲线设定频率计权网络，将接收到的声音在不同程度上按频率滤波，模拟人耳对响度的感觉特征。通常设置 A、B 和 C 三种计权网络，原来的规定是低于 70 dB 以 A 声级计，70~90 dB 以 B 声级计，高于 90 dB 以 C 声级计；后续研究发现，A 声级对高、低声强都能较准确地反映人耳的响应特征，因此一般都用 A 声级（dB(A)）作为噪声的评价指标。

一定时间内测量到的 A 声级能量平均值是等效连续 A 声级，可简称为等效声级，记为 Leq，可衡量当处于不稳定的非稳态噪声声级环境时，人实际接受到的噪声能量。在非稳态噪声等效声级的基础上加一个指标表示噪声的变化或离散程度，有助于体现噪声实际污染情况，该指标被称为噪声污染级（LNP）。

人对噪声干扰的主观感觉量称为噪度（N），单位为呐（noy），规定声压级 40 dB、中心频率 1 000 Hz 的 1/3 倍频程噪声噪度为 1 N。感觉噪声级（LPN）则是噪声吵闹程度在人主观上的相对衡量指标，其定义是人正前方的、判断为与受试信号有相等噪度主观感觉的、中心频率 1 000 Hz 的倍频带噪声的声压级，单位为 dB。

噪度、感觉噪声级以及响度、响度级都是噪声的主观度量指标，但前两者反映吵闹的“闹”的主观感觉程度，而后两者则反映的仅仅是“响”的感觉程度。

噪声对言语沟通干扰程度的评价指标是语言干扰级，定义为面对面对话环境中噪声的中心频率为 500、1 000 和 2 000 Hz 的三个倍频带声压级的算术平均值。当语言干扰级低于人说话的有效声压级（12 dB）时，听者可以正确分辨全部话语。

在心理指标上评价噪声的因素还包括预见性和控制感。人可以适应甚至忽略不易引人注意的稳定背景噪声，例如设备主机的嗡鸣；其次，按忍受程度来说是规则爆发的周期性噪声，这种噪声较难适应，会造成人一定程度的身心不适；人最无法忍受的是不规则的、不可预见的非周期性爆发噪声。人是否有对刺激的控制感极大影响着能否将刺激评价为对人的威胁，若人掌握噪声防治手段，即使尚未对其进行任何干预，也能有效降低噪声带来的消极情绪。

2. 噪声对人的影响

可以将噪声对机体的生理影响分为特异性效应与非特异性效应两类。其中，噪声对听觉系统的影响是特异性效应，对其他生理系统的影响则是非特异性效应。

噪声会降低人的听觉敏感程度，产生听阈提高，也称作听阈偏移。听阈偏移按照时间特性或强度可分为暂时性和永久性。暂时性听阈偏移是指在噪声停止后人的听觉敏感度可以完全恢复；噪声强度、频率、暴露时间以及人的噪声敏感性等因素共同影响暂时性听阈偏移程度；高频噪声对听阈偏移的影响大于低频噪声，一般测定 2 min 后的听阈偏移作为度量值。从暂时性听阈偏移恢复所需时间与听阈偏移的程度呈正相关，若听阈偏移低于 40 dB，人停止接受噪声后 16~18 h 能完全恢复。

若由暂时性听阈偏移累积形成的听阈偏移无法完全恢复，则称为永久性听阈偏移，又称为噪声性耳聋，受到噪声的强度、频率和暴露时间影响。永久性听阈偏移是一种慢性、渐进性的听觉系统损伤，通常听力先在 4 000 Hz 处下降，再逐渐扩大到 3 000~6 000 Hz 的范围，最后危及全部听觉频谱。人在完全没有准备的情况下突然暴露于极强的噪声（如高于 150 dB 的脉冲噪声），鼓膜内外产生的压力差过大，会导致鼓膜破裂，双耳听力完全丧失，这种损伤叫作爆震性耳聋或声外伤。

除了听觉系统，噪声还会对其他生理系统产生一定伤害：

（1）神经系统：在长期噪声作用下，中枢神经系统大脑皮层失去对兴奋抑制的平衡，脑电图发生异常，引起头晕头痛、失眠多梦、心悸乏力、恶心耳鸣和记忆力减退等神经衰弱症状。若长期暴露于强噪声，还会导致植物性神经系统的功能紊乱。

（2）消化系统：噪声会抑制胃部运动和唾液分泌，或促进胃液过量分泌。长期暴露于噪声环境人群容易食欲不振，胃功能紊乱，有较高的胃痛、胃溃疡发病率。

（3）内分泌系统：中等强度噪声（70~80 dB）就能让机体发生应激反应，表现为肾上腺素分泌增多和肾上腺皮质功能强化。

（4）心血管系统：暴露于噪声中，人会发生心跳加快、血压升高、心律失常及心电图缺血性变化。

噪声的心理效应主要体现在以下两方面：

（1）噪声心理效应的最主要体现是引发各种不愉快情绪，主要有焦躁、厌烦、心神不安等。噪声引起的烦恼程度不仅由噪声本身物理性质决定，还与暴露个体的敏感性及其他环境因素有关。人的烦恼程度一般与噪声强度和频率、声强和频率波动、持续时间等物理特征呈正相关。与连续噪声相比，间断噪声和脉冲噪声会导致更高的烦恼程度，且间断和脉冲的规律性越低，对应的烦恼程度越高。

一般认为，其他条件相同的情况下，高频噪声比低频噪声更让人困扰，但也有研究证明，尽管高频噪声对言语清晰度的影响更大，而在对声环境满意度或烦恼度方面，高低频噪声的调查结果几乎没有差别。再者，低频噪声相对衰减慢且有更强的穿透力，在建筑结构中传递产生的损失更小，因此不可忽视低频噪声的负面作用。

作业人员的任务类型和难度也会影响到噪声的干扰程度。噪声对简单体力劳动干扰不大，但若是进行高难度、需要注意力高度集中的脑力劳动，人就很容易被噪声分散注意力，同时记忆力下降，作业效率降低甚至出错。另外，一部分人对噪声相比其他人来说更加敏感，他们对噪声的反应会在烦躁程度上更为强烈，也更容易产生心理问题。

（2）环境中的不可控噪声使个体应激压力水平提高，从而降低人对社会性线索的敏感性，与他人社交的过程易产生消极反应。噪声对社会心理行为的影响会体现在日常人际交往、助人行为积极性及攻击行为等方面。

环境的背景噪声可以掩蔽人的说话声音，降低言语清晰度从而引发社交问题；同时，人互相之间因听不清对方说话，被迫提高嗓门甚至大喊大叫，这种情况下人容易发怒，影响原本正常的交往。有研究发现，噪声环境中人的人际吸引力减弱，互相之间的人际距离拉大；受噪声影响，一些个体原有的情绪和反应会被放大，行为更加极端化。以上噪声对人际交往的影响可能是由于噪声增大了环境信息量，使个体总的信息负荷过大，不愿再得到刺激和注意其他信息，或是信息过载挤占了个体有限的注意，因此只能关注部分信息。

装备舱室环境主要有害因素之一就是噪声，主要来源于各种机械设备、电磁设备和武器装备等，特点是强度大、频谱宽、人员暴露时间长，直接影响人员身心健康和工作效率，对人机系统的作战能力产生极大威胁。在近年武器装备的飞速发展下，噪声污染没有得到有效解决，暴露出的问题日趋严重。例如美国舰船轮机部门作业人员有 21% 发生严重听力损伤，雷达无线电相关作业人员的听力损伤占 40%，这些比例与服役年限呈正相关。一旦高频听力受到影响，人会产生辨声困难，进而发展成语言交流障碍，不论在任何类型的背景噪声下都难以听懂言语，无法与他人进行语言沟通。长期暴露于噪声环境，人容易发生大脑皮层兴奋和抑制失调，难以集中注意力，情绪激动，烦躁易怒，但思维反应迟钝，记忆力、警觉性、学习能力和认知能力（空间想象和逻辑推理能力等）下降，最终降低作业绩效。听力损失的人对警报信号的反应力减弱，听力损伤会影响到干扰信号辨别，工作时不能准确地监测、识别并定位声源，使装备安全受到威胁；听不清他人话语，可能会使武器系统的整体效能显著降低。

3. 噪声控制

（1）控制声源

减少或消除噪声最积极有效的措施是消除噪声源，分析噪声产生的原因，结合噪声频率找到有效的方法，利用针对性的技术措施调控声源。

可以从根源上降低机械性噪声。机械性噪声一般会由零件高速旋转不稳、机械性往复运动冲击，以及轴承精度和安装误差造成。降低机械性噪声，可以选择噪声小的零件材料，一般金属材料的内阻尼、内摩擦以及振动耗能小，用金属材料制作的零件由于振动力作用会产生明显噪声，而采用内耗大的高阻尼合金或高分子材料可以有效降噪；另一种方法是改变振动传动方式，如皮带传动与齿轮传动相比，可降低3~10 dB(A) 的噪声；还可以改进设备的机械结构，增加箱体、机壳的刚度，降低设备表面振动，减弱辐射噪声，如加筋、采用阻尼减振措施。

另外，还需要控制空气动力性噪声。空气动力性噪声主要由气体涡流、高速流动及压力急剧变化造成，减弱的主要措施是降低气流速度、压力脉冲或涡流。

（2）控制噪声传播

控制噪声的第二类有效措施是屏蔽和阻断噪声传播。集中对噪声区域进行合理布置，让高强度噪声的声源尽可能远离需要安静工作环境的区域；调整声音传播方向，将声源出口指向装备舱室外部；采用吸声、隔声、消声以及隔振与减振措施。除了通过空气，噪声可以通过地板、墙体和设备等固体结构传播，消除噪声的一大基本措施是减振和隔振。可采用高阻尼合金或在金属表面涂阻尼材料，让金属结构在传声上减振；隔振是用隔振材料制成安装在设备上的隔振器，通过吸收振动使噪声减弱，常用的材料部件包括橡胶、软木、毡类以及弹簧。

（3）保护作业人员听力

若人必须在高噪声环境中工作，必须使用噪声防护用具进行个人防护。常见的个人防噪用具有耳塞、耳罩、防噪声帽等，这些用具可降低噪声 20~30 dB(A)。

（三）热环境

1. 热环境要素及评价

随着热环境的研究发展，“热舒适性”这一术语已被广泛应用。人体通过自身的热平衡条件和感觉到的环境状况获得是否舒适的感觉，这种感觉既包括生理反应，也包括心理反应。国际标准 ISO7730 和美国采暖制冷与空调工程师学会的标准把人体的热舒适性定义为对热环境表示满意的意识状态，该因素主要与环境温度、相对湿度有关。在生理学上，人体有一个生理上的适应度，同时还存在居住者的主观舒适、空气感觉。人的舒适感是建立在人体热平衡基础上的，如果环境的变化破坏了人体的热平衡，就会使人体感到冷或者热。

众多专家经过热环境参数研究发现，影响热舒适性的 6 个主要因素，包括四个与（人工）环境有关因素，即空气温度、辐射温度、湿度和风速，以及两个与人有关的因素，即人体代谢率和服装热阻。

空气温度也就是干球温度，作为影响热舒适的主要因素，直接影响机体以对流和辐射方式进行的热交换。若水蒸气分压不变，随着空气温度升高，人体皮下微血管扩张，皮肤温度升高，此时排汗量增加，人在主观上感觉更热；若空气温度降低，人体皮下微血管收缩且皮肤温度降低。人对于温度有极高的感觉灵敏度，机体的冷热感受对热环境舒适性判断敏锐。

不仅有室外的太阳辐射，室内的各种热源（仪器设备、人体等）的温度也不同，造成空间墙壁和空气不同的温度，都与机体发生辐射换热。由于热辐射空间分布不均匀，例如冬季玻璃的内表面温度远低于室内墙壁的表面温度，因此通常以平均辐射温度替代辐射温度。计算平均辐射温度时，假定有一个黑色包围体，人在某一真实的非均匀空间热环境中的辐射换热量与在假定的均匀黑色包围体在同一位置的辐射换热量相同，则此黑色包围体的表面温度就是该实际非均匀空间的平均辐射温度。

空气中的水蒸气含量称为湿度，分为绝对湿度和相对湿度。绝对湿度是指单位体积空气中水蒸气的质量或分压值，单位是 g/m^3 或千帕（kPa）；相对湿度则是相同温度下空气中的水蒸气含量与饱和水蒸气含量的百分比。饱和水蒸气的相对湿度为 100%，将相对湿度高于 80% 时定为高湿度，低于 30% 为低湿度。比起绝对湿度，相对湿度更为常用。湿度极大影响着人体的热平衡和热舒适性，这种影响在高温或低温条件下更加突出。在空气温度 20~25 ℃、相对湿度 30%~85% 的范围内，人体热舒适性感觉几乎不会受到影响。但在空气温度较高的条件下人体皮肤潮湿，相对湿度而非汗液分泌率直接决定了蒸发散热量，此时影响人体热舒适性的主要因素是相对湿度。

风速可以影响人通过蒸发换热和对流换热与环境形成的热交换，从而影响人体热感觉和环境热舒适性。温度也关系到空气流动对热舒适性的影响。若温度高于人体表面温度，尽管空气流动能够促进人体蒸发散热，但在促进对流换热的同时也会使人体吸收更多环境中的热量，给人体热平衡带来负面作用。若气温低于人体表面温度，特别是在环境温度低、湿度高的条件下，空气流动只会促进人体散热，让人感觉更加寒冷。低温条件下空气流速对人体热感觉的效应可用风冷指数（用于评价风速与空气温度对人体热感觉综合影响）来度量。

人体代谢率影响人体产热量从而作用于整体热平衡，最终影响了热感觉。体力负荷会明显改变机体能量代谢和产热，加大活动强度使人体产热量迅速升高，机体温度和散热量随之增加。人在行为上主要通过穿衣对热平衡进行调节，在炎热环境中，促进热量散失、提高人体舒适感的最便捷方法就是减少衣着，而在寒冷环境里增加衣着直接减少人体热量散失，达到御寒保暖的效果。着装隔热性用克洛（clo）为单位的热阻来衡量。1 clo 相当于人体处于室温 21 ℃、相对湿度不高于 50%、风速低于 0.1 m/s 的环境中静坐或进行轻度体力活动（代谢产热量约 210 kJ/h）时，使人热感觉舒适的衣着隔热性。国际标准 ISO7730 中规定了各种情况下的代谢率和服装热阻值。

除了空气温度、湿度、风速及热辐射等物理因素会影响环境热舒适性以外，另一个不可忽略的因素是气压。有研究认为，气压影响蒸发换热和对流换热，作为影响人热舒适感的因素，对人的影响程度仅次于温度，例如低气压会增强蒸发散热而抑制对流换热。低温环境下人出汗量少，这种情况下低气压抑制对流换热的作用比促进蒸发散热的作用更强，两种作用的综合效果是人体热量散失降低，主观热感觉会认为比高气压条件下更暖；当温度偏高时人出汗较多，低气压条件促进蒸发散热，人体加速散热，另外低气压还会抑制对流换热，降低机体对环境的热吸收，综合效果使人体散热加快而吸热减少，所以主观热感觉会比高气压条件下更加凉爽。

另外还有一些影响人主观热感觉或环境热舒适性的因素，包括环境的热均匀性及其影响人体不同部位的均匀性，空气涡动气流及紊流强度等。在人对当前环境热舒适性的评价影响因素中，个人因素除了活动强度和着装，还包括个体此前所处的热环境。据估计，在前一个热环境中的活动和暴露情况对人在当前环境中的热舒适感觉影响约持续 1 h。

人体热平衡的计算指标包括机体新陈代谢产热及人对外界热环境的吸热、散热。正常情况下，只有机体产热与对环境的吸热或散热达成相对平衡，才能保持体温恒定，否则人会身体不适甚至患病。人体的单位时间散热量由人体外表面与所处环境通过四种方式的热交换决定，分别是对流热交换、传导热交换、蒸发热交换和辐射热交换。由此，人体的热平衡方程式写作：

$$Q_s = Q_m - W \pm Q_c \pm Q_r - Q_e \pm Q_k$$

式中，Q_s 为人体的热积蓄或热值变化率，Q_m 为人体的新陈代谢产热率，W 为人体维持基本生理活动和肌肉活动做功，Q_c 为人体外表面与周围环境的对流换热率，Q_r 为人体外表面与周围环境的传导换热率，Q_e 为人体蒸发汗液和呼出水蒸气的蒸发传热率，Q_k 为人体外表面与周围环境的辐射热交换率。当 $Q_s = 0$ 时，表示人达到热平衡状态，此时人皮肤温度约为 36.5 ℃，主观感觉舒适；Q_s 大于 0 时人会感到热，小于 0 时人感到冷。

热环境综合评价可通过不舒适指数、有效温度（感觉温度）、卡他度和三球温度指数等指标评价。其中三球温度是评价人作业环境热负荷的综合性温度参量，将干球温度、相对湿度、风速和平均辐射温度这四个环境因素共同纳入考虑。热负荷指的是人在作业环境中受热的程度，由人体与环境的热交换和体力劳动的产热情况决定。在计算三球温度指数时应考虑各种气候条件，若室内外均无太阳辐射，计算时使用自然湿球温度和黑球温度，如果存在室外太阳辐射，还需考虑干球温度。

2. 热环境对人的影响

人在高温环境中最主要的生理反应是大量排汗，这使心脏负荷增大。此外，高温对各个生理系统均存在影响。

对体温调节来说，心血管系统起到非常重要的作用。环境持续高温的情况下，皮肤通过血管扩张来进行体温调节。血液大量向体表流动导致心血输出无可避免地增加，血液循环加速使心脏工作负荷加重，心血管系统会一直处于紧张状态，血压时常变化，因此作业人员的高血压发病率与高温作业工龄正相关。另外，蒸发排汗造成人体液减少、血液变浓稠、血液流量在体表皮肤增多而在内脏降低、血液酸碱平衡被打破，这些都会削弱人体的环境耐受力。

持续高温的环境会抑制中枢神经系统功能，降低大脑皮层兴奋性，延长条件反射潜伏期，减弱注意力水平；严重情况下，人会产生头晕头痛、恶心呕吐甚至是虚脱等症状，称为热衰竭。高温条件下血液流向体表使内脏血液减少的现象会导致消化道相对贫血，唾液和胃液等消化液分泌减少，人随着排汗会排泄掉大量盐分，加之大量饮水使得胃酸浓度降低，抑制了消化吸收功能，因而出现消化不良、食欲不振，还有可能患上肠胃疾病。

在高温环境中，环境温度升高和暴露时间延长都会加剧高温生理反应，高温生理反应按阶段大致划分为代偿、耐受和病理性损伤：

（1）适应性代偿过程是高温生理反应的开始阶段，此时体温调节机制正常发挥作用，能够将体温调节至新的热平衡状态，让机体逐渐适应高温热环境。

（2）若温度持续升高，机体生理调节机制始终无法达到新的热平衡状态，人与环境的热交换让热累积不断上升，无法维持机体核心温度的相对恒定，体温逐渐升高。此时生理性的体温调节机制逐步被抑制，机体由代偿性调节转向热应激耐受阶段，出现一系列衰竭前症状，包括疲惫、头晕、肌肉酸痛、呼吸困难等。

（3）若机体已处于耐受阶段而高温仍然持续或温度继续升高，体温调节机制就会完全失效，意味着高温环境超出人体生理耐受限度，引发人的中暑、热衰竭及心脏病发作等症状，该阶段就是病理性损伤。

高温除了会产生负面热舒适感觉的心理效应外，还会使人注意水平降低，使人产生烦躁、烦闷等情绪，增加人的主观疲劳感，并且会对人的社会心理行为产生影响。环境心理学相关研究发现，高温条件下人不仅会感到不适，还易怒，对他人的人际吸引力评价明显变差。关于高温对攻击性与攻击行为的影响有确定结论，不同情况下具体的影响形式不一而足：大多情况下，高温增强人的攻击性，使人易怒、暴躁，然而在某些极端高温情况下，高温与其他环境因素综合形成的环境条件又会使人逃避高温，从而降低攻击性与攻击行为。

高温对体力劳动的影响不仅局限在工作效率，而且关乎作业人员的安全和健康。高温条件下，强度越大的体力劳动意味着越高的能量消耗，人体会产生更多热量，伴随着更高的水分损失。为使工作正常进行的同时保障作业人员的健康安全，必须规定在各种劳动强度下作业人员在高温环境下持续暴露的时间限值。国标 GB 935—89《高温作业允许持续接触热时间限值》明确限制了不同热环境下各体力劳动强度最长的热暴露时间。作业环境温度越高，劳动强度越大，允许持续暴露在高温环境下的时间越短。热环境对脑力劳动认知作业绩效的作用受多种因素影响，包括环境暴露时间、作业任务类型、个体的环境适应能力及作业技能水平等。大量研究产生了众多不同的结论，其中有两点公认的基本结论：认知任务的具体内容对注意水平要求越高，认知作业绩效越容易受到热环境的影响；不同种类认知作业绩效受高温影响的程度与核心温度升高速率有关。

与高温生理反应的阶段性类似，低温生理反应会随着温度持续降低和低温下暴露时间延长而愈发增强，同样大致划分为代偿、耐受和病理损伤三个阶段：

（1）低温生理反应初期，人体因对流和辐射散热增强而散失过多热量，热平衡的打破使得体温调节机制开始作用。外周皮肤血管的收缩能降低体表血流量，从而减少对流散热和辐射散热；人在冷环境中会有反射性的体位变化，身体呈蜷缩姿态（如抱臂、蜷腿、弓背等）以降低全身散热率，最终将体温（人–环境热交换）调节至新的平衡。

（2）随着温度不断降低，到达一定阶段后，利用生理性调节的体温调节机制无法实现热平衡，机体无法继续代偿性调节，进入对低温环境冷应激的耐受阶段，出现局部或全身性的冷应激反应。人体散热过量引起的全身性冷应激反应的表现是机体核心温度无法维持相对恒定，开始逐渐降低。核心温度降低会引起心率加速和寒战（肌肉阵发性的非随意收缩）。寒战产生热量的作用十分有限，且往往寒战本身会增加散热，加速体能消耗，使人感到非常不适。

（3）人到达耐受阶段后若环境温度继续降低，机体的体温调节机制会完全失效。此时温度超出人体生理耐受范围，人的核心温度过低，引发心率失调、言语和记忆障碍、意识模糊，致使工作能力丧失甚至死亡。

在低温环境中，机体主要生理反应是代谢产热增加，并通过收缩皮肤血管和降低体表温度来尽量减少人体散热量。但如果环境温度过低或人在低温环境中暴露时间过长，皮肤血管长时间极度收缩导致体表血液流量显著降低甚至完全阻滞，就会形成外周循环障碍，某些部位的组织细胞出现冻痛、冻伤和冻僵等。肢体远端部位最容易受到低温条件的影响，在低温环境中最先出现麻木、僵硬的感觉，肢体灵敏程度和活动性因而降低，运动的灵活性、协调性和准确性大幅降低。此外，低温条件下机体往往有起“鸡皮疙瘩”和“打寒战”的生理现象。

低温的心理效应除了让人产生冷的不舒适感，也会使人产生消极情绪以及影响人的攻击、助人等社会心理行为。研究发现，与高温心理效应类似，轻到中度的低温所引发的消极情绪使人攻击性增大，而极端低温下人产生的消极情绪则会降低攻击性。

低温对工作绩效的影响主要体现在两个方面。首先，低温会影响肢体末端尤其是手部的肌肉敏感性与灵活性。手温是影响手部操作绩效的关键因素之一。手的两个临界表皮温度，触觉敏感性约为 10 ℃，操作灵巧性约为 12~16 ℃。若工作环境持续处于 10 ℃ 以下的低温，手部肌肉灵活度、触觉敏感度及协调程度均会降低，强烈影响操作绩效。此外，寒冷中肌肉黏滞性增大，人会打寒战，既妨碍作业操作，又升高了运动损伤概率。手部操作或多或少受到机体全身皮肤平均温度降低的影响。若皮肤加权平均温度降低至 21 ℃，会对颤抖敏感或精确定位有高要求的操作任务产生负面效应，作业人员在冷环境中暴露时间越长，这种负面效应越明显。

研究明确指出寒冷会影响到简单认知任务作业，但尚不确定对复杂认知任务的影响。在中等程度低温环境中反复暴露的过程被称为冷适应，该过程可以缓解冷应激带来的生理不适，但不会明显改善认知作业绩效。另外的研究表明，酪氨酸可以用于缓解寒冷引起的认知操作绩效下降。

一般职业卫生防护标准的制定都是基于医学生理学的标准，但随着科学技术的进步，武器装备和仪器设备系统日益复杂，对人的认知操作要求日益增高，这就要求职业卫生及安全标准的制定要充分考虑热环境对认知因素产生影响的限值。

3. 热环境改善

针对不舒适热环境的防护措施主要有环境温度控制、高温（或低温）防护装备和提高人体热环境耐力。

（1）控制高温（或低温）环境的措施主要包括：用绝热材料隔离热（或冷）源，降低热量向环境的扩散（或冷源对环境热量的吸收）；人工调节装备舱室环境或作业人员周围的空气温度。湿度在很大程度上加重了人体在高温环境中的不舒适感，一旦相对湿度大于 50%，人体的蒸发散热能力被显著削弱。控制装备环境湿度的主要方法是将去湿装置安装在舱室通风口。

（2）在上述环境温度控制方式无法实施或成本过高的情况下，可以考虑进行人员的个体防护，包括使用个体防护装置，通过饮食、锻炼和习服提高个体耐力，注意体力脑力活动方式、强度等。

持续或反复暴露在高温环境中，机体对环境条件逐步适应，对炎热（或寒冷）的耐受力提高，产生热适应的状态被称为热习服。若作业人员经常进行体育锻炼，身体素质状态良好，一般拥有良好的外周循环调节、排汗和代谢功能，对高温（或低温）应激具有更高耐受性，例如通过身体训练可以改善肢体的局部耐寒性（即末梢循环功能）。如果人长期在高温（或低温）环境中工作、生活，自然习服也能逐渐提高个体对环境温度的适应性，且使人维持基本健康状态，降低高温（或低温）引发的不良反应。饮食上注意补充水分，适当摄取冷饮以及一些消暑药物，降低体力负荷减少活动，都是高温下个体防护的简单辅助措施，而适当摄入高热量食物则有助于增强人体的抗寒能力。

（3）常见个体防护装置包括消防人员抗火场高温的消防服、高温作业人员的防热工作服和极地高原或冷库等低温环境中的防寒工作服等。针对一些更为特殊的作业环境，还可以穿戴能够主动降温或加热的个人防护装置，例如航空航天常用的液冷服和风冷服，内部使用通风和水冷散热系统，极大提升了高温环境中的热防护能力，类似的主动热防护装置已经在其他军事领域中逐步推广。

（四）色彩环境

1. 色彩设计基础

色彩的存在本身是通过对比差异实现的，色彩搭配运用的关键就在于寻求色彩之间的内在联系和规律，处理好色彩间的对比与调和的关系。色彩的对比包括明度对比、纯度对比、色相对比、冷暖对比和面积对比；色彩的调和规律就是通过对色彩不同性质或者差别的把握，将色彩有机地结合到一起，从而产生或者达到想要的视觉效果。

物体表面不吸收的特定波长光以反射的形式传入人眼，这部分光刺激视网膜内的感受器，从而形成了视觉上的不同色彩。人体感受色彩的过程及结果产生人的心理作用，形成人对色彩的认知记忆，相应地产生了人的心理效应。

光谱的波长决定了不同的色彩感觉，两种波长的光谱混合后可引发第三种色彩感觉，可以通过混合的方式得到不同色彩。两种或以上的色光混合在一起会同时或者在极短时间内连续性刺激人眼，使人产生一种新的色彩感觉，称之为加色混合。色光混合规律包括色光连续变化规律、补色律、中间色律、代替律和明度相加律。

2. 色彩对人的影响

每种颜色都有其独特的生理作用，尽管对颜色的感觉因人而异，颜色的一些感觉特征仍具有一致性。颜色的生理作用主要是影响视觉工作能力和视觉疲劳程度。蓝、紫色最能引发眼疲劳，红、橙色次之，黄绿、绿蓝、绿、淡青等色最不易引发。使用过度明亮的颜色会导致过大的瞳孔扩大与收缩差距，造成眼疲劳和精神不适。颜色的另一个生理作用是眼睛对不同颜色的光具有敏感性差异。

颜色对人的生理机能和生理过程有着直接的影响。实验研究表明，色彩通过人的视觉器官和神经系统调节体液，对血液循环系统、消化系统、内分泌系统等都有不同程度的影响。例如，红色调会使各种器官的机能兴奋和不稳定，血压增高，脉搏加快；而蓝色调则会抑制各种器官的兴奋，使机能稳定，迫使血压、心率降低。因此，合理地设计色彩环境，可以改善人的生理机能和生理过程，从而提高工作效率。

一般认为颜色的心理作用有效应感、感染力和表现力、记忆和联想等，其中效应感包括冷暖感、兴奋与抑制感、活泼与忧郁感、轻重感、远近感、大小感和柔软光滑感等。当人们看到色彩时，除了会感觉其物理方面的影响外，心理也会立即产生感觉，这种感觉通常称之为意象，也就是色彩意象。

3. 色彩应用

色彩设计主要具有显示空间、营造氛围、调整空间、调节采光、调节温度作用。装备空间内占较大色彩面积的舱顶、舱壁和地面构成色彩环境的背景色；各种仪器设备占中等色彩面积，共同构成主体色；操作按键按钮等占据的面积很小，形成强调色。色彩环境的背景色营造主要的环境氛围，装饰上可以选用纯度较低的色彩；仪器设备选用的颜色应至少略强于背景色，以突出它们的存在；操作按键按钮展示的信息至关重要，应充分利用较高辨识度的色彩以确保信息传达的准确性，因此可选用高彩度、高明度的色彩。

在装备控制室环境色彩设计的技术条件上，应使涂装工艺尽量简单方便，涂料只需满足少次涂抹就能完全覆盖，使用较少的色彩数量，涂装工艺简单、速度快且误差小；涂料须在装备服役过程中不褪色、色相色调不变，具有良好的耐磨蚀性；光泽度不应太强，艳丽的环境色彩对动态和静态作业均不利。

功能条件上，需要色彩辨别性、醒目性强，应采用容易快速识别不同工作区域的调和色彩，让人员在进入舱室时对内部环境空间分布能进行快速、清晰地分辨；颜色视觉传达要与功能协调一致，色彩设计风格要与整体感觉相统一；色彩数量尽量减少，过于繁多的色彩会造成空间中的视觉干扰，应利用有限的色彩数量做出适当的配色方案。

配色条件上，色彩环境配色应该调和，最大程度选用给人舒适感的配色方案。配色方案应有利于装备操纵与驾驶，特别是遇到一些较恶劣的天气和工作情况时，乘员有较大的心理负荷，容易产生疲劳感和负面情绪，作业准确性和安全性受到影响；视野范围、视距、热辐射、光反射和色相都会影响到空间配色，配色设计上要与这些因素相适应，以保证乘员工作状态的稳定性，还要考虑环境色彩与大部分装备材质的协调性。

（五）振动环境

1. 振动评价

振动按在人体作用的部位和传导方式可分为全身振动和局部振动。全身振动是与足部或臀部直接接触的地面或座椅振动引起的振动，经由下肢及躯干作用于全身。局部振动是在使用振动工具时，手部直接接触冲击性、转动性或冲击—转动性工具引起的，经由上肢传至全身。

振动的基本物理量包括位移（振幅）、频率、速度和加速度。位移常用来表示振动作用的强度；加速度与作用力成正比，是对人体的重要冲击量；频率常用来查找振源和进行振动分析。在评价振动对人健康影响时，频率和加速度是重要的评价指标。

与噪声度量相似，振动度量也常用到“级”相关指标。对应着上述物理量，分别有位移级、速度级和加速度级，三者的单位均为分贝（dB）。国际上关于振动的研究最常用的是加速度级，加速度级的值是振动加速度与基准加速度比值对数的 20 倍，

基准加速度值是 $10^{-5}m/s^2$。频谱反映振动频率的组成和分布，振动的频谱分析可以找出危害人体的振动频率并了解其特性。

2. 振动对人的影响

低频引起的人体振动主要是身体共振，某些组织器官比相邻结构发生的振动更大，会引发人体不适、降低作业绩效甚至危害健康。振动频率高达 1 000 Hz 时，振动在人体组织内的传播途径与声音相似，大部分振动能量在体表组织中传播，生物效应随着能量在体内的传递效率逐渐衰减而减弱。

全身振动会导致前庭器官、内分泌系统、消化系统、循环系统和植物神经系统等发生一系列变化，使人产生疲劳。人体对振动反应的系统是弹性的，主要由振动的频率和方向决定。生物力学研究发现，人体全身的垂直方向振动最大共振峰处在 4~8 Hz（第一共振频率），主要由人体胸腔共振产生，对胸腔内脏影响最大。另外两个较小的共振峰位于 10~12 Hz 和 20~25 Hz 附近，分别是第二共振频率和第三共振频率，其中第二共振峰主要由人体腹腔共振产生，对腹部内脏影响最大。对其他人体的器官、部位来说，头部共振频率约 2~30 Hz，眼睛约 18~50 Hz，肩部约 2~6 Hz，心脏约 5 Hz，脊柱约 30 Hz，躯干约 6 Hz，手约 30~40 Hz，臀和足部约 4~8 Hz。人体骨骼、姿势和座椅等都会影响人体振动，装备座位设计必须针对人体共振频率进行减振，尽量消除共振效应。

局部振动会引发神经系统、循环系统、骨骼系统、关节肌肉运动系统及其他系统不同程度的障碍和机能改变。振动在早期主要会使神经系统受损，一般先发生神经末梢病变（即功能受损），然后是中枢神经系统病变，大脑皮层功能减弱，血压波动，神经反应时间延长。对骨骼肌肉系统来说，振动会带来肌无力、肌肉疼痛甚至萎缩，也可能影响到胃肠功能、生理及生殖功能和女性月经。此外，决定振动产生影响的关键因素有加速度、振动接触时间及接触部位、操作方式等，特别是加速度越大、振动接触时间越长，对人产生的伤害越大。

振动对视觉绩效的影响主要体现在处于振动环境的视觉对象和观察人员二者上。视觉对象在振动环境中时，振动对视觉绩效的影响主要由振动的频率和强度决定：若视觉对象的振动频率不足 1 Hz，尽管观察人员对目标的追踪绩效在短时间不受影响，但也会很快产生疲劳；1~2 Hz 的振动频率就会破坏人眼追踪运动目标的能力，追踪绩效明显降低；一旦振动频率高至 2~4 Hz，人眼就无法跟踪目标。逐渐增高的振动频率会使眼球跟踪难度不断加大，此时视觉作业绩效直接取决于中央凹视像的清晰度。

研究发现，振动频率大于 5 Hz 时，视觉辨别的错误率与振动频率和振幅的均方根成正比。

若振动引起操纵界面的运动，肢体和人–机界面振动就会导致人动作不协调，使操作误差增多，降低手部控制绩效。研究证实了操纵控制器的身体部位受到振动会降低操作绩效。从振动强度来看，追踪绩效的下降程度与肢体末端的振动强度成正比，人的平均操作错误率与振动的强度和频率的均方根成正比。

3. 振动控制

（1）减少和消除振源能从根本上进行振动控制，通常采取的措施包括：隔离振源；优化生产技术，例如以液压、焊接代替铆接从而消除或减少振动；增加设备阻尼，例如选取吸振材料、安装阻尼器或阻尼环、附加弹性阻尼材料等，定期检查、维修引起机械振动的陈旧设备，必要时进行改造；使用橡胶类、软木类、弹簧类、毡板和油压类等多种形式的减振器；通过降低系统刚性系数或增大系统质量来降低设备的共振频率，例如降低风扇、泵、空气压缩机等设备的共振频率就常使用增加质量的方法。

（2）进行个体防护，例如操作振动仪器时使用削弱局部振动的防振手套，在全身振动环境中穿防振鞋（内有由微孔橡胶制鞋垫，其弹性可达成全身减振）；持续坐姿作业人员可使用减振座椅、弹性垫可以减轻振动对人的影响。不论采取何种防护措施，应尽量限制人员接触振动的时间。

（六）空气环境

1. 空气中主要污染物及危害

（1）装备建造时采用的非金属材料，使用的涂料、油漆、润滑油和保温材料等受热会蒸发产生有害气体。例如涂料与油漆使用有机溶剂会释放甲苯、二甲苯、乙苯，酚醛树脂会释放游离甲醛，润滑剂的燃油分解会产生甲醛、乙醛、丙烯醛等。高分子保温材料（如聚氨酯、聚酰亚胺）受热释放大量醛、酮、醇。电子仪器设备在使用过程中会产生臭氧和一氧化碳。

（2）人体代谢产物多达 400 余种，其中包含大量气体污染物。人体呼出的气体含有百余种成分，其中包括二氧化碳、一氧化碳、氨气、醛、酮、苯、胺等。皮肤频繁排出汗液与皮脂腺分泌物，皮脂腺分泌物的主要成分是蛋白质、游离脂肪酸、无机酸、甘油、棕榈脂和盐等。人体皮肤的呼吸也会排出少量气体污染物。尿液中的化合物有

200余种，其中有氯化物、酶、维生素、脂肪烃和有机酸等。

（3）柴油内燃机启动或刹车的瞬间便会产生二氧化碳、一氧化碳、三氧化氮、二氧化硫、硫化氢、甲烷等气体污染物。装备上常用的灭火剂含有一溴三氟甲烷、氯溴甲烷、三氯溴甲烷、二氟二溴甲烷等，闲置时会分解生成氯化氢、光气、溴、溴化氢及溴化碳酰等；氟利昂类制冷剂泄漏后会分解产生氯气、氯化氢、氟化氢、光气等。

（4）餐厨烹饪、机械装置磨损、舱壁材料脱落、换气装置运转、核裂变等都会产生化学气溶胶颗粒物。食物分解腐烂、舱室废弃物处理、人体新陈代谢等会产生微生物气溶胶，其中含有细菌、真菌、病毒、类病毒、放线菌、立克次氏体、衣原体、支原体等。核动力装备上反应堆会释放放射性物质，扩散到作业和生活舱室后会活化空气中的稳定同位素。放射性物质的另一个来源是夜光仪表。

舱室气态污染物的毒性主要体现在四个方面：中枢神经系统毒性，呼吸系统毒性，眼、鼻、咽喉和呼吸道的刺激性及致癌性。舱室内气溶胶对人体的危害程度与其粒径及浓度密切相关，粒径≥ 2.5 μm的颗粒物极易对上呼吸道、咽喉和眼睛产生刺激作用，诱发过敏性鼻炎、支气管哮喘、支气管炎和过敏性肺炎等疾病；而粒径 <2.5 μm的颗粒物可以通过呼吸道到达肺泡并在肺泡沉积从而损害人体健康，其对呼吸系统损伤尤为严重。有研究将肺上皮细胞暴露于船用发动机燃料的废气中，证实了柴油燃料废气颗粒物能够导致细胞死亡、氧化应激等，从而影响气道与肺组织，甚至可能引起急性肺损伤和慢性阻塞性肺疾病。

2. 空气污染防治

目前，装备空调可满足工作、生活和战备执勤等方面舒适度要求，调节舱室温度，初步过滤空气中10~100 μm的灰尘和杂质，但仍然无法保障装备舱室长期的空气环境质量。特别是在使用率极高的空调基本常年运行后，难以被过滤器有效滤除的小于10 μm灰尘及悬浮物进入空气系统，黏附在风道内壁上，逐渐形成大量积尘。大型装备的通风和空调的管道系统庞大复杂，管道长而形状多变，且几乎全部置于各舱室的狭小天花板空间内。由于目前尚未有成熟的整体空调通风系统免拆清洗技术，装备的系统无法实现定期清洁，内部积尘在高温、高湿的条件下滋生各类有害生物，对长期在装备密闭舱室工作、生活的人员健康产生难以评估的威胁。为保障密闭舱室的空气质量和人员工作、生活环境的舒适性，高效处理管路系统的污染问题，应定期对空调通风系统进行整体免拆的分段清洗。

对于开式空调系统，舱室气体成分和纯净度通过送入外部新鲜空气予以保证。在闭式系统中则必须去除舱室中有害杂质和维持正常的氧浓度。舱室大气中的每种污染物都有极限允许浓度，采用有效的气体净化设备和方法——机械和静电除尘、活性炭除尘、催化燃烧 H_2 和 CO 装置、去除 CO_2 装置等，可保证舱室大气有害污染物含量低于或等于允许浓度。同时，为了保证舱室大气必须的 O_2 浓度可使用制氧装置。

欧美国家运用先进的设计理念、计算手段和管理模式，持续进行装备通风空调系统的设备研发和升级更新，以满足大型装备对舱室空气环境的要求。改善舱室空气环境，具体主要表现在三个方面：

（1）运用先进的空调通风系统设计。美国海军在舰船舱室空调通风系统设计上运用系统压力平衡和负荷计算方法，相比传统的设计方法，既提高了设计精度，最大程度满足舰员执行任务和生活舒适性要求，又保证设备运行状态下的经济性；在设计过程中利用计算流体力学方法预测气流特征，能及时发现设计方案的问题从而修改和优化。英、德等国在设计上积极尝试统筹舰船各个舱室作为整体，使用基于数值方法、图论和最优化理论的流体网络法来分析计算整体的空调通风系统，从而改进和优化现有的设计方案、方法。在大型舰船装备的通风设计中，应针对任务中不同航行状态和气候条件制定空调通风方案。

（2）注重设计的细节和个性化。大型装备上舱室众多且具备不同职能和特点，外军会注意对重点舱室进行个性化设计以获得较高品质的空气环境。例如，航母上洗衣间和厨房使用的设备耗能巨大且产生大量的热、湿，而衣物纤维、餐厨油烟会在管道内积聚，使管道内气流受限，管道的送风、排风能力减小，导致舱室温度升高，造成人员的不舒适感，作业绩效随之降低。针对上述问题，美军在洗衣间产生较高浓度衣物纤维的位置安装局部排风设备；在厨房安装一体化设备，这样通风系统的复杂性和维修费用都会因厨房设备数量精简而降低。水面舰艇弹库属于 DDA 危险区域（易失火或爆炸），其安全性不仅关系舰艇的战斗力，还关乎舰艇的生命力，弹库的空调通风设计是弹库设计的一项重要内容。

（3）使用智能化空调设备。现代部队对装备舱室空气环境的要求提高，倾向于使用高效节能、安全可靠、污染低、寿命长的相关设备，且未来的发展方向是智能化、自动化、模块化、集成化。可以在对环境条件要求较高的舱室（如舰长室）使用高性能末端设备，风量调节以个体需求为准，保证舱室空气环境始终处于较好状态。在设计中要注重通风空调系统的减振降噪，才能提高舱室的综合环境质量。

四、疲劳减轻与事故预防

（一）疲劳的产生

在作业过程中，持续一定时间的体力、脑力活动使人产生生理、心理不适并导致作业能力显著降低，这就是作业疲劳。

最常见的疲劳是体力疲劳。随着作业时间延长或作业负荷持续累积，人的身体机能衰退，作业能力降低，伴随产生抗拒工作的情绪，这些综合起来就产生体力疲劳。精神疲劳（脑力疲劳）是用脑过度导致大脑神经活动的一种受抑制状态。例如，如果长时间进行紧张的脑力活动，人会产生疲倦、乏力、烦躁、精神低落、失眠或嗜睡等症状。一般人脑力作业状态下耗能会比平时增加 2%~3%，若同时增加体力作业，所需能量会增长 10%~20%。

由于活动频繁、压力、紧张，人作业时使用的主要身体部位和器官会首先产生局部疲劳。现今的作业方式因技术进步而大大降低了人本身的能量消耗，但一些类型的作业任务仍会造成身体某些部位的局部疲劳。局部疲劳的情况基本受到职业和具体作业任务的影响，而进行较繁重的全身性体力作业一般导致全身性疲劳，表现为疲劳从局部肌肉逐渐扩散连带其他肌肉，从而演变成全身性的疲劳反应。疲倦感可分为主观和客观两种，主观疲倦感的表现是疲乏、关节酸痛；客观疲倦感则表现为动作迟钝或不协调、思维混乱、视觉追踪能力下降、错误率上升，这些共同造成作业能力下降。

劳动过程中，人体承受肉体或精神上的负荷，受工作负荷的影响产生负担，负担随时间推移，不断积累就引发疲劳。疲劳的产生主要有两个方面的原因：

1. 工作条件因素

一切影响到劳动者进行劳动过程的工作环境相关因素统称为工作条件因素。有下列负面工作条件容易引发疲劳：不合理的劳动制度和组织形式，如安排过长作业时间、过高劳动强度、过快作业速度、不合理作业体位等；仪表设备和工具设计不佳，如控制器、显示器不符合人的生理和心理的特点及需求等；工作环境恶劣，如照明不足、噪声过大、振动过强、高温高湿以及空气质量差等。

2. 作业者因素

作业者因素有操作熟练度、操作技巧、身体条件、工作适应性、休息情况、生活条件以及作业情绪等，这些因素都可能会导致生理疲劳。机体疲劳不一定与主观疲倦感同时出现，有时人体尚未处于疲劳状态就已经产生了疲劳感，常表现在对任务缺乏兴趣的作业人员身上；而有时即使机体早已疲劳，人却没有疲倦感，这往往是因为其具备高度工作责任感、对工作有特殊爱好或面对急中生智的状况。

心理疲劳的诱因主要有

（1）作业效果欠佳，在相当长的时间内无法达到自身的满意水平。

（2）作业内容单调，执行的动作单一、乏味，无法让作业者提起兴趣。

（3）作业环境使人不安，安全防护设施不完善，职业具有不稳定性，上级督导和暗示令人不适，都会造成作业人员心理和精神负担。

（4）作业任务要求的劳动技能不熟练。只要作业任务的复杂程度或对体力、脑力的要求超过了劳动者一般能力范围，造成的负担和压力也会带来心理疲劳。

（5）劳动者本人的行为和思维方式可能使其精神状态出现问题。同事间人际关系或上下级关系紧张、家庭生活矛盾等都会引发工作时的心理疲劳。

（二）提高作业能力的措施

作业组织、作业过程、作业环境及作业者本身等种种因素都会影响具体的作业能力。针对这些因素采取措施进行调控或干预，不仅能有效提高作业能力，还可以减轻不利因素对机体健康的影响。

（1）减轻脑力疲劳。脑力负荷过高的作业者常处于精神紧绷的状态，长此以往产生的脑力疲劳会十分严重，直接影响作业绩效。改善作业任务单调的一个重要方法是操作再设计及操作变换。研究发现，人承担任务中操作项目越多，对该任务感兴趣的百分比就越高。依据作业者生理和心理特点进行作业内容设计、使其更加丰富，是目前提高工作绩效的趋势。可以采取的措施包括推行弹性工作法、突出工作的目的性、动态报告作业完成情况等，合理调整作业过程中的脑力负荷。

（2）合理用力，减轻身体疲劳。为保障作业的准确性、高效性及经济性，机体发力的方法应遵循力学、生理学、解剖学和动作经济的原理原则。在作业时应选择适宜的体位、姿势，既要维持身体的平衡稳定，又要避免在不合理的动作和机体消耗上浪费体力。作业空间的设计要考虑作业人员躯体在作业状态下的空间占据。

（3）消除工作单调感。培养多面手，变换工种；工作延伸，按工作进程延续扩展工作内容；丰富工作的内容、形式，设计操作过程时从人的生理和心理特点出发，可以将动作或工序合并。

（4）避免心理因素的不良影响。心理状况可以直接影响到人的机体健康和作业能力。人如果满意其从事的工作，不但能提高工作绩效，甚至还可以激发内在创造力；相反，如果对工作不感兴趣或因为各种原因在工作时情绪低落，一方面影响绩效，另一方面可能造成差错、事故，导致人员受伤。应努力减少和避免各类因素对心理健康的负面影响，保证工作积极性的调动和发挥。

（5）改善工作环境和人机界面。

（6）加强锻炼和培训。

（三）人机系统安全性

1. 系统安全分析

一般的系统安全分析包括：

（1）通过调查和分析找到可能出现的事故相关的各种危险源，厘清其相互关系。

（2）调查和分析利用适当的设备、工艺或编制适当规程控制甚至根除特殊危险源的措施。

（3）调查和分析系统中的环境、设备、人员及其他条件因素。

（4）调查和分析对预防潜在危险的措施及具体实施方案。

（5）调查和分析无法消除的危险源意外和失控时可能产生的后果。

（6）调查和分析危险源失控情况下，针对各类伤害和损失的安全保障手段。

系统安全分析的方法很多，在危险源的辨识中常用的方法主要包括检查表法、预先危害分析、故障类型和影响分析、危险性和可操作性研究、事件树分析、事故树分析和因果分析。

2. 系统安全评价

安全评价有以下四个基本原理：

（1）相关性原理。事故和导致事故发生的各种原因之间存在着相关关系，表现为依存关系和因果关系。危险因素是原因，事故是结果，事故的发生是许多因素综合作用的结果。分析各因素的特征、变化规律、影响事故后果的程度以及从原因到结果的途径，揭示其内在联系和相关程度，才能在评价中得出正确的分析结论，从而采取恰当的对策措施。

（2）类推原理。运用不同事物在表现形式上存在的相似之处，运用类推手法，以先发展事物的表现过程预测后发展事物的发展前景。

（3）惯性原理。事物发展在时间上普遍的延续性称为惯性。利用惯性可以建立各类趋势外推预测模型，利用过去的事故发展规律预测未来可能的事故发展趋势。

（4）量变到质变原理。任何事物的发展变化过程都遵循量变到质变的规律。一个系统中众多安全的相关因素也都会从量变发展到质变。在安全评价时，需要考虑各种有害因素对人体到整个系统的危害，采用危害等级划分的评价方法也需要应用量变到质变原理。

安全评价是分析、评价系统所含的危险因素、危害因素及对应的危险、危害程度。安全评价的方法可分为两大类：

（1）定性安全评价。目前应用较广的方法包括安全检查表、事故树分析、事件树分析、预先危害分析、故障类型和影响分析、危险度评价、危险性和可操作研究、如果……怎么办（what... if）分析、人误分析等。

（2）定量安全评价。定量安全评价以统计数据为依据，应用科学方法在有关标准指导下建立数学模型，量化危险性从而确定其等级或发生危险的概率。定量安全评价主要包括两种类型：可靠性安全评价法，又称概率法，首先明确系统隐患，计算出隐患导致的损失、有害因素的种类及危害程度后，再对比国家规定或社会允许的安全值（安全标准），以可靠性、安全性为基础，确定被评价系统的安全状况；指数法或评分法，以物质系数为基础，危险度分级使用综合评价形式，通过计算出危险（或安全）得分可以确定系统的安全状况，这种计算方法的优势是更容易，缺点是精度稍差。

（四）事故原因分析与预防

1. 事故原因分析

近年来，人机系统变得更加复杂，统计发现导致事故发生的主要原因是人为失误。人为失误是指在某一人机系统中，人实际完成的操作或职能与系统为人设定的目标之间存在偏差，对系统整体的运行、构造、模式、目标的影响使其运行出现问题或遭到破坏。实际作业过程中，人为失误有很多种，对各类生产作业活动分析可以得出人为失误基本表现在：忽略安全性警告；操作失误；在该使用工具时徒手操作；使用不安全设备；安全装置因人为失效；物体存放不当；违规进入危险场所；作业时注意力不集中；在机器未停止运转时对其检查、调整、修理、清洁等；在起吊物下作业；安全防护用具使用及穿戴不合规甚至将其忽略，违背安全作业的着装规定；错误处理易燃易爆危险品。

人机系统中机械设备是不可或缺的组成部分，不合理的设备设计、安全防护（保险、信号装置等缺乏或存在缺陷）、空间布置等问题都容易诱发事故。

可能引起事故的环境因素多样。作业现场微气候环境差，存在噪声、振动、照明、粉尘等不良条件，一方面会增强作业者的疲劳和厌烦感，导致其认知水平和反应能力降低，事故发生率上升，另一方面干扰作业人员感知和处理信息的能力，形成错误判断就会带来事故。外界的无关刺激累积到一定程度会引起作业人员精力分散，注意对象从作业任务上转移从而造成事故。作业现场的媒介设备质量低、声音图像等信号不清晰也容易导致事故。非固定作业（如工程施工）场所中所使用的标志和指示物不能引起人在普通意识水平下的注意，也会成为安全隐患。

安全管理的重视度和安全体制的健全度切实关系着安全事故发生率。事故在管理方面的因素包括：领导责任人对安全生产工作不够重视，安全管理组织机构不够健全，作业安全目标不够清晰，责任不够明确，未将检查工作彻底落实；安全工作相关计划不切实际，安全工作规章、制度不够健全或没有落实；各部门和作业单位之间安全管理信息不畅通，缺乏应有的交流机制和渠道；缺乏必需的作业适应性培训和考察；对夜班作业、临时作业、特殊作业和危险作业的管理不完善；作业环境设备、物品摆放杂乱，缺乏作业秩序，设备使用不当及安全管理不善。

2. 事故干预

人因工程学认为，事故皆起源于错误，引起错误的环境必定存在与引起事故的环境相一致的特征。在归纳总结人为失误和事故的预防对策时，从人因工程学的角度，分别以人的方面、机器设备方面、作业环境方面和管理方面进行分析。

人的因素方面：

（1）创造认真严肃而平稳和谐的安全作业气氛。

（2）重视危险物品的处理处置。对作业人员进行充分的安全教育，使其能够认清危险物所致事故可能产生的严重后果，在作业过程中注意遵守安全操作规程，认真谨慎。

（3）提高执行危险作业时大脑的意识和认知水平。

（4）提高危险预判水平。要分析研究大量事故案例，不断扩大和充实安全教育内容。

（5）要防止突发意外事件导致处于精神集中作业状态的人员失误。

（6）制定详细的紧急事态应对制度。人面临紧急状态时，大脑的意识水平较低，思维能力下降，操作失误率上升，极易发生人为失误事故。因此，有必要针对特殊事件、突发事件等紧急状态预先制定对策，并对人员进行训练演练，以便在紧急事态下人员的条件反射遵循安全对策行动，避免作业事故。

设备方面：

（1）在设备和系统设计上以人体特性为依据。显示器信号要适应人的生理和心理特征，从设计上减少信息传递混乱导致的人为失误；控制装置要操作便捷而省力；充分利用人的习惯能力，提升计量仪表及显示器的可视、可读性，紧急操作部件应采用醒目色彩或按规定使用安全标识，以便于识别且防止误操作；设备的大小、高度、人员视野都要符合人体尺寸需求。

（2）设备或系统设计原则上应尽量简单，以减少和防止系统过于复杂带来的差错和事故。为便于迅速采取应变对策，为紧急事态设计的安全装置可采用“一触即关”的方式。系统必须包含信息反馈和报警系统。

（3）合理布置显示器和控制器，以便于作业人员感知、处理信息和人机交互。

（4）对重要的设备或系统，可设计自动安全装置、联锁（闭锁）装置、故障安全装置等，以保障系统安全。

（5）设置防护装置分隔人与系统中的危险部位。例如，高热管道、运转的机器、机器设备易触及的导电部分以及可能发生人员坠落、跌倒的地方等，根据作业过程和环境条件实际情况设置防护罩（网）、围栏、挡板等。

（6）科学设计信号装置。视觉信号要做到鲜明易辨认，听觉信号必须保证不能受到工作环境噪声干扰，仪表类信号必须准确、清晰。应定期检查维护信号装置。

（7）按时检查、修理和更新设备和工具。

环境方面：

（1）提升作业环境要从人的生理和心理特征出发。调控热环境、照明、噪声等环境因素适宜作业，并合理设置作业和休息时间，使人员可以在能力和认知水平均较高的条件下作业，精神集中，避免事故发生。

（2）根据作业人员的特点设计适宜的作业条件。所设计的作业条件应符合感觉器官和运动器官特征和习惯，易看、易听、易判断、易操作，为作业人员减少外界干扰，达到他们在舒适姿势下进行作业的目的。

（3）作业场所制定管理条例。在作业工作现场，原材料、产品、工具、备件等要按规定摆放和归纳存放，不能占据作业空间，且必须保证安全通道通畅。

（4）危险告示牌和识别标志。将危险告示牌设置在明显的地方，文字简明易辨认，标志含义明确。识别标志常使用醒目的颜色和清晰的标志，让人一目了然。

（5）对于特殊作业，应事先制定作业指导书，明确预先设计的方法和该方法不能实行时应采取的措施；要明确紧急情况下通话的有效方式，例如规定紧急用语。

管理方面：

（1）加强组织领导。

（2）重视双向的职业选择和人员培训。

（3）作业管理，包括采用行政和经济手段。推行各工种作业标准化，必要时设立操作标准监督岗；合理安排作息时间，积极使用有效保健手段消除作业人员疲劳；加班作业按规定进行，禁止过劳加班和患病时工作；合理设计、安排、分配，从而减少或改进单调作业，防止单调作业所致失误；采取措施提高人员的工作积极性。

近来，人机系统的快速发展趋势是高精密度和复杂化，这样的系统一旦失效，将带来重大损失和严重后果。统计研究表明，绝大多数的系统事故源于人为失误，因此人因工程应针对人的可靠性、人为失误的特征和规律、系统安全性的综合影响因素展开研究，找出各种导致人为失误的隐患，通过主、客观因素的相互协调和补充，努力消除不安全因素，最终改善人–机–环系统。

第五节 人因工程经典案例

一、霍桑工厂实验

1927—1932年间西方电气公司在霍桑工厂开展的系列研究是工程心理学领域最重要的研究之一，主要研究者是梅奥（Elton Mayo，哈佛大学教员、咨询顾问）及其助手。

第一项实验中，改变了一组工人的照明条件，将其作业绩效同另一组未改变照明的工人进行对照。实验结果比较奇怪，两组工人的生产率都升高了，且即使再度降低实验组照明，两组工人的生产率仍在继续提高，环境照明持续暗淡到月光的程度，工人生产率才开始下降。

另一项实验对象是装配电话局终端接线板的工人，实验中9名工人参与了计件激励计划。按照科学管理理论，为获得更多酬劳，每个工人都会努力实现最大作业量。但梅奥及其助手的实验结果显示，这组工人自行得出了可接受的作业水平。工人的产出超过该水平被视为“犯规”，低于该水平则被称为“骗子”，为保证受到集体接纳，工人会将个人产出保持在可接受的水平范围内。一旦工作量达到一定水平，工人就会放松作业，避免产出过高。

梅奥及其助手还进行了涉及数千名工人访谈的其他实验，通过研究认识到前所未及的工作场所人类行为重要性。例如，照明实验结果可解释为工人们或许是初次受到特殊关注，体会到人性化管理；激励计划未见成效则是由于社会接受度的重要性要高于报酬激励。简单来说，个体和社会过程显示出了对工人作业态度和行为的决定性作用。

梅奥的研究还提供了管理学社会责任的早期样本。在霍桑工厂实验之前，梅奥曾经在费城一家有社会情怀的纺织厂研究工人在工厂工作时的行为表现，并显著地改进了工人的工作条件和工作效率。之前科学管理大师泰勒的助手也在这家工厂开展实验，却没有能够解决工人的劳动效率问题。梅奥成功的原因之一是，他和助手愿意倾听工人的意见并且信任工人能够管理好自己的工作。

二、地铁列车车厢内部设计

地铁已成为国内众多城市运营的主要现代化交通工具。每节地铁车厢可容纳约150名乘客，一辆普通列车载客量达800~1500人，是公共汽车的8~11倍。地铁速度快，列车到站的间隔时间短，客运高峰时段平均每三分钟就有一辆列车通过，单向每小时客运量约5~6万人。

在高峰时段客流量如此巨大的情况下，为尽可能满足人们的乘车需求，车门、车厢、座椅及贯通道（车厢之间连接处的通道）尺寸，扶手形状、大小及位置等的设计都必须依据各种人体尺寸数据的真实情况。

（一）车厢内座椅

根据成年人的坐姿尺寸标准，查询可得列车车厢适宜的椅面高度为390 mm左右、宽度为460 mm左右。

上海地铁的车厢座椅基本符合大部分人的人体尺寸需求，其高度对采光无影响。座椅的各种尺寸对各年龄段的乘客都较为适宜，结构均为长条式，避免了座椅间的间隔影响到空间的充分利用，并发挥座椅的最大使用潜力。

北京地铁五号线的座椅制作使用了玻璃钢阻燃材料，比常规座椅宽，在设计上使靠背微微凸起，这种人性化的设计细节使乘客更加舒适。这个例子说明，未来的地铁车厢座椅设计可以在满足乘客基本坐姿要求的前提下，借鉴办公室高档座椅的先进和特殊设计。

（二）车厢及车门宽度的尺寸

车厢的普遍宽度为 2.6 m，高度（列车顶部到车轮底部的总距离）为 3.51 m。车厢内对面座椅间的距离应保证能让 3~4 人站立。不同型号的列车车厢内部的高度一般约为 2.4~2.6 m。受轨道、隧道尺寸等因素限制，以上数据的调整空间很小。

比较可发现，北京和南京新近投入运营的地铁列车车厢宽度明显大于上海地铁。此类新型车厢宽 2.8 m、高 3.8 m，不仅增大了乘客的活动空间和载客量，也让人感到更加宽松和舒适。

为了在列车到站停车的有限时间内满足乘客上下车需求，所有地铁列车的车门宽度均约为 1.5 m，这个宽度可并排通过 2~3 人，在客流量大时可允许 3~4 人同时侧身通行，每节车厢有数个车门分离人流，尽可能减少上下车拥堵。

（三）贯通道的尺寸

车厢间的贯通道空间比车厢小一些且无座位设置，通常情况下对乘客无影响。但它作为列车中的特殊结构构造，往往成为整列列车的尺寸瓶颈。不符合尺寸要求的贯通道不仅对乘客在车厢间的通行造成不便，还会降低列车的整体舒适性。大型城市人口众多，在上下班高峰时段以及其他时间人流量大的区域，列车贯通道就不仅仅起连通作用，还被用作拥挤程度不亚于正常车厢的临时车厢。因此，必须在贯通道的设计上尽量满足乘车需求。

以上海地铁三号线的贯通道（高 2.311 m，宽 1.774 m）为例，虽然其高度明显低于车厢内高度，但足以满足大部分人身体尺寸，其宽度则基本满足三人并排，在尺寸设计上已是可用作临时车厢的。目前，贯通道提升仍有较大空间：其位于两节车厢连接处，晃动相对严重（特别是在列车转弯时），建议在适宜的高度、位置加装扶手，确保临时经过或站立的乘客平稳、安全，赋予贯通道更大作用功能。

（四）扶手形状、大小及位置

曾有部分乘客反映上海地铁四号线的扶手太高，难以够到。目前车厢顶部扶手为环状，从形状设计上满足了更多乘客对扶手的使用需求，但高度设计方面存在不足，身高低于 160 cm 的乘客难以伸手够到，使环形扶手的功能大大降低。据现场观察，确实大部分人并不会使用环形扶手，其中一部分人无法伸及，另一部分人尽管能够到，但扶手高度决定长时间拉着会使胳膊感到十分疲劳。因此，将其尺寸高度改得略低一些（仍高于大部分乘客身高），既不致阻碍乘客通行，也能使广大乘客伸手便能够到。

地铁车厢内圆柱形金属扶手也有尺寸要求。金属扶手的直径是最基本尺寸要求，既要能让大部分人拉住并稳定身体，又要使人感到拉握舒适。过粗的扶手使人手部拉紧困难，过细则会使扶手强度不够，存在安全问题。

广州地铁车厢没有采用适合多人共同使用的环形扶手，大多是“三条线”形式设计，原因是广州人口要少于北京和上海。相对于适合上海人口情况的环形设计，“三条线”扶手能使乘客站位分布更疏松，适用于人口相对较少的城市。且“三条线”的扶手设计方便位于车厢内任意位置的人轻松够到，相较上海部分地铁的“两条线”扶手更科学合理，乘客基本上不会在车厢内无法拉到扶手，享有更大乘车便利和安全。

三、潜艇的人机系统设计

潜艇人机系统是针对潜艇装备舱室的人–机–环境系统，既复杂又动态变化。其中，人包括艇上指挥、作战和操控设备的所有人员。机器包括受艇员控制、与艇员交互的全部仪器设备，是由一系列可实现水下巡航作战等功能的部分系统协同构成的复杂系统。环境主要指舱室及仪器设备为人提供的条件和造成的限制，包括潜艇内部环境和外部环境两部分；内部环境指舱室的人、机所处环境条件，外部环境指艇外水温、地形、敌情等。潜艇系统环境设计主要针对艇内环境。

（一）设计依据

潜艇人机系统的设计以艇员的生理、心理特性为基础和前提。机器的外形、尺寸及工作岗位尺寸等设计首先应依据艇员的人体尺寸，各种设计尺寸要满足 90% 的艇员群体。艇员身高各异，对其进行人体测量学的统计分析，将艇员身材以尺寸百分位数表示。通常以身体尺寸的第 95 百分位数作为大身材，第 50 百分位数作为平均身材，第 5 百分位数作为小身材，具体在设计中应根据作业性质和机器、空间的结构特点选用。尺寸选用基本原则如下：容纳艇员身体的尺寸依据第 95 百分位数（如舱室空间和出入口），需要艇员包容的尺寸使用第 5 百分位数（如桌面及座椅高度），以中位数确定最佳作业范围（如舱室门把手及电源开关距地面高度）；涉及安全防护的尺寸设计应使用第 1 百分位数或第 99 百分位数，确保保障 99% 以上艇员的安全。另外，设计中还要注意艇员的听觉、视觉、触觉等感官特征。设计潜艇工作空间和机器布置除了应考虑工作过程中身体尺寸的因素，还要考虑人的能力限制。例如，对强度的要求应在人生理的适应范围内，作业动作应遵循人体工学，动作姿势和作用力应互相协调。

潜艇的部分组件采用不合理设计可能会使艇员产生心理问题。若人在人机系统中需要接收、处理大量信息，较重的心理负荷容易产生心理疲劳，使人容易遗漏感知信息或发生感知错误，这就是心理超负荷现象；反之，面对低信息量，人会表现出较长的反应时间和低敏感性，而在出现真目标时很可能出现漏报，这种现象被称为心理低负荷。因此，作业人员只有心理负荷强度适中，才容易实现比较好的作业绩效。

心理疲劳是指无论艇员生理上工作强度如何，由于长时间承受心理超负荷状态（如作战演习、安全风险、意外发生率高）或长时间从事单调无聊的工作产生厌烦而引起的疲劳。应采取一定措施干预心理疲劳，提高作业绩效：优化作业设计，适当调整变换操作内容，提高作业环境条件，如合理设计环境色彩、照明及作业空间布局。潜艇作业空间设计不仅要考虑艇员身体尺寸，还应考虑人的心理因素。舱室过于拥挤会让人感到压抑，也容易让人产生碰壁感，由于舱室中往往是集体作业，还需避免艇员之间互相干扰。

（二）显示器和控制器

潜艇中有许多显示器和控制器，其设计优劣直接关系到人机系统作业绩效、作业强度以及操作的便捷性和准确性。显示器的首要功能是传递信息，视觉显示占潜艇信息显示的大部分。潜艇这一复杂的人机系统往往使用众多显示器，其选择及设计上存在众多制约因素，应遵循的基本原则有：系统任务合理设计和分配；充分考虑艇员特性、作业任务特点及作业环境特点；显示器精度尽量不要超过精度需求；所传递的信息应方便感知和理解记忆，避免信息烦冗。

对于视觉显示器设计，应保证视觉信号易于感知，满足清晰、能见、易知的基本要求。视觉信号编码的单维刺激属性有：字符编码、色彩编码、亮度编码、闪光编码、位置编码、长度编码、形状编码、角度编码、面积编码等。如果是仪表盘设计，还要考虑表盘的形状与尺寸、刻度划分与刻度线设计、指针设计、文字图形符号设计等。

一个人机系统特别是控制室中仪表众多，对视觉显示面板来说，设计应考虑如何安装仪表能提高工作效率，降低人员疲劳，对面板设计的基本要求包括：

（1）将仪表布置在人眼的正常视区内，使头部尽可能减少转动，一般最佳仪表视距范围是 560~750 mm ；

（2）重要的、高频使用的仪表应置于人的最佳视区内；

（3）仪表以水平排列为佳；

（4）在系统运行正常时，仪表指针转动方向应一致，便于及时发现系统中出现的故障；

（5）按功能将同类仪器分组设置，并以颜色等方式做出区分标识；

（6）若所使用的显示器需要固定位置，应根据其使用顺序确定位置排列。

潜艇控制器包括潜艇中各类操纵装置。人通过控制器把信息输入至机器，实现控制功能，类型包括手控制器、足控制器、言语控制器等。按操作的运动方式，控制器分为旋转式控制器（如旋钮、钥匙等）和平移式控制器（如键盘、按钮等）。选择控制器时应遵循的基本原则包括：手控制器应易于伸及和抓握，高度在肘和肩之间为宜，并处于视线范围内；开关、按钮、旋钮类适用于不需费力、移动范围较小及精度需求高或连续式的调节；曲柄、手轮、踏板及杠杆则适用于费力、移动幅度大和精度需求低的调节；应根据人的生理特征设计控制器的间隔距离，旋钮或开关之类的控制器需用手指操作，互相之间的距离不应低于 15 mm，如果控制器需要整只手操作，间距不应低于 500 mm。

潜艇机械系统运转事故多数是由操作不慎造成的，而产生操作失误的原因往往是控制器的设计不合理，没有充分考量人的特性。常见的艇员操作失误包括调节错误、调换错误、扭转错误和无意识操作错误。为避免操作控制器时发生失误甚至是意外触动，除了在控制器的设计上进行防范，同时应采取如下措施：布置在适宜的位置；使用保护结构进行固定；加盖保护罩或使用挡板围护；设计连锁控制系统；设计误操作的识别和示警功能。

设计控制器时应充分考虑人的生理特性和使用操作习惯。控制器全部应符合艇员身体特性和生理机能决定的运动规律，在设计时应依据艇员操作能力的中下限。应结合控制器与仪器设备的工作状态，其运动方向应与仪器系统的运动方向保持一致。控制器不仅要容易辨认，还要显示功能提示。尽量让艇员能利用身体自然状态的动作控制以减轻艇员疲劳，最好能借助重力以身体部位进行控制。只要条件允许，优先将控制器设计为多功能集成；以满足艇员生理要求为前提，力求设计的控制器结构简单，形状、尺寸、样式新颖；属于同系统的各个控制器尽量采用相同动作控制，排列顺序应符合使用顺序。通常会针对控制器进行赋予特定意义的编码以提示用途、功能及操作方式，这样能够提高艇员识别控制器的能力，预防操作人误。

对显示器与控制器进行合理布置不仅便于日常的监控，也可降低混淆和误操作概率。在设计过程中考虑显示器与控制器的协调性时，应根据人的生理和心理特性（如习惯定式），遵循如下要求：圆形或水平显示器指针应随着控制器向右移动而右移；垂直方向显示器的指针应向上移动，指针应随着控制器向上或向前而向上或向右运动；显示器示数应随着右旋或顺时针转动而增加；固定指针的显示器，其刻度应随着控制器而向右移动，刻度应从右到左增大，使刻度右转时读数升高；控制器向前方、上方或右方移动时，显示器均应增大读数，或使开关位于“开”的位置。

（三）控制室和机舱室

潜艇控制室内有大量驾驶及辅助机器设备，控制室的设计关键在于作业区域的显示器和控制器既要布置紧凑，又要易于区分。原则上，控制室设计应便于潜望和侦察，使艇员操作简便，界面显示清晰，信息和信号快速反馈，环境舒适，便于维修和更新。

潜艇在水下作业，对潜望侦察系统有很高要求。系统设计准则是以人为本，要同时保证技术先进和作业人员在长时间工作过程中不易疲劳。

作业人员进行各种各样的操作，时刻关系潜艇的安全及作战效率。潜艇的操作设计应尽量使操作简单、准确和可靠。因此，在进行按钮、开关、手柄、键盘等设计时，应尽量减少必须动作数量，将操作台面设置在适宜高度，根据人站姿或坐姿的基本身体尺寸并考虑人的动态尺寸，让操纵系统处于人的最佳工作位置。要求无论在何种情况下，均能将操纵部件按分类或编码集中到集控台或按钮站，降低由于作业人员疲倦而发生误操作的概率。作业人员在长时间工作后容易感到疲劳，应在条件允许的情况下提高控制室设计舒适性。例如，设计座椅时，既要根据驾驶姿势对驾驶人员的敏感部位进行防振，又要考虑温湿度因素。

控制室的显示涵盖屏幕、压力表、转速表、指示（信号）灯、报警器、声呐表等。必须将显示系统界面布置在最佳视觉区域内，便于感知，设计时应考虑作业人员的最大视觉、听觉区，各类仪表须指针和刻度清晰可辨，应处于亮度适宜的照明中以便判读。

作业人员的操作和判断直接影响到信息、信号反馈，要保证信息、信号得到及时、准确和清楚的反馈。例如，舵机的舵角指示应与实际舵角的相对位置保持一致，舵机油压缸的油压值应与控制室指示出的油压值保持一致。

在控制室内的作业主要是处理视觉信息，作业中最常使用的就是视觉显示终端。控制室常见界面如下：人–椅界面应采用适宜结构，尺寸设计合理且高度、角度等可调节，作业人员要注意坐姿正确；眼–视屏界面的设计应满足人的视觉特点，采用的显示器需要可旋转和移动；手–键盘界面应能满足上肢的工作舒适性，可以选用高度可调的键盘作业台面；合理设计作业台、椅高度，既不能导致下肢承受过大静态负荷，又要避免作业台面底部压迫大腿。

机舱设计需要考虑的重点之一是便于管理和维修。作为全艇的心脏，机舱是动力所在，环境温度较高且空气质量差，不利于机器设备和艇员工作及检修。机舱设计中，降温和保证换气量尤为重要。此外，还要注意辅助设备的安装位置和线路、管道的布置铺设等，特别注意便于维修保养的拆装（尤其是针对主机），避免发生人员事故和机器损伤。

（四）舱室环境

舱内环境包括作业环境、生活环境及休闲环境。作业环境很大程度上影响着作业绩效和作业人员健康。主、辅机泄漏的燃气，空气的蒸汽、油雾以及各种有害气体挥发物混合在一起，在潜艇深潜通风条件差时空气浑浊，可能导致人员误操作。有害气体不仅危害人体，还会影响主、辅机运转，因此，设计时必须重视舱室空气质量。

潜艇内部通常是高温高湿环境，人在其中感到闷热，容易烦躁，负面情绪更易引发疲劳，使工作效率降低，高温高湿还腐蚀零部件，所以设计时要注意控制湿热。

艇上的噪声和振动对人影响巨大。噪声不仅会使工作人员难以集中注意力、工作效率低下，还会造成作业失误、降低工作质量，加速人的生理和心理疲劳，最终可能引发事故。艇上噪声源和振动源多且难以消除，在人休息时严重干扰人的睡眠，艇员由于休息不足而易疲劳、听力衰退、效能减弱。另外，噪声和振动大大威胁潜艇的隐蔽性，在设计时必须采取有效降噪和防振隔振手段。

为了给作业人员提供最佳视觉感受，照明设计应符合以下要求：要使空间亮度适宜；有利于活动安全性；有助于作业人员集中注意力；作业区域光照亮度和颜色应令人心情愉悦，以减轻作业负荷，有益于作业人员身心健康；防止各种眩光现象。

休息环境应为艇员提供解除疲劳、恢复体力的良好条件。需要满足的方面包括足够的活动空间，满足健康需求和舒适性的空气温湿度，降噪防振措施，协调照明和色彩等。

最后应综合考虑潜艇的人机系统总体设计。这一系统中艇员和机器各自特点不同，如何充分发挥各自的特性优势，优势互补，将二者有机结合，关键在于合理分配系统中的人机功能。通常艇员与机器分工的基本标准是：将要求高速度、高精密性、高危险性、高强度、力量需求大、单调重复、执行高阶运算、持续时间长、环境恶劣以及接触辐射（如核反应堆）的工作任务优先分配给机械；而人负责编码、控制和维护机械系统，在系统发生突发情况和意外事件时进行处理。

潜艇在总布局上有一定要求。在工作区的划分上，作业场景若划分成不同操作区，应尽可能使不同区域之间互不干扰且便于联系。设备布置有三种方式，分别是按工件操作顺序、按功能和混合方式。设备布置的优先顺序依次为主显示器、关联主显示器的主控制器、控制和显示之间的关联、依照使用顺序或使用频率的元件。布置时还需考虑作业空间内各个系统的布局统一。

关于工作岗位的安排，布置艇员岗位既要追求高作业绩效又要降低艇员疲劳。尽量使作业人员能迅速和无障碍地直接接近设备，要考虑人体的自然伸展需求和协同作业空间。门和通道的大小设计要考虑到人流量和通行安全。此外，必须设计紧急安全出口。

第2章 人因工程的基本理论与方法

第一节　基于特征样本的替代理论

特征样本的概念是李宝瑜等人于2016年提出的。特征样本是在变量特定的值域范围内，按照变量的分布特征，采用机器采样的方法生成的随机样本，这种样本在各种模拟计算中更能反映变量之间的关系。如果每个变量都能够采用其特征样本，对变量的代表性就会更好一点。每个特征样本都具有给定的特征和样本量。特征样本是围绕观察样本的中心值，在特定值域内多次产生的，因此，特征样本具有体现变量特征的特点，且充分利用了数据分布信息，可以在一定程度上提高数据的精度。

人因工程学就是按照人的特性设计和改进人–机–环境系统的科学。人–机–环境系统是指共处于同一时间和空间的人、所操作机器及该时空下周围环境共同构成的系统，有时简称为人–机系统。在系统中，人作为决策者（操纵者、使用者）处于主体地位；人所操作或使用的全部事物总称为机，既可以是仪器设备，也可以是设施、工具、用具等；环境包含人和机所处的物质与社会环境。在人、机、环境共同构成的综合系统中，三者互相之间彼此依存、制约和作用，共同参与完成特定作业过程。

人因工程学的研究侧重于人–机–环境三位一体的系统研究。与其他学科不同，人因工程学所研究的特征样本是一个系统，学科研究包括理论研究和应用研究两个方面，但整体趋势具有应用研究的倾向性。即使各国有不同的工业基础、各学科领域发展程度以及各领域研究的方向、主体和重点，人因工程学研究的目的都是揭示人–机–环境之间相互作用关系的规律，以实现人–机–环境整体系统的功能最优效果。

人因工程中，人的因素是系统内首要考虑的因素，因为无论是设备、装备设计还是作业环境，要搭建一个完美的人–机–环境系统的话，人的因素则是衔接它们的桥梁。因此心理学理论在人因工程中十分重要。

一、需要层次理论

机体内部状态的不平衡会形成需要，机体会呈现出对内部或外部稳定环境条件的需求，正是这种需求保证了机体正常活动。人的某种需要得到满足会暂时缓解不平衡状态，相应地，新的需要会伴随新的不平衡出现。由马斯洛（A.H.Maslow）提出的较为著名的需要层次理论解析了需要的结构。该理论将人的需要分为五个层次，分别是生理需要、安全需要、归属和爱的需要、尊重需要和自我实现需要。作为人的内在基本需求，越低层次的需要力量越强，且潜力越大。人在满足了低级需要之后就会表现出高层次的需要；对需要的追求也因个体而异，例如有人对自尊的需要会超越对归属和爱的需要。

若某种需要未得到满足，人就会去寻找满足需要的对象，活动动机因而产生。所以，人的动机在需要的基础上产生，需要在推动人的行为活动指向特定目标时就成为人的动力。作为产生主观积极性的重要源泉，需要是推动人们进行各种活动的内部动力。

心理学专家耶克斯和道德森研究发现，人类进行的各种活动都存在最佳动机水平。过分强烈或水平不足的动机都会降低工作效率。研究还指出，最佳动机水平与任务性质有关，对相对较容易的任务而言，动机的提升会使工作效率随之升高；任务难度逐渐增加会反映出动机的最佳水平逐渐下降，意味着较低的动机水平有利于难度较大的任务完成。人们在工作中持有的动机复杂多样，不同动机产生了千差万别的作业态度和成果，因此在因素分析中应认识到，动机是作业绩效的重要影响因素。

心理学中有很多与需要层次理论相关的理论学说。赫兹伯格的双因素理论包含保健因素和激励因素，前者相当于需要层次理论的前三个阶段的需要，后者对应着后两个阶段；保健因素只能遏制人不满意的感受，却无法起到激励效率的作用。利克特的集体参与理论认为，要想激励作业绩效，应使员工感到受到信任和鼓励，且他们能够一定程度上参与管理和决策。根据弗鲁姆的期望理论，人的行为由追求目标产生，该过程是理性决策而非简单情绪表现的结果；人的需要多种多样，既有经济动机也有非经济动机。

二、注意的认知理论

（一）后期选择理论

后期选择理论在被 Deutsch 等人提出后由 Normen 加以完善。该理论认为，所有的信息在被人接受后都会被加工，信息达到工作记忆时，就开始被筛选得到进一步加工的部分信息。这步选择在工作记忆中进行，也就是到信息加工后期的反应阶段而非在较早的感觉记忆通道进行信息选择，因此该理论称为后期选择理论。

（二）多阶段选择理论

过滤器理论、衰减理论及后期选择理论共同的假设是在信息加工的特定阶段发生信息选择。Johnston 等人建立了一个更灵活的模型，认为不同信息加工阶段中都可能进行选择，这就是多阶段选择理论。关于这一理论有两个主要假设：①所需认知加工资源与选择前的加工阶段数量正相关；②进行选择的阶段取决于当前的任务要求。多阶段选择理论弹性更大，因为需要强调任务要求对选择阶段的影响，规避了假设了过于绝对化的问题。

（三）认知资源理论

认知资源理论并非在能量有限的通道内讨论刺激，而是从另外的角度分析注意，即讨论注意对不同认知任务或认知活动的协调。该理论认为，与其将注意视作一条容量有限的加工通道，不如认为其是一组识别和归类刺激的认知资源或认知能力。识别刺激需要占用认知资源，而人的认知资源是有限的，刺激越复杂、加工任务越复杂时，占用的认知资源就越多。认知资源完全被占用后就无法加工新的刺激，即新的刺激将不被注意。该理论的另一项假设是，输入的刺激本身不会自动占用资源，认知系统内有一项机制专门负责资源分配。该机制灵活而可受人控制，这样一来，人就可以主动将认知资源分配给更加重要的刺激。

假定注意能量模型中的资源数量不是完全固定的，而是个体的唤醒水平参与决定了一定时间内可利用的资源量。唤醒水平越高，产生越多的资源量，至少会达到一定标准，超过这个标准后，唤醒的增加将降低可利用资源的数量。系统的分配策略决定了具体新异刺激的资源分配情况，分配策略的设定分为长期倾向和暂时意愿。很多生物都具有长期倾向，这是加工突然运动、清晰声音、醒目颜色及其他异常事件的倾向，如成年人的一种长期倾向是加工关于自己姓名的刺激；将认知资源分配给新异刺激的暂时性倾向称为暂时意愿。

（四）双加工理论

该理论将人类的认知加工分为两类，分别是自动化加工和受意识控制的加工。自动化加工无需注意，不受认知资源限制；适当的刺激会激发其加工过程，不仅发生快，也不会和其他加工过程互相影响，一旦形成，加工过程难以改变。而认知资源会限制意识控制的加工，该过程需要注意的参与，可根据环境的变化不断调整。

（五）遗忘理论

在衰退理论中，遗忘是由无法被强化的记忆痕迹逐渐减弱以至最终消退造成的。这是一种容易被接受的说法，但难以通过实验证实。而根据压抑理论，情绪或动机的压抑作用导致了遗忘，一旦解除压抑就可恢复记忆。提取失败理论则认为，存储在长时记忆中的信息永不丢失，人想不起来某件事情是因为没有找到提取有关信息的恰当的线索。

多项实证研究的结果支持另一项干扰理论：遗忘是因为学习和回忆之间存在其他刺激的干扰；一旦干扰被排除，人就能恢复记忆，且记忆痕迹不会发生变化。信息可能受到的干扰有两种类型：①前摄干扰（又称前摄抑制），表示先前学习的信息对识记和提取后面学习信息的干扰作用；②倒摄干扰（又称倒摄抑制），即后学习信息对保持和回忆先学习信息的干扰作用。

先学材料数量越多、先后学习两种材料相似性越大、保持时间越长，前摄干扰就越强。倒摄干扰则会被后学材料难度、先后学习两种材料的相似程度、先学材料的记忆保持程度及学习时间安排等因素影响。倒摄抑制的干扰在先后学习毫不相同的材料的情况下最低，而先后两种材料具有相似性但不完全相同时，人会受到最大程度的倒摄抑制。后学习的材料难度与倒摄抑制的干扰作用呈正相关，而先学材料的保持有利于消除倒摄抑制的干扰作用。前摄抑制和倒摄抑制的干扰作用除了在两种学习之间，也会在同一种材料的学习中表现。通常人更容易记住学习材料首尾部分的内容，而容易遗忘中间部分，原因正是在于材料的开始部分学习上不受前摄抑制，结尾部分不受倒摄抑制，而中间部分在学习时同时受到前摄干扰和倒摄干扰的双重抑制作用，对记忆效果产生较大影响。

三、心理模型理论

1983 年，Johnson Laird 提出了心理模型理论，认为人的推理过程可以用创建并检验心理模型来概括，即首先依据前提条件提供的信息构建一个心理模型，该模型相当于前提中所述事件的知觉或表象。通常可由构建的心理模型得出某个结论，评价结论真实性的方法是搜索与该结论不相容的其他可替代心理模型，若搜索不到，说明找不到前提的其他解释，即结论是真实的，无法被破坏。心理模型理论不是在逻辑原则的基础上，而是基于语义原则得到的一个真实的结论。推理过程完全依赖于工作记忆的加工资源，还受到工作记忆的容量限制。构建心理模型所需时间长，还需依靠工作记忆完成一系列信息加工。人们加工前提信息的不充分，也可以说是工作记忆容量的限制导致了推理过程中的错误，人们以前提为依据仅创建了一个、而并没有考虑创建更多心理模型。

第二节　权衡设计理论

随着现代设备朝着综合化、系统化、多样化的方向发展，其复杂程度日益提高，只考虑专用传统的设计理念已经无法满足快速发展的现代设备对质量的要求。如果要减少设备的故障发生率，提高其使用寿命，降低维修成本，就必须在其研制、设计及制造、使用等各个阶段将包含可靠性在内的通用特征都考虑进去。因此，权衡设计的概念就应运而生。由于权衡设计是将设计中多个属性按实际情况适配到模型中，因此权衡设计常指多属性权衡设计。

一、权衡设计中的设计方案与设计属性

设计变量是指设计人员能够选择和控制的变量，是决策的核心。在一般的系统中，该变量通常的形式是表征系统主要特征的一组性能参数。方案通常由设计变量可以取到的不同值组合形成，假设某方案包含 3 个设计变量，其方案向量表示如下：

$$U(i) = \{u_i(1), u_i(2), u_i(3)\}$$

式中，$u_i(1)$，$u_i(2)$ 和 $u_i(3)$ 表示三个设计变量；$U(i)$ 表示第 i 个方案中各设计变量的取值。

随机因素是指不受设计人员控制的、影响决策结果的外部因素，用向量 $\boldsymbol{W}_\mathrm{k}$ 表示，

在设计方案中普遍存在。例如，舰船设计的随机因素可以是燃油价格或物价指数变化所产生的影响等。

设计属性是一类变量，用于表征设计效果的优劣，通常表示出备选方案的固有性能和特征。在装备设计过程中存在着多个属性，彼此之间往往相互矛盾或冲突。

设计属性向量（$\boldsymbol{A}(i, k)$）定义为

$$\boldsymbol{A}(i, k)=\boldsymbol{A}(U_i/W_k)=\{a_{ik}(l)\} \qquad l=1, 2, 3, \dots, n$$

在确定随机因素的前提下，设计属性向量值的量化结果可衡量第 i 个方案的优劣。在分析时的假设是属性取值越小越优，若实际情况中属性值越大表示性能越优，则在定义属性时可取其值的倒数或相反数。

二、权衡分析过程

多属性权衡分析的通常过程如下：

1. 确定决策子集

通过优于或劣于运算，获得等同或并行方案的集合。

2. 确定压缩决策子集

利用属性的评价值进行优于方案的选择，也就是说，可认为等同方案的属性向量之间是等同的，同一组等同向量中选择一个属性向量方案即可，如此形成了压缩决策子集。

3. 确定冗余属性

如果增加或者删减部分属性向量并不会改变决策子集（压缩决策子集）的方案数量，那么该部分属性向量被称为冗余属性。若两个属性相互冗余，在分析时只需考虑其中一个属性即可，这样就降低了决策时所需考虑的变量数。若原本属性不多，也可不进行简化。

4. 确定最优属性向量方案 A_G 和最差属性向量 A_F

每个设计变量的取值都对应着决策子集方案中的相应属性取值，每个属性都有最优值和最劣值。最优理想属性向量的分量值定义为分量值取 0 或取所能达到的最小值；最差属性向量的分量值定义为各分量取一可能的上限值，或方案中分量可达到的最大值。

5. 属性向量标准化 A'

设最劣属性向量为

$$A_F = A(U_F/W_k) = A\left[\frac{u_f(1)}{W_k}, \frac{u_f(2)}{W_k}, \cdots, \frac{u_f(n)}{W_k}\right] = \{a_F(l)\},\ l = 1,2,3,\cdots,n$$

则任意标准向量为

$$A' = \{a_i(l)/a_F(l)\},\ l = 1,2,3,\cdots,n$$

6. 计算距离选择的最优属性向量方案 $A'_{\min}$

计算子集中各属性向量 $\boldsymbol{A}'(\boldsymbol{U}_i)$ 与最优属性向量 $\boldsymbol{A}'_G$ 的差值 $|\boldsymbol{D}(i,\boldsymbol{G}/k)|$ 最小时对应的属性向量 $\boldsymbol{A}_{\min}$，获得最优方案。根据上述的设计及计算理论，结合实践分析说明得到的结论。

三、人因工程中的权衡设计

人机系统设计分析的内容和程序可以用一个模型来描述，无先前经验可借鉴的全新系统的设计尤其适用该模型。系统设计一般不仅仅覆盖单一专业领域，而是需要生理学、心理学、工学、人因工程学等多领域的专业知识。该模型的主要环节如图 2.1 所示，下面进行具体分析。

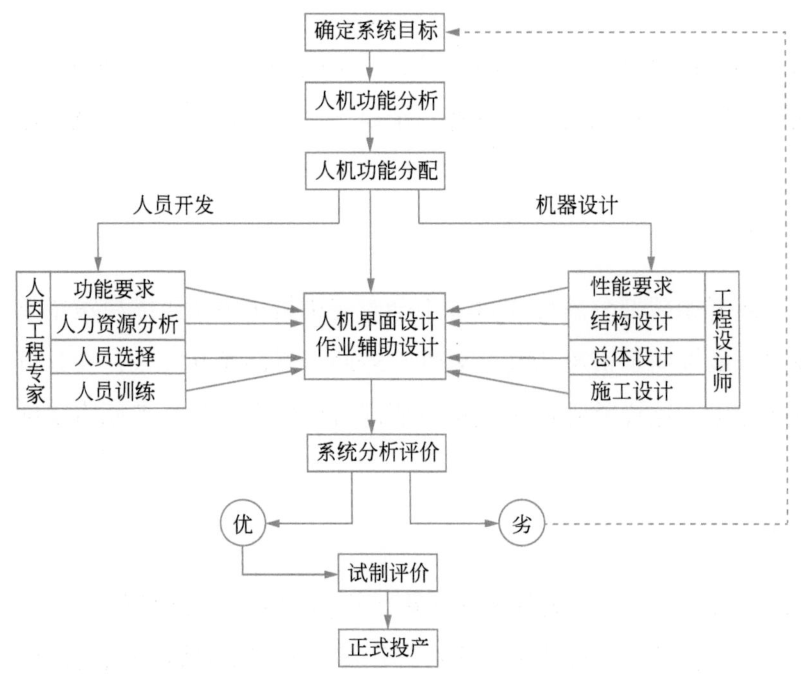

图 2.1　人机系统设计分析过程

（一）人机系统的目标

任何系统都有自己具体的目标以完成特定功能。因此，设计一个系统时，优先确定的应是其整体反映的目标，然后再分析系统为实现此目标应具备什么样的功能。有时用户对系统的使用要求和市场信息笼统而宽泛，而对设计者来说，必须要在分析完全清楚该系统（或目标任务）的性质、功能范围，掌握当前技术水平和未来发展趋势，分析该系统设计上应提出什么样的合理要求、如何实现以及计算制造所需的成本及周期等。

例如，设计或开发一个生产系统，第一步是确定生产系统的任务——制造目标市场所需的产品。第二步就是分析生产系统所具备的功能，可从目标消费者对产品的需求入手。消费者对产品的要求多种多样，基本可分为对产品款式、种类、价格、质量、数量、交付日期和相关服务的要求。然而，针对同一种产品，不同消费者也往往有很大的需求差异：有的消费者追求新颖高端的款式；有的则需要产品持久耐用，并能得到良好的服务；有的非常看重低价，有的则宁可付出高价也希望尽快得到产品。另外，随着市场竞争日益激烈，为争夺市场，企业会调查消费者的不同需求而在营销策略上实行市场细分，这样企业就不仅要使产品满足消费者上述各方面的需求，产品还需要有自身特色，充分满足目标市场的特定要求。不论是消费者或是企业竞争战略对产品的需求和要求，其实现依靠的都是生产系统制造的产品。对生产系统来说，继承性、创新性和弹性不可或缺，在此基础上需要满足成本低、质量高及交货期限等相关要求。

（二）人与机器的功能分析

设计和改进人机系统，首先必须考虑人和机器各自的特性，根据两者的长处和弱点，确定最优的人机功能分配。人机特性比较可以从以下几个方面来进行：

（1）信息接收

机器对物理量检测的范围广且准确率高。机器可检测很多人力无法检测的物理量（如电磁波、红外线），而人依靠感官接收信息，对与认知有直接联系的指标才有检测能力，检测时容易产生偏差。相对机器来说，人类的优势是味觉、嗅觉和触觉，尽管现在一些机器或模式识别算法也可以实现味觉、嗅觉和触觉的识别，但精度远不如人类。人的视觉范围有一定限制，但能够识别物体的位置、色彩和物体的移动。

（2）信息处理

机器按照预先编程，处理数据快速、准确。机器可以保证记忆的准确性，储存时间长，调出速度快，高度可靠，可以持续完成重复性常规程序操作和超精密操作。在处理粉末、液体和气体方面机器要优于人，但处理柔软物体的计算速度则比人要慢，能够正确地计算却不会修正错误。机器的图形识别能力较差，但能进行多通道的复杂动作。人可通过感觉获取视觉、听觉、位移和重量等信息并控制运动器官进行灵活操作。相比于机器，人的计算速度慢，错误率更高，但更容易发现并修正错误；人具有强图形识别能力，大多数情况下单通道处理的效果更佳。人脑高级思维能力很强，具有抽象、归纳能力以及可以进行识别、联想和发明创造等。人善于积累和运用经验，但在超精密重复操作的判断上容易失误，可靠性不高。

（3）信息交流与输出

机器与人之间的信息交流方式有限，机器能输出极大的和极小的功率，但不能像人手那样进行精细的调整。专门用途的机器只能按设定好的程序运转，不具备随机应变的能力，而人与人之间信息交流极易实现，这种交流有时需要组织管理。人在 10 s 内能输出 1.5 W，保持 0.15 kW 的输出可以工作一天且能够实现精细调整。人类接受教育训练可发展出多方面的适应能力和随机应变能力，而改变已定型的习惯较为困难。

（4）学习归纳能力

机器的特点是学习能力和灵活性差，只能理解设定好的内容，除给定程序几乎无法学习其他内容。人的学习能力极强，能够阅读文字和接收、处理口头言语指令，这一点具有高度灵活性；人还可以总结特定的情况，从而得到一般性结论，这种归纳思维能力也是机器不具备的。

（5）持续性、可靠性和适应性

虽然机器可以连续稳定地长期运行，这也依赖于定期适当的维修保养。机器的可靠性很大程度上取决于成本，设计合理的高性能机器执行作业任务时可靠程度高，但如若发生意外就几乎无法解决。机器适合完成单调的重复性作业，其特性就是稳定不变、不易出错，出错则不易修正。人容易疲劳，难以长时间保持紧张的作业状态，工作一定时间后需要休息和休闲来调整。刺激负荷小、单调乏味的作业不适合人的特性，人从事此类作业在碰到紧急突发事件时可靠性差。目标动机、健康状况、责任感、意识水平等心理和生理因素均与可靠性有关。人与人之间存在可靠性的个体差异，可靠性也与人的经验有关。尽管人容易出差错，但与机器相比，人更易纠正发生的错误。

（6）环　境

机器可适应更大范围内的不良环境条件，在诸如高压、低压、高温、低温、超重、缺氧、黑暗、大风、暴雨以及辐射、毒性气体、粉尘、噪声、振动等恶劣、危险的自然环境和人工环境下工作。人类对工作环境条件有安全、健康及舒适度的要求，但在特定环境中一般适应性较强。

（7）成　本

机器的成本包含购置、运行和保养维修的费用，即便不能继续使用，失去的只是机器本身的价值。而人的成本含有工资（福利）和教育培训费，如果作业过程中发生事故，可能使人失去宝贵的生命。

综合以上讨论，人和机器各有优势和缺点。其中，人的功能主要在以下几方面优于机器：

（1）人的部分感官具有比机器更优异的感受能力。例如，人耳对音色的分辨力以及鼻子对一些化学物质气味的感受力都比机器更强。

（2）人具有多条信息接收通道，若某条信息通道有障碍，其他通道可进行补偿；而机器的信息输入只能按照预先设计好的固定结构和方法进行。

（3）人的灵活性和可塑性极高，可以使用灵活的方式随机应变。根据所处情境，人可以改变工作的方式方法，不断学习和适应环境，具有应对意外突发事件和检查排除故障的能力，而且这种能力也是发展的。而机器即使可以应对偶然事件，其程序设定也是非常复杂的，可以说所有高度复杂的自动系统都需要人参与其中。

（4）人能综合利用长时间以来储存在记忆中的大量信息，随时对新接收到的信息进行分析和判断。

（5）人可以总结经验并加以利用，在旧事物的基础上创新，不断提升工作方法和状态。再复杂的机器也只能根据人预先设定的程序工作。

（6）人具有归纳推理的能力。接收信息、获得实际观察和感受资料后，人通过归纳得出一般结论，不仅能形成抽象概念，还能在此基础上进行创造发明。

人区别于机器最重要的特点是有自我的意识、感情和个性，能发挥主观能动性，不断传承着整个人类历史的文化和精神遗产。人会受到社会生活的影响，具有鲜明的社会性。

机器优于人的功能体现在以下几个方面：

（1）机器可使用能量巨大的动力，运行时平稳、准确，可根据需求调整其功率、强度和负荷。在生理上的结构和特性的限制下，人可使用的力量非常有限。

（2）机器运行速度快，内部对信息的反应、传递和加工效率高。

（3）机器精度高，且精度越高越能降低产生的误差。人的操作精度和对部分刺激的感受能力都不如机器。

（4）机器的稳定性好，长时间持续进行重复性工作，效率也不会降低，不会受疲劳和感觉单调乏味的问题影响。人的工作效率容易被生理、心理和环境条件等因素影响，对外界作用的感受和长期操作的稳定程度要劣于机器。

（5）在许多方面机器有高于人的感受力和反应力，如接收超声波、电磁波、微波、辐射等信号，还可以给出人无法实现的反馈，如发射电信号或光信号等。

（6）机器可以将多项操作同时进行并保持高效和准确。人一般只能同时进行 1-2 项操作，且容易因两项操作的互相干扰而难以维持。

（7）机器可以耐受较为恶劣的工作环境，人在同等环境下则无法状态良好地工作。

（三）人机功能的权衡分配

人机功能分配是指在人机系统中，人机任务得到适当分配，使得人与机器能够充分发挥各自特长，互相弥补劣势，从而实现整体系统的效能最大化。

要想实现人机功能合理分配，必须先对人和机器各自的功能特性进行充分的分析和对比。当今世界科学技术发展迅速，在人机系统里，越来越多人的工作可被机器代替，人因而得以免除种种难以发挥其优势或难以完成的工作。在人机系统的设计过程中，分配人与机器的功能时需考虑的重点是系统的成本、效能及可靠性。人机功能分配又称划定人机界限，一般应分析以下几点：

（1）人与机器的特征、能承受的负荷、潜力和局限性。

（2）人完成规定的作业任务所需的训练时间和体力、精力限制。

（3）人与机器在突发特殊情况下的反应力和适应性对比。

（4）人的个体差异统计情况。

（5）机器代替人的效果和成本。人类与机器的功能各有优劣，在人–机任务分类时应当按照一定的原则进行权衡分配。

（6）比较性原则。比较性原则是通过比较分析来决定顺序的原则。要使整个系统效能最优，人机应达到最佳匹配。由于人和机器各有特长和局限性，所以人机之间应当彼此协调，相互补充。当某一功能需要人机配合完成时，则表明这一功能的分析尚需更细的层次分解。比较性原则是在比较分析人与机器特性的基础上确定各个功能的优先分配。

（7）剩余性原则。把尽可能多的工作分配给机器完成，其余部分分配给人完成，这就是剩余性原则。剩余性原则可以和比较性原则结合使用。

（8）宜人性原则。宜人性原则是指要使人的工作负荷适中，使人保持警觉，利用人的心理特征，同时不要让人长时间无事可做，使工作敏感性降低；还要密切注意人的劳动负荷，使操作者不会在完成作业后过于疲惫。

（9）经济性原则。经济性原则是指从经济（系统研制、生产制造和使用运行的总费用）角度考虑，再决定将系统的某一功能分配给人或机器。深入分析各项功能的费用是经济性原则的基础，使决策者能够判断使用人更经济还是使用机器更经济。

（10）弹性原则。在不同时间和空间环境下，人的能力是变化的，据此随时调整人机系统的功能分配使之更合理，从而优化系统运行效果，这就是弹性原则。该原则的含义有两方面：人自行决定对系统行为的参与度，决定系统功能分配的是任务的困难程度和人的负荷。

确立了人-机功能的分配原则和各自权重后，分配应当遵循一定过程。在系统的分析、设计、验证和评估每个阶段都离不开人机系统的功能分配，必须将其融入系统研制的各个步骤。设计初期往往难以在人和机器功能分配后形成一个完整功能。在主系统和分系统层面上，大部分功能需由人与机器协同完成，所以需要更加细致地将主系统和分系统的功能分层，达到将每个功能完全分配给人或机器的系统分解层次。

整个分配过程可按照一定步骤进行。首先，明确分配给人或机器的功能以及对受到法律和政策限制的功能进行分配。当分配给人时，由于决策的掌握或控制功能等原因，把功能强制分配给人；当分配给机器时，由于规则条例、环境因素、人的功能达不到作业要求等原因，把功能强制分配给机器；由于缺少可行技术支持、自动化系统可靠性不高、运用自动化系统代价太大、操作者不接受该自动化系统等原因造成的无法实现自动化系统的情况，或由于人的能力达不到功能要求、人的费用、人的可靠性不能满足要求等原因造成无法实现某些功能命令分配给人的情况，都会出现不可接受功能命令的情况，这时功能分配的决策则可按照流程继续分配。

下面的分配可依据比较性原则，同时应用运筹学的决策空间和决策矩阵图完成有效性系统评价。比较人与机器的特性，综合可行性、效率和可靠性等方面形成对功能优劣的评估。该评估的结果是一个复数值，根据其落在决策矩阵图的某一区域决定将功能分配给人还是机器。也可以运用经济性原则进行分配，从成本与收益出发来进行功能分配，兼以投入产出比的分析方法评估如何将功能分配给人和机器可以使成本更低。不过这样分析决策可能会与比较性原则做出的决策冲突。以上两条分配原则在决策时可以说将人视作机器的部件，仅考虑了作业的代价、获利和有效性，忽略了人的工效特征。然而人不同于机器，人完成工作是以某些要求能被满足为前提的，因此在制定分配决策时不应忽略人的情感与认知等方面的需求。

人机功能分配时，针对人分配到的功能要进行作业分析，以确定任务是否恰当。运用各种原则的功能分配策略是相互独立的，无法同时满足时，需要决策者结合实际情况，对其做出的功能分配决策进行权衡，确定最终的功能分配方案。

第三节　系统综合评价理论

综合评价理论的含义是一个能够反映系统的总体目标和特征、具备内在联系且作用互补的指标体系，该体系能客观反映系统的整体状况。要想对系统进行全面的评价和分析，所用指标体系必须合理、完善。

一、综合评价指标体系及构成原则

人因工程系统的综合评价体系应能反映系统整体的客观状况，是一个具有内在联系且作用互补的指标群体，体现受评系统的总体目标和特征。只有评价的指标体系合理、完善，才能对系统做出充分、全面的评价和分析。形成综合评价指标体系需要遵循如下几条原则：

（1）整体性。人因工程系统是一个完整的人-机系统，要使系统发挥整体作用，各个部分必须协同作业，而指标体系应能够将所评价系统的综合情况全面反映。不论是各部门组织，信息的采集、加工、传输子系统，还是对系统的直接操作，对系统的各个组成部分都应进行客观观察。此外，必须将人进行系统管理所产生的直接或间接效果全面地考虑进来。

（2）可测性。指标必须做到含义明确，容易收集数据资料，数据处理简便，同时，应能实现指标与体系内外部同类指标的比较。指标本身应具有历史数据可比性，从而综合历史和现实的资料整体评价系统的发展情况。

（3）动态性。评价指标体系应能够体现人因系统不同的发展时期以及系统的不同类型，并根据具体需要做出相应的调整和变化。同时，应明确指标设置的重点，可以将不重要的指标适当粗略设置，以简化系统的评价过程。

（4）层次性。层次性包含三重含义：首先，系统的评价指标体系本身具有结构多重性，某个指标可能由若干其他指标共同决定，从而构成体系的树形结构，这样便于衡量信息系统效能和确定指标权重；其次，人因工程系统包含多个层级，各个层级的子系统都有对应评价指标；最后，系统的技术特征也会表现出层次性。各个接口应当运用一致的指标，并保证有效去除各指标间的相关关系。

（5）尽量避免各指标之间存在明显的互相包容关系，也要尽量消除隐含的相关关系。

二、利用综合评价指标体系的各项指标进行评价

研究者统筹综合评价指标体系的构成原则和系统特点，无论是对宏观还是微观的信息系统，始终尝试完善评价指标体系的框架，在该框架中为每个系统匹配相应的指标集并将其具体化。实际上建立体系框架的过程本身就是在进行综合性评价，主要从三个方面进行综合考虑。

从系统组成部分的角度，人因工程系统由人–机共同组成，可以遵循“人——运行质量与用户需求”“机——系统质量与技术水平”这两条路线建立指标体系。系统的建设运行开发成本包括硬件和软件的购置费用以及系统集成费用。有些系统并不是非要追求最新和最先进的，要注意系统的性能和价格比。但有些系统如航天飞船、军舰等，则需要最先进的技术，此时各项指标的权重分配则需要重新考虑。

从系统评价对象的角度，例如，开发者侧重于关心系统的技术及质量，而使用者更关心系统对自身需求的满足程度和长期运行效能。系统外部环境是另一个需要考察的指标，其评估可以利用社会相依的指标。

从经济学角度，可以分别按系统成本、系统效益和财务指标等三条线索建立指标。开发成本：硬件成本、软件成本、运行成本、管理成本、维护成本等；经济效益、社会效益、对社会的影响程度等；伦理道德等综合指标。

三、人因工程的系统综合评价

进行人机系统评价就是测试系统整体功能能否完成既定目标，同时进行安全性、舒适性及社会性因素的分析和评价。在进行系统评价时，应注意人–机功能分配及整合的正确性、是否充分考虑并尽量满足人的特性、适用人群占人群总体的百分位情况、系统环境舒适性，以及是否采用防人因失误的措施等。

评价一般指明确测定目标对象的属性并将其变成主观效用（满足主体要求程序）的行为，是一个确定价值的过程。评价人机系统的设计，就是剖析针对预定目标的设计方案能实际达成的“效果”及“价值”。设计方案的实际价值并非绝对，而是具有针对要求的相对性，因此评价设计方案首先就要明确设定的目标，根据评价目标推出评价要素，科学测定方案的功能和效果等属性，最终根据规定的客观和主观评价标准将测定结果以价值的方式体现，为决策提供参考。

一般情况下不进行以单因素为目标的评价，在评价时必须同时考虑多个因素，即使用多目标评价问题。评价方法通常可分为定性评价和定量评价。由于定量需要以定性为基础，实际上一般会同时使用这两种评价。尤其是在评价人机系统的设计时，对很多目标只能进行定性描述而难以定量化，这就更加显示了定性评价的重要性。

（一）人机系统的评价目的与原则

评价人机系统，可以通过现状评价了解现行系统的优劣，方便运用人因工程学提供人机系统优化依据；还可以对人机系统的规划和设计进行评价，在这两个阶段预估系统未来会表现出的优势和不足，以便及时调整。人机系统设计的评价目的是在系统评价结果的基础上进行调整，扩大其优点，改进、消除薄弱环节，防范系统中的负面因素和潜在风险，实现系统优化。

有以下原则需要在人机系统评价过程中注意：

（1）保证评价方法客观。系统评价的结果直接关系到决策是否正确，因此评价体系应该客观。评价数据需全面、正确和可靠，预防人的主观因素对评价产生影响，还应检查评价结果。

（2）保证评价方法通用。合理的评价方法应可用于同一级各个系统的评价。

（3）保证评价指标综合。只有指标体系体现出评价对象最重要的各方面功能和因素，才能使评价不致片面，反映受评对象的真实情况。

（二）建立评价指标

进行评价第一步就是建立评价指标，推出评价要素，得到评价结果用于系统设计方案。多种多样的评价指标主要可概括为以下三类：

（1）技术指标。用于评价方案的技术可行性和先进性，包含效能、安全性、整体性、维护性和宜人性等。

（2）经济指标。方案的经济效益评价，包含成本、利润、市场费用和方案执行费用等。

（3）环境指标。需要从内部环境和外部环境两方面对方案进行环境评价。其中，内部环境评价包括光环境、湿热环境、声环境等，以及能否控制粉尘、振动、放射、有毒有害物质等不利因素；外部环境评价包括环境对人文、技术水平和审美的影响等。

以下原则需要在建立指标体系时注意：

（1）系统性原则。尽量完善指标体系，使体系全面反映受评系统的综合情况，要特别注意不能将重要的评价因素遗漏，保障综合评价体系系统而全面。

（2）独立性原则。进行评价时所依据的各个指标必须互相独立，即对一个指标的价值评价不应影响对其他指标的评价，努力避免指标间互相包含。

（3）可测性原则。至少用文字定性、尽量定量地具体表述各指标特性，使结果简单明确，便于收集和计算处理。

（4）重点性原则。重要指标数据可以收集得更密集、更细致，次要指标数据可以设置得更稀疏、更粗糙。

确定评价指标后直接推出评价指标体系，评价指标体系（要素集）的构建过程是将总体评价目标逐级、逐项落实。为方便对应实际价值，所有要素均以“正向”形式表达，例如，描述表达上使用“噪声低”而非“声音响”、“省力”而非“费力”、“易识别”而非“难识别”等。

在评价前应将总目标逐步分解为各级分目标，使项目细化到最具体和直观的程度。要注意在目标分解的过程中让各级分目标保持与总目标的一致性，分目标的总体集合应保证实现总目标。较高层次的分目标应当只与较低层次上的分目标点对点连接。这样的层次划分便于设计者核查是否已列出所有会产生重要影响的分目标，易于评估各个分目标对评价方案总价值的重要程度。最终由最简单的目标层次包含的分目标导出评价要素。

评价体系中的各项评价指标具有不同的重要性。确定评价指标（要素）时，必须先确定其对方案总价值的重要性。一般利用权系数（g_i）表示评价指标的重要性，权系数越大表示重要性程度越高。为方便计算，取各级全部评价指标 g_i 之和为 1。权系数的求取有很多方法，包括层次分析法、专家评议法、模糊数学法等，还可根据经验或以判别表列表计算等方式求出。

四、人机系统分析评价方法

系统综合评价的方法有很多。简易的评价方法有综合指数法、功效评分法、最优权重法等；也有层次分析法、主成分分析法、数据包络分析法等有一定统计学基础的评价方法。

（一）连接分析法

连接分析评价法（又称链式分析法）是一种用于评价人、机器、系统和过程的方法，以“连接”体现人与机器之间的关系。连接是指人-机、机-机、人-人之间在人机系统中的相互作用关系，对应的连接形式分为人-机连接、机-机连接和人-人连接。其中，人-机连接指机器发出的信息被作业人员感觉器官接收，或作业人员控制操作机器产生的作用关系；机-机连接是指机器设备装置之间存在一定的控制关系；人-人连接是指作业人员之间的信息沟通联系，协作使系统正常运行时存在的作用关系。根据工作时应用的不同感觉特性，可以将连接分为视觉连接、听觉连接和控制连接等；根据连接性质，连接方式主要可分为对应连接和逐次连接两种。

对应连接是作业人员接收他人或设备装置发出的信息，根据获得的信息操纵机器而产生的作用关系。这种通过感觉器官接收信息形成的对应连接被称为显示指示型对应连接，例如操作者先观察显示器再进行下一步操作。获取信息后的操作者做出各种操作动作而形成的连接称为反应动作型对应连接。人在作业过程中有时需连续逐个完成多次操作才能实现目的，这样由逐次动作完成一个目的产生的连接叫作逐次连接（如驾驶员发动列车的操作过程）。

连接还可以根据人和机器的各种关联特征分为行走连接、语言连接和操作连接等。用连接分析法来分析人机系统，特别是操作者与设备的配置情况，通常遵循程序如下：

（1）绘制连接分析图。将人机系统的作业人员、仪器设备和互相之间的关系以特定符号表示，绘制成连接关系图。人因工程的连接分析通常以圆形和矩形表示作业人员和机器，操作连接、听觉连接和视觉连接分别用细实线、虚线和点画线表示。

（2）明确各连接的重要程度和发生频率。可根据调查统计的结果和以往经验确定连接重要性和频率的分数值。记分一般分为四级，“极重要”和“频率极高”记 4 分，“重要”和“频率高”记 3 分，“重要性一般”和“频率一般”记 2 分，“不重要”和“频率低”记 1 分。

（3）计算连接值，即综合评价值。各项连接的重要度得分与频率得分的乘积就是综合评价值，可用来评价连接的设计质量。一般用综合评价值反映连接分析图中两个要素之间的关系。

（4）系统优化。根据优化原则再次协调各要素位置，合理配置人、机及空间关系。一般按照以下几点原则进行优化：

①尽量避免作业人员与其操作机器的连线发生交叉，使互相之间在作业过程中不发生碰撞或干扰。在多人、多工种协同作业，需要分析空间位置分配的场景，尤其应注意这条原则。

②布置时参照综合评价值的大小。安排作业人员之间的距离时应考虑评价值，评价值越高，安排得越近，在布置作业人员和机器间的位置时也遵循这一原则。

③根据感觉特性配置系统连接。应将视觉和触觉的连接配置在作业人员面前的位置，相对来说听觉连接受到这种限制较小，也应将综合评价值更高的就近布置。

④作业空间的大小布置应遵循空间的安全性要求，将危险的作业区作业点隔离开来。

（二）操作顺序图分析法

操作顺序图分析法又称运营序列图（Operational Sequence Diagraming，OSD）法。与工业工程中进行的工作系统分析不同，OSD 法认为信息、决策和动作三要素间的关系很重要，用“信息–决策–动作”组成的作业流程图可分析作业人员的在系统中的反应时间和人机系统的可靠性。表 2.1 列出了操作顺序图的一般使用符号。

表 2.1　操作顺序图一般符号

符　号	含　义	说　明
六角形	操作者意志决定	
□	动作（控制操作）	单线表示手动操作，双线表示自动操作
▽	传递信息	
○	接受信息	
半圆	储存信息	
■（全涂）	没有行动或没有信息	
◧（半涂）	系统噪声或系统失误导致的部分不准确信息或不当操作	

（三）校核表评价法

校核表评价法又称检查表法，常常作为初步定性评价方法，在系统评价和单元评价均可使用。

校核表应针对评价的对象和要求，由设计人员、管理人员、技术人员和有操作经验人员共同编制。编制过程应尽量系统和详尽，并不断在实践检验中修改完善。具体要求包括：

（1）以人、机器和环境的要求为根本，运用人因工程和系统工程的原理、方法，在编制时把系统划分为多个单元，从而将问题集中分析。

（2）搜集各种规定、规范和标准作为依据。

（3）充分收集市场信息以及相似产品的资料。

（4）校核表可以是提问式或叙述式，也可以是评分式。

（5）系统分析校核表应对整个人-机-环系统进行评价，所以校核表应当包括人、机器和环境三部分，制表时注意充分涵盖这三部分应考察的要点。

（四）工作环境指数评价法

1. 空间指数法

在过分嘈杂和狭小的空间里，人容易感到疲惫，作业效率很容易受到影响。为便于评价人-人、机-机、人-机之间的位置安排并进行优化，使用空间指数法来评估空间状况。该方法使用的各个指标多可作为有限空间内高效布设仪器设备的基准，常用于评价舰艇特别是潜艇的空间设计。

空间指数中最重要的参数之一是密集指数，指的是作业空间限制作业人员活动范围的程度。还可以用可行性指数（分为 4 级）评价空间入口和通道的畅通程度。

2. 可视性指数法

可视性指数用于评价作业空间及视觉连接对象（显示器、控制器等）的能见状况，指标包括亮度、照度、对比度等，评价时一般分 3~4 个水平范围。对不同的作业场景和任务性质来说，需制定不同控制标准。视觉对象的能见状况取决于其是否位于人的有效视区范围内，以及人的视线是否被障碍物遮挡。人的视觉特征决定有效视区的立体角是视水平线左右各 30°、仰角 10° 到俯角 30°。设计剧场或影院中的座椅时，不仅要注意座椅前后距离是否足够宽敞，还要注意不应遮挡观众看舞台或银幕的视线。

3. 会话指数法

会话指数指会话在空间中的通畅程度，是综合考虑噪声、距离等因素计算出的一个基准数值。该基准数就是两人之间无障碍进行一般会话的水平。另外，为衡量某些环境中噪声对会话通畅程度的影响程度会采用会话妨害度（Speech Interference Level，SIL），会话妨害度指的是某种噪声条件下、人与人距离一定时，会话通畅所要求的会话声强度；或者是当会话声强度一定时，保证会话通畅的噪声强度。

4. 步行指数法

步行指数是指作业过程中人来回走动的总距离。作业流程、联系或操作工具布置安排不合理都会增大距离，使步行指数上升。

5. 海洛德分析法

分析评价仪表与控制器的配置和安装位置是否适当时，常用海洛德法（Human Errorand Reliability Analysis Logic Development，HERALD），即人的失误与可靠性分析逻辑推算法。

海洛德法规定，先求出人们在执行任务时成功与失误的概率，然后进行系统评价。人的最佳视野是水平视线上下各 15° 的正常视线的区域，是最不易发生错误且易于看清的范围（也就是视觉中央凹区域）。因此，在该范围内设置仪表或控制器时，误读率或误操作率极小；离该范围越远，误读率与误操作率越大。因此，在海洛德法中规定了包含有上述不可靠概率的劣化值。根据人的视线，把向外的区域每隔 15° 划分为一个区域，在各个扇形区域内规定相应的劣化值 D_{e}。

有效作业概率与劣化值的关系为

$$P=\prod_{i=1}^{n}\left(1-D_{\mathrm{e}i}\right)$$

式中，P 是有效作业概率；$D_{\mathrm{e}i}$ 是各仪表放置位置对应的劣化值。

6. 系统仿真评价法

系统仿真评价法就是根据系统分析的目的，在分析系统各要素性质及其相互关系的基础上，运用人机工程学建模分析软件建立能描述系统结构或行为过程的仿真模型，据此进行试验或定量分析，以获得正确决策所需的各种信息，即通过人机工程学仿真软件对设计的人机系统进行建模，通过建模来模拟系统的运行情况。系统仿真评价法是一种现代计算机科技与实际应用问题结合的先进评价方法。

系统仿真评价法与其他方法相比具有以下特点：

（1）相对于大多数方法的定性分析，系统仿真评价法能够得到具体的数据，尤其适合对几种不同的设计方案进行评价。

（2）相对于实际投产后再进行评价，系统仿真评价法的成本更低，而且仿真可以自行控制速度，对运行时间较长的系统更为适合。

（3）系统仿真评价法的应用面广，针对不同的人机系统有不同的仿真模块，而且是研究的热门，各种专业化的仿真软件源源不断地被开发出来。

（4）系统仿真评价法对于建模数据的要求较高，数据的准确度与评价结果的准确度息息相关，所以保证数据的真实尤为重要。

（5）系统仿真评价法对评价人员的要求较高，不光需要其具有人机工程学知识基础，还需要有一定的仿真能力。

常用的人因工程仿真软件有 Jack、HumanCAD、ErgoMaster 等。

Jack 是一种基于桌面的集三维仿真、数字人体建模、人因工效分析等功能于一体的高级人机工程仿真软件。Jack 软件具有丰富的人体测量学数据库，完整的人机工效学评估工具以及强大的人体运动仿真能力，对虚拟体与虚拟环境匹配的动作分析应用十分有效。

HumanCAD 人体运动仿真软件主要用于人体体力作业的动态、静态模拟和分析。它拥有多个作业工具和环境组件模块。场景逼真、实用，可以对运动和作业过程中的躯干、四肢、手腕等部位的空间位置、姿势、舒适度、作业负荷、作业效率等数据进行采集和分析，在世界范围的研究领域被广泛使用。

ErgoMaster 包括工效学分析、风险因素识别、训练、工作及工作场所的重新设计。不要求用户具备高深的计算机知识。用户可自定义生成多种报告并进行分析。软件还提供了完善的在线帮助及详细的操作说明。可应用于解除任务、重复任务、非自然的体态分析、办公室工效学等许多领域中。

第四节　多资源理论

多任务研究考察多任务集合中每项任务在任务组合中的执行情况，并与每项任务单独执行的情景作比较。Navon 和 Gopher 提出了双任务绩效的概念，并纳入资源限制的观点，引导人们重新审视双任务绩效。Wickens 将资源需求、资源多样性和资源分配纳入多资源理论框架中。

多资源理论的框架如图 2.2 所示。图中左下角表明，任务的干扰性由任务的难度或资源需求决定。举个例子，边走路边说话是正常人在日常情境下都能同时做到的两个任务，但是如果让其在绝壁上行走，或是解释一个复杂的数学概念，此时复杂任务就会与简单任务争夺认知资源；如果同时做两个复杂任务，那么这两个复杂任务就可能超过了人资源所能负荷的最大限度导致任务失败，或者降低任务完成效率。图 2.2 的右下角表明资源的多样性。多资源理论指出，人不仅仅拥有一个所有任务都平等竞争资源的心理资源池。人类对认知资源的需求多种多样。比如边走路边打结比边走路边说话更难，也就是打结比说话这个任务对走路更具有干扰性。因此，不难推出，当两个任务需要相同的感知觉资源时，它们的差值将大于单独用一种感知觉资源的差值。当出现了资源差值时，资源分配就由图 2.2 顶端的执行控制来决定。

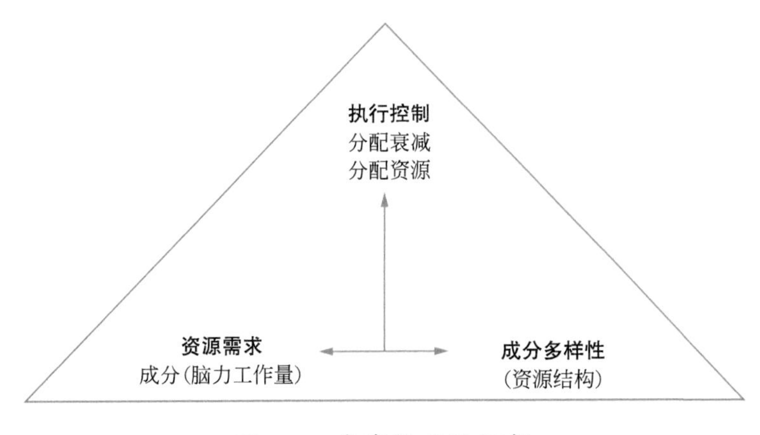

图 2.2　多资源理论框架

接下来将分别讨论多资源理论的三个要素。

一、资源需求

提到资源需求，一个很重要的概念就是认知努力。认知负荷理论指出，认知努力是人们在投入学习或指令中所需要的精力。人们执行任务时要付出的努力和任务的难度有关。研究者指出，人们可以通过长时间的练习减少完成任务所需要的注意资源，人们花费的认知努力越多，完成任务所需要的认知资源越多；反之，人们花费的认知努力越少，完成任务所需要的认知资源就越少。研究者将所需要认知资源最少的情况称为自动性。自动性定义了需求量表的 0 点，需求量表向正极移动，则会对同时进行的任务产生更大的干扰。缺乏经验（熟练度）和任务的内在复杂性是影响任务需求所需要的认知努力的两个重要因素。任务难度的增加或自动化程度的降低，使得人们的剩余注意力、剩余资源和执行并发任务的剩余能力减少，从而增大认知资源的多任务差值。

任务中所需（并因此投入）资源和相对应的表现可以图像化地表现在性能-资源函数中如图 2.3 所示。横轴显示了投入到任务中的资源——正轴为更加努力，纵轴是对任务性能的度量——正轴表示“越好”（更快、更准确等）。Norman 等人给出了三条曲线，相对线性曲线 A 表示更困难的任务（或针对技能较低的执行者的任务）。完美完成这样的任务需要使用充分的资源。因此，任何与这样任务进行的并发任务都会分配一些资源导致双任务衰减。这种提取可以用更垂直的虚线来表示。该曲线所表示的任务可以认为是资源完全有限的。图 2.3 上的虚线 B 代表了一项更简单的任务（或由专家执行的任务）。只需要少量的资源就能达到完美的性能。在这种情景下，额外认知资源的投资可以说是浪费，这种任务没有太多资源限制，并且有足够的资源用于并发任务。并且，任何学习或训练行为活动都会产生函数从 A 到 B 的连续移动。

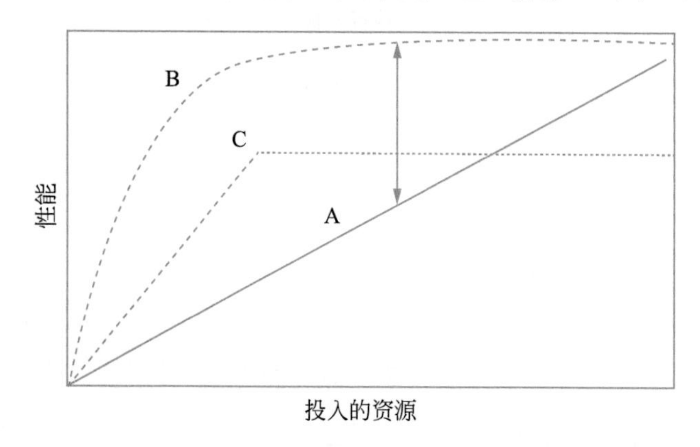

图 2.3 性能-资源函数

图中的曲线 C 则说明了一种数据限制，这是一种与资源限制不同的性能限制。曲线 C 表明，即使进行了充分的资源投资绩效也远不够完美。为什么投资了少量的资源之后再多投资源也无法获得进一步的绩效收益呢？因为性能的质量受到任务数据或信息源的限制。比如，无论怎么使劲扯耳朵，都听不到低于听力阈值的微弱信号；再比如，不管如何绞尽脑汁，都无法理解或使用一门一窍不通的外语进行对话。这就是说，在投资了一定的认知资源后，进一步的投资是徒劳的。此时，可以将这剩余的认知资源保存起来，以用于其他的并发任务。

此外，数据限制也指长期记忆中的数据。比如，检索我们认识但是事实上不知道的人名或词汇将是一项数据有限的任务，但是仍然需要投入精力去检索，这个过程就是数据有限的。并且，所有的任务都可以包含性能沿线的资源有限区域和数据有限区域。图 2.3 中的任务 B“完美绩效上限”可称为资源有限，因为投入了 30% 左右的资源后，再继续投入资源也不能提高绩效了。

在双任务性能中，资源和数据限制之间的区别的明显含义如图 2.4 所示，其中两个任务之间的资源相对分配在横轴表示。此时任务 B 的性能和图 2.3 的 B 类似，但是任务 A 的性能则呈现负增长，任务间的资源分配策略则表现为横轴上的某个点。研究指出，人们可以通过给定指令来操纵相对资源分配，在实际情景中，人们会自发地采取一些资源分配策略。图 2.4 中，中点（垂直实线）代表同等优先级，任务 A 在中点时发生性能递减，但任务 B 中没有。垂直虚线显示不同分配策略，以缩减任务 B 的认知资源来加强任务 A，实际上则会趋近完美的资源分配。

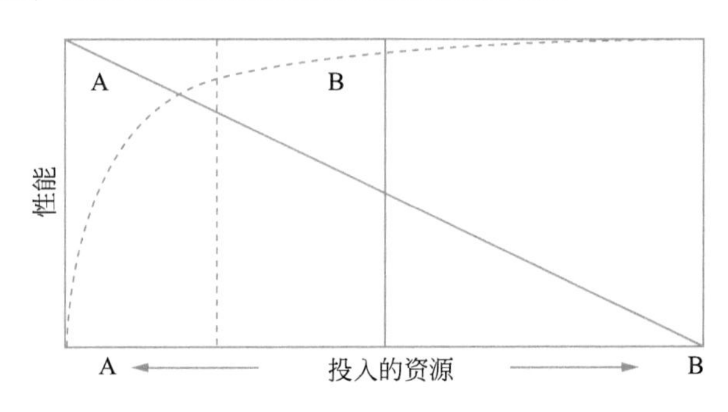

图 2.4　两个任务的性能资源函数说明任务优先级不同时的资源权重及性能

资源分配和资源需求在学习中有十分重要的作用。然而，一些研究者也认为，有些类型的材料是自动学习的，在双任务条件下，自动学习（例如频率学习）与在单任务条件下一样快。Kaplan 和 Berman 认为执行控制的资源需求会与自我调节的资源需求相互竞争，并且自我调节是控制冲动所必须的。因此，高要求的自我控制是更加困难的。

资源分配或是调动的持续时间也影响它对性能的效率。持续地耗费大量认知资源会带来长期成本。比如在决策疲劳和警戒任务时，持续多次调动大量认知资源会降低人们对错误的敏感性（增加误判率）。这可能是由于持续的任务产生了疲劳效应，从而导致了认知资源投入的动摇或下降。

这就引申出一个重要问题，资源池是固定的还是可变的。Kahneman 认为资源池不是固定的，他认为为一项容易的任务付出努力比对一项困难任务付出努力更难，也就是说，任务需求的增加本身就有助于调动更多（额外的）认知资源，并且人们会根据任务需求的要求扩展资源池。Young 和 Stanton 提供的数据支持了这一观点，他们认为，由于困难任务可以调动更多的认知资源，那么人们可能在从事困难任务上表现更好，并且这种特质是因人而异的。

二、资源多样性

Kahneman 也指出了多任务绩效背后的心理资源概念。他认为，多个资源池的概念也可以解释任务干扰，比如结构性干扰（需要用眼睛同时注视不同的地方），或运动干扰（双手要同时执行两个竞争动作）。研究者们开始假设资源池可能并非单一，人们可能同时拥有超过一个资源池。研究表明，一项任务中需求的增加有时不会降低并行任务的性能，或者不会超过资源更丰富的单任务情景。还有研究表明，当消除了明显的结构限制（视野中放置两个无需扫视的信息来源）时，将注意力分散到不同的感官（视觉和听觉），仍然比相同感官之间的干扰少。这就表明人们的认知结构中可能存在多个认知资源池。

Wickens 将这些人类绩效数据含义与脑内资源分离的生理学上合理的维度相结合，提出了一个三维多资源模型，并在之后提出了四维多资源模型。四维多资源模型的四个维度分别为阶段、编码、模态和视觉感知中的中央凹视觉。Wickens 假设在这四个二分维度上需要单独的认知资源，并且如果在这四个维度上单独使用某种认知资源，则总分时会提高，单独任务难度的增加可能不会降低并发任务的性能。

（一）阶　段

因为感知和认知活动涉及到共同记忆，它们的资源可能是相同的，但是用于功能与选择和执行响应的基础资源是不同的，如图 2.5 所示。当一项任务中做出的反应难度不同，并且操作不会影响需求更感性的认知性质和并发任务的执行时，可以用这样的二分法来表示。

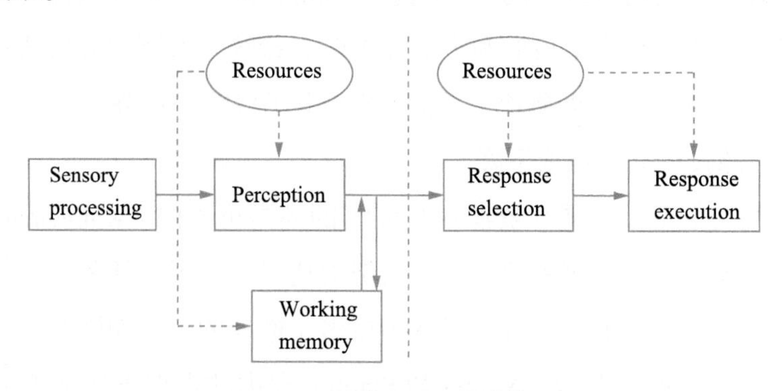

图 2.5　二阶段定义的资源

在语言领域，Shallice、McLeod 和 Lewis 研究了涉及语音识别（感知）和语音产生（反应）的一系列任务的双重任务表现，并得出结论：即使这两种语言过程共享语言资源，它们背后的资源在某种程度上也是分离的。同时，阶段二分法也得到了认知神经领域的证据，这两个阶段与不同的大脑结构相关联——大脑额叶的中央沟前方控制着语言及运动活动，中央沟后方则控制知觉和语言理解活动。事件相关脑电位（ERP）的研究也为二分法提供了生理支持。

如图 2.5 所示，根据多资源模型的阶段二分法，感知任务有资源需求，认知任务有工作记忆储存或完成信息转化的需求，二者之间产生大量干扰。虽然形成了不同的信息处理阶段，二者实际上存在公共认知资源共享。例如，视觉搜索与心理旋转相结合，或者言语理解与言语排练相结合，都提供了不同阶段（感知和认知）的操作示例。这些操作仍将竞争共同的阶段资源，因此可能会产生干扰。

（二）加工编码

处理代码维度反映了模拟 / 空间处理和范畴 / 符号（通常是语言或言语）处理之间的区别。多任务研究的数据表明，空间和言语过程或代码，在感知、认知或反应方面都依赖于不同的资源，这种分离通常与两个大脑半球有关。空间和语言资源之间的区别也说明了手动和声音响应可以共享相对较高的时间分辨率。假设手动响应通常是空间响应（跟踪、转向、操纵杆或鼠标移动），声音响应通常是语言响应。在这方面，许多研究指出，当离散任务使用声音而非手动响应时，连续手动跟踪和离散口头任务的时间分配效率更高。同样一致的是，使用非跟踪手的离散手动响应似乎会中断手动跟踪响应的连续流动，而离散声音响应则不会。处理代码区别的一个重要实际含义是能够预测何时使用声音（语音）与手动控制可能是有效的，何时可能不是有效的。受资源分配策略影响，手动控制可能会破坏对任务要求包含空间工作记忆（如驾驶）的任务效能，语音控制则可能破坏对口头言语有高要求的任务效能（或被打断）。

（三）知觉模态

人们有时可以在眼睛和耳朵之间完美分配注意力，这种分配要远远强于相同通道之间，例如，两个听觉通道或两个视觉通道之间。也就是说，跨模式分配比模块内分配更好。例如，Wickens、Sandry 和 Vidulich 在实验室跟踪实验和复杂的飞行模拟中都发现了跨模态任务分配优于模块内分配策略。Parkes 和 Coleman 以及 Donmez、

Boyle 和 Lee 观察到，在通过弯道时，视觉分心比听觉分心对驾驶员更有害。一项分析比较了视听和视觉任务，其中模块变化任务是一个离散的中断，视觉任务是相对连续的。结果表明，与视觉呈现相比，离散任务的听觉呈现具有 15% 的显著优势（在速度和准确度上都比视觉呈现要高）。不仅是听觉和视觉通道，近来很多研究对触觉通道的信息呈现作用也产生了兴趣，例如，电子方式“轻拍”作战人员肩膀以警示身体一侧有敌人，或飞行员手腕佩戴电子设备发出嗡嗡声以提示显示器上出现重要视觉信号。

（四）视觉通路

除了听觉和视觉处理模式之间的区别外，也有证据表明，视觉处理的两个方面，即焦点视觉和环境视觉，在支持高效分时、具有质的不同大脑结构、与质量不同的信息处理类型相关这几个方面上构成了独立的资源。焦点视觉大多数情况处于视觉中央凹的位置上，这里擅长处理感知精细细节、模式和物体识别（例如，阅读文本、识别小物体）。相反，环境视觉则（但不完全）涉及副中央凹和外周视觉，用于感知方向和自我运动。当邮递员在阅读信件地址的同时成功地走在人行道上时，她正在利用焦点和环境视觉的并行处理或功能，就像我们在阅读路标时让汽车在车道中心（环境视觉）向前行驶一样，短暂地向下看一眼导航显示，或者在道路中间识别危险物体。飞机设计师已经考虑了几种利用环境视觉为飞行员提供引导和警报信息的方法，但他们的焦点视觉通过感知显示的仪器信息的特定通道占用了大量的认知资源。

三、多资源模型的缺点

多资源模型能够很好地解释资源时间分配效率，但这个模型仍然有需要完善的地方。例如，与触觉相关的资源可能是多资源理论的另一个层次。与资源无关的其他机制也会影响双任务绩效的差异。特别是，当处理模棱两可的任务和合作任务时这种难度会加剧。无法对资源需求进行单维度描述。现在版本的模型对人们的分配机制还不甚了解，在现实世界中，人们会被一些不必要的注意力干扰，如鸡尾酒会效应、认知隧道等，这些现象显然与人们的最佳分配不一致。因此，该模型还有很多值得完善的地方。

第五节　人因工程研究方法

一、实验研究法

（一）实验步骤

实验目的一般是探究因变量与自变量的关系，人因工程实验中前者通常为作业能力、工作负荷、情绪心理等主客观因素。实验的方式是考察没有其他影响因素作为变量的前提下，因变量受到自变量变化作用产生的改变。实验通常遵循的步骤如下：

1. 提出问题和理论假设

研究人员先对各个变量之间可能存在的关系做出假设，再提出验证所假设的关系是否真实的实验设计框架。例如，首先假设经常改变倒班的值班时间会提高作业人员的错误发生率，当确定了自变量和因变量的具体形式（如疲劳、睡眠等）并提出相应猜想的理论或假设，就要给出后续具体的研究方案。

2. 提出详细实验计划

明确即将进行实验的所有细节，包括自变量、因变量、作业任务、实验被试者需要完成的任务、检测指标、评价体系等。例如，记录被试者在计算机上录入数据时敲击键盘的错误次数对作业效率的影响。还要确定每个自变量的调控方式，例如昼夜间的具体倒班制度。在实验设计里，自变量的确定和控制极为重要，应当明确需调控的自变量和各自变量的调整范围。

3. 实验操作

科学选择被试和实验所需设备，进行实验前准备。若对实验把握不足，在进行正式实验前，可以做缩小规模的预实验来排除潜在问题和风险，然后再进行正式实验，正式收集有用数据。

4. 数据分析

在实验过程中，对每个被试的因变量进行测定，自变量对应的因变量可能是一个或多个。以描述性或推测性统计学方法进行数据分析，注意各组数据间是否存在显著差异。

5. 推导结论

根据数据分析结果，得到关于实验的因变量与自变量关系的结论。首先评估实验结果是否支撑最初的理论假设。实验结果常常不在研究人员的判断估计内，而实验设计在很大程度上影响着实验结论。研究人员不能仅对数据表象作出分析，还应深入探究为何会产生该结果；根据所找到的深层、具体的原因（可能来自人心理、生理或仪器、环境等方面），才能给出具有普遍指导性内涵和实际应用价值的原理和准则。

（二）实验设计

1. 两组设计

在两组设计中，我们考察一个自变量（因素）的两种条件（水平）。在经典的两组设计中，被试者被分为两组，一组作为控制组不作任何处理，另一组作为实验组，给予某种程度的自变量变化。实验目的就是比较这两组之间的因变量的变化。在人因学研究中，常常需要比较不同的实验条件，在这一类的情况中有时不需要设置控制组。

2. 多组设计

有的时候两组设计不适于用来检查我们的假设，即使是只考察一个变量，也要考察这个变量的多个水平。用多组设计可以发展出一个用来预测的定量模型或方程。

3. 因素设计

若具备变化水平的自变量增多，则可以设计扩大出多组对比，在一批实验中同时检验多个自变量的作用。人因工程所研究的系统往往相对复杂，涉及的相关变量多于两个。把不同水平的不同自变量共同组成的多因素实验称为因素设计，在这里因素的含义是各自变量的各个水平之间的潜在组合，全部产生的条件会被综合考察。因素设计不仅探究了每个自变量对因变量的作用，还探究自变量之间的交互。人进行作业、人-机互相作用往往情况复杂，因此在人因工程研究中，无论研究是基础型还是应用型，因素设计最为常见。

4. 组间设计

自变量的不同水平是用不同的被试组来考察的，在做组间设计时，实验的每一个条件（水平）使用一组不同于其他组的被试者。在做一个组间设计的研究时有多少个不同变量结合的水平，就要有多少组被试者来一一对应。在让同一组被试者执行不同的实验条件可能产生某种问题时，最常用的就是组间设计。组间设计也可以回避次序效应。

5. 组内设计

在众多实验里，被试者参加的实验包含各种条件，各项实验条件都在同一组被试者上实施，这种实验设计被称为组内设计。若相同被试者参与了一个自变量全部水平范围内的实验，就称为被试内变量。设计实验中所有的自变量都是组内变量叫作组内设计。组内设计的优势众多，重点是对变量更敏感、更容易获得不同实验条件的统计学差异，还可以降低对被试者的需求量。

6. 混合设计

对于因素设计，每个自变量的设计既可以是组内也可以是组间的。混合设计就是同时使用组内变量和组间变量。

（三）实验设备和实验条件选择

一旦明确了因变量和实验设计，接下来确定布置给被试者的任务和任务完成条件。从研究的应用性角度出发，应尽可能通过实验任务及环境的选择设置，使实验结果尽可能具有代表性和普遍性，因而实验应该在实际作业环境条件或与实际环境高度相似的条件下开展。

（四）实验被试者选择

所选择的被试者应对研究者的目标总体有足够代表性。例如，若研究目标是飞行员的行为，就要筛选在总体层面上能代表飞行员的样本；若研究目标是老年人，需要细化感兴趣的总体（如年龄大于 65 岁、受过义务教育的老人），再从该总体中选择被试样本。需要注意的是，要获得从各个方面都能代表群体各项特征的样本很难实现。

（五）实验控制和混淆变量

完成一项实验时，考虑到所有可能对因变量产生影响的变量非常重要。必须控制外部可能对自变量和因变量之间的因果关系产生干扰的其他变量，避免干扰发生。那些对因变量产生了实际干扰的外部变量被称为干扰变量。被试者在典型外部变量的多方面都互不相同，必须控制好这些外部变量，在进行组间设计实验时，要保证不同组别之间的区别仅仅是实验处理而不能是其他类型的变量因素。应对这个问题的有效方法是随机将全部被试者分配到各项实验条件下，只要样本体量足够大便足以抵消不同被试的个体特征的干扰变量影响，这种方法叫作随机分配法。规避被试个体特征干扰的另一个方法是采用组内设计。不仅被试变量，对其他一些变量也应当加以控制。

组内设计时另一个必须控制的因素是对被试进行不同实验条件处理的次序。次序可以造成次序效应，被试在进行一系列不同条件的实验时，仅仅是实验的次序设置就可能造成被试因变量的变化。避免次序效应对自变量产生影响的方法多样，例如强化练习以降低练习效应，让被试者在各条件对应的实验中间获得一定休息时间能够减弱疲劳效应。总之，研究者必须对外部变量进行控制以确保其不会影响自变量和因变量，否则极易使实验结果混乱，无法进行深入分析。

（六）进行实验

完成研究的设计，并确定被试的样本之后，研究者就可以做实验和采集数据了。根据研究的性质，研究者也可能做一个预备实验。预备实验的目的是检查调控的水平是否合适，确认被试没有经历未预见到的问题，以及实验总体上是否顺利。一旦实验开始，要确保采集数据的方法保持一致，比如研究者不可顺着时间的推移表现出对被试者更多的宽容，测量的设备必须维持校准的状态。对所有的被试者必须注重伦理道德。

（七）数据分析

在分析所采集的实验数据时，必须确定因变量的变化与实验条件（自变量）间的实质性关系。针对研究提出的问题和假设，研究人员通常会进行描述性和推断性两类统计。描述性统计归纳因变量随着实验条件变化而发生的变化，推断性统计则证实不同实验条件确实存在差别，且差别是按照一定概率发生而非随机性的。

描述性统计一般以各种变量条件下的数据均值表示变量间的差异，最常用的统计量是算术平均数。表示自变量对因变量的影响最直接简单的方法是提供各组被试的因变量结果的平均数，标准差则常被用于表征数据离散度。

实验各个组数据的平均数可能基于的随机水平并不相同。除了实验操控，人的操作状态本身就常常发生波动，两组被试者对某个变量上的结果均数差别与实验调控无关的情况时有发生。推断性统计足以说明两组被试者的差别程度，确定实验中的差异并非随机发生、而是由自变量的变化产生。只要排除来自随机性因素的影响，就能得出差异是由于实验调控自变量所产生的结论。

对两组实验进行推断性统计常用 t 检验，两组以上的检验则用方差分析的方法。在 t 检验后获得 t 值，通过方差分析获得 F 值，必要的是确定差异的概率 p 值。对特定数据来说 t 值和 F 值的产生可能受随机性原因影响，并不能反映实际差异。越小的 p 值代表结果越有意义，证实差异是由自变量变化产生的可靠性就越高。各组平均数之间的差异越大，同一条件的实验内各次观测平均数的离散程度（标准差）越小，得到的 p 值就越小。样本量增加也倾向于使 p 值降低，而大样本能使实验数据的统计学效率提高，更易于识别显著差异。

（八）获得结论

通常认为低于 0.05 的 p 值意味着实验结果并非由随机因素造成，而可以确信是自变量的作用。若因变量的变化明明是随机因素的作用却被认为源于自变量，这种情况就叫作第一类错误。按 0.05 的 p 值标准发生第一类错误的概率为二十分之一。评价各种系统设计方案时，若 p 值高于 0.05，可认为这些方案之间没有显著区别。评价不同程序时，若程序间差异的 p 值高于 0.05，可认为这些程序的差异无明显意义。虽然规定 p 值不高于 0.05 可以减少第一类错误，却可能使第二类错误增多，而第二类错误是指实验控制操作在实际上有效，研究者却得出无效的结论。第一类错误和第二类错误的出现是互相关联的。

在人因工程研究中，若差异不符合 p 不高于 0.05 的显著水平，应考虑到发生第二类错误的可能，并思考这种误认为差异不存在的结论被他人应用的后果。样本越大越有利于防止这两类错误的发生；若样本体量较小，统计学效率较低，则要充分认识考虑各类错误的潜在后果。

二、描述性方法

（一）观测法

多数情况下，人因工程的研究都要记录各种场景下作业任务中的行为。为计划观测研究，需要确定要测量的变量、观测和记录方法、观测的环境条件及时间框架等，需要形成一套完整的状态分类清单，否则记录下大量的混乱信息，可能无法进行分析，也无法得出有意义的结论。状态清单最好在预实验后确定，此时研究人员能够使用对照单将新添加的信息记录和分类，对总体信息行整理。在有条件获得大量数据的情况下，最好只采集那些和问题有关的行为或者分情况记录行为。

（二）调查法和问卷法

基础研究和应用研究都经常采用调查法和问卷法来测量变量。问卷和调查有时候采用开放性问题来获得定性的数据，但作用更大的是调查获取的定量数据。定量数据的获取一般通过量表，大部分量表为 7 点或 10 点量表，便于对所得到的数据进行统计学处理。

问卷法的关键问题是效度。问卷的假定设计前提是所有问题均针对所需评测的目标，绝大多数情况下需要让填写者知道他们的填写内容是不记名和保密的，如常常会在问卷上标注填写号码而无需填写姓名。填写者相信他们的名字与问卷利用不产生关联时，普遍给出更真实可靠的回答。

作为主观性方法，问卷法和调查法的结果可能与客观数据相矛盾（例如用错误率和反应时作为客观指标的时候），主观和客观两类度量之间的区别很重要，对大样本被试者更容易得到主观度量。

（三）故障和事故分析

人因工程分析经常需要确定一个系统安全性方面的功能情况。安全性评价方法多样，包括调查和使用问卷，还有一条途径是评价发生的故障（系统运行已出现明显问题但尚未形成事故）和事故。诸如航空的部分领域设有正式的故障与事故记录数据库，这些庞大的数据库有重要潜在价值，同时也存在一些问题：难以根据数据库中的定性数据给出具体原因分析；即使保证对报告人不记名，也并非所有故障都会被上报；报告人不能保证对故障和事故的根本原因进行描述。事后访谈的方法有助于以上问题减少，但依然无法从根本上解决问题。

装备研制人因工程中的主要目标之一就是事故干预，随着人机系统越来越庞大复杂，事故干预愈发重要。无论是人、机器或人机交互作用引起的事故，研究人员都可以通过对系统的预先分析发现事故的根源。事故原因常常是系统中多个环节一起出现了故障，实际上在大多数情况下，系统中涉及安全的要素众多，训练、控制、显示、交互等等都包含在内。应当在事故发生前就对安全要素进行检查而非在事故发生后，这就要求明确系统安全的预先检查机制。

（四）复杂建模和模拟

有时各变量间的关系以模拟或建模的方式考察，需要采集有关几个变量的庞大数据。模型可以简单到一个数学公式，也可以是复杂的计算机模拟，但不管怎样模拟与真实的系统比起来都是有局限的，其真实性更低。

研究者常用模型表现人体中生理和物理系统的关系，而一些人体数学模型已经在工作场所的模拟设计中得到应用。数学模型能够发展出复杂的模拟，特定系统的重要变量之间的关系经过数学建模可以被编写成模拟程序进行运行。模型预测的结果可以与人的实际操作（时间、失误、负荷等）基本符合。通过模拟，研究者在预测设计改动造成的影响时无须再进行实验，最重要的优点就是不需要以人做被试来验证设计条件下的系统情况是否对人有害。

（五）文献调研

实验报告中不可或缺的部分是文献检索和总结，若调研发现已有研究者对关心的问题进行了相关研究，可以将部分实验工作省略，换成文献调研论述。有一种特殊的文献调研方法叫作元分析，就某个自变量相关的大量实验数据统计进行元分析整合，可以得出关于该自变量极高可靠性的概括性结论。

第六节　装备人因工程的技术流程

人因工程在很大程度上是一门实验科学，主要任务是把与人的能力和行为有关的信息及研究结果应用于产品、设施、程序和周围环境的设计中去。这些实验来源于实验和观察，而人因工程学研究除了学科理论的基础研究，也大量涉及设计和优化与人直接相关的仪器用具以及作业任务、环境和管理等。总体应遵循人-机-环境系统整体优化的处理程序和方法。

一、机具的研究步骤

机具包括机械、仪器、用具、设备设施等。虽然被服不同于上述机具，也属于人类的一种用具，研究方法与步骤存在相同点。关于机具的设计与优化，通常遵循如下步骤：

（1）首先确定机具设计或优化的目的，再确定具体实现手段，也就是实现机具的特定功能。实施方案越多意味着越大的选择范围，可以得到考虑到全部条件限制后的最佳方案。因此，应制定略高的目的，开阔思路，设计多种方案。

（2）一旦确定了整个人机系统的功能，就要合理分配人与机具分别执行的功能。应评价和对比人与机具的特性和能力，以便功能分配后能充分发挥各自特长：人相对于机具的特长是感觉、综合判断、随机应变、面对突发状况的决策和处理能力等；而机具的优势是速度快、持续作业能力和耐久性佳等。按照系统的目的要求，具体分析人、机能力，合理完成功能分配。人和机具一方分担的功能减少，另一方就相应增加，例如，汽车由手动变速发展至自动变速，照相机实现调整光圈和对焦自动化，人需要分担的功能就在减少。在当前的大规模系统、物流运输系统、安全防灾系统中，应注意避免片面追求机械化、自动化的倾向，必须将人的功能充分发挥出来。

（3）由模型描述确定人机功能分配，再具体描述系统，进行深入分析。模型描述分为语言（逻辑）、数学和图示等类型，不同类型的模型描述既可以单独运用，也可以组合运用。语言模型适用于任一系统，缺点是不够确切；数学模型较为具体，对分析和设计都很方便，但往往在对实际系统的表现上受到约束，常用于整个系统中的局部描述；应用更为广泛的是图示模型，且可利用语言模型和数学模型对图示模型加以说明。另外，图示模型对表示各要素特别是人机之间的相互关系来说更为方便。因此，实际情况中大多使用辅以语言或数学的图示模型。

（4）以模型完成系统描述后，进而分析人、机和系统的特性。人的特性不仅包括形态、功能等基本特性，还包括情绪、人因失误等复杂特性，分析过程中应在必要时对这些特性进行测量、计算和数据处理。机具的特性则包括性能、标准和经济性等。全部系统的特性包括制造、使用、维修特性以及安全性、社会效益等。

（5）设计或改进数据时若有更加详尽的需要，可在上述数据分析的基础上制作出机具模型，反复使用和实验研究，以取得具体的数据信息，在多个方案中选出最优。模型分为实物大小模型和比例缩小模型，后者经济性高且易于操作。可根据实际需求使用不同变量的模型进行模型实验，例如，有单件机具、被服的实验模型，也有核电站控制中心人机界面、船舶设备配置与船员关系的大规模实验模型，另外也有以关键功能为实验重点而在其他方面简单化的模型。

（6）机具的设计与优化最终要确定最佳方案并具体实施，最佳方案由上述分析实验的结果评定得出。完成设计和优化并研制出试制品后，应继续对其评价和优化以进一步完善。其中评价机具与人的功能分配合理性尤为重要，评价经常运用直接由人参与的感觉评价法。

二、作业的研究步骤

最佳作业的获得需要不断对作业的设计和优化方法、体量、人员姿势和机具本身及布置等方面进行研究。最佳作业是指和人的特性最相符、实现最低程度的疲劳程度及人因失误，效果安全可靠，满足人员高效性及舒适性的作业。作业的设计和优化步骤：

（1）明确作业目标和可实现目标的功能。

（2）明确作业过程中人员和机具的功能分配。

（3）构建包含作业对象的时间、顺序、所需机具和材料等要素的模型。

（4）通过实验研究作业人员特性，测量并处理和分析数据。

（5）提出多种作业方案并实施作业研究，综合评价确定最佳方案。

（6）实施选定的最佳作业方案，跟踪评价实施效果。

三、环境的研究步骤

为建立最佳作业环境，人们持续进行针对照明、湿热、色彩、声音、空气质量等方面的研究，努力改善作业及生活环境。最佳环境是指符合人员特性，满足其工作高效性和生活舒适性的环境。环境的设计与优化在方法上可类比机具研究，采取步骤如下：

（1）确定设计与优化目的，找出研究的重点因素（如噪声、振动等）。

（2）进行理论和实验研究，分析环境因素对作业人员的影响，以图示、语言、数学等模型表现。

（3）提出并分析评价各种方案，确定最优方案，必要时可进行小规模实验研究。

（4）实施环境的设计或优化方案，不断评估完善。

与上述几方面类似，组织与管理方面的研究步骤主要有：根据存在的确定研究目的明确人员和机具的相关要素与功能；提出多种方案，进行分析、评价、确定最优方案；实施设计和优化方案；总结和完善实施成果。这些研究步骤对全新系统的设计及现有系统的优化均适用。

四、人机关系研究

人机之间的相互作用产生人机关系，装备人机关系可以从人机功能关系、人机信息关系、人机位置关机记忆力的关系几个方面展开研究：

（1）人机功能关系，从人机任务分配、人机工作量分配、人工干预程度等几个方面来开展。人机任务分工可以围绕监测类、决策类和执行作业类任务开展分析研究，重点研究人与装备的优势能力各有哪些、哪些功能应当由系统主力完成，哪些任务应当由工作人员或操作员主力完成。人的工作量分配方面，应考察个体做多少工作量合适，合作的项目要考察到合理完成的项目增量，合作人员的心态情绪等因素对工作效率的影响。同时与装备的工作效率相结合。确保工作人员能够保持合理的情感和心境来完成工作。同时应适当满足工作人员的认知需求，发挥工作人员对机器的监督作用，确保系统能高效、准确、安全地完成任务。另外一个重要的值得考虑的点是人工干预程度。当装备的自动化程度较高时，工作人员需要进行何种必要的干预，在不损伤工作人员身体和心理健康的情况下能够安全高效地完成任务。

（2）人机信息界面显示，研究的主要内容是软件界面的显示要素、格式及布局等，保证人机信息界面展示的文字、图形和表格信息满足作业人员在任务过程中的关注需要，使信息容易被接收和理解。

（3）人机界面交互，主要针对软件界面交互反馈的响应时间、提示方式等，重点确保人机界面各类控件及操作单元交互使作业人员的信息获取及操作控制过程方便、高效、舒适。

（4）人机位置关系，涉及因素包括硬件设备的外观外形及空间布置等。硬件设备外观外形研究包含视域、操作域、容膝空间等方面，设备的外形尺寸应当满足作业人员操作使用的方便性、安全性、舒适感等需求。进行场地布置时主要考虑因素包括作业人员的静态尺寸、活动空间以及设备维修空间等，确保装备舱室的布置安排符合系统高效性，同时注意生活舱室的宜居性。

（5）人机力学关系，设计围绕装备的输入装置（触摸屏、轨迹球、按钮按键等）展开，充分考虑作业人员的指力、关节力、触感、压感、肢体姿势等方面的需求和限制，确保人机交互操作便捷、高效、舒适。

五、人人关系研究

人人关系包括人人功能关系、人人信息关系和人人位置关系等。人人功能关系包括岗位设置、装备台位分配、装备配置资源等。岗位设置应基于操作者的能力特性、工作负荷等系统功能的因素，保证每个人与其岗位的适配性并进行科学合理的排班。台位分配应综合作业人员能力、作业负荷及系统功能分配等，确定特定任务对工作量和台位功能的要求。资源分配的依据是人员和机具的能力、可靠性等因素，据此确定具体任务需求下作业人员及与其匹配的功能台位的数量分配。

人人信息关系包括团队的人机界面显示、交互及团队组织构架等。团队人机界面显示和交互主要指当多人多机的界面显示及交互并存时，保障团队高效协作的形式、方法，包括团队信息交换、沟通与协作的方式等，例如使用共享大屏。团队组织构架包括团队各成员的任务分配规划及组织结构，还包括如何提高各装备作业团队间的信息交流效率，提高各团队分工和协作的作业绩效。

人人位置关系主要是多人多机共存的台位布置，确保多个台位之间的距离、角度等设置整体利于人与人之间的配合协作。

六、人环关系研究

人环关系研究主要针对人和环境的相互影响、作业环境设计及恶劣环境下人员防护措施等方面。研究包括物理环境因素（噪声、振动、照明等）、微气候环境因素（温度、湿度、风速等）及作业任务环境因素（时长、压力等），考察各种因素对作业人员感知、记忆、决策、联想以及操作准确性等方面的影响。

研究的另一方面是环境设计优化，分析作业人员生理、心理和认知的特性与需求，进行工作和生活舱室环境的作业绩效提高与适人性研究，列出舱室环境设计优化的因素以及目标指标和要求等。研究包括舱室的空间布局、微气候、照明与色彩设计等。

在恶劣的作业环境可能威胁作业人员身心健康且难以改变时，需要研究人员的安全和健康防护，或降低甚至消除恶劣环境对人员作业绩效的影响。具体防护措施研究包括降噪耳机、抗辐射服、防水防寒服，以及能量补充食物和抗疲劳药物等。

第3章 人的能力及特征

第一节　人体感觉、直觉与认知

如果将人的感觉、知觉和认知系统比作电脑或相机，尽管人与机器、生命体和非生命体之间有着根本区别，但是按照控制论的“人机同构”观点，人类行为与机器控制的基本组成部分有很强相似性：感受器与外界进行交互，收集并直接接收任务相关信息；中枢器官对信息进行筛选、加工和储存，比较感受器收集的信息与记忆中储存的信息，进行动作决策；效应器则在中枢决策器官的指令下负责执行具体任务。在人体中这一系统对应着感觉器官（眼、耳、鼻、口、皮肤等）、中枢神经系统（脑和脊髓）、反应器官（四肢、五官、肌肉和腺体）以及传入和传出神经。环境与行为的相互作用过程可由下列例子说明：

（1）自然环境中的动物鸣叫属于听觉刺激，动植物形象属于视觉刺激，人的眼睛和耳朵能感知到客观对象的刺激，这就是“感觉”过程。

（2）视听刺激的物理能量转化为生物电也就是神经冲动，经由传入神经被传输至大脑。大脑根据以往积累的（关于动植物的知识和记忆）知识或经验对这些刺激进行解释，通过与脑储存的脑记忆表象（又被心理学家称为认知图册）对比，对感觉到的刺激进行识别，心理学将这一过程称为“统觉”或“联想”。

（3）以识别、理解和比较为基础，对环境的认识和判断被称为“行为的环境”。行为的环境与客观环境并不完全相同，是一种人在感知后进行重构的环境。

（4）人既可以对接收的环境信息直接做出反应（驱赶动物、采摘植物），也可以将其储存备用，具体行为受到个人需求目的、情绪、兴趣、价值观和社会约束等因素的影响。

一、感 觉

人的认识活动通常始于感觉，不仅能通过感觉掌握客观事物的形状、颜色、质感等属性，还能了解自身的实时情况及动态变化，如产生饥饿感和痛感等。作为意识和心理活动的首要依据，感觉直接联系着人脑与客观世界。

感觉的特点：

（1）反映当前直接接触到的、而非过去或间接的事物。需注意感觉是当前事物的映射，而由记忆重现的事物属性映象、幻想中各种与感觉类似的体验等均非感觉。

（2）感觉反映出客观事物的部分属性却不能表现其整体。人可以通过感觉了解客体的声音、形状、颜色等个别属性，但无法整合全部属性反映客观的整体，也并不了解事物的真实意义。反映客观事物整体及认识其意义相对感觉来说是更高级的心理过程机能，但所有更加复杂和高级的心理现象都一定基于感觉而存在，对客观世界的认识从感觉开始。

（3）感觉是主观形式与客观内容的统一。感觉的对象和内容是客观的，其所反映的客观事物的存在是独立的，并不依赖于人的意识。但感觉的形式和表现是主观的，其形成、存在和表现都依赖于一定主体，对人来说，任何感觉都会被经验、知识及生理和心理状况等主体因素所影响。由此可见，客观事物是感觉的源泉，主观解释是感觉的方式和结果，感觉作为联系主客观的关键通道，是客观事物的主观映象。

可引起感觉的主客观因素：

（1）刺激作用于感受器。人的感觉器官形态构造各异，分别发挥不同的功能，它们只对各自相应的特定适宜刺激物产生最大的感受力，针对性产生清晰且有具体意义的感觉，如眼睛与光刺激，耳朵与声刺激，皮肤与触觉、温觉刺激等。最受重视的感觉是视觉和听觉，然后是味觉、嗅觉和肤觉。另外，人的感觉还包括动觉与平衡觉。

（2）感觉阈限。感觉不是任意强度的刺激都会引起的，刚能被感觉到的最低刺激强度称为下绝对感觉阈限。超过一定限度的刺激强度，引起的感觉就变成痛觉（例如听觉刺激和触觉刺激过强都会引发痛觉），引起正常感觉的最大刺激量就是上绝对感觉阈限。人能产生感觉的刺激范围就是下绝对阈限到上绝对阈限之间。

（3）注意。心理活动对特定对象的指向和集中称为注意。客观世界是丰富多彩的，人在同一时刻无法感知到客观世界的全部对象，少数能被人感知到的对象即为注意的中心，其他少数对象位于注意边缘，大多数则位于注意的范围之外。一般按照注意产生和维持是否有目的及不同的意志努力程度分为三类：无意注意（既无预定目的也无须进行意志努力）、有意注意（有一定目的且需要相应的意志努力）及有意后注意（事先有预定目的而无须意志努力）。因此，客观事物是否引起人的注意，不仅由刺激物的特性决定，还取决于人的自身状态，这两方面包括刺激物的状态（人更容易注意到运动和变化的对象而非静止的对象）、刺激物的对比强度（决定是否发生无意注意的往往是刺激物的相对强度而非绝对强度）、刺激的新异性（注意更容易分配给令人感到新异的事物，而单调重复的事物则使人难以维持注意）、注意的广度（人能同时清晰把握的对象数量）和个人特性（个人的情绪、健康、兴趣和需求都会影响人是否注意客观刺激）。环境中过量的独立要素会引发负面后果，适当组织这些要素，将一部分群元素看作一个整体，可以简化信息的处理和储存过程。

不同的感觉之间有如下相互作用：

（1）相互加强或削弱。人经常多通道同时接受环境信息，某种感觉器官受到刺激可能使其他器官的感受性升高或降低。实验发现微小的痛觉刺激或部分嗅觉刺激可以提升视觉感受性；听觉感受性会被微光刺激提升，但受到强光刺激抑制。感觉的普遍规律是，某种感觉的弱刺激能促进、强刺激会降低另一种感觉的感受性。同一种感觉间也会发生相互作用（例如视觉的正后象与负后象），这种感觉的互相作用有重要实际应用价值。

（2）联觉。由一种感觉引起另一种感觉的现象叫作联觉。联觉也是不同感觉互相作用的表现。联觉有多种形式，例如，从事音乐工作或音乐造诣较高的人在听到特定旋律时会产生相应视觉；建筑行业中广泛运用色彩相关的联觉，包括色彩的距离感、温度感、重量感、动态感和面积感等。

（3）感觉的补偿。人在损伤或缺失某种感觉后，会由其他感觉进行补偿。例如，聋哑人通常拥有更加敏锐的视觉；盲人对客观事物的感知、判断和识别全部依靠除视觉外的其他感觉，先天失明者即使能通过医学手段恢复视觉，刚开始时获得的视觉信息依然需要听觉、触觉等感觉辅助验证，之后视觉信息也都将归于原先非视觉信息构建的固有图式。各种感觉能相互补偿的原因是不同形式的能量在一定条件下可实现相互转换。感觉的相互作用也反映人的各种感觉系统属于一个整体，各种感觉在彼此联系下协同对客观世界进行全面感受。

二、知　觉

知觉是人感受和理解客观环境与主体状态的过程。人脑中各种感觉综合产生了对具体事物的印象，反映事物整体的直觉建立在对个别属性的感觉之上。因此，知觉以感觉为前提，知觉的产生以感觉为基础，人能够感觉到越多、越具体的事物属性，对事物的知觉也就越完整和正确。知觉是人两个大脑半球对具备某些统一特征的对象或现象的反映，其特征如下：

（1）选择性。人们往往会下意识地选择少数周围事物作为知觉对象，对未选择的其余事物只能产生模糊反应。在观察整栋高层建筑时会容易注意到顶部和底部，若观察细节部分则容易注意到进出口。

（2）整体性。对人来说，任何知觉对象都反映出客体事物或现象的整体性而非个别属性。例如，在看一个室内装修效果时，感知的是该室内整体环境效果，而不是色彩、材料、采光等个别特性，因此对于环境设计要注重最终设计的整体效果。

（3）理解性。人们对事物的知觉往往是根据以往累积的知觉经验来分析和理解事物。因此在实践中积累经验对设计者掌握设计内涵尤为重要。

（4）稳定性。人对事物知觉的效果不受知觉条件影响。知觉也并非单纯地由对客观事物的各种感觉堆积而成，而是人基于已有的知识、经验来筛选、理解及解释由当前事物提供的信息。

知觉分为图形知觉、距离知觉、运动知觉、空间知觉和时间知觉等。空间知觉指人所反映的物体空间属性。物体的空间属性包括其尺寸、形状、方位、距离等，由此产生尺寸知觉、形状知觉、方位知觉、距离知觉和立体知觉；对室内外环境设计来说，空间设计是创造丰富多彩空间环境的基础。人对时间的知觉（时间知觉）由以视觉为代表的人体感官系统根据客观参照物的变化（如太阳或月亮的位置）比较产生；除了通过比较过去和现在感知时间进程，还包括通过生理变化引起感知时间的变化。

感觉的性质大多由刺激物性质决定，但知觉与个人意志有关，知觉过程直接受到人的知识、经验、目的、需求、兴趣等因素影响，不同的人针对相同事物也可能产生知觉差异。设计者进行空间设计时要同时考虑人的知觉共性与差异性。

（5）传递和表达。改造环境或创造新环境来满足和适应人的生理、心理需要。人类既在环境因素的促进下增长需求，又会持续改造环境以适应产生的新需求。知觉传递属于一个动态平衡系统，其过程体现暂时的平衡、稳定。作用于感官的环境因子可导致人的各种生理和心理活动，在产生相应知觉效应的同时人会表现出外显行为。

作用于人的物理环境因子可通过物理量测量，例如可通过光谱仪和色谱仪测定视觉相关的光感和色感的波长等，可使用温度计和湿度计定量肤觉相关的温感和湿感，可使用压力计测量产生肤觉痛感的压力大小，可通过声音测量仪器确定声压和声频来反映听觉相关的声音响度和频率，等等。任何物理刺激因素产生的知觉效应基本上都可使用特定测量仪测定刺激的强度，进而得到物理量表，知觉相关的物理量都可以用物理度量单位表示。同理，由化学因素刺激导致的知觉效应均可用化学仪器或试剂检测强度，得到化学量表。例如，有害气体会引起嗅觉刺激，其在空气中的种类和含量测定可以使用化学试剂和气体的分析仪；若嗅觉刺激是粉尘引起的，含量测定可使用尘埃计数器；若酸、碱度引起味觉刺激，可使用有关化学试纸或仪器测定。

综上，通过定量检测环境因子产生的刺激可获得知觉效应的表达信息。各种因子的表达方式和度量单位不同，重点是设计者需要辨别不同环境因子对人体感官产生的知觉效应，合理规定刺激量的感觉阈限。通过科学测量，得到作用于人的环境刺激的相关物理量、化学量和心理量，以设计构建适宜人作业和生活，安全、健康、舒适的人工环境。分析感觉变化与刺激变化之间的关系需要建立可利用度量阈反映感觉的心理量表，心理量表有三个类型，分别是顺序量表、等距量表和比例量表。

三、知觉与认知

各种形式的感觉是知觉产生的前提，知觉与感觉同时发生却并不是感觉简单累加而成，除了以感觉作为基础，先前的经验和知识对知觉形成不可或缺。在知觉的发展过程中，语言也起到非常重要的作用。

感觉与知觉这两个心理过程紧密联系，既有共同点，又有差异性。二者都是人脑反映当前客观事物的过程，当客观事物离开人的感觉器官所能感受的范围，感觉和知觉就会结束。二者的区别在于，感觉反映了物体的个别属性，跨越心理与生理的活动知觉，而知觉反映物体整体，是纯粹基于生理机制的心理活动，受到主观因素影响。然而只有通过感觉得到物体的个别属性，知觉才能反映出整体的客观事物。实际生活中，人通常直接以知觉反映客观事物，感觉的存在仅仅是知觉的组成成分，心理学上的讨论区分感觉与知觉目的是便于进行研究。感觉与知觉统称为感知，也就是日常生活中所谓的“感觉”。

个人生活积累的经验、知识、情绪以及他人的言语影响或环境氛围，综合形成了知觉判断，形成心理活动特定的准备状态从而具备某种倾向性，该倾向性在心理学上称为知觉定势。若所感知的刺激较为稳定、不发生变化，会使人对其反应逐渐减弱，甚至不再感觉到该刺激，即在习惯后适应了环境刺激。

据研究，刺激强度的增量与原强度的相对关系是影响人知觉刺激变化的重要因素。当刺激强度很低时，即使是很小的增量也可让人察觉其变化；而高强度的刺激在出现较大增量时人才能被人所知觉。有研究认为，刺激的强度增量与原强度的比值为常数。举例来说，若原有 100 支蜡烛的烛光，增减 1 支就可以让人觉察亮度变化，则 1 000 支蜡烛则须增减 10 支才能让人觉察。后来另有研究证明，上述定律仅对中等强度的刺激适用，刺激所引起感觉量大小与原刺激强度的对数成正比更为科学。

认知是获得知识的过程，以思维为核心，包括表象、感知、记忆等等。皮亚杰的理论称人已掌握的经验或知识为“图式”。人会习惯性地以固有图式解释遇到的新鲜事物并将新信息纳入固有图式之中，此过程被皮亚杰称作同化。同化是不断巩固和丰富已有图式的过程。固有图式存在两面性，既是接受新知识的基础，也会妨碍认识新事物。同化主要改变的是图式的量，而顺应使图式发生质变。人通常试图以原有图式同化遇到的新事物，如能成功将其纳入原有图式，便可获得暂时性的认识平衡；反之就是顺应，即调整原有图式或者创建新图式，同化新事物以实现新的认识平衡，这时平衡就从较低水平上升到了更高水平。智慧发展始终是一个平衡—不平衡—平衡的状态变化过程，人不断学习和适应环境。适应是智慧的本质，在生物学上同化和顺应动态平衡形成了适应，在心理学上则是主体（内因）和客体（外因）相互作用的平衡。认识活动的认识结构即包括图式、同化、顺应和平衡。人从先天遗传得到原始图式，在与外界接触、适应环境的过程中，图式持续巩固、丰富、变化和发展。该过程也说明，认知是主客体相互作用的产物。

四、信息和知觉加工

信息加工阶段可用于描述人类的信息加工系统，包括对环境信息的感知、中央加工或信息转换，以及对信息做出反应。以图 3.1 的信息加工模型为例，该模型重点刻画了典型的认知影响过程，即对客观世界的感知、理解和决策。通过感觉过程收集到的外界信息会被知觉，在储存于长时记忆的先前已有知识的帮助下，赋予人所感知的信息有意义的解释。

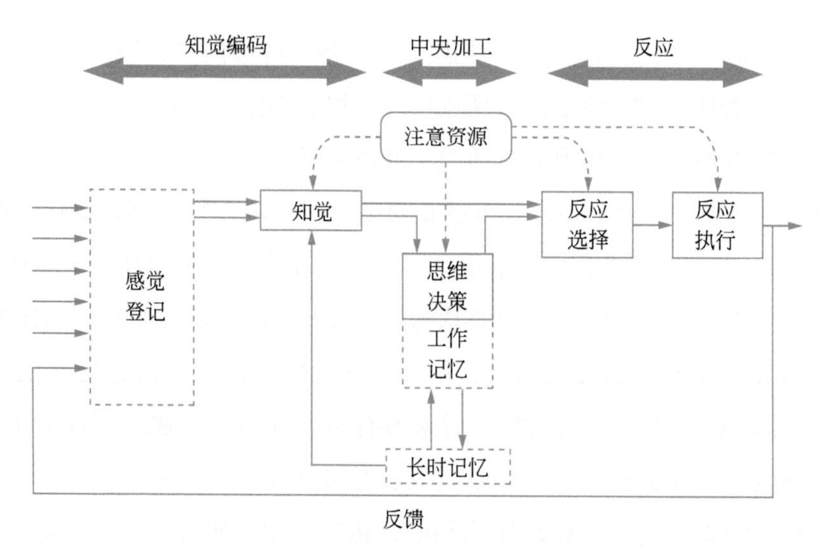

图 3.1 人类信息加工模型

人的知觉过程有时直接作出反应，但常常发生反应延迟或不被完全执行的情况，例如人会思考或暂时在工作记忆中处理所感知的信息。大量心理活动在意识的信息加工阶段出现，包括理解、计划、决策、视觉化和问题解决等。工作记忆相当于记忆的临时储藏空间，人需要努力才能将其维持。将工作记忆的内容转化为更加持久、储存在长时记忆的信息是工作记忆深度加工的步骤之一。储存在长时记忆的信息往往过几分钟甚至几年后仍可被提取。以上的加工过程叫作学习（将信息存储至长时记忆）和提取。人习惯于在知觉到熟悉的信息时从长时记忆中提取相应信息。

如图 3.1 上方显示，许多信息加工阶段对心理或认知资源有依赖性，总的心理努力或注意资源库是有限的，能够对各种加工过程按需求分配。图 3.1 的左侧还特别强调了注意研究中较为重要而明显的区别：人眼看视野的一部分而忽略另一部分时，就是有限的注意资源对感觉通道做出选择并完成进一步信息加工。相反地，其他虚线箭头的含义是注意支持相应过程执行的所有方面，注意会全部分配给这些任务。

人的行为常常产生一些新信息，人同样能感受和体会到这些信息，也就是说知觉可随时开始加工信息。例如，人有时并没有感受到新事物就决策并开始新的行为，进而以感觉和知觉评价新行为的结果。

知觉是选择性注意的最直接结果，这一过程会从听视觉（感觉信息阵列）和听觉（感觉信息序列）中提取意义。有时人会在没有注意时发生意义提取（知觉），例如，如果听到附近的人言语中出现自己的名字，即使原本并没有将注意分配给说话的人，注意也能自下而上地将其捕获。知觉过程一般同时包括三种加工过程：特性分析（自下而上)、整合、加工(自上而下)。三种加工过程对知觉的意义不同，而后两种加工过程依赖于长时记忆。

知觉始于事物的原始特性或刺激分析，例如一个符号(原始特性可以是形状、尺寸、颜色、和位置等)、一个单词(原始特性可以是字母)或一个声音(原始特征可以是提示音的响度和音调或语言文字的音素)。每个事物都可以含有大量潜在特性。如果人的经验中某些特性曾同时出现并给人形成了“同时出现”的熟悉感(如该组特性储存在长时记忆中)，那么这些成组的特性往往在记忆中完成整合。整合加工不仅效率高于知觉加工，也更加自动化。因此，知觉书本上熟悉的词汇与一种不熟悉的语言之间的区别就是，熟悉词汇可以作为整体被知觉并从长时记忆中提取，直接获得这些词汇的意义；对不熟悉的语言不仅需要逐字分析，即使能够使用长时记忆理解，也需要更长时间和更大努力。对熟悉的特性整合整体的自动化加工与对努力要求高的特性分析加工，二者的区别几乎能应用于其他所有的知觉经验(如知觉符号、图案或提示信号)。

不论是否整合，知觉到的刺激元素或事物大多呈现为清晰的视觉或听觉形式，但也有可能通过弱化的方式。对视觉刺激来说，清晰的方式如在照明条件较好的房间内阅读印刷质量高的书籍，而短暂瞥视、较差照明或视野对比度低都是该知觉方式的弱化；一场口齿清楚的演讲就是清晰的听觉刺激，声音被阻挡、掩盖或含混难辨都会产生该知觉弱化。这种弱化可被视为低质量的自下而上加工，当这些刺激元素或事件为人所熟悉或被整合一体化后，才能容易被成功知觉。

知觉加工的第三种过程——加工，因其自上而下进行，故能够克服自下而上的特性分析弱化。加工(自上而下)可视为对刺激或事物的正确猜测，即使准确识别所要求的物理特性清晰度不够(自下而上)也能实现。以过去经验为基础的期望是这种猜测的基础。过去的经验存储于长时记忆，从某种程度上来说，人的所看和所听是人期望看到或听到的东西。较高的期望意味着对该刺激或事物的知觉较频繁，这种较高的期望还依赖知觉到的刺激或事物与其他刺激或事件之间的联系，当这些刺激或事物在同一场景出现，同样会融入过去积累的经验。

刺激或事物的出现频率和场景同样存在自上而下的加工。举例来说，可靠性强的身份识别装置提示灯显示绿色表示运行正常，红色则表示识别运行故障。由于人类长期在系统设计中使用红色和绿色，人对这两种颜色与其通常表达意义之间的知觉联系已高度自动化。在强光环境下，人短暂瞥视到光线会难以辨别所看到物体的颜色，这就是一种低质量的自下而上的加工。即便是这种情况下，根据对高度稳定系统的经验，人会在知觉当前不清晰的刺激时“猜测”看到了绿色的提示灯（基于频率的自上而下加工），所以快速的一瞥可让人感觉看到了绿色光线。人听到系统稳定运行的背景噪声、系统正常输出均会夸大“知觉绿色”的猜测（基于背景的自上而下加工）。当出现不正常的噪声（有可能逐渐明显）时，知觉的背景发生变化，人可能产生对提示灯为红色的期望，这时同样低清晰度的刺激（颜色难以辨别）就会被知觉成红色。

可以在具体的事例经验中总结知觉规则，应用于知觉的人因规划：

（1）最大限度进行自下而上的加工。这一规则不仅指视觉目标清晰度或声音的可听度，还包括多加注意就能在同样背景中知觉到的、对相似信息之间的混淆。

（2）最大程度地使用熟知的知觉表征（即长时记忆中频繁出现的内容）提高知觉的自动化和整合水平。可以使用熟悉易懂的字体、字符和表达方式撰写文章字体，使用有大众熟知意义的图标，使用单词全拼而不是不加解释的缩写形式。

（3）当出现低质量的自下而上加工时（可经过分析环境及进行知觉），或者当缺乏对信息的整合时（遇到不熟悉的语言或符号体系），自上而下加工程度越高猜测机会就越大。

五、元认知和努力

任何作业的绩效是由任务相关的知觉信息和长时记忆（经验、知识）共同参与决定的。心理学家发现了一类对多方面作业进程重要性很高，且具有不同性质的知识来源，将其称为“元认知”或“元知识”。元认知指的是人对其知识和能力的认知总和。例如，检修人员在重启故障设备之前应认识自己诊断发动机问题并进行维修的能力，若误判问题，重启失败，可能造成系统的严重损伤。因此，故障检修人员会自查是否已对故障性质、维修要求、重启是否会损伤机器有充分了解，保证对自身知识和能力的确信程度。

元认知的另一个案例是，目击证人自知在再认时一般倾向于过分自信，因而当位于证人席上时会有意识压低对自己认识的自信水平。因此，有时元认知会调节人们做出行为选择和对知识、经验的确信程度，并改变他们是否找寻额外信息的选择。

额外信息的选择不仅与选择性注意相关，也与另一个元认知结构——用于信息获取的预期努力相关。预期努力与人的信息系统运用策略紧密相关，包括信息搜寻在内的大量任务的完成。人们常常明确或暗自审视自己，某种信息所蕴含的潜在收益是否值得付出相应的努力，例如在明知很难取得成果时是否还要为了新信息而继续进行大范围搜索。在更广义层面上，人们同样会权衡使用一个特定特性的系统得到的收益能否平衡为使用该系统所必须付出的努力。类似的权衡问题几乎无可避免。

六、注意和时间分配

获得环境相关信息有时需要付出努力，这是一个选择性注意的过程。注意能够支撑人同一个时间进行两个以上的任务，无论是不同工作还是不同心理活动的注意分配（二者有联系但并不相同）。人作为努力主体，倾向于规避对努力程度要求高的任务，有时即使完成了这样的任务也表现不佳。资源理论的基本特征包括任务难度增加和任务多项且分散会降低注意。一般情况下不会发生多种任务共享心理资源的情况。某项任务难度越高，可用于其他任务的剩余资源就越少，而同时进行其他任务就会导致该任务绩效下降。

心理努力与自动化的概念紧密联系，但在某些方面截然相反。自动化的任务属性多种多样，如个人签名、常用的计算机登录程序。高强度练习过或完成过的任务在执行时效率高，对有意识的思考需求低，执行时只需占用很少的心理资源，这就为同时进行其他任务提供了更多资源。自动化指的是一种程度而非“1 或 0”的问题。可以说自动化程度决定了在一定可用心理资源水平上能够实现的作业绩效水平。

对于两个正在进行的任务，决定其总体干扰的是两个任务总的资源需求、结构重叠和相似性。在分析双任务作业时，有最高执行优先级、资源需求相对不高和较少受结构相似性影响的任务被称为主任务，作业绩效优先受影响而降低的任务称为次任务。如果不可能并行加工多个任务，比如两个任务所需信息的显示位置距离较远、需要很大的视线范围，这时任务转换不仅对加工有益，也是不可缺少的。一方面，若注意在多任务间迅速转换，就难以将其与并行加工区分，而人若能实现多任务间的迅速转换，很可能也能实现同时操作作业绩效。另一方面，人在多任务条件下，转换速度慢往往造成认知狭窄，这是由于出现第二个任务或第二条应分配注意的通道前，人将注意一直分配给前个任务或信息通道。若出现记忆失败，可将发生的错误归因于忘记任务需要核查忽略情况，这就是前瞻性记忆失败。

在多任务环境下很多人会遇到信息过载的问题，包括飞行员、驾驶员、仪器操控人员等。通常有四大类方法来解决信息过载问题：

（1）优化任务设计。一方面，应避免分配给操作员太多可能要求时间共享的任务。

在特定作业场景，例如军事战斗机中，存在令飞行员承担过多战斗相关任务（如操控武器和监督系统）的倾向，这往往会形成对飞行员来说难度过高的时间共享要求，使其信息过载。另一方面，有时会大力优化甚至重新进行任务设计，降低任务的资源需求，一般来说减少对工作记忆的要求是很有效的。

（2）优化界面设计。有时可以通过修改界面降低资源需求。在需要眼睛持续监视机器控制面板或执行监控任务的情况下，可将视觉文本集成为语音显示。

（3）对操作员进行外显或内隐训练。一方面，反复对某任务进行一致性练习能使任务所需的知觉和操作自动化，降低该任务的资源需求。另一方面，学习和练习注意管理技巧有助于合理分配资源，加速处理中断的任务和实现任务转换。

（4）自动化。提高系统自动化不仅能大幅降低作业的资源需求，很多作业甚至还可以由机器替代人类完成——发出警告信号、巡航控制、程序检查都是典型示例。近年来智能自动化系统快速发展，其作为任务管理者具备引导用户完成动态选择性注意的优势，因此某些时候人可以忽略部分任务而由系统替代操作。

第二节 人体行为

一、环境中的行为

人的行为泛指人完成动作、活动、反应或行动，动作是行为的基本单元。人的行为在人-机-环境系统中不仅从根本上影响系统目标完成绩效，且密切关系着系统安全。因此，解析人的行为实质、行为共性特征和个性差异及群体行为等，调控人的行为，可实现和促进系统优化。

关于人的行为实质有很多理论研究，现重点介绍刺激-反应理论和动机理论两个方面。

刺激反应理论的基本公式是 S-R（刺激-反应），认为环境中的任何事物都可作为刺激决定个体行为，只要控制刺激就可以塑造个体行为，进而决定其心理层面发展。心理学家梅耶进一步提出公式 S-O-R-A。式中，S 指外界的自然或社会环境产生的刺激或事物；O 指有机体，对个体来说是其遗传得到的和由后天条件发展的个性、个性发展程度、习得的技术知识、需求与价值观等；R 是反应或行为，包括运动、声音（语言)、表情和情绪等;A是行为完成，指生存活动、完成任务和躲避危险等。梅耶提出，不同刺激可能导致相同行为，而即便是对相同的刺激，不同人也可产生差异性行为。

心理学规律表明，支配着人类行为的动机是由需要引起的。人的行为一般具有目的性，也就是受一定动机驱使、为实现某种目标才产生的。需要指人对目标的渴望，既可以是对某物感到缺乏，又可以是比自身当前情况更高层次的需求。动机是人直接内在的、推动人进行某种活动的欲望，直接引发人做出某种行为；目标也是一种刺激，能够诱发动机、确定人的行为方向。因此，动机主要源于外在条件（刺激）和内在条件（需要），二者共同影响动机性行为。

人类生活和工作学习的场所环境与人类之间存在相互影响，与人的生活质量密切相关。人类在空间环境中的行为具有共性和差异性，即行为存在个体差异，但作为总体分析仍然具有表现共性，做出反应的方式相同或相似。人的行为与周围环境相关，表现为状态的推移。人的行为状态分为常态和非常态两种，表现出的行为特点不同。常态指的是在日常情况下，各种人类生活因素动态平衡，一般可以预估其发展趋势及各方面条件对人生理、心理和社会需求的满足情况。非常态是指各因素互相之间的平衡被破坏，某一问题凸显出来且可能继续恶化，乃至对人产生生命威胁或出现问题集团化倾向，非常态普遍具有突发性、盲目性、非理智性的特征。

在室内环境中同样有多种因素影响着人的行为特征，包括年龄、民族、文化、社会制度等在内都具有个体间差异。不同年龄、性别的人交往过程中的心理与行为表现各异。人的年龄增长也是个人空间扩大的过程，其心理与行为的倾向性逐渐趋于稳定；过了一定年龄后，人际交流需求和范围缩小，个人空间又呈萎缩趋势。另外，不同年龄层的人有不同的空间私密性需求，要使空间的利用合理有效，就要在空间形态与尺寸设计上符合使用者的心理与行为模式。社会文化背景很大程度上决定了特定的环境心理和行为，使人产生对环境的特定要求，表现出个体文化背景差异性和社会文化背景更新性。一方面，由于不同个体的爱好、职业等文化相关背景有所差异，行为及心理相应存在差异性；另一方面，时代变化下社会环境背景不断改变，导致人的心理与行为模式随之变化，进而对室内环境产生新的需求。

二、环境行为特征

环境行为学领域认为人的行为与环境都是生态系统的组成部分，二者交互作用，正常情况下处于可持续发展状态。环境和行为的交互大致分为三个过程：环境产生的知觉刺激在人们的生理和心理上形成某种含义，这样发展出的新环境能满足人特定的生理、心理及行为需要；环境对个体间的交互有一定的鼓励或限制作用；人主动改造的新环境会反过来影响已有物质环境，产生新的环境因素。

作为一种社会过程，人在空间环境中的行为涉及环境的改造，同时环境也对人的行为模式有重要影响。生活在空间环境中，无论积极或消极、主动或被动，人总要以社会行为方式保持与他人的沟通交流。因此，人的行为特征除了常态和非常态两种状态表现出不同的行为特点之外，还因人类社会的复杂性而广泛受到各种因素影响，如地域、民族、文化、社会制度等，故行为特征总体呈现出复杂多样性。

（一）主动性

人的社会行为是主动而非被动、自觉自愿的，即通过内因才能真正起作用。外力虽能影响但却无法启动人的行为，来自外部的命令和权威并不能让人产生真正的忠实行为。

（二）动机性

人产生任意行为的起因就是动机。人的行为起因分为由需要引起的内因和外部刺激等产生的外因。

（三）目的性

人的行为并非盲目而是有目的的，其不仅有起因还有目标。即使是他人眼中毫无意义的行为，也会合乎行为者本人的一定目的。

（四）因果性

任意行为的产生也均有一定原因。行为与人的需求及其导致的后果相关，无论他人认为其应有何种需求，只有人内在的需求才能激励自身行为，换言之，对一个人来说位于支配地位的需求或许对他人完全不现实。

（五）持久性

任何行为在未达成目标前不会真正终止。人的行为方式或许会调整变化，外显行为也可能变为潜在行为，但行为始终是目标导向的。

（六）可塑性

人的行为具有意识，可以改变。人的主观认识可能有违客观事实，这就会导致其行为受挫。人会通过学习、练习和反思总结等方式对原本认识纠偏，以及时调整行为，避免受挫。

环境与行为的相互影响和作用产生环境行为。行为都是在某种具体的客观环境中发生的。客观环境（包括自然、生物、社会和信息等环境）作用于个人和群体产生人类的各种行为表现，在这种作用下人类又会主动创造，使客观环境适合自身需求。人类生存在环境中，出于自我需要产生环境行为。不同层次的人对环境需求各异，且人的环境需求并不会停止发展，又不断推动着环境的改变。

三、人的行为习性

人在与环境交互作用的过程中会逐步适应环境，形成的本能就是人的行为习性。人主要存在常态和非常态两种行为习性，各自表现出不同的行为特点。

（一）常态行为

人在空间中会发生位置变化，根据人流动和分布的行为特点与习惯，常态行为常表现出的特点包括左侧通行与左转弯、捷径效应、识途性、人际交流。

在公共空间观察并总结大量个体的活动轨迹，会发现出现左转弯的次数明显比右转弯多，因为人存在左转弯和左侧通行的习性。捷径效应是指在穿行某一空间时，即便有其他影响因素作用，人总是倾向选择最短路线。如果一片草坪阻碍了人们较近的路线，即使在周围设置简易路障也无法阻挡人们穿越，慢慢草坪上就显示出一条人行道，这就是常见的捷径效应。

不仅动物，人也具有识途性的本能，即当人不明确要去的目的地或不熟悉路径时，总是会摸索着到达目的地，而返回时为了安全会按照同一路线返回。因此，设计者在安排空间布局和设计通道、路线时应充分注意考虑人识途的行为特点，让室内外空间都能有更高的使用效率。

空间布局影响人际交流模式，人类的行为模式与空间构成密切相关。根据对不同空间布局中人际交流的研究，发现居住于住宅群体中央位置的人倾向于有更多朋友，对办公室、教室作为背景场景的空间布局而言，结果也基本类似。

（二）非常态行为

非常态行为往往在特殊环境下发生，特点是突发性、盲目性、非理智性。了解其特点对空间环境设计非常重要。

人不仅本性好奇还具有从众习性。一旦发生异常，周围便会发生人员聚集，即聚集效应。当突发洪涝、火灾、地震、暴力事件等大型自然灾害和意外事故时，人们对突发事件缺乏心理准备，同时面临任何行为都可能无济于事的巨大压力。致命灾难会使人暴露全部本能，人只会表现出躲避、求生、惊惧、趋光、从众的本能。在发生紧急情况或重大事故时，公共场所的人往往忽略提示性文字标志，盲目跟随个别行动迅速的人或大多数人统一的行进方向。另外，室内空间中人的移动趋向是从暗处至较明亮处。以上“随大流”“领头羊”“趋光性”等行为习性极大地影响对空间的安全设计，即使是装备空间，内部作业人员均接受过良好训练，进行装备设计时也要重视人的非常态行为。

四、行为模式与空间分布

了解人的空间行为，正确理解行为与所对应空间环境的关系，更有助于分析人的空间行为模式与分布、流动特性。

（一）人的行为模式

人始终接受着生活环境中各种环境因素和信息的作用，根据自身的需求及渴望去适应或对环境刺激做出选择，处理刺激所含信息，调整所处状态，从行为上改变空间环境。人的行为模式概括和总结了特定环境中人的行为特征，经过规律模式化可以成为室内外环境设计的理论依据和实践方法。每个个体的意识都有差异，用程序模拟人的情绪和思考难度极大，只能在一定的时空范围内模拟人与空间较为密切相关的行为特征，从而使新环境的创造更加贴近人的行为需求。人的行为模式由模式化的目标、方法和内容决定，个体之间各不相同。

按照目的性，空间行为模式可分为三种类型：

（1）再现模式，通过观察分析尽可能真实再现人的空间行为。该模式主要作用是分析人在空间环境里的状态和目标环境建造的意义。例如，观察记录餐厅中人的就餐行为，包括分布情况和行动轨迹，可以看出该餐厅的餐桌位置安排、通道宽度及出入口位置等设计的合理性。

（2）计划模式，根据确定的计划方向和条件表现人在空间环境里可能产生的行为状态。该模式的主要作用是分析目标环境建造的合理性和潜力。例如，规划装备建造需要预先确定对象的人员条件、经济技术条件等方面信息，根据人的行为设计表现空间，评估舱内环境建造方案的合理性。

（3）预测模式，重点在于表现预测实现的空间环境状态，分析人在其中的行为表现可能性和合理性。预测模式主要分析空间环境利用的可行性，常用于可行性方案设计。

按照表现方法可将行为模式分为三种类型：

（1）数学模式，以数学理论和方法来描述人的行为与其他因素的关系。心理学家库尔特提出了人类行为公式，认为人的行为是一个函数，包括需求和所处环境两个自变量：

$$B=F(P \cdot E)$$

式中，B表示人类行为，F表示函数关系，P表示人的需求，E表示人所处环境。该模式常在研究中使用。

（2）模拟模式，以计算机模拟的方式描述人和空间的实际情况。该模式在实验中常用，从技术方面分析造成整体环境变动的原因。设计环境建造计划时，既可以分析人类行为，也可以分析评价设计方案。由于现代社会计算机技术的迅速发展，今后建筑环境设计中会越来越多应用计算机模拟空间中人的行为和环境设计方案。

（3）语言模式，以语言描述环境行为过程的心理活动，即人对客观环境的反映。该模式一般用于评价环境质量。心理学问卷法是常用的环境行为表达方法。

按照行为内容可将行为模式分为秩序模式、流动模式、分布模式和状态模式。秩序模式和分布模式用于预测环境中人的静态分布情况及规律，称为静态模式。流动模式和状态模式描述人在环境中的变化情况及规律，称为动态模式。

（1）秩序模式，以图表描述人的环境行为秩序，描述一般不可退行，是一种行为常态。

（2）分布模式，以时间顺序持续观察人的环境行为，通过刻画不同时间断面，把人所处的空间位置坐标（一般是二维）模式化。该模式主要研究人的时空行为密度，据此合理确定空间尺度。

（3）流动模式，则是模式化人的动态行为轨迹，不仅反映出人在空间中的移动状态，还表现了行为随时间变化的过程。该模式多用于通勤、疏散避难等行为及其相关的人员流量和途经路线等方面的研究，表现了不同空间之间人的流动模式，也被称为移动便捷度。流动模式反映了两个空间之间的密切程度，可作为室内设计的重要理论依据。

（4）状态模式，根据自动控制理论开展研究，使用图解法绘制图表反映行为状态的变化。该模式主要用于研究行为动机和状态变化的原因，如人进入餐厅消费是由于饥饿、被食品宣传吸引或为了参与社交活动。不同的生理和心理原因导致不同的行为状态，若去餐厅是为解决饥饿，则人会迅速进食、停留时间短，一般不太挑剔就餐环境；相反，如果是出于对美食或是社交的需求，则会进餐动作放缓、整餐时间长、对环境的要求提升。这些行为状态的差别对室内环境设计有指导意义。

（二）人的空间分布模式

对人行为特征和行为模式研究的主要目的在于将人的空间行为与空间环境合理对应。空间内位置分布由不同事物的空间连接和秩序确定。人在不同环境中展现出不同的行为方式，各种行为规律也表现出不同的空间流程及分布。图 3.2 反映厨房中炊事行为的空间分布，拣切、清洗、配菜、烧煮等行为对应着粗加工场、洗槽、台板、灶台所在的空间位置。加之行为规律的制约作用，空间分布所表现的秩序就是空间流程。在厨房的设计案例中，若将设备空间位置错放就违背人的行为规律，造成人的使用不便。

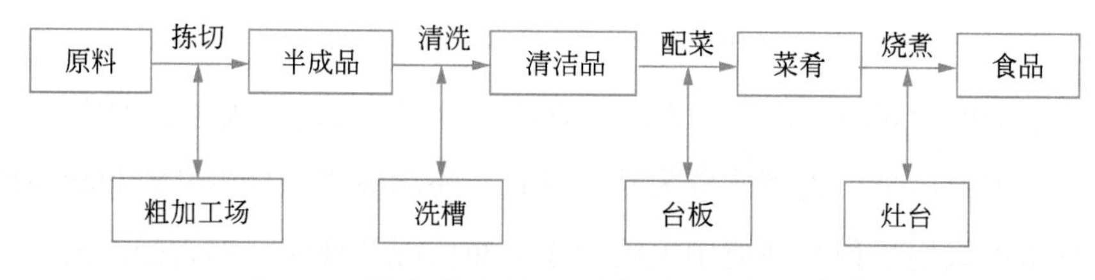

图 3.2　厨房中人的行为与空间位置关系

每个行为空间都包括人的活动范围及设备、家具等所占据的空间。室内空间分布同时确定行为的空间范围和不同行为空间之间的关系（空间秩序）。

很多空间中人的散布是不均匀的，若用图形模式反映大多是随意的聚集或扩散。在有秩序图形的场所中，由于场所环境对人有严格限制，人际距离基本一致，因此人表现出规则的环境行为，心理状态较紧张。若是在休息室之类的场所环境中，不存在环境对人的约束，人际关系状态是公共、自由的，因此人处于较宽松的心理状态。综上，空间设计不仅要考虑人自身行为需要，还应兼顾人际的行为需求和家具设备等，尽可能根据空间形状按照人的行为模式特性和人群分布设计。

（三）人的空间流动模式

人在空间中流动时具有一定的规律和倾向性。空间内流动的人群根据特点大致分为四类。第一类是目的性流动人群，有明确方向性，往往尽量选择空间内的最近路程；第二类是无目的的随意流动人群，基本不会主观上选择流动的方向和路径；第三类是目的在于移动过程的人群，预先确定途经地点的顺序和路线，尽量不走回头路，并努力充实途经地点的意义；第四类是停滞休息人群，因为疲劳或观察等暂时原地静止，会对其他人群流动产生干扰。

实际进行空间设计时，需要定性和定量人群流动情况，将其作为依据设计交通空间（门、楼梯、走廊等）的尺度与途径。常用流动性指标公式：

$$步数 = 步速 / 步距 \times 时间$$

人员流动性与空间的关系可通过三个指标确定，分别是流动密度、流动系数和断面交通量。流动密度是实际意义上密度的倒数，反映单位面积的人数与流动性的关系。流动系数是指以交通为主要功能的空间环境中，单位时间内单位宽度的通过人数，该系数在反映人流性能上直观有效。另外，断面交通量是指单位时间内经过某一地点的人数。

五、行为与空间尺度

人的不同行为和活动所需的空间尺度不同，空间尺度很大程度上决定了人的行为，导致人在不同空间环境中表现出不同行为。作为一个整体，空间尺度最重要的是优先满足人的生理需求，也包括环境行为的三维活动范围以及行为要求所需的家具、设备等的占用空间。另外，人的视觉、听觉等一系列生理要求往往会随着心理要求被同时满足。

行为对空间的“容积”要求基本稳定，被称为使用功能的空间尺寸。设计人员基本上不能利用技术手段调整空间的大小，在改变空间形态时主要参照空间的使用要求，例如一条通道的最窄处宽度要大于 60 cm、高度最低处要高于 200 cm 才能满足大多数人的通行要求。但部分知觉要求空间的容积能发生变化，如当不能仅以空间尺寸满足听觉、嗅觉的要求时，可以利用安装空调系统、电声系统等技术手段来改变知觉感知的空间大小。行为空间和知觉空间会互相关联和影响，根据不同的环境和场所提出不同要求。当行为空间尺度超越了一般的视觉要求，行为空间会与知觉空间合二为一。

行为与空间设计的关系主要体现在以下几个方面。

（1）确定行为空间尺度：按照人行为特征对室内外环境的空间需求，行为空间尺度可分为大空间、中空间、小空间和局部空间等。

大空间一般指的是公共行为空间，如大型餐厅、礼堂等。公共人际行为要求大空间妥善处理行为与空间的关系。这个空间需要开放的空间感和大空间尺度。

中空间主要指具备进行一定功能性事务以及公共行为条件的空间，如办公室、实验室等。中空间既非个人性质的空间，也不是关系相互独立的公共空间，而是某类事物将一些人关联、聚合在一起的行为空间。在中空间内开放性与私密性并存，其空间尺度的确定应在满足相关的公共行为要求的基础上满足个人空间的行为要求。

小空间一般个人行为性较强，如卧室、书房、资料库等，最大特点是私密性强而空间尺度要求不大，能满足个人的行为与活动需求即可。

局部空间主要是针对人体构造相关的功能尺寸空间提出的。该空间尺度主要由相关设施的空间容积和人的活动范围决定，对空间大小的基本要求是满足人在室内外环境中坐、立、卧、跪等不同行为姿态。

（2）确定行为空间分布：行为空间分布可按照人在室内外环境中的行为状态分为有规则和无规则两种。

有规则的行为空间多为公共空间，特点是具有前后、上下、左右等方向指向性的分布状态。前后状态的行为空间典型例子有道路、礼堂等，在这类空间里，人群基本以前后两部分划分，每一部分各有其行为特点，也会互相影响；在空间设计时，需要根据各种行为的表现、相关性及知觉要求确定空间尺度。人群分布的设计依据则是行为需求，特别是人际距离需求。典型的左右状态行为空间有步行街、展厅等，人群在这类空间呈水平方向分布，多数为左右分布；此类空间的分布呈连续性，设计上应优先根据人的行为流程确定空间秩序，然后是空间尺度和形态。上下状态行为空间主要指坡道、电梯等实现上下行的空间区域，此类空间中人呈现聚合行为，而此类空间的设计关键是安全保障，必须易于疏散人群。指向性状态行为空间指室外道路的进出口以及建筑通道、走廊等方向感明显的空间，由于此类空间中人的行为具有极强指向性，因此设计时要根据人的行为习性，明确空间方向并加以引导。

无规则行为空间大多是以个人行为特征为主的空间，如城市中的综合广场、房屋起居室、个人办公室等。人存在于此类空间中时大多随意分布，因此此类空间应注重使用灵活性的设计，满足不同个体的多样行为需求。

（3）确定行为空间形态：人的空间行为灵活性强，即使人所在室内空间很有秩序，也会表现出个体行为的灵活机动性。空间形态与行为的关系可以用形式和内容的关系来形容，即一种形式可以具有多种内容，一种内容也可以通过多种形式表达。室内空间形态繁多，常见的是基本图形，如圆形、方形、三角形，还会有基本图形的变异图形，如椭圆形、梯形、菱形、钟形等等。应根据人的空间行为表现、空间分布、活动范围、知觉需求、环境和物质技术条件等因素选择空间形态设计。

（4）组合行为空间：在确定行为空间的尺度、分布和形态后，要按照使用人群的行为和知觉需求来组合并调整空间设计。若空间复杂，先根据人的行为组合空间，再对每个空间针对性设计。针对性设计单个空间主要进行尺度、形态和布局的调整，使其符合人的行为需求。

六、人的空间定位

人的天然心理是渴望周围环境有对自身的保护感。当处于大型的公共空间，人感到易于迷失、环境缺乏安全性，更倾向于靠近有“依托感”的事物。人对心理安全感和受保护空间氛围的需求是一种安全感相关的空间需求，被命名为空间的边界效应。人在空间中选择位置时往往具有尽端趋向性和安全感依托性，以此寻求受到保护的空间氛围，实现心理安全感。现代室内空间设计逐渐更多地使用子母空间和穿插空间，正是因为此类空间环境能给人更稳定安全的心理感受。

人在公共空间场所时倾向于占据有开阔视野、不使自身引人注意，且不易受到他人经过干扰的位置。例如，人在餐厅就餐的首选座位一般是位于靠窗角落处，不愿意选择中间尤其是大厅中央的位置，也不喜欢近门处或身旁会有人频繁经过的通道位置。这正是由于靠窗靠墙的座位在餐厅空间中属于“尽端”，符合人心理上的尽端趋向。此类位置的私密性更佳，也有利于把握社交的交流程度。只要在空间设计上适当遮挡视线高度，赋予大厅中央的座位更高的私密性，就能明显增大顾客对于中央座位的选择。

第三节 人体反应

一、人体感官与环境的交互作用

人体各感官会在众多环境因素的作用下产生相应的反应，如夏季高温时人体会通过大量出汗散热，冬季低温时则毛孔收缩。人眼在受到强光刺激时会自动闭合，阻挡光线进入并适应环境；进入黑暗环境时瞳孔又会自动放大以适应观察暗环境。皮肤部位触碰到很热或很冷的物体会自发躲避；突然听到很响的声音，人会捂起耳朵降低环境的强声刺激；闻到强烈气味，人会掩住口鼻。以上现象都是环境因素导致的物理或化学刺激效应，人体会对环境刺激产生相应的反应——人体外感官的五觉效应（视觉、听觉、嗅觉、味觉、肤觉）以及运动觉反应。

不仅外感官，人的内感官受到环境信息引发的生理因素或心理因素刺激后，同样会产生相应反应。人体内、外感官接受的信息传递到大脑，人就会产生一定的心理反应。人对环境和自身各种刺激所引发的效应均存在适应的过程和范围。过低的刺激量通常无法引发人的感官反应；中等刺激量会使人自发地进行自我调整；一旦刺激量超越人的接受阈值，人就会主动调整或改变环境，如有需要甚至会创造新环境来适应人的需求。可以说刺激效应是人类发展的基础，为环境设计提供了理论支撑。

二、人体舒适性

舒适性概念复杂且会动态变化，因时间、地点和个体不同，所以在同样的室内环境中个人的感受也不同。如果要分析人与环境的交互作用，必须确立舒适性的相对概念。

环境分为正常、异常和非常三种情况，一般的设计概念均基于正常情况建立。例如，多数人可以接受 30~80 dB 的环境噪声，但 120 dB 的噪声会令人烦躁不堪，而 30 dB 以下又过分安静，人置身其中会感到一种静默导致的恐惧感。由此可知，人正常能接受的声音环境是 30~80 dB，这就是满足人体舒适性指标的声环境范围，此概念也适用于其他环境因子。如果一个环境之中 80% 以上的人都对该环境感到满意，则该环境是舒适的。舒适性概念还包括安全和卫生，例如，夏天的空调房使人感到很“舒适”，却并不一定符合“安全”“卫生”的标准，因为人体应有热舒适性的振荡，即经历适当的温度变化过程，人长时间处于空调环境中易患“空调病”。

人体舒适性总体上包括行为舒适性和知觉舒适性两个方面。行为舒适性指的是环境行为的舒适程度。如果人需要坐下休息时，只能坐在过矮处或过高的座椅上，舒适感较差，那么该环境是不符合行为舒适性要求的。知觉舒适性则是由环境刺激引起的知觉舒适程度。若休息室脏乱、闷热、嘈杂、阴暗，即便有舒适的椅子也远不足以满足人感官上的需求，该环境同样会引起知觉的极不舒适。

按照人对环境的适应情况及环境对人的影响可将环境区域分为四类：最舒适区，各项评价指标结果最佳，人在作业过程需求能被满足；舒适区，一般情况下人能够接受该环境，不会感觉受到过分刺激和产生疲劳；不舒适区，该作业环境的部分条件偏离舒适指标的适宜范围，在该环境下长期作业的人会感到疲劳或工效受到影响，要使人能够持续正常工作，必须采取相应的防护措施；不能忍受区，在该环境下，没有一定的防护措施人很难维持安全和健康，若要使人在该环境工作，必须采用技术手段分隔人与有害的外界环境因素。决定舒适程度的环境因子及舒适程度的各种范围见图 3.3。

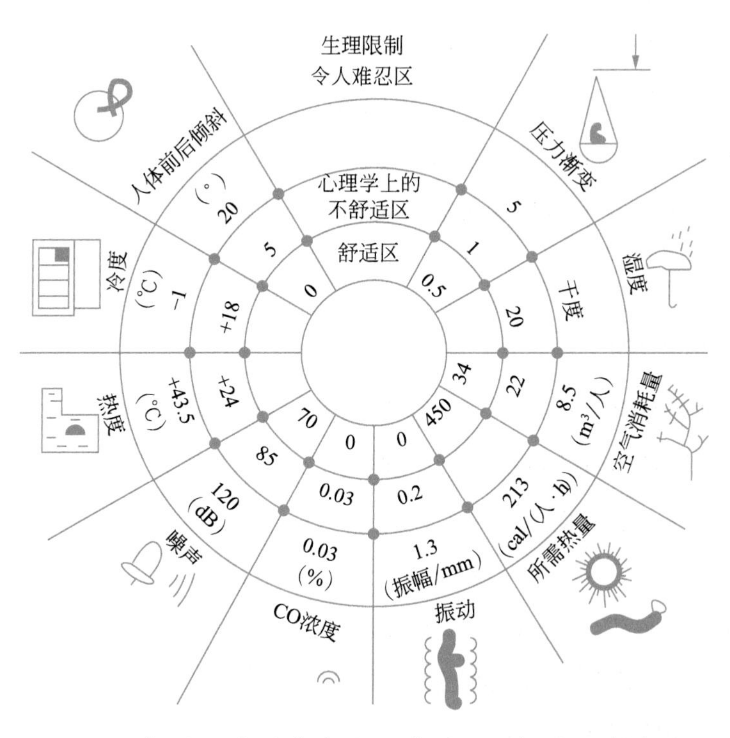

图 3.3　舒适程度的决定性环境因子及舒适程度范围

三、人与热环境

（一）热环境影响要素

温度、湿度、气流和热辐射是热环境的四大影响因素，共同综合性地决定人体的热平衡。为了研究和评价热环境，必须考虑各因素对热环境的影响。

除了大气温度，装备作业环境温度还取决于作业环境中的热源（高温锅炉、反应装置、运转的机器、加热后的高温物体及人体散热等）及太阳辐射。热源以传导和对流的方式加热空气，并通过辐射使周围物体加热成为第二热源，这样直接对空气加热的面积增大，促进气温上升。

装备环境的湿度指标是相对空气湿度，高于 80% 为高湿度，低于 30% 为低湿度。大量蒸汽释放和水的蒸发会造成空气高湿度，气候干燥、环境高温容易出现低湿度。

除了环境风力因素，装备环境中的气流也会受到环境中热源的影响。被热源加热的空气上浮，舱室外相对低温的空气从位置低的门窗缝隙进入，形成空气对流；越高的室内外温差产生对流越明显。

热辐射包括红外线及部分可见光的辐射。太阳和作业环境中的各种热源（高温加热炉、熔融金属、开放火焰等）均可产生大量热辐射。红外线不会直接加热环境空气，而是加热周围物体。若周围物体表面的温度高于人体表面，周围物体表面散热，热辐射传向人体，这种人体受热的方式称为正辐射；反之人体表面向周围物体辐射散热，即为负辐射。

（二）人体热平衡

人体的受热来源主要有两种，分别是机体自身代谢产热和来自环境的热量。人体保持热平衡，与外界环境的热交换途径有对流、传导、辐射和蒸发等，可通过下式表现人体与周围环境的热交换：

$$M \pm C \pm R - E - W = S$$

式中，M 是机体代谢产热量；C 是人体与周围环境的对流交换热量，人体对周围环境吸热时为正值，向周围环境散热时为负值；R 是人体与周围环境的辐射交换热量，同样是人体从环境吸收热辐射为正、向环境散发热辐射为负；E 是人体皮肤的汗液蒸发散热；W 是人体做功的热量消耗；S 则是综合以上因素后人体的储热状态。

当 S=0 时，人体的产热量与散热量相等，达成动态热平衡状态；S>0 时，人体产热高于散热，热平衡状态被破坏，体温升高；而 $S<0$ 即人体散热高于产热会直接导致体温下降。

人体热平衡并非简单的动态物理变化，而是一个由神经系统调节的极复杂过程。因此，尽管人所处的热环境各因素是动态变化的，但人的体温基本保持稳定，只有在外界热环境变化程度剧烈时机体才会受到明显的不良影响。

（三）人体对热环境反应

使人心理上满意（感到不冷也不热）的热环境被称为热舒适环境。影响热舒适环境的有六个主要因素，四个因素与环境有关，分别是空气干球温度、空气水蒸气分压、空气流速、室内物体与壁面辐射温度，另外两个因素与人相关，即新陈代谢和着装。热舒适环境的另外一些次要因素包括大气压、人的体型和汗腺功能等。为使热舒适环境满足作业人员的生理和心理需求，设计人员可根据图 3.4 中主要影响因素之间的关系选择各因素的最佳组合区域。

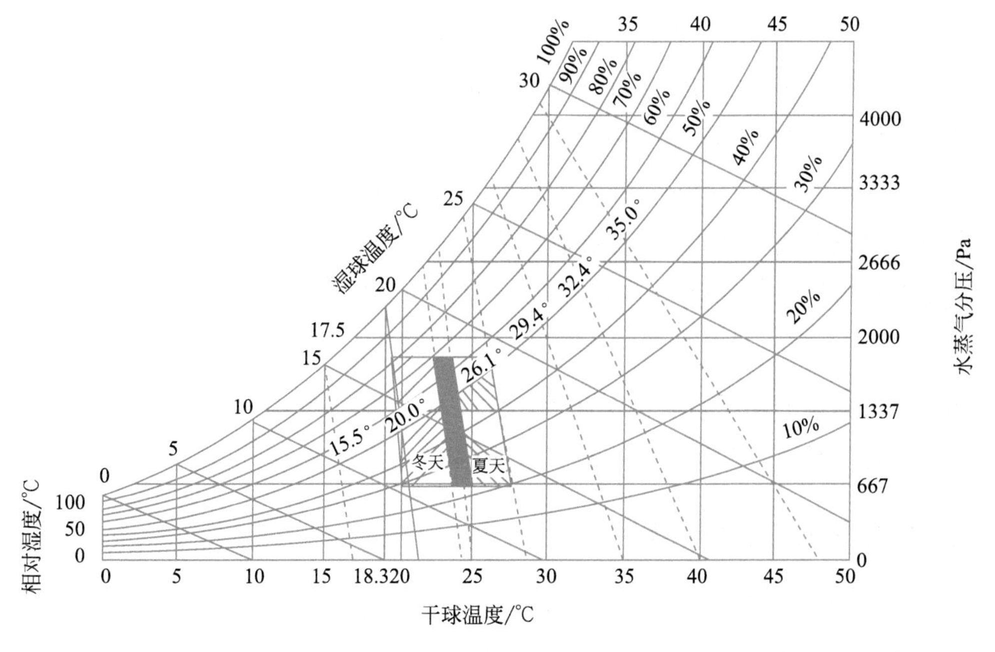

图 3.4　温湿度和舒适区

人体的体温控制系统非常强大，可在较大条件范围的热环境中维持体温恒定，但如果热环境过分偏离舒适范围，有可能导致人体恒温控制系统失调并直接对人体造成伤害：

（1）低温冻伤。人最常受到的低温伤害是冻伤。冻伤的首要影响因素是环境温度和人处于低温环境中的时间，环境温度越低，就会在越短的时间内发生冻伤——在温度为 5~8 ℃ 的环境中，人体在约数日后才会出现冻伤，而在 –73 ℃ 条件下形成冻伤只需要 12 秒。人的四肢末端、鼻尖和耳廓都是最容易形成冻伤的部位。

（2）低温对人的全身性影响。当人所处的环境温度不是特别低（–1~6 ℃）时，体温调节系统足够维持机体内部温度的稳定水平；但人如果持续性暴露在低温环境中，随着深部体温逐渐降低会产生各种低温症状。最先产生的低温生理反应是呼吸与心率加快、身体部位或整体颤抖，然后就是头痛等症状。一旦深部体温降低到 34 ℃，会产生健忘、定向障碍等严重症状；继续降低至 30 ℃ 则全身剧烈疼痛，伴随着意识模糊；深部体温 27 ℃ 以下的人会丧失随意运动，不再能够进行瞳孔反射、皮肤反射和深部腱反射，人处于濒临死亡的状态。

（3）高温烫伤。体表皮肤温度到达 41~44 ℃ 时人会感到灼烧痛，温度继续升高便会使皮肤组织受伤。生活中局部的高温烫伤较为常见，而火灾事故可能导致人全身性烫伤。

（4）全身性高温反应。人长期处于高温环境中，如果体温升高至 38 ℃ 就会产生不适反应。人从事体力劳动对深部体温耐受值一般为（以肛温为代表）38.5~38.8 ℃，极端高温条件导致的深部体温耐受临界值为 39.1~39.4 ℃，假如深部体温超过这一范围，人体到达适应高温的极限，汗率和皮肤热传导量都不会继续升高，环境温度再升高只会使人出现生理危象。全身性高温的症状主要包括头晕头痛、恶心呕吐、胸闷心悸以及视觉障碍等，严重时还可引起烧伤、晕厥、虚脱、失禁、肢体僵直甚至有生命危险。

人体对于低温的耐受力要优于高温耐受，表现为即使深部体温降至 27 ℃，经抢救仍有存活的可能，但深部体温高于 42 ℃ 时基本引起死亡。

（四）热环境对工效影响

正常的工作和生活条件下，人所处的环境鲜有因过冷或过热影响人的生命健康，但在特殊情况下人不得不承受热环境舒适性差的作业环境，除了危害作业人员健康，还会影响其作业绩效。

研究发现，如果作业环境的温度偏离热舒适区，体力劳动人员更容易发生小事故和出现缺勤，且作业绩效降低。而当环境温度高于 27 ℃（有效温度）时，人的警觉性、判断力和运动神经敏感性均会明显下降，特别是对非熟练的操作工来说，其工效损失要超过熟练工。人的手指精细操作效率对低温影响最敏感，若手部温度降低于 15.5 ℃，手部的作业灵活性大幅降低，手部肌力和肌动感觉能力显著受损，操作效率随之降低。

为了在设计上使公共室内的热环境尽可能舒适，研究者针对脑力劳动效率与室内环境温度的关系实施了大量试验。图 3.5 展示了脑力劳动工作效率和相对差错率与作业环境空气温度之间的关系，可由图中两条曲线得出实验条件下显著变化趋势推断的一般性结论，该结论在实际工作环境中同样成立。

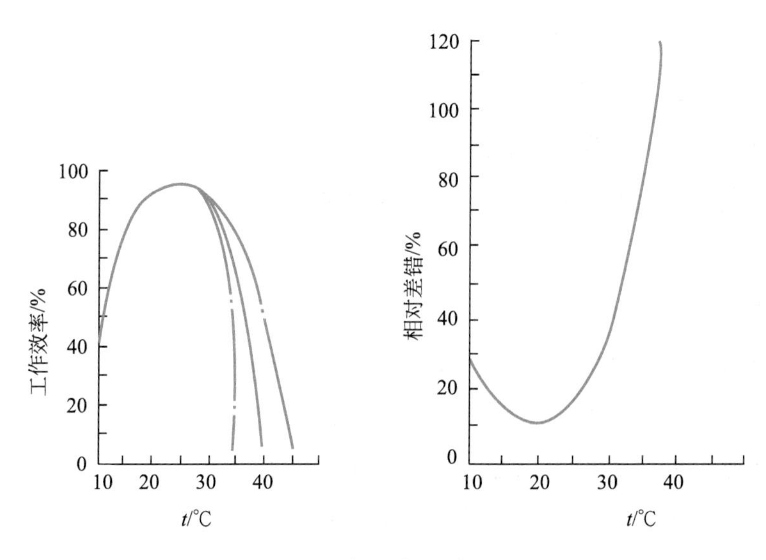

图 3.5　气温对工作效率和相对差错的影响

综上，作业环境过冷或过热都会影响人脑力和体力作业效率。当作业热环境对人健康有害时，应当减少作业时间并采用相应的防护措施；受条件限制无法改善作业热环境时，将不得不以工作效率为代价。因此，最初的热舒适环境设计就必须考虑各方面因素使设计完善合理。环境温度略微偏移最佳热舒适温度（约 3 ℃）对作业能力基本没有影响。为兼顾作业人员感受和经济性，设计时可基于不同的工作特性使温度向最适宜范围的某侧有轻微程度偏离。

四、人与光环境

（一）光环境设计

作为照明设计的重点，光的布置合理性直接决定了作业人员的情绪、工效和健康，光照设计还具有强化室内装饰的作用。自然光（太阳光、月光等）和人工照明（白炽灯、气体放电灯、LED 灯等）共同构成了作业空间的光环境。

人工照明是运用各类人造光源，搭配和布设不同灯具，在室内环境中营造出良好光环境的。对于现代社会，室内人工照明早已不仅仅是满足人对光照度的需求，而是对照明环境的综合艺术性设计，利用局部照明、背景照明和装饰照明等多层次设计满足人们不同的光环境生理和心理需求。很多装备密闭舱室中几乎不存在自然采光，人工照明构成全部光环境，作用至关重要。

光通量（单位是 lm）是表示光照功率的物理量。区别于辐射功率，光通量反映人眼接收到的功率信号，即人眼对光波长的反应。发光强度（单位是 cd，简称光度）用于表示光源的强弱程度，是指光源在一个立体角（sr）范围内发射的光通量。1 cd=12.57 lm，约为一支普通蜡烛的发光强度。照明设计的定量标准是照度（lx），作为室内光环境设计的重要指标，其概念是受照平面上光通量的密度，表示受照面接收到光的强弱，1 lx=1 lm/m^2。亮度（cd/m^2）指物体的发光面发出的光或受照面所反射光的强弱。在亮度设计时，须达到布光合理、均匀，同时应考虑物体表面的反光情况。

光源固有的颜色温度简称色温，是指黑体加热到某温度所发出的特定光色，以此表示光源颜色。光色偏蓝的光具有越高的色温，偏红则色温偏低。一般的白炽灯光源显红色，使人感觉温暖和稳定；随着色温上升，光源颜色会变白再到变蓝。光源的色温和亮度均直接决定光环境整体质量，如果基础照明的光源色温高而亮度低，会形成昏暗的照明效果；如果光源色温低而亮度高，则会令人感到空间燥热。一般应尽量在同一空间内使用色温一致的照明灯具；另一方面，光源的色温差异有分隔空间的效果，直观表现同一空间内各区域存在差异。

显色性（Ra）指光源反映物体固有颜色的能力，表示某种固有颜色在某一标准光源与待测光源下分别显示的颜色之间的关系。确定 Ra 值的方法是在标准光源和待测光源下比较 8 种标准规定的测试颜色，与标准光源的色差越小说明待测光源具有越好的显色性；Ra 值最高为 100，表示事物在该光源的下显示出与标准光源下完全一致的色彩。

人体工程学对光环境质量的要求基本如下：

（1）防止和消除眩光。眩光是指视野内亮度的过高、分布不适宜或产生极端对比导致的视觉上不舒适感，甚至削弱人对局部目标观察能力的视觉现象。防止眩光的有效措施包括：布置光源使其不会与人眼处于同一水平位置上，避免光源过于强烈，弱化光源与背景之间的明暗对比，使用材质柔和的灯具以及调整光的投射（如光源外加灯罩使直接照明变为非直接照明）。

（2）考虑视觉特性的年龄效应。人在婴儿时期对色彩有很集中的注意力，青少年时期则偏好鲜艳的色彩；过了 20 岁视觉系统即开始退化，到 40 岁晶状体开始衰弱，光线入射后易发生散射，可能开始视觉模糊，伴随着老花眼的产生；50 岁后人眼的角膜和晶状体逐渐黄化，经过黄色素对光的过滤，事物看起来偏黄，而易于将看起来更暗的蓝色与绿色混淆。

（3）以健康、环保、节能为目标，尽量使用自然光，处理好室内面积与窗户大小的关系。不同大小和类型的窗户可以使人产生不同的心理感受，不同的玻璃材质也能产生不同的效果。

（4）合理地设置光源的颜色。

（5）防止光幕反射。有光泽表面肌理在相对视线光源的照射下，经过相互反射而形成的有损于固有颜色的雾状现象称为光幕反射。防止光幕反射需要考虑光的照射角度和距离。

（6）防止镜像反射。在注视透光的平滑光泽面（尤其是玻璃）时，光泽面上常会映射出注视者本身及附近物体的影像，这种有碍注视者观察的现象称为镜像反射。消除镜像反射的有效方法是调节目标亮度，使其与环境亮度之比达到 3∶1。

选择和安装照明灯具时应充分考虑三个因素：灯光放热、特制光栅及其他因素的含水量及受照物体对环境温度的要求。为保持物体的原有色彩，建议进行针对性优化设计，例如避免产生强光，保证良好的观察照度，选用高显色性光和易于识别的光源，缩小产生光泽的区域范围，使白色表面分散布置在视野周边，以及在低照度区域安排高明度、高饱和度的颜色并设置有层次感的光照效果等。

（二）色彩设计

色彩对于人类有超越审美的特定作用，不同色彩会通过视觉对人的心理产生影响，使人产生兴奋、颓丧等各种情绪。进行室内空间色彩环境设计，需要考虑人的视觉特性以及人对不同色彩的心理效应。色彩感知和审美过程因人而异，人看到某种色彩便会自然而然联想到个人经验中相关的色彩感觉，从而引发心理共鸣。色彩引发的心理效应有以下几种。

（1）温度感。由色性引发的条件反射就是色彩的温度感。使人联想到火焰和阳光的红、黄、橙色给人以温暖的感觉，被称为暖色系；而蓝、紫和蓝绿色易给人以类似大海、雨雪的寒冷感，被称为冷色系。配置色彩时往往利用色彩的温度感调节环境给人的心理感受。一般来说，按黄-橙-赤-绿-蓝绿-紫-蓝的顺序，使人感觉逐渐变冷。

（2）距离感。不同的色彩会使人感受到距离的差别，通常纯色的暖色、亮色给人以近距离和前进、向上之感，而冷色、暗色、灰色等让人感到远距离和退后、下沉，因此色彩的距离感效应可用作调节人对于室内空间的层次感及尺度感。一般来说，按黄-橙-赤-黄绿-绿-紫-蓝的顺序，使人感觉逐渐变远。

（3）轻重感。轻重感是色彩的一个显著特性，通常人会感到高明度颜色的物体较轻，中明度颜色的次之，低明度颜色的物体看起来沉重，如室内的天花宜采用明度高的颜色，底部应该采用明度低的颜色，比顶部显得重，给人以稳重和安定感。一般来说，按黑-蓝-红-橙-绿-黄-白的顺序，使人感觉逐渐变轻。

（4）醒目感。色彩不同，引人注意的程度不同。光色的注目性顺序为红 > 蓝 > 黄 > 绿 > 白；物体色的注目性顺序为红 > 橙、黄；建筑颜色的注目性取决于它与背景颜色的关系，在黑色或灰色的背景中，建筑颜色的注目性顺序为黄 > 橙 > 红 > 绿 > 蓝，而在白色背景中则是蓝 > 绿 > 红 > 橙 > 黄。

（5）动静感。色彩还能够让人感觉到兴奋或平静、满足或空虚等。

作为作业环境设计的重要方面之一，色彩设计主要使用的配色方法如下：

（1）同种色相的配色从根本上说是单一色相不同明度的搭配，色彩之间很容易协调统一，营造柔和、雅致的氛围。但若色彩间的差异太小，长时间后容易使人视觉上感到单调、乏味，因此应充分调整搭配单一色相下的各种明度和纯度。

（2）色相相近的配色具有明确的主色调，邻近色相还具有统一性。可在局部设计使用对比色或灰色进行点缀，从而既不影响整体调性，又避免画面过于单一。

（3）可使用在 24 色色相环上（见图 3.6）间隔 90°（如黄与红、青紫与绿）的中差色相配色。中差色相是指介于类似色相和对比色相之间的不同色相，这些色相搭配会产生较为明快的对比效果。

（4）相较于类似色相而言，运用对比色相进行配色造成的对比效果会使人感受到鲜明、激烈、饱满的情感，容易诱导人产生高昂的情绪。

（5）互补色相是对位于色相环上相对位置 180° 左右的色相，如红与蓝绿、黄与蓝紫。利用互补色相配色能达到最直接的色彩鲜艳程度，同时产生最饱满、强烈和动感的对比效果，自然会引发视觉高度重视；然而互补色相配色可能产生杂乱、失调的效果，应注意各色相的面积，并配合使用补充色进行一定的调整。

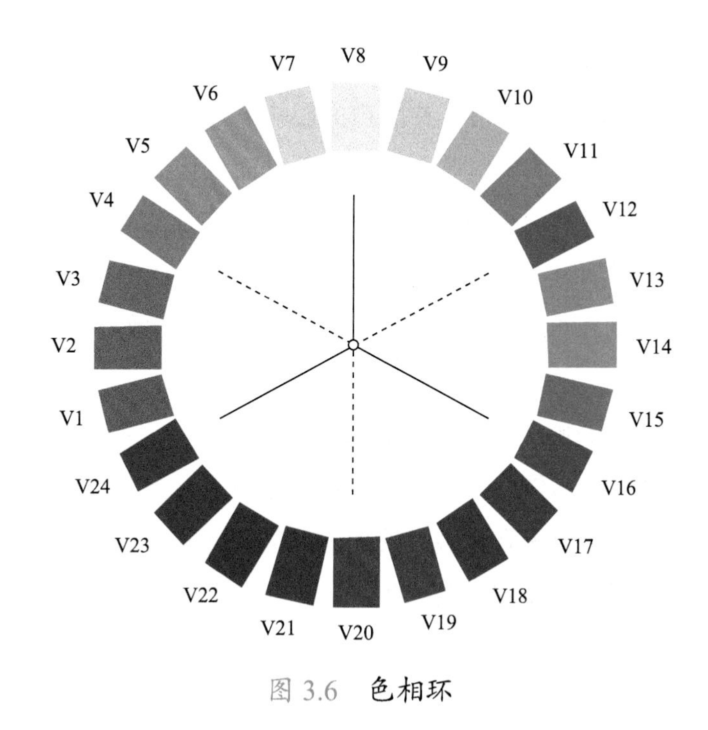

图 3.6　色相环

五、人与声环境

听觉是除视觉以外的第二大感觉系统，人类可听到的声音频率范围为 20~20000 Hz，小于 20 Hz 的声波为次声波，大于 20000 Hz 的声波为超声波。人类可接受的声压级范围为 0~120 dB，声压级是反映声音大小、强弱的最基本参数。

（一）噪声对人的影响

不同强度的声音（即不同声强）会对人耳产生不同的刺激感。声音太弱无法被人接收，过强又会造成人耳的损伤，导致耳痛甚至不可逆的失聪。虽然人的听阈广泛，但真正能够产生听觉又不损伤听觉系统的声音，声压级范围在 40~80 dB，频率范围则是 100~4000 Hz；人耳听觉最敏感的频率是 3000~4000 Hz，在这个范围以外的声音会造成人的听觉困扰或导致耳损伤。

噪声会使人警觉，干扰人的正常睡眠，通过网状激活系统刺激脑的自律神经中枢，导致内脏的自律反应，使人产生心率加速等心理应激。噪声还会干扰人与人之间的言交流，可引发作业失误。

尽管声环境中的次强噪声只会引发暂时性的听力丧失，但频繁发生的暂时性听力丧失可能会演变成永久性的听觉丧失，即噪声聋。造成这种永久听觉丧失的主要原因是在噪声的作用下内耳感声细胞逐渐退化。平日里高于 90 dB 的噪声会产生听力损伤。引起警觉是人听觉系统的重要机能，在噪声的影响下人会产生的生理反应包括心率加速、血压上升、血管收缩、肌肉紧张、代谢被促进而消化能力减弱等。噪声对人情绪产生的显著影响会引发强烈的心理作用。另外。当噪声对自律神经系统的刺激作用从作业时间延长至休息时间时，人无法得到良好的休息，不能保证通过睡眠、休闲等方式恢复体力，则人在应激和恢复之间就失去平衡，工作绩效就会下降，且易造成慢性病。

研究噪声对作业的影响需考虑以下因素：噪声的强度、性质（间歇性或连续性，可预料还是不可预料的）与作业性质。噪声对作业的最直接影响是降低工作绩效，例如噪声会扰乱某些对技能要求高和脑力处理大且信息量复杂的劳动，也会干扰人对精细作业能力的学习和训练；90 dB 以上的噪声或间歇性、难以预料的噪声会使大脑活动变迟缓。

（二）听觉环境设计

听觉环境设计的重点目标是有效控制环境中的噪声、回声和混响：

（1）人体工程学将凡是干扰人正常活动（包括心理活动）的声音都定义为噪声。如普通办公环境噪声的声压级为 50~60 dB，普通对话声的声压级为 65~70 dB，小口径炮响噪声的声压级为 130~140 dB，大型喷气式飞机噪声的声压级为 150~160 dB。在日常生活中，噪声直接影响人们语言交流的听取率，为了达到 100% 的会话听取率，室内的噪声应控制在 45 dB 以下，最好在 40 dB 以下；室外的噪声应控制在 60 dB 以下，最好在 55 dB 以下；室内夜间噪声则应控制在 40 dB 以下。噪声对人的思维活动和需要集中精力的脑力活动干扰极大，50~60 dB 以上的声压级就会对一些要求高技能和处理复杂信息等的思维分析作业产生影响。噪声对体力作业的影响相对较小，90 dB 以上才会产生一定影响。

噪声对工作绩效的影响具有以下几个方面的特点：高频率噪声比低频率噪声的干扰大；噪声的声压级越大，影响越大，大于 100 dB 以上就需要采取降噪措施；间断性的（特别是不可预料的）噪声比连续性噪声影响更大；对长期警觉性有要求的工作更容易受到噪声影响；陌生噪声对人影响更大。

噪声防控可分为声源、声音传递和声音接收（即个人防护）三个方面。消除室内噪声最直接有效的手段是噪声声源调控，与噪声声源的距离越远，噪声强度衰减程度就越大。在安排室内功能空间时，产生高强度噪声的房间应与需要精神高度集中的作业人员的房间间隔尽可能远的距离，可以利用其他功能房间作为噪声缓冲区分隔开，且规划设计功能空间还需要考虑室外环境噪声。房间隔层设计的重点是墙、门、窗等的隔声作用，尽量选择吸音消声的建筑和装修装饰材料、构件，在墙壁和天花板（顶棚）安装吸音材料。

控制噪声源通常有三种方法。第一，主要通过提高设备性能减小噪声声源强度，尽可能使用减轻振动和发声的机器设备；第二，调整声源的频率特征和方向，用户可以提出需求再由厂家对机器设备进行设计上的改进，在购置机器设备时合理安装，尽量错开设备噪声的发声方向与传播方向；第三，避免噪声声源与其接触或邻近传递媒介的耦合效应，可以改进设备基础或底座，降低固体介质的声传播。其中最有效措施就是通过加固加重、弯曲变形等方法处理噪声源，或使用不产生共振的材料设置减振降噪装置。对于重型机械来说，必须将其用水泥或铸铁地基固定住，且地基最好安装有消声隔层；根据机器设备的类型，可选用的消声材料有橡胶、弹簧、毛毡等。

（2）声音由声源直接传入耳朵，同时还可能经墙体等平面反射后传入耳朵，这种产生时间差异的声音现象就是回声。只有当二者时间差大于 1/20 s 时才会产生回声，可以在墙壁上使用吸音材料达到降低、消除回声的效果。避免设计室内的大面积对称、长方形平行平面，合理设计以墙壁为代表的结构形状和特性，可以利用抛物面等特殊的界面造型，使声音经反射后传播至声源和人耳接收点之间；将声音与回声的传播路径差值控制在 17 m 以内就可以有效防止回声。

（3）声源停止发声后，室内仍有声音存在一定时间的现象就是混响。室内混响的最佳效果与声音频率、强度、用途和空间大小关系密切。一定的混响能给以音乐厅为代表的室内空间提升声音效果，但在其他很多空间内必须适当控制混响，避免其负面效应。

六、人与触觉环境

触觉或肤觉是皮肤的感觉。皮肤能感受周围热环境的质量，包括空气温度和湿度的大小、分布及其流动，室内外空间、室内家具设备等界面给人体带来的各种刺激（振动、高低温、质感、强度等）。人体与外界发生最直接接触的器官是皮肤。触觉包括温度觉、压觉和痛觉，是人体分布最广泛的感知觉系统。不仅仅是视觉，触觉也是人感知物体形状和大小的途径。

（一）触觉反应

触觉是皮肤受到机械刺激而引起的感觉。触觉可按照刺激强度分为接触觉和压觉。轻微的皮肤刺激会使人产生接触觉，刺激强度增加到一定程度则会产生压觉，二者实际上难以分开，统称为触压觉或触觉。触摸觉则是皮肤感觉和肌肉运动觉的结合，主要是手指肤觉与运动觉的结合，又被称作皮肤或触觉的运动觉。触摸觉又称主动触觉，没有人手主动参与的触觉则被称为被动触觉。从很多方面来说主动触觉都要优于被动触觉，因为人的手不仅是劳动器官，还是用于认识世界的器官（对盲人来说尤其如此），主动触觉帮助人感知物体的大小、形状等属性。

皮肤的感受性分为绝对感受性和差别感受性。身体各个皮肤部位的触压觉和刺激阈限可以利用毛发触觉计测量。由于日常生活和生产中人的头面部和手部（特别是手指）接受大量的环境刺激，因此整体上感受性较高，而躯干和四肢就相对来说感受性较低。

触觉和视觉是人感受和认识客观环境空间特性的两个重要感觉通道。触觉感知空间特性主要表现为对刺激作用的具体身体部位的识别区分，该特性称为触觉定位。主动刺激和被动反应两种实验共同发现，头面部和手指有较高的定位准确性，视觉对于触觉定位有重要作用，视觉参与性越高，触觉定位越精确。

在触觉的作用下，皮肤不仅能感知受到刺激的部位，还可以分辨受到刺激的两个点之间的距离。皮肤所能分辨的最小刺激两点之间的距离称为两点阈。与触觉定位相同，两点阈也属于触觉的空间感受性，由于它与视觉敏锐度类似，也叫作触觉锐敏度。实验发现全身两点阈最小的部位是手指和头面部，最大的是腿部和肩背部。距离关节越远的部位两点阈缩短越明显，而越低的两点阈意味着越高的运动能力。上述身体各个部位触觉敏锐度随运动能力而提高的规律叫作 Vierordt 运动律。

当刺激持续发生时，与其他感觉相同，感受性也会产生适应性。人穿上衣服后，身体在短时间内就几乎不会再对身着的衣帽、手套、鞋袜等有明显的穿戴感。外界刺激保持不变，而人触觉强度减小甚至消失，这种现象是触觉的负适应；经过一段时间刺激后触觉减弱的现象是不完全适应，触觉彻底消失是触觉的完全适应现象；以上产生不同适应需要的时间称为适应时间。对强度越高的触觉刺激，人所需的完全适应时间往往越长。皮肤触觉感受器适应较重刺激需要的时间较长，适应较轻重量的刺激则相对快速；适应时间不仅取决于刺激强度，还会因受到刺激的皮肤部位不同而存在差异。无论是对装备仪器设备还是装备环境的设计，触觉空间感受性和适应性的特性均具有重要的参考价值。

（二）振动觉与隔振

身体在接触到振动体时会产生振动觉。通常认为振动觉属于触觉，因为其本质上是触压觉连续不断重复受到激活；在皮肤感觉点的角度上，皮肤的触觉点是振动敏感点。然而振动觉与触压觉存在着明显区别——机械刺激所引发的皮肤位移或变形产生的是触压觉，振动觉则源于皮肤组织的反复位移。通常认为分布于表层皮肤中的麦斯纳触觉小体和分布于皮肤深层的巴西尼环层小体是振动感受器。

振动的主要度量参数是频率。人体对于振动频率的感受性存在一定限度。不足 10~85 Hz 和超过 1000~2000 Hz 的振动刺激基本不会导致振动觉。不同身体部位的振动感受性不同，振动感受性的绝对阈限受到皮肤温度的影响。根据实验结论，皮肤温度落在正常范围（36~37 ℃）之外会使振动感受性的阈值发生变化。皮肤温度低于 36 ℃时，其振动感受性明显降低；皮肤温度小幅升高会提高振动感受性；当体温高于正常值（最高点约 42 ℃），若体温继续升高会导致感受性急剧下降。

研究表明，振动感受性与皮肤的受刺激面积相关，即感受性阈限与受刺激面积成反比。与视觉和听觉类似，振动觉也存在刺激的时间效应，其阈限强度会随着刺激作用时间延长而降低，这又称为振动感受性的时间总和。实验发现振动觉还有抑制现象，若皮肤上仅有某个点感受到振动刺激，而其他的地方并没有，说明除这个点以外的区域神经活动处于受抑制状态。

振动对人体的影响分为两种。全身振动对人造成的直接影响包括呼吸急促、耗氧量增大、血压上升、体温升高、内脏生理生化活动减弱。特别是当全身振动高达 100 Hz 以上时，造成的上述体征将十分显著，而低于 100 Hz 的振动也会间接影响人体。此外，振动带来的负面情绪在长时间积累后也会使身体发生功能障碍。例如，工具传导的局部振动会使人的手部、臂部血管持续性收缩导致疼痛，严重情况下可造成关节损伤或病变。要降低振动给人体造成的影响和伤害，直接有效的措施是进行振源隔振，或对作业者采取劳动保护。根据不同的振动情况，隔绝其传播分为两种：积极隔振，也就是主动降低振源向周围环境传播振动，如对电机、冲床等仪器设备进行基础隔振；消极隔振，减少环境振动向建筑物或仪器设备的传播。

七、决策与反应执行

（一）决　策

决策是指人为实现一定目标而选择确定行动方案的过程。人的视觉和听觉是信息输入的主要感觉通道。信息输入后进入到中枢信息处理阶段，也叫决策阶段。人进行信息处理时，最复杂且最能体现创造力的部分就是决策。决策工作一般是人大脑信息处理系统的瓶颈，极大地限制着人的信息处理能力。根据决策理论，进行决策的首要条件是确定目标，然后列举归纳可用于实现目标的各个方案并对各方案优缺点进行比较，最终选出最优的或最令人满意的方案。

人的决策过程会被情绪、性格、观念等众多主观因素所影响。人的决策能力受到信息处理能力限制主要表现在以下几方面：

（1）人脑的计算能力十分有限。实验证明人能够较为准确地估算平均值，但估算均方差会产生很大误差；人用外推法进行预测得到的结果一般偏小；人评估事件的发生概率时通常会避免给出极端结果。

（2）在人进行决策的过程中，会接触到大量需要被临时储存而只能存放于工作记忆的信息。由于人的工作记忆本身十分有限，难以避免大量信息丢失，对人的决策造成影响。

（3）人进行决策时会在长期记忆中提取所需信息。尽管人有着无限的长期记忆容量，也并不能保证人的记忆能够储存决策所需的全部信息。

（4）由于大脑运转速度有限，面对较大的时间压力时，大脑迫于任务完成的紧张程度只能降低运算准确度，这必将影响决策的效果。

（二）反应执行

作业人员接收人-机-环境系统的信息，在中枢系统完成信息加工后，会根据信息加工结果做出相应反应，这就是作业人员的信息输出过程。实际情况中信息输出的形式众多，信息输出质量由中枢系统反应时间、运算速度和准确性等因素决定。

实际作业情境中最重要的信息输出方式是运动输出。人体运动输出根据操作活动的形式可以分为五种。

（1）定位运动：指根据作业目标，人整体或局部（通常是肢体）从一个位置运动到另一特定位置，是一种最基本的操纵控制运动。

（2）重复运动：指在作业过程中，人持续重复同样的动作，如使用锤子钉钉子。

（3）连续运动：指作业人员对操作对象的持续控制、调节，如使用电焊枪。

（4）逐次运动：指按照一定顺序完成一系列相对独立的基本运动动作，如使用电脑查找信息。

（5）静态调整运动：指尽管没有进行可被观察到的运动，但需要肢体用力在一定时间内保持特定部位处于特定位置上，如体操项目。

反应时是指发生外界刺激到作业人员根据所接收刺激的相关信息做出反应的时间间隔。反应时包括两部分，分别是反应潜伏时间（刺激起始到反应起始的时间）和运动时间（反应起始到完成的时间），两部分时间的总和即为反应时。反应时还可以分成简单反应时和选择反应时。若仅出现单个刺激，而接收刺激的对象仅在刺激出现时做出特定反应，这种情况下得到的反应时叫作简单反应时；若存在多个不同的刺激，且刺激与对象做出的反应有一一对应关系，对接收的不同刺激要求能够做出不同反应，此时得到的反应时叫作选择反应时。反应时会受到刺激性质和强度、刺激发生的随机性、效应器官性质、感觉通道种类、个体身心状态和训练程度以及反应复杂性的影响。

早期相关研究显示，决定定位运动速度的两个关键因素是运动距离和运动精度。对定位运动速度和方向关系研究的结论是，速度最快的定位运动是朝右手 55° 方向的右上方。此外，定位运动的速度还受空间介质影响。

重复运动往往对速度有较高要求。对手轮和曲柄的操作运动来说，旋转的阻力、半径与是否为优势手操作都会影响运动速度。研究显示，通常对人的优势手来说，当旋转阻力最小且旋转半径为 3 cm 时，进行手轮旋转运动能达到最大速度；当旋转阻力为 49 N 且旋转半径为 4 cm 时，进行曲柄旋转运动能达到最大速度。手指敲击计算机键盘也属于简单重复运动，敲击速度最高可达每秒 5~14 次，但仅能在短时间内保持这个速度。

运动的速度与准确性存在着互相补偿关系，可利用速度–准确性特性曲线进行描述（见图 3.7）。由该曲线可知，一定范围内越慢的速度对应着越高的准确性，但到一定程度后曲线趋于平坦，更慢的速度也无法继续提高准确性。因此，在设计人机系统时，既不能过分强调速度而忽略准确性，也不应牺牲速度而过于注重准确性。

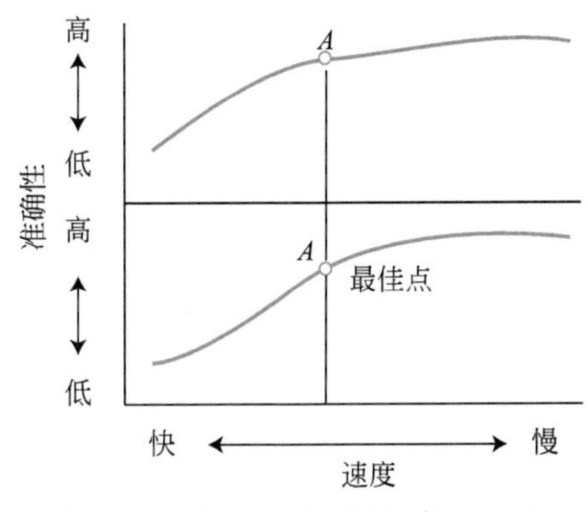

图 3.7　速度 - 准确性特性曲线

由于手的解剖学特点和手的部位随意控制能力的不同，因此手进行某些运动相对比其他运动更灵活、更准确。一般手部运动有如下几方面的规律：右手比左手快，右手运动时由左向右又比由右向左更快；靠近身体比远离身体速度快；从上向下运动比从下往上快；在水平面内比在垂直面内的运动速度快；旋转路径比直线路径运动快，且顺时针运动比逆时针快；操作向下按的按钮比向前按得更准确，操控水平安装的旋钮比垂直安装的更准确；手操纵旋钮、指轮、滑块的准确性从大到小的顺序为旋钮 > 指轮 > 滑块。

第四节　人体力量

一、肌肉骨骼系统

肌肉骨骼系统含有骨骼、肌肉和连结组织（包括韧带、肌腱、筋膜、软骨等），其中骨骼也可以被视为一种连结组织。肌肉骨骼系统的重要作用是支撑和保护机体各组成部分，形成和维持机体姿势，完成特定动作以及产热保持体温。

（一）骨骼及连结组织

人体的 206 块骨头共同组成坚实牢固的骨骼系统，实现对机体的支撑和保护作用。骨骼系统的结构使其不仅可容纳人体其他组成部分，还能将它们连接成有机整体。某些骨骼的主要作用是保护脆弱的内部器官免受外界损伤。如头骨覆盖保护了大脑，胸骨隔开保护了心肺；某些骨头（如长骨）两个末端可以与其连接的肌肉共同作用，使肌体能够活动和运动。

连结组织分为四种，各自有独特的功能。肌腱是致密的纤维组织，能够使肌肉紧紧附着于骨骼并使肌肉上的力传到附着的骨骼上。同为致密的纤维组织，韧带的主要功能则是连结两根骨构成关节。软骨是半透明的弹性组织，通常在各个骨关节表面和部分器官内（如耳、鼻）有分布。筋膜则是全身各处均有覆盖，分隔身体的各个部位。

骨头之间通过关节连接。关节又可分为三种：滑液性关节、纤维性关节和软骨性关节。大部分关节是滑液性关节，也就是关节内只有润滑液而不存在其他组织；而纤维性关节中，关节两端的骨骼由纤维结缔组织紧紧固定（如颅骨关节）；软骨性关节中，构成关节的骨骼则是由纤维软骨连结，因而这类关节（如脊椎的椎间盘）若要应对扭曲、压缩和压力，只能进行一定程度的运动。按运动性又可将关节分为非运动性关节、单轴关节、支点关节和球面关节。非运动性关节(如成人的颅骨接缝)不能进行任何活动；单轴关节（如肘关节）的活动仅能在一个平面内进行；支点关节（如腕关节）允许进行二维运动；球面关节（如髋关节、肩关节）在三个维度上均能运动。

如果长时间受力，骨骼的形状、大小及结构都有可能发生改变。有研究人员认为骨骼能够在特定需求下被压缩，过后还能够恢复原状。迄今为止骨骼变化与受力之间的关系尚不十分清晰。但可以确定的是，骨骼承受过重的压力或长时间处于弯曲、扭转状态下受力，都可导致骨折。决定骨折情况的三个要素是受力的大小、次数和频率。轻微的骨折在充分休养下会自行愈合，另外，连结组织也会因使用过度而受伤。

（二）肌　肉

人体的400多块肌肉重量占体重的40%到50%。人体所产生的能量超过一半消耗在肌肉上，进行动作和维持身体姿势，同时肌肉也可以产热用于维持体温。肌肉由肌纤维、连结组织和神经组成。肌纤维由收缩性极强的肌元纤维组成，呈细长圆柱状。肌肉较大的横截面积使其能够承受较大力量。神经和血管经由肌肉连结组织进出肌肉。肌肉含有感觉纤维和运动神经纤维两种纤维。感觉纤维能够收集肌肉的长度和紧张度，将信息传到中枢神经系统，而中枢神经系统产生的神经冲动由运动神经纤维传导到肌肉并进行肌肉活动调节。运动神经纤维产生大量分叉，从而进行多个肌肉的共同调节；肌肉的基本功能单位就是同一运动神经纤维调节的肌肉共同组成的运动单元。

对来自运动神经的冲动，肌肉有三种反应形式：向心性收缩、离心性收缩和等长收缩。肌纤维的长度在肌肉收缩时减小，此时肌张力基本不变，会产生向心性收缩（又称等张收缩）的关节活动，如肱二头肌就在人提起重物时进行向心性收缩。当肌肉收缩产生的张力低于外部力量时就会发生离心性收缩，此时肌肉尽管再努力收缩仍会被拉长。肌肉收缩张力与外力相同时发生等长收缩，即肌肉积极收缩并不使其长度发生变化，例如人在抬起重物或搬运的过程中需要暂停休息时的肌肉状态。肌肉收缩产生的力经由肌腱传递到骨骼，而正是肌肉收缩使人的身体得以维持姿势和进行作业。

通常情况下肌肉紧张度无法定量，一般根据肌肉对抗的外力或力矩推断。力矩是作用力与力的作用点到支点在垂直于力的方向上的距离的乘积。以转动手臂为例，转轴就是肘或肩部。手臂转动的力矩可调整手臂肌肉的收缩状态，从而进行推或拉等动作。肢体其他部位产生的力矩同理可完成各种动作。

肌肉力量可分为静力性力量和肌肉爆发力。静力性力量（又称等长力量）指的是肌肉等长收缩时的最大力量，准确来说是肌体不发生明显位移地以一定姿势固定或维持在特定位置时肌肉紧张收缩产生的力量。体力劳动时一旦负荷过大，可能产生肌肉劳损甚至骨折等问题。为明确身体特定部位能承受的负荷阈值以避免过高负荷带来的伤害，需要对个体执行任务时身体该部位的物理压力进行定量分析。

二、生物力学模型

生物力学模型是用数学表达式描述人体构成部分之间的力学关系。该模型中肌肉骨骼系统的作用可视为联结人体机械系统，骨骼和肌肉就是一系列发挥不同功能的杠杆。生物力学模型以物理学和人体工程学理论、方法计算人体骨骼和肌肉的受力，通过分析让设计者在设计阶段明确作业环境和过程的潜在危险从而尽量规避。

牛顿经典三大定律是生物力学模型的原理基础，即无外力作用的情况下，物体保持静止状态或匀速直线运动；物体的加速度与所受合力大小成正比；作用力和反作用力总是大小相等，方向相反且在一条直线上。若身体整体和各部位没有运动，认为是处于静止状态，而根据牛顿力学，静止状态的身体受力必须满足作用于身体的外力矢量之和为零且外力的力矩之和为零，这是生物力学模型中的关键条件。

平面模型（又称二维模型）一般用于同一平面内身体的受力情况分析。最基础的模型是单一静止物体的平面模型，可用于展示生物力学模型最基本的研究方法，以此为基础构建复杂三维模型直至全身模型。按照力学基本原理，使用单一部位模型将身体各部位独立分析，定量给出相关关节和肌肉的受力情况。以图 3.8 为例，当人平举

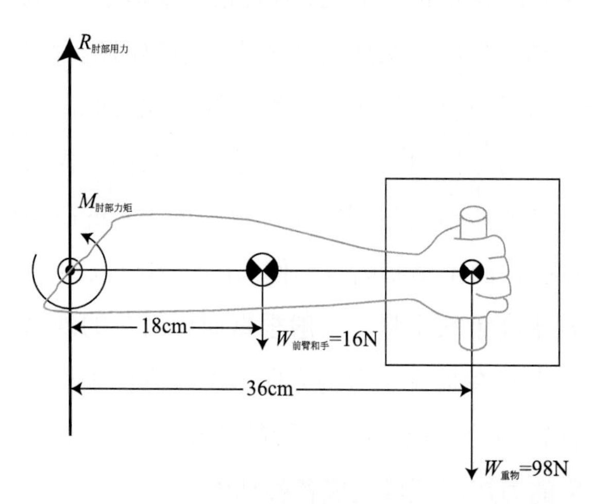

图 3.8 水平抓握物体时前臂和手的生物力学简化模型

前臂、单手拿起 10 kg 的物体，物体与肘部直线距离 36 cm，图中展示了手部、前臂和肘部的受力情况。

腰部问题是职业中最普遍，并且花费最高的人体疾病。研究评估包括职业病在内的明确和不明原因，腰部疼痛症状影响了总人口的 50%~60%。腰部疼痛主要由动手劳动操作引发，如抬起或举起重物、弯折或拧转物体等。另外，长时间维持同样的静止姿势依然可导致腰部疼痛问题。如图 3.9 所示，腰是人体距离双手最远的部位，故而是人体最薄弱的杠杆。人体躯干和负荷物品的重量均可对腰部，特别是对第五腰椎和第一股椎之间的椎间盘（即腰骶间盘）产生显著压力。

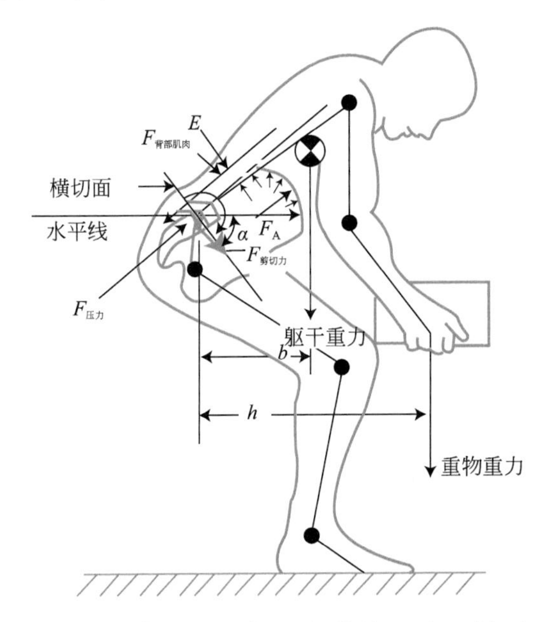

图 3.9 举物时腰部的力学静止平面模型

精确分析腰骶间盘的力矩及反作用力就需要引入多维模型，横膈膜和腹腔壁给腰部施加的作用力也不可忽略。不便精确计算时可以用单一部位模型简单评估腰部受力。

如果某人的躯干重力为 $W_{(躯干)}$，抬起的重物重力为 $W_{(重物)}$，这两个重力结合起来产生的顺时针力矩为

$$M_{(货物和躯干重力)}=W_{(重物)}\cdot h+W_{(躯干)}\cdot b$$

式中，h 是重物到腰骶间盘水平上的距离；b 是躯干重心到腰骶间盘水平上的距离。

这个顺时针力矩必须由相应的逆时针力矩来平衡。这个逆时针力矩是由背部肌肉产生的，其力臂通常为 5 cm。这样，因为要达到静力平衡，所以

$$\sum_{(腰骶间盘力矩)}=0$$

假设 h=40 cm，b=20 cm。经计算，在这个典型的举重情境下，背部受力是重物重力的 8 倍和躯干重力的 5 倍之和。如果这个人抬起 450 N 的重物，则背部的作用力会达到 5 000 N，这个力是人们能承受的上限。

在人举起重物时，众多因素影响到脊柱受到的作用力，最重要的两个因素是物体的重力和物体重心与脊柱重心之间的距离，另外比较重要的因素包括躯干扭转角度、物体的形状和尺寸、人负重移动的距离等。要想建立较为全面和精确的腰部受力生物力学模型，应将这些因素全部考虑在内。

三、人体施力

人体运动系统所完成的一切人体活动都是由化学能到机械能的能量转化过程实现的，也就是肌肉施力过程。运动系统的生理特性是仪器设备的支撑结构和操控装置的设计依据，与人体姿势、功能尺寸以及允许活动的空间尺度密切相关。

人的空间形态由人体运动系统的各部分构成，该系统同时保持着人的内力和重力平衡，用钢筋混凝土结构类比，骨骼可以比作钢筋，肌肉则近似混凝土。在支撑和保护人体各类器官的同时，运动系统通过关节和韧带传递受力，承担外部负荷。人的全部重力最终传递给足部，而巧妙的下肢骨骼结构完全适应承担重力——类似于三脚架的足弓部支撑起全部躯体，将经踝部传递的重力分布到足弓部的三个点上，而足弓还对行进过程中机体产生和受到的振荡、冲击有缓冲作用。

不同的身体姿态会产生不同的内力、重力传递路径。各种支撑面有特定的压力线分布。设计支撑面的目标是压力应尽量均匀分布在支撑面上，将集中荷载转化为均布荷载，满足人体的舒适性需求。作业人员需要操控多种多样的操纵器具（按钮、旋钮、按键、拉杆、转盘、踏板等），不同的作业姿势导致不同的负荷以及沿骨骼的内力分布变化。高度适宜的工作台面可避免作业人员进行不必要的脊椎弯曲，从而避免腰肌劳损。在进行装备的设计制造时，研究人的肢体运动力学对作业人员的健康保障非常重要。

人的施力特征参数主要包括方向、时间和限度三方面。相对于人体本身，根据人的施力方向，施力主要有拉力、推力和扭力，再者是手提力和抓握力，以及脚部操纵力。施力有一些普遍规律，如人手左右运动发出的推力大于拉力，前后运动则拉力大于推力。若持续出力则力量容易随时间增长而逐渐降低，人可在瞬间发力时达到最大力量值。通常人肢体施力是有极限值的，因此控制装置的设计需要考虑该限度，通常以第 5 百分位数为施力设计标准，否则可能导致作业人员操作困难。

人体肌肉的施力方式是通过收缩将化学能转化成机械能产生肌力的，肌力作用于骨骼，通过人体肌肉骨骼结构作用于受力物体。肌肉施力分为静态肌肉施力和动态肌肉施力两种方式。静态肌肉施力指肌肉长时间维持一定姿势的施力状态，特别在负荷较大时是一种费力的作业方式；动态肌肉施力指施力过程中，随着作业时间延长肌肉节奏性地改变施力姿势来延续作业时间，是缓解肌体疲劳的作业方式。

实际工作中绝大多数生产作业都要求不同程度的静态肌肉施力，而作业人员应当尽力避免持续性长时间的静态肌肉施力。尽管如此，并非每项作业任务中都可以清楚区分出静态施力和动态施力，多数情况下的作业过程兼有静态施力和动态施力。肌肉施力的具体过程还会受到性别、年龄、身体尺寸、训练程度等因素影响。

肌肉动态或静态施力在对血液流动的影响上有着基本区别。肌肉在静态施力的状态下是收缩的，压迫血管使血液无法进入，这样肌肉就无法补充本该从血液中获取的糖类和氧气，为维持做功就必须消耗自身能量储备。静态施力的后果是由于无法及时排出无氧代谢产物，积累的代谢物引发肌肉的疲劳酸痛。人体持续静态肌肉施力往往会肌肉酸痛难忍，是限制连续性静态作业时间的首要因素，因此实际作业中首先要处理好静态施力。静态施力时的静负荷与血液流动受到的阻力成正比。静负荷较低时，肌肉的紧张程度较低，若负荷不超过肌肉最大力的 15%~20%，血液的流动循环基本正常；当静负荷超过肌肉最大力的 60%，血液几乎完全无法流入这块肌肉。显然，肌肉紧张程度越高、力量越大就越容易造成疲劳。肌肉的理论最长收缩时间与肌肉施力之间存在一定关系。

与动态施力相比，其他条件基本一致时静态施力所消耗的能量更大，心跳加速更明显，人需要更长时间的疲劳恢复。一方面，静态施力下肌肉发生无氧新陈代谢，释放的可重新生成高能磷化物的能量较少；另一方面，大量乳酸堆积阻碍了肌肉工作。静态施力时血液供氧不足无法避免，因而势必导致肌肉工作效率下降。已有的调查研究表明，与静态施力相关的疾病包括抽筋、关节水肿、腱鞘水肿、肌肉腱节点周围发炎、慢性关节炎、关节坏死、椎间盘突出等。

为避免持续性静态施力带来的疲劳疼痛等不适症状，作业者在作业过程中应注意以下几方面：

（1）身体尽量少做弯腰等不自然的姿势。

（2）避免长时间抬高手臂作业。

（3）持续性作业时坐姿比站姿省力，但不可久坐。

（4）对于双手同时进行的操作，建议保持双手以相反或对称的方向运动，双手呈对称方向运动利于神经控制。

（5）应按照作业人员视平线高度和观察距离设计作业位置的高度。大量实测数据显示，从事脑力活动时，人眼到纸面的平均距离为 300 mm（书写时平均距离 275 mm，阅读时平均距离 325 mm）。

（6）条件允许的情况下，使用频率较高的工具（如钳子、手柄）和材料、零部件等应按照操作习惯放在便于作业人员取用的近处。应保证频繁的操作动作可在弯曲肘关节的范围内完成。为使手部更好地施力和精细操作，最佳手眼距为 25~30 cm，理想姿势是肘关节呈直角，手臂自然摆放。

（7）在不可避免用手进行较高位置作业时，利用支撑物承托肘部、前臂或者手部。支撑物的表面一层的材料应使用皮、毛等柔软不令人感到寒冷的材料，尺寸或角度可调节以适应不同身材尺寸的人。若在脚下设置支撑物，应当能稳固承托双脚可能施加的重量且留有适当的脚部移动空间。

研究作业环境的设计最终是为了充分提升人的作业绩效，但人体肌肉的作业效率基本只能达到 20%~25%。研究者总结出了一套降低人员体能消耗，提升作业效率的作业环境设计法则：

（1）不论是以何种形式活动，只要需要较大的施力，人体活动方式就应尽量适应符合肌肉可施加最大肌力所需的方式。

（2）尽管在实际作业场景中难以实现，应尽量使肌肉长度呈自然状态。

（3）减少非必要的加速度和减速度。手臂和腿应减少往复运动，回转运动较为适宜。

（4）惯用手比非惯用手抓取物品的速度约快 10%。

（5）正确的重物提举姿势和方法是先双手抓稳，提举过程中尽量直腰和伸直身体，屈膝不超过脚尖，手抓握处高于地面 40~50 cm，保持身体与重物接近，脊柱呈现 S 形曲线。

制定科学的作业方式和让人员参加训练能够提升作业绩效，当然也必须考虑到人员之间性别、年龄、身体参数等因素的差异。

第五节　人体疲劳机制

一、体力劳动

（一）体力劳动及影响

体力劳动指需要人产生某种动力或明显消耗体能的劳动。据研究，人生理上所能承受的劳动强度存在某个极限，超过这一限度不仅无法进行正常工作，人体还将进入高度应激状态，极易引发事故，带来生命健康和财产的严重损失。过度体力劳动通常给作业人员生理、心理和绩效三方面造成不利影响。

1. 生理影响

体力劳动以人力作为动力，有着高体能消耗、大心血管和呼吸系统负荷的特点。人的体力劳动极限由能量消耗和血液循环情况决定，过高的体力负荷会导致人体显著的生理状态变化，通常主要表现在高强度的心肺系统活动。持续性高水平心肺系统活动可致使人体各类器官机能降低，影响正常的心肺、肾脏等器官和肢体功能的发挥，严重情况下会引发器官的功能性衰竭。

2. 心理影响

过高的体力劳动负荷也会造成心理健康的负面影响。体力负荷过高时作业人员容易加速产生和累积疲劳，从而反应变迟缓，对事物的应变能力减弱，易发生情绪激动，增大发生人际冲突的概率。作业人员会因长期承受过高工作负荷而产生对工作的厌烦感，甚至生活态度也会变得消极，心理健康出现严重问题。

3. 绩效影响

当作业人员生理和心理健康受到影响，作业绩效就不可避免地受到影响。从能量方面来说，人进行体力劳动所消耗的能量有限。处于亚健康状态作业人员，其劳动主动性和积极性减少，完成同样任务所需的作业时间更长，不仅效率降低，过程中的失误也可能增多，人主观上逐渐消极怠工，严重时可能发生旷工，影响自身和团队的工作推进。

（二）体力劳动强度

体力劳动负荷的大小可通过劳动强度衡量。劳动强度是衡量单位时间内劳动消耗的指标，表示作业人员在作业时的体能消耗及精神紧张程度，即劳动量支出（消耗的肌肉能量和神经能量）与劳动时间的比值。一般单位时间内的劳动消耗与劳动强度正相关。

研究并确定科学的劳动强度，据其合理规定劳动定额及相应报酬，既是对作业人员安全健康的保障，也能帮助调动作业人员积极性，提升作业绩效。现今国际上的劳动强度分级指标主要分为两种：一种是相对指标即相对代谢率（RMR），在外国工效学和管理工程学普遍应用，并已在我国得到应用；另一种是绝对指标即劳动强度指数，比如可以规定为 8 小时作业的能量消耗。

能量代谢包括了体内能量产生、转移和消耗的全过程。根据机体所处状态，能量代谢可分为基础代谢、安静代谢和能量代谢三种。基础代谢量是人在绝对安静的条件下（平卧状态）维持生命所必须消耗的能量。基础代谢率是单位时间、单位面积的耗能，基础条件为人清醒而极安静（卧床）、空腹（餐后 10 h 以上）、室温 20 ℃左右。正常人的基础代谢率比较稳定，一般不超过正常平均值的 15%。

安静代谢指机体仅保持各部位力学平衡及维持特定姿势的能量消耗。安静代谢含有两部分，即基础代谢和维持机体平衡及特定姿势的额外代谢量。一般情况下维持机体平衡及特定姿势的额外代谢量可用基础代谢的 20% 进行估算，即安静代谢量是基础代谢量的 120%。

能量代谢指伴随机体整个物质代谢过程的能量储存、释放、转移和利用。人从事劳动或运动时总的能量消耗称为能量代谢量，单位时间单位体表面积（每小时每平方米）的产生热量叫作能量代谢率。

人在进行体力劳动时可以类比为发动机。从能量的角度，一台发动机把燃烧燃料的化学能产生热能和转化为机械能，这过程中必然产生一定的能量损失；人体的体力劳动同样将化学能转化为机械能，而过程中绝大部分能量都被转化为热能浪费掉。通常对能量利用效率的定义是有用功与实际消耗的能量比率，理想条件下人的体力劳动效率基本为 30%，也就是约 30% 的能量消耗转化为机械能，其余能量转化为热能。

高负荷的体力劳动不仅更加需要人体能源的合理利用，还需要降低负荷以避免机体损伤，优化机体生理效率就显得尤为重要。劳动安全生理学的专家为此尝试大量手段来测量人使用不同劳动方法和不同劳动工具及设备时的生理效率，所得到的结果对于仪器设备和装备环境设计、布置指导意义重大。

（三）体力劳动安排

体力劳动负荷过重会危及人的身心健康，在不可避免重体力劳动的情况下，有必要研究并对重体力劳动的负荷进行适当控制。

重体力劳动的典型代表是静负荷大的重物搬运作业。此类劳动可能引发的主要问题并非肌肉疼痛，而是椎间盘过大负荷导致的损伤以及进一步的腰伤可能。搬运可引发腰伤和脊椎病，严重者会丧失劳动能力；大量统计数据显示，搬运在英、美、德等国排在引发工伤事故的原因前列，充分证明必须进行人因工程研究，控制作业过程中的椎间盘负荷和预防损伤。

预防搬运损伤应从脊椎的工作机制入手。脊椎整体呈S形，在胸部的稍向后弯曲称为胸部凹，在腹部的向前弯曲称为腹部凸。S形构造的脊椎富有弹性，能有效缓解跑、跳等剧烈动作引发的冲击。脊椎的负荷从上部到下部递增，腰部的两根脊椎承担着最大压力，被椎间盘分隔。椎间盘的病变通常始于其边缘，正常情况下其边缘是坚硬的状态，失水使机体组织变得脆弱易碎，难以继续承力；椎间盘逐渐变平，力学性能衰退，脊椎甚至发生位移，此时腰部风湿性疼痛概率极大，即使是微小的动作也可引发剧烈腰痛。若无法控制脊椎衰败，只要腰部突然承受外力，椎间盘的液体就可能被挤到椎间盘外圈之外。一旦发生这种情况，外力相当于直接施加于脊椎或脊椎上的神经，这就是人们常说的椎间盘突出，又称椎间盘外滑。力作用于脊椎及其神经，直接缩小脊椎间的空间。脊椎附近的组织发生挤压会引起各种病症，从肌肉痉挛、坐骨神经痛到韧带和关节的风湿病，甚至于瘫痪。研究表明，患有腰部疾病的人有更高的突发剧烈疼痛和瘫痪风险，此类风险会因突然施加于椎间盘的重载和使用错误搬运姿势而增大。

人在弯腰（特别是呈90°）时，杠杆作用原理导致其腰部承受着巨大压力。人弯腰状态下的椎间盘负荷不仅重且分布不对称，导致前半部分椎间盘所受压力远大于后半部分，容易引发椎间盘损伤。此时压力将液体由椎间盘前半部挤向后半部，液体面积在后半部增大且有外溢的可能。

美国国家职业安全和健康研究所（简称NIOSH）在进行了腰伤研究后提出了一系列重物搬运的极限值。这些推荐值是在综合考虑负荷与身体距离、搬运垂直高度、搬运作业频率等因素后给出的。理想的条件下人在搬运时能够负重49 kg。NIOSH规定了一个最大允许极限和一个行动极限：最大允许极限是根据 75% 的男性百分位数或 99% 的女性百分位数设计的，行动极限对应 1% 的男性百分位数和 25% 的女性百分位数。最大允许极限是在 L5 和 S1 脊椎间产生 6400 N 的压力，行动极限为 3400 N 的压力。NIOSH 实践指南指出，不能接受超出最大允许极限的工作负荷，而超出行动极限可认为是有风险但允许出现的，当实际负荷介于这两者之间，需要选择身体条件适合的工人并加以作业训练。该研究成果比较明显的一个缺陷在于仅能指导双手位于胸前的对称搬运。

根据人们普遍的经验和知识学习，可形成搬运作业的一般参考原则：搬运物体时将其抓牢，背部尽量成直线，屈膝使物体重心尽可能贴近身体，条件允许时可在双膝之间抓握物体，两脚相对位置适宜，所搬运的物体在搬运过程中高度不应低于双膝。人能施加的最大搬运力一般位于距地面 50~75 cm 处，在从约膝盖高度位置搬运物体可抬至距地面 90~110 cm 处而不感到费力。搬运物体从肘高至肩高时需要付出一定的力，搬运到更高位置所需的力则大得多；如果负荷没有把手，则应用绳子将其捆起再搬运；在搬运时，应避免转身或扭身；条件允许应使用电动车、搬运架等机械设备搬运。

二、脑力劳动

（一）脑力负荷

脑力负荷又称脑力负担、心理负荷或精神负荷。起初这个术语与体力负荷相对应，指人在单位时间内进行的脑力活动工作量，现用来形容作业过程中人需要处理的心理压力或人的信息处理能力。作为一个多维概念，脑力负荷所涉及的要素包括作业任务要求、时间限制压力、作业人员的相关能力和努力程度、作业人员行为表现等等。有几种代表性定义如下：

（1）脑力负荷是工作中人脑的信息处理速度，即决策速度或决策困难程度。该定义由北大西洋公约组织脑力负荷研究的组织者提出。作为一名心理学家，该组织者的研究领域是人的注意力和信息处理系统，因此将脑力负荷与信息处理系统相关联。

（2）脑力负荷是工作中人的脑力资源占用程度。人在作业过程中的剩余能力与脑力负荷负相关，即工作时剩余能力越小说明脑力负荷越大。这种定义将脑力负荷检测转化为对人的能力（主要是剩余能力）的检测。

（3）脑力负荷是工作中人所感受到的工作压力，即脑力负荷与工作时感到的压力呈正相关。这种定义将脑力负荷检测转化为对人的工作压力评估。

（4）脑力负荷是工作中人的繁忙程度，即作业人员进行脑力工作的实际忙碌程度。作业人员越忙意味着脑力负荷越大，空闲时间越多意味着脑力负荷越小。这种观点主要来自于工程设计人员，对他们来说，最重要的就是作业人员完成指定任务的及时性，这很大程度上取决于作业人员是否被给予足够时间。

在人因工程学中，脑力负荷是表现工作中人的信息处理系统占用程度的指标。人的信息处理能力是脑力负荷与其余空闲信息处理能力的总和。人的空闲信息处理能力与脑力负荷此消彼长。与人的空闲信息处理能力相同，脑力负荷与人的信息处理能力、特定工作任务对人能力需求、人的努力程度等因素相关。

众多因素都会影响脑力负荷，包括作业任务内容、作业人员素质能力及作业动机、系统绩效要求、发生人误的后果等。鉴于脑力负荷的研究对象是人，下面将人从人-机系统中分离出来分析。影响脑力负荷的因素主要有三类，即工作内容、人的能力及工作绩效。

作业任务内容直接影响到脑力负荷。其他条件一致的情况下，任务内容越多、越复杂，作业人员就需承受越高的脑力负荷。作业任务内容的指代非常笼统，所以人们将其细化为时间压力、作业强度、任务难度等，这些因素均与脑力负荷密切相关。

（1）首先与脑力负荷密切相关的就是完成任务所需的时间。一般来说，一项需要更长时间的任务表示任务中更大的脑力负荷。除去与人的作业时间长度，脑力负荷还与人在单位时间内完成的作业量有关，在单位时间内完成越多工作表示越高的脑力负荷。时间压力的意思是任务完成过程中时间限制造成的紧迫感，要求的时间越短给人造成的脑力负荷越大，在此基础上工作的困难程度还会进一步加大脑力负荷。

（2）仅考虑脑力负荷的时间因素影响显然不够，另一个重要因素就是作业任务强度。作业强度指单位时间内对作业的要求，作业强度越大则脑力负荷越大。

（3）作为作业任务的两个独立因素，任务完成时间和作业强度还可以互相交叉，产生更多的概念和因素，比如作业任务的困难程度（可分为作业困难因素和作业环境因素）。困难的含义很笼统，既包括时间长短也包括任务强度的概念。作业环境严重影响人的信息接收情况，当环境照明条件恶劣或噪声明显时，干扰和阻碍人的信息接收，直接影响信息处理效果，同样增加人的脑力负荷。

个体进行脑力劳动时存在能力差异，对同样的作业内容来说，能力越大的人脑力负荷越小。当然，人的能力并非一成不变，可以通过各种训练而提升，这种提升在集中学习某种技能的阶段尤为明显。人在作业时的专心和努力程度也会影响脑力负荷。尽管难以确定努力程度对脑力负荷的具体影响，但通常由于人对自我工作标准的提升，并且可能需要完成日常鲜少涉及的任务，再加上作业内容增加，因此人在努力工作时脑力负荷是增加的。人在努力工作的情况下还可能自发缩短或放弃休息时间，增加的工作时间也会进一步增大脑力负荷。研究表明作业人员的努力程度提高可以让反应加快，即人可以通过努力提升自身能力，脑力负荷就随着能力的增加反而降低。

适当的脑力负荷无论对系统绩效还是作业人员的满意程度及安全健康都意义重大。各类研究都发现作业绩效明显与脑力负荷强度密切相关。例如，作业人员在面对系统中呈现的大信息量时，可能会进入脑力负荷过载的应激状态，这种状态下的作业人员往往会因无法没有遗漏地感知和加工全部信息而发生信息感知及控制或决策方面的失误。另一方面，若信息呈现量过低，作业人员长时间无法强化目标信息，精神上感到单调枯燥，注意力容易分散。在这样的低脑力负荷状态中，作业人员反应变迟缓、灵敏度降低，在重要目标信息出现时不能及时察觉而漏报等情况容易发生。因此，脑力负荷过高或过低的两种情形均会导致作业人员工作绩效降低，中等强度的脑力负荷才能让作业人员在作业过程中取得良好绩效。

若作业人员长期处于不良脑力负荷情境，系统的绩效和安全性都会受到影响，人不仅会降低工作满意度，还可能产生多种身心疾病。因此，有必要检测各种系统的脑力负荷状态，深入研究脑力负荷的效应并进行预测，从而对已出现或可能出现的不良负荷状况采取措施，将系统负荷维持在较高水平。

（二）脑力负荷测量

按照脑力负荷测量方法的特点和使用范围，可将其分为四类——主观评价法、主任务测量法、辅助任务测量法和生理测量法。

（1）主观评价法相对简单、实用，作业人员先完成特定的脑力劳动工作，然后按照自身主观感觉给出操作活动难度排序。主观评价法是系统使用人员最容易接受的评价方法之一，充分在他们的角度上考虑。主观评价法具有如下特点：在各种脑力负荷评价中，主观评价法是唯一的直接评价法，作业人员只需对脑力负荷（包含作业难度和时间压力等因素）进行某种直接判断，该判断过程与脑力负荷的本质直接相关，具有较高的直显效度，很容易被评价者接受；由于是在作业完成后进行评价，因此不会干扰作业过程和效果；通常使用统一的评价维度，利于比较不同作业任务情境的负荷评价结果；主观评价法实际使用方便快捷，无需特定仪器设备，评价人员只需提前阅读评价方法指导或接受简单培训，各种作业情境均可适用，也便于数据的收集和分析。

脑力负荷主观评价法种类较多，常用的包括古柏–哈柏（Cooper-Harper）评价法、主观负荷评价法（SWAT 法）、NASA-TLX 主观评价法等。

1969 年提出的古柏–哈柏评价法是基于飞行员作业负荷与操纵驾驶质量直接关联的假设建立的，最初用于评价飞机驾驶的困难程度，特别是评价飞机的操纵特性。该方法将飞机驾驶的难易程度分为 10 个等级，飞行员按照主观感觉在飞机驾驶后，参照各个困难等级的定义对目标飞机做出评价。实际上飞机的操作困难程度与脑力负荷密切相关，后来的研究人员改进了古柏–哈柏评价法，把评价表中的飞机驾驶困难程度转换成普遍的作业困难程度，该方法就可用于评价一般任务的脑力负荷。

SWAT 法认为作业人员的时间负荷、努力程度和压力负荷三种要素共同组成了脑力负荷，并将每种要素分为三级。三种因素、每种因素三个状态共组合形成 27 个脑力负荷水平。将这 27 个脑力负荷水平定义在 0~100 之间；三个因素均为一级对应的脑力负荷水平为 0，三个因素均为三级对应的脑力负荷水平为 100。SWAT 法对比其他主观评价法的优点是将 27 个水平的排序数据情况经数学分析方法进行处理，处理后数据就比单纯 27 个点平均分布于 0~100 之间更科学可靠。该方法的问题在于，对 27 种负荷水平进行排序耗时很长，且难以保证排序的客观准确性，导致方法难以实际应用。

古柏–哈柏评价法进行的是一维主观评价，但对多维的脑力负荷来说，以一维的方法测量和评价很可能导致只知结果却不知其根本原因，NASA-TLX 主观评价法则能解决这个问题。针对飞行员的调查证实脑力负荷有多方面来源，进一步大量调查研究确定了脑力负荷的六方面影响因素，分别为脑力要求、体力要求、时间限制、作业绩效、努力程度及挫折水平。各个因素形成脑力负荷时占有不同权重，权重会根据情境变化而变化。进行 NASA-TAX 主观评价大体分为两个步骤：先是对六个因素进行两两比较，按照实际作业情境评估每个因素在脑力负荷中的相对重要性，要注意六个因素的权重总和为 1；在确定各因素权重和评估值的基础上对其加权平均，就能得出所评估工作的脑力负荷。

（2）主任务测量法对作业人员脑力负荷的评估基于对作业人员的工作绩效指标测量。资源理论认为，作业人员的脑力资源占用会随着作业难度的增加而增加，当剩余资源越来越少，脑力负荷随之上升。若在脑力资源紧张的情况下作业仍需要大量资源，则人的绩效质量很容易下滑，因此，人的绩效指标变化情况可以用于反推脑力负荷。按照用于推断脑力负荷的绩效指标数量，主任务测量法分为两大类，即单指标测量法和多指标测量法。

单指标测量法中的指标选择将直接决定能否准确测量脑力负荷。为使单指标测量法达到良好效果，应选择反映脑力负荷变化的最佳绩效指标。多指标测量法则旨在结合和对比多个指标，尽可能减小测量偏差，而且综合多指标确定产生脑力负荷的原因可以提高测量精度。因此，多指标测量法与单指标测量法最大的区别是绩效指标筛选的重要性，遇到难以确定取舍的情况可以将不确定的指标都算在内。随着计算机技术的发展，在模拟或实际人机系统中收集大批量数据几乎不存在技术性障碍，关键问题是在众多指标中筛选出有用指标和数据分析过程。经常发生的情况是尽管系统运行得到了大量数据，却无法从中提取足够的有用信息。

（3）辅助任务测量法是让作业人员同时进行两项任务，要求作业人员把主要精力放在一项任务（主任务）上，剩余精力用于尽力并行另一项任务（辅助任务）。辅助任务的完成水平反映了作业人员完成主任务过程中的剩余能力。实际情况下该方法用于测量（假设存在的）剩余能力及完成主任务尚未使用的能力。

在检测脑力负荷时，辅助任务测量法通常分两步。首先测量仅从事辅助任务的绩效指标，也就是得到作业人员单独进行辅助任务时的绩效（能力）。然后进行主任务，并以不影响主任务为前提尽量并行辅助任务，此时得到的辅助任务绩效指标反映出不被辅助任务占用的能力。用前一个指标减去后一个指标，得到的就是实际用于完成主任务的能力，即脑力负荷。

可以看出辅助任务测量法有一定的假定前提，即人的能力是一定而相对单一的，相同的资源可能被不同任务占用。当该假定不成立，即不同任务所占用资源不同时，辅助任务测量法不可用于脑力负荷的测量。

辅助任务的必要条件包括：首先要求其为细分的，被试在该任务中花费的精力应当能够被全部显示；其次所用资源一定要与主任务相同；另外其一定不能或几乎没有干扰到主任务。对使用资源有差异的各种任务来说，对应的辅助任务自然有区别。常用的几种辅助任务有以下几种：

①选择反应任务。每间隔相等或不等的时间展示给被试人员特定信号，要求被试人员对不同的信号给出相应的不同反应。选择反应任务包含有两个绩效指标，分别是反应时间和反应率。

②简单反应任务。要求一旦出现特定目标，被试人员尽可能迅速地反应，该任务只需单一的目标和反应方式。与选择反应任务不同的是，被试人员在简单反应任务中无须选择或判断，大大降低其信息处理系统的负荷和对主任务产生的可能干扰。

③追踪任务。追踪任务常用于辅助任务测量法，其本质属于反应任务，只不过任务的追踪阶数极大程度上影响了困难程度。单独进行追踪任务可产生较高的临界值，而如果与主任务同时进行，追踪任务的临界值明显下降。因此，任务的临界值变化可用于表征主任务脑力负荷。

④监视任务。该任务要求被试人员指出出现的特定信号，信号侦察率就是绩效指标。仅从事监视任务能够实现接近甚至等于 1 的信号侦查率，但在进行主任务的前提下，被试人员的监视任务信号侦查率就会下降，降幅即为主任务占用大脑的情况（脑力负荷）。一般认为监视任务属于感觉（特别是视觉感觉）类型任务，更加适合测定视觉型主任务的脑力负荷。

⑤记忆任务。大量研究使用记忆任务（多为短期记忆任务）作为辅助任务测量脑力负荷。需注意，记忆任务的高脑力负荷很可能对主任务绩效或被试人员对主任务困难程度的判断产生影响。

⑥脑力计算任务。计算任务也是脑力负荷测量辅助任务的一个重要类别，多数情况使用简单的加法，有时也运用乘法和除法。脑力计算明显直接关系到中枢信息处理能力，所以一般认为该任务带来最重的脑力负荷。

⑦复述任务。被试人员只需复述其看到或听到的某个数字或词语，一般不需要被试人员中枢信息处理系统加工所看或听到的内容。因此，该任务中被试主要使用感觉子系统，相对来说感觉负荷较重。

⑧时间估计任务。要求被试人员完成主任务的同时估计花费的时间。通常使用等时间间隔法，也就是要求被试人员在固定的时间间隔且没有信息输入的情况下做出特定反应。该任务无须使用感觉系统，不会干扰感觉类的任务。为避免与主任务发生冲突，需要选取适宜的反应媒介。脑力负荷越高的情况下时间估计任务产生误差的越大。

（4）生理测量法指选择一个或多个生理指标，通过人从事某种脑力劳动时的指标变化测量脑力负荷大小。如同以耗氧量指示体力负荷，理论上过重的脑力负荷会导致某些相关生理指标的变化，只要能检测到这些变化就可以将其用于表征脑力负荷。目前可用于测量脑力负荷的生理指标众多，包括呼吸、心跳和瞳孔等，公认可能最准确的指标是心跳变化率和脑电图中的 P300。

生理指标早就成功实现了体力劳动测定，被认为在测量脑力负荷方面潜力巨大，但目前生理测量法远没有达到研究者所期望的脑力负荷测量。生理测量法主要面临可靠性问题。即使特定生理指标会随着脑力负荷的变化而改变，但这些指标的变化也可能是由其他各种无关因素引起的，这就意味着脑力负荷引起的生理指标变化可能在无关因素的作用下放大或缩小。另外的局限性在于不同的工作有脑力资源的占用区别，会反映在不同方面的生理指标变化上，对某类作业情境适用的生理指标不一定适用于另一类的作业。

三、疲 劳

（一）疲劳产生

人经过长时间或高负荷的劳动，机体局部某个或某些器官乃至整体发生力量的自然衰竭，这就是疲劳状态。作业疲劳是指体力、脑力活动持续一定时间后，作业人员生理、心理上感到不适，从而导致作业能力下降的人员状态。

疲劳产生的主要学说分为以下几种：

（1）疲劳物质累积论。根据疲劳物质累积论，在短时间内进行高强度的体力劳动后，乳酸会在机体血液和肌肉中大量积累，从而引发局部肌肉疲劳。在作业过程中，作业人员体内逐渐积累某些代谢废物，正是这些疲劳相关物质导致人的疲劳感。

（2）能源物质耗竭论。能源物质耗竭论认为中轻度劳动在持续较长时间后引起疲劳的主要原因是肌糖原储备耗竭，既包含全身性疲劳，又有局部肌肉疲劳。不论何种作业过程都需要不断消耗能量，但机体储备的能源物质有限，作业过程中能源物质被耗竭就会产生疲劳。

（3）中枢神经系统变化论。作业过程的刺激会快速消耗储存在大脑细胞中的能源物质，此时触发大脑的保护机制，产生中枢性或全身性疲劳以减少神经细胞持续耗损，同时帮助其恢复，这就是中枢神经系统变化论。中枢神经的功能在作业过程中改变，中枢神经的兴奋到达一定程度将会被抑制。中枢神经的能力和状态降低会表现为疲劳，是一种大脑皮质的自我保护。

（4）机体内环境稳定性失调论。作业过程中机体会产生酸性代谢物，引发体液 pH 值减小。体液 pH 值降低到一定程度时会改变细胞内外的离子浓度，这会引发人体整体的疲劳状态。

（5）生化变化机制。根据生化变化机制，全身性疲劳由包括环境因素在内的作业负荷引起的机体内部状态紊乱失衡导致。

（6）局部血液阻断机制。局部血液阻断机制指的是在静态作业中，局部疲劳的产生原因是发生了局部血流阻断。血流在肌张力达到最大收缩力的 30% 时开始减少，在约最大收缩力的 30%～60% 时血液乳酸堆积达到峰值，而超过 70% 会导致血液完全停止流动。

（7）心理饱和现象。心理饱和现象的含义是作业人员在单调重复的任务过程中极易感到厌倦，这类情绪导致作业能力下降，人的疲惫感愈发明显。心理饱和现象并非真正的生理疲劳，而是一种心理疲劳。

实际情况下疲劳往往是由上面各种理论阐述的众多因素复合引发的。人的注意、信息处理、判断决策等功能均由中枢神经系统负责。脑力和体力劳动都会首先敏感地显示出中枢神经系统疲劳，然后相应的运动神经系统也发生疲劳，具体表现包括能源物质耗尽、血液循环受阻、乳酸堆积、动力定型破坏等。

人体疲劳会反映出各种明显特征并产生综合反应。生理上的关节强直、平衡失调、头晕乏力等，心理上的主观感觉不适、注意力难以集中、自我怀疑、知觉错误等，反映在作业过程中则是频繁做出不必要动作、作业效率降低而失误增多等。疲劳具有下列具体特征：

（1）局部性。身体某处过度使用引发的疲劳并不局限于主要使用的部位，疲劳可能会扩散至全身，使人产生各种不适乃至精疲力竭，最终导致疲劳自觉的症状。

（2）意志力削弱性。疲劳不仅会让人作业能力减弱，还会使人完成作业任务的意志力受到打击，因为作业人员中枢系统会无意识地为自我保护限制劳动，同时随着疲劳程度的提高愈发渴望得到休息。限制、降低作业强度和要求进行休息的目的是保护机体避免疲劳衰竭。

（3）可恢复性。机体产生疲劳后可以恢复正常，疲劳可以消除。短时间、低强度的作业不容易产生疲劳或较晚产生；高强度长时间的作业下疲劳会迅速产生，但经过一定的休息机体依然会回到正常状态。

（4）必然性。当疲劳削弱作业人员的劳动意志时，人就无法继续保持原有的作业速度和强度，这一限制避免了机体过度疲劳，因而疲劳是正常机体都会产生的自我保护性反应，为必要生理过程保证了人的体力和精力再度充沛、作业绩效恢复较高水平。另一方面，适度疲劳可以锻炼培养肌体的耐力、毅力等素质。

（二）疲劳分类

1. 体力疲劳

最常见的疲劳就是体力疲劳。作业过程中不仅劳动时间，工作负荷也可能持续累积，人的身体机能和作业能力减弱，伴随着对工作的厌倦、抗拒等情绪产生，体力疲劳就这样发生。

2. 精神疲劳

精神疲劳（又称脑力疲劳）是机体在用脑过度情况下产生针对中枢神经活动的抑制状态。持续性进行高强度思维活动可导致人的心情烦躁、疲倦乏力、失眠或嗜睡、头昏脑涨、工作中提不起精神等现象。通常人从事脑力作业时的能量消耗比一般状态时升高 2%~3%，如果同时叠加体力劳动，会使能量消耗升高 10%~20%。

3. 局部疲劳

人在不同作业中主要使用的器官不同，对应的器官在作业过程中处于紧张、高频率使用状态，很容易产生局部疲劳。技术的发展使得如今人们可以利用各种各样的自动化作业方式，大幅降低机体在作业时的能量消耗，但是对于某些类型的工作来说，作业人员特定身体部位的局部疲劳依旧十分显著。作业人员的局部疲劳很大程度上取决于其职业特性和作业任务内容。

4. 全身性疲劳

一般参与需要调动全身的高强度体力劳动会导致全身性疲劳，或是负荷过大使局部的肌肉疲劳逐渐扩散，连带产生其他部位肌肉疲劳造成全身性疲劳反应。全身性疲劳在主观上使人感到疲乏、关节酸痛；客观表现则包括动作迟钝和不协调、视觉追踪能力下降、思维逻辑性变差、失误率上升、综合作业能力下降。

（三）疲劳产生原因

作业过程中，人往往需要承受生理和心理负荷，工作负荷会转化成负担，随时间不断积累的负担导致疲劳。日本学者大岛正光提出了导致疲劳诸多因素：不熟悉作业内容、长时间持续作业、作业负荷过大；缺乏高质量睡眠、缺乏休息时间、夜间工作，休闲活动过量导致作业时仍处于疲劳状态；作业环境条件差，作业时接触有毒物质；作业内容单调，作业人员失去工作兴趣，岗位存在不稳定风险；作业人员年龄较高，作业时平均能量代谢率过大，人际关系紧张，家庭关系不和谐，有非正当关系，责任感强导致负担过重，自身容易情绪消极。

疲劳产生原因可以归纳为两个主要方面：

1. 工作条件因素

所有影响作业人员作业过程的环境相关因素都属于工作条件因素。容易导致疲劳的工作条件因素包括不合理的生产作业组织制度、持续作业时间过长、作业强度过大、作业速度要求过高、不科学的身体作业体位姿势等；仪器设备与工具不适用和设计不合理，如显示器、控制器不符合人的心理及生理特性和需求；工作环境条件差，如光环境昏暗、振动噪声过强、空气高温高湿以及污染严重等。

2. 作业人员因素

作业人员因素指人员对作业的熟练度、技巧性，人员年龄、身体和心理素质、营养、作业情绪、休息状况、休闲活动、生活条件及对作业内容和环境的适应性等。以上种种因素都会对人产生影响，导致疲劳，而机体的疲劳与主观产生的疲劳感不一定同时出现。一些情况下可能疲劳感会在机体实际上进入疲劳状态之前出现，如作业人员对作业内容难以产生或保持兴趣；相对也存在机体早已疲劳、人却并不感到疲劳的状况，这种情况可能由于作业人员对职责具有高度责任感、强烈爱好或处于紧急情境之中。

心理疲劳有多种诱因。如果长时间作业绩效不令人满意，不能得到良好成果，容易引发作业人员的心理疲劳。单调的作业内容和枯燥的操作方式很容易使作业人员丧失兴趣，如分工过于精细的流水线某个步骤的专门操作、显示器监视工作等。缺乏安全性的工作环境、危险技术的配套安全防护设施不完善、职业岗位的稳定性风险，以及上级令人不适的督导和暗示，都会使作业人员产生并累积心理压力和精神负担。作业人员在所需技能不熟练或是任务的复杂程度远超其当前能力水平时，过重的压力和负担也会诱发心理疲劳。人固有的思维及行为方式会造成不良精神状态，并使人际关系（上下级关系）紧张、家庭生活不和谐，长期存在心理疲劳状况。

（四）疲劳测定

疲劳的本质到目前并没有得到清晰阐释，也尚不存在能够直接测定疲劳和适用于任意种类疲劳测定的方法。疲劳程度的间接性评估依赖于对作业人员某些生理、心理指标的测定。疲劳的检测内容及相关方法多样，具体选择时要考虑疲劳及作业的种类和特性。方法选择的注意事项包括测定要求能得到客观的定量指标，尽量排除测定人员在过程中发挥的主观因素；测定过程中不可使被试人员产生附加疲劳、使其注意力分散、附加不良情绪和精神负担等。

常用人体疲劳测量方法如下：

1. 膝腱反射机能法

该方法通过测定机体的反射机能衰减程度来判断造成这种衰减的疲劳。具体方法：被试人员在椅子上就座，测试者以医用小硬橡胶锤按规定力度敲击被试膝部，观察记录落锤（150 g，轴长 15 cm）敲击产生的膝盖腱反射最小下落角度（该角度叫作膝腱反射阈值）。人体越疲劳，膝腱反射阈值就越大。该方法对体力疲劳测定和精神疲劳判断同样适用。

2. 触二点辨别阈值法

用两枚针状物同时刺激被试人员皮肤表面短距离的两个点，当这两个点距离缩短到一定程度，被试人员的感受变成似乎只有一点受到针刺，这个敏感距离限值称为触二点辨别阈（两点阈）。机体疲劳程度增加会造成感觉机能衰减，表皮敏感距离随之增大，因此两点阈值与正常状态下的差异可以用于测定疲劳程度。皮肤敏感距离常用一种双脚规触觉计测量，该工具的双脚间距离可调节，有精确刻度标识，便于读出数据。身体各部位的两点阈值不同，一般常用右面颊上部沿水平方向进行测定。

3. 皮肤电流反应法

该方法的原理是皮肤导电性在人体疲劳时增高，施加同样的电压时皮肤电流增大。将两个电极随机贴于人体皮肤两处，在被试人员作业前后对皮肤施加安全的弱电流，通过电流计测定皮肤电流的变化判断机体疲劳程度。

4. 反应时间法

反应时间指从刺激出现到被人感知并做出相应反应的时间间隔。众多因素，如刺激信号种类、被试人员对刺激的敏感度，都能影响到反应时间的长短，而反应时间也是反映被试人员机体疲劳情况，尤其是中枢神经系统机能钝化的指标。疲劳的作业人员脑细胞活动受到抑制，对刺激敏感度的明显降低不十分敏感，需要更长的反应时间。目前可利用反应时间测定装置检测简单反应时和选择反应时。

5. 闪光融合值法

低频闪光让人产生明显闪烁感，而频率提升到一定程度的闪光不再使人能分辨其闪烁，这叫作融合现象。融合的起始闪光频率称为融合值。相反地，融合状态的光源闪光频率下降到一定程度时，人能感觉到光源在闪烁，这是闪光现象。闪光开始能辨别的频率叫作闪光值。闪光融合值是融合值与闪光值的平均值，又叫作临界闪光融合值（CFF 值），单位 Hz。大多数人的 CFF 值约 30~55 Hz。人神经中枢兴奋水平直接关系到视觉系统的灵敏度，疲劳状态下中枢系统兴奋水平减弱，机能迟钝，视觉灵敏度随之降低。因此，CFF 值能够间接测定人的意识水平。

6. 肌电图法

肌肉一收缩就会产生动作电位，利用电极将肌肉收缩的动作电位引导并处理放大，持续记录电位所得图形就是肌电图。测定肌电图需要把表面电极（一般是小于 1 cm^2 的铜片）贴在肌肉皮肤表面并固定，电位变化在导出后经由放大器放大，输入记录仪器（示波器）得到肌电图。在肌肉疲劳状态下可观察到肌电图电位振幅增大，输出频率减小。

目前常用上述各种生理、心理方法客观测定疲劳状态，若追求快速便捷，也可以用问卷等方式调查统计作业人员的主观感受（自觉症状）从而评估其疲劳程度。

（五）减轻疲劳，提高工作绩效

脑力疲劳是工作效率降低的重要原因，提高作业能力首先应尽可能克服工作过程中的脑力疲劳。从根本上应当合理控制作业过程中的脑力负荷。作业人员在脑力负荷过高时往往精神紧绷，这种状态持续时间长后人的脑力疲劳会相当明显，工作效率深受影响。应当保障作业人员能处于良好的工作氛围中，在各个方面加以正确安排和引导，使劳动脑力负荷平衡、合理，有效降低脑力疲劳，才能提高人员作业绩效。

解决作业内容和操作单调性的重要方式是进行作业变换与再设计。研究显示，作业人员对作业感兴趣的百分比与作业所需操作项目正相关。调查研究作业人员的生理和心理特点，在此基础上设计作业内容使之更加丰富。操作变换是以新的单调操作代替原本使用的单调操作，能否消除作业人员的枯燥乏味感取决于变换前后作业的差异关系，通常是变换后作业与原本作业的内容差异越大越好。如果作业强度不变，变换后作业单调感减弱一般会产生良好效果；相反，原本单调感相对较弱的操作变换后单调感反而增大，则会引起更大不满。

合理设计体力劳动的发力方式，特别是采用科学的劳动姿势有助于降低疲劳。无论对何种作业来说适宜的体位和姿势都很重要，若不能保持机体的平衡稳定，体力和能源物质很容易被机体内耗与不合理动作浪费。减轻疲劳可参考下列方法：

（1）弯腰搬运重物比不弯腰需要消耗更多体能。研究发现若弯腰搬起 6 kg 物体，使用相同体能以蹲姿可搬起 10 kg 的重物，因此建议使用蹲姿而避免弯腰。

（2）手心朝肩膀方向提重物时容易发挥最大力量。

（3）相比于坐姿，站姿便于利用头部和躯干重量，辅以手臂伸直的协调动作可发挥较大的力量，若作业需要向下用力则站姿更佳。

（4）搬运重物时相对省力的双腿间角度要超过 90°。

（5）承担负荷的不同姿势会消耗不同大小的体能。如果以肩挑的能耗指数为基准单位 1，那么单手提起相同重量能耗升高 44%，即能耗指数为 1.44。

（6）作业人员的身材尺寸是作业空间设计的首要考虑因素。狭窄的作业空间会使身体各种姿态受到局限，当肢体的平衡姿势与活动空间受到束缚，人就容易感到疲劳。

（7）平视比俯视或仰视的肉眼观察效果更佳，有减缓视觉疲劳的作用。通常纵向最佳视野的方向是视平线向下 30° 内，横向最佳视野是视角的 60° 范围。

（8）选择坐姿或站姿要根据具体的作业任务特点。相对来说坐姿不容易产生疲劳，且适合允许活动空间小的环境；站姿容易疲劳，但活动自由度更高。作业过程如果需要经常性变化姿势和体位、使用较大力量、仪器设备附近的容膝空间较小、操作较为单调时适合使用站姿；如果是长时间作业，要求精细化操作、手脚并用则适合坐姿。

消除疲劳的最佳途径就是休息。劳动无论重或轻，无论是体力劳动还是脑力劳动，都应当有休息时间的相关规定。作业人员的最长连续作业时间、休息时长、休息方式、轮班及休息日制度等按照具体作业性质和负荷确定。恶劣环境（如高温高湿）中从事体力劳动的人员需要更频繁地安排休息，每次时间不应太短，一般 20~30 min；作业人员需保持精神紧张的作业时，即使劳动强度不高也应保证单次时长可较短的多次休息。对一般的低负荷劳动在上午和下午各安排一次工作中休息即可；需要精神高度集中的作业，休息可因人而异安排，通常人在集中精神 2 h 之后会产生明显疲劳感，此时安排 10~15 min 休息较为合理。

工间休息时间应根据不同人的作业能力变化而动态安排，而不是等到人的作业能力明显下降后再安排休息。劳动时长按等差递增时，疲劳后恢复的所需时间却是等比增加的，因此劳动时间的延长对疲劳消除十分不利，应使作业人员在疲劳开始前就进入休息状态。所谓的“超前”休息实际上达成了对疲劳的预先控制，所以规定在作业 1.5~2 h 后进行休息科学合理。短时休息不仅对作业人员的能力和潜力发挥没有影响，还可以快速消除开始积累的少量疲劳感，有助于作业人员产生劳动适应性，可能将后续作业能力水平提升到新高度。

影响疲劳产生的另一个重要因素是生产组织与劳动制度，含有经济作业速度、休息日制度、轮班制、弹性工作时间等要素。经济作业速度的含义是完成某项作业有能耗最小的作业速度，理想状态下按这一速度作业既在能源物质消耗上经济合理，又不易引发作业疲劳，人能够实现长时间作业。休息日制度的设置直接决定作业人员的休息情况与疲劳消除。根据轮班班次，轮班制可分为单班制、两班制、三班制等，安排轮班制度应当考虑作业性质、作业人员健康状况和需求，以及组织内部协作。设置弹性工作时间不仅是为了减少通勤时间、使休息时间更充足，更重要的是能够让作业人员感到自己被信任和尊重，有更强的主人翁意识，提高其作业积极性，从而提升作业绩效。

作业环境条件恶劣会使作业人员的生理和心理疲劳加剧，因此必须尽可能改善工作环境使其舒适性提升。合理布置作业空间不仅让作业人员在工作时享有基本的安全、便捷和舒适，降低精神压力，也可调节任务操作的单调性。设计作业台面和座椅时应注意对不同的人的适用性，二者至少其一允许对高度进行调节。人可以根据自身身材尺寸调节高度至适宜于作业的位置。对于坐姿作业的人员，为了适合不同的人使用并方便操作，应选用兼具高低和旋转调节功能的座椅。另外很重要的一点是座椅的腰部支撑，合适的支撑能有效降低腰部负荷。

心理疲劳有两个主要来源，一是作业人员自身原本的性格、情绪问题，难以解决的矛盾、困境等；二是作业环境的不利因素，如噪声严重、光线昏暗、作业内容单调乏味等。应针对这两方面的疲劳来源明确解决措施，如做好人员思想工作和提升作业环境条件等。

作业人员提高身体素质，可以从加强营养、补充能量，坚持锻炼身体，保证一定睡眠等方面着手。身体素质如心血管功能和肌肉力量可以通过锻炼得到提升。体能锻炼还可以提高机体抵抗各种潜在致病因素的能力，降低人的伤病概率。人通过反复练习可以形成某项操作的肌肉记忆，动作逐渐协调、高效。现代社会生产分工愈发精细，对作业绩效的要求不断提升，更需要重视能力锻炼。

第六节 人体几何尺寸

一、人体测量方法

人体尺寸作为空间设计的必要依据，必须保证其数据的科学性和适用性。设计使用的数据要准确且能够代表个人或特定国家、民族或职业群体，因此必须细致测定和分析大量符合条件个体和群体的数据，得出其尺寸特征及分布规律，将其归类总结最终在设计实践中应用，否则即使得到大量数据也不具有实际使用意义。现今世界上众多国家都制定了符合本国国情的人体尺寸国家标准，我国于 1988 年发布了国家标准《中国成年人人体尺寸》（GB/T 1000—1988）。

我国幅员辽阔，人口基数大且具有显著地区差异。人体尺寸因性别和地区而异，会伴随年龄增长而逐渐变化；人民生活水平随社会发展而提升，也导致了人体尺寸不断产生变化。因此，获得每一个全国性人体某部位的某项尺寸平均测量值都包含着繁重而复杂的工作。

根据人体测量学要求，结合其数据来源可知，人体测量主要分为三个方面：第一是形态测量，包括基本尺寸、体重、体型、表面积和体积等；第二是生理测量，包括反应力、体力、耐力、疲劳和生理节律等；第三是运动测量，包括动作范围、各种运动特征等。

国家标准《人体测量仪器》（GB/T 5704.4—1985）规定，可用于人体测量的工具包括人体测高仪、体重计、软尺，以及用于人体测量的直角规、弯角规、三角平行规、角度计等。

被测人员在人体测量时不可穿鞋袜，应只穿着单薄内衣，须按规定保持标准姿势。基本的测量姿势是直立姿势（立姿）和正直姿势（坐姿）。立姿测量时应站立在平坦地面或平台上，坐姿测量使用的座椅应椅面水平且结构稳固、不可压缩。

二、人体尺寸分类

（一）构造尺寸

构造尺寸是指人在安静的固定标准状态下测得的尺寸。它与和人体产生直接关系的物体密切相关，数据主要应用于各种人体装具设备的设计。室内环境设计最常用的十项人体构造尺寸为身高、体重、坐高、臀宽、臀部至膝盖长度、臀部至膝弯长度、膝盖高度、膝弯高度、大腿厚度和肘间宽度。

（二）功能尺寸

功能尺寸指人体动态尺寸，即人在某种活动状态下肢体达到的空间范围。尽管结构尺寸在某些设计上大量应用，但对大多数设计类别而言，功能尺寸用途更广泛。在运动中人有意识或无意识地拓展自身活动范围，而人又常处于运动状态，因此仅利用人体结构尺寸进行空间尺寸设计是困难且不符合实际的，常需参照功能尺寸。

（三）人体尺寸差异

要完成人体尺寸的测量工作，单纯的数据资料积累远远不够，还应当配合充分的抽样调查和分析研究。由于种族民族、自然环境、饮食习惯等因素的长期影响，人体在尺寸上有显著差异，且这种差异性是绝对的。具体差异性如下：

1. 种族差异

不同种族之间的人体尺寸差异非常明显。

2. 世代差异

据估计，欧洲人民的身高每十年上涨 1~1.4 cm，认识并对未来的缓慢变化做出预测，对仪器设备的设计生产和生产活动的发展有重要意义。

3. 年龄差异

体型随着人年龄增长会不断变化，在青少年时期相关变化最为明显。一般人体尺寸在女性 18 岁、男性 20 岁左右停止增长，也有的男性直到 30 岁身体才停止生长变化。生长结束后的人体尺寸就随年龄增加而缩减，但体重、宽度和围度数据会伴随年龄的增长而增大。通常人在青年时期比老年时期更高，老年会比青年阶段更重，设计工作空间应考虑广泛适用于 20~65 岁的作业人员。

4. 性别差异

3~10 岁儿童的男女身材差异基本可以忽略，各种尺寸数值具有不必区分性别的适用性。男女身体尺寸从 10 岁起逐渐产生明显差别，且不可以将女性视为身高较矮的男性缩小尺寸处理。经验表明四肢长度起关键作用之处需要重点考虑女性尺寸的适应性。

5. 地区差异

由于自然气候环境、饮食习惯等因素的影响，即便同一民族的人身处不同地区也会导致人体尺寸差异。以我国为例，东北、华北地区居民相对身材高大，西南地区人群就比较矮小，若将平均身高水平按地区排序，从高到低依次是西北、东南、华中、华南。

三、尺寸的比例关系

正常情况下成年人机体各部分静态尺寸存在一定的比例关系。图 3.10 展示了成年男女各部分人体尺寸之间的比例关系。人体尺寸比例与人种有很大关系，如黄种人与白种人的身体各部分尺寸具有显著差异。通过这种一般性的比例关系，可根据易得的基本数据（如身高 H）近似估算出人体各部位静态尺寸用于设计。

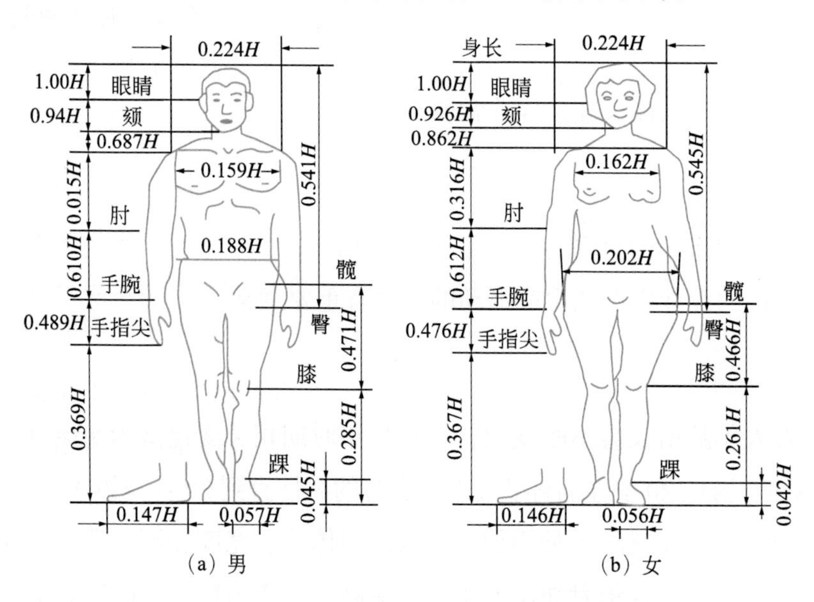

图 3.10　中国成年男女人体比例图

四、尺寸数据的选择与修正

装备使用人员具有性别、年龄、民族和职业等方面差异，在设计装备、设备与环境时，选择适宜的人体尺寸数据才能满足不同人员的使用需求。

（一）人体尺寸的选择

选择并应用人体尺寸数据经常需要解决两个比较突出的矛盾。首先，在测量人体尺寸数据时规定被测人员仅穿单薄内衣而不穿鞋袜，测量要求标准姿势是挺直站立或正直端坐。然而实际作业和日常生活情况下，人不仅穿着各异，通常身体状态自然放松，还会处于各种体位和姿态，这些与人体测量时的标准条件有明显区别。另一个问题是人与人之间高度和宽度各异，因此公共场所的空间、设施设备等在设计时难以确定人体尺寸标准和具体设计数据的选取。要解决上述两个问题，就必须做出人体尺寸数据修正并选择适宜的人体百分位。

（二）人体尺寸的修正

1. 功能修正量

功能修正量指为使作业空间、仪器设备或操作界面等高效运行，更符合人的使用需求而对人体尺寸做出的修正量，可分为穿着修正量、姿势修正量和操作修正量。例如，同一地区冬夏两季人的衣着可能有巨大差异，进行室内空间的通道设计时必须以实际测量为基础考虑穿着修正量；实际作业环境中，人的全身紧张程度改变可引起各部分发生尺寸变化，面对不同性质的作业任务，人采取不同体位和姿势时身体尺寸也会变化，姿势修正量也不可或缺。不同作业任务操作的力量使用方式和幅度、负荷大小、姿态体位等不同，这时就要引入操作修正量。总之，应根据实际作业的各方面情况来确定设计使用的人体尺寸。

2. 心理修正量

有时空间结构会让人产生压抑或恐惧感，进行空间设计时为消除负面心理因素并力求美观而运用的尺寸修正量叫作心理修正量。例如，设计平台护栏时，一般为防止人倚靠时坠落，护栏高度只要略高于成年人重心位置即可；但随着平台距地面高度上升，人在视觉上容易产生恐惧心理，设计的护栏需要相对增高一些，这种原本不必要的附加高度就是心理修正量。不同的人在不同类型和尺度的空间内作业产生的感受不同，在设计不同空间时应充分满足相应的使用需求和条件。

尺寸修正量的调整有时以保障安全性为目的，选择尺寸极限值来限制人的活动或操作，避免人员在空间中发生危险；另外一些情况下追求使用舒适性，设计目的是使人对作业环境中的客观事物产生积极的心理感受。设计的尺寸数据能够构造安全、健康、舒适的作业和生活环境是设计人员优先考虑的问题。

五、百分位的选择与应用

尺寸设计的百分位指不超过某一人体尺寸的人占统计群体总人数的百分比。人体尺寸并非一成不变的某一确定值，因此设计时选用的确定数值不能是通常意义上的“平均值”，百分位就是确定选用哪一数值。

统计学发现，一个群体中特定人体尺寸数据基本符合正态分布规律，大部分测量值落在中间区域，只有少量过大和过小的数值分布于全体数据的两端。常用的第 5 百分位指有 5% 的人低于此数值，第 95 百分位指 5% 的人高于该数值。任何设计都不可能满足所有使用者的需求，但必须能满足大多数，因此就要选取数据分布的中间部分，即适用于大多数人的尺寸作设计依据。一般在设计时会使用对应中部 90% 或 95%（最高 99%）的数值而不涵盖剩余的少数人，排除的百分数应具体取决于排除后果和经济效果。设计中常用第 5 百分位和第 95 百分位就是因为其表示大多数人的尺寸范围又不致过度设计，被证明实用性强。百分位的使用有如下通用规则（涉及安全问题时需要单独讨论）：

（1）由人体尺寸的高度或宽度决定的设计（如门、通道等），应当以第 95 百分位为设计依据，满足较大尺寸人群的需求。

（2）由人体特定部位尺寸决定的设计（如臂长决定伸及范围、腿长决定座位平面高度等），应当以第 5 百分位为设计依据。

（3）若设计使用第 5 百分位或第 95 百分位会使该限值以外的使用者身体不适，损害健康甚至发生危险，应将尺寸界限扩大为第 1 百分位或第 99 百分位，例如设计紧急出口直径应使用第 99 百分位，而栏杆间距则建议第 1 百分位。

（4）如果使用百分位并非为了确定某种极值，而在于获得设计的最佳范围，推荐使用第 50 百分位，例如开关、插座、柜台等高度。一些设计场景可使用调节手段使适用范围扩大，保证大部分人的使用舒适性，例如可升降调节的座椅、显示器等。

第4章 人因数据获取方法

人因工程（Human Factors Engineering，HFE）是在人与机器的匹配中，以提高系统的绩效、增进系统的安全、提高人员的满意度为目标的学科。由于人因工程是一门以目标为朝向的学科，而不是以内容为朝向的学科，因此很难确定其精确的学科范围。凡是涉及人因工程目标实现的学科均与人因工程有密切关系。例如生物医药学、心理学、计算科学、人工智能等各个领域。同样，人因工程的应用范围也非常广泛，目前主要涉及的应用领域有工业环境、计算机、卫生保健、交通系统、市场产品等等。

人因工程的研究与应用由来已久，在21世纪则尤为重要。自从人类创造工具开始，就有了最早的以经验为基础的人和工具的匹配。随着18世纪工业革命的兴起，工业的发展让人与机器的匹配获得了进一步的发展，但主要还是以人适应机器为主。21世纪，科技的发展与进步有目共睹，人工智能、3d打印、基因测序等全方面地促进了国家的进步和人民生活水平的提高。我国以及世界在未来的发展中也将更加倚重科技的力量。那么如何确保人与人工智能、人与高科技精密仪器等的配合是发展中面临的重要挑战，也是人因工程学科探究的主要内容。

人因工程在军事中则更为重要。由于战争的需要，武器系统越来越复杂，操作难度也越来越大。据统计美国在二战时期发生的飞机事故有90%是人因工程方面的原因造成的。其原因在于仅当时知道的美国轰炸机上就有100多个仪表及其控制装置，飞行员需要从外界获取信息，再与标准进行比较，才能做出最后的反应。而由于人的心理和生理承受能力是有限的，对于这样复杂的系统，很容易造成操作上的混乱，最终导致事故的发生(韩维生，2015)。现代武器设计中人因工程也同样重要。例如，目前坦克的设计已经达到了人的语音和操作系统的结合、眼睛与武器系统的结合，以及未来脑电、生理信号等与武器系统的结合也指日可待。另外，坦克的内部空间较少，对于坦克射击中节约出来的额外空间加装什么设备是至关重要的，是装空调，放厕所，还是装更多的燃料或者炮弹都需要有人因工程理论与实践数据的支持。再者，军事设备上的雷达成像系统与人的感知相结合也很重要，这样才能避免曾经在波斯湾发生过的因为雷达系统上不能分辨不明飞机是俯冲还是上升导致的错误击毁民航的事件。

在人因工程中，首先需要考虑的就是人的因素。对人的形态尺寸、力量、生理、心理等各方面数据的测量与分析是实现人因工程以人为本这一目标的基础。

第一节　形态尺寸

人类身体各部位的形状和结构、大小比例等的观察与测量，以及揭示个体与群体之间的形态差异的学科称为人体测量学（Anthropometry）。设计的重要目的之一是让产品贴合使用者的机体与心理特性，创造舒适宜人、利于人保持良好状态的使用环境。设计者就需要熟悉人体测量的基本数据、以及其性质和使用条件，在设计中充分考虑到人体的各种尺寸的作用。

一、形态尺寸的测量内容

人体主要有两种类型的形态尺寸，即静态尺寸和动态尺寸。静态尺寸主要是指人体构造上的尺寸。人体主要的六项尺寸数据包括了上臂长、前臂长、身高、体重、大腿长、小腿长。成年人站立姿势人体尺寸包括了肘高、手功能高、眼高、肩高、会阴高、胫骨点高六项数据；坐姿人体尺寸含有坐高、坐姿眼高、坐姿颈椎点高、坐姿肩高、坐姿肘高、坐姿大腿厚、坐深、臀膝距、坐姿膝高、小腿到足底高、坐姿下肢长十一项数据；水平尺寸则包含最大肩宽、一般肩宽、胸宽、胸厚、胸围、腰围、臀围、坐姿臀宽、站姿臀宽、坐姿两肘间宽十项。

我国 1989 年实施的《成年人人体尺寸标准》（GB/T 1000—1988）作为符合我国国情的成年人人体尺寸数据基础，在建筑设计、民用和军用工业设计及技术改造、设备产品更新及劳动安全保护等领域广泛应用。该标准含有的人体尺寸数据共七类 47 项，这些数据覆盖了我国从事生产作业活动的法定成年人的人体尺寸，数据按性别各自列表（含 18~60 岁的男性及 18~55 岁的女性）。例如，18 到 60 岁的男性平均身高为 167.8 cm，体重为 59 kg，上臂长 29.4 cm，前臂长 23.7 cm，大腿长 46.5 cm，小腿长 36.9 cm；18 到 55 的女性的平均身高为 157 cm，体重 52 kg，上臂长 28.4 cm，前臂长 21.3 cm，大腿长 43.8 cm，小腿长 34.4 cm。男女性的各类尺寸数据都将从事生产作业的法定年龄范围分为三段，分别是 18~25 岁的男、女性，26~35 岁的男、女性，36~60 岁的男性和 36~55 岁的女性，对各年龄段人群的各项人体尺寸数值分别详列。

根据上述静态尺寸，人们还根据人的体格和身材大小比例等指标结合起来，确定了不同的体型。最早的时候将体型简单地定性为二至四类，如瘦长型、适中型和矮胖型等，但实际上很多体型是不能被这样笼统分类的。美国心理学家 Sheldon 在 1940 年提出以胚胎学的内、中、外三胚层体成分概念类比机体的三种基本组成成分，通过测定人体中三种基本成分的含量做出体型评价，形成了一套连续性的定量体型分类体系。Heath 和 Carter 对该系统进行改进，检测并处理人体 10 项指标数据（身高、体重、肱三头肌皮褶厚度、肩胛下皮褶厚度、上臂紧张围、髂前上棘皮褶厚度、腓肠肌皮褶厚度、小腿围、肱骨远端宽和股骨远端宽），从而计算出三种成分的各自得分，可综合评价人的体型特征。人的体型在该系统中细分为 13 类：偏外胚型的内胚型、均衡的内胚型、偏中胚型的内胚型、内胚–中胚均衡型、偏内胚型的中胚型、均衡的中胚型、偏外胚型的中胚型、中胚–外胚均衡型、偏中胚型的外胚型、均衡的外胚型、偏内胚的外胚型、外胚–内胚均衡型和三胚中间型。

动态尺寸重点关注人体功能，是指作业状态或在特定操作活动状态下所测的是人体尺寸。人与机器交互的过程中都需要有足够的空间进行操作。操作位置上的活动空间设计与人体的功能尺寸是息息相关的。研究者提出了几种主要的动态作业尺寸数据，主要包含站、坐、卧（如装备检修过程中常需要仰卧）、跪（如低处安装仪器设备时单腿跪地）等姿势。

（1）人处于立姿时，其活动空间尽管由身体尺寸决定，也深受肌肉紧张度（松弛度）和维持身体平衡动作的影响。测量站姿时要求人站立在稳定不变的平面，在保持整体平衡状态下测量上半身躯干和上肢所需的最大活动空间。人体贴墙站直时背部切线与墙壁接触，背部垂直切线与直立平面的交点就是测量的坐标零点。人体尺度 GB/T 13547—92 标准提供了我国成年人立姿的功能尺寸数据，包括立姿状态下双手上举高、双手功能上举高、双手左右平展宽、双臂平展宽和双肘平展宽。我国 18 到 60 岁的男性平均双手上举高为 210.8 cm、双手功能上举高为 200.3 cm、双手左右平展宽为 169.1 cm、双臂功能平展宽为 148.3 cm、立姿双肘平展宽为 87.7 cm；18 到 55 岁的女性平均双手上举高为 196.8 cm、双手功能上举高为 186.0 cm、双手左右平展宽为 155.9 cm、双臂功能平展宽为 134.4 cm、立姿双肘平展宽为 81.1 cm。

（2）坐姿活动空间是在坐的姿态下肢体能达到的最大活动空间。坐姿测量的零点是过臀点的居中垂直线与脚底站立平面的交点。GB/T 13547—92 标准中列出的我国成年人坐姿功能尺寸数据包括坐姿前臂手前伸长、前臂手功能前伸长、上肢前伸长、上肢功能前伸长和双手上举高。我国 18 到 60 岁的男性平均前臂手前伸长为 44.7 cm、前臂手功能前伸长为 34.3 cm、上肢前伸长为 83.4 cm、上肢功能前伸长为 73.0 cm、双手上举高为 133.9 cm；18 到 55 岁的女性平均前臂手前伸长为 41.3 cm、前臂手功能前伸长为 30.6 cm、上肢前伸长为 76.4 cm、上肢功能前伸长为 65.7 cm、双手上举高为 125.1 cm。

（3）仰卧、俯卧、爬等姿势时，测量项目均为体长和体高。以仰卧姿势为例，其测量零点是过头顶垂直切线与仰卧平面的交点。人体尺度 GB/T 13547—92 标准中提供了我国成年人的俯卧和爬姿势的功能尺寸数据，包括了俯卧体长、俯卧体高、爬姿体长、爬姿体高。我国 18 到 60 岁的男性平均俯卧体长为 212.7 cm、俯卧体高为 37.2 cm，爬姿体长为 131.5 cm、爬姿体高为 79.8 cm；18 到 55 岁的女性平均俯卧体长为 198.2 cm、俯卧体高为 36.9 cm，爬姿体长为 123.9 cm、爬姿体高为 73.8 cm。非常遗憾的是 GB/T 13547—92 标准中并未包含仰卧数据测量项目，实际上仰卧姿态在作业中是一种常见的状态，例如汽车修理。因此，未来人体尺度标准中可以包含例如仰卧时的举高、仰卧手臂垂直举高、膝盖垂直高等的测量项目。

（4）在跪姿时，由于承重膝盖经常更换，为了保持身体平衡，要求活动空间比基本位置更大。跪姿测量零点是后背垂直切线与跪平面的交点。人体尺度 GB/T 13547—92 标准中提供的我国成年人跪姿的功能尺寸数据，包括了跪姿体长、跪姿体高。我国 18 到 60 岁的男性平均跪姿体长为 62.6 cm、跪姿体高为 126.0 cm；18 到 55 岁的女性平均跪姿体长为 58.9 cm、跪姿体高为 119.6 cm。

虽然人作业中的各种体位和姿态以动态数据反映更为准确，但大多数人体尺寸数据仍然是静态测量得到的。而且目前对于将静态数据转化为动态数据的标准方法尚没有得到统一。研究者给出了几条转化建议：高度，包括了身高、肩高、眼高、臀高等项目在进行静态数据向动态数据转化后缩减 3% 左右；肘关节在呈举高姿态时的高度一般比静态尺寸增加约 5%；若想要在操作时较为舒适省力，建议减少上肢的前、后伸及距离约 30%；若想给肩部和躯干留有一定的活动空间，建议增加前、后伸及范围约 20%。需注意，身材尺寸全部符合第 50 百分位（即平均值）的标准“平均”人在现实生活中是不存在的；即使一个人身高是群体的平均值，臂长、肩宽、臀围都很有可能偏离平均值。因此，在实际使用人体形态尺寸时需要考虑个体差异进行调整。

人体的形态尺寸是存在巨大差异的，在测量过程中对各个项目的测量还需要根据不同的人群建立不同的标准化常模。常见的人体形态尺寸差异包括了以下内容。

（1）年龄差异。从幼儿到成年是人体的迅速变化的时期，老年之后人的形态也会发生一些变化。有研究者对人体的形态进行了比较，结果表明 20~25 岁是人体状态的上升期，35~40 岁之后的，人体状态呈下滑趋势，相对于男性来说女性的下滑速度整体更快。部分人体尺寸指标（如体重）会持续增长至约 60 岁。

（2）性别差异。全世界范围内的数据均表明，成年男性的平均身高和体重是稍微高于成年的女性，但该结果并非绝对，例如研究发现 12 岁的男孩平均身高和体重低于同龄女孩。这是因为女孩的生理发育高峰期大约在 10 岁到 12 岁之间，在此期间每年增长大约 6.35 cm，而男孩的生理发育的高峰期大约在 13 岁到 15 岁之间，在此期间每年增长大约 6.86 cm。和女性较早的发育高峰期对应，一般情况下女性身高和体重的生长发育在 17 岁后基本停止，而男性的发育期普遍持续到 20 岁左右。经统计，成年女性身材尺寸数据约为同龄男性的 92%，不同身体部位尺寸数据的性别差异有明显差别。成年男性的绝大多数尺寸数据要大于女性，然而两者的大腿围和臀围差距并不明显，女性的皮脂厚度一般高于男性。

（3）种族差异。不同种族之间身体尺寸和机体各部分比例关系存在显著差异。一项对美国空军的飞行员进行的调查表明，黑人男性军人与白人男性军人的平均体重是相同的，但黑人男性军人的四肢比白人男性军人的更长，而黑人男性军人的躯干则比白人男性军人的更短。将美国空军的形态尺寸数据与日本空军的形态尺寸进行比较则发现，日本男性军人的身高比美国男性军人的身高矮，但两者的坐高没有显著差别。在研究各国男性军人身材数据后可推出一条结论：设计时采取美国男性第 90 百分位尺寸数据的仪器，大约适用于德国男性第 90 百分位、法国男性第 80 百分位、意大利男性第 65 百分位、日本男性第 45 百分位、泰国男性第 25 百分位和越南男性第 10 百分位。

（4）职业差异。由于职业需求，不同领域内职业人员具有明显的身体形态尺寸差异。众所周知的典型例子就是篮球运动员普遍远高于其他职业人士，芭蕾舞演员则较其他行业的人偏瘦。研究表明，卡车司机的身高和体重数据比一般人更大，而经常在矿厂工作的矿工的躯干和臂围比一般人都要更大。造成不同职业间形态差异的因素很多，包括体力劳动对身材尺寸和素质的要求、特定职业对人的身体形态尺寸的特殊要求、个体选择职业时的偏好等等。

（5）年代差异。美国研究人员制作了自 1840 起的全国人体体态变化曲线图，发现在 20 世纪 20 年代之后出现了一条明显规律，即美国人均身高每十年约增长 1 cm，这可能是营养条件的提升和居住条件的改善带来的结果。尤其是在现代社会，家长非常重视孩子的营养均衡，以及在发现身高存在劣势的时候会及时进行干预，让下一代的身高相对于上一代有一定的提高。

（6）暂时性昼夜差异。研究发现人体水分含量的昼夜浮动导致人的体重在一天内发生约 1 kg 的高低变化。重力会影响脊柱骨密度，加上人体姿势的变化，一天中人的身高在夜晚时比白天低，清晨醒来时最高，最大的昼夜变化幅度可达约 5 cm。

二、形态尺寸测量的仪器与方法

人体的测量方法主要分为直接测量法、影像法和三维数字化测量法三种。

大量人体生理测量仪器均可以用于直接人体测量，包括直尺、软尺、人体测高仪、测齿规、直角规、弯角规、三脚平行规、立方定颅器、平行定点仪、医用磅秤等。这种方法主要用于测量人体静态尺寸。《人体测量仪器》（GB/T5704—2008）中则规定了 4 种常用人体测量仪器的结构、测量范围、技术要求、检测规程以及包装与标志，包括了人体测高仪、直角规、弯角规、三脚平行规。要求仪器表面不应有缺损或锈蚀，刻线应该清晰均匀；尺框在主杆上移动时应该平稳、灵活，移动到任何位置，尺框与主杆不应有晃动的现象，直尺或弯尺在尺座内移动也应平稳、灵活，移动到任何位置都没有晃动。普通测量法采用人工处理数据或是将人工与计算机处理相结合，不仅费时费力且数据处理中容易出现误差和错误，具有一定的弊端；但其成本低廉，操作技术要求较低，入门简单，在实际生活中具有较为广泛的应用，具有一定的普适性。

照相机或摄像机的出现使人体数据的定格存储成为了现实，尤其是涉及动态人体数据测量的时候。由于人体功能尺寸是随着姿势而变化的，常规的软尺等直接测量工具很容易出现移位、滑脱等问题，测量的结果误差较大，采用直接人体测量法很难得到精确的结果，因此，影像法成为了人体动态数据测量较为常用的一种方法。影像法主要通过测量人的投影确定人体随着姿势的变化而产生的功能尺寸。影像法的设备构造通常需要一块带有光源的投影板，板上刻有边长 10 cm 的正方形方格，每一个方格进一步划分成边长 1 cm 的小方格，配备照相机或摄影机。若投影板与影像设备的距离在被测人员身高的 10 倍以上，可将投射光线看作平行光。该条件下拍摄记录被测人员在投影板上的各种姿态，根据投影板的方格计数可得到人不同姿势的功能尺寸。如果需要进一步提高测量的精确性，则将被测人员与投影板的间距考虑在内，计算得到修正参数，修正参数与投影尺寸的乘积将使结果更加精确。这种方法也是一种人工处理或者人工输入与计算机处理相结合的方式，所以也存在了需要一定的成本，对技术操作有一定的要求，比较耗时耗力。当被测量的尺寸与标杆存在一定物距差异时测量结果容易出现较大的误差等问题，因此需要谨慎使用。目前这种方法也仅在个别研究中有所涉及。

三维数字化测量分为自动接触式、手动接触式、自动非接触式、手动非接触式等四种类型。其中接触式三维数字化扫描系统主要用探针感知被测量的人的表面并记录接触点的位置。而非接触式三维数字化扫描系统则是用各种光学成像技术来检测被测试的人的表面点的位置。现今不断发展的计算机技术和空间立体扫描仪技术能够将三维数据资料高度解析，因此非接触式的人体测量也得到了研究者的重视。手动接触式三维数字化测量仪的典型款式是美国 Faro 技术公司生产的 FaroArm。测量时，测试人员需要用手握住 Faro 的手柄部分，让它末端的探针接触到被测量的人的表面时按下按钮，这样这个位置点就会被存储下来。仪器会记录一组三维数据，包括了探针所测量到的人的表面所在点的 x、y、z 三个维度坐标以及探针手柄的方向，并采用 DSP 技术通过 RS232 串口线连接到各种应用软件包上进行后续的统计分析。典型的非接触式三维数字化测量仪是德国 Vitronic 公司的生产的 VITUS 全身 3D 人体扫描仪。其优点是体积小，足以置于更衣室中并能测量出比较准确的人体尺寸数据，适合单人量身定制及大规模人体数据采集的应用场景，实现人体测量电子产品的市场化。目前不仅是全身 3D 扫描仪，3D 头部扫描仪、脚部扫描仪等系列相关产品都已商品化，在大规模人体数据采集、车辆驾驶研究等领域被广泛应用。根据人们对产品用途需求的不同，可以权衡产品的测量速度、测量精确度和仪器价格各个方面后进行采购。

基于不同的人体形态数据测量方法，都会得到对应的数据，下一步则需要对采集的数据进行统计分析。最常用的统计方法包括均值、方差、标准差、标准误、百分位数等。

（1）均值表示人体测量数据的集中趋势，可以用来衡量一定条件下的整体人体形态数据水平和概括地表现人体测量数据的集中情况。对于有 n 个数据的测量值，其均值为各个数据的总和除以数据的个数。

（2）一般人体测量数据有均值趋向性并在一定范围内波动，方差是反映数据整体距离中心位置偏离情况的范围值。计算原理为计算每个观测数据与均值之间的差异的平方和，再对各个观测数据的平方和求和，最后除以观测数据的个数减去 1。

（3）标准差是对方差进行开平方所得，表示的含义与方差一致。方差的量纲是测量值量纲的平方，而标准差的使用则使其量纲和均值相一致，因此在一般数据报告时，会选用标准差作为其波动范围的衡量指标。

（4）标准误指全部测量数据均值的标准差，计算方法是样本标准差与样本数之商的开方值。实际统计分析以样本评估总体数据的分布较为便捷，然而一般实际情况中，不可能存在与总体数据完全一致的数据样本，抽样都会引起相应误差。因此，在评估总体的数据分布的时候，需要考虑样本选择导致的取样误差。如果取样误差越大，则说明样本均值与总体均值差别越大，反之说明样本均值与总体均值差别越小，即样本更具可靠性。

（5）百分位数是人体数据测量中最常用的统计指标。通常在统计时最常用的是均值和标准差，而不会详细枚举每个百分位数的数据。人体尺寸数据分布尽管不完全符合，仍可近似看作正态分布。已知百分位数或人体形态尺寸其一就可利用均值和标准差算出另一方。

三、形态尺寸的应用

如何利用形态尺寸数据，还需要对设计问题进行具体分析。具体的应用包括了以下步骤。

（一）确定用户群或者目标用户

对于形态尺寸的应用，最关键的问题在于确定是哪些用户在使用这个产品。不同年龄段的人在身体特征和需求上有着相当大的差别。例如儿童安全座椅的设计，是根据儿童的形态尺寸设计的。除此之外，性别、国家、种族、军用或民用等用户类型的不同也会导致形态尺寸应用的不同。

（二）确定相关的人体尺寸选择的指标

对于不同的设计，人体尺寸的要求也不同。例如对于门和各种通道的设计主要考虑的是人的身高。一般建筑规范规定的和成批生产制作的门高需要让所有的成年人都可以轻松进入，所以，选择身高作为设计指标是合适的。确定会议室、剧院、礼堂等场所内人的视线，布置广告等展示物，确定隔断（屏风）高度都需要以立姿眼高为依据，结合视线角度及脖子的扭转弯曲等数据才能够确定不同头部状态下的视觉范围。在设计柜台、操作台、梳妆台等人站姿使用的作业台面高度时一般用立姿肘高，因此肘部高度也是非常重要的人体尺寸数据。以往常常凭借经验或先前设计所使用的数据确定作业表面高度，后来经研究发现，对人来说舒适度最佳的高度比肘部高度低 7.6 cm。立姿垂直伸手高度则可以用于确定开关、把手、货架等的最大高度。立姿状态下侧向手握距离一般涉及开关等控制装置的位置。手臂平伸手握距离则是需要手臂伸向前方拿取或操作的距离。坐高用于确定床铺高度、办公室工位间隔断高度以及交通工具的座椅高度等。坐姿眼高可以用于剧院、礼堂等需要较好视线的建筑的设计中。最大肩宽可以用于确定环绕桌子的坐姿的间距以及通道的宽度等的设计。坐姿肘高可以用于确定座椅扶手的高度。臀部到腿的长度可以用于确定座椅的深度等。因此，由于设计的目的不同，考虑各种因素后，如存在特别的功能要求和每个人对舒适高度见解不同等等，最终选择合适的指标。

（三）确定适合使用的人口百分比

在确定产品的适宜目标群体时，最直接的理想化设计是能使产品满足全世界所有人的使用需求，然而经济成本、人员成本和能力等各方面因素限制着产品设计，根本不可能实现产品对全体目标人群的满足。例如，目前汽车座椅的设计中，其调节度也并不是适合于所有人，对于特别高或特别矮的人来说还是会很难受。但是设计者也并不会将这种极端情况考虑进去，因为这种调节度的设计不仅需要改变整个汽车的结构，对大部分用户而言还会有一部分的空间不能有效利用，最终造成成本的增加、空间的浪费等弊端。尽管有种种限制条件，设计人员普遍力求实现更多用户的需求，针对该问题主要有三类方法。

（1）极值设计。在进行某些生活或作业空间设计时，有时会以人体测量数据的极大值或极小值为主要参数，有时也会同时选择极大和极小两端极值。例如，一位设计者要以用户中最重的人为标准设计椅子的支撑，这样才能确保椅子可以承受所有人的重量。屏风设计的百分位的选择将取决于决定隔断或屏风的高度，以保证隔断后面人的秘密性要求，所以隔离高度就与较高人的眼睛高度有关，只要选择最高的人看不到里面的情况，那么就能达到目的。这里面有一个内在逻辑——如果连个子较高的人的视线都无法越过隔断，比他更矮的人更会被隔断阻隔视线。但另一种情况下隔断的设计目的是允许人看到另一边，那么就应使用相反逻辑，以较矮人员的视线高度作为设计尺寸依据。

（2）可调节范围设计。也就是说，给某些仪器设置一定的可调节的范围来适应不同用户的需求。例如汽车座椅的设计就有一定可调节范围的典型设计，司机可以根据自己的需求调整座椅的前后，以及靠背的位置。这种设计考虑了个性化的因素，具有较大的实用价值。

（3）平均值设计。生产成本、市场需求等各种限制因素让设计人员既无法应用尺寸数据极值，也不能设计尺寸可调节产品，此时可使用的身材尺寸数据参考值是平均值。一些商场和超市的柜台、收银台等设计时参考的就是顾客平均身高，该数据当然不能满足每名顾客舒适性的理想高度，但与偏高或偏矮的台面设计相比，这种高度的适合人群显然大得多，平均值因此被广泛采用。

（四）确定人体测量尺寸的百分位

当我们选择好了需要考虑到的人口使用百分比，那么就可以在人体测量尺寸表中选择对应的百分位数查找相应的数据。比如选择第 5 百分位、第 95 百分位，或者其他百分位。另外，还需要确定选择人体测量尺寸表中男性对应的数据还是女性对应的数据的。但是，一个预计适应 95% 人群的产品设计，并不是都会选择第 95 百分位，而是需要考虑设备尺寸的上限和下限，进行一定的修正，例如选择 90 百分位或 99 百分位。

（五）修正人体测量表中的数据

大部分人体测量表中数据反映人的（近似）裸体状态，尽管起到了测量标准化的作用，很多数据却无法满足生产生活中的实际需要。例如，在一年四季气候变化显著的地带，不同季节的衣着（夏季的短袖衫与冬季的厚外套）会使人体身材尺寸发生巨大变化。因此，结合不同空间、时间因素和作业条件等，修正人体测量尺寸数据对实际应用十分必要。有些作业场景中人需要戴手套、戴安全帽、穿厚底鞋等，设计时应考虑这些情况，在标准数据表中数据的基础上留出适当的余量。例如，在门的设计中，由于身高是一般是不穿鞋的时候测量，因此在使用中应给予适当补偿，例如男性大约需加 2.5 cm，女性大约需加 7.6 cm。而且由于舒适性的需求，不让人觉得压抑，最终的门高可能是在身高尺寸上有一个较高的余量。另一方面，调整数据的必要性体现在尺寸数据大部分是按人挺直的立姿或坐姿测得，但人在实际生活中基本不会长时间维持类似姿势，需要适当调整数据以反映人的自然放松状态。以眼高为例，以放松姿势站立比挺直站立约低 2 cm，随意自然的比挺直的坐姿约低 4.5 cm。对那些用眼较多的工作来说，这些调整是非常重要的。

除了上述提到的在设计中需要考虑人体功能修正量，还需要考虑人的心理修正量。提出心理修正量的目的是克服人心理上“恐高”“密闭恐惧”等带来的问题，或是满足人审美和猎奇等方面的心理需求，针对这些心理效应赋予产品最小功能尺寸的增量叫作心理修正量。心理修正量同样可以通过实验方法得到，方法一般是统计分析被试人员填写的主观评价表的打分情况。

以人体形态尺寸为基础的产品，设计其功能尺寸通常根据设计界限值初步确定的人体尺寸再加为实现产品某项功能所需修正量。产品的功能尺寸可分为最小功能尺寸和最佳功能尺寸，有两个通用公式分别用于计算：最小功能尺寸＝人体尺寸百分位数 + 功能修正量，最佳功能尺寸＝最小功能尺寸 + 心理修正量。

（六）使用实体模型或模拟装置进行测试以确定最终的设计

整个设计的最终阶段往往需要借助实体模型或模拟性装置，通过选择代表性用户进行模拟操作完成设计的使用评价。每个尺寸数据都来自标准化测量方法，但在实际作业时，各个尺寸之间可能存在交互效应，因此该步骤是很重要的。实体模拟则是揭示这种交互效应的有效方法。通过模拟用户的体验反馈，最终完成一项充分考虑人体尺寸的设计。

四、形态尺寸测量的发展

随着科技的进步，人的形态尺寸的发展出现了一些新的趋势与方向。

首先，对于人体形态尺寸的大数据获取与处理是近年来的新趋势。Nature 在 2008 年推出了 *Big Data* 专刊，探讨大数据形成和发展的可能的理论基础。计算社区联盟 Computing Community Consortium 在 2008 年发表了报告 Big data: Computing creating revolutionary-breakthroughs in commerce, science and society，阐述了解决和处理大数据所带来的问题、需要的技术手段及面临的挑战。Science 在 2011 年 2 月推出专刊 *Dealing with the data*，以科研实践过程中的数据问题为切入点，讨论科研活动中大数据处理的重要意义。大数据相对来说是一个前沿课题，另一方面由于其兴起时间较短，相对于传统研究可能还没有形成较好的范式，因而显得不很成熟。在大数据的时代背景下，人体测量也进行了与时俱进的发展，基于大数据的人体测量专利的发明开发出了基于大数据人体数据的服装制版方法、大数据处理的体形识别方法、基于大数据平台的可穿戴设备分析系统及其数据分析方法等等。并且建立了基于大数据集的人体的参数化模型与体型估计方法，以及基于大数据的人体测量的描述方法等。

其次，对人体形态数据的非接触式三维数字建模是另外一个人体数据测量的发展趋势。随着相对便宜的光学成像设备的引入，人们对自动化的数字人体测量的兴趣日益浓厚。用于创建和测量三维身体图像的软件接收来自相机的原始深度帧。从每一帧中，提取三维空间中未连接的点 (x, y, z) 列表，称为点云。在扫描过程中捕获多个点云图像。这些点云被对齐合并在一起，以创建一个单一的点云。具有动态配置的系统（例如在扫描过程中传感器或主体移动）基于上述点云，采用帧到帧的匹配算法进行三维数字建模。最常用的策略是迭代最近点算法及其变体，这使连续的点云以最大化帧间重叠和最小化对应点之间距离的方式连续排列，最终构成一个包含主题周围所有表面信息的大型综合点云。这种人体的数字化建模技术在医学训练、服装制作等方面均有非常广泛的应用。

第二节　力量数据

人在与机器互动的过程中一定会涉及力的相互作用。而不合理的工作环境和设备的设计将会导致人的身体的紧张，更为严重的情况下会造成人的肌肉和骨骼系统疾病。美国国家职业安全和健康研究所的数据表明，在美国，每年超过 50 万作业人员的伤病源于用力过度，其中设备操作所致的肌肉与骨骼系统疾病主要包含两种。一种是下背部的疼痛，据统计每年过度用力导致的工伤超过 60% 是腰部疼痛。根据美国国家工伤补偿法律咨询中心的评估，每年全国对患有腰部疼痛的作业人员直接经济补偿和相关间接损失共计约 270~560 亿美元。另一种是上肢末端累积性损伤，如手指、腕部、胳膊和肩膀等劳损。Armstrong 和 Silverstein 发现在那些需要手部重复性劳作和胳膊过度用力的工种中，每年有十分之一的工人有上肢末端累积性损伤。因此对人体的力量数据进行测量，并在设计中作为考量因素对提高设备的使用安全与舒适具有重要意义。

一、人的运动系统及其机能

在人体之中，关节将骨块相互连接构成骨骼系统。连接各关节的肌肉附着在骨骼上，肌肉的反复收缩和舒张牵动骨骼，再加上各个关节的活动实现了机体的各类方式运动。在运动过程中可以将骨骼视为杠杆，那么肌肉提供动力，关节则是枢纽。

人体的 206 块骨头共同组成了支撑和保护机体的骨骼系统。骨骼框架不仅可以容纳内部脏器，还将人体各个组成部分连接成为有机整体。骨骼有四点主要功能：构成的骨骼系统支撑人体各部分软组织和整体重量；构成的体腔壁将人作用重大而脆弱的内脏器官保护隔离并协助其活动；红骨髓具有造血功能，黄骨髓可贮存脂肪，骨盐则影响机体的钙、磷代谢活动；骨是实现机体运动的杠杆。

骨杠杆的支点是关节，动力源肌肉附着在骨上的点是动力点，重力、操纵力等骨受到阻力的作用点叫作阻力点。骨杠杆按照支点、动力点和阻力点的位置分布分为①平衡杠杆，其支点位置在重点和力点之间，比如寰枕关节的头部姿势调整运动；②省力杠杆，其重点位置在支点和力点之间，比如踝关节行走时的运动；③速度杠杆，其力点在支点和重点之间且力臂小于阻力臂，比如拿起重物时的肘部运动，力量负荷大但相对快速。长时间承担负荷会改变骨骼的形状、大小和结构。有研究人员认为，骨骼可根据需要压缩并具有恢复原状的能力，但目前骨骼变化与受力的关系还有待深入探究。人们所公认的是骨骼承受过大压力负荷，长期弯曲或扭转的同时受力，以及反复多次高频率受到冲击都发生骨折。

作为骨骼之间的连接，关节有直接连接和间接连接两种。直接连接由骨骼和结缔组织或软组织构成，之间没有空隙或空隙非常的小，所以其活动范围也很小或完全不能活动，又称不动关节或纤维性关节，如颅骨的关节构成骨骼由纤维结缔组织紧密固定而无法运动。间接连接的骨骼间缝隙由膜性囊连接，活动性比直接连接大得多，即人们常说的关节，主要分布于四肢。这种关节也充满了润滑液而无其他组织，也称之为滑液性关节。骨骼之间除了由关节相连外，还由肌肉和韧带连接在一起。还有一种关节是介于运动和不动关节的，即软骨性关节。由于其两端骨骼经纤维软骨连接，在压力和扭矩的作用下，此类关节（如椎间盘）能做出的应对动作受到限制。在关节的活动中，还涉及了其他组织的参与。纤维组织的一种——肌腱较为致密，实现肌肉在骨骼表面的紧密附着，力量得以从肌肉传递至骨骼；另一种致密的纤维组织——韧带，关节的构成离不开其对两端骨骼的连接；软骨半透明而有弹性，大量分布在骨关节表面和部分器官内（如耳、鼻）；筋膜则在全身分布更广，起到分隔机体各部分的作用。

人体的四百余块肌肉重量占体重的 40%~50%。作为运动系统的主要动力源，肌肉运动产生的能量消耗占全身的一半以上，用以做出运动动作、保持特定姿势和产生维持正常体温所需的热量。肌纤维、连结组织和神经共同构成肌肉。细长而呈圆柱状的肌纤维的基本组成单位是收缩性极强的肌元纤维。神经穿过连结组织从肌肉进出。肌肉包含两种纤维：①感觉纤维的作用是感知并将肌肉长度和紧张度传递至中枢神经系统；②中枢神经系统产生的神经冲动由运动神经纤维传到肌肉，实现对肌肉活动的调节。运动单元是肌肉的基本功能单位，一个运动单元由相同的运动神经纤维通过多个分叉同时调节的多块肌肉共同构成。肌肉的形状、结构、功能和分布各异，分为平滑肌、心肌和横纹肌三类。大部分横纹肌具有附着于骨骼并跨越关节的明显特点，故又称骨骼肌。机体运动大多由其完成。横纹肌含有大量肌纤维、神经、血管，还带有某些辅助装置。

肌肉的基本运动是收缩和放松，肌肉在收缩状态下缩短且横截面积扩大，放松时呈相反状态。肌纤维接收刺激传入神经系统，由神经系统支配肌肉收缩和放松的机械性反应，表现为肌纤维长度缩短和张力增加。不存在负荷的肌肉自由缩短是一种肌肉长度减小而张力不发生变化的收缩叫作等张收缩；若肌肉承担无法克服的负荷或两端固定，只能产生张力但无法缩短，这种没有改变长度的肌肉张力增加收缩叫作等长收缩。运动过程中肌肉往往发生明显的长度缩短，而静态发力的情况下主要是张力增加。

二、人体力量数据的测量

肌肉收缩产生的力称为肌力，是人体尤其是四肢的主要产力。肌肉的生理特性决定了机体能够发出的力量大小，包括肌纤维的数量、大小和收缩力，肌肉原始长度，肌肉作用于骨骼的机械条件，中枢神经系统及其他生理方面的机能状态条件因素。机体施力的部位、方式、方向以及持续发力时间也显著影响机体施力。

通常我们无法直接测量肌肉的肌力，目前已有的方法都是在一定程度上间接测量的。第一，利用外力或力矩间接估计。例如手臂转动以肩部或肘部为轴，产生的转矩可引起臂部肌肉收缩，最终完成推、拉等动作。同理，以其他肢体部位为源头的力矩也可以引导完成全身各种动作。第二，通过肌肉解剖尺寸进行估计。由于肌肉的力量主要不是取决于所涉及的肌肉的数量，而是肌肉的横截面厚度，因此还可以根据肌肉的面积确定其张力。据报道，人体骨骼肌的最大等长张力为 16~61 N/cm^2，使用 30 N/cm^2 作为典型值。如果从尸体测量或核磁共振扫描获得肌肉横截面积，就可以计算肌肉力量。而一般的力量训练只会增加肌肉的厚度，而不是数量。耐力训练还可以增加毛细血管密度，并改善由中枢神经系统在指导的运动单元激活中的协调作用。第三，通过人体表面的肌电进行测量。最早发现肌电是著名物理学家路伽伐尼在进行生物实验时，不小心触碰到青蛙腿的神经引发了肌肉收缩，发现了生物肌肉的收缩与电之间的密切关系。后来科学家们为了检测肌肉中的微弱生物电流，利用设备将神经中的电信号和数字技术进行结合，通过记录人体肌肉的电势差，最终发现了肌电信号与肌肉状态之间的关系。例如可以提取肌电信号中的主要特征值对不同程度的肌肉状态进行分析，并利用神经网络技术实现肌肉状态评价；还可以通过利用肌电信号的时域特征值，使用机器学习的方法识别肌肉的不同状态。这种方法也是目前研究中主要探究的方式。例如通过肌电精确地测量踝关节跖屈肌肌肉、肌腱形态及收缩效应。

目前已有的肌肉力量的测量内容包括了静态与动态两种不同的类型。静力性力量（等长力量）是肌肉进行等长收缩产力的最大值，具体来说是在机体不发生明显位移的情况下，将肢体保持在特定位置或呈现特定姿势时的肌肉紧张收缩产力。每次测量通常持续 4~6 s，采用前 3 s 均值，单次测量之间需要休息 30~120 s。通常肌力可测得的肌肉有拇指肌肉，无约束、伸直或弯曲时的手臂肌肉，肱二头肌和背部肌肉。统计数据表明男性肌力约比女性高出 20%~35%；惯用右手者右手肌力高出左手约 10%，而惯用左手者的左手肌力比右手高 6%~7% 左右。男性力量在 20 岁左右达到顶峰并大约保持 10~15 年；当人到了 60 岁的时候，手部的力量将下降 16% 左右，而胳膊和腿的力量将下降达 50% 左右。

肌肉的动态性力量又称肌肉爆发力，机体加速度的存在使其比静态性力量的测量更复杂，且不同的作业任务与操作方式需要使用各种不同的动态性力量。有一种专门的等动力设备可专门用于测量动态性力量，此类设备的原理是针对具体运动附加一个可变阻抗，使机体保持匀速运动。还有一种测量方法——心理物理法运用模拟的任务情境进行实验，实验中被试人员不断调节负荷大小直至其可承受的最大负荷。这种方法的问题是个体独特的动机等因素很容易影响其动力性力量的测量结果。由于缺乏更加综合性的方法，心理物理法被认为是可用于个体承受力量极限评价的最准确方法。另外，结合各种功能尺寸测量的姿势，动态力量的测量也可以包括不同姿势下的力量测量。例如，坐姿手的操纵力测量为坐姿时，手臂进行向上以及向下、推和拉的运动，并测量其力距。坐姿状态下惯用手的操纵力比另一只手强，向下用力大于向上，向内用力大于向外。测量立姿状态手的操纵力时，要求人以直立姿势弯曲手臂操作，力量在各个角度和方向上的相对大小分布约 24.4%~130% 不等。蹬力由姿势体位决定，在下肢偏离机体中心对称线朝外侧偏转 10° 时最大，坐姿膝部屈曲 160° 通常可施加最大蹬力。一般的规律是蹬力、扭力 > 推、拉力 > 提、握力。人体施力大小及相应距离位置改变因作业及活动姿态而不同，进行设计时应选用最小操作力和施力的低百分位数为依据。

上述的测量方法显然不适合全国范围的测试，因此在大规模测试中经常用某种运动的形式评估力量数据。我国的力量测试标准最早是1954年出台的《准备劳动与卫国体育制度暂行条例和项目标准》，通过攀爬、举重、投球、跳远等方法来测试人们的力量数据。在21世纪初，《国家体质健康标准》中将立定跳远、引体向上、握力作为力量的测试标准。目前的测试中，也至少包括了立定跳远以及男生的引体向上、和女生的仰卧起坐作为力量测量项目。在进行全国范围内的力量测试中，测量方法和指标的有效简单是测量中最重要的条件，所以国家标准中对力量的测试只会选择具有代表性的方法和指标，例如立定跳远。

第三节　生理数据

人的活动，需要多个生理系统的系统工作，包括了运动系统、循环系统、呼吸系统等。对生理数据的采集可以监控工作中人的生理状态，预防由于设备操作导致的身体损伤，并且可以根据生理数据选择预测劳动损伤发生的指标，评估作业人员的损伤风险、损伤风险较高部位，主动干预薄弱环节。将生理数据作为膳食营养的设计依据对战斗人员尤为重要。合理的膳食提供最优化的营养支持对战斗力的保持具有重要作用。当训练负荷高时，以指标检测为依据针对性补充所需营养物质，在一段时间的营养干预后重新检测同一指标，从而优化营养补充方案，实现战斗力保障目标。另外，生理数据常用于作业人员的疲劳状态评价，将指标检测结果与作业人员的主观感觉相结合，评判训练负荷是否过量。对运动员来说，诊断训练疲劳能够帮助调整和完善训练方案，及时对运动员使用训练疲劳消除手段，积极干预防止训练损伤十分必要。综合分析生理指标、检测操作时的最佳状态也是人因工程的研究方向之一，如果有足够多的生理数据，可以构建多指标的评价体系。

一、人体能量代谢

人体的大部分生理功能所需的能量都来源于高能磷酸盐化合物，例如三磷酸腺苷（ATP）和磷酸肌酸（CP）等。营养物质有氧或无氧代谢的情况下可生成这些化合物，而产生高能磷酸化合物的过程叫作磷酸化。三磷酸腺苷和磷酸肌酸化合物在细胞中形成，含有机体细胞所需能量，为机体活动提供能量并维持生命。例如，ATP断裂一个磷酸键就会形成二磷酸腺苷（ADP），该过程产生的能量可以供给肌肉伸缩反应等活动。

换句话说，三磷酸腺苷等高能磷酸盐化合物就像一个提供能量短期储备的充电电池一样。人类的身体储备高能磷酸盐化合物的能力非常有限。一个重 75 kg 的人在任何时候只有大约 1 kcal 的三磷酸腺苷储备能量可以使用。若人体只能使用储备的高能磷酸盐化合物（如三磷酸腺苷）收缩，3 s 以内就会消尽全部能量。因此，为了维持肌肉的收缩活动，三磷酸腺苷的高能磷酸盐化合物必须以相同的速度持续地合成并在分解后补充。

三磷酸腺苷的三种来源分别是磷酸肌酸、有氧代谢过程中的氧化磷酸化和无氧代谢过程中的无氧酵解。

（1）磷酸肌酸分子中所含能量可以将二磷酸腺苷再次转化为三磷酸腺苷，磷酸肌酸系统在该过程中的作用是为三磷酸腺苷储备能量，以最快速度为肌肉细胞活动补充所需三磷酸腺苷。但即使磷酸肌酸系统的能量储备高达三磷酸腺苷系统的四倍，使用起来仍然十分有限，所能提供的总能量仅能维持约 10 s 的高负荷体力劳动或约 1 min 的中高负荷体力劳动。想要完成更长时间的肌肉活动，就必须为肌肉细胞提供另外的三磷酸腺苷能量资源。

（2）在氧气充足条件下，中等水平肌肉活动利用的大部分三磷酸腺苷是氧化磷酸化过程产生的。人通过摄食获得营养物质，呼吸获得氧气，有氧条件下碳水化合物和脂肪酸等营养物质可分解释放三磷酸腺苷为肌肉活动供能。血液通过循环系统运输营养物质到肌肉细胞。细胞本身可以储存营养物质，例如血糖可以被肝脏和肌肉细胞吸收转化为糖原储。肌肉细胞中的肌血球蛋白能够储存能够支撑肌肉短时间剧烈收缩运动的能量，且该过程耗氧量极低。然而氧化磷酸化不仅产生肌肉所需能量，还会伴随释放副产物二氧化碳，需要循环系统将其排出组织细胞。

（3）人从事的体力劳动会提高机体代谢需求，而循环系统需要 1~3 min 时间才能做出相应反应，因此在体力劳动初期骨骼肌常常缺乏足够的氧气实现有氧代谢。无氧酵解作为第三种能量来源应运而生。缺氧条件下肌肉无法进行有氧代谢，无氧情况下葡萄糖被降解成乳酸产生能量的方式就是无氧酵解。无氧酵解的优势是可以在缺氧时迅速产生三磷酸腺苷，缺点是同时产生副产物乳酸，而由乳酸堆积导致的肌肉组织酸度上升是肌肉疲劳酸痛的主要原因。乳酸降解需要氧气参与，缺氧条件下肌肉细胞中的乳酸会在血液中积聚，产生的所谓“氧债”是肌肉停止活动时必须偿还的——即使肌肉已停止收缩，也必须为了降解掉乳酸而继续耗氧直到恢复肌肉的原有状态。无氧酵解的另一不足是无法充分分解葡萄糖产生能量。与有氧代谢相比，无氧酵解生成相同的三磷酸腺苷需要消耗更多葡萄糖。肌肉在中、轻度负荷下作业时，几乎全部能量消耗都由有氧代谢提供，此时的机体状态被认为是稳定的。但对于负荷极高的作业，即使可以利用的氧气充足也无法保证有氧代谢能迅速产生足量的三磷酸腺苷，即三磷酸腺苷的生成速度低于其分解消耗速度。无氧酵解此时就成为三磷酸腺苷生成的重要途径之一，乳酸在肌肉细胞和血液中堆积，人容易产生疲劳。

测量血糖或乳酸的主要手段是抽血检测。人在安静状态下机体血糖约为100 mg/100 mL；进行低强度劳动时，能量消耗足以被不断分解的肝糖原补充，血糖大体保持不变；中等强度劳动时血糖含量会升高；而高强度、长时间劳动会导致肝糖原储备告罄，可能出现低血糖的现象。当血糖降低到50 mg/100 mL以下，人将由于糖原不足而无法继续作业。静息状态下人的血液含乳酸10~15 mg/100 mL；中等强度作业会导致乳酸小幅增高然后基本不变；而进行较大强度的作业时，乳酸可升至100~200 mg/100 mL及以上。

人体稳定状态下大部分由有氧代谢提供肌肉工作所需能量。大量研究证实机体能耗与耗氧量线性相关，每消耗一升氧平均释放4.8 kcal的能量，所以可通过耗氧率（L/min）乘以4.8（kcal/L）计算有氧代谢量或能耗。耗氧量的计算公式为耗氧量 = 单位时间内呼出的空气量 ·（吸入空气的含氧率−呼出空气的含氧率）。不考虑高海拔的或空气污染严重的作业环境，多数作业环境中吸入空气中的含氧率约21%。确定特定作业环境中人呼出空气的含氧率，通常的方法是使工人佩戴允许空气正常吸入和呼出的面罩或口罩，将呼出的空气通入一个大袋子（称为Douglas袋）稍后分析其的含氧率，或直接通入一个仪器中实时分析含氧率。面罩或口罩内部装有流量计，以此测量吸入或呼出的空气体积；若使用Douglas袋，呼出空气后袋中的空气体积即为呼出空气的体积。作业场景下常使用便携设备测量呼出空气参数和耗氧量，此类设备必须对作业人员的作业过程几乎不产生干扰，体积不应过大且佩戴不可造成高强度体力劳动时呼吸障碍。目前，研究人员尚需要不断优化测量设备使其尽量满足上述要求。

人体能量的产生、转移和消耗称为能量代谢。肌肉将化学能转化为机械能的效率仅能达到约20%，其余约80%的能量被浪费，转化为了代谢热量。人承担的体力劳动强度越高，产热量就越大，大量热量积聚会使机体无法维持正常体温的稳定状态，尤其是在高温高湿的环境中。机体代谢可根据机体所处状态分为3种：保证维持生命的基础代谢量、安静状态下处于某种自然姿势时的安静代谢量和作业状态下的能量代谢量。

（1）环境温度为 20 ℃时，人在清醒、空腹（至少食后 10 h）、静卧状态下，单位时间内单位体表面积上消耗的能量即基础代谢率，记作符号 B，单位是 kJ/(m^2 · h)。基础代谢量的计算公式则为基础代谢率乘以身体表面积。根据统计，我国正常人的基础代谢率的平均值，男性 20 到 30 岁为 158.6 kJ；女性 20 到 30 岁为 146.8 kJ。而且在 20 岁之前人的基础代谢率是呈上升的趋势的，但当 30 岁之后，人的基础代谢率呈现缓慢的下降趋势。

（2）为保持机体整体平衡或维持在某种姿势，单位时间内单位体表面积上消耗的能量即安静代谢率，记作符号 R。常用的测定方法使用坐姿进行，或以 120% 基础代谢率直接估算安静代谢率。

（3）人体在作业或运动状态下，单位时间内单位体表面积上的能量消耗即能量代谢率，记作符号 M。能量代谢率不仅是计算作业人员能量消耗从而制定能量补给方案的重要依据，也是评价劳动强度是否合理的重要指标。另一方面，作业人员具有个体差异性，从事同样强度的工作，不同作业人员的能量代谢率各不相同。为避免个体体质差异影响统一评价，使用相对代谢率（RMR）作为劳动强度的衡量指标。

能量代谢的测量方法主要有估算法和测量法两种。估算法是综合考虑相关因素，基于经过实验验证的能量代谢参考数据计算能量代谢情况的。估算人进行不同类型作业的代谢率时需要结合基础代谢率、体位姿势、作业任务类型和工作绩效等因素。例如通过活动的类型制定能量代谢的标准常模、职业种类，参考有关技术设备和工作组织信息评估各个职业的能量代谢。另一种方法是测量法，可以用热量计测量绝热室内流过人体周围冷却水的温度升高情况，据此计算出代谢率；或者测定机体耗氧量和呼出空气的二氧化碳含量，再结合氧热价换算得到代谢率。热价是指 1 g 营养物质在氧化时所释放出的热量。一般情况下，一克糖产生的热量平均为 17.2 kJ。

二、呼吸系统

肌肉持续工作的理想条件是肌肉细胞的氧气和营养物质供应充足，且代谢废物（如二氧化碳）可以被及时排出体外。这些机能要求由呼吸系统和循环系统具体实施。作为机体的气体交换装置，呼吸系统从空气环境中获得氧气并排出体内产生的二氧化碳。

呼吸系统的组成包含鼻、咽、喉、气管、支气管、肺、胸腔壁肌以及分隔胸腔和腹腔的横膈膜。气管连接鼻与肺，将由鼻吸入的空气导入肺部，不仅能过滤灰尘和有害物质，还起到加湿空气并调整其温度的作用。约有 2~6 亿个肺泡共同组成了肺，提供了巨大的总表面积供肺部进行气体交换。血液经过肺毛细血管时与肺泡交换氧气和二氧化碳。空气入肺的原理是胸腔壁与腹腔的肌肉同时运动，胸腔扩张且横膈膜降低，这些肌肉动作使胸腔容积增大且肺内压力低于大气压力，空气因而被压入肺部。反之，肺部在胸腔肌肉舒张且横膈膜升高时呼出空气。

肺泡单位时间内的气体交换量叫作肺泡通气量。呼吸系统会按照人的作业负荷和新陈代谢状态调整肺泡通气量。人在呼吸时即使最大程度地呼出肺中空气（最大呼气）也无法完全呼出肺内空气。最大呼气后肺内的剩余空气量叫作余气量，此时人能吸入的空气量最高，称为肺活量。正常状态下人很少以最大吸气和最大呼气的方式进行呼吸。成年人在休息状态下的吸入和呼出气体量约 0.5 L，进行高强度体力劳动或剧烈运动时可增大到约 2 L。呼吸系统调整呼吸气量的方式是调整单位时间内吸入和呼出的气量以及呼吸频率。每分钟通气量等于吸入和呼出气量与呼吸频率之积，机体通过控制这两个参数实现呼吸效能的最大化，从而满足肺泡通气需求。

成年人在休息时每分钟约呼吸 10~15 次。从事低强度作业时，人的吸入和呼出气量有所上升而呼吸频率不发生明显变化，原因在于连接鼻与肺气管的固定空腔在呼吸中的作用相当于活塞，并且空腔中的气体不会到达肺泡；越深的呼吸程度对应越高的到达肺泡空气比例。因此，增大呼吸气量比提高呼吸频率更加高效。但当工作负荷增大到一定程度，单纯增大呼吸气量无法满足肺泡通气量的需要，必须要同时提高呼吸频率以弥补高工作负荷的影响。高强度作业的情况下，呼吸频率可升高至休息时的 3 倍（约 45 次 / min）。

常规空气环境一般含有约 79% 的氮气、21% 的氧气和 0.03% 的二氧化碳。若作业环境的换气条件差或受到有毒有害气体物质的污染，呼吸和循环系统必须额外工作以保证氧气的供应量。高海拔作业环境的空气含氧量低且大气与肺内气体的压差缩小，这对呼吸和循环系统也造成运转压力。呼吸系统主要的测量指标为肺活量。肺活量反映了呼吸机能潜力，其测定设备简便，方法简单且重复性好，是体检时的常用指标。每次测试时，测试者站立姿势下，用力深吸气，直到不能再吸为止，然后对准采集口，用力地呼气，直到不能再呼出为止。测试中应该至少测量 2 次，取最大值作为最终的测量数据。成年男子肺活量约为 3500 ml，女子约为 2500 ml。人的肺活量在 20 岁前随发育而逐渐增大，20 岁后则不再明显增加，并会随年龄持续增长而降低，下降速度是每 10 年约 9%~27%。坚持体育锻炼对保持肺活量有显著效果；人的肺活量与健康状态明显相关，一定程度的肺部组织损害（如纤维化、肺结核、肺不张或肺切除）会导致肺活量降低。

三、循环系统

循环系统是机体的运输系统，输送氧气和营养物质到组织细胞并带走二氧化碳等代谢废物。循环系统由血液、心脏和血管系统组成，后两者负责将血液送达机体各部分。

血液中含有三类血细胞和血清：①红血球细胞负责携带细胞生命活动所需的氧气，并帮助排出组织细胞产生的二氧化碳；②白血球细胞抵抗细菌的入侵感染，是免疫系统的重要成分；③血小板的作用是止血凝血。血清的成分是 90% 的水加上 10% 的营养物质和无机盐。血细胞则悬浮于血清中。红血球细胞内含有一种特殊的氧气携带分子——血红蛋白，一个血红蛋白分子能够结合四个氧分子形成氧合血红蛋白。正常普通成年人的血液重量占其体重的 8%，近似认为 1 L 血液的质量约为 1 kg。成年人全身血液体积以升为单位，大约是其体重千克数的 8%。也就是说，一位 65 kg 的人全身的血液总体积约为 5.2 L。若个体的血液含量低或红血球细胞数量少，或者其作业环境存在空气污染、通风条件差或海拔较高（氧气含量低），血液输送氧气和营养物质以及带走二氧化碳的能力则必然减弱。这些环境条件下循环系统必须承受更大工作压力，弥补血液运输能力的下降以维持机体正常的生命活动。

心脏的四个隔室相当于四只肌肉泵，分为左右两部分，每部分又分为一个心房和一个心室。每部分的两个隔室由房室瓣隔开，由于瓣膜的存在，血液由心房流向心室而不会发生倒流，另外左右两部分隔室之间的血液不互通。心血管系统实际上分为两个闭合的血液循环回路，均从心脏开始并回到心脏结束；两个回路中血液经动脉血管离开心脏，由静脉血管回到心脏。

血液循环分为体循环和肺循环两个系统。体循环的起点是左心室，含有充足营养物质和氧气的血液被左心房由主动脉的一条大动脉泵出，通过主动脉的一系列分支动脉流入到机体各部分组织器官。进入各部分组织器官后，分支动脉进一步分为若干更细的、被称作小动脉的血管，小动脉又继续分散形成密布于组织和器官中的毛细血管网络。最终毛细血管网络运输携带营养物质和氧气的新鲜血液抵达组织细胞，组织细胞吸收营养物质和氧气并排泄二氧化碳等代谢废物进入血液。血液流回心脏的通道首先由毛细血管汇合成被称为小静脉的稍大血管，小静脉再合并至更大的静脉血管。人体上半部分的全部静脉汇合形成上腔静脉，下半部分静脉则汇合至下腔静脉，汇入这两条静脉回到右心房后，血液就完成了完整的体循环。

肺循环始于经过体循环后二氧化碳浓度较高的血液从右心室通过肺动脉泵出。肺动脉分成两支，分别接到两个肺。与体循环类似，肺动脉分支形成小动脉，小动脉再细分为毛细血管，经过肺部毛细血管网后，血液排出二氧化碳并重新成为氧合血。氧合血返回心脏的过程首先是从毛细血管汇合进入小静脉，再继续汇入更大的静脉。最终氧合血才通过最大的静脉——肺静脉回到右心房，至此完成整个肺循环过程。

虽然心脏对正常稳定的血液循环有决定性作用，日常生活中血管发挥的作用则复杂得多。血液在心脏内和组织血管中流动时都会遇到阻力，血管可以通过改变其血流阻抗满足各种器官和组织对氧气的不同需求。血流阻抗是关于血管半径的函数，血管通过改变半径使通过的血液流量发生极大变化，而不同类型的血管获得血液流量的方法各异。动脉通常半径较大，相对来说其血流阻抗较小，并且是血液得以通过组织内毛细血管的压力容器。动脉压在心室最大程度收缩时最高，此时的动脉压叫作心脏收缩压；在心室最大程度舒张时最低，此时的动脉压叫作心脏舒张压。脉搏压指收缩压和舒张压的差值。收缩压和舒张压往往同时记录，形式为“收缩压值 / 舒张压值 mmHg”。动脉几乎不产生血流阻抗，但到了小动脉，其半径不仅会产生明显的阻抗，还可以通过生理控制机制做出精确调整。作为分配及控制血流的重要枢纽，小动脉对产生血流阻抗起主要作用。

毛细血管比小动脉更加细小，但其数量极其丰富，总体形成的大片区域让全部毛细血管的总阻抗远低于小动脉。毛细血管网络采用另外的血流控制和分配的机制——直接通路，指其直接连接小动脉和小静脉形成捷径小血管。小动脉的血液通过这些捷径不必经过毛细血管而直接进入小静脉，还能够将血液迅速从静息肌肉运出，供给其他需求更迫切的组织。静脉同样参与调控血流的全局机能，限制静脉中的血流方向是单向朝向心脏的。另外，心肌活动时节律性的泵出动作会挤压静脉，静脉起到了“肌肉泵”的作用，促进血液回到心脏。通常在作业状态下，脉压增大或与休息状态相同说明作业进行顺利，可以继续；而若脉压降低到最高值的一半，说明作业过于紧张或负荷过大，作业人员已产生疲劳或糖原储备几乎耗尽。

每分钟从左心室泵出的血液流量叫作心脏输出量，以 Q 值表示，受到环境、生理、心理各种因素的影响。体力劳动产生的生理需求可以显著改变心脏的血液输出量。人在休息状态下和低强度作业时心脏输出的血液约为 5 L/min，中强度作业时约为 15 L/min，高强度作业时可达到 25 L/min。高温高湿的作业环境也会使心脏输出量增大，原因是机体必须为加快散热向皮肤表面提供更多血液。当个体处于兴奋状态下，或感到紧张、压力大时，其心脏输出量同样会增大。年龄、性别、健康状态及环境适应能力等个体因素都会影响具体作业场景中个体的心脏输出量。心脏增大输出量的途径有两种：加快单位时间内的心跳次数（即心率，HR）和提高血液的每搏输出量（即搏出容积，SV）。心率和搏出容积相乘得到心脏输出量。休息状态下的成年人搏出容积约为 0.05~0.06 L/ 跳，中强度作业时搏出容积约 0.10 L/ 跳，高强度作业时约 0.15 L/ 跳，而高强度作业时心脏输出量的增大主要依赖于心率上升。

测定体力工作负荷的重要指标之一就是心率。通常在作业起始阶段，心率于 30~40 s 内快速升高，经过 4~5 min 会稳定在作业强度的对应水平。通常人主要依靠提高心率增大心脏输出量，坚持体育锻炼的人则主要依靠提高脉搏输出量。只要作业过程中人的心率没有比安静时高出 40 次 /min，就说明作业安排在合理范围内。研究显示中等强度作业的心率和耗氧量线性相关。心率的测定比耗氧量更容易，因而可以作为测量耗氧量的间接指标。现已有便携式远程计量仪器允许测试人员在一定距离外监测并记录作业人员心率。测量时需要给作业人员胸部接上一组心脏信号的检测电极，将信号传递至接收器便于记录和分析。一个人们常用的简单心率测量法是把脉，也就是将手指压在手腕处接近大拇指位置的桡动脉上自行计数测量，但这种方法容易受到干扰。还有一种心率测量方法是在靠近下颚的颈动脉处进行计量。个体间的心率和耗氧量关系具有差异性，在利用心率评估工作负荷时必须先逐一测量每位被试人员的心率–耗氧量关系。该过程要求实验条件可控，允许系统性调整作业负荷水平并测定被试相应的心率和耗氧量。

四、神经系统

作为最基本的信号处理单位，神经元接收信息，做出一系列简单的生理生化反应且自身活跃水平发生变化，信息就这样被传递至其他神经元。神经元的功能由其特异性的形态、结构决定。细胞体是神经元的重要构成部分，含有帮助完成神经元基本新陈代谢的细胞器，包括细胞核、核糖体、线粒体、高尔基体、内质网等。这些细胞器在其他大多数细胞内同样存在。任何细胞内都有流动的液体——细胞质。细胞器悬浮在双层脂质细胞膜包围隔开的细胞质内。

神经元细胞体外延伸出的特异性突起即树突和轴突，二者完全不同的作用显示出功能两极分化。树突形态呈大树枝干状，负责接收来自相邻神经元的传入信息。信息接收部位是叫作突触的突起结构。每个神经元可以有若干树突，但只有一条从细胞体发出的轴突，整条轴突较细而半径均匀，末端产生的若干分支叫作轴突终末。轴突负责传导细胞体产生的神经冲动并将其传递至相邻其他神经元或效应器。由此可见，在神经元参与的信息流中，树突的位置在突触后面，也被称作突触后；轴突的位置在突触前面，也被称作突触前。通常在讨论特定的突触时，才会用突触前或突触后神经元的说法。大多数神经元都同时既是突触前又是突触后：当它们的轴突与其他神经元建立连接时，它们是突触前；而当其他神经元与它的树突建立连接时，它又是突触后。

为了实现神经系统信息分析和传递的目的，神经元的信号加工过程分为几个不同阶段：

（1）神经元接收包括化学信号（主要为神经递质，也可能是环境中引发感觉变化的化学物质，如刺激性气体）和物理信号（如皮肤躯体感觉感受器接收的触摸、双眼光感受器接收的明暗等）在内的神经信号。神经元接收这些信号后，突触后神经元的细胞膜产生流入或流出神经元的电流。电流由负载电荷的离子流传导，离子流中的带电离子包括神经元内外液体所含的 Na^+、K^+ 和 Cl^-。离子流产生的电流不同于金属传导的电流，后者由电子而不是溶解的离子传导。电流是神经元的通用信号，同时可能对距离传入突触位点较远的神经元细胞膜也产生影响。

（2）神经系统通过特殊的区域整合来自许多突触传入的或者来自被刺激的感受器的电流，可以实现信号的长程传递。其中主动的信息整合传导过程称为动作电位。动作电位是轴突局部区域的膜的快速去极化和复极化的过程。当突触电位或感受器电位引起的被动电流跨过细胞膜流动时，细胞膜去极化并影响电压门控的钠通道。此时，一些通道开始允许 Na^+ 进入神经元内，这使神经元进一步去极化。这进而又引起更多的电压门控钠通道开放，再进一步促进膜的去极化。然后经过短暂的延迟，膜的去极化导致门控钾通道开放，引起 K^+ 向细胞外流出，细胞膜开始复极化，即恢复静息膜电位值。

（3）多数情况下动作电位的结果是一个沿轴突下行传播到轴突末梢的信号，在那里，最终引起突触神经递质的释放。该过程是由一组特化的细胞内蛋白质完成的，其中有些蛋白质与囊泡相连，而有些则与突触所在的神经元末梢的细胞膜相连。这些蛋白质作为结构成分，将囊泡运送至细胞膜并着位于此，就像船停靠在码头一样。随后，通过 Ca^{2+} 内流激发生化过程，囊泡与细胞膜融合，神经递质被细胞吐到突触间隙，并在间隙内扩散。神经递质与突触后膜的受体分子结合，结束传递过程。

测量单个神经元活动的方法为单细胞记录法。在单细胞记录中，一个微电极插入动物的脑中。如果电极是在一个神经元细胞膜旁边的，那么电活动的改变就能被测量到。虽然保证电极能够记录到单个细胞活动最稳妥的方法是记录细胞内的变化，但是这种技术太困难了，并且刺入细胞膜通常会破坏细胞。因此，单细胞记录通常是在细胞膜外进行的。使用这种方法，电极位于神经元的外部，带来的问题是，它不能保证电极末端的电位变化反映的是单一细胞的活动。电极末端很可能记录的是多个神经元的活动。计算机算法则用于把这些汇合在一起的活动分解成各个神经元单独的贡献。

无数的神经元构成了人的神经系统，其中运动神经系统主要由四个部分组成：上运动神经元、下运动神经元、锥体外系、小脑。上运动神经元包括额叶中央前回运动区的大锥体细胞及其轴突组成的纤维束。纤维束包括大脑皮质至脊髓前角的皮质脊髓束和大脑皮层至脑干脑神经运动核的皮质脑干束。上运动神经元主要负责产生和传递神经冲动，以支配下运动神经元的活动。下运动神经元由脊髓前角细胞、脑神经运动核及其发出的神经轴突构成，作为最终通路负责接收锥体系统、锥体外系统和小脑系统的各种神经冲动，整合各种冲动并使其经周围神经传递至骨骼肌，最终引起肌肉收缩。

锥体外系统在广义上指除锥体系统之外的所有躯体运动神经系统，包括纹状体系统和前庭小脑系统。这些系统的各部分可形成多条复杂神经环路，包括皮质-新纹状体-苍白球-丘脑-皮质环路、皮质-脑桥-小脑-丘脑-皮质环路、新纹状体-黑质-新纹状体环路、小脑齿状核-丘脑-皮质-脑桥-小脑齿状核环路等。狭义的锥体外系统指纹状体系统，由纹状体（尾状核、壳核和苍白球）、红核、黑质及丘脑底核组成，统称为基底核。锥体外系统承担肌肉的张力调节和协调运动功能，能够维持和调整机体姿势，支配半自动的动作和反射性运动。小脑具有维持机体平衡性、调控肌张力和协调随意运动的重要作用。小脑不产生运动相关冲动，而是通过传入和传出神经纤维联通前庭、脑干、基底核、大脑皮质和脊髓等部位，从而实现对运动神经元的调控。

大脑皮层神经系统调控产生所有目的性操作动作，该过程既依赖于机体内外各种感受器传入的大量神经冲动，又由中枢神经系统调控决定；大脑皮层综合分析大量信息后会形成即时的共济性联系，协调各个组织器官共同适应作业需要，调整机体适应外界环境，达到新的平衡。神经系统调节人体运动的典型例子是动力定型。动力定型是指人长时间在特定环境中执行相同的作业任务，机体逐渐形成复合型条件反射，对作业操作习惯的逻辑平衡潜意识就此产生。定型化刺激反应系统（又称连锁式条件反射系统）的具体表现是一系列下意识的习惯性行为和动作。形成动力定型大致分三个阶段：

（1）首先是兴奋过程扩散。养成动力定型的初期主要是作业人员接受指导人员的讲解、操作示范后亲身实践，先获得作业操作的感性认识，对其内在规律的理解还不深入。此时尚未建立条件反射，操作过程中常常动作僵硬，肢体不协调，动作效率较低。

（2）接下来是兴奋过程。经过反复地练习和受指导后改进，作业人员对操作的内在规律产生初步理解，练习过程中的大部分问题得到纠正，逐渐减少多余动作，可以独立连贯完成整套技术动作。此时动力定型初步建立但并不稳定，若遇意外刺激，在精神紧张状态下依然会出现多余动作或发生失误。

（3）最后阶段是完善和巩固动力定型，形成自动化。重复性训练可以巩固条件反射，大脑皮层的兴奋与抑制在时空上的联系更加集中和精确，这也是动作准确、姿态优美、失误率降低的过程，会出现下意识的动作，操作比较省力。动力定型不仅能提高作业能力，还会使机体各器官从一开始就去适应作业需要，使操作协调、轻松，反应迅速且达到较高的绩效水平。

改变原有动力定型或以新的动力定型替代会造成大脑皮层细胞的巨大负担，不仅欲速则不达，甚至可能导致中枢神经活动紊乱。因此，对于复杂的作业性质或需较大程度改变操作过程时，必须严格重新训练。大脑皮层的兴奋性会因从事高强度体力活动而下降；进行中低强度的劳动时人反射机能良好；而长期不进行劳动会导致动力定型退化。在建立新的动力定型时应注意循序渐进，把控重复性和节奏性。

对各个生理指标的综合测量一直是社会的现实需求，也是研究者关注的重点。例如，研究者发明了一种适合于跑步机的便携蓝牙运动生理数据监控方法。通过设置在跑步机正前侧的控制面板输入个人信息，包括性别、年龄、身高、体重和奔跑速度；在用户手腕上套设监控手环，监控手环包括心率监测模块，血压监测模块和温度监测模块，监测用户的生理数据，并通过蓝牙模块将所述生理数据上传；通过蓝牙接收模块监控手环发送的生理数据，通过控制器预存的分析软件进行分析，输出生理状况和运动建议到显示器显示输出，在用户的生理数据达到预警值时，强行控制电机的转速到安全转速。

第四节　心理数据

心理学科的独立则让人因工程中对人的因素越来越重视，逐渐形成了以人为本的设计理念。1879 年冯特在莱比锡大学建立第一个心理学实验室标志了心理学脱离了哲学的母体成为一门独立的学科。而心理学以人为本的理念则构成了人因工程的三大目标之一。尤其是认知心理学对人的感觉、知觉、记忆等的探究成果则为人因工程课程中的基础内容。

人的心理本质上是对人们对客观物质世界的主观反应，包括了感觉、知觉、认知、情绪、意志等相互关联的心理活动。心理本身是隐形的，不像具体的事物可以看得见摸得着。人们也不可能像测量重量、长度一样测量人的心理活动的量，而只能通过个人在特定情境中的外显的行为来推断人们的心理活动。这就决定了心理测量只能是一种间接的测量，其中有一个关键的假设，就是个体在能力、人格等方面存在个别差异；如果没有差异，心理测验就没有意义。例如，我们无法编制一个测验，问一个人的一只手有几个手指。在绝大多数条件下，手指头个数是一样的。

西方工业革命后，企业的劳动力需求剧增且不断将分工精细化，产生了专门的人才选拔培训和职业指导，这成为心理测量技术走向成熟和发展的最重要因素。19 世纪科学飞速发展，人道主义思想广泛传播，社会对有智力缺陷和精神疾病的人在认识和态度上发生极大转变，开始有医疗机构专门治疗和护理这类病人。促使心理测量发展的另一个重要因素是对各种心理疾病的客观分类方法和统一鉴定标准的需求。在这些社会需求的基础上，心理测量学应运而生。

一、心理测验的分类

心理测验可以按功能分为能力测验、成就测验和人格测验。

1. 能力测验

在心理学的角度，人的能力可分为实际能力和潜在能力。实际能力指个体当下所能做到的事情，代表其通过各种方式学习和训练后已经掌握的知识、经验和技能。潜在能力指个体未来可能能做到的事情，表示其得到一定机会学习或训练后，可能达成的知识、经验和技能水平。能力测验包括普通能力测验（通常所说的智力测验）与特殊能力测验（测定个体在艺术、体育、某种专业技能等方面的特殊才能）。

2. 成就测验

成就测验通常是为了评价人在接受特定的正式教育或训练之后对所学内容的掌握情况。

由于测验对象以学习成就为主而叫作成就测验（如学校中常见的学业考试）。成就测验往往用于测量在具有较高计划性、确定性的情境（如学校）中学习的成果。相对而言，能力测验（尤其是能力倾向测验）常用于测量控制较弱、确定性较低的情境中的学习效果，可以看作是个体的生活累积。

3. 人格测验

人格测验指个体特质中除能力之外的部分，包括性格、气质、情绪、兴趣、价值观、品德、动机、信念等方面的个性心理特征。

根据测试方式，心理测验又可以分为个别测验和团体测验：

（1）个别测验指每次的测验对象只有一位被试，一般情况下主试与一位被试面对面进行。这种方式的优势是主试能充分观察并有机会调整被试的行为反应；对被试无法使用书面工具（如幼儿或文盲）而必须由主试做记录时，只能采用面对面个别测验的方式。该方法主要缺点是效率较低，无法在短时间内采集大批量实验资料。因此，这个测试方法主要针对特殊群体，例如对于幼儿园的孩子的心理测验，主要就是采用个别测验。

（2）团体测验指由一位主试（必要时配备助手）同时对若干被试施测。该方法优点是效率更高，短时间内即可采集大量资料，因而广泛应用于教育领域；缺点是难以把控被试的行为，测量结果易产生误差。

二、心理测验的质量标准

心理测验的质量检验指标为信度和效度。任何的测验都必须要有这两个质量指标，没有达到一定的质量标准，最后测验结果是无效的，也不被大家所认可。信度主要回答测量结果的一致性、稳定性和可靠性问题；效度主要回答测量结果的有效性、正确性问题。

信度就是稳定性，或者叫作测验结果的一致性。例如，人进行某测验，第一次测试和过几天再次测试的分数相差特别大，说明测试结果不稳定，即该测验存在信度问题；两次测验分数差不多，说明稳定即信度较高。若一个测验具有较高可靠性，人在较短时间内多次接受该测验应取得大致相近的成绩。信度只会受随机误差影响，随机误差增大则信度降低，故而可以将信度看作随机误差对测试结果的影响程度。系统误差导致的是恒定效应，与信度无关。以符号 T 表示真实值，B 表示系统误差（偏差），

E 表示随机误差，X 表示测量结果，则它们之间的关系是 $X=T+B+E$。T 是一个需要估计的抽象变量，B 可以通过一定措施被降低或消除，但 E 是无法人为避免的。若测得的 X 与 T 基本一致、差异很小，则认为该测量“可靠”或“可信”，否则认为其在一定程度上“不可靠”或“不可信”。信度是受到各种因素的影响的。首先是心理测验的时长。对信度进行模拟发现测验越长信度越高。其次测验中全部题目的难度应按正态分布，并且将整体难度控制在中等水平，因为难度接近正态分布时测验结果的标准差增大，信度值也会相应提高；另外还需要选择合适的团体，提高测量在各同质性上较强的样本上的信度。

两种常用的信度数学计算方法分别是重测信度和分半信度。重测信度就是一个测验做两次，看看两次测验分数之间的相关程度，相关越高，重测信度越高。当然，仅有一个人前后做两次测验，是无法计算重测信度的。例如，在一个班上有 17 位学生。假如说 17 位同学做了一个测验，那么每个人就有一个分数。再过一个月再做一次，又有 17 个分数。我们可以计算两组 17 个分数的相关系数，然后就可以计算出重测信度。直观上，如果第一次测验和第二次测验，每一位同学的名词都是一样的，重测信度就接近 1 了。如果恰好相反，例如第一次第一名的同学变成了第二次的最后一名，重测信度就接近 –1 了。如果两次测验在分数名次上没有规律，重测信度就是接近 0 了。这种测验就没有质量。重测信度越接近 1，就越好。第二种为分半信度是指在测验后将测验项目分成相等的两组（两半），通常采用奇偶分组方法，即将测验题目按照序号的奇数和偶数分成两半，然后计算两项项目分之间的相关。分半信度相关越高表示信度高，或内部一致性程度高。由于对一个测验进行二次测量消耗巨大，且受到的影响因素也比较多，因此分半信度是实际研究中最常用的信度检验方法，反映了测验项目内部一致性程度，即表示测验测量相同内容或特质的程度。从研究的角度，重测信度在 0.6 以上是可以接受的，达到 0.8 左右会被认为是一个较好的测验。如果比这个低，研究被认可程度就下降。从应用的角度，有的机构把测验数据拿去作为一个鉴定标准，需要多高的重测信度呢？当然越高越好。实际上，研究是探索性的，研究是允许失败的，因为成本等原因对测验的信度没有更高的要求，即没有作为实践应用标准高。要达到实践应用标准，一般是要求 0.8 以上，即重测信度要求很高，才能够作为鉴定标准。因此，一般情况下鉴定标准要求信度是比研究需要的更高的。

任何测验都有所要测量的心理品质。效度即有效性，指测量工具测定其目标测量特质的有效程度。效度所要回答的基本问题是一个测验对所要测量的特性测得有多准，以及要测量的心理活动特征是否能够测量出来。效度是科学的测量工具所必须具备的最重要的条件。

根据测量方法可以将效度分为内容效度、结构效度和效标关联效度。

（1）内容效度指某测验实测内容与目标测量内容的相符程度。测验的内容效度评估是为了确定其代表目标测量行为领域的有效性。测量的行为领域和具体内容根据测量目的确定，一般包含需要测量的知识范围和对不同知识点的掌握程度要求。成就测验主要测量被试人员对某种技能或某门课程内容的掌握情况，所以内容效度在成就测验中最为常用。通常评价内容效度的方法是请多名专家共同测评具体测验内容。

（2）结构效度指测验对目标测量的理论结构和特质的实际测量程度，换言之是测验分数对某种心理学理论的结构或特质的反映程度。此处的结构指心理学理论包含的抽象且具有假设属性的概念或特质（如智力、动机、信念等），其能够被具体操作定义和通过测验来测量。例如，有心理学家认为人的发散性思维会具体表现为创造力，即人对特定刺激产生变化性、独创性的反应能力。结构效度一般通过结构方程模型的拟合来测量，如果测验数据可以很好地拟合理论结构，那么就说明测验具有较好的结构效度。效标关联效度主要涉及测验是否有用的问题。

（3）第三种为效标关联效度。一项研究发现，在控制年龄和性别变量的基础上，初一年级学生在图形匹配、选择反应时、视觉搜索、三维心理选择、瑞文推理、空间工作记忆、点阵数量比较、数字大小比较、数学流畅性（包括简单减法、复杂减法、多位数乘法）、估算等 10 项学习能力评估任务中的成绩可解释及预测学生学期末数学学业成绩的 39.1%。其中使用的全部一般认知及学习能力评估任务每一项仅需要 3~10 min 即可测量，涉及的内容均为个体小学三年级以及以前即可掌握的基本能力。上述结果表明学习能力评估测验可用于显著预测个体的数学学业成绩，即具有较高的效标效度。

合格的心理测验，除了信度和效度还要求适宜的题目区分度与难度。区分度指测验内容对被试人员个体之间心理品质差异的区别能力。每个测验几乎都包含了用测量结果区分被试人员的目的，所以测验的每个组成项目都应考虑到这一目标，并以区分度作为综合表示该测验目标的质量指标。项目的区分度越好，被试人员在该项目的水平就越能够被细致地区分开来，即水平越高者得分越高；反之，区分度低的项目不能帮助辨识被试人员之间的水平差异，水平高者与低者得分相近，甚至可能出现水平低者得分更高的情况。因此学者将测验项目区分度视为测验效度的“指示器”，以其作为项目质量评价和选取的主要依据。需要注意的是，准确评估测验项目区分度的先决条件是能够准确测定被试人员水平，只有被试的水平高低已很清楚，才能判定测验项目对被试水平的区分是否正确。因此，必须寻找一个能够准确反映被试水平的客观标准，即通常所说的效标分数。效标本来应该在测验的外部寻找，但项目区分度的效标以测验总分为指标，将其作为内部效标。区分度用符号 D 表示，取值范围为 -1.00~1.00，D 值为正叫作积极区分，为负叫作消极区分，为 0 则表示无区分作用。有积极区分作用的项目，D 值越大表明其区分效果越好。

测验难度指被试完成测验项目的困难程度。对某测验项目来说，能答对的被试占比例越高则难度越低，若大部分被试都给出错误结果说明其难度偏高。在心理与教育测量中，通常以难度 P 来定量刻画某题目的难易程度。难度系数一般在 0.35~0.65 为好。就整个测验而言，难度为 0.5 的测题应占多数，同时也需要一些难度较大或者较小的题目。难度设置中应该尽量避免天花板效应和地板效应。这两种情况对测试成绩的真实反应均有较大的影响。

三、心理数据测量设备与技术

（一）纸笔测试

以文字形式展现项目内容，且被试同样使用文字完成的测验称为文字测试，又称纸笔测试。纸笔测试极易于实施，在以往的团体测验中普遍使用；其缺点是被试的个体因素和受教育程度容易影响到测验结果，并且不便于规定和控制测试花费的时间，可能降低测试效度。

（二）计算化行为测试

计算机普及之后，心理测验的方式主要采用在电脑屏幕上呈现刺激，使用电脑自动记录个体的反应和反应时间等数据。其优点是测试的时间准确性较高，数据记录误差较小，但是其缺点是测试所需要的成本较大。尤其是经典的 eprime 测试编程，需要测试者对测验进行编制，拷贝于每一台需要测试的电脑，准备工作较为复杂，对研究者的专业要求较高。

（三）网页行为测试

随着网络的发展，利用网络云平台进行测试逐渐被研究者所青睐，例如多维心理测试平台（Online Psychological Experiment System，www.dweipsy.com/lattice）。利用在线网页平台进行心理测试，优点在于扩大了心理测试的范围和提高了心理测试的效率。相对于传统的计算化行为测试，网页行为测试只需要进行一次开发，就可以在有网络的设备上无限次使用，不需要下载安装，也不局限于设备的类型，电脑、手机、平板等均可以进行心理测试。而且由于网页测试的数据存储于网络云平台，因此更加有利于大数据的累积。但是其缺点在于网页测试受到网络影响较大，如果在测试过程中出现网络卡顿，有可能会出现数据的丢失。而且由于网络的延时，网页测试收集的时间数据可能存在一定的误差。

（四）虚拟现实方式测试

虚拟现实（Virtual Reality，VR）是应用计算机技术，模拟出在视觉、听觉、触觉等方面与真实或构想环境高度近似的数字化环境。用户借助头盔显示器、数据手套、运动捕获装置等必要设备，与数字化环境中的对象进行交互，产生亲临环境的感受和体验。广义的虚拟现实还包括增强现实（Augmented Reality，AR）、混合现实（Mixed Reality，MR）和增强虚拟。增强现实是将计算机生成的数字化对象叠加在视频图像或现实环境之上，向用户呈现出一种虚实结合的新环境；混合现实和增强现实类似，只是前者中的计算机生成对象与现实环境对象可区分，而后者难以区分。现在一般使用狭义的虚拟现实概念，即完全由计算机生成的虚拟对象和环境。由于 VR 创造了全新的、更直观的人机交互方式，被业界认为极有可能成为下一代大众化交互方式和继移动互联网之后的下一代计算平台。这种测试方式可以很好地模拟特殊的场景，对于在特殊场景中的能力的测试具有较大的优势。例如，20 世纪 80 年代初，一些国家的军队开始采用虚拟现实技术构建虚拟战场环境，用于军事训练。现在虚拟现实技术已全面应用于一些国家各军兵种及联合作战训练、规划、预演和决策。进入 21 世纪，行动更复杂、节奏更快速、空间更广阔的未来战争对虚拟现实技术提出了更新更高的需求。其优点在于，这种技术可以实现以超高清晰度、超大视场角的显示设备加上听觉、触觉、嗅觉、味觉等感知设备为特色的综合演练系统。参与人员将以“第一人称”置身于模拟场景中，具有高度真实感；也可以第一人称与模拟场景中的对象进行自然的交互。传统的系统只能通过键盘、鼠标对目标进行控制，而虚拟现实训练系统可以通过体感手势、动作捕捉、运动追踪等技术实现人员与目标的自然交互，比如直接挥拳踢腿击打敌人、手握模型枪开枪射击、用虚拟工具维检武器装备、模拟舰机坦克的操控等。而且这种技术可以对场景进行 720° 全方位动态建模，并且支持气象特效（云、雨、雪、雷电等）、光照特效（白天、黑夜）的显示和采用仿真数据可视化技术对大量重要的不具备物理实体的战场要素信息进行可视化显示，使人员更真实地感知目标场景，更直观地获取战场细节。最后，这种技术可以实现集中式模拟与分布式模拟、单项训练与联合作战训练高度结合。虚拟现实系统综合运用了虚拟现实技术与计算机网络、大数据、云平台等先进技术，既可以将整个模拟系统集中在一个或几个相邻的建筑物内进行集中式模拟，也可以通过信息网络把分布在不同地点、相互独立的模拟系统或模拟器材联接起来形成分布式模拟系统；既可以进行射击等单项训练，也可以将多种模拟系统联接到一起，甚至陆海空天进行一体化联合作战模拟演习。另外，由于其造价较高，技术门槛高，在大范围的实际应用还有所局限。

（五）脑电数据采集技术

脑电信号的研究始于生物电信号的发现。1875 年，英国利物浦一家医学院的助教 Richard Caton 首先在兔脑上发现了自发脑电现象。而最早的人类脑电图是德国耶拿大学精神科教授 Hans Berger 于 1924 年在他儿子的头皮上获得的。由于他在脑电研究上的卓越贡献，被后人称为“人类脑电图之父”。1958 年，英国伦敦大学的 EG. Dawson 研制出了一种用于平均瞬时脑诱发电位的电-机械处理装置，开创了脑诱发电位记录技术的新纪元，因此，他被后人视为临床诱发电位的创始人。大脑中的神经元有两种活动，一种是动作电位，一种是突触后电位。要想通过细胞外活体记录的方式完全分离出单个神经元的突触后电位，则几乎是不可能的，因为来自不同神经元的突触后电位会在细胞外混合在一起。因此，单个神经元的活体记录（“单细胞”记录）测量的是动作电位，而不是突触后电位。而且当同时记录许多神经元时，才有可能测量到叠加在一起的突触后电位或动作电位。这种在头皮表面可记录到的自发脑电活动称为脑电图，又称非侵入式脑电波，而打开颅骨直接从皮层表面记录到的电位变化称为皮层电图，又称侵入式脑电波。目前除了医院需要进行手术时会记录侵入式脑电波，一般均只测量非侵入式脑电波。这种非侵入的脑电波有两种不同形式：一种是在无明显刺激的情况下，大脑皮层经常性自发产生节律性电位变化，称为自发脑电活动；另外一种是感觉传入系统包括感觉器官、感觉神经或是感觉传导途径或脑的某一部位受刺激时，在皮层某一局限区域引出的电位变化，称为皮层诱发电位。常见的皮层诱发电位有躯体感觉诱发电位、听觉诱发电位和视觉诱发电位。目前心理测量中使用比较广泛的是通过测验任务诱发电位。

脑电技术为心理测验提供了观察心理测样时大脑变化过程的信息，这为评估人在进行各种信息加工时候的时间进程提供了重要依据。脑电技术最常被提及的优势便是其优良的时间分辨率。这不仅仅意味着它能够可靠测量 358 ms 和 359 ms 时刻点的值，这些值可以很容易地通过反应时测量、眼球追踪和心脏活动测量等等方式得到，而且脑电技术的关键点在于，它可以提供一种始于刺激之前，并延伸至反应之后的连续性测量手段。行为测验中，我们无法得到刺激和反应之间的数据，但大多数的“心理加工”恰恰发生在这个时间段内。脑电则提供了一种技术可以测量该时间段内每一时刻点的活动。同时脑电技术也具有一定的劣势。即使现在有很多便携式的脑电设备，但是其造价相对于行为测试来说还是更为昂贵的。另外相对于其较高的时间精确性，其空间精确性不足。即使可以使用多个电极进行溯源分析，但其精确程度依然较差。有些心理或神经过程可能并不存在与其对应的脑电成分标记，对头皮上记录到的电压没有清晰的贡献。尽管存在几十个独特的时间相关电位成分，但肯定仍有成百上千个独特的大脑活动过程没有明显的脑电成分。脑电信号的收集也容易受到噪声的干扰。为了得到足够的统计功效，通常情况下每名受试者的每个实验条件需要 10~500 个试次进行平均。这就导致那些需要很长刺激时间间隔的实验，或者需要使受试者产生惊讶感的实验很难进行。另外，脑电也很难测量那些可以延伸至几秒钟之外的大脑活动，例如长时记忆的巩固。其主要原因是，非神经因素，例如皮肤电位会导致头皮电位出现大幅度的缓慢漂移，这些漂移在锁时点之后随着时间的推移，会在波形中引入越来越多的变化。

（六）核磁功能成像技术

脑部核磁功能成像（functional Magnetic Resonance Imaging, fMRI）的原理是在刺激特定感官时，可以使大脑皮层特定部位产生神经活动或激活脑功能区，利用磁共振机扫描得到一系列脑部图像的方法。人的感觉、运动和认知功能作用均由脑部特定区域的神经活动调控，脑部生理活动一定会使局部脑血流、脑血容与能量代谢发生细微变化，脑组织的磁特性也会相应改变。因此，对组织磁化特性高度敏感的磁共振成像仪器是脑功能研究的有力工具。不同于直接测量神经元的电生理指标，核磁功能成像技术在被试人员完成特定任务的过程中记录神经活动带来的生理信号连续性变化，间接反映脑区的神经活动和激活状况。最初进行核磁功能成像时需要静脉注射增强剂，在静息和刺激状态下分别注射造影剂才能观测到脑血流的变化，得到脑部活动资料。直到 1990 年，美国贝尔实验室 Ogawa 等揭示了血氧的特殊效应：脱氧血红蛋白比氧合血红蛋白急性期更短；由于脱氧血红蛋白顺磁性较强，局部主磁场的均匀性受到破坏，导致局部脑组织磁场特性发生变化。脱氧血红蛋白浓度升高带来的两方面效应共同导致局部磁共振的信号强度减弱。这种由脑局部血氧含量决定的成像方式使核磁功能成像也被称作血氧水平依赖（Blood Oxygen Level Dependent, BOLD）功能成像。

核磁功能成像带来了心理测量的革命性技术进步，其首要优势在于 fMRI 具有更高的空间分辨率。目前 fMRI 扫描仪的分辨率可高达约 30 000 mm^3 像素，不仅能获得在进行心理加工时的大脑活动，而且当被试在扫描仪内时还可以获得高分辨率的解剖图像。如今 MRI 扫描仪在医院中的安装已相当普遍，大部分仪器安装后只要经过适当硬件调试即可投入使用，功能性成像效果好。fMRI 的另一优势是被试无需注射放射性示踪剂，重复测试也不会产生负面影响，在单阶段或者多个阶段中均可实现，多次观测还可以更全面完整地统计分析单个被试的数据变化或稳定性。还有一个强大优势是 fMRI 的数据可通过多种不同的方式组合分析，除了基本的大脑激活分析，还可以进行典型相关分析、独立成分分析、功能连接分析、脑复杂网络分析、动态因果模型与有效连接分析、随机动态因果模型、脑网络模式的线性分类、静息脑网络的流行学习方法等分析方法，可以揭示丰富的大脑活动指标。

（七）功能性近红外光谱技术

功能性近红外光谱技术简称近红外（functional Near-Infrared Spectroscopy, fNIRS）是一种脑功能成像技术。神经元的本质是细胞，在活动时不仅会产生电信号，也会伴随代谢活动的变化。具体来说，兴奋的神经元处需要供给更多葡萄糖和氧气，以产生更多 ATP 来满足能量的需求。为了满足局部脑能量需求，神经活动迅速增加局部血流量的瞬时变化被称为神经血管的耦合机制，它是大脑成像功能的基础。氧气的运输需要红细胞中的血红蛋白来完成。血红蛋白与氧结合形成氧合血红蛋白，把氧运输到目标部位后再与氧解离形成脱氧血红蛋白。而在大脑内部存在一种氧供给过补偿效应，通俗来说，就是供给的氧气量不是正好满足神经元活动消耗的氧气量，而是会大于消耗的氧气量。在神经元兴奋时，其周围组织中氧合血红蛋白的浓度上升，脱氧血红蛋白的浓度下降。这样的话，通过检测大脑特定部位氧合血红蛋白和脱氧血红蛋白浓度的变化，就可以了解到该部位的代谢情况的变化，进而对神经元的兴奋情况窥探一二。近红外测的就是特定部位氧合血红蛋白和脱氧血红蛋白的浓度变化。近红外技术采用的方法是，通过发射器向脑内发射波长为600~900 nm的近红外光，并在探测器处记录出射光的强度，计算出光在大脑中穿行时的衰减量。通过比较不同时间点光的衰减量的变化，就可以计算出两种血红蛋白的浓度变化。

近红外设备相对于核磁来说设备没有那么昂贵，设备的大小也比核磁机器更小。因此它的操作更为简便，时间分辨率较高，理论上可达毫秒级，无需切片，没有强的荧光干扰，可以适应鲜活组织原位定位，也可对神经元、能量代谢和血液动力学的变化同时进行检测。但是其缺点在于近红外的空间分辨率较低，其穿透深度也只能达到灰质部位。近红外的测量还不可避免地会受脑组织外信号的干扰，如头皮、颅骨和脑脊液等。

四、实施标准化的心理测验

心理测验的原理是观测特定情境中被试人员的行为样本，利用样本推导其一般性的行为特征。测验分数能够帮助预测被试人员的潜在心理症状，或可能擅长从事何种领域的工作等等。然而，实际得到的测验分数不仅体现了测验目的相关因素变量形成的结果，还可能受到与测验目的无关变量的影响。因此不仅仅是测量工具，测验过程同样会影响测验分数。测试前施测人员应当预估可能影响测验分数的因素，确定对无关因素的适当控制措施。

提前的准备工作对妥善安排测验程序必不可少。施测人员进行测验前准备工作时，应将测验所需材料按合理顺序放置在指定位置，便于被试使用。例如，若操作测验对被试的要求是拼一张动物拼图，施测人员必须把拼图的各部分碎片以一定规则放到被试面前，若不预先记住放置顺序，在测试材料发放时忙乱而放置混乱，被试有可能由于各部分碎片的相对位置关系而产生对动物躯体部分的联想，加快拼图速度易于得分或因错误联想而误失分数。智力测验大多包含操作测验的环节，制定了操作材料的放置规则，应按规定完成测验的预先准备。对于测试环境的准备需要在一个安静、没有干扰的环境中进行测量。标准化测验有针对测验条件的严格规定，测验环境的桌椅高度、桌面面积、照明采光应符合统一标准，纸笔测试使用的纸张规格和被试书写用笔都应由施测人员统一按规格准备。必须强调心理测验的过程绝不能被外界因素干扰，最基本的防干扰措施是在测验房间门外挂上示意牌，说明测验正在进行中，禁止无关人员进入。对于团体测验，可以在房间内锁门或派人守在门外阻止迟到者和无关人员入场。施测人员的情绪和态度同样会影响测验分数，施测人员应严格自我控制，避免暗示性的表情和语言。

其次是在开始心理测验前需要签署知情同意书。心理学研究伦理的 3 项基本原则包括：尊重、有利和公正。尊重包括了被试需要知情且同意，被试需要自主，自我决定是否参加测验，并对弱势群体（儿童、囚犯、智障患者、受教育程度低群体、贫穷群体）进行一定程度的保护。有利是指心理测验需要在被试身体、心理和社会的良好状态的情况下进行；需要将可能的风险降低到最小；在一项测验中保护参与者是研究者最重要的职责。公正包括让被试提前知道风险和利益的分配；研究参与者的选取需要公正，不能带有歧视；以及对弱势群体进行特殊保护。为了保护被试的权益，每次心理测试前需要由本人或者未满 18 岁儿童的家长签署知情同意书。这代表着一个具有行为能力的人做出同意，承认这名被试已经得到了必要的信息；对这些信息已经有了充分的理解；在充分考虑这些信息的基础上，在没有被强迫、没有被不正当影响、诱导和胁迫的情况下做出决定。因此，一项合格的知情同意书包括了以下要素：

（1）研究描述：研究课题、研究目的、预期的责任、有关的步骤、研究持续时间、对随机性和安慰剂的解释。

（2）风险描述：预期的或可预测的风险；生理的、社会的、心理的风险；文化上适宜的风险。

（3）利益描述：合理地预测益处、没有夸大。

（4）可获得的选择：可选择的治疗程序或方法、有利和不利因素、可获得性。

（5）保密性：保密的程度、告知可能得到信息的个人或组织、特殊文化环境。

（6）补偿：在有损伤的情况下可得到的补偿，可获得的治疗及费用，对误工费、差旅费及其他不便之处的合理补偿。

（7）参与者的联系渠道：对与研究有关问题的联系、由于关心参与者的权益而进行联系、实用性和可行性。

（8）自愿参加：绝对自愿、随时退出的权利、拒绝时不会受到处罚。

（9）知情同意书签字。

在测试中需要使用统一指导语。心理测验指导语的基本内容是向被试解释说明测验目的和完成测试题目的方式。指导语直接影响被试参与测试的反应方式和态度。研究人员曾让三组被试在参与同样的智力测验时分别使用三套不同的指导语，发现所用指导语将测验描述为“智力测验”的一组得分最高，而使用“日常测验”说法的一组得分最低。人格测验中设计的一些问题对被试来说较为敏感，若没有适宜的指导语测试往往难以顺利进行。应注意指导语不可对被试的作答形成提示或暗示，在指导语中说明测验目的时更应严谨措辞，施测人员和指导语都要求对整个测验保持客观中立，不得给被试造成倾向于特定题目特定答案的感觉。速度或效率是能力测定的重要因素之一，因而能力测验和成就测验通常要求限制标准时间，而人格测验和态度测验则不对时间作出规定。

若指导语需要施测人员念读，应提前做好准备，在测试中念读时不可发生念错、重复、停顿错误或结结巴巴，这些念读错误都会影响被试。指导语的讲解必须要十分规范，要求主试严格按照指导语“一字不多、一字不少”地读给被试听，切忌根据自己的理解，用自己的语言向被试讲解测验操作，也不能因为自己个人觉得测验过于简单而认为指导语的讲解没有必要。在讲解完指导语后引导被试做练习测验，进一步确认被试是否理解了测验要求，在确定被试理解了测验要求的情况下，引导被试进行正式测验。在被试进行练习测验和正式测验的过程中，主试不得进行分外的指导或指导语的讲解。存在多个测验时，不能为了节省时间，把所有的实验指导语都讲了再做实验，而应该按照“第一个测验指导语–第一个测验练习–第一个测验正式–第二个测验指导语–第一个测验练习–第一个测验正式……”的顺序。

采用客观的测验计分方式。早期的心理测验主要是由人工测试，人工记录分数。由于个人的差异，对于数据的客观性受到了一定的影响。随着计算机的普及，目前大部分心理测验都采用了计算机化测量，排除了主试操作带来的影响。为了保证测验的客观，还需要进行单盲测试，如果需要的时候还需要进行双盲测试。单盲测试指主试不知道被试所在的实验的真实测量内容，而双盲测试则是主试和被试均不知道测试的真实目的。因为主试在测试的时候，人是有认知的，有感情的，有思维的。当他知道需要测量的内容时，他可能有一些预期。那么这些预期很有可能会通过他的语气、动作、表情等表现出来，从而会影响被试的做题行为。

最后，还需要注意在整个测试过程中以礼对待被试，充分照顾被试的身心体验。不能以命令的口吻对待被试，否则会给被试带来压力甚至是负面情绪，从而影响被试的反应，进而污染到实验结果。应当营造一个轻松的实验环境和氛围，但是与此同时，要让被试感到主试的严肃、认真和负责，主试在实验过程中必须时刻关注被试及实验进展状况，不得玩手机或进行其他无关事宜。被试虽然已经签署了知情同意书，同意参与实验，但被试仍拥有随时无条件退出实验的自由。遇到这种情况，主试应当做的是询问被试拒绝继续参加测验的原因并对症下药，晓之以理、动之以情，以争取实验的顺利进行，但是如果在努力之下，被试的反抗情绪仍十分强烈，则尊重被试随时退出研究的自由。

五、心理测验分数的解释——常模

测验完成后对比被试作答情况与标准答案，直接获得的分数叫作原始分数。原始分数本身用于评价的意义不大，这种数值的意义只有与一定的参照体系作比较才能确定。在实际应用中，我们要想正确地解释、评价和使用测验分数，必须借助于某项参照标准。就像在物理测量中测得的山的高度，总要说明是对照海平面还是相对于某个指定的物体的高度；水温的测量也是如此，必须先明确所谓冰点是水的“冰点”还是其他液体的“冰点”，才能真正解释清楚其含义。在心理与教育测量中，测验分数也必须与一定的参照物和参照体系比较，才能对测验分数做出明确解释。如果解释测验分数的参照体系是社会在所测特征上的客观要求或某个指定的外在标准，该参照体系就叫作标准，参照着外在的客观标准来解释测验分数意义的测验叫作标准参照测验；如果解释测验分数的参照体系是被试所属团体被测特征的一般水平或水平分布状态，该参照体系就叫作常模，以特定被试群体的常模为对照标准分析测验分数的测验叫作常模参照测验。常模参照测验以客观、标准化的方法测量行为样本，要求规范化的测量操作，测验的指导语、施测过程、所用工具、环境条件、分数评价分析等应严格统一、符合正规要求。在操作条件客观且标准化的基础上，以被试的行为样本（测试动作或要求引导的被试外在表现）作为测量对象，而被试内在需要测验的心理结构、状态、水平等特征导致了外在行为样本，将难以检测的指标转化为可以被观察到的常态化行为活动。但对于常模参照测验来说，最重要的是把不同水平被试的得分拉开距离、分出档次，所以，测验应具有较高的区分度。为方便解释分数，希望被试的测验分数呈正态分布或接近正态分布，以利于有效划分出等距的分数等级。

心理特质的常模指特定群体在一段时间内普遍存在的稳定心理特质，如人的智力和品德等。为准确掌握特定群体中普遍稳定的基本心理特质的状态和分布水平，必须坚持客观性原则并运用严格科学的方法获取。首先，对被试进行科学抽样，即选择常模样组。事实上，被试群体在所测特质上的一般水平，就是常模样组的一般水平予以代表的。其次，测验需要科学的编制思路和实施方法，利用常模样组引导出被试的目标考察行为样本，获得实测数据。然后通过对实测数据合理的统计分析以数值形式确定一般水平分布，建立测验的常模。所以，测验的常模是指一个具有代表性的样组在某种测验上的表现情况，或者说，是一个与被试同类的团体在相同测验上得分的分布状况与结构模式。这种分布与结构具体表现为由原始分数的分布转换过来的具有参照点和单位的测验量表。所建立的常模是为解释测验分数服务的，将附有常模资料的测验测试任一被试，该被试在测验上的得分，就可以和常模资料进行比较，从而明确该被试的水平优劣状况。参照常模对测验的分数进行解释和评价，实质上是通过考察个体的心理特质在某一群体所有成员中的相对位置来衡量和评价该个体的心理特质的。因此，用常模参照测验解释分数是为了利用测验的常模描述被试的个体水平处于参照团体的何种相对位置。作为一种相对性的评分，常模参照的被试测验分数需要与其他被试分数进行比较才能确定其意义，测验所突出的是所测被试间的差异状况。

常模编制具体需经历以下基本步骤：

（1）确定测验将来所要运用的总体。如果群体的成员身份没有明确界限，则由该群体得出的常模是不可靠的。

（2）根据测验群体，选定最基本的统计量，如平均数、标准差、百分等级等。

（3）确定抽样误差的允许界限，如平均数的抽样误差等。

（4）设计具体的抽样方法。同时，为保证将抽样误差控制在特定的范围内，根据选定的抽样方法，估计出所需的最小样本容量。常模团体以最小样本容纳量为基础，在该群体中抽样获得。

（5）对常模团体施测，得到其成员的测验分数及分数分布情况后计算样本统计量及其标准误等。

（6）确定常模分数类型，制作常模分数转换表，即常模量表。

（7）编写常模化过程和常模分数的书面指导材料。重点包括抽取常模团体的书面说明，以及常模分数的解释指南等。

将被试反应对照测验计分标准计算的测验得分叫作原始分数，反映被试作答的正确量或比例。原始分数的不足之处在于难以直接体现被试之间的个体差异、被试之间相互比较产生的区别，或被试若参与其他等值测验的大致得分情况。为科学合理解释测验分数，就需要为测验建立常模，将测验分数与常模表相对照，以使原始分数具有明确的意义。建立常模表的一项重要工作就是将原始分数转换为导出分数。导出分数是将原始分数按一定规则经统计学方法处理，转化为具备参考点和单位且便于互相比较的分数量表或符号系统；将原始分数以特定规则转化成导出分数的过程叫作分数转换。常用的导出分数有百分等级分数、标准分数和 T 分数等，各个分数之间的转化关系如表 4.1 所列。

表 4.1　各种标准化分数之间的关系转换表

标准九分	相应的百分位数	相应的标准分数	评定等级
9	≥97	≥127	很高
8	90～96	119～126	高于平均
7	78～89	112～118	高于平均
6	59～77	104～111	平均
5	41～58	97～103	平均
4	23～40	89～96	平均
3	12～22	82～88	低于平均
2	5～11	74～81	低于平均
1	≤4	≤73	很低

六、经典心理测验体系

（一）多元智能理论

1983 年，哈佛大学教育研究院心理发展学家 Gardner 在发现脑部受创患者的学习能力差异后，结合认知心理学提出了多元智能理论。在此之前，根据 Piaget 的认知发展理论，从人的综合发展阶段开始，逻辑核心能力是全体知识领域内人类全部其他能力的基础；另一方面，局部解剖学逐渐被应用于人类特定智能范围（如空间认知、语言认知、声音认知）的研究工作。不断发展延伸的认知心理学和发展心理学早已很大程度上偏离了 Piaget 的理论，从认知发展心理学的发展趋势来看，尽管其并不明确讨论多元智能理论，却并不反对该理论。学校提供的传统教育着重强调发展学生的两方面能力——数学逻辑和文字能力（主要是读写），但人类智能远远不止于此。个体之间有明显的智能组合差异，例如建筑师、雕塑家拥有较为发达的空间感即空间智能，舞蹈演员和运动员的体力即肢体运作智能较强，而公关和服务人员的人际智能较强。

Gardner 认为，之前人们认定的智力概念太过狭隘，并没有全面而正确地反映个体的真实能力。他提出人的智力应能够作为一个指标衡量其解决问题的能力。据此他在《心智的架构》一书中提出，人类的智能可分为七个范畴，后又增至八个，分别如下：

1. 语言智能

指语言文字的高效运用能力，具体包括听、说、读、写能力。拥有高语言智能的人能够相对容易地使用语言高效描述客观事物、表达自身思想并与他人展开交流。这种智能尤其适用于作家、记者、主持人、播音员、演说家、政治家、编辑、律师等职业人士。

2. 数理逻辑智能

工作内容与数字相关的人非常需要此类有效使用数字和进行逻辑推理的智能。这类智能发达的人习惯于推理思考并学习，喜欢通过实验得出所提问题的答案以及发现事物的逻辑秩序和客观规律，对科学发展前沿易产生兴趣。他们倾向于察觉他人言行中的逻辑缺陷，更容易接受和信任可测量、分析、归类的事物。

3. 空间智能

空间智能指人对色彩、形状、结构、空间及其互相关系的敏感性。空间智能发达的人擅长感知、辨识、记忆和改造物体绝对和相对空间关系并能以此有效表达思想和情感，表现出易于通过平面和立体图像、造型的空间要素表现和表达的能力。他们能准确细致地通过视觉感知空间并将相关知觉呈现出来，学习时更容易接受和习惯用意象、图像进行思考。空间智能包含形象和抽象空间智能两部分，画家及相关职业的特征是形象空间智能，数学家的优势在于抽象空间智能，而建筑学家往往集形象和抽象空间智能于一身。

4. 身体–运动智能

这种智能指人运用躯体和肢体表达想法和感觉，以及依靠手部操作高效从事生产或改造的能力。具有身体–运动智能优势的人（如运动员、舞蹈演员、手艺匠人等）难以长时间安静维持同样的身体姿态，喜欢手工建造和户外活动，在谈话中经常使用各种肢体语言。他们利用机体感觉的学习和思考效果更佳。这种智能体现人调控身体的运动、平衡及手部动作操控物体的技能，人不仅有较高的躯体控制能力，还能够面临外界刺激或作业需求时做出恰当的身体反应，并擅长通过身体语言表达内在思想。

5. 音乐智能

指人灵敏感知旋律、音调、节奏和音色等音乐要素的能力，以及利用歌唱、演奏乐器和谱曲等音乐方式表达的能力。歌唱家、演奏家、作曲家、指挥家、乐器制作者、乐评人等往往表现出优越的音乐智能。

6. 人际关系智能

指能够有效地理解他人及人与人之间关系，与人良性交往的能力，含有四大要素：

（1）组织能力——分为群体动员与协调能力。

（2）协商能力——矛盾纠纷的仲裁与解决能力。

（3）分析能力——敏锐感知他人的情绪、情感变化与想法。

（4）人际联系——倾向于关心他人，体察人意，容易建立密切和谐的人际关系，适合团体协作及调节团队氛围。

7. 内省智能

这种智能指自我认识能力，包括正确认识自身优缺点，把握内在情绪、动机、目标、欲望，进行工作及生活规划，保持自尊、自律，主动吸取他人长处和生活经验。拥有内省智能的人会通过各种外界反馈渠道了解和评价自身，对人生有思考规划；更喜爱独处，有意识深入剖析自我，偏好独立性和有选择空间的工作。优秀的政治家、哲学家、心理学家等会表现出优越的内省智能。内省智能有事件层次和价值层次两个层次，在事件层次的内省是总结归纳特定事件的成败及效果；价值层次则是建立事件结果与价值观的联系，以此进行自省。另外，有学者将内省智能拆分为“灵、性、智、能”。

8. 自然探索智能

人主动认识动植物及其他自然环境要素（如岩石、河流）的能力。拥有高自然智能的人会在狩猎、种植及生命科学上有优越表现。自然探索智能属于探索智能的一种，后者还包含于社会探索智能。

（二）CHC 模型

CHC 模型是以 Cattell、Horn、Carroll 三人名字命名的理论，不仅是一种对认知能力进行分类的方法，而且可以提供个体差异的理论解释。CHC 模型包含 16 个一般因素和 80 多种具体能力。总体分为三层：第一层是一般因素。第二层是在某个领域发挥重要作用的广泛因素，如短时记忆、加工速度等。第三层是从属于某个广泛因素的多个狭窄因素，反映某特定任务所必需的能力，如记忆巩固、空间认知、知觉速度等。底层的认知构成了上层认知的基础。基于 CHC 模型的认知能力测验包括 WJ-III

（Woodcock-Johnson，伍德科克–约翰逊测验），WISC-V（Wechsler Intelligence Scale for Children，韦克斯勒儿童智力量表），WAIS-IV（Wechsler Adult Intelligence Scale，韦克斯勒成人智力量表），DAS-II（Differential Ability Scales，特异性能力量表）等。CHC模型为目前国际主流的心理能力测验框架提供了基本依据，是国际公认的多元认知能力模型，包含流体和晶体智力，涵盖了认知能力和学习的各个方面，为队列设计提供了很好的参考框架。最为常用主要的二层能力如下。

1. 数量知识（Quantitative Ability, Gq)

主要指个体已学数学知识的深度和广度。它主要测量个体获得的数学知识，包括了数学符号知识（+、−、×、÷、√）、数学操作知识（如加法、减法、乘法、除法）、计算过程（如长除法、减法分数、二次公式等），以及其他数学相关的知识。该能力又包括了2个三级能力：数学知识，通常考察的范围包括了数学常识，而不是数学运算或数学问题解决，因此这个因素主要是关于“是什么”的知识，而不是“如何操作”这些知识；数学成就，主要测量个体能达到的最高的数学能力水平。

2. 阅读和写作能力（Reading/Writing Ability, Grw)

这个二级能力主要测量和书面语言相关的知识和技能的深度和广度。如果一个人的阅读和写作能力比较强，那么他在阅读和书写能力测试上表现会很好，而如果他们在这个能力上出现了问题，那么也可能是一般智力等其他因素导致的。如果一个人的阅读和写作能力较低，在这个能力的测试上则通常不会获得高的分数。虽然阅读和写作是两种不同的语言能力，但阅读和写作能力差异的潜在来源并不清楚，因此这个能力将阅读和写作合在一起。其包括的三级能力为

（1）阅读解码，指从文本中识别单词的能力。通常这种能力是通过口语阅读测试来评估的，这些测试将单词按照难度上升的顺序排列。测试可以包括语音学上常规的单词、语音学上不规则的词语或假词。

（2）阅读理解，指个体理解书面语言的能力。阅读理解是通过多种方式来衡量的，最常用的就是给被试一段话，然后基于该话语考察相关的问题。

（3）阅读速度，指一个人能够完全理解相关话语的阅读速度。阅读速度分为广义认知速度和增长速度的混合测量。

（4）拼写能力，指拼写单词的能力。这个因素通常通过传统的书面拼写测试来衡量。然而，就像阅读解码一样，它也可以通过口语阅读测试来衡量。拼写测试包括语

音规则的无意义单词。值得注意的是，Carroll 认为这个因素的定义不够明确，需要进一步研究。

（5）语法，了解语言中的语法规则，例如大写、标点和单词的使用。

（6）写作能力，考察能够使用文本清晰地表达思想。

（7）书写速度，考察个体能复制或生成文字的速度。

3. 知识累积能力或晶体智力 (Comp-knowledge, Gc)

这个能力被认为是一个人学习实际有用的知识和掌握有价值的技能的程度。因此，从定义上讲，不依赖于个体背景文化来测量知识累积能力是不可能的，其测量的范围也是最广阔的。其三级能力包括

（1）一般言语知识，主要测量一个文化背景下所必须要知道的语言知识的广度和深度。

（2）语言发展，考察在单词、习语和句子方面对口语的一般理解。

（3）词汇知识，指了解单词的定义和概念。语言发展更多的是在语境中理解单词，词汇知识更多的是单独理解单词的定义。

（4）听力，指理解语言的能力。听力测试通常包括了简单的词汇，但随着测试难度的提升，涉及的语法会越来越复杂，语音样本的长度也会越来越长。

（5）沟通能力，是指个体能够用语言清晰地表达自己的想法。这种能力和听力是密切关联的，只是它更多的是用来表达的，而不是接受的。

4. 流体智力（Fluid Reasoning, Gf）

流体智力是一个多维结构，但它的各个部分在目的上是统一的：为了解决陌生的问题。当个体有意识而灵活地控制注意力解决新问题时，不能完全依靠以前习得的习惯、模式来完成，因此需要流体智力进行补充。流体智力在抽象推理中最明显，因为抽象推理较少地依赖于先前的经验，同时这种能力也存在于日常生活中的新问题解决。流体智力通常与背景知识和自动化响应一起使用。也就是说，当前的习惯、模式等不足以满足新问题的要求时，即使是在很短的时间内，也可以使用流体智力。流体智力在推理、概念形成、陌生刺激分类、对新问题和旧问题解决方案的概括、假设的产生和确认、识别相似点、发现差异以梳理不同对象和想法之间的关系等方面也有重要作用。其三级能力包括

（1）归纳推理，指观察一种现象并发现决定其行为的潜在原则或规则的能力。

（2）一般序列推理，指在已有原则或前提的基础上完成逻辑推理的能力，又称演绎推理或规则应用。

（3）数量推理，指利用数字、运算符构成的数学关系完成归纳或演绎推导的能力。

5. 短时记忆（Short-Term Memory, Gsm)

这是指个体编码、维持和处理信息的能力，包括了原始记忆的容量和控制原始记忆信息的注意控制机制效率的个体差异。其三级能力包括

（1）记忆广度，指对信息进行编码，将其保存在大脑存储器中，并立即按照信息表示的相同顺序重新生成信息的能力。

（2）工作记忆容量，指引导注意力在初级记忆中执行相对简单的操作、组合和转换信息的能力，也包括了避免无关刺激对注意力的分散，以及在次级记忆中进行有策略的、有控制的信息搜索的能力。

6. 长时记忆和提取（Long-Term Storage & Retrieval, Glr）

这是一种以分钟、小时、天和年为单位的时间内存储、合并和检索信息的能力。短时记忆主要是与几秒钟内已被编码的信息有关，当这些信息存储在大脑，并被积极维护和需要检索时就称为了长时记忆。短期记忆测试中其实通常也会涉及储存在长时记忆中的信息。长时记忆测试涉及的是那些被遗忘了足够长的时间，以至于短时记忆的内容被完全取代的信息。需要保证短时记忆中持续保持信息是困难的，甚至是不可能的。三级能力包括

（1）联想记忆，主要考察配对记忆先前不相关信息的能力。

（2）有意义的记忆，主要考察记忆叙述与其他形式语义相关信息的能力。

（3）再认记忆，主要考察打乱记忆列表顺序随意进行回忆的能力。

（4）概念流畅性，指用词语或短语快速描述关于特定事物的一系列概念、想法的能力。这种能力重视数量而非质量或原创性。

（5）联想的流畅性，是指能够迅速提出与特定概念相关的一系列原创或有用的想法。与概念流畅性相比，质量比产量更重要。

（6）表现流畅性，是指能够快速想出表达想法的不同方式。

（7）问题解决流畅性，是指能够迅速地为一个具体的实际问题想出多种解决方案。

（8）创意 / 创新流畅性，是指能够对给定的话题、情况或任务迅速做出原创的、聪明的、有洞察力的反应、表达、解释。

（9）命名流畅性，指能够快速调用对象的名称。在当代阅读研究中，这种能力被称为快速自动命名或词汇存取速度。

（10）词汇流畅性，指快速生成具有非语义特征的单词的能力，与数字相关的流畅性类似。

（11）图形流畅性，指当遇到无意义的视觉刺激（例如一组独特的视觉元素）时，能够快速地画出尽可能多的东西。这个测验主要考察数量，而不是质量。

（12）形状灵活性，指能够快速绘制图形问题的不同解决方案。

7. 视觉加工（Visual Processing, Gv）

视觉加工能力是利用心理表象来解决问题的能力。眼睛一旦传输了视觉信息，大脑的视觉系统就会自动执行大量的低级运算，例如，边缘检测、明暗感知、颜色区分、运动检测等等。这些低级计算的结果被各种高阶处理器用于推断视觉图像更复杂的方面，例如，物体识别、构造空间配置模型、运动预测等等。其包括较多的三级能力：

（1）可视化，指个体感知复杂图案并在大脑中设想其转化后的模样，包括旋转、改变大小、部分模糊等等。这种能力是视觉加工能力的核心能力。

（2）快速旋转空间关系，指在大脑中将简单图像快速旋转并以此解决问题的能力。与可视化类似的地方在于其涉及心理图像的旋转。它的不同之处在于快速旋转与完成心理旋转任务的速度有更多的关系，而且快速旋转任务通常涉及相当简单的图像。

（3）闭合速度，指在预先对物体毫不了解的情况下，通过物体的片面视觉刺激（如模糊的、不连贯的）迅速辨识出熟悉而有意义物体的视觉能力。这种能力有时被称为格式塔知觉，因为格式塔学派要求人们“填补”图像中不可见或缺失的部分，以使单个感知可视化。

（4）闭合灵活性，主要是识别嵌入复杂而分散的视觉模式或阵列的某视觉模式或图形的能力。

（5）视觉记忆，指在少于 30 s 的短时间内记住复杂图像的能力。确定这一因素的任务包括向他们展示复杂的图像，然后考察在刺激消失后不久后识别它们的成绩。

（6）空间扫描，是一种能够想象出走出迷宫或有许多障碍的领域的路径。这个因素是由在纸笔迷宫任务中的表现来定义的。目前还不清楚这种能力是否与现实世界中复杂的大尺度导航技能有关。

（7）系列知觉整合，是面对连续快速显示的不完整体将其识别的能力。

（8）长度估计，指目测对事物长度的估计能力。

（9）知觉错觉，指不受视觉错觉迷惑干扰的能力。

（10）知觉转换，指视觉在不同物体之间转换交替的速度。

（11）表象，指在头脑中想象非常生动的图像的能力。

8. 听觉加工（Auditory Processing, Ga）

这是一种探测和处理声音中有意义的非语言信息的能力，包括语音、音乐以及其他的听觉能力。关于听觉加工有两种常见的误解。首先，虽然听觉加工依赖于感官输入，但它本身不是感官输入，例如，“砰”这个声音是大脑处理来自耳朵的感官信息后得到的，有时是在听到声音很久之后。第二个非常常见的误解是，“砰”是口语理解。的确，语音解析或语音编码的一个方面与口语理解有关，但这只是理解的一个基础，而不是理解本身。其三级能力包括

（1）语音编码，主要考察能够清楚地听到音素的能力。这种能力也被称为语音加工和语音意识。语音编码能力差的人很难听到单词声音的内部结构。

（2）语音识别，指在几乎不存在干扰和失真的情况下，通过检测辨别除音素之外的语音差异的能力。语音识别能力差会导致辨别语音中音调、音色和音高变化的能力困难。

（3）抵抗扭曲听觉刺激，指即使在失真或嘈杂的背景噪声的情况下也能正确地听到单词。

（4）声音记忆，指在可短时间内储存在记忆中的听觉事件，如音色、音调高低和发声模式。

（5）快速声音辨别，指能够识别和保持音乐节拍。这可能是声音模式记忆的一个方面，因为短期记忆显然涉及其中。然而，很可能有一些关于节奏的独特之处值得我们加以区分。

（6）音乐辨别与判断，指利用旋律、和声、表达等方面因素辨别和判断音调模式的能力，如节奏、分句、和声成分、情绪强度变化等。

（7）绝对音感，指对音调音高的完美识别能力。

（8）声音定位，指在空间中定位所听到声音的能力。

9. 加工速度（Processing Speed, Gs）

这种能力是快速流利地完成简单重复性认知任务的能力。一旦人们知道如何完成一项任务，加工速度就成为一个重要的预测技能表现的指标。也就是说，即使人们知

道如何执行一项任务，他们在执行的速度和流利程度上仍然是不同的。例如，两个人的加法能力可能是一样准确的，但其中一个人可以轻松地回忆数学事实，而另一个人必须额外地思考。其三级能力包括

（1）知觉速度，是对视觉刺激进行相似性或差异性比较的速度。知觉速度也是加工速度的核心。最近的研究认为知觉速度可能是一种介于狭义和广义之间的中间层次能力，有四个狭义子能力：①模式识别，即快速识别简单视觉模式的能力；②扫描能力，扫描、比较和查找视觉刺激的能力；③记忆能力，是执行视觉感知速度任务的能力，对即时短时记忆有很大的需求；④执行，是执行视觉模式识别任务的能力，对空间可视化、估计以及更高的记忆广度负载有额外的需求。

（2）测验快速完成率，是指完成简单认知测试的速度和流利程度。通过 CHC 理论的视角，这一因素的定义已经缩小到不需要视觉比较或心算的简单测试。接下来的三个能力与快速完成基本学术技能的能力有关。

（3）数字运算流畅性，指精确地执行基本算术运算的速度。尽管这个因素包括对数学事实的回忆，但数字功能包括任何简单计算的快速性能。这个测验的核心是不涉及理解或组织数学问题，也不是数学、数量推理或更高的数学技能的主要组成部分。

（4）阅读速度，指充分理解课文的阅读速度。

（5）书写速度，指生成或复制单词或句子的速度。

10. 反应决策速度（Reaction and Decision Speed, Gt）

这是指当每次只呈现一个项目时，个体能快速做出非常简单的决定或判断。这种能力主要应用在研究中，因为它可能为一般智力和大脑的一些非常基本的属性提供一些见解。反应决策速度的一个非常有趣的方面是，不仅在这些与复杂推理相关的非常简单的任务中反应时间更快，而且反应时间的一致性更强。其三级能力包括

（1）简单反应时间，指对单一刺激的反应时间。简单反应时间通常分为决策时间（也就是决定做出响应和手指离开按键的时间）和移动时间（是指将手指从主按钮移动到另一个按钮的时间，在这个按钮上进行物理响应和记录）。

（2）选择反应时间，指做出非常简单的选择时的反应时间。例如，当被试看到两个按钮，必须按亮的那个。

（3）语义加工速度，指当一个决定需要一些非常简单的编码和对刺激内容的心理操作时的反应时间。

（4）心理比较速度，指必须比较刺激物的特定特征或属性的反应时间。

（5）检测时间，指感知刺激不同的速度。

11. 心理运动速度（Psychomotor Speed, Gps）

这种能力是指身体运动的速度和流畅性。在技能获取中，心理运动速度决定了一个可比较的群体(例如同一工厂的体力劳动者)在很长一段时间内练习一种简单的技能后的表现差异。其三级能力包括

（1）肢体运动速度，主要指四肢的运动速度。这种速度在运动发生时测量，对准确性的要求较低。

（2）书写速度，指抄写书面文字的速度。

（3）关节速度，指能够快速地用肌肉组织进行连续发力的速度。

（4）运动时间，是身体移动某个部位(如手指)以做出所需反应所花费的时间。它也可以测量手指、肢体或多肢体运动或发力的速度。最近的研究表明，运动时间可能是一种中间层能力，代表了各种基本认知任务所测量的反应时间的第二阶段。

12. 特定领域的知识（Domain-Specific Knowledge, Gkn）

这是指专业知识的深度、广度及对其掌握程度，这类知识不是所有人都应具备的。专业知识通常是通过一个人的职业、爱好或其他兴趣领域获得的。其三级能力包括

（1）外语水平，类似于语言发展，但是用非母语的另一种语言。它代表的是已达到的熟练程度，而不是潜在的熟练程度。据推测，大多数外语能力高的人都有很高的外语才能，但并不是所有外语才能高的人都能熟练掌握任何一门外语。这种能力以前被归类为 Gc 的一个方面。但是，由于 CHC 中增加了特定领域的知识，所以被重新分类为某一语言的专门知识。每种语言都有不同的外语能力因素。

（2）手语知识，指掌握通过手语交流的能力，如手指拼写。

（3）唇读知识，指以观察嘴部动作和表情来理解交流对象的意思并与其沟通。

（4）地理成绩，指地理知识，例如国家的首都。

（5）综合科学信息，指科学知识，例如生物、物理、工程、力学、电子。

（6）机械知识，指各种工具、机器和设备的术语、原理、功能和操作的相关知识。目前有很多机械知识和推理测试可用于人才选拔。

（7）行为内容知识，是对非语言的人类交流、互动系统，例如面部表情和手势的知识或敏感性。

13. 嗅觉能力（Olfactory Abilities, Go）

嗅觉能力是探测和处理气味中有意义信息的能力。嗅觉能力不是指嗅觉系统的敏感度，而是指一个人对鼻子能够发送的任何信息的认知能力。与目前 CHC 模型中列出的能力相比，嗅觉能力可能包含更多的狭义能力，因为粗略地浏览了与嗅觉能力相关的研究，揭示了诸如嗅觉记忆、情景性气味记忆、嗅觉敏感性、气味特定能力、气味识别和检测、气味命名、嗅觉意象等。例如嗅觉记忆是指识别以前遇到的独特气味的能力。嗅觉记忆涉及一种经常被注意到的体验，即闻到一种独特的气味，并对最后一次遇到这种气味充满生动的记忆。对独特气味的记忆比其他记忆的遗忘曲线要平坦得多。

14. 触觉能力（Tactile Abilities, Gh）

这是指在触觉感觉中检测和处理有意义信息的能力。触觉能力不是指触觉的敏感性，而是指对触觉的认知。因为这种能力还没有很好地定义和理解，所以很难权威地描述它。该领域可能包括诸如触觉可视化（通过触感识别物体）、触觉定位（一个人在哪里被触摸过）、触觉记忆（记住一个人在哪里被触摸过）、纹理知识（通过触摸命名表面和织物）以及许多其他能力。在触觉能力中还没有得到充分支持的下层认知能力因素。目前可以定义的是触觉灵敏度，它是一种感官敏锐度能力，是指在触觉上进行精细区分的能力，例如，如果两个卡尺点同时放在皮肤上，如果它们挨得很近，我们会将它们视为一个点，而有些人能比其他人做出更好的辨别。

15. 动觉能力（Kinesthetic Abilities, Gk）

这种能力是指在本体感觉中检测和处理有意义信息的能力。本体感觉指的是通过本体感受器，例如肌肉和韧带中感知拉伸的感觉器官，感知肢体位置和运动的能力。动觉能力不是指本体感觉的敏感性，而是指对本体感觉的认知。在动觉能力中还没有得到充分支持的下级认知能力因素。目前可以定义的是动觉敏感性，被称为是一种感觉敏度能力，指的是对本体感觉，例如，对肢体是否移动以及移动了多少进行精细区分的能力。

16. 心理运动能力 (Psychomotor Abilities, Gp)

指完成力量、协调或高精度机体运动的能力，如手指、手部、下肢运动等。其三级能力包括

（1）静态力量，例如推力，运用肌肉力量移动、推、提、拉一个相对重的或不能

移动的物体的能力。

（2）肢体协调，指手臂或腿快速特定或独立运动的能力。

（3）手指灵巧度，指手指无论在是否操控物体的情况下完成协调性、高精度运动的能力。

（4）手灵巧度，指单只手或从手到上肢精确协调运动的能力。

（5）手臂定位，指空间中熟练且精准协调手及上肢定位的能力。

（6）控制精度，指精确控制肌肉运动的能力，一般是完成一定的反馈，如操纵物体移动位置或操作速度发生变化。

（7）目标定位，指快速而精确地通过一系列手眼协调运动实现定位动作。

（8）身体平衡，指在空间中保持身体直立或在平衡被破坏后恢复平衡的能力。

情绪智力（EI）的研究领域非常广泛，但目前尚不清楚哪些情绪智力建构应该包含在 CHC 理论中。CHC 理论是关于能力而不是性格的，因此它的构念是通过有正确答案或快速表现的测试来衡量的。

（三）我国的心理测验体系案例

由董奇、林崇德主持的大型中国儿童青少年心理发育标准化测验项目，测验与评估内容包括四大方面：中国儿童青少年认知能力测验、中国儿童青少年语文和数学学业成就测验、中国儿童青少年社会适应量表和中国儿童青少年成长环境问卷。每套测查工具均具有良好的信度效度。这是我国首套具有自主知识产权的儿童青少年心理发育标准化测查工具。

儿童青少年认知能力评估具体包括注意能力测验、记忆能力测验、知觉能力评估、空间能力评估——空间能力测验、非言语图形推理能力评估、阅读理解能力评估。

中国儿童青少年社会适应量表包括中国青少年主观幸福感量表、儿童青少年生活满意度量表、儿童青少年孤独感量表、儿童青少年亲社会行为量表、儿童青少年攻击行为量表、校园欺负量表、网络成瘾量表、儿童青少年自我认识量表、儿童青少年自尊量表、儿童青少年自信量表、儿童青少年自制力问卷、儿童青少年价值观量表、儿童青少年公正世界信念量表。

中国儿童青少年成长环境问卷包括家庭功能量表、父母亲密量表、父母冲突量表、亲子关系量表、亲子沟通量表、亲子信任量表、父母监控量表、父母教养方式量表、心理控制量表、校园氛围量表、班级环境量表、师生关系量表、学校态度与学习态度量表、生活世界量表、社会心理环境分化量表。

七、军事场景中的心理测验

（一）美国的军事服务职业倾向量表（Armed Services Vocational Aptitude Battery, ASVAB）①

美国陆军的 Alpha 和 Beta 测试（Army Alpha and Army Beta）于 1917~1918 年开发，使军事指挥官得以对军人能力进行一些测量。陆军的 Alpha 测试是一项由小组管理的测试，测试的是语言能力、数字能力、听从指示的能力和信息知识。陆军的 Beta 测试是 Alpha 的非语言对应测试。它被用来评估不识字、没有受过教育或不会说英语的应征入伍者和志愿者的能力。后来陆军通用分类测试（The Army General Classification Test, AGCT）和海军通用分类测试（The Navy General Classification Test, NGCT）被用于第二次世界大战，以取代陆军的 Alpha 和 Beta 测试。AGCT 是一般学习能力的测试，陆军和海军陆战队使用它来分配新兵的军事工作。在第二次世界大战期间，约 1200 万新兵接受了 AGCT 测试。NGCT 则被海军用来为新兵分配军事任务。在第二次世界大战期间，约有 300 万名水手使用 NGCT 进行了测试。在第二次世界大战早期开发了额外的分类测试来补充与技术领域相关的专业能力测试，例如机械测试，包括机械、电气、等测试；文书和行政测试，无线电代码操作测试；语言测试和司机选择测试等。在第二次世界大战结束时，各军种开发了各自的能力倾向选择测试，所有这些测试主要包括词汇、算术和空间关系子项目。1950 年，军队恢复了单一种类测试，即武装部队职业资格测试（AFQT）。新的 AFQT 是以 AGCT 为模型的。然而，与 AGCT 以及美国陆军的 Alpha 和 Beta 不同，AFQT 是专门设计用于筛查设备操作方面的人才。因此，AFQT 的建立是为了衡量应试者在合理的时间内接受军事训练的一般能力，以及提供一个统一的衡量应试者在军队中的潜在有用性的标准。AFQT 一直使用到 1972 年。1973 年，空军开始使用 ASVAB 测试，随后海军陆战队在 1974 年使用。从 1973 年到 1975 年，海军和陆军使用他们自己的测试集进行选择和分类。1974 年，国防部决定所有军种都应该使用 ASVAB 来筛选应征士兵并将他们分配到军事岗位。选择测试与分类测试相结合，使测试过程更加高效。ASVAB 测验总共包含 10 个分测验：一般科学、算术推理、词汇知识、短文理解、数学知识、电学知识、汽车信息、购物信息、机械

① https://www.officialasvab.com/applicants/sample-questions/

原理、拼图和编码速度。

（二）美国陆军开发编码速度（Coding Speed, CS）测试和空间能力（Assembling Objects, AO）测试

美国陆军开发了已知的最早的美国军事编码速度测试，用于军事职业分类。Helme 和同事描述了陆军编码速度测试，现在是 ASVAB 测试的一部分，主要考察能够从一系列选择中快速识别正确的单词或数字对。AO 测试是基于 ASVAB 中没有包含的对陆军职业重要的能力和特征。对陆军而言，空间能力被确定为关键能力。因此 AO 确定了几种空间结构，开发了 10 个空间测试，其中 6 个通过了现场试验，并被纳入验证研究阶段。其中推理和装配类型是该因素的最佳度量。完整测验版本目前尚未公开。

（三）美军空军军官资格测试（AFOQT）①

AFOQT 是美国军队用于选拔飞行军官，筛选飞行员、作战系统操作员和空战管理人员的资格测试。它分为五个子维度：言语、数量、空间、机组人员知识、加工速度，并且进一步可划分为 11 个分量表。

1. 言语类比测试（Verbal Analogies）

这部分测试测试被试的推理能力和判断单词之间关系的能力。个体需要了解单词的意思和功能，并运用逻辑来弄清楚一组单词是如何相互关联的。测试中还需要注意词语的双重含义和上下文语境。测试总共有 25 个问题，必须在 8 分钟或更短的时间内回答。

2. 算术推理测试（Arithmetic Reasoning）

算术推理子测试由 25 道题组成，必须在 29 分钟内完成。这部分测试主要考察个体使用算术解决问题的能力。考察问题集中在基本的算术问题以及数量和统计。数学知识范围主要包括百分比、成本总数的快速数学、典型的零售结账计算、速度和距离、体积、平均分数等等。大多数问题都是用语言的形式呈现的。

3. 词汇知识测试（Word Knowledge）

词汇知识子测试有 25 个问题，测验限时 5 分钟。词汇知识考察词汇量和词汇意

① https://afoqtpracticetest.com/

义的知识，主要测试对单词定义和含义的理解程度。在每个问题中，被试要选择与提示词意思最接近的词。

4. 数学知识测试（Math Knowledge）

这一部分的问题集中在数学术语和原理，包括了代数和几何。数学知识测试部分由 25 道题组成，必须在 22 分钟或更短的时间内回答。

5. 阅读理解测试（Reading Comprehension）

这部分测试主要考察被试阅读和理解书面材料的能力。每篇文章后面都有一系列的多项选择题，被试需要根据短文选择最适合的选项回答问题。这个测试中不需要额外的信息或特定的知识。阅读理解测试部分由 25 道题组成，必须在 38 分钟或更短的时间内回答。

6. 情境判断测试（Situational Judgement）

情景判断测试部分由 50 道题组成，必须在 35 分钟或更短的时间内回答。这部分测试衡量个体对人际关系的判断，类似于你作为一名军官可能会遇到的情况。你的回答将相对于经验丰富的美国空军军官的共识判断评分。对于每种情况，你必须回答两个问题。首先，从你所列出的五种行动中选择你认为最有效的行动来应对这种情况。然后，从你所列出的五种行动中选择你认为最不有效的行动来应对这种情况。

7. 自我描述测试（Self-Description Inventory）

自我描述量表测试部分由 240 道问题组成，必须在 45 分钟或更短的时间内回答。这个清单记录了被试的个人风格和态度。没有正确或错误的答案，核心考察是记录被试的第一反应。测试由一系列描述构成，需要阅读每句话，根据你的第一印象，记录下每句话的描述和自己的符合程度。例如，我总是有始有终。如果你非常同意就在量表上选择 E，如果你非常不同意，在量表中选择答案 A。

8. 物理科学测试（Physical Science）

物理部分由 20 道题组成，必须在 10 分钟或更短的时间内回答。考题主要是可以衡量个体对科学知识的掌握程度，包括了物理性质、化学关系、生物知识等。同时理解典型的命名惯例和科学命名法在这个测试中也是至关重要的。

9. 读表测试（Table Reading）

读表测试由 40 道题组成，必须在 7 分钟或更短的时间内回答。问题主要集中在阅读各种表格和图表的能力，并准确地解释和阐明所呈现的数据。被试将需要迅速获得表格的构成，并准确地解释它。

10. 仪器理解测试（Instrument Comprehension）

仪器理解子测试有 20 道题，需要在 6 分钟内完成。问题集中在评估个体确定飞机飞行位置的能力。被试必须能够评估仪器和它们的读数，包括罗盘航向、爬升或驱动器、向右或左倾斜的程度。 这部分测试通过阅读仪器显示飞机的罗盘方向、航向、爬升或俯冲的数量以及向右或向左倾斜的程度来测量你确定飞机位置的能力。每个问题包含两个刻度盘和四架飞行中的飞机。被试的任务是确定哪一架飞机是由两个刻度盘显示的最接近的位置。

11. 数方块测试（Block Counting）

这部分测试主要考察空间能力。测试中会给定一个特定的编号块，被试的任务是确定这个编号块相邻了多少其他方块。只有当积木的全部或部分接触时，积木才被认为是相邻的。只接触角的方块不计算在内。

12. 航空知识测试（Aviation Information）

主要测试个体的航空知识。问题包括航空术语和基本的航空原理，例如飞行物理、通用机场 FAA 规则、跑道标准、飞行控制面、飞机仪表、飞机力学和其他航空关键方面。大多数问题都是围绕固定翼飞机的，只有个别会涉及到旋转飞机。测试共 20 道题目，并且需要在 8 分钟内完成。

目前我国的军队能力测试集尚缺乏公开资料。这可能是由于保密需要尚未公开，也可能是目前仍然缺乏独立知识产权的军队能力测试集，是未来研究中亟待开发的内容。

第五节　未来展望

党的十九大以来，我军正在加快军事智能化发展，加强基础理论研究、加大军民融合与“三化”融合成为我军事智能化的必由之路。未来军队战斗力的形成，是以“人”

为核心的平台、装备、信息、保障、服务等构成的综合体系，人的能力在整个战斗力生成体系中占据重要核心地位。随着平台和装备信息化、智能化水平的日益提高，对人的能力要求也呈现跨越式提升趋势。高水平的能力不再仅是对高层指挥人员和科研工程人员的特殊要求，正逐步扩大到面向全军特别是与平台、装备和任务直接接触的一线军人。我国军队现役人员总计约 410 万人（其中包含武警部队 80 万人、预备役约 100 万人），其中 18~30 岁的青年群体约占一大半以上，总数超过 250 万人；同时，由于新旧更替，每年还有约 80 万新兵入伍，对于各项能力的测量与提升需求尚非常大。未来研究可以从以下几个方面展开。

（一）基于多维度的大数据库建设

目前对人的能力数据的获取还是聚焦于各个分别的维度，目前尚未有文献提出整合的形态尺寸、力量数据、生理数据、心理数据库。随着人体测量学、医学、心理学、脑科学的发展，对人的能力测量的研究取得了丰富的研究成果，已逐步解析出超过 30 种的测量指标。但是这些研究成果还没有得到统一的集成，未充分地被运用到军事设备的研究中。军事设备操作中对人的能力的需求是强调多场景实用性的复合型技能，实现人因工程提高系统的绩效、增进系统的安全、提高人员的满意度三大目标还需要综合考虑人和复合型技能，而不是仅对单一技能进行测量。

（二）开发具有中国特色的创新性技能评估体系

深化国防和军队改革，是为了设计和塑造军队未来①。构建中国特色现代军事力量体系是深化国防和军队改革的“重头戏”，为实现中华民族伟大复兴的中国梦提供坚强力量保证。构建中国特色的原创性技能评估体系将服务于中国特色现代军事力量体系。目前的测量指标体系，尤其是军事心理测验体系均为国外版本，例如美国的军事服务职业倾向量表、美国陆军开发编码速度测试和空间能力测试、美军空军军官资格测试等。我国具有不同于其他国家的特色，因此在军事设备设计的开发上，需要基于我国特色开发创新的技能评估体系。以其中的空间能力为例，空间能力是一项复合的能力，包括了 2 ~ 10 个不同类别的空间子类型。目前我们的最新研究已经初步发现了其中对数学加工具有独特作用的空间能力子类型——空间视觉化能力。那么在未来的

① 选自《习近平总书记系列重要讲话读本（2016 年版）》十四、建设一支听党指挥能打胜仗作风优良的人民军队——关于全面推进国防和军队建设。

研究中，找出我国军事设备操作中所需的独特空间能力，并以此为基础进行空间能力测评体系的开发是可行的。

（三）开发基于脑科学的测量体系

随着脑成像技术的日益成熟和不断发展，脑科学得到了飞速的发展。欧美等各国已经完成了数项大规模的国家级脑科学研究项目，例如美国的青少年大脑认知发展 ABCD 项目（https://abcdstudy.org）。该项目是美国最大的大脑发展和儿童健康的长期研究，主要由美国国立卫生研究院资助，由一个协调中心、一个数据分析和资源中心，以及全国 21 个研究地点组成，共测量了 11880 名 9~10 岁的儿童的生理、行为和大脑的发展。我国也即将开始中国脑计划项目。基于脑科学的潮流，基于脑科学的设备设计也将会是未来人因工程的研究的热点之一。

第5章 装备热舒适性设计

第一节　热环境的评价指标

一、人体温度

人体的温度指标包含体内核心温度与体表皮肤温度。体内核心温度指人体内部（颅腔、胸腔和腹腔等部位）温度，可用于说明人体温度调节机能的正常程度。所谓人体体温恒定就是指体内核心温度的恒定。相对于体表温度，核心温度较为均一平稳。当环境温度处于一定常规范围内时核心温度不会随之变化而波动，对于维持机体正常生命活动来说是必要保证。适宜的温度是机体内各种物理化学反应，特别是酶参与的生物化学反应过程的必要前提，若温度过高或过低，酶活性都容易发生变化甚至消失，进而导致新陈代谢和生理功能紊乱，严重时可致机体死亡。

人体核心温度的直接测量非常困难。常用的体温指标是临床上容易检测的口腔温度、腋下温度或直肠温度，三者因人体内各部分温度存在差异而稍有不同。三个指标代表的体温正常范围分别为腋下温度 36.0~37.4 ℃、口腔温度 36.6~37.7 ℃、直肠温度 36.9~37.9 ℃。

人类皮肤温度分布不均衡，不同身体部位存在差异。通常远离躯干部位的皮肤温度较低。例如，23 ℃的环境温度下，人类额部约 33~34 ℃，躯干皮肤约 32 ℃，双手约 30 ℃，双脚约 27 ℃。实际生活中通常用平均皮肤温度（即人体不同部位体表温度的加权平均数）反映人类体表的皮肤温度。体表温度对环境温度适应性较强，而环境温度和着装可对体表温度产生显著影响。另一个实践常用的指标是人体平均温度，含义是体内温度和体表温度的加权平均数。

二、人体温度调节

人体温度由能量代谢过程中的产热量与散热量决定，当产热量低于散热量时，身体温度下降，反之则会上升。正常情况下，人体产热与散热保持动态平衡，体温在狭窄范围内产生正常波动，处于相对稳定状态；年龄、性别、节律及作业负荷等因素都会影响体温的正常波动。

人类通过复杂的体温调控机制实现体温的相对恒定。体温调节可分生理性与行为性调节两类。环境温度或人体产热量变化，致使下丘脑整合处理全身温度感受器接受传递的温感信息，继而调控全身血管、肌肉和皮肤汗腺等效应器官对体温进行生理调节。生理调节主要通过血管收缩与扩张、肌肉收缩、汗腺排汗等方式产热或散热。生理调节的效能存在一定限度，若生理调节无法继续维持体温相对稳定，人就会使用行为调节手段维持体温，包括变换身体姿态、进行体力活动、加减服装、加强或减弱室内通风。现代常用的手段还有借助室内温控系统、使用液冷服等个体控温装备。

三、人–环境热交换

正是由于人体始终保持与外界环境热量交换，体温才得以维持相对恒定。人体与周围环境的热交换主要分为四种形式：辐射、对流、传导和蒸发。它们普遍共存并互相影响，不同换热形式发挥着不同作用。通常辐射换热约占总换热量的 42%~44%，对流换热约占 32%~35%，蒸发散热占 20%~25%，而传导换热在人–环境热交换中作用最小。

辐射换热是人类和环境通过热射线完成的热量传递。决定辐射换热效率的因素有体温与环境温度之差、体表有效辐射面积、皮肤与服装的反射系数和吸收系数，其中机体姿态及着装决定了有效辐射面积。

对流换热指机体通过流体介质（气体与液体）与环境间交换热量的方式。人体热量传递给围绕人体与皮肤接触的薄层空气或水等介质，介质的持续流动（即对流）将人体热量传递至空间环境。对流换热效率的主要决定因素是人与环境温差和流体介质对流传热特性，如空气的对流传热效率比水低得多。相对于液体介质，风速对空气介质产生显著影响，高风速使对流换热效率大幅提高。

传导换热是人体与物体通过直接接触的传导方式进行的热交换，人与所接触物体的温差及物体的热传导特性决定了传导换热效率。通常人体与服装发生直接接触，而服装材料导热性不佳，因此人与环境传导换热产生的热交换量较小。

蒸发换热是指人体以水分蒸发的特殊形式向环境散热，从而实现与环境的热交换。在环境温度与体表温度相近以及高于体表温度的条件下，人体主要从环境吸收热量，辐射、对流、传导等方式很难帮助人体向环境散热，蒸发换热基本上是人体散热的唯一有效途径。蒸发换热分为皮肤有感蒸发和无感蒸发。有感蒸发指汗液在皮肤表面蒸发。无感蒸发指体内水分穿透皮肤并形成可扩散到环境中的蒸汽，与此同时发生热量散失。水分蒸发吸热特性与体表和大气水汽压差共同决定蒸发换热效率，另外，环境因素（风速、湿度等）、体表服装面积覆盖率、服装透气性等因素也影响蒸发换热。对人体蒸发散热有利的环境条件包括低气压、低湿度和高风速。

人体与环境的热交换除上述四种主要方式外，还可以通过呼吸和排泄进行。

四、热舒适性、影响因素及度量

热环境研究的发展产生了“热舒适性”这一被逐渐广泛运用的术语。人体对周围环境和自身温度平衡状况做出基本的感觉舒适性判断，所谓的感觉不仅包括生理反应，也含有心理反应。国际标准 ISO 7730 和美国采暖制冷与空调工程师学会相关标准对人体热舒适性的定义是对热环境满意程度的意识状态，环境温、湿度与该状态密切相关。人的适应度不仅是生理性的，还包括对环境大气的感觉和主观舒适性。人体热平衡是人产生舒适感的重要基础，环境因素导致人体热平衡失衡时，人便产生“热”或“冷”的感觉。因此，人主观上对热环境的综合满意感就是热舒适。环境热舒适性（即人的热感觉）受环境与人的两大类因素影响。环境因素指空气温度、辐射温度、湿度和风速（空气流动情况）。人的因素主要指人体代谢率和着装隔热性。

（一）空气温度

空气温度（气温）直接影响人的热感觉。国际上常用摄氏温标（单位为摄氏度，℃）、华氏温标（单位为华氏度，℉）和绝对温标（单位为开，K）三种标准来度量气温。测量环境温度一般是测量干球温度、湿球温度或黑球温度。

干球温度指使用外部没有任何覆盖包裹的感温元件（常见为水银温度计）测量得到的温度，反映了环境大气温度。作为常规室内环境比较常用的气温指标，干球温度适合于评价相对湿度约 40%~60%、温度偏冷时的舒适度，不建议用于评价湿热环境。

测定湿球温度需要使用湿球温度计，即将干球温度计的感温元件用湿纱布或吸水套包裹住。只要周围环境湿度未饱和，湿球温度计外的水分蒸发就会吸热导致显示的温度降低。同时以另一个相同的干球温度计测得原本空气温度，湿球温度与干球温度的差值越高说明湿球外蒸发越显著，即空气中的相对湿度越小，利用两个温度的差值可以计算环境空气相对湿度。

黑球温度指把温度计感温部件置于外表面黑色、直径 15 cm 的空心铜球中心测出的温度。黑球温度反映铜球周围环境干球温度、风速和热辐射综合产生的热效应，若掌握环境的干球温度和风速可计算得到平均热辐射强度。

人们最常用的测温工具是玻璃液体温度计和数显式温度计。前者的最小刻度值之间不应高于 0.2 ℃，一般测量精度 ±0.5 ℃，需要在环境中稳定 5~10 min 后再读数；后者通常的测量范围是 –40~90 ℃，最低分辨率 0.1 ℃优于前者，使用时感温元件需距离围护结构 0.5 m 以上，还应采取对感温元件外加金属防辐射罩等措施以防辐射热对测量的影响。

（二）辐射温度

由于太阳辐射和室内各种热源（散热的机器或人体）的作用，空间的各个平面、立面及空间内人、机的温度各不相同，机体与它们互相通过辐射发生热量传递。热辐射的特性决定其在空间内并非均匀分布，空间内地板、四壁及各热源表面均具有不同温度，寒冷天气下门窗玻璃内侧温度明显低于内墙表面。比辐射温度更常用的概念是平均辐射温度，指的是某表面全黑的假想包围体的表面温度。若该假想的均匀黑色包围体内部辐射换热量等同于一个实际非均匀热空间环境中人的辐射换热量，可以将该黑色包围体的表面温度视作此实际非均匀空间的平均辐射温度。可根据测得的黑球温度和干球温度计算出辐射温度。

（三）空气湿度

湿度指空气中水蒸气的含量，又分为绝对湿度和相对湿度。单位体积空气内的水蒸气分压或质量是绝对湿度，单位为千帕；相对湿度则是同一温度下实际空气水蒸气含量与水蒸气饱和含量的百分比值。将饱和水蒸气视为相对湿度 100%，环境空气相对湿度高于 80% 就是高湿度，低于 30% 则是低湿度。

实际生活中常用相对湿度衡量，它是决定人体热平衡和热舒适性的重要指标。湿度的影响对于高温和低温条件尤为明显。人体在高温高湿环境中难以散热，人会感到非常闷热。人们常说的“桑拿天”就是指此类高温高湿天气，这种情况下降低湿度会显著加快人体散热，让人感到更舒适。低温条件下，相对湿度高会使人感觉更加阴冷，这正是我国南北方冬季寒冷的特征区别。湿冷环境的湿度降低有助于缓解人对于寒冷的不适。空气湿度可根据干球温度和湿球温度计算得到。

相对湿度测量通常使用通风干湿表和电湿度计。通风干湿表的作用原理是以机械或电动式在球部通风产生不低于 2.5 m/s 的气流，测得干湿球温度并根据公式计算相对湿度。该方法较为繁琐已不常用。电湿度计的工作原理是利用传感器随着环境湿度变化产生的特性变化，将传感器产生的电信号转换后直接显示为空气湿度。电湿度计的核心部件是传感器，主要有测量范围（12~95）%RH、精度在 ± 5% 以内的氯化锂露点湿度计和测量范围（10~95）%RH、精度在 ± 3% 以内的高分子薄膜电容湿度计。

（四）风　速

风速影响人体表面的蒸发与对流情况，从而改变人与环境之间的热交换，影响环境热舒适性。温度也关系到风速对人体热感觉的影响。在高于人体表面温度的气温下，空气流动不仅有助于机体蒸发散热，还会同时促进表面对流换热，人体因而吸收了更多的环境热量，并不利于维持人体热平衡。人处于气温低于体表温度特别是低温高湿的环境中，人体热量会随着空气流动加速散失，人更容易感到寒冷。风冷指数（风速与气温综合影响人体热感觉的评价指标）可用于衡量空气流动在低温条件下对体温的作用效应。

测定风速的常用工具是电风速计（热球式）和风速表（转杯式或旋翼式）。热球式电风速计中与磷铜质支柱链接的热电偶冷端直接暴露于气流，产生的一定大小电流经过加热圈，因玻璃球受热温度升高情况与风速负相关，导致探头的电流或电压发生变化，将其转化为风速显示。其一般测量范围是 0.01~20 m/s，最低阈值应低于 0.05 m/s。转杯式或旋翼式风速表以其使用的传感器命名。转杯式传感器通过光电控制、旋翼式传感器通过信号放大变换最终显示处理得到的数据结果。

（五）人体代谢率

机体产热量受到代谢率影响，进而影响人体的热平衡和热感觉。体力劳动负荷显著改变人的能量代谢和产热量，增大体力活动强度导致机体产热量快速上升，人的体温和散热量随之升高。

（六）着装隔热性

人主要通过改变着装进行热平衡的快速行为性调节，若环境温度高可以通过减少衣着促进散热，提高人体的舒适感，在寒冷环境中则可以添加厚衣物御寒保暖，降低人体热量散失。热阻是衡量着装隔热性的指标，单位为克洛（clo），1 clo 即在室温 21 ℃、相对湿度不超过 50%、风速不超过 0.1 m/s 的环境条件下静坐或进行轻度体力活动，人的代谢产热约 210 kJ/h 时人使其感到舒适的衣着隔热性。国际标准 ISO 7730 对各类情况下的代谢率和服装热阻做出了说明和规定。

（七）其他因素

影响环境热舒适性的重要因素除去上述气温、湿度、风速和热辐射，还不应忽略气压。部分研究表明，气压是仅次于温度的人体热舒适性影响因素。机体的蒸发和对流换热都受到气压影响，气压越低越有利于蒸发散热而不利于对流换热。人体在寒冷条件下几乎不出汗，此时低气压的主要作用是抑制对流散热，对蒸发散热的促进则不明显，两方面作用综合起来降低了人体散热，相比高气压条件会使人主观热感觉更温暖；高温条件下人大量出汗散热，此时低气压不仅促进汗液蒸发，加快人体散热，同时抑制对流换热，降低环境热量向人体的传递，两方面作用综合起来使人体散热更快而吸热更慢，相比高气压条件使人主观感觉更凉爽。

其他作用于环境热舒适性的重要因素还包括热环境条件及其作用于人体不同部位产生效果的均匀性，以及空气流动的涡流和紊流强度等。不只着装与活动强度，个体由一个热环境进入另一个热环境后，前一个热环境也属于影响人在当前热环境中主观热感觉的个人因素，且先前热环境中的暴露和活动强度等情况对人处于当前热环境下的热舒适性影响约持续 1 小时。

五、热舒适性指标

热舒适性指标反映热环境物理因素及相关个体因素对人体热舒适性产生的综合作用。通过前述分析人体热舒适性的影响因素，可知人的环境热感觉并不能用单一因素指标（如温度）描述，而是在多种因素综合作用下产生的，因此环境热舒适性需要具有各因素综合性的简便指标进行评价。下面介绍常用的热舒适性指标。

（一）有效温度

假设两个不连通的环境空间，A 空间内的环境条件为自然对流（风速不高于 0.1 m/s）、湿度饱和（相对湿度 100%），B 空间内温度、风速和湿度温度任意。若人在 A、B 两个空间内具有相同的热感觉，则定义 A 空间的温度为有效温度。可绘制有效温度图，在图中可查找有效温度对应的干球温度、湿球温度及风速。

有效温度作为综合指标同时考虑了气温、相对湿度和风速三个因素，常用于评价空调房间的热舒适性，但也有研究表明有效温度会在低温条件下放大、高温条件下低估湿度因素的影响，因而不适合用于评价闷热环境。

（二）新有效温度

新有效温度利用皮肤湿润度的概念在有效温度基础上做出修正。着装为 0.6 clo 的人在某热环境中静坐，若其热感觉与身处风速 0.15 m/s、相对湿度 50% 的环境中相同，则后一环境的干球温度就是前一环境的新有效温度。新有效温度被美国供暖、制冷与空调工程师协会的热舒适标准采用，该标准给出了新有效温度舒适线图（见图 5.1）并划定了人的热舒适性区域。图 5.1 倾斜的虚直线是新有效温度等温线，同一条线上的各点气温和相对湿度各不相同，但使人产生相同的热感觉，即相对湿度 50% 时新有效温度热感觉对应的干球温度。图中画出的菱形区域对应空气流速 0.15 m/s 时、人着装 0.6~0.8 clo 静坐时的热舒适性；阴影区域表示空气流速 0.15 m/s 时、人着装 0.8~1 clo、活动量略大于静坐的状况。新有效温度的适用场景是低风速环境中人着装轻薄且活动量较低。

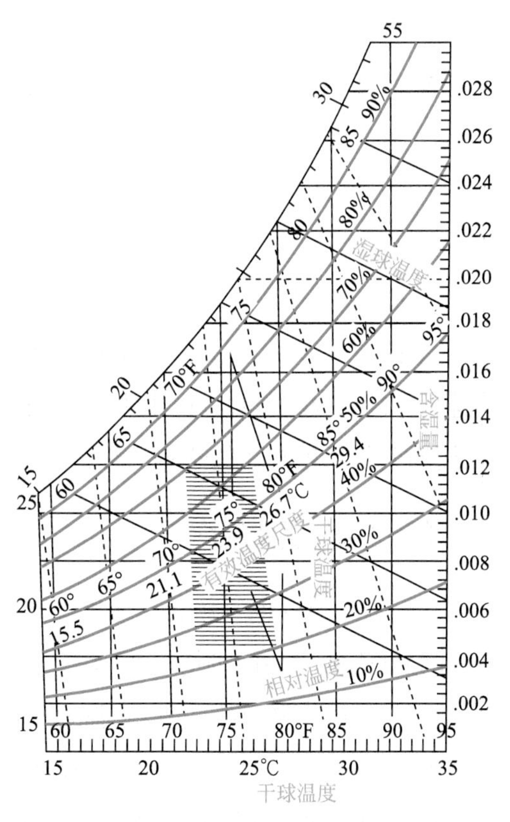

图 5.1　有效温度舒适线图

（三）标准有效温度

新有效温度进一步扩展产生标准有效温度。该参数纳入了不同的活动强度和着装热阻。人们在生活中的着装各式各样，处于特定实际环境中皮肤具有一定的温度与湿润度，此时的这两个参数若与人着装为标准热阻时处于气流平静稳定、相对湿度 50% 且空气温度恰好等于平均辐射温度的气温均匀环境中的两个参数数值相同，则后一理想环境的干球温度可视为实际环境的标准有效温度。尽管标准有效温度能够适应人各种不同的着装、活动强度以及环境条件，但确定标准有效温度的前提是进行相当复杂的皮肤温度及湿润度计算，这使其通用性大大降低，相较而言更为广泛运用的是有效温度和新有效温度。

（四）作用温度

辐射换热和对流换热可统称为干热交换。若特定实际环境条件下人与环境的干热交换量与其在某假想的气温均匀环境中相等，则该假想环境的气温即为实际环境的作用温度，计算公式：

$$t_0=(h_c t_a+h_r t_r)/(h_c+h_r)$$

式中，h_c、h_r 分别是对流换热系数和线性辐射换热系数，单位 W/m^2 ℃，无高温辐射面的室内空间 h_r 通常取近似值 4.7 W/m^2 ℃；t_0、t_a、t_r 分别是作用温度、空气温度和平均辐射温度，单位 ℃。对于主要受到气温和辐射影响而无需考虑相对湿度的热环境，作用温度是简单有效的热舒适性评价指标。

（五）湿-黑球温度

湿-黑球温度也叫作三球温度，包括干球温度、湿球温度和黑球温度三部分。湿-黑球温度需要分为两种情况采取不同计算方式。当环境温度不均匀，即辐射温度不等于空气温度时（常见于户外），湿-黑球温度计算公式：

$$\mathrm{WBGT}=0.7\mathrm{WB}+0.2\mathrm{GT}+0.1\mathrm{DT}$$

式中，WBGT 指湿-黑球温度，单位 ℃；WB 是自然风速下的湿球温度，单位 ℃；GT 是黑球温度，单位 ℃；DT 是干球温度，单位 ℃。

若是在辐射温度与空气温度相等或非常接近的均匀环境中（常见于室内空间），湿-黑球温度计算公式：

$$\mathrm{WBGT}=0.7\mathrm{WB}+0.36\mathrm{GT}$$

湿–黑球温度是涵盖了空气温度、平均辐射温度、相对湿度和风速四个环境因素的综合性评价指标，因其与出汗量有较高相关性，在温度较高的环境中比有效温度更加适用。湿–黑球温度起初主要用于评定热带高温地区的军事训练极限条件，应用范围现已扩展至（舱）室内高温环境。该指标被美国职业安全与健康协会采纳为室内热舒适性评价指标，ISO 7243-1989 中则使用该指标评价作业人员的热负荷。

（六）PMV–PPD

预测平均热感觉指标（Predicted Mean Vote, PMV）由丹麦学者范杰提出。他完成了 1 300 余名被试的实验数据数理统计并解析了人体热平衡方程，综合分析后建立了描述 PMV 值与人体热感觉关系的热舒适性方程。该热舒适方程综合包含前面提到的热舒适性六大主要影响因素，可在个体不同着装及和活动状态下计算出 PMV 值对应表示人的热舒适性，二者具体的对应关系见表 5.1。

表 5.1　PMV 值与热感觉的对应关系

PMV 值	热感觉	典型表现
+3	热	见汗滴
+2	暖	局部见汗（手、额、颈等）
+1	较暖	感觉热，皮肤发黏湿润
0	适中	感觉适宜，皮肤干燥
–1	较凉	感觉凉（局部关节，可忍受）
–2	凉	局部感觉冷，不适，需加衣服
–3	冷	很冷，可见鸡皮疙瘩或寒战

PMV 值于 1984 年被列入 ISO 7730 标准而国际化应用。目前普遍认为它是较为全面的环境热舒适性评价指标。当然，即使 PMV 值可以代表特定环境下大部分人的热感觉，个体性差异导致它无法代表每个人的热感觉。为此范杰继续提出预测不满意百分比（Predicted Percent Dissatisfied, PPD）这一概念，用于反映群体中感到热舒适性较差的人员百分数，且最终建立了 PPD 与 PMV 的函数关系式：

$$PPD=100-95\exp\left[-(0.3353PMV^4+0.2179PMV^2)\right]$$

图 5.2 是 PMV 与 PPD 的函数关系图，从计算公式及图 5.2 均可看出，当 PMV=0 即理论上的环境热舒适性最佳时，仍有 5% 的人环境热感觉是不满意的。ISO 7730 室内热环境评价与测量部分给出的 PPD 推荐值为 10%，也就是允许的人员不满意比

例为 10%，该条件对应的 PMV 值范围是 –0.5~0.5。《室内热环境条件标准》(GB/T 5701—2008) 规定的热舒适范围同样也是 PPD<10（ –0.5<PMV<0.5)。

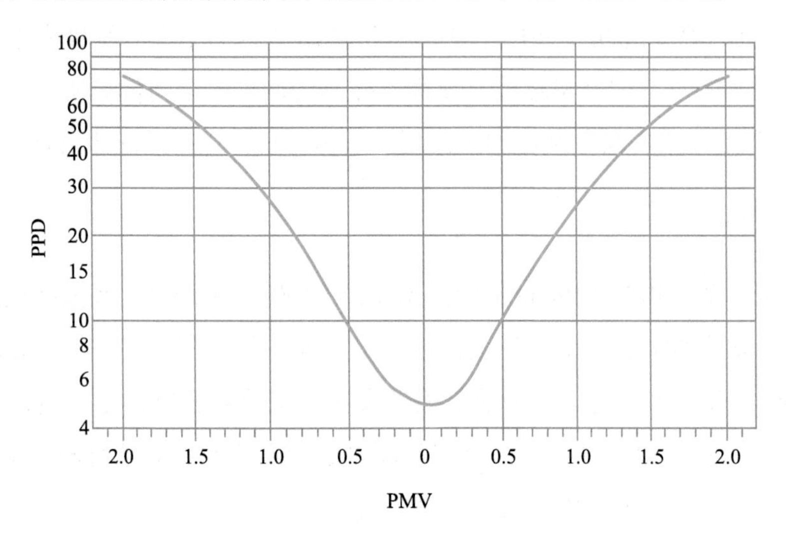

图 5.2 PMV 与 PPD 值的关系图

热舒适性评价使用 PMV 与新有效温度不存在明显差异，只是在人出汗旺盛的高温环境中新有效温度会比 PMV 更加适用。

（七）风冷指数

风冷指数（ Wind Chill Index, WCI ）是评价空气温度和风速对人体热感觉协同影响的指标，在环境温度较低的条件下更为适用。其计算公式为

$$WCI=(10.45+10v^{1/2}-v)(33-t_a)$$

式中，WCI 为风冷指数，单位 km/hm^2；v 为风速，单位 m/s；t_a 为空气温度，33 表示平均皮肤温度，单位 ℃。

作为评定气温与风速给人造成综合性主观热感觉的指标，WCI 在不高于 80 km/h 的风速条件下尤为可靠。图 5.3 是用于计算风冷指数

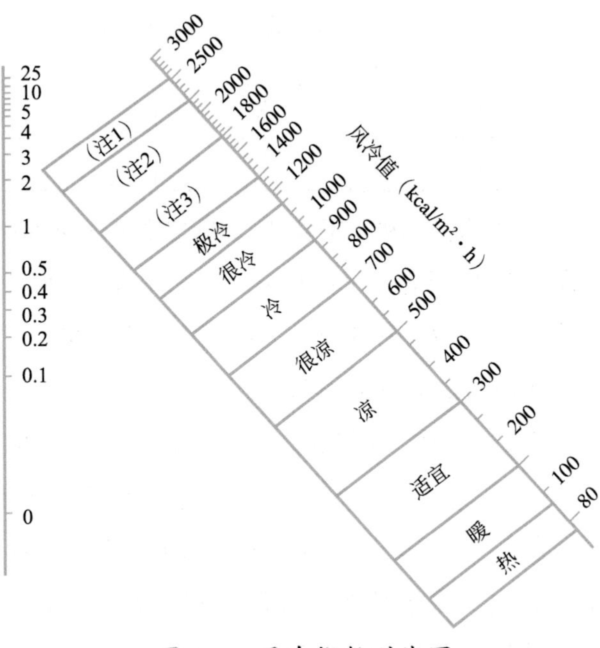

图 5.3 风冷指数列线图

的列线图，图中将环境温度与风速两点相连形成直线，该直线与风冷值坐标轴的交点可便捷确定该环境条件下的风冷指数。

（八）牛津指数

牛津指数（WD）利用湿球温度和干球温度进行加权计算，故又叫作湿球干球温度指数，计算公式为

$$\mathrm{WD} = 0.85W + 0.15\mathrm{DT}$$

式中，WD 是牛津指数，W 是湿球温度数，DT 是干球温度数，单位均为 ℃。各种气候条件下牛津指数均可作为评价人体环境耐受限值的指标。

（九）热舒适指数

利用人的核心体温、皮肤温度、排汗率、热值等主要热舒适性生理指标偏离其对应正常值的程度进行综合计算，得到的人体热舒适性客观评价指数就是热舒适指数（index of thermal comfort, Icom），其计算公式为

$$\mathrm{Icom}=|t_c-37|+|t_{sk}-33.3|/2.5+|HS|/250+0.5(|S-45|/75)+|t_{s,ha}-29|/10$$

式中，t_c 是核心温度，单位 ℃；t_{sk} 是平均皮肤温度，单位 ℃；HS 是热值，单位 kJ/m^2；S 是平均出汗率，单位 g/h；$t_{s,ha}$ 是手部皮温，单位 ℃。

评价舱室环境热舒适性时，从舒适性到工效保障对热舒适指数有不同级别的需求：正常舒适级需达到 Icom≤1.0，维持舒适级要求 Icom≤2.0，工效保证级则需 Icom≤3.0，最后工效降格级要求 Icom≤5.0。

第二节 热环境对人的生理效应

一、高温生理效应

高温对各生理系统产生显著影响，高温条件下人的主要生理反应是心脏负荷增高并大量排汗。体温调节过程中心血管系统的作用至关重要。当人处于持续高温环境中，最直接有效的体温调节方式是皮肤血管扩张引起大量血液流至体表，心脏血液流量增大带动加速血液循环；在心脏高负荷工作状态下，心血管系统一直保持紧张状态，血压相应升高，因此高温作业人员的高血压患病率随工龄增加而增大。另外，汗液蒸发

散热使体内水分减少而血液浓缩，血液酸碱平衡受到破坏，内脏血流因体表血流增多而减少，这些均可导致人体耐受力下降。

环境持续高温会抑制中枢神经系统功能，主要症状是大脑皮层兴奋性减退，注意力难以集中，条件反射潜伏期延长。严重情况下人感到头疼、眩晕、恶心，出现呕吐甚至虚脱（热衰竭）等症状。

高温条件下体表与体内的血液再分配可引发消化道贫血。高温时以唾液和胃液为代表的消化液分泌量降低，人出汗会排出大量无机盐，同时因为口渴大量饮水，使胃酸浓度降低而抑制消化吸收功能。因此，高温容易使人食欲不振、消化不良并患上肠胃疾病。

高温条件下的持续性暴露和温度上升使高温生理反应增强。增强过程大致可分为三个阶段，分别是代偿、耐受和病理性损伤。

（1）人体刚产生高温生理反应时，体温调节机制仍在发挥调节体温平衡的作用，人体发生适应性代偿，机体逐渐调节状态至适应新的高温环境。

（2）温度升高到一定程度时体温的生理性调节无法形成新的机体热平衡，人–环境持续热交换使机体不断累积热量，核心温度无法维持相对恒定而开始上升。这个阶段体温的生理性调节反应受抑制逐渐减弱，机体代偿性调节失效而变为单纯耐受热应激，疲倦、头晕、呼吸困难、肌肉酸痛无力等衰竭先兆症状相继出现。核心体温与人体各器官正常运转直接相关，不同体温下人相应症状表现见表 5.2。

（3）若高温暴露状态继续下去，或温度继续上升，人的生理性调节机制将彻底失效，超越人体生理耐受极限的温度会引发中暑、热衰竭或心脏病，这就是病理性损伤阶段。

表 5.2　不同核心体温时出现的症状

体温（℃）	症　状
41~44	死亡
41~42	热射病，体温迅速升高而虚脱
39~40	大量出汗，血量减少，血液循环障碍
37	正常
35	大脑活动过程受阻、发抖
34	倒摄遗忘
32	稍有反应，但全部过程极为缓慢
30	意识丧失
25~27	肌肉反射与瞳孔光反射消失，心脏停止跳动，死亡

二、低温生理反应

低温环境下，机体的主要生理反应有提高代谢产热，收缩体表血管并降低体表温度从而减少散热。但过低的环境温度或过长的低温环境暴露时间迫使皮肤血管长时间过度收缩，体表血管中血流量极低甚至完全停止流动，这会导致外周循环障碍，也就是局部组织冻得发痛，出现冻僵和冻伤现象。四肢远端部位通常最先被低温环境影响，在低温中容易感到麻木和僵硬，肢体的敏捷度和灵活度减弱，整体运动的敏捷性、协调性与准确性显著降低。低温条件下机体为发热维持体温，会无法控制地形成“鸡皮疙瘩”和“打寒战”的现象。

与高温生理反应增强过程类似，温度持续降低和长时间持续性暴露会使低温生理反应程度逐渐增强，同样可大致分为代偿、耐受和病理损伤三阶段。

（1）开始阶段人体表面对流和辐射散热增强，人体热平衡因过量热损失而被破坏。这种情况下机体的体温调节机制发挥两方面作用：外周皮肤血管收缩抑制体表的血液流通，通过体表温度降低控制对流和辐射散热；另一方面，人在寒冷环境中条件反射性地变化体位，使用弓腰、蜷缩等减少暴露面积的姿势，从行为上帮助调控全身散热情况，目的是通过调节达到新的机体热平衡。

（2）温度持续降低，生理性体温调节机制已无法实现新的机体热平衡，人体代偿性调节失效，转变为耐受冷应激，产生局部和全身性的冷应激反应。全身性冷应激反应指人体因过量散热而无法维持核心温度的相对恒定，核心温度开始下降并引发心率加速和打寒战的生理反射行为。肌肉的非随意阵发性收缩行为叫作寒战，是人体少量产热的方式，但该动作本身又是散热的且增大体能消耗，因此反而使人感到很不舒适。

（3）人体到耐受阶段后，继续暴露在低温中会引发体温调节机制彻底失效。人体到达温度的生理耐受极限，核心温度迅速降低导致心率失调、呼吸困难、意识模糊，发生语言与记忆障碍，完全失去活动能力，更严重则致死。

第三节　热环境对人作业能力的影响

一、高温影响

高温不仅使人产生不舒适感，其心理效应还使人的注意力水平下降，感到郁闷、烦躁，情绪变差而主观疲劳感增强。此外，热舒适性低的环境温度会使人的社会心理行为发生变化。环境心理学相关研究发现，高温条件下人的主观不适使其易怒，同时感到他人带来的交际吸引力衰减。有趣的是，若让人共同处在高温环境中，互相之间的人际吸引力评价并没有发生明显变化，但高温环境中的人对未处于高温环境中的人给出较低的吸引力评价。

伴随高温的负面情绪同时影响人的助人行为。据研究，若被试参与的实验提供较舒适的环境，相对于参加高温环境实验的被试更倾向于参与其他实验；还有研究显示夏季越炎热和冬季越寒冷的时候，愿意为他人提供帮助的人就越少，但也有类似的其他研究得出不同结论。

环境心理学研究还发现温度是人攻击倾向和行为的影响因素。这种确实存在的影响有着不同的表现形式——高温往往使人情绪急躁易怒，攻击性增强，但在特定情况下（如极端高温环境）高温结合各种环境因素，使人为减小高温的生理效应而降低攻击性，避免攻击行为。

机体温度的相对恒定是人体内各种生理活动平稳进行的必要条件，也就是说机体与周围环境的热平衡稳定性保障生理活动和行为的正常进行。因此，尽管人体本身存在生理性调节机制，但热平衡维持有时也离不开控制环境温度及保证人体与周围环境有效进行热交换。不论是维持生命还是进行劳动，人的肌肉运动及各项生理活动需要正常新陈代谢产热。若处于高温环境中，人体产热量大于机体的热量需求，热量就会在体内堆积。体内大量蓄热会使人中枢神经系统兴奋性受到抑制，影响体温调节机能，导致热平衡破坏，体温上升。神经反射的潜伏期随体温升高而增长，全身动作的敏捷性和协调性降低，因此高温作业人员发生意外事故的概率更高。此外，高温对作业人员的心理影响容易使其产生焦虑急躁和注意力不集中等症状，更容易感到疲劳，作业中失误增多，有些通常可以避免的错误和事故也会意外发生。高温环境中机体的氧气运输机能都要为散热需求让步，抑制了血液的输送氧气功能，肌肉活动因此受到影响，人的体力劳动能力尤其是肌肉耐力大幅降低。

高温不只影响体力劳动的绩效，更威胁作业人员的安全与健康。高温环境中人的能量消耗随着体力劳动强度而增大，并且人体产热量和水分损耗升高。为使作业劳动在保障作业人员安全的前提下平稳进行，需要根据劳动强度规定作业人员高温环境中持续暴露的时间限值。表 5.3 是《高温作业分级》（GB 4200—2008）中的高温作业允许持续接触热时间限值表，其中根据作业环境温度和体力劳动强度规定了持续接触热时间限值，温度越高、劳动强度越大对应的允许持续作业时间就越短。表 5.3 中轻劳动、中等劳动和重劳动的限定见 GB 4200—2008。

表 5.3　我国规定高温作业人员允许持续作业时间限值（min）

工作地点温度（℃）	轻劳动	中等劳动	重劳动
30～32	80	70	60
＞32～34	70	60	50
＞34～36	60	50	40
＞36～38	50	40	30
＞38～40	40	30	20
＞40～42	30	20	15
＞42～44	20	10	10

众多关于高温热环境中人类工效学的研究表明，热效应可导致人的认知能力和决策能力下降，增大发生生产事故与伤害的风险。一项针对钢铁厂电弧熔炼工人（熔炼组）和连铸工人（连铸组）的疲劳状况及热应激生理反应评估中，采用包含 30 项内容的问卷调研他们的主观疲劳症状，并连续两天检测作业前后的生理参数和反应所需时间。熔炼组和连铸组的 WBGT 分别在 25.4~28.7 ℃ 和 30.0~33.2 ℃，而熔炼组反映的疲劳程度明显低于连铸组，说明人体疲劳程度随热应激水平而提高。综合大量文献结论，高温环境中不同类型的认知任务受到的绩效影响不同，整体上对注意力需求更小的任务绩效受高温影响程度更低；WBGT 在 30~33 ℃ 内复杂认知任务的绩效呈现明显的统计学递减规律。

热环境对认知绩效的作用存在多个影响因素，包括认知作业任务类型以及个体的热暴露时间、环境适应能力及作业能力水平等，众多相关研究没有形成完全统一的结论，但有两点基本得到肯定：注意力水平要求越高的认知作业，其绩效越容易受到热环境影响；人体核心温度变化速率关系到高温对认知绩效的作用效应，警戒、双任务、追踪及简单心理任务维持绩效的临界环境温度分别能使核心体温按 0.055、0.22、0.88 和 1.338 ℃/h 的速度升高。

我国施行的职业标准规范中有对于热环境条件及作业人员热暴露时间的规定，从根本上保障作业健康与安全。如与高温作业工业企业紧密相关的基于 WBGT 指标阈值系列标准《根据 WBGT 指数（湿球黑球温度）对作业人员热负荷的评价》（GB/T 17244—1998）、《工作场所职业病危害作业分级第 3 部分 高温》（GBZ/T 229.3—2010），其中国标 GB/T 17244—1998 是经 ISO 7243 翻译得到。我国针对高温的军事作业环境的标准有《工作舱（室）温度环境的通用医学要求与评价》（GJB 898A—2004）

与《装甲车辆车内温度限值》（GJB 3991—2000）。

通常制定职业卫生防护标准都会参照医学生理学标准，但在科技的大力发展进步下，武器装备和仪器设备系统复杂多样，对操作人员的认知水平要求不断提高，因此应将认知因素对作业水平的影响限度纳入劳动卫生及安全标准制定的必要考虑因素。甚至有国外学者认为，作业人员在热环境中暴露标准的建立应以认知表现替代生理机能为依据，因为认知表现的衰退比生理系统的耐受极限更早出现，当环境条件使得作业人员的认知能力受到损伤时就应当停止其在高温环境中的暴露。有针对作业人员操作任务表现受高温环境影响情况的研究发现，高温环境中人员的操作熟练度下降，失误率上升，随温度的进一步上升任务表现急剧下滑。在制造厂和铸造厂中，危险性作业行为发生频率最低的 WBGT 值在 17~23 ℃ 的舒适范围，高达 35 ℃ 的 WBGT 下危险作业行为激增，表明热应激与作业人员的不安全行为相关性十分显著。

庞诚教授提出，可以基于人的主观感觉与生理调节能力综合形成的紧张程度，将热环境划分为舒适区、有效代偿（工效保证）、不能代偿（耐受）三个级别区域，并按照人体紧张程度进一步分为五个档次。王延琦等进一步提出环境对人产生的影响可分为心理、工效、生理、病理和生存五个作用层次，认为环境根据影响因素划分为四个区域：作业舒适区、工效保证区、安全保证区和危急耐受区。

二、低温影响

低温不仅使人产生寒冷的不舒适感，也会催生消极情绪，影响人的攻击和助人倾向等社会心理行为。研究发现低温的心理效应类似于高温，中等程度的寒冷带来的负面情绪使人攻击性升高，极端低温下负面情绪发生变化，攻击性降低；冬季气温越寒冷，人们相对越不愿意为他人提供帮助，但也有研究认为高寒天气下助人倾向性上升。

低温首先通过对肢体，特别是对手部动作敏捷性和灵活性的影响干扰作业绩效。手部温度会显著影响操作效率，触觉敏感性的皮肤温度阈值约为 10 ℃，操作灵活性的皮肤温度阈值为 2~6 ℃，在 10 ℃ 以下的低温中暴露会抑制手部触觉敏感性、操作灵活性和动作协调性，手部作业绩效因而降低。寒冷环境下全身肌肉逐渐表现出粘滞性，伴随着寒战，不仅影响操作，还会提高作业安全事故的危险性。全身平均皮肤温度和体温平均值也会对手部操作产生一定影响，皮肤的加权平均温度降低到 21 ℃ 时，就不再适合进行颤动敏感性较高或有精确定位需求的手部操作。在低温环境中暴露时间越长，体温偏低对操作的负面效应就越明显。

研究显示，低温环境会影响脑力作业中的简单认知任务，目前尚不确定其对复杂认知任务的作用情况。冷适应（多次在中等低温环境预先暴露）有助于降低冷应激给人的生理性不适，但并不会提升低温环境中的认知作业绩效。有研究表明酪氨酸或许可用于一定程度上解决冷应激导致的认知操作绩效下降。

三、高温高湿军事环境应激

通常认为高温环境指的是高于 35 ℃ 的生活环境和高于 32 ℃ 的生产环境，高湿环境指的是环境相对湿度大于 60%。高温高湿的环境条件使机体代谢速率加快，增大机体各个生理系统的工作和调节负荷，使心率加快和血压升高，这种环境下执行作训任务的官兵需要具备更高的环境耐受力。研究发现高温高湿环境中的被试对于痛感、精力、职能、人际和整体健康状况等维度评分均明显低于对照组；官兵在高温高湿环境中需要对抗心理应激，严重恶劣的环境条件还会使其生命活动受到威胁。

高温高湿环境中，军事活动往往高度紧张，官兵完成任务消耗大量的体力脑力。任务过程常伴随着官兵的中暑、脱水、热痉挛甚至热衰竭等症状发生。症状还会发展为呕吐、腹泻、脱水导致的机体渗透压失调、肝损伤，包括中枢神经系统受到抑制的并发症。高温高湿环境对人生理伤害的同时影响其心理健康状态：负面情绪的压力下人呈现出紧张、暴躁、抑郁、愤恨等严重心理状况；此外，意志力也难免被削弱，常见人的自控能力和决策能力等下降，在需要做决定时犹豫不决，倾向于逃避而非解决遭遇的困难。因此，心理应激状况对部队战斗力十分关键，必须对官兵的心理应激状况及时评估和干预，从而保障其身心健康，全面提高部队战斗力。

高温高湿环境中人体热传导受到强烈抑制，且相对湿度高的环境中普遍气压较低，人体的热平衡紊乱，人会感到心绪不安，敏感易冲动；人体激素分泌也受到影响，肾上腺素和甲状腺激素分泌水平都低于正常值，这不仅使人精神不济，感到身体负担加重，还会削弱应激能力。研究发现高温高湿环境下人的组织病理也会发生变化。以大鼠脑组织水通道蛋白 4（aquaporin-4, AQP-4）表达为例，AQP-4 是由中枢神经系统高度影响表达水平的快速水转运通道，高温高湿环境中中枢神经系统的微环境发生改变，产生焦虑、急躁等心理问题，强烈影响 AQP-4 表达。高温高湿环境对飞行员执行军事任务的影响相当突出，例如我国南方某场地的歼击机训练过程中发现，全封闭座舱形成隔离的高度湿热环境，极易导致飞行员出现热应激状态。

第四节　热舒适性基本设计

一、国内外热环境保障和装备研究进展

我国幅员辽阔，具备各种各样的气候类型，装备在实际使用时可能形成复杂而变化的热环境，研究海、陆、空甚至是太空中的可移动作业装备热环境意义重大。学者已综合性研究分析了汽车的内部热环境发展现状，与固定建筑各个热环境参数对比进行了汽车的参数分析；利用人体热舒适性假设与热平衡方程构建了飞机客舱的空调系统热舒适性计算模型，以其解析热舒适性空间分布情况。恶劣的高、低温自然环境中装备的热环境质量面临保障困难，需要在变化（可能是极端）的自然气候、地理环境中采用空调通风、降温、取暖等手段维持装备环境的热舒适性。有研究通过数值仿真法模拟了医用方舱的舱室温度和湿度的分布规律，其对热环境的检测和评价可用于指导确定机动装备的设计制造技术要求。

各军事强国都十分关注高温环境下的部队人员身心健康与作业能力保障。研究重点包括部队在战斗状态下快速进入高热区域后官兵的健康状态维持、作业绩效提升以及热效应疾病的防治。主要含有以下三方面研究内容。

1. 热应激监测与机体热压力评价

热应激监测与机体热压力评价是对海、陆、空各种武器装备的热环境进行评价。人员在高温地区任务作业时若需穿着核化生防护服，应及时监测评价其健康（热应激）状态与作业能力。开发各种作业环境下的热应激监测仪器设备，实时精准采集海拔、温度、湿度和风速等热环境重要数据，实现移动终端的实时可视与存储共享。研究不同人员的热应激易感因素和环境条件极限值，开发判断辅助系统监测作业人员的生理指标，综合环境参数预估热环境军事作业人员承受的热压力和热应激发生状况。

2. 水盐代谢规律及保障策略研究

水盐代谢规律及保障策略研究脱水及过量饮水对骨骼肌耐力的影响及对应的肌耐力阈值，热环境下作训过程中低钠血症的干预策略，以及降低水分吸收的渗透压调节剂等。美陆军突击队学校已在开发调试人体水代谢传感器，利用该项技术在线监测军人的机体水分代谢情况。美军还研发了机动性液体和营养物质输送系统，待完成野战环境测试后，人体水代谢传感器即可用于评估该输送系统对军人体液中水和电解质的

运输能力，提高军人热习服水平和热耐受性。研发集快速检测、净化与消毒于一体的野外水处理净化装置，保障高温野战区的军事作业人员饮水安全。此外，美军还将降低人体生理性水需求策略纳入军事医学长期发展目标。

3. 机体热耐受与热习服，热环境作业能力提升策略研究

近年来，美、加军方长期致力于开发单兵作战的微气候降温系统，从而为高温作训环境中的陆军士兵、坦克兵、直升机飞行员改善热环境，提高作业绩效，延长作业时间提供参考。美军研制的风冷、液冷等各类单兵制冷系统样机已在战争中投入试用，并不断进行便携性与节能性的优化。研究发现炎症因子和细胞因子有一定的应对热应激损伤的作用，因此目前在尝试利用细胞因子拮抗剂合成针对热应激损伤的药物。此外，美军研究了军人在热应激状态下的认知能力以及热环境中与军事作业能力相关的心理因素，希望通过提高认知作业能力与心理活动机能的方式增强官兵的热环境军事作业效率。

我军从20世纪70年代起开展热带卫生学研究，在高温环境下的军事作业卫生保障关键技术与装备研究方面获得了许多宝贵成果。学者开展了一系列提高官兵热耐受力和热环境作业能力的综合性研究，研究重点为热应激防治及和热环境军事作业能力提升。监测并评估高温环境中部队进行军事作业的健康及安全危害因素，评估部队人员的热环境作业能力，研发环境热强度的测定仪器。我国已颁布热区军事作业的相关军用标准，规定了高温环境中人员的作业强度、水盐需求量及热强度评价标准，其中的一系列热环境作业卫生军用标准包括《湿热环境中军人劳动耐受时限》（GJB 1104—91）、《军事体力劳动强度分级》（GJB 1336—92）、《军人耐热锻炼卫生规程》（GJB 2561—96）等，推动了部队进行热耐受训练和高热环境作业的官兵健康与作业能力保障。然而，这些标准制定年限已久，规定指标已无法满足当前国际社会的军事战略新形势卫勤保障需求。随着各式各样高新技术武器装备、新技术兵种和特种军事作业出现，部队有充分条件进行高强度模拟实战训练。现代战争的战场类型与环境、作战方式与强度等不断变化，要求我们必须持续高效监测和评估部队的热环境军事作业能力、耐力及影响因素，完善、修订相关标准规定。

对我军热区部队人员中枢神经系统受影响情况的基础研究发现，高温环境降低中枢神经系统的兴奋性，对其抑制过程占优，神经反射潜伏期延长。热区部队中已初步进行高温与其他环境条件因素对官兵认知作业能力的综合影响研究；战争医学心理学与部队心理卫生学重点关注极端环境所致应激反应带来的心理障碍、睡眠障碍及训练

过程中产生的心理问题等，可以将研究结果应用于特种军人和航天员的资格选拔。如今高新技术武器急速发展并在战争中广泛使用，杀伤力和破坏程度指数级增长，战争环境更加严酷，官兵常需突发性的隐蔽作战行动，面临着比以往更强烈的生理和心理应激。尤其是热区野外和岛礁作战人员，其脑力疲劳和心理应激问题更加显著。这些高温环境中的驻守和作训部队人员心理卫生学问题亟待解决。

在极端自然环境中，饮食营养是部队人员抵抗环境负面影响和提升作业效能的关键保障因素之一。我军针对各种作战强度和兵种作业模式建立了不同的营养保障系统，设计研发适合作战配备的军用口粮和强化食品，制定有利于官兵作业绩效提升的（特殊）营养保障措施；同时不断开展以增强官兵健康与极端恶劣环境条件下生存、身体机能维持提升能力为目的的特种营养保障研究。现代立体化战争中后勤补给难度加大，战时部队的营养支持和供给重要性凸显，必要时应补充含有特殊成分或具有特殊功效的营养物，提升人员体力和脑力，满足部队在各种极端环境条件下持续作战的耐受力和作战能力需求。因此，应满足部队对特殊功效食品和野战饮食供给系统的需求，做好生存和战斗能力的基本保障。

外军十分重视将研究转化为应用实践，美军的最新研究成果就在海湾战争、伊拉克战争中得到试用，证明其能够提高部队作战能力。如美军研发的热损伤风险评估预警系统综合包括国际标准通信、数字网络和自动化气象数据在内的多种公共数据资源，实时更新气温、湿度、风速、辐射等热环境因素数据，通过分析对各种强度的军事作训任务中发生群体性热应激的概率做出预测，并提供针对性对策措施建议，防控中暑、热衰竭等疾病导致部队非战斗性减员。我国已开发用于中暑预警的系列环境热压力指标监测仪器，其缺陷是灵敏度较低，且无法实现基于综合指标监测的实时预警。我军还研发了个体与群体的中暑预警器及预警专家系统，不过系统设计尚在初步阶段，还没有制作出完整样机，关键技术仍需完善。

近年来，外军开发了单兵降温系统和穿戴型空调装备等，以改善单兵作战的微小气候环境，缓解环境和任务共同导致的热刺激，而这方面我军还相对薄弱，缺乏对于单兵防护器材的研发。高温环境下作战应解决的重点问题就是防暑降温，而人为调节周围环境温度的能力和作用将远大于机体自身体温调节，研究人员应当广泛学习，开拓思路，加强我军单兵降温装备的研发，保障热区作战部队的健康与安全。

我军目前的作战热舒适性提升技术研究无法匹配实际需求，且研制的技术设备实用性较差、缺乏顺畅的技术——装备产品转化渠道，在部队中几乎没有列装热应激预防与恶劣热环境中作业能力提升的装备和药物。另外，系统性的培训与监督机制不完善，没有对基层卫勤人员进行系统性、计划性的技术培训，导致技术成果在使用时无法充分发挥其效能。由于没有建立有效的热损伤监测与上报机制，尽管全军每年均有一定人员患热射病（重症中暑），至今仍未对热射病的流行病学特征进行深入了解，这很大程度上限制了官兵中暑预防以及部队的热区作业能力保障。

军事医学研究另一方面重要内容是寒冷损伤防治。抗日战争、解放战争直至抗美援朝时期，我军大量官兵长期经受冻伤后总结了冻伤防治经验，但冻伤的针对性基础与实验研究迟迟没有系统开展；1969 年珍宝岛战役后军事医学科学院寒区卫生研究室正式成立，军事寒区医学领域的研究陆续提出（高原）寒区冻伤发病机制，研发并推广冻伤防治药物及综合诊疗措施，并在研究寒冷环境对机体影响与评价方法后深入研究了冷习服方法、机制以及增强措施。我军针对寒冷因素致冻伤的监测、诊疗、防治保障方案体系已基本成型，在寒区部队抗寒与作战能力的维护及增强，预防和减轻人员冻伤方面获得一系列颇有成效的进展和突破。

当前形势下寒区部队武器不断发展出新，军队的智能化、信息化程度随着军事装备的更新换代而持续提高，使得战争模式产生巨大变化，单兵作战能力决定优势的模式已不再适用。根据我军“十一五”期间的调研，限制寒区装甲部队作业能力特别是装甲车人–机系统作业绩效的关键因素是寒冷，而我军目前并没有统一有效的官兵个体防寒措施。寒区进行高技术军事作业的卫勤保障程度和保障水平不断提出更高要求，因而必须深入开展寒区军事作业的环境影响因素评估与疾病防控的关键技术开发。

美陆军环境医学研究所十分重视为部队作业能力维护与冷损伤干预设计的寒冷环境适应性训练，详细制定部队寒区野外作业手册，限定个体的冷环境暴露量。美军针对冷损伤防护的研究成果颇丰。经研究耐力锻炼与耐寒力之间的关系，美军发现人可以通过耐力锻炼提高寒冷耐受性以及对温度调节措施的敏感性；通过分析极地探险人员个案探讨冷暴露的外周反应，解析机体外周习服与冷损伤的关系，并研究了冷习服效能的影响因素。与之相比我国冷区军事医学研究较为滞后，还有很多待解决的环境医学问题，并且我军尚未开展系统的寒冷地区作战作业环境危险因素综合研究。综上，我军应着力建立冷区军事作业环境相关数据库及冷损伤相关疾病预警、诊疗机制，研发相关疾病的防治装备及药物，推进寒区的军事卫生学标准与健康指南的制定、完善及更新。

二、热舒适性设计因素和限值

理想的热环境控制方式是创造最佳热舒适环境。基础性工作就是充分衡量热舒适的六大影响因素（气温、湿度、风速、热辐射、个体代谢率和着装隔热性）。建议参考参照相关标准参数规定的热舒适区间，再具体结合实际作业环境、作业任务以及作业人员分析确定。《工作舱（室）温度环境的通用医学要求》（GJB 898—90）规定了对于非敞露室包括固定建筑、武器及运输设施等人–机–环境系统的乘员舱，温度环境通用医学要求的分级及各级要求的设计和评价，具体见表 5.4 至表 5.6。

表 5.4 工作舱（室）温度环境医学要求的分级与人体温度状态的关系

<table>
<tr><th colspan="2">档 级</th><th colspan="2">人体温度状态</th><th>体温调节特点</th><th>主观特点</th><th>工作能力</th></tr>
<tr><td rowspan="2">舒适</td><td>正常</td><td colspan="2" rowspan="2">舒适</td><td>维持正常的热平衡，无温度性紧张</td><td>良好</td><td rowspan="2">正常</td></tr>
<tr><td>维持</td><td>调节正常，有局部性温度紧张及不适感</td><td>稍热或稍冷</td></tr>
<tr><td rowspan="2">工效</td><td>保证</td><td rowspan="4">全身性温度紧张</td><td>Ⅰ度紧张（有效代偿）</td><td>通过有效调节达到新的热平衡</td><td>较热或较冷</td><td>基本正常</td></tr>
<tr><td>降格</td><td>Ⅱ度紧张（轻度耐受）</td><td>温度负荷超过调节能力，热平衡不能保持</td><td>热或冷</td><td>一定变化</td></tr>
<tr><td rowspan="2">耐受</td><td>安全</td><td>Ⅲ度紧张（中度耐受）</td><td>调节机能逐步被抑制，温度负荷不断加重</td><td>很热或很冷</td><td>显著下降</td></tr>
<tr><td>极限</td><td>Ⅳ度紧张（耐受极限）</td><td>调节机能接近丧失，体温急剧变化</td><td>极热或极冷</td><td>严重受损</td></tr>
</table>

表 5.5 工作舱（室）温度环境医学要求与作业的关系

<table>
<tr><th colspan="2" rowspan="2">档 级</th><th colspan="5">作业特点</th></tr>
<tr><th>作业暴露时间 h</th><th>执勤率 h/D</th><th>劳动强度 W/m^2</th><th>作业类型</th><th>操作难度</th></tr>
<tr><td rowspan="2">舒适</td><td>正常</td><td>不限</td><td>不限</td><td>≤ 65</td><td rowspan="2">智力、协调</td><td rowspan="3">不限</td></tr>
<tr><td>维持</td><td>≤ 6</td><td>≤ 8</td><td>≤ 130</td></tr>
<tr><td rowspan="2">工效</td><td>保证</td><td>≤ 4</td><td>≤ 6</td><td>≤ 195</td><td rowspan="4">不限</td></tr>
<tr><td>降格</td><td>≤ 2</td><td>≤ 3</td><td>≤ 260</td><td>中等以下</td></tr>
<tr><td rowspan="2">耐受</td><td>安全</td><td>≤ 1</td><td>≤ 1</td><td rowspan="2">不限</td><td rowspan="2">低</td></tr>
<tr><td>极限</td><td>≤ 0.5</td><td>≤ 0.5/2</td></tr>
</table>

表 5.6　工作舱（室）温度环境舒适要求正常级数各参数的允许范围与限制（基本变量）

环境参数		夏（服装隔热值）0.5 clo	春 / 秋（服装隔热值）0.9 clo	冬（服装隔热值）1.3 clo
变量	气温 ℃	24 ~ 28	21 ~ 25	19 ~ 22
	相对湿度 %	40 ~ 70	30 ~ 60	15 ~ 50
	风速 m/s	≤0.5	≤0.25	≤0.15
	平均辐射温度 ℃	22 ~ 29	19.5 ~ 27.5	18 ~ 25

《水面舰艇舱室 · 微小气候的医学要求》（HJB 199—1999）进一步规定了水面舰艇居住舱室和一级工作舱室的舒适维持级微小气候容许范围及限值（见表 5.7），以及高温舱室的工效保证微小气候各参数上限。在舰艇的所有空间执行热应激控制规则，在机舱等工作岗位使用冷却技术提供适宜的温度；规定温湿度最大限值，超过限值就要使用空调技术；舰艇的普通使用空间允许内部温度超过外部温度，但是要特别重视需要人长时间操作的仪器设备高热空间，按需求安装排风罩；舰艇运行期间，当外界气温低到某一限值时，所有控制室、生活空间、卫生间、餐厅、医务室以及一般工作站点就要供暖，持续保持一定的温度。

表 5.7　微小气候各项参数容许范围及限制（基本参数）

	环境参数	夏	春 / 秋	冬
舒适维持级	气温 ℃	25 ~ 29	21 ~ 25	18 ~ 21
	相对湿度 %	40 ~ 75	30 ~ 70	30 ~ 60
	气流速度 m/s	≤0.5	≤0.3	≤0.15
	平均辐射温度 ℃	23 ~ 30	19 ~ 27	17 ~ 24
工效保证级	环境参数	相对湿度		
		RH>75%	60%<RH≤75%	RH≤60%
	气温 ℃	30	32	34
	气流速度 m/s	0.5 ~ 0.75		
	平均辐射温度 ℃	32	34	37

除了热舒适性的六个基本影响因素，环境温度的均匀性同样会明显影响热舒适性，非均匀分布的辐射场（如房间上部暖而墙面和地面凉）、空间局部对流制冷造成的寒冷涡动气流等都会造成人的头部到足部之间感受到垂直方向的气温差异。长期暴露于

这种气温差异中会导致机体局部不适，所以热环境的均匀性也是热舒适性设计时需要充分考虑的因素。空间环境中与人体接触的表面（如座椅、工作台），其材料的传热和透气等性能都直接决定人体接触部位的热感觉，应谨慎选用。

三、设计方法和技术手段

（一）温湿度控制系统设计

热舒适性研究包含室内微气候学、生理学、心理学等多个学科内容，而不同的地理气候环境和人员生理、心理状态都会产生热舒适的需求性差异。与常规室内空调使用环境相比，装备舱室的空间特点是大多狭小，可能存在新风换气量低和外部环境参数持续性变化的情况。进行研究时需要将试验模拟研究与实际现场研究相结合，才能得到可靠的环境参数与热舒适性对应关系。

人体生理学相关研究表明，高质量的室内微气候环境不仅能够降低人员的呼吸道等疾病发生率，而且有助于人维持较好的精神状态，提高作业绩效，减少作业安全事故的发生，所以武器装备舱室的空调系统应达到严格的热舒适标准控制效果。实际作业环境中，各种装备外部和内部因素不断影响其内部热环境，例如外部进入的空气参数和流通速度、装备行进速度和方向等。此外，装备舱室的微气候环境并非时时刻刻与外界大气连通的，人员作业和生活的密闭舱室空间非常有限，且空间内有众多设备共同运行，人体和设备产热对热环境影响较大，空气难以均匀分布。

装备空调系统一般由四大部分组成：冷源与热源、空气处理设备、空气的输送与分配、自动控制，通过对装备空气进行机械处理、热湿处理、物理–化学处理，保证所需的气体成分和参数。根据空调系统不同方面的特点有多种分类方法：根据空气处理设备装置将系统分为集中式、半集中式和全分散式，其中集中式系统又可分为不含新风的封闭式系统、全部为新风的直流式系统与新风比在 0~100% 间的混合式系统；根据冷却盘管使用的冷却介质分为低负荷、空调集中分布的直接蒸发式系统与高负荷、空调分散且大面积的间接冷却式系统；根据风管内空气流速分为低速系统（主风管风速 10~20 m/s）、中速系统（主风管风速约 20 m/s）与高速系统（主风管风速 20~30 m/s）；根据温控处理部件内负荷的输送介质分为热湿负荷全部由空气处理承担的全空气系统、全部由水处理承担全水系统和两种介质共同承担的空气–水系统。

装备舱室空调系统应能维持舱室微气候参数在特定范围内，让装备内的作业人员通过机体生理调节就能感到较为舒适。人体生命活动不断产热，与周围环境的换热方式主要通过皮肤进行蒸发散热、辐射换热、对流换热、导热显热及呼吸过程散热。装备内部的人体热舒适性主要受到空气温度、相对湿度、空气流速及四周舱壁的温度四个因素的影响，相关参数组合形成舱室整体热环境，各参数不同水平的组合可能使人产生同样的冷热感受。若人在舱室内部感到不热也不冷且感受不到空气流动性，则可以认为舱内环境温度（包括空气介质和内壁等）符合热舒适需求。

针对空调系统的能耗研究主要以参数优化为目的，在满足室内热舒适参数的基础上节能减排。设计评估各种空调系统的温度和新风量组合造成的热舒适性与系统能耗，得到优化的温度和风量设计取值法。分析气温和相对湿度对舱室热舒适性的影响，同时建立空调负荷与热舒适性的数学关系，将两方面研究结果综合讨论提出在满足热舒适性的基础上，可以通过改变相对湿度而降低空调系统的能耗；保证舒适性需求后，取略低的设计温度和略高的相对湿度即可节能 12%~30%，这是必要而有效的系统设计参数优化方式。

1982 年人们提出了热舒适指标控制，指的是同时对热环境气温、湿度与风速加以控制，在保障室内气体微环境标准规定的人体热舒适区基础上尽量降低系统能耗；1986 年 PMV 指标作为控制目标被引入空调系统设计，研究提出了直接和间接两种控制策略，发现相比传统控制方式而言，PMV 指标控制的最佳效果可节能 5%~14%。后续众多的 PMV 控制、舒适度稳定控制策略及最优化控制策略的研究均表明，合理利用热舒适指标控制可同时实现良好的舒适条件与系统低能耗。

我国对装备舱室热舒适性控制的研究已取得一定成效。有研究提出了基于舒适指数控制的 PMV 与 SET 传感器的理论模型并进行了可行性分析。类似实验研究同样证实了控制舒适指数调控的显著节能优势。以智能化控制方式可实现高精度、强鲁棒性、几乎不需微调的空调系统模糊控制与神经网络。通过仿真验证，以实现指标为目标的热舒适性指数模糊控制研究可保证空调系统控制既节能又达到舒适指标。

目前 PMV-PPD 在热环境评价中广泛运用，除了环境条件参数外，还包含机体代谢率和服装热阻的人为参数。大型装备中不同功能舱室内部的环境各异，可能有巨大差别，相比平时的陆地室内空间，在装备内作业生活期间有限的条件使人很难维持积极良好的心理状态，其生理状态也会受到影响。选取计算参数进行适当修正有利于保证得到的 PMV-PPD 指标与实际装备环境和作业人员特性相符，对热环境的反映更加真实。研究人员在 5 种不同吨位的舰船上根据季节气候、人员作业强度和衣服热阻做出修正，然后按照计算得到的 PMV/PPD 数值设计最佳空气参数组合，发现采用基于 PMV/PPD 指标的方法进行船舶空调系统设计可节能 6%。将 PMV 指标引入列车空调控制系统，以智能模糊分析的方式动态化调控车厢的适宜温度，收集到的数据表明该控制方式效果良好，说明改进控制方式也能够提高热舒适性。采用模糊控制进行室内热环境分析和运用神经网络的模糊控制研究都支撑现代的模糊控制、神经网络控制理论有利于完成用户满意的舒适度设计。

（二）温湿度独立的空调系统设计

由于运行环境的巨大差别，海上装备所用的空调系统与陆上空调系统十分不同。舰艇在海上长航，夏季其外部环境温度很高，带来远高于陆上环境的显热负荷和湿负荷。以波斯湾为例，海面舱外温度最高可达 35 ℃，且昼夜温差可能低至 1~2 ℃。而海上空气相对湿度非常大且较为稳定，常年在 80% 左右（有时高达 90%）。

执行海上任务的舰艇所处的季节气候、地理环境以及气象环境会发生变化，要使舱内温度和湿度相对稳定在一定范围内，舰艇空调系统的显热负荷和湿负荷会随着舱外空气温度、相对湿度等因素的改变而不断改变。一般舰艇空调系统确定最大显热负荷与湿负荷需参照航行过程中可能出现的最恶劣工况，而常规空调系统的运行模式多为恒转速、恒功率，这就导致舰艇空调系统大多数时间的工作条件都是在部分负荷下的且持续时间长，几乎无规律性。作为众多节能措施之一，温、湿度独立控制，即空调的高温冷水机组和溶液除湿系统分别控制舱室内的温度和湿度，是众多节能措施中效果显著的一种，因此可大幅提高高温冷水机组的蒸发温度来降低功耗，有效提高空调机组的性能系数。此外，高温冷水机组的压缩机流通面积、设计转速等部件有别于传统的冷水机组，若改进结构形式与调控方式，不仅能改变蒸发温度，还可以使机组实现很高的制冷效率。另一方面，舰艇运行余热可以为加热稀溶液转化为浓溶液的溶液除湿再生器提供所需热量，削减了额外能源消耗，具有明显节能效果。

舰艇空调系统整体耗电量巨大，高达装备电网总容量的 8%~13%。但实际条件下舰艇空调系统有超过 85% 的运行时间以部分负荷（一般为额定负荷的 60%~80%）工作，这就带来了巨大的能源浪费。另外的研究表明，舰艇空调系统中的风机系统平均运行效率仅为 50%，而冷冻水和冷却水系统平均运行效率仅有 41%。在远洋航行过程中船体温度会经历巨大变化，舱内空调系统必须根据外部热环境实际情况不断调整温度控制，因此而增大了海上装备空调的设计难度，且不合理的设计还会在实际应用过程中缩短空调的使用寿命。

舰艇实际使用时通常利用海水冷却船用空调的冷凝器。由于长时间浸没于海水，冷凝器容易受到腐蚀；另外，由于长时间处于高相对湿度的环境中，冷凝器极易受潮和发霉。种种不利的环境因素都会降低冷凝器的使用效果。由于经常受到海洋中波浪的影响，设计建造阶段的舰艇舱室空调内部结构稳定性测试必不可少。大型舰艇其空调系统体积庞大，所需的空调风扇空间也有所增加，安装对于有限空间的船体来说安装是重要问题。风力涡轮机工作时必须引入一定量的外界新鲜空气对其降温除湿，因而舰艇所处的气候地理环境对风力涡轮机工作有较大影响。

现阶段最为常用的溶液除湿手段是热泵驱动和余热驱动。余热驱动意味着需要外部向除湿系统供应大量的冷水（用于进行除湿冷却）和热水（用于进行溶液再生）。舰艇航行过程中的废气、柴油机缸套水等高品质热源通常大量产生余热，如果只是将这些高品质热量随意排放就是对能源的巨大浪费，应当对其回收利用，缓解舰艇的资源和能源紧张状况。溶液除湿本质上是传热和传质的耦合过程，该过程的驱动力由空气与液体接触时，空气中的水蒸气分压与液体表面的饱和蒸气压的压差产生。溶液除湿的原理如下：溶液中添加的除湿剂通常是盐类物质，溶液的水分子浓度远低于纯水；当其他条件不变，气液两相之间有一定压差，即溶液表面水蒸气分压低于纯水的饱和水蒸气压时，这种压差会导致物质在两相之间移动，即迫使空气中水蒸气分子进入溶液中，于是除湿溶液表面空气层中的水蒸气含量降低，空气中的水蒸气得到干燥。

随着空气中水蒸气进入液相的过程，被处理的空气相对湿度下降即水蒸气分压减少，反之盐溶液相当于吸水稀释，其水蒸气分压升高，经过此消彼长两相之间的水蒸气压差缩小。在足够长的处理时间后，被处理空气与除湿溶液达到水蒸气分压的动态平衡状态，此时水蒸气不会继续在两相之间明显移动，也就是除湿溶液无法继续吸收水蒸气。为避免系统的除湿能力丧失，被稀释的盐溶液被运至再生器中加热，使溶液中水分子在蒸气压差的作用下重新由液体变为气体逸出，稀溶液再次变成浓溶液后再被送回继续进行除湿。溶液除湿的基本过程就是盐溶液不断循环的过程，太阳能和运行余热等能源均可为再生器提供热量。

和传统的冷凝除湿相比，溶液除湿的优势十分明显。溶液除湿实现对显热负荷和湿负荷的分别独立处理，有效降低传统方式中过度冷却与二次加热导致的能量损耗，使系统能效提升，并能显著增强室内舒适度。人员的身体机能和健康会受到空气中细菌、尘埃以及其他有害物质的影响，适当喷洒液体可以有效去除空气中飘浮的有害成分，同时可以选择全新风运行模式进一步提升舱室空气品质。溶液除湿的另一个优势是无需使用含凝结水的盘管，这种盘管是一种严重危害环境的污染源。50~80 ℃的低品位热源通常难以加以利用，将其用于进行再生驱动则是一个好的利用方法。除湿系统中储存浓溶液和稀溶液的容器可实现便捷蓄能，在机组负荷低时储存浓溶液、高时储存稀溶液，节约了系统的存储空间，甚至无需使用保温措施，这对于舰艇运行来说是很重要的。

现阶段空调主要采用蒸汽压缩式方法制冷，装置的主要部件为压缩机、冷凝器和蒸发器等，并配有节流阀或膨胀阀。常用制冷剂包括 R12、R22 和 R134a。R12 和后来产生的 R22 都是舰艇上广泛使用的制冷剂，但这两种制冷剂以氟化物作为重要作用成分，氟化物进入大气中解离产生的氟原子对臭氧层破坏性极强，极易消耗掉臭氧层，导致到达地球表面的紫外线增多，生态环境受到威胁。作为 R12 和 R22 的替代剂，不含氟的 R134a 性能良好且对臭氧层的影响大大降低。

现阶段主要有三种方式可利用船舶余热为空调系统工作提供能量，分别是吸附式制冷、吸收式制冷和液体除湿制冷。已被大量研究的吸附式制冷是使用低品位热源的绿色制冷措施，且这种方式具有工作周期性。其工作原理是吸附剂材料对制冷剂有吸附作用，这种吸附作用受温度影响，并随着温度变化。当吸附材料的温度上升，其吸附能力降低而释放出制冷剂，制冷剂的蒸发是大量吸热的过程，结果使系统温度降低；反之，吸附剂材料温度下降时吸附能力增强，更容易吸附制冷剂。学者进行了远洋船舶上利用余热的固体吸附式制冷可行性与船舶靠港时热量供给分析，综合研究船舶上固体吸附式制冷技术的应用后给出空调系统的方案设计，实现了制冷剂吸附和解吸两个过程的适应性自动切换，使该方法实用性大大提升。

吸收式制冷常用的试剂是溴化锂，该方法的特点是节能且噪声小，对热源温度要求较为宽泛，热源温度达到 75 ℃就满足使用条件。一般的舰艇柴油机废气温度就高达 260 ℃，其废气完全可以用作吸收式制冷的热源。收集舰艇余热利用到空调系统驱动方面有极大前景。有一种两级溴化锂吸收式制冷设备，在设计上采用热管形式的换热器，工作效率高而占用空间小，回风量低且不增大柴油机负荷，舱室内空气质量也得到有效提升。

传统的空调系统同时实现对温度和湿度的控制功能，这种方式很早就得到应用，发展比较成熟，现今较为普及，但具有明显缺点：室内环境的显热负荷可利用高温冷源去除，湿负荷通过冷凝除湿去除，两者都需要的 7 ℃低温冷源被置于一处，还要对除湿后的空气进行二次加热，这就造成了能量的大量浪费。冷凝除湿的控制方式难以实现智能化，不仅浪费能源，难以精准调控室内舒适度，还会造成制冷器表面冷凝水积聚而容易滋生细菌，长期使用难免危害室内环境中的人员健康。

上述问题的良好解决方案是温湿度独立控制空调系统（THIC 系统）。THIC 系统包括显热处理系统与潜热处理系统，通常两套系统无必然联系，分别单独进行房间内温度和湿度的控制调节。显热处理系统包含高温冷源、冷凝水输运装置和室内终端系统（通常为风机盘管等设施）。有不同装置可生产高温冷水，如土壤源换热器等制冷设备；冷凝水温度的要求为 18 ℃，无论是天然还是人造冷源都容易满足冷凝条件。新风处理机组、新风运输管路和送风设备共同构成潜热处理系统。通过引进新风来除湿的明显优势之一就是避免温度造成的限制，在新风处理时能够进行装置的节能设计。综上，舰艇舱室采用温湿度独立控制空调机组，即以高温冷水机组完成温度调控，溶液除湿机组完成湿度调控，相比传统空调机组可节约大量能量，达到显著的节能减排效果。

分析计算可知，从多方面来看 THIC 空调系统都具有优越性。除去最大的温湿度分别控制特点及优势，溶液除湿的方式大量减少空气中的细菌、粉尘含量，同时根据舱室内工作和生活的人员数量调节新风量，通过显热的末端处理装置对温度实时调节。由于 THIC 空调系统不需要对用于控温部分的冷水进行除湿，可允许较高的控温冷水温度（一般达 18~21 ℃），因此可以实现自然冷源的有效利用或者对人工冷水机组的制冷性能系数要求较低。比较不同除湿方式的优缺点可知，将直接蒸发式冷却除湿与冷凝热回收的方式综合利用能进一步提高实用性。露点温度对不论何种制冷设备的冷却除湿都非常重要。直接蒸发冷凝热回收适用于大部分场景，在各种工作场所环境中可以正常工作，但露点温度过低会对其造成限制，这就造成该方式制冷存在较大风险，应根据具体情况讨论并做出合理选择。

THIC 系统相比传统系统的差异主要体现在性能更高和应用范围更广。以典型的城市办公楼为案例进行研究，比较三种置于室外的温湿度独立控制空气处理系统与传统空调系统的能耗性，发现整个空调使用季节过后，采用冷凝除湿方式的 THIC 系统能效比比传统系统提高约 10%，采用预冷的高温冷冻水的 THIC 系统能效比提高约 16%，采用热泵驱动液体除湿空气处理器的 THIC 系统能效比提高约 22%。当然，THIC 系统在实际使用时也存在一些问题：该系统建设投资很高，需保证足够长时间的运营；系统往往在过渡季节暴露出自然通风难以满足冷却目的的问题，因此需要对系统做出优化改造，进一步提高了成本，且会使系统体积增大而复杂性提高；THIC 系统理论上能够解决空调结露问题，然而实际上在高相对湿度的地区应用时，结露现象仍普遍存在，这一问题系统控制难题暂时还没有有效的解决办法；国内目前没有关于TIIIC 空调系统明确的规范和准则。

有研究提出了一种户式温湿分控空调系统，其机组能够分别独立处理室内的显热负荷与湿负荷，直接提高房间的热舒适性，通过焓差法实验测定计算得出该系统各项参数，得到的能效比结果为 3.93。统筹分析室内温度和相对湿度等各种参数变化对机组性能的潜在影响，发现该系统能效比为 2.71~4.57，除湿量为 0~4.02 kg/h。对该系统的实验研究为选用空调机组提供了数据支撑，直观清晰地表明 THIC 系统具备独特的内在优势。

从除湿器的结构形状角度进行设计，一项创新研究将除湿与冷却功能相结合设计出板状换热器。这种交叉流形式的换热器设计了两种互相垂直的水平通道，换热器内部一侧将进入的新风处理后使其湿度降低，与另一侧的室内回风彼此分隔，再通过溶液蒸发冷却的形式将除湿后的空气进一步降温。该机组在工作过程中具有显著的节能效果，后续研究根据换热器模型搭建了实验平台，以在实际运行场景中分析其性能指标和使用效果。

另一项研究则设计出将溶液除湿与压缩空气相结合的实验装置，该装置的压缩空气除湿剂是 LiCl-H_2O 溶液。实验研究计算出不同溶液进出口参数和空气参数条件下该装置除湿量的变化情况并直接进行性能测评，计算结果显示，以 0.5 MPa 的压力压缩时出口的空气含水量为 0.9 g/kg。进行一系列实验后得到的结果与理论分析结论一致，即其除湿量与空气流速及溶液流量成正比。后续验证发现该装置技术可行性良好，具有广阔的应用前景。

不仅是外界因素，除湿剂本身对除湿性能的影响非常重要，几乎直接决定了系统的除湿效率。空调系统使用的除湿剂经历了多重发展历程，现在使用的主要种类包括三甘醇、氯化钙、溴化锂、氯化锂等金属以及非金属盐溶液。近来的除湿剂研究热门是有着传统除湿剂不具备优势的离子液体。室温离子液体（又称室温熔融盐）是一种离子型化合物，其特点是室温条件下通常为液态，一般构成离子液体的阳离子为有机离子，阴离子为有机或阴离子，不含中性分子。室温离子液体属于高温熔融盐，但与室温条件下多为固体、经高温加热到一定程度才融化成液态的常规离子化合物不同，离子液体化合物在正常室温条件下就呈液态，并且一定范围内波动的室温下离子液体始终不凝固。离子液体的研究从有机盐硝酸乙基铵存在的发现合成开始。这种物质在室温下呈液态，极易爆炸；人工合成的乙基吡咤 / 氯化铝混合物算是正式意义上的第一代离子液体，尽管其物理性质不够稳定，容易分解变质，且会与水反应产生危害人体的有毒气体。通过对它的合成研究人们建立了对离子液体的初步认识。20 世纪 90 年代诞生的第二代离子液体由咪唑阳离子和酸类阴离子构成，稳定性和物理性质有了显著提高，粘度值变小，电化学窗口变宽。21 世纪后二烷基咪唑类离子液体有了深入发展，合成出的种类更多，其功能也被大大拓展丰富；在二烷基咪唑侧链引入官能团产生新的物质结构，设计制备的离子液体性能更优异也更丰富，这就是第三代离子液体。

（三）整体环境控制中的个性化控制

装备的热环境、空气品质及气流环境之间是相互耦合、相互影响的。气流环境很大程度上影响着热环境的适宜性和空气品质可居住性，合理的气流环境是舒适的热环境和良好的空气品质的保证；与此同时，污染物的扩散又与环境温湿度联系密切。在 21~22 ℃ 人体最舒适的温度下，湿度越高，人体汗液蒸发越慢，舒适性会降低；在相对湿度 70%~80% 的高气湿区域内，一定的空气流速能增强人体与环境的热交换，使人体感觉舒适；若热环境因素中温度、相对湿度、空气流速均处于舒适范围，但由于舱室中化学或生物污染物的作用，仍会使人感觉不舒适。因此，不能机械照搬室内空气质量的单一因素标准来评价武器装备环境内人体的舒适性程度。

目前的装备舱室空调系统基本能够满足人员的作业、生活，包括战备执勤等场景的舒适性需求，能实现舱室温度智能化调节以及初步处理 10~100 μm 的空气悬浮灰尘和杂质。但人员长期在舱室内作业和生活时，环境微气候质量仍难以保障，如果空调长期频繁处在运行状态，其空气过滤装置几乎不能滤除直径低于 10 μm 的细小灰尘及悬浮物，这些污染物进入风道系统后容易粘附在风道内壁，逐渐在风道形成大量积尘。舰艇的空调通风管道系统庞大且结构复杂，安装的管道形状繁多，为避免干扰大多隐蔽在各舱室狭小的天花板空间内，除非开发出空调通风系统整体免拆清洗技术，否则以目前技术手段无法实现系统的定期清洗。高温高湿环境下积尘滋生各类有害微生物，容易使长期处在密闭舱室中官兵的健康受到损害。为解决通风系统的污染问题，保障舱室空气品质和人员工作、生活环境的舒适性，目前的有效手段是及时对通风系统进行整体免拆的分段清洗，从根源上高效清除通风管路系统污染。

开放式空调系统可利用输送外界环境的新鲜空气保证舱室气体洁净和充足，而封闭式系统中就必须人工清除舱室空气中的有害物质，维持人体所需的正常氧分压。舱室气体环境对各种污染物规定了允许浓度极限。采用有效的气体净化手段及设备可将舱室大气有害污染物控制在允许浓度范围内，包括机械除尘、静电除尘、活性炭除尘、催化燃烧H_2和CO装置、CO_2去除装置等。同时可使用制氧装置维持一定的舱室氧分压。

封闭舱室的空气调节与再生的基本方法系统可分为三类：利用吸附剂吸收舱室空气中的CO_2、水和其他有害物质等，并向舱室空气中注入储备的氧气；通过各种物理化学反应过程制造补充氧气，并以化学物质与舱室空气中的有害成分发生化学反应将其去除；利用化学物质吸收舱室空气中的水和CO_2，同时生成并释放氧气。

为提高大型舰艇的舱室空气环境质量，发达国家在设计上引入先进理念、前沿计算方法与管理模式，对船用空气环境相关设备不断进行研发、升级和更新，有效改善了舱室微气候环境。在主要三个方面的具体表现如下：

（1）采用先进的空调通风系统设计。美国海军在舰艇舱室通风空调系统设计中运用系统压力平衡和负荷计算的先进方法，不仅提高了设计精度，更大程度上提升了作业人员的工作和生活舒适性，还使设备运行能耗更加经济合理。在系统设计阶段就运用计算流体力学预测气流组织参数，及时评估设计方案的优缺点并对其加以修改和完善。欧洲一些国家积极尝试基于数值方法、图论和最优化理论的流体网络法，将舰船各个舱室视为统一整体进行全空调通风系统的分析计算，从而修改和优化现有的设计和选型方案。注意，在大型水面装备的通风系统设计时，应根据各种气候条件和航行状态制定适用性通风方案。

（2）注重细节和个性化。航母上数量众多的舱室因职能不同而有各自的环境特点，外军在设计航母舱室空气环境调控方案时，针对不同的职能舱室特别是重点舱室进行个性化设计，针对性地保障良好的舱室内空气环境。例如，洗衣间和厨房内集中着耗能巨大的设备，使用时产生大量湿、热，并且衣物清洗时掉落的纤维、烹饪产生的油烟在管道内积聚，造成管道内通风气流受到限制，导致其送排风能力下降，使舱室温度升高，热舒适性降低容易影响人员的作业绩效。针对上述问题，美国海军在航母洗衣间纤维易积聚处安装了局部排风设备，并使用餐厨一体化设备，降低厨房设备的数量、占用空间及空调通风系统的复杂性，维修费用随之下降。此外，舰艇弹库属于易失火或爆炸的危险区域，其安全性决定了舰艇的战斗力和根本生命力，在弹库设计时应充分重视其空调通风系统。

（3）采用高效节能的智能化空调设备。为满足不断提升的舰艇空气环境质量需求，相关设备在技术上要求更加自动化、智能化、模块化、集成化，总体发展趋势为安全可靠、高效节能、使用寿命长、不产生二次污染。在有较高级别需求的舱室（如舰长室）内采用高性能的末端设备，实现可按照个体需要随时调节风量等参数，提供较高的舱室空气环境。要更加重视通风空调系统的减振降噪，设计时使用条件允许的各种系统振动和噪声的控制措施，提高舱室综合环境质量。

（四）单兵空调系统设计

作为地面战场的主要突击武器装备之一，装甲车辆的特点是越野机动性极高、防护力及火力极强，在地面战斗和跨海登陆作战中具有至关重要的作用。其中坦克是现代战争中陆地部队的核心战斗力，常以其作战能力作为衡量部队战斗力的重要指标。决定装甲车辆作战能力的两大重要因素分别是武器性能和人员状态，而人员的可靠性又在根本上制约着装甲车辆系统的整体效能发挥。

绝大多数坦克内舱空间狭小而环境条件差，加之行驶路况恶劣、复杂颠簸，导致坦克内部始终有十分突出的人–机–环矛盾的互相制约问题。以96式主战坦克为例，内部乘员的人均活动空间仅有不足0.4 m^2，且若需长期封闭行驶，驾乘人员所处微气候环境污染严重，乘员舱的狭小封闭空间中局部环境指标参数远远超出人体生理健康暴露标准。苏联时期的研究发现，装甲车辆空间微小环境的恶劣条件可导致车辆行驶速度降低19%，火力任务完成时间延长35%，脱靶次数增加40%，综合导致进攻战役中的日均战斗力水平降低7%~10%。尽管有指挥组织、装备性能和后勤保障等因素影响装甲部队战斗力，但其战斗力的首要要素是各车辆的自身战斗能力，这种战斗能力又关系到车长、炮长、驾驶员等乘员的配合协调性及各自的专业技术素质，所以装甲车辆的战斗力保障离不开每名装甲兵良好的个体战力状况。而假如车舱温湿度远超人体适宜的舒适性范围以至破坏了驾乘员的认知作业能力和作战能力，将直接影响装甲部队的整体作战能力。过往作训任务中高温导致的装甲兵操作失误频频发生，该情况也引起了部队的高度重视。

装甲兵主要受到舱室的温度、湿度、振动、噪声等环境因素影响，而由于季节、地理气候环境与车辆状况等方面的影响，温度和湿度可能发生较大幅度的变化。装甲车车身与其中搭载的武器装备主要使用金属材料，车辆表面普遍涂有深色迷彩涂料，共同致使车辆本身导热系数高、比热容低而易吸收辐射；同时舱内空间狭小封闭、空气流通差甚至基本不流通、车内具有多种复杂热源，这些因素的共同作用导致在温带地区的夏季和热带地区一年中大部分时间的高温天气下，装甲兵在车舱内基本都处于非常恶劣的高温环境。仍以96式主战坦克为例，夏季正午时分由于太阳辐射的影响，实测乘员舱内平均温度一般都在40 ℃以上，而驾驶位的局部温度甚至超过50 ℃。另一方面，坦克空间密闭性强，导致无法及时排出舱内水蒸气，故而一定时间后舱内湿度过高，导致乘员很难通过汗液蒸发和对流的方式散热，体温迅速升高。高温迫使肺部通气量明显升高，血液CO_2分压降低，脑灌注量随之下降，人就会产生中枢性疲劳。高温条件下机体脑神经活动相关的神经递质（5-羟色胺、多巴胺等）合成与分泌受到影响，人可能出现在没有到达体力极限的情况下先发生中枢性疲劳的现象；大量研究表明，人在长时间高温作业时机能下降的主要原因是发生中枢性疲劳，这种疲劳是无法依靠热适应性训练而有效克服的，尽管部队的训练方法始终在改进，但官兵仍承受着较为严重的高热损伤。

现阶段主要有两种方式改善装甲车辆的舱室微环境，一种是在车舱内安装和改进空调系统，另一种是为每名装甲兵配备个体冷却系统。安装空调系统就需要在车舱内安装一套的制冷设备装置，存在体积大、能耗大的问题，对部分装甲车辆来说不仅有空间限制的障碍，还可能需要重新调整整车的构造设计，难免影响装备原有重要性能，对装甲车辆本身的升级改造也是不利因素。通过装备装甲兵个体冷却系统实现微气体环境控制则可以避免改动装甲车本身结构，装甲兵只要穿戴一定的设备（如冷却服）即可进行身体局部或全身降温，流入大脑的血液温度随之下降，可明显改善高温环境下的身体机能和认知能力。另外，研究表明控制微气候环境的方式比控制坦克装甲车舱室环境更为节能而有效，也更适应现代战争中装甲兵作战的防护服需求。微气候环境控制不仅稳定性高、总体负荷低且易于优化改进，还便于在单兵空调系统中安装检测装置。进行不同区域、军事作业任务中官兵体征、认知、作战等能力状态变化规律的检测和分析，有助于评估和优化降温系统及控制方案，从而延长装甲兵野外作战时间且使其更好地保持最佳生理和心理状态。收集的数据还可用于分析配备降温装备的装甲兵认知、作战能力变化趋势和规律，从而评估各种军事任务的有效作业时间，帮助制定和改进作战方案。综上，我军十分需要研发适用于装甲部队的单兵空调系统，以维护和提升我军装甲作战部队的战斗力。

实际上，在装甲车舱内安装空调系统是一种有效的降温方案。不仅欧美国家的部分装甲车选择安装使用，近年来我国部分主战坦克以及装载精密设备的装甲车辆也装有整体空调系统。安装车载空调系统的显著优点是能够提高舱内整体热舒适性，即装甲兵无需额外单独配备温控装备，同时还有助于车舱内各种热源（如电子装备）的散热需求。但空调系统不仅往往体积大、不耐颠簸和冲击，还可能降低装甲车的密封性，若安装空调系统意味着装甲车辆的防核、化学和生物武器的“三防”系统需要具备更高性能。空调系统较为致命的缺陷在于其散热装置难免增强装甲车辆的红外特征信号，造成车辆更容易被红外热成像技术追踪而遭受攻击。因此，对于装甲车辆的车载空调系统安装应谨慎判断。

目前，根据选用的制冷方式，各国研发的装甲车空调系统主要分为两类：

1. 汽化物循环制冷空调

专为装甲车辆设计使用的汽化物循环制冷空调主要分两种，分别是蒸汽压缩式和余热式。与通常民用空调的原理一致且构造基本相似，装甲车辆上的蒸汽压缩式空调实现制冷的原理是制冷剂发生相变循环。根据汽车车载空调系统原理，英国公司在20世纪70年代研发并安装了两种装甲车辆的不同驱动方式蒸汽压缩式制冷空调装置，一种用于6614和6616装甲车的装置直接使用装甲车发动机驱动压缩机的制冷空调系统，另一种用于AT-105式轮式装甲车的装置为驱动空调系统的制冷压缩机配备了小型柴油机。由美国公司开发的以电池或内燃机为动力源的微型蒸汽压缩制冷系统，实际产品已在伊拉克战争中投入美军使用。

在我国，部分执行低强度国内国际维和任务和武警反恐任务的装甲车早已安装了蒸汽压缩式制冷空调。绝大多数安装此类空调的是轮式装甲车，主战坦克车型则基本尚未配备。随着坦克供电及蓄电技术的逐渐发展，可以为主战坦克车型的提供更加充足的电力，使其在条件上允许装备电驱动空调系统。总装备部装甲兵某研究所已研发出蒸汽压缩式制冷的坦克空调系统，目前我军部分主战坦克车型已装备并运行良好。图5.4展示了我国装备4 kW功率空调系统的VT4型主战坦克，圆圈标识的就是其舱内空调系统的散热装置。

蒸汽压缩式制冷空调系统具有较为成熟的技术体系，主要优势之一是具有高制冷系数，但也存在装甲车辆在恶劣路况行驶时，强烈的颠簸振动容易引发制冷剂泄漏，造成空调系统损坏甚至引发事故的缺点。另外，目前国内国际都在逐步禁用氯氟烃类制冷剂，因此蒸汽压缩式制冷空调不应成为装甲车舱微气候环境调控的优先技术方案。其技术并非完全成熟，且研究人员认为由于氟利昂的禁用以及装甲车辆在野外作战时面对的后勤保障难题，该制冷空调技术将会被逐渐淘汰。

图 5.4 VT-4 型主战坦克的空调散热装置

余热式制冷空调利用发动机余热作为热源，取代压缩机驱动空调制冷设备实现空气降温。余热式制冷方式使用环保介质，避免了氟利昂类化学品造成环境污染，是一种环境友好的制冷方式。当前装甲车辆装备的余热式制冷空调研究集中在吸附式和吸收式两种上。

吸附式制冷空调的吸附方式分为物理吸附和化学吸附，沸石-水、硅胶-水、金属氢化物-氢、氯化物盐-氨、活性炭-甲醇等都是常用工质对。组成吸附式制冷系统的主要部件包括吸附床、蒸发器、冷凝器和节流部件等。系统工作过程的主要步骤即吸附与解吸，温度是工质对吸附能力的首要影响因素，因而一般通过改变温度实现其吸附效果转换。吸附剂在系统运行过程中发生交替性加热和冷却，受热时吸附能力下降发生解吸，此时制冷剂脱附于吸附剂而进入冷凝器。制冷剂进入冷凝器后，其携带的热量被冷却介质带走，重新冷凝回到液态后通过节流装置节流再次回到蒸发器，继续提供冷量。此时冷却吸附剂增强其吸附能力，这样回到吸附床的制冷剂就能再次被吸附。

吸收式制冷系统原理如图 5.5 所示，吸收器内的吸收剂浓溶液持续吸收制冷剂蒸汽，溶液泵给形成的稀溶液加压，将其送入溶液热交换器吸收热量，吸热后的稀溶液被送至发生器中，热源对其加热实现溶液中的制冷剂与吸收剂分离。制冷剂以蒸汽形式分离出溶液后进入冷凝器冷却形成液体，再通过节流装置节流后重新回到蒸发器吸热；吸收剂经过发生器浓缩又变回浓溶液，在溶液热交换器中完成降温并再次混入吸收器中的溶液，吸收器中的溶液保持不断吸收来自蒸发器的制冷剂蒸汽，蒸发器因而能够维持低气压状态，实现连续性制冷效果。

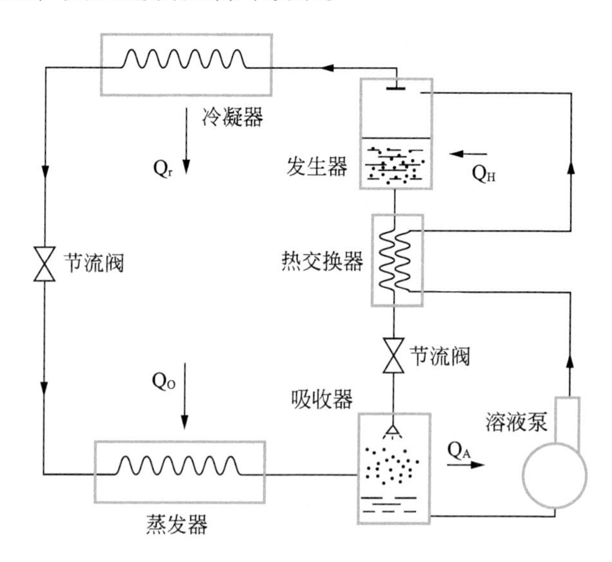

图 5.5　吸收式制冷系统原理图

吸附式制冷空调技术有能耗低、噪声低、结构简单、抗震性强、无运动部件、使用寿命长等特点。针对余热驱动的吸附式制冷展开了大量研究，并在多个应用领域（客车制冷空调、渔船制冰等）开发了相应系统。不过吸附式制冷系统的能量使用效率相对较低，其能效尚未得到有效提升，通常范围是 0.1~0.6；装甲车舱内部空间狭小，微型吸附式空调的应用型研究还不能克服舱室空间尺寸要求等客观因素造成的限制。这些问题导致吸附式制冷空调并未在我国的装甲车辆上实现规模化应用。

对吸收式制冷技术来说，其应用于装甲车车载空调系统目前面临的关键性技术难题是，要维持吸收式制冷系统的正常工作通常必须固定装置的水平位置，而装甲车常处于高速行驶状态，车载工况难以满足其运行需求。迄今为止，在车辆急速变向、变速、上下坡和颠簸的行驶状态下保持吸收式制冷系统稳定性方面的基本还没有相关研究。在严酷的野外作战环境中，装甲车辆不可能避免行驶过程中的剧烈颠簸和震动。由于吸收式系统在装甲车辆上持续运行难度过高，目前尚无装甲车辆上该系统成功安装运行的报道。

2. 空气膨胀制冷空调

空气膨胀制冷的原理是，高压气体绝热膨胀是对外做功的过程，在该过程中气体温度降低从而产生制冷效果。相对于与汽化物循环制冷的方式而言，空气膨胀以空气为工质而不发生相变。目前已在装甲车辆上装配的空气膨胀制冷空调主要是涡轮式与变容式两种。涡轮式制冷空调的工作流程简单示意图如图 5.6 所示，其主要部件包括图中的压气机、散热器、涡轮膨胀机及水分离器等。无论是发动机还是独立驱动机进行驱动，压气机吸入并压缩产生的高温空气先进入散热器被降温，再进入涡轮膨胀机发生膨胀和对外做功，膨胀做功的空气温度将剧烈下降，甚至可能低于露点温度，故而需要通过水分离器将水分脱除，最后送至需要降温的舱室环境。

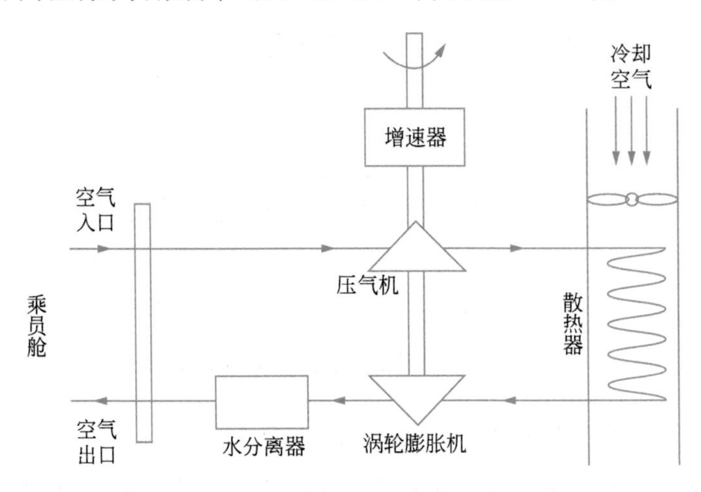

图 5.6 涡轮式空气膨胀机制冷空调系统示意图

20 世纪 70 年代，发达国家的涡轮式空调技术飞速发展并广为应用，包括飞机客舱在内的装备环境中也相当普及。该技术到现在已有了数十年积累，可靠性远远优于蒸汽压缩式制冷空调。然而涡轮式空调转速匹配和气源装置等方面仍未解决的技术问题导致在装甲车辆上的使用存在困难。将燃气轮机作为空调系统主动力是较为实际的解决办法，可以直接引出装甲车辆发动机压气机产生的高压气体驱动涡轮式空调，如美国的 M1A2 坦克和俄罗斯的 T-80Y 坦克就以这种形式装备涡轮式空调。我军现阶段主战坦克和装甲车大多型号使用的都是柴油发动机，涡轮式空调因难以利用车载发动机的高压气体而无法成熟应用。

综上，常见的技术较为成熟的整车空调系统均存在不同的装甲车辆实际使用问题。与舱内空调相比，单兵微气候环境降温方案空间占用小、能耗低、重量轻、降温效果好，且技术上更容易实现，作为当前装甲兵环境热舒适性问题的解决方案更具优势。现有的个体微环境降温方案中，大量研究集中于冷却服（cooled garments, CGs）并且已有广泛应用。冷却服发展至今，其常见类型可根据冷却介质分为三种，即液体冷却服、气体冷却服和相变冷却服。

1. 液体冷却服

液冷服的冷却介质以水或其他以液体为主体，包括冰水混合物、水-乙烯基乙二醇冷冻液、相变乳状液和微胶囊乳状液等。将液体循环管路布置在衣物内侧吸收人体产生的热量，温度升高后的液体进入冷却系统中，经冷却再次流入循环管路内，不断重复这个过程从而给人体降温。液冷服比其他两种冷却服具有明显的综合性能优势，其冷却能力更强，舒适性和安全性更高，研发生产的成本更低，在使用寿命、质量可靠性和重量负荷等方面也并无明显劣势。液冷服的研究可分为三个方面：液冷服新材质、新结构和新功能的研发与改进，液冷服舒适性及对使用人员生理机能各方面影响，以及机体-液冷服-环境系统的仿真模拟与实验。

美国纳蒂克陆军士兵中心有着多年的冷却服装置研制经验，一直致力于研制美军的新型冷却服。该中心 1994 年研发了制冷功率 300 W 的 IMCS 蒸气压缩制冷系统；1996 年开发出制冷功率同为 300 W 的 PVCS 便携式蒸气压缩制冷系统，总重约为 10 kg 的制冷单元和电池模块设计为外置，穿戴者只需要身着总重仅 2.72 kg 的液冷背心、裤子和帽子，具有明显升级的便捷性和实用性，应用于直升机驾驶员；1998 年开发的 ALMCS 高级轻型微气候制冷系统，可在气温 35 ℃ 条件下以 230 W 的制冷功率持续工作 3 小时，整个系统（含电池）总重量仅为 5 kg，实现了装备的突破性轻质化，便携程度已满足商业化生产的需求。另外，该中心研发的 MCG“空中勇士”微气候冷却服可与福斯特-米勒公司研发的 MCU“空中勇士”微气候制冷机成功对接使用，士兵在作战期间穿戴后反馈，该冷却服具有长时间冷却效能，在实战场景中发挥了重要作用。

波兰研究人员研发了一款液冷服并测试被试人员各项生理参数（心率，体温，皮肤温度等）、主观感受及体表微小气候参数与其冷却介质温度之间的关系。另外，研究人员还研究了液冷服的材质对液冷服的热阻、水蒸汽阻、毛细作用等参数及综合舒适性的影响。经过对 18 种面料织物的检测，发现成分为 80% 聚酯加 20% 氨纶的织物热阻与水蒸气阻值最低，最适宜用于制作液冷服内层与皮肤接触。最终研究人员选用一种高比表面积的聚酯纤维用于内层面料，外层则使用亲水性棉纤维，所研制的新型液冷服系统首次实现直接将冷却液体循环管路系统布设于复合针织面料内衣结构，且其性能通过了实验测试。

我国于 1980 年首次研制直升机飞行员使用的液冷头盔。1982 年航天医学工程研究所投入研制采取局部冷却形式的 YL-IA 型便携式局部液冷服系统，冷却介质是冰水，电源选取镍–镉电池，系统由液冷帽子和背心构成，与制冷装置使用隔热管道相连。由天津工业大学研制的液冷服以热电制冷装置为冷源，冷水平均温度 10 ℃，流量可达 2.5 L/h；此外配套研发了四种冷却液并在该液冷服上对比研究了不同冷却液的换热性能，结论是含有 10% 正十四烷和 10% 正十六烷的相变乳液散热性能更高且冷凝水现象减弱。山东大学科研人员同样在液冷服系统中运用了热电制冷技术，重点分析了关键参数对于热电制冷冷却性能的影响，为热电制冷装置的控制系统搭建设计框架，研究结果可作为后来的温控系统设计与液冷服舒适性研究参考。北京工业大学开发的液冷背心冷源微型制冷系统重量仅为 2.85 kg，由三角转子压缩机、管带式冷凝器、套管式蒸发器组成并由毛细管连接，在 40 ℃ 环境下可提供超过 300 W 的制冷量。

2. 气体冷却服

气冷服利用空气这一冷却介质与机体之间的对流换热达到降温目的，运行过程中的空气循环动力来自风扇或风机，环境温度较低时直接利用环境空气，环境温度较高时空气先经制冷装置冷却再被送入气冷服内。大部分气冷服内部设置气体管路或通气夹层，管路或夹层内流过的气体通过开设的小孔吹至人体皮肤，从而改善服装内部的微小气候环境并带走人体排出的热量和汗液。气冷服的特点是重量轻而舒适性高，但由于配备气体过滤装置、排风扇及较长的送气管路等，其结构比较复杂，造成气冷服臃肿，人穿上后活动不便。

在多年的广泛研究下，气冷服发展迅速。研究人员分析对比了各种冷却服的小气候冷却系统影响人类作业能力的情况以及人穿戴后产生的生理与心理反应，以提出不同职业作业人员冷却服选择方面的建议；他们对比了自然风冷却服、冷空气冷却服、液体冷却服及相变材料冷却服对被试人员核心体温、出汗率等参数的改善作用，综合评价后认为首先是冷空气冷却服、其次是液体冷却服的冷却效果最佳。上海理工大学研究了气体冷却服不同进风形式固有的空气流动与换热特性，发现冷却服内部微气候的气温场、气流速度场和对流换热强度等都与进风形式相关。

北京航空航天大学开发了一套气冷式微环境空调系统，按照坦克舱高温环境及坦克兵实际着装设计模拟热暴露试验，证明该气冷系统能够有效消除坦克兵的热应激问题；学者还深入研究了气冷个体防护系统的降温效果和气体微环境舒适性，并详细分析各种气冷系统的结构、组成及工作原理，总结了针对不同工况的气冷服设计思路与经验。军事经济学院将出汗暖体假人用于测试与评价换气式降温服性能，测定假人的表皮温度、衣内湿度、散热功率等数据，计算出降温服的制冷量达到 100~170 W，性能可以满足作业人员从事中等体力劳动的个体微气候控制需求。

3. 相变冷却服

相变材料冷却服的工作原理是冰、干冰、冷凝胶等容易发生相变的物质在一定温度下会发生物相变化，该过程吸收热量可用于制冷，也有相似原理释放热量的保暖服。最基本的方式是将内部缝制了相变材料的密封口袋绑定在服装上，因此相变冷却服常见形式为多口袋的背心或夹克。其优势在于结构简单，避免在服装内配置额外的制冷装置，克服人员穿戴后活动不便的问题；目前存在的缺陷是持续制冷效果被服装材质和内外温差限制，不具有长时间使用的可持续性，降温材料需要预先通过能量传递保存为一定物相，不方便紧急情况下使用，且经反复使用后降温材料的性能下降，透气性降低，穿着舒适性变差。

在空调安装困难的情况下，相变冷却服可有效实现个体微气候环境降温，提升作业人员的热舒适性；相变材料个人冷却系统比固定式个人冷却或室内空间（建筑物）空调系统具有明显的机动性与节能优势。为缓解高热环境中作业人员的严重热应激反应，苏州大学开发出一套同时使用排风扇和相变材料的混合式单人冷却系统。该系统性能在干热和湿热两种工况条件下分别进行了验证，共选取四种测试工况：风扇或相变换热均不使用、仅使用风扇、仅使用相变换热以及风扇与相变换热共同使用。研究结果显示，风扇与相变换热结合使用可实现连续三小时的冷却效果，对人全身的平均冷却功率为 111~315 W，无论在湿热或干热环境中都能有效改善热应激症状。海军特色医学中心通过实验验证了研制的降温背心的冷却效果，将预先在冰箱中冻结的凝胶置于降温背心的口袋中，3 名成年人对比身着此背心和普通服装在不同条件的环境中进行测试，检测指标包括被试人员胸部、上下肢和直肠的温度变化，以及心率、呼吸频率和出汗量等，结果证明降温背心冷却效能良好，可满足高温作业人员的舒适性需求。

经过各方面研究比较，针对现阶段可实现的装甲兵冷却系统方案而言，空调系统在可行性和可靠性方面都略低一筹，相对地，个体微环境冷却系统体积小、重量轻、能耗低，同时降温效果良好，使用灵活性高于舱室空调系统，更符合装甲兵作业场景需求。

（五）环境模拟技术

对人与装备的环境适性研究来说环境模拟试验意义重大。国际上长期以来建立了不同类型和规模的环境模拟实验室及设备平台，在军事、航空航天、生物、医药、农业、工程、资源环境等领域广泛运用，不仅满足了武器装备、人造卫星与飞行器等设计、研发和生产需要，也使人类在高原、高寒、高热、深海、极地、太空等极端环境下的健康水平与作业能力得到维护和提升。

环境模拟技术发展的历程主要是从单参数模拟发展为多参数模拟，从静态模拟发展为动态模拟，以及从实际试验发展为计算机仿真模拟。环境模拟设施的发展主要分为两个阶段。国内外在发展初期先后建立了一些实现气压或温度等单因素控制的环境模拟舱，这时建立的模拟舱容量小且模拟可实现的参数范围窄，大多数只允许 1~2 个模拟参数；模拟设施中基本以单因素静态模拟为主，无法模拟环境的持续变化。随着人类需要应对的极端环境不断拓展，环境模拟设施进入发展阶段，一些旧的模拟舱开始更新升级，新的复合因素模拟舱也逐步建立；此阶段模拟舱能够实现的模拟参数种类及参数范围明显增大，单个模拟舱的模拟参数可达 4~6 个，但目前阶段的模拟舱基本都限定在特定环境下的静态模拟，研究对象仍较为单一。

目前全球规模最大、功能最复杂的气候模拟实验舱是美国纳蒂克士兵中心的气候模拟舱。该模拟舱能够控制温度、湿度、风速、降雨量、太阳辐射等环境因素，模拟全球从极地到热带的各种（极端）气候环境。而英国朴茨茅斯大学建立的极端环境实验室环境舱可模拟两极、高原以及高寒和高热环境，可模拟的最高海拔达 7500 m。军事医学科学院建设了多因素复合环境模拟舱群，可模拟高原的低氧分压、寒冷以及气体污染的复合性环境因素，可模拟最高海拔 13000 m，温度 –50~50 ℃，风速 0~7.5 m/s，相对湿度 20%~95%，热辐射最高可达 600 kcal/m^2 h。陆军军医大学拥有大型高原环境模拟设施——高原环境模拟低压舱群，由 2 个大型人体低压舱和 5 个小型动物低压舱组成，可模拟最高海拔 10000 m，温度 –25 ℃~ 室温，还能模拟不同风速和 CO_2 浓度等。海军军医大学海军特色医学中心是国内唯一从事海军军事医学研究的综合性科研机构，拥有国内唯一的深海极端环境 1:1 尺寸模拟实验舱，专门开展深海极端环境人体医学实验研究（见图 5.7）。该模拟舱参照实船装备典型工作舱和生活舱进行高保真模拟，舱内空间布局、通风、照明、色彩、噪声、温湿度等环境参数与实船保持一致，气体组分数据和实验活动画面均能实时监控输出；该中心创造和保持了国内模拟深海极端环境长远航的人体试验时间纪录。

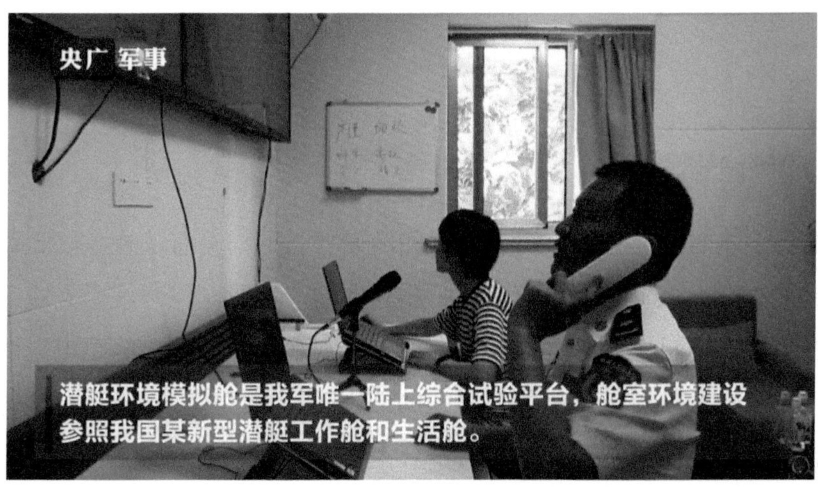

图 5.7　海军特色医学中心深海极端环境模拟舱实验平台

当前是环境模拟技术和设备设施的转折期，人类对于环境模拟的能力逐渐增强，环境要素也越来越全面，有望为军事极端环境适应力和作业能力保障与提升提供坚实的技术支持。今后的研究重点是高寒、高热等极端环境下人与武器装备的高适应性结合、互配互适技术，并开展人–机–环境系统的整体性能分析、评价与提升。

（1）建立实战中人–机–环的总体效能评价与预测模型。运用生物力学、人体生理学、心理学等方面知识和技术，以人–机–环的相互适应性需求为基础，建立特殊环境下人机系统的作业效能评价指标体系和预测模型，研究设计构建人工军事作业环境和实现人机界面优化的关键技术，提升人机系统整体作战效能。

（2）应对复杂环境的人机一体化技术。开展复杂环境下人员认知能力、武器装备操控能力的提升机制研究，提高人机系统在极端环境下的认知作业能力与实战效能。

（3）复杂环境下人机系统信息处理技术。研发基于生物计算材料的神经突触芯片以及模拟人脑信息处理方式的认知运算芯片，利用超小体积和超低能耗实现大规模并行计算，实现人机之间信息的传输与共享。

（4）人机互配互适关键技术。综合运用生物工程、脑控、精密机械设计制造等技术，研制高分子材料、生物传感器、控制芯片、精密机械等组成的生物肌柔性外骨骼，实现与人体的适应配合，行动时轻便灵活、自由迅速且能承担较大载重，满足极端环境下的多样化军事任务需求。

第五节 评价试验设计

一、常用人因工程学评价试验

（一）心电信号测量

生物电是人体的活细胞和组织在安静和活动状态下均具有的现象。无数个心肌细胞共同组成了心脏，心肌细胞的细胞膜内侧和外侧产生的电位差就是心肌细胞的跨膜电位，在静息状态下叫作静息电位，兴奋状态下则是动作电位。静息电位的膜外电位为 0 mV，膜内为 –90 mV，这种相对稳定的细胞膜外呈正电位、膜内呈负电位状态叫作极化状态。细胞膜极化状态被破坏时，会由本来的静息电位发生快速电位波动，这就是动作电位。动作电位过程包括去极化和复极化两个步骤。

构成心脏的每个心肌细胞除跨膜电位外还具有电生理特性，心电图（electrocardiogram, ECG）是检测心脏生物电活动最常用的基本方法。窦房结产生的兴奋依次传递至心房和心室，伴随着整个兴奋产生与传导过程的微小生物电流（简称心电）以心脏周围的导电组织和体液为媒介最终传导至体表，导致体不同位置发生的电位改变有差异。在体表不同部位放置测量电极，利用具有放大和描记功能的心电图机记录每个心动周期过程的电位变化并生成连续曲线，这就是心电图的产生。心电图曲线刻画的是心肌细胞的兴奋性、规律性和传导性，并不直接反映心脏的机械收缩活动。

（二）心率变异性

心率（heart rate, HR）是心脏单位时间内搏动的次数。成年人通常静息状态的心率平均值约 75 次 /min。心率在人处于不同生理或病理状态时可能发生较大波动。心电图也可以说明，健康人的静息状态心率或 RR 间期（瞬时心率，相邻两个 R 波之间的时间）也并非一成不变而是波动的。连续的心搏会出现频率快慢不等，RR 间期存在约几十毫秒的正常差异。心率变异性（heart rate variability, HRV）就是指邻近 RR 间期之间的这种细微差异，常用于研究心脏的自主神经功能。

心率变异性表示心脏节律的变化规律。多种因素都会影响和限制心脏节律，如机体体温、新陈代谢和激素分泌等状况。这些因素最终都是通过机体的自主神经系统影响心率，因此交感神经和迷走神经形成的张力变化构成了心率变异性的生理学基础，可用于评价自主神经对于心率的调控作用。心率变异性很大程度上由迷走神经决定，心率变异性在迷走神经功能健全的状态下较大，当迷走神经功能受损时则变小。常见的心血管疾病（高血压、冠心病等）均可能增强交感神经的兴奋性，导致迷走神经功能受到抑制，也就是迷走神经失去一部分对心脏的控制力而交感神经的活动能力增强，患者检测到的心率变异性较健康状态下明显偏低。

心率变异性受到年龄、性别、运动、体位、呼吸、睡眠、心理、药物、节律、环境等多种因素影响。交感神经与迷走神经之间的张力存在昼夜周期的节律性，也就是说心率变异性随着昼夜变化的过程规律性变化。交叉学科在应用领域不断发展，人因工程学研究中，心率变异性在分析作业强度和机体疲劳等方面有着重要意义。分析汽车驾驶员的心率变异性相关指标 LF、HF 与 LF/HF 发现，驾驶员若处于疲劳驾驶状态下，或汽车内产生各种频率的垂直振动，会导致 HF 降低而 LF 和 LF/HF 的数值升高，这一现象随车速升高而更加明显，说明这些情况下驾驶员的交感神经兴奋性上升，迷走神经兴奋性受到抑制。

常用的心率变异性分析方法主要分为两类。一类是线性分析法，在分析时将心率的自主神经调控视为一个线性系统，分析方式又可具体分为时域分析和频域分析两种。另一类是非线性分析法得益于非线性理论的发展，各种机体的生理节律开始引入非线性动力学方法分析，由于心率波动的节律性与其他生理节律之间存在相互作用，还会受到细微因素干扰的影响，线性分析方法对生物体的复杂性来说有明显局限性，因此发展出了心率变异性的非线性分析法。

（三）脑电信号的测量

神经系统的基本组成单位——神经元负责感受刺激与传导神经冲动。神经系统通过神经元之间的彼此联系协同系统的功能活动。神经元之间发生联系的接触点叫作突触，包含突触前膜、突触间隙和突触后膜三部分。突触前的神经轴称为突触前轴，其末端含有许多突触小泡，小泡内稳定产生乙酰胆碱和去甲肾上腺素等神经递质。到达突触的神经冲动会使突触小泡前移至突触前膜，突触前膜开口将神经递质释放至突触间隙，受到神经递质作用的突触后膜产生电位变化，引发并向下传导神经冲动，因此神经冲动的产生和传递是一个电信号—化学信号—电信号的过程。突触传递过程中把突触后膜的电位变化称为突触后电位。突触后电位又分为兴奋性和抑制性两种。兴奋性电位造成突触后膜的去极化，而抑制性电位造成突触后膜的超极化，二者作用之和决定了突触后膜电位的总体变化趋势。

大脑皮层中枢神经系统的无数神经元之间的突触连接构成繁杂的神经环路。突触连接导致的结构复杂性与广泛性保证了大脑皮质的高精度分析与综合认知能力，奠定了人类思维活动的基础。神经元的突触后生物电位变化最终导致了大脑皮质表面持续性、节律性的电位变化，只不过大脑皮质表面的电位变化无法由单个神经元的突触后电位改变引发，大脑皮质表面电活动必须建立在大量神经细胞共同发生突触后电位变化的基础上。此外，这种电活动的产生还与丘脑的非特异投射系统、脑干网状结构上行激动系统及大脑的边缘系统等有关。

脑电图是在头皮表面安置电极记录下的大脑皮质神经元电活动（Electroencephalogram, EEG）。国际上达成广泛使用共识的标准电极安放法为 10%~20% 系统电极位置法。该方法以鼻根和枕外粗隆为矢状位基准，按照人的颅骨标志让电极位置恰当分布在头部各个部位，与头颅的形状和大小成正比。一套电极共 21 个，两个电极之间的距离不应太近（至少 3~4 cm），各电极按 10%、20% 的相隔距离排列。按照脑部解剖区域确定的电极名称，分别为前额区、中额区、中央区、顶区、枕区等。

（四）动脉血压的测量

血压从生理学定义来讲是指血管内血液对单位面积血管壁形成的压力（即压强），单位是帕（Pa）或毫米汞柱（mmHg），通常使用 mmHg（1 mmHg=133.32 Pa）。血压的测定通常以大气压为参照，取高出大气压的值作为血压值。通常动脉血压指的是主动脉压，测量部位是上臂肱动脉。正常的动脉血压要求心血管系统内血液充足，此外形成动脉血压的必要因素还包括心室收缩射血和外周阻力。主动脉血压随心室收缩而上升且随心室舒张而下降，上升的峰值称为收缩压（高压），下降的最低值称为舒张压（低压），收缩压与舒张压的压差称为脉压。成年人静息状态的收缩压为 90~140 mmHg，舒张压为 60~90 mmHg，脉压约为 30 mmHg；高血压的判断标准为长时间收缩压高于

140 mmHg、舒张压高于 90 mmHg；低血压则是长时间收缩压低于 90 mmHg、舒张压低于 60 mmHg。

人因工程学试验中通常采用间接测量法来测量肱动脉处的血压。人体各种运动和休息状态下均可使用 24 h 动态血压测量仪连续监测人体实时的动态血压值（收缩压与舒张压），得到的数据便于比较和研究。现有许多生理信号监测仪器将多测量功能集成于一体，实现人体心率（脉搏）、血压、呼吸、心电、脑电等数据共同的实时记录，在人因工程学试验中被广泛采用。

（五）能量代谢的测定

机体会在供氧充足时进行有氧代谢，糖类被分解产生二氧化碳和水，同时释放能量。机体在供氧不足时发生将糖类酵解成乳酸的无氧代谢，释放的能量比有氧代谢要少。有氧代谢可以长时间持续进行，而无氧代谢只能短时间内维持。日常状态下，有氧代谢为机体供能，然而人高强度运动时骨骼肌迅速耗氧，很容易处于缺氧状态，于是糖类分解产生的乳酸堆积，导致人感到肌肉酸痛；如果运动强度过高，机体会因调节水平达不到氧需求量而产生氧债。与骨骼肌不同，脑细胞对缺氧和低血糖十分敏感，这两种情况下中枢神经系统功能受到抑制，可能发生意识障碍和昏迷。

机体单位时间内消耗的能量称为能量代谢率，测定方法有直接测热法和间接测热法两种。直接测热法的原理是能量守恒定律，即通过收集计算单位时间内机体散发的热量得到能量代谢率，但该方法因需要使用复杂的仪器设备而很少应用。单位质量（1 g）的食物氧化分解的释放热量是该食物的热价，食物氧化分解消耗 1 L 氧的释放热量则是该食物的氧热价。机体生命活动产生的二氧化碳与相应消耗的氧气体积比值称为呼吸商，以营养物质在体内氧化的呼吸商为例，糖类是 1，脂肪是 0.7，蛋白质是 0.8。可以使用代谢测定仪测量人一定时间（通常是 6 min）内的耗氧量，规定一般化饮食的人呼吸商为 0.82，与之对应的氧热价是 20.20 kJ，因此受测者的产热量是其耗氧量的 20.20 倍。

能量代谢率的影响因素众多，包括人的性别、年龄、体表面积、活动量、环境温度、情绪等。一般在相同的条件下男性的能量代谢率高于女性。睡眠状态下人的迷走神经兴奋，能量代谢率处于低水平，运动时则能量代谢率较高。若进行剧烈运动，即使运动停止后，一段时间内机体偿还无氧代谢的氧债仍保持较大的耗氧量。环境温度过低时，肌肉颤抖的“寒战”现象略增加能量代谢；高温环境中，机体加速血液循环和排汗也都会增大能量代谢。进食后人体会额外产热，紧张的心理状态也将导致肾上腺髓质分泌增多，引发能量代谢升高。因此，若需在人因工程学试验中检测能量代谢情况，应当尽量消除这些因素的影响，才能保证检测结果更具有统计意义。

基础代谢意为人在基础状态（室温 20~25 ℃、清晨、空腹、静息状态且清醒）下的能量代谢。规定这种状态的目的在于排除环境温度、肌肉活动、进食效应、精神因素等复杂影响，能够得到生理状况平稳下的稳定能量代谢。基础代谢率指单位时间内发生的基础代谢量，通常通过耗氧量测定。测定基础代谢（率）应注意的事项包括：餐后 12 h 以上，清晨空腹，最近一餐为素食且不宜过饱；室温 20~25 ℃；测前避免剧烈运动，若轻度活动需休息约 30 min；受测者体温正常，精神放松，不要有紧张、焦虑、恐惧等情绪；采用平卧位测定，全身肌肉放松。

（六）心理指标测试

心理物理学是研究心理量与物理量对应关系的学科。人因工程学试验不仅要测定心电、脑电、血压、代谢等生理指标，还经常要对人进行心理行为测试，该过程需要借助心理物理学的原理及方法。在心理物理学中，绝对感觉阈限是指刚刚能感觉到的最小刺激量，差别感觉阈限是指刚刚能感觉到的两个刺激之间的最小差别量。

心理物理学的经典方法之一是极限法，又称最小变化法。该方法的原则是按逐渐递增或逐渐递减的方式逐步而细微地调整刺激，监测被试人员是否察觉刺激的变化并做出反应。原本没有反应的被试人员产生反应，或是从有反应变为没反应的转折点即为感觉阈限。极限法既可以测试绝对感觉阈限，也可以测试差别感觉阈限。此外，心理物理学的常用方法还有恒定刺激法和平均差误法。人因工程的常用试验种类之一是反应时间的测定，比如常用亮点闪烁仪测定闪光融合频率评价被试人员作业过程中的警觉程度及疲劳程度。

人的个性有多方面体现，其中气质和性格较为典型。人因工程学试验也包括对人气质和性格的测试。气质分为胆汁质、多血质、黏液质和抑郁质 4 种基本类型，个体的气质类型可以是其中一种或多种的组合。人的能力包含一般能力和特殊能力，能力测量因而包括这两方面能力的测量。一般能力测量通常指智力测验，常用的方法是韦氏智力测验；特殊能力测量主要是测试人进行某项特定活动或从事某种职业能力，如艺术能力测验、机械能力测验等。

对某些特殊职业（如航空航天、特种军事）从业人员的选拔必须对候选者的特殊能力进行测定，以此评价其能否胜任特定的作业任务。特殊能力的测量通常是综合性的，关注各种心理过程及和多项个性心理指标，包括躯体平衡及运动协调性、空间知觉及运动知觉、感觉（视觉、听觉、触觉等）灵敏度、短时记忆、思维发散度、注意集中性等，还有从事该职业的个人需求、内心动机、兴趣理想、信念意志等。研究发现，空间知觉性、动作敏捷性、机械理解力等与机械能力直接相关，整体上男性的空间知觉性和机械理解力略优于女性，女性的动作敏捷性相对于男性更佳。另一种重要的特殊能力是飞行能力，二战中美军专家在飞行员选拔中运用心理学理论，将飞行员淘汰率从 65% 降低至 36%。

二、试验设计要素和原则

人因工程学试验设计的三大要素是被试对象、处理因素和试验效应。

被试对象指处理因素的作用对象，人因工程学试验的被试对象通常是人。被试对象要求具有一定依从性，需要其自愿参加试验，在过程中积极配合。为保证试验得到的结果准确而可靠，需明确制定被试对象的准入与排除标准，保证被试对象一定程度的同质性。除了常见的被试对象性别、年龄等因素限制，还应当限定其生理和心理的健康状况以及特定疾病史等。如果人因工程学试验的研究目的是分析听觉器官的生理功能，则被试对象必须具有良好听力，鼓膜、中耳腔和咽鼓管等部位功能良好；如果需要研究心率、血压、心电等心血管系统指标，需要排除患有高血压、高血脂、心肌炎、心律失常、冠心病等循环系统疾病以及发热、甲亢、肝肾损伤、糖尿病等疾病的被试。

处理因素指根据研究目的向被试对象施加的因素，可以是客观的理化因素或主观的心理因素。试验过程中存在的并可能破坏试验结果准确性的非研究因素称为非处理因素，必须被尽可能排除掉。例如，在研究听力和中耳腔功能的试验中，要求被试对象在试验过程中尽量避免做出有意识的吞咽、咀嚼、打喷嚏、打哈欠和咳嗽等动作，消减人为性咽鼓管开放。

试验效应指处理因素作用于被试对象后，其产生的反应和试验结果，通常以特定的指标反映。试验选择的生理和心理测试指标必须满足测试安全性，不可造成被试对象的机体或心理损伤；由于测试指标的恰当性关系到最终试验结果和结论是否准确可靠，因此测试指标应具有一定的特异性和敏感性。

严密设计的人因工程学试验应当遵循对照性、重复性、随机性及盲法的原则。为增强人因工程学试验的数据准确性和可靠性，被试对象不应数量太少；根据统计学原理，增大样本含量，有助于降低统计推断假设检验中的I类和II类错误并缩小可信区间。试验过程和结果应具有可重复性。必须进行随机的被试对象筛选与分组，为避免该过程带有主观色彩，可以利用随机表法或计算机程序自动选择被试和为其分组。通常应为试验设置对照组，或利用同一名被试对象进行试验效应的自身对照。盲法试验能够帮助消除被试对象心理暗示对试验造成的结果偏差。例如，在研究两种振动频率对人体的舒适性影响时，将被试随机分成两组使其分别在两种振动环境中感受不同的振动频率，结束后让他们描述主观感受；这种试验就不应使被试预先得知即将体验哪一种振动频率，要求他们认真体验并尽量准确表达感受即可，否则可能在参与试验前就形成某种主观感觉判断。

针对人体生理和心理指标测试试验的设计类型包括完全随机化设计、随机单位组设计、配对设计、交叉设计、自身对照设计、正交设计和重复测量设计等。它们在人因工程学试验中均可得到运用。

完全随机化设计在单因素多水平考察试验设计中最为常用。其随机将同质的被试对象分配为多组接受不同处理，记录分析每个组的试验效应。各组样本量既可以相等也可以在数量相差不悬殊的情况下不等。分组必须遵循随机化原则，通常将一组确定为对照组，其余各组为试验组。例如，研究一种新型产品与原产品相比是否更健康，具有更高的舒适性，或者作业人员使用新型产品是否更有利于降低劳动强度和减轻劳动负荷，随机选取20名健康的成年男性为被试对象，并将其随机分为10人一组的两组，第1组为使用原产品的对照组，第2组为使用新型产品的实验组。两组人完成作业任务前后，分别测量其心率、血压、呼吸、心电、脑电、肌电、皮肤电等生理指标，分析作业前后数据的差异性。上述试验的设计就采用了完全随机化设计方法。需要注意的是，为确保试验数据的可比性，试验前不同组别的被试对象相应生理指标必须不存在显著差异。

配对设计需要选取两个条件相同或接近的被试对象配成对子，然后把每对的两个被试对象随机分配至两个接受不同处理的组中。自身对照设计是一种特殊的配对设计，它利用同一位被试对象自身情况做比较，考察试验前后指标的变化。

交叉设计是按照设计好的一定次序先后对被试对象先后进行各种不同的试验处理。例如，研究对象仍然是新型产品的舒适性和对工人劳动强度的改善情况，将被试对象随机分为两组，使第1组先使用原产品，隔一定时间后再使用新型产品；第2组顺序相反，先使用新型产品再使用原产品。通过这种设计，两组被试对象以不同顺序先后使用了两种产品，这就是交叉设计的典型案例。需要注意的是，中间间隔时间（即洗脱期）必须足够长，否则前期试验的残余效应可能影响到后期试验及被试对象本身的耐受性。

上述试验设计类型各有优缺点。完全随机化设计要求大样本量，需要充足的经费支持才能完成，相对来说自身对照设计和交叉设计只需要较小的样本含量，节约试验成本。而对于交叉设计试验，如果被试对象接受两种处理的间隔时间不够，就容易在接受第二种处理时依然受到第一种处理的残余效应影响。临床药理学试验通常规定洗脱期（间隔时间）不得低于药物的 7 个半衰期，并且被试对象接受两种作比较的药物处理时，要保证其自身生理、心理状况及外界条件因素各方面相同。但实际上许多需要测定生理、心理指标的试验往往难以确定有效的洗脱期，极大限制了交叉设计在人因工程学试验中的应用。

另外一种被称为重复测量设计的试验设计类型，是指在试验过程中，每间隔一定时间就针对某测试指标测定一次被试对象，如此可以从单个被试对象身上获取多个时间点的数据。这些由同一个被试对象测得的数据之间相关性极强且与时间变量相关。例如每隔 5 min 检测被试对象的心率、血压或呼吸，监测并分析作业人员在劳动过程中相应的生理参数动态变化情况。

三、装备舱室热环境评价试验

研究人体热舒适性的两种方式分别是实验室研究与现场研究。实验室研究的优势是可实现环境变量的精准测量和参数调控，尤其适用于单个变量对人体热感觉与热舒适的影响性研究，热舒适性的研究最初就在实验室内实施试验。实验室研究奠定了世界公认科学性的通用标准 ISO 7730 和 ASHARE 55—2002 的基础。但由于装备环境的波动性和非均匀性，加之作业人员性别、饮食习惯及机体生理生化活动的差异，这些标准在实际情况下的普遍意义和应用可靠性还需要通过现场研究来验证。现场研究指测量真实环境的环境物理变量，测定处于环境中的人的生理参数并对其进行心理学调查，从而分析人体热舒适性，研究热环境因素和人体热舒适性。一些环境因素例如装备外部接受的太阳辐射、其围护结构部件的隔热性无法实现实验室条件准确模拟，有必要通过现场研究对实验室研究结果进行补充。

武器装备密闭舱室的热环境可以看作是稳态舒适性热环境，通常使用 ISO 7730 标准规定的 PMV 指标评价其热舒适性。下面以一种机动卫生装备——生防急救车车厢为例，介绍装备舱室内人员（伤病员和医护人员）的热舒适性研究。该车厢具有急救装备、空调系统、生物污染物防护系统、担架座椅系统，车厢壁板材质隔热性能良好，传热系数低于 2.0 W/m^2 ℃；共有六块小型带有下拉式窗帘的有机玻璃车窗，能够有效消减车窗外太阳辐射对车厢环境的影响。

通常安排轻伤员坐姿乘车，车内座椅允许同时并排乘坐三人，测试部位设置在靠近空调系统处。按照图 5.8 的方式布置坐姿测点，假设人员头部、腹部和足部测点距离车厢地板高度分别为 1200 mm、600 mm 和 100 mm。站姿测点按照图 5.9 布置，假设人员头部、腹部和足部测点距离车厢地板高度分别为 1600 mm、1200 mm 和 100 mm。为方便卫勤人员完成站立查看伤病员的输液瓶或俯身为伤病员测量血压、体温等医疗作业，测点选定在车厢 y 轴方向的中部附近。

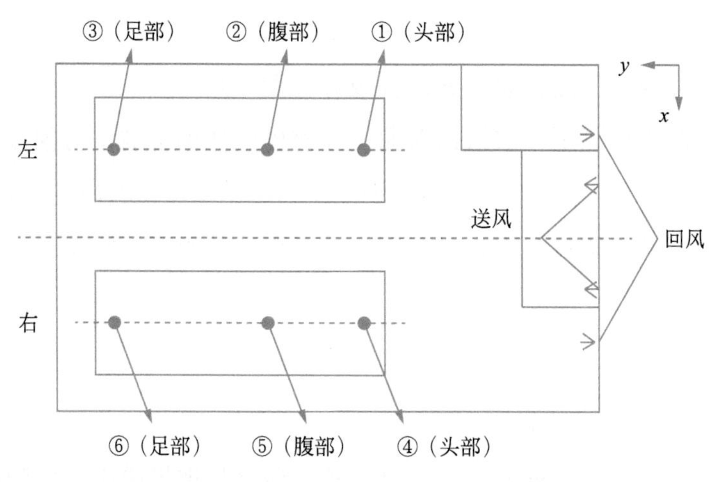

图 5.8 舱室俯视图及测点布置

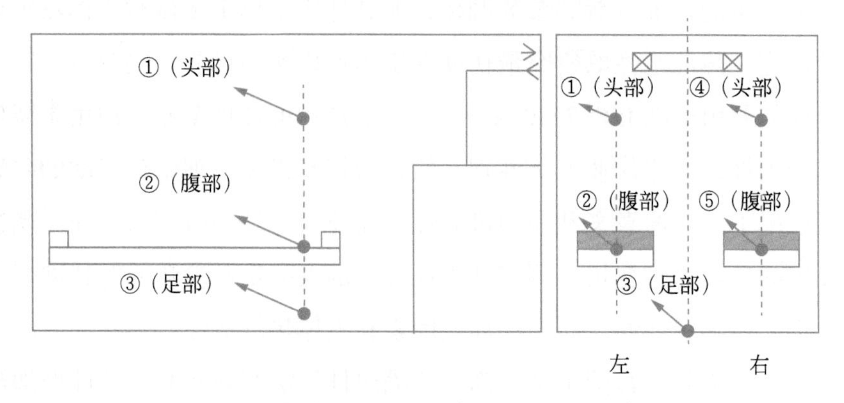

图 5.9 舱室右视图、前视图及测点布置

试验开始前记录时间、地点、车外温度、相对湿度、车外风速、车厢热环境参数初始数值及空调系统工作情况；试验时急救车应处于停驻状态，关闭压力控制系统使

车厢内压力等同于标准大气压，封闭车厢且拉下全部车窗的窗帘。两位测试人员在车厢内，在试验进行 30 min 和 1 h 时测定各测点数据。车厢内温度、风速和相对湿度的测定使用美国 TSI8386 智能多参数风速仪，平均辐射温度的测定使用 MR-4 型热辐射计。记录卧姿、坐姿伤病员以及站姿医护人员的测量结果；由于座椅前排人员的头部、腹部、足部定向热辐射强度几乎没有差别，仅需测量腹部的平均热辐射温度用于计算作业位置平均辐射温度。

采用 GJB 898A—2004 的公式计算各位置参数的加权平均值：

$$X=0.25x_h+0.5x_a+0.25x_f$$

式中，X 为中心位置的参数平均值，参数可以是温度、湿度、风速、平均辐射温度（不需要加权计算坐姿数据）等；x_h、x_a 和 x_f 分别为头部位置测量值、腹部位置测量值和足部位置测量值。

GB/T 18049-2000 中的 PMV 指标计算公式为

$$\text{PMV}=(0.303^{-0.036M}+0.0208)\{(M-W)-3.05\times10^{-3}\times[5733-6.9(M-W)-p_a]-0.42\times[(M-W)-58.15]-1.7\times10^{-5}M(5867-p_a)-0.0014M(34-t_a)-3.96\times10^{-8}f_{cl}\times[(t_{cl}+273)^4-(t_r+273)^4]-f_{cl}h_c(t_c-t_a)\}$$

式中，M 为代谢率，单位 W/m^2；W 为外部做功消耗的热量（大多数活动可忽略不计），单位 W/m^2；t_{cl} 为服装表面温度，由 M、W、f_{cl}、t_{cl}、t_r、h_c、t_a 和服装热阻计算得到，单位 ℃；f_{cl} 为着装时人体表面积与裸露时人体表面积之比；t_a 为空气温度，单位 ℃；t_r 为平均辐射温度，单位 ℃；h_c 为对流换热系数，由 t_{cl}、t_a 和空气流速计算得到，单位 W/(m^2 ℃)；p_a 为水蒸气分压，单位 Pa。

人体相关参数需查表确定代谢率、服装热阻、人体表面积与裸露时人体表面积之比，根据饱和蒸气压计算水蒸气分压，编写迭代程序计算对流换热系数和服装表面温度。

运用上述所得相应数据计算各时刻 PMV 值，若得到的 PMV 值落在 –0.5~0.5 的范围内说明环境热舒适性满足伤病员需求。正常情况下空调具有稳定降温性能，能实现迅速制冷，在 1 h 内将车厢左右侧担架处温度降至约 25 ℃。卧姿状态的人体代谢率较低，计算出较低的 PMV 值，说明 1 h 时该处伤病员会感觉到偏冷，这时需要升高空调温度或调低风速档位以调整 PMV 值。急救车内的卫勤人员从事救治和护理作业时通常使用站姿或坐姿，他们的代谢率与卧姿伤病员差别较大，不应忽略他们的热舒适性。因此，除了改变空调的运行工况，还可以增加卧姿伤病员的服装热阻（如加盖被褥）达到改善其热舒适性的目的。

卧姿状态的伤病员健康状况受到热舒适性影响，应重点关注。伤病员的实际代谢率会偏离不同活动代谢率表中的规定值，但通常不会明显影响 PMV 值的计算，会根据该表等效取值。对伤情特殊或重伤人员需进行具体的医学生理学研究，此时的热舒适性研究不可沿用 PMV 指标，并且对于伤病员的病情来说，热舒适性实际上已成为次要因素。轻度伤病员使用坐姿的代谢率会比卧姿高一些，试验 30 min 时车厢内两侧前排座椅处约达 28 ℃，该位置处于坐姿状态的伤病员 PMV 值指标在 –0.5~0.5 的舒适性范围以外，此时就需要空调系统的进一步冷却效果满足其热舒适性需要。到 1 h 时，两侧前排座椅处温度已降至 25 ℃ 左右，环境因素能够满足左侧伤病员的热舒适性需求，而右侧座椅伤病员感受到头部及腹部风速较高导致偏冷；此时可以通过调节右侧送风口百叶来调整送风方向并适当降低风速，消除伤病员头部局部受到冷风直吹的明显不适，使其他参数不变的条件下右侧伤病员 PMV 值满足 –0.5~0.5 的舒适性范围标准。此外，坐姿伤病员腹部温度相对较低，为避免受凉应用衣物被褥遮盖腹部，不可忽略重要的局部热舒适性。

相对来说，由于卫勤人员作业活动量相对较大，代谢率比伤病员高得多，难以保证其 PMV 值维持在 –0.5~0.5 的舒适性范围中；一旦完成了救治和护理作业，休息状态下他们的热感觉会提升。在基本满足伤病员热舒适性需求的基础上，可以通过调整空调运行工况改善以各种姿势作业的卫勤人员的热舒适性。

四、单兵空调系统评价试验

作为装甲车辆舱室人–机–环境系统的重要组成部分，单兵空调系统以提高佩戴人员热舒适性为目的，降低高温环境对人体产生的负面作用，因此，评价穿戴人员的人体热舒适性是评价单兵空调系统性能的最佳方式。但由于人体舒适性概念的复杂和模糊性，在环境因素与着装、运动状态等个体因素多方面的综合作用下产生人体热感觉，而个体在热舒适性需求和感受方面存在差异，采用统一标准评价具有一定难度。

以一项研究为例，其评价方式将人的客观生理参数与主观感受相结合，旨在对开发的个体冷却系统的工作效果进行全面、有效的评价。选取 5 名年龄均在 22~25 周岁、身高 170~185 cm、体重 65~80 kg、无重大病史的健康成年男子作为实验参与人员。被试人员在实验过程中穿着统一面料和款式的纯棉内裤、短袖 T 恤及短裤，分别穿戴 3 种不同设计的个体冷却系统在实验室中完成常规风扇降温测试实验。整个实验共计进行 15 人次，同一名被试人员的两次实验时间至少相隔 2 天。单次实验持续 120 min 并将测试分成 4 个时间段：被试人员在 0~30 min 内进行驾驶类模拟游戏的手机软件操作，

30~60 min 内操控台式钻床加工规定的亚克力材质零部件，60~90 min 内再次进行驾驶类模拟游戏的手机软件操作，90~120 min 内继续操控台式钻床加工金属材质零部件。实验过程中多点监测被试人员的体温、心率、血压、呼吸频率、出汗量等生理指标，并使被试人员在每个时间段内每隔 15 min 填写一次主观感受问卷。

评价的个体冷却系统针对环境温度有两种工况设计，最大负荷工况对应 40 ℃ 的环境温度，极限高温工况对应 50 ℃ 的环境温度。然而由于实验室条件有限，无法完全保障实验人员长时间处于 50 ℃ 高温人体实验环境中的人身安全，故而只进行了环境温度为 40 ℃ 的最大负荷工况测试，并且测试过程中时刻密切监视被试人员状态，一旦被试人员出现身体不适情况随时将实验暂停或中止。实验环境的湿度没有进行人工调节，测得环境的相对湿度始终在 40%~60%。另外还进行常规风扇降温实验用以对比研究，实验条件模拟装甲车驾驶舱常规环境，仅使用台式风扇送风，控制风速为 0.5 m/s，被试人员不穿戴任何降温装置。

实验全程中监测 5 名被试人员体表各点的温度变化，包括额头、耳后、肩胛、腋下、胸口、上肢、腹部及下肢，在每个时间段内均对实验人员的心率也进行了测试。被试人员在实验前后均进行称重，称重时穿着同样的纯棉干燥内衣裤，以实验前后的体重变化指示出汗量。除了监测被试人员的各项生理参数，针对性制作热舒适性调查问卷，调查统计被试人员两次佩戴个体冷却系统实验过程中的主观舒适性感受。

第6章 装备空间氧舒适性设计

第一节　急性空间缺氧条件下人体的作业能力

一、缺氧的概述

（一）缺氧的概念

机体的生长、发育等众多生命活动都是不断消耗能量的过程。所需能量由机体细胞内进行的糖、脂肪、蛋白质等营养物质的生物氧化提供。氧气是这些氧化过程长期维持必不可缺的物质。机体内只能储存少量的氧，为满足机体细胞的氧化作用所需，必须从外界环境不断吸收氧，并依赖呼吸、血液循环等生理过程实现机体对氧的运输和摄取。充足的氧是几乎所有动物机体正常生命活动的前提，机体细胞一旦失去氧的供应，很容易引起死亡，生命活动也就会停止。

机体对氧的摄取和利用过程复杂，如图 6.1 所示，分为外呼吸(外界氧被吸入肺泡，弥散入血液)、氧的运输（通过血液）和内呼吸（组织细胞摄取利用）三个步骤，其中任何环节出现障碍都会引起缺氧。

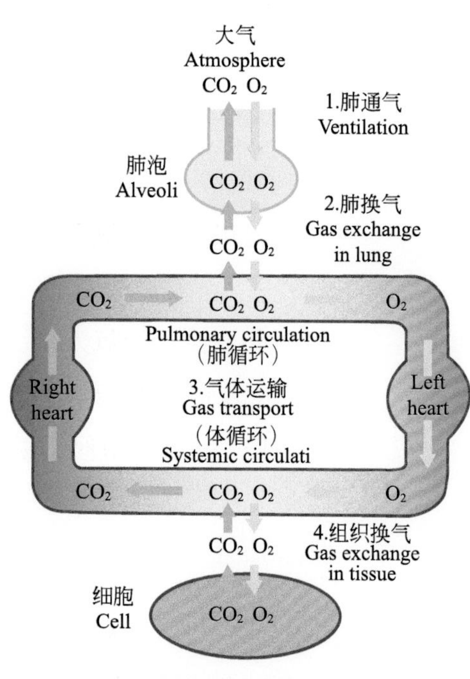

图 6.1　机体对氧的摄取和利用过程

缺氧是指因机体氧供给不足、运输障碍或组织细胞对氧的利用能力下降，导致细胞代谢、功能乃至形态结构产生异常病理变化的过程。临床上高山病、亚硝酸盐中毒、氰化物中毒以及呼吸功能不全、心脏功能不全、低气压、局部血液循环障碍等情况下都会引起机体出现不同类型的缺氧。

（二）缺氧的类型

气体可分为刺激性气体、窒息性气体、类药性气体和蒸气。刺激性气体通常是具有腐蚀性的物质。它们刺激黏膜表面，引起呼吸道炎症。刺激性气体可分为初级刺激物和次级刺激物，前者几乎没有全身毒性作用。窒息性气体会干扰身体对氧气的供应和利用。普通的窒息气体，如氦氢可以替代氧，而化学窒息物，比如氰化氢，可以阻止细胞呼吸。类药物气体和蒸气包括麻醉气体、碳氢化合物和吸收后具有类药物作用的溶剂。气体也可能是易燃的或不易燃的。

氧的供应和利用分为 5 个环节，分别是呼吸道吸入大气中的氧、肺通气、肺泡和肺毛细血管之间发生气体交换、氧的血液运输，以及组织细胞对氧的利用。这 5 个环节的其中一个或几个发生障碍都可能引起机体缺氧。前 4 个环节所引起的缺氧称为供氧不足，见于低张性缺氧、血液性缺氧、血流性缺氧。第 5 个环节引起的缺氧称为用氧障碍，由组织利用氧发生异常引起，故又称组织性缺氧。

1. 低张性缺氧（乏氧性缺氧）

处于低氧分压环境中或呼吸系统进气、换气等机能障碍导致的组织供氧不足称为低张性缺氧，又称外呼吸性缺氧、低氧血症或乏氧性缺氧，临床表现是低动脉血氧分压、低血氧含量以及低血氧饱和度。缺氧性缺氧由动脉血中氧张力降低所致。这是在低氧环境中呼吸时所见的类型，但也可能由换气不足、中枢呼吸机制抑制和气道阻塞引起。

2. 血液性缺氧（等张性缺氧）

血红蛋白数量减少或变性会导致血液运输氧气的能力下降，使动脉血氧含量降低或氧合血红蛋白的结合氧难以释放，这种现象称为供氧障碍性组织缺氧，即血液性缺氧。此时动脉血氧分压和血氧饱和度正常，故又称等张性低氧血症。

3. 循环性缺氧（低血流性缺氧）

进入组织器官的血液流量降低或流速减慢而引发的细胞供氧不足称为循环性缺氧，又称低血流性缺氧，包括缺血性缺氧（动脉血流入组织不足，使组织毛细血管网血液灌注量减少）、淤血性缺氧（静脉血回流受阻，导致组织毛细血管网淤血）。贫血性缺氧是由出血、异常血红蛋白（例如镰状细胞病、缺铁性贫血和高铁血红蛋白血症）

或其他原因导致的低血红蛋白浓度或无效血红蛋白浓度所致。缺血性缺氧由低血流量导致，具有局部或全身效应，阻止向组织提供足够的氧气，例如，心力衰竭或局部缺血。当正常的细胞呼吸受到阻碍时会发生细胞毒性缺氧，例如氰化物中毒。

4. 组织性缺氧（氧利用障碍性缺氧）

组织性缺氧是指组织细胞生物因氧化过程发生障碍导致其不能有效利用氧而引起的缺氧，又称为组织中毒性缺氧或氧化障碍性缺氧。此时外呼吸、血红蛋白与氧结合、血液携氧的过程均表现正常，但组织细胞难以利用氧。

（三）血氧指标

组织细胞的氧气供应除了与血液中的氧含量，还与组织间的血液流量有关。在临床上通常利用血氧指标的变化情况评估组织细胞氧的供应与利用。常用的血氧指标有5个：血氧分压、血氧容量、血氧含量、血氧饱和度、动—静脉氧差。

1. 血氧分压（PO_2）

血氧分压指血浆内物理意义上溶解的氧分子所产生的张力。动脉血氧分压（PaO_2）由吸入气体的氧分压和肺部呼吸功能共同决定。海拔高度越高，动脉血氧分压随着大气压降低而降低，导致氧供应相应减少。通常在海平面静息状态下，动脉血氧分压为12.93 kPa。静脉血氧分压（PvO_2）反映内呼吸状况。正常时，静脉血氧分压为5.33 kPa。若动脉血氧分压正常，则静脉血氧分压主要取决于组织摄氧和利用氧的能力，它可反映内呼吸状况。

2. 血氧容量

血氧容量指体外每100 mL血液中血红蛋白（Hb）充分结合的氧量与溶解于血浆中氧的含量的总和。氧的溶解度很低，故而血氧容量主要由血液中血红蛋白的数量及质量（结合氧的能力）决定，也就是说，血氧容量的大小反映了血液运输氧能力的高低。不同动物血液中的血红蛋白量差异显著（犬：12~18 g；猫：9~15 g；牛：8~15 g；马：11~19 g；猪：10~16 g；绵羊：9~15 g），正常动物的血氧容量约为20 mL%。

3. 血氧含量

血氧含量是指体内100 mL血液中血红蛋白实际结合的氧量与血浆中实际溶解于血浆中氧的含量的总和。血氧含量由血氧分压和血氧容量共同决定。人的动脉血氧含量一般约 19 mL%，静脉血氧含量约 14 mL%。

4. 血氧饱和度

血氧饱和度指血氧含量与血氧容量的百分比，是反映血红蛋白结合氧百分比的指标。通常情况下人的动脉血氧饱和度为 95%~97%，静脉血氧饱和度为 70%~75%。血氧饱和度主要由血氧分压决定，人们绘制了氧合血红蛋白解离曲线（简称氧解离曲线或氧离曲线，见图 6.2）来表示二者的关系。氧离曲线呈近似“S”形，上段较平坦，代表血红蛋白在肺部与氧结合的值，它保证当肺泡气 PAO_2 在一定范围内降低时不至于发生明显的低氧血症。中下段较陡部分相当于氧与血红蛋白解离并向组织大量释放，满足机体对 O_2 的需要。不同因素可引起氧离曲线左移或右移：红细胞内温度下降、H^+ 降低、2,3- 二磷酸甘油酸（2,3-DPG）浓度降低及 CO_2 浓度下降都会导致氧与血红蛋白的亲和力增强，在氧分压不变的情况下血氧饱和度上升，氧解离曲线左移，血液向组织的供氧能力减弱，但血红蛋白在肺部的与氧结合能力增强；反之，当氧与血红蛋白的亲和力减弱时，氧解离曲线右移，有利于血红蛋白向组织释放氧，同时血红蛋白在肺部结合氧的能力下降。

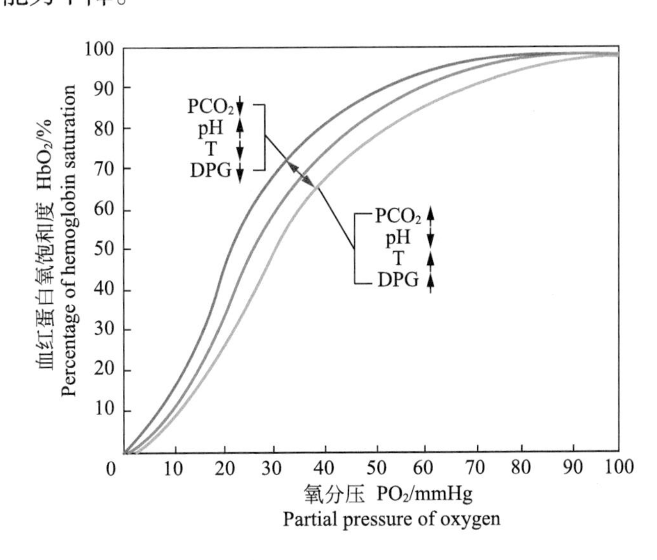

图 6.2　氧合血红蛋白解离曲线

5. 动—静脉氧差

动—静脉氧差指动脉血氧含量与静脉血氧含量相差的体积，即 100 mL 血液从动脉流到静脉后血氧含量降低的毫升数，反映了组织对氧的消耗量。由于各组织器官耗氧量不同，动—静脉氧差不尽一致。一般约为 5~8 mL。若血红蛋白含量减少，血红蛋白与氧的亲和力异常增强；组织氧化代谢减弱或动、静脉分流时，动—静脉血氧含量差缩小，反之增大。

二、急性空间缺氧对人体作业能力的影响

空气通常由大约 78% 的氮气、21% 的氧气、1% 的氩气、0.035% 的二氧化碳和少量的其他气体组成，包括氢气、甲烷、臭氧、一氧化碳和水。

气压随着海拔的增加呈对数级下降，因此氧气的分压也下降，在 5 800 m 处气压大约是海平面的一半。在珠穆朗玛峰的峰顶，气压只有海平面气压的 28%。虽然空气中氧气的比例不随海拔变化，但气压变化，使大气中的有效氧气减少。因此，在海平面，氧气的有效百分比是 21%，1 500 m 处 17.3%，3 000 米处 14.4%，在 5 000 米处 11.2%；在珠峰峰顶，有效氧含量为 6.9%。人类在 1 500 m 以下可以永久居住，在 3 000 m 以上则不常见，尽管有些种群确实生活在这个海拔以上，有效氧浓度低于 14.5%，但到这些高海拔地区的游客有患高原反应的风险。

当氧气含量低于该环境中正常值时，其对人的影响取决于氧气张力。18%~21% 之间的氧含量对人没有明显的影响。低于 18% 时，人无法执行脑力任务。一些职业的工作环境会接触较低的氧气浓度（13%~15%），相当于海拔 2 700~3 850 m 时的氧含量。在这些浓度下的人可能出现认知障碍，执行任务所需的时间较长，可能会发展为轻度急性高山病。13%~15% 的氧浓度大概率不会对健康有急性或长期的影响，但 8%~11% 的氧浓度会让人有几分钟内昏厥的风险，在 6%~8% 氧气之间会急速昏厥，低于 6% 时会立即崩溃。

缺氧的机制及应对措施研究是当前临床医学，特别是航空航天医学、高原医学及运动医学等领域的重要课题。

（一）急性空间缺氧的概念

密闭空间包括矿坑、下水道、坑、壕沟、坦克、深洞、工业厂房以及包括潜艇和飞机在内的车辆，易出现环境氧含量低及有毒气体积聚等情况。人迅速暴露在这些环境中可能会意外死亡。低氧通常会伴随着二氧化碳含量高，易导致猝死。这种情况包括封闭的大气，在那里氧气耗尽，二氧化碳积累。一些自然灾害如火山喷发湖，可以释放大量的二氧化碳，导致死亡。在 1986 年喀麦隆的尼尤斯湖事件中，湖水中大量释放的二氧化碳致使超过 1700 人死亡。1984 年，附近的莫农湖也发生过类似的事件，

造成37人死亡。1979年，印度尼西亚发生了一起事件，导致137人死亡。以色列一家冰淇淋工厂发生工业事故，液态二氧化碳泄漏，虽无人员死亡，但导致25名工人几乎立即丧失工作能力，但没有人死亡。在一项实验中，狗吸入80%的氧气和20%的二氧化碳后死亡，表明高浓度二氧化碳具有致死性。二氧化碳浓度超过10%被认为是致命的。

急性缺氧的发作可以是迅速和明显的（即几秒钟），也可以是缓慢和潜伏的（即几分钟到几小时）。缺氧可能没有明显的生理反应或可察觉的体征和症状，这是一个主要的操作问题，因为意外的严重缺氧将阻止缺氧的识别和在失去意识前实施紧急恢复程序。例如，在缺氧紧急情况下，飞行员被要求立即戴上氧气面罩，然后宣布飞行中出现紧急情况，下降到10000英尺以下，尽快着陆。缺氧的威胁也延伸到所有机组人员，包括后勤机组人员，如空战专家、装卸工人和医务人员。虽然众所周知，一些军用飞机（例如高性能喷射机）可以引起+Gz轴的加载，会损害脑灌注和导致停滞性缺氧，但生理作用和缓解因素明显不同于低氧缺氧，被认为是在目前的审查范围之外。

密闭舱内和军用航空在缺氧相关方面的风险最大。自20世纪40年代初以来，由于PO_2随着海拔的增加呈指数下降（例如，PO_2在海平面为149 mmHg，在25 000英尺即7 620 m为49 mmHg），飞机一直依赖于高压环境来安全、舒适和高效地在高空飞行。虽然与缺氧有关的航空死亡是罕见的，但发病却是常见的，特别是在战斗机和教练机上。例如，1981—2003年，在美国空军的1055起飞机降压事件中，据报告221起（21%）涉及缺氧，其中3起导致了（可预防的）死亡。缺氧的发生率很可能被低估了，特别是当缺氧的发生是缓慢的或渐进/潜伏的，表明这个问题比发表的结果更严重。

潜在的缺氧可能发生在增压舱内泄漏后，或在10 000英尺（3 048 m）以上的非增压飞机上上升时，$PO_2<100$ mmHg。在这种情况下，缺氧可能不能被确定为飞行事故的原因。相反，在20 000英尺（6 096 m）$PO_2<63$ mmHg，若发生爆炸或飞机舱盖脱落等情况，环境线索、生理反应和大脑功能障碍更加明显。此外，氧气供应系统（如液氧系统或机上氧气生成系统）的设备故障经常被报道，后者更是人们对新一代飞机如“大黄蜂”的担忧。对缺氧的敏感性可能会限制一些军事机组的作战能力。

（二）缺氧影响年轻男性体力活动的执行

全身性缺氧是一种全身供氧不足的状态，其原因是暴露在大气PO_2降低的环境中，从而降低PiO_2，破坏通风—灌注平衡。缺氧细胞环境是由低氧血症引起的，低氧血症

是指 PaO_2 和血红蛋白结合氧饱和度（SaO_2）的降低，导致向组织输送氧气不足。低氧血症的特征是 PaO_2 和 SaO_2 呈 S 形关系，当呼吸大气 PO_2 低于 149 mmHg 时会发生。一个在海平面上休息的健康个体，SaO_2 在 97%~99% 之间，在 PaO_2 降到 80 mmHg 以下之前保持相对稳定。然而，正如在高海拔登山研究中所证明的那样，尽管受损，人类仍能在每天数小时内保持 80%~90% 的 SaO_2。

认知功能高度依赖于向大脑输送足够的氧气。认知处理过程中大脑活动升高会导致能量需求增加，从而导致脑血流量（cerebral blood flow, CBF）增加。因此，由缺氧引起的大脑有氧代谢紊乱可能表现为认知功能障碍，进而对暴露于缺氧的环境的人员产生负面影响。此外，在患有严重缺氧缺血性脑损伤（例如中风、睡眠呼吸暂停或慢性阻塞性肺病）的患者中，认知能力下降很常见。

因此，低氧暴露会损害记忆力、色觉、反应时间和执行功能。认知能力的恶化似乎也取决于缺氧程度和暴露时间。似乎低氧暴露反应在很大程度上取决于低氧模式和方案（低压 / 常压、间歇 / 连续）、参与者的年龄、健康水平和健康状况、认知任务类型、认知测试后时间和其他混杂因素因数。大量人体研究表明，在不同的暴露时间（16~30 min）和不同的模拟氧浓度下，常压缺氧对认知表现期间的反应时间和错误率有不利影响。然而，也有研究表明轻度缺氧暴露也可以在提高认知能力方面具有神经保护作用。

正确的暴露 / 测量剂量或时间是研究影响人体执行功能的关键因素。研究表明轻度缺氧和有氧训练相结合似乎可以增强老年人的认知功能。Loprinzi 等人进行的一项研究中，观察到急性常压低氧对记忆干扰的积极影响。虽然缺氧可能导致脑代谢进行性紊乱，导致随后的认知障碍，但它也可能诱导儿茶酚胺和神经营养因子如脑源性神经营养因子（Brain-Derived Neurotrophic Factor, BDNF）或血管内皮生长因子（Vascular Endothelial Growth Factor, VEGF）的合成，并加速 CBF，积极影响神经发生和脑血管形成。缺氧可诱导 BDNF 的释放，与记忆的形成和增强有关。然而，过度暴露在缺氧环境中，还是会损害健康、年轻、身体活跃的男性的认知能力。

机体对低氧血症的初始代偿反应包括心输出量的增加和颈动脉体对通气性化学反射的刺激。这种心肺上调旨在纠正通气灌注不匹配并增加动脉血氧合。低氧血症的代偿反应支持脑氧输送，包括增加 CBF 以保护大脑功能。当 PaO_2 下降到 50 mmHg（即 85%SaO_2）以下时，SaO_2 每降低 1%，CBF 增加 0.5%~2.5%，不过也并非所有大脑区域都是如此。最终，因这些代偿机制不足，在严重低氧血症时，某些人的脑功能显著恶化，SaO_2 下降到 50% 以下，然后失去意识。

缺氧的体征和症状在大多数人暴露于高海拔，特别是 10 000 英尺以上后是常见的。这些体征和症状主要可分为五类：认知、视觉、精神运动、心理（情绪）和非特异性。缺氧症状和代偿反应的开始和强度取决于各种因素，包括所达到的海拔和上升速度、呼吸气体的 PO_2（如果使用氧气供应系统）以及暴露的时间。这种低氧剂量可以在实验室环境中通过控制吸入氧（FiO_2）的比例、气压和暴露时间来模拟。然而，由每种因素的不同贡献组成的低氧剂量不一定会引起相同的生理效应，缺氧的严重程度可根据血液或组织氧合水平，或缺氧的体征和症状。个体间缺氧耐受性存在较大差异，这可能部分归因于缺氧通气反应和心血管反射的程度。这些因素使得研究和解释它们与军事航空的相关性变得困难。

低碳酸血症往往出现在低氧血症引起的通气反应增加之后，并可引起与缺氧类似的体征和症状。PaO_2 和动脉血二氧化碳分压（$PaCO_2$）之间的相互作用是 CBF 的主要决定因素，而不是心输出量。低碳酸血症增加脑血管收缩，减少脑血流；然而，高碳酸血症和缺氧均可增加脑血管舒张和 CBF。大脑对 $PaCO_2$ 的变化比 PaO_2 更敏感，$PaCO_2$ 每减少 1 mmHg，CBF 下降约 3%~4%。然而，在严重低氧血症（即小于 85%SaO_2）时，PaO_2 是 CBF 的主要影响因素。因此，对缺氧的最初反应可能是低碳酸血症诱导的 CBF 和脑氧饱和度。这可能与血红蛋白—氧亲和力的增加有关，血红蛋白—氧亲和力的增加将 S 形的 PaO_2-SaO_2 曲线左移（即波尔效应），因此，增加肺部的血红蛋白—氧负荷，减少组织中的氧卸载，从而欺骗性地增加了 SaO_2，尽管组织缺氧已发生。

当暴露在高海拔地区时，对过度通气引起的低碳酸血症的耐受性更强，可增加 SaO_2 和 ScO_2。ScO_2 是通过 CBF 的净增加来维持的，CBF 提供更高的含氧血液来维持脑氧输送。然而，最大化 CBF 和 ScO_2 在缺氧期间似乎需要通过给 CO_2 维持 $SaCO_2$（等碳酸氧）。异位失稳性和等位失稳性缺氧也可能引起脑血流的区域性差异，先前的研究表明异位失稳性缺氧时，颈内动脉血流保持不变，而椎动脉血流增加；然而，两者在等低氧期间均增加。因此，当缺氧诱导的过度通气持续时，由此产生的低碳酸血症似乎会影响缺氧的效果。

（三）缺氧造成脑损伤

大脑对氧气的必要需求和对氧化能量代谢的依赖使其容易缺氧。尽管大脑占身体质量的 2%，但它需要身体静息能量需求的 20%~25% 来维持自身运转，因此其单位质量的耗氧量高于所有其他组织。大脑的大部分能量需求用于支持神经元信号，包括由数十亿个神经元组成的网络，其中 40%~60% 的能量用于驱动离子上升梯度。在缺氧期间，脑氧消耗似乎保持与常氧状态相当的水平，或略有增加，以维持足够的氧化能量代谢率。这种代偿效应表明，在缺氧不严重时能量的产生不会受到限制。然而，在这种情况下，缺氧可能会损害神经递质的代谢。这些脑代谢的异常可以通过电生理标志物检测，如脑电图，尤其是当 $SaO_2 \leqslant 75\%$ 或 $PaO_2 \leqslant 40$ mmHg 时。

人体似乎对缺氧有一定的耐受性。然而，目前仍不确定反复暴露于缺氧环境会造成何种有害影响。事实上，一些研究人员认为，只有发生灌注受损即缺血情况时才会对大脑产生严重的影响。例如，在一个经常经历外围血氧饱和度（SpO_2）低于 60% 的低氧血症的屏气潜水员群体中，认知表现似乎正常，可能没有发生缺氧脑损伤。然而，严重的缺氧情况会引发缺血。神经元对缺氧的耐受性也可能比先前认为的更大。例如，脑损伤患者退出救生治疗后，生物能源储备可能足以维持大约 3~4 min。缺氧和缺氧诱导的缺血对脑损伤的影响需要进一步研究。

对比研究胎儿慢性缺氧和新生儿缺氧的短期、长期及终生效应对几种诱导性自主和认知行为范例的影响后发现，胎儿时期缺氧不仅与短暂生长延迟，还与胆碱能和 5-羟色胺能神经纤维进入海马和大脑皮层有关，而围产期缺氧是导致神经退化和认知等方面行为障碍的潜在威胁。健康状况良好的年轻人只需在相当于海拔高度 4500 m 处的模拟低压氧条件下 20 min，其红细胞膜脂质就会形成明显的侧向扩散状态，且膜带 3 蛋白呈现被修饰状态，相比常压氧条件下对膜结合的蛋白酶更加敏感，表明急性低压氧有促进红细胞膜氧化应激的作用。有研究将大鼠置于慢性缺氧（$10\%O_2+90\%N_2$）条件下观察对大鼠脑干儿茶酚胺能区酪氢酸羟化酶（Tyrosine Hydroxylase, TH）含量等方面的影响，定量放射自显影方法表明 21 天的慢性缺氧可致大鼠体重下降而血细胞压积增加，并可致孤束核（Nucleus Tractus Solitarii, NTS）分别接受生化和压力信号输入的尾部和背部 TH 持续升高，在其他的儿茶酚胺能区（包括压力反射活性区）同样如此。慢性缺氧会导致急性缺氧引发的大鼠嗜铬细胞瘤细胞的分泌应答增强，一部分原因是增加氧敏感后 K^+ 通道所介导的去极化。以上现象说明，神经化学机制对于生化和压力（如系统动脉压和氧分压改变）反射的相互关系具有重要意义。还有学者对短期缺氧（0.26 Bar）大鼠睡眠诱导肽（Delta Sleep-Inducing Peptide, DSIP）在缺氧应激条件下的代谢效应进行了研究，发现 DSIP 有限制 A 型单胺氧化酶（Monoamine

Oxidase-A, MAO-A）应激诱导活性和鼠脑 5- 羟色胺水平变化的作用。经测定，部分 DSIP 类似物与固有神经肽相比，能够增强抵抗缺氧诱导的 MAO-A 活性并使 5-HT 含量发生改变。

（四）缺氧对认知的影响

如前所述，缺氧会损害认知能力和系统评价能力。无论是简单的（如简单反应和选择反应速度）还是复杂的（如处理速度、工作记忆、短期记忆、注意力、执行功能和新任务学习）任务，都会被缺氧影响，且个体之间会有很大差异。在军事航空的动态环境下，即使是很小的认知障碍也可能导致严重甚至致命的事故。

简单的认知任务，如简单的选择和反应速度，在缺氧（75%~80%SpO_2）期间可能受损或不受损。这些是因为研究个体之间存在潜在的生理差异，如区域性脑血流和 SaO_2。还应该注意的是，保持认知表现，如反应速度，可能会以牺牲准确性为代价，反之亦然。与简单的认知任务相比，复杂的认知任务对缺氧更敏感，例如中枢神经系统执行功能，这可能是因为更大的神经网络激活时对氧气需求增加。然而，不同复杂认知任务的缺氧敏感性不同。复杂认知任务本身可能是通过引发代偿性大脑自动调节反应，以保护机体免受缺氧的有害影响。

动脉血液二氧化碳分压、酸碱状态（即碱中毒）不仅影响脑血管血流动力学，还影响认知表现。例如，最近的一项研究表明，在常氧（CO_2 约 33 mmHg）和缺氧（CO_2 约 38 mmHg）期间，过度通气引发的低碳酸血症（60~80 min）增加了简单选择和反应时间，这说明低碳酸血症对缺氧诱导的认知功能障碍是独立起作用的。之前的研究显示，在缺氧期间补充 CO_2（80%SpO_2）可以减轻执行复杂认知任务的障碍。因此，区分缺氧和低碳酸血症（包括区域脑血流和氧合的差异）对认知障碍的影响及其对密闭空间下人体的作业能力的影响是很重要的。

在严重认知障碍之前识别机体缺氧是实施紧急自救的关键。由于缺氧损害识别自身认知障碍的能力，因此识别缺氧症状的能力也受到损害。此外，缺氧是可以被其他感觉所掩盖的，包括愉快的感觉，如欣快和强烈的幸福感。例如，在最近的一项研究中，超过 20% 的参与者在缺氧期间没有采取紧急措施，17% 的参与者在没有缺氧的情况下采取了紧急措施，这意味着 37% 的参与者错误识别或未能意识到自己缺氧。虽然部分个体可以在认知障碍之前感知和识别缺氧症状，但仍有部分个体不能识别自身缺氧状态。

尽管NH和HH引起生理上的差异，但认知障碍的轻微差异可能归因于障碍。此外，尽管反复暴露于低负荷下导致白质完整性丧失可能会损害认知能力，但缺氧本身在很大程度上被认为是对认知能力有更大的急性威胁。

先前的研究旨在对影响特定认知功能领域的海拔进行分类。一般在高海拔地区，尤其是与低动脉血氧合或脑氧合，会对认知造成更大、更可预测的损害。复杂和新颖的认知任务表现可能会在6 500英尺到12 000英尺之间受损，通常会引起70%~90%的SpO_2。然而，简单的认知任务表现（例如卡片命名、排序）在SpO_2低于65%时才会恶化，这通常发生在暴露在18 000~25 000英尺以上之后。尽管这些认知缺陷与军事航空的相关性难以解释，但操作任务已证实因缺氧而受损，如模拟飞行性能。

大多数研究缺氧对认知表现的影响采用了在固定海拔或等效空气高度（EAA）的单次缺氧。这种方法可能不能准确地反映现实世界中遇到的缺氧剂量。例如，飞行员在高海拔时可能会经历中度到重度缺氧，在下降到较低海拔时可能会出现轻度缺氧。在最近的一项研究中，在暴露于模拟10 000英尺的环境中，飞行性能在暴露于25 000英尺的环境中恶化，这表明尽管没有低氧血症，但两种低氧暴露存在滞后效应或相互作用。不同恢复时间的连续缺氧暴露对认知表现的影响尚未完全阐明，但如果从缺氧恢复后要继续进行现实世界的手术，这是至关重要的。现有的研究也没有充分解决其他现实世界场景对认知的相互作用，如发作+Gz力后脑灌注减少和或气压快速变化(例如快速或爆发性降压)。

（五）缺氧后有效意识时间

如果动脉和组织缺氧不稳定，大脑功能会逐渐下降，而在极低的吸入氧气分压（PiO_2）下则呈指数级下降。最初下降的阶段被称为有效意识时间（Time of Useful Consciousness, TUC），是有效和安全执行操作任务的持续时间。有效意识时间后人体进入精神混乱和无意识状态。英国职工大会标准的有效意识时间自其成立以来就一直存在争议，因为有效意识时间在不同的研究中是不同的，而且往往与操作环境无显著相关性。这些端点任务包括卡片分类、卡片识别、单一和选择反应速度、两位数加法、连续数字书写、手写、行为障碍以及低氧血症的程度。因此，目前的研究仍未提供一个准确的有效意识时间来识别缺氧和实施紧急自救程序。

在25 000英尺（PO_2为49 mmHg），TUC为3~5 min；在50 000英尺（PO_2为8 mmHg），TUC下降至不到15 s；对于更复杂的任务，如自主恢复，TUC可能比目

前估计的要短，特别是在海拔低于 35 000 英尺（PO_2<28 mmHg）时。在操作环境中，也不太可能有完整的 TUC 来实施紧急恢复程序，因为在发生低氧血症后可能会出现缺氧（即 SpO_2<80%）。因此，对 TUC 的进一步研究应该针对现实任务重新评估当前的持续时间，并在军用航空中使用不同的子群体，以确定飞机内的角色是否存在差异（例如飞行员和后勤人员），而当前值很可能是被高估的。实现这一点难度极大，因为大脑功能在严重缺氧时迅速恶化，时间性能测量必须在秒（而不是分钟）内确定。

由于个体间对缺氧（和低碳酸血症）的耐受性差异，35 000 英尺以下海拔的意识有效时间估计范围较大。一些最低可容忍的低氧血症水平来自大气—生物圈压力系统的两端，包括高度适应的登山者从珠穆朗玛峰峰顶下降（PaO_2 19 mmHg，SaO_2 34%，$PaCO_2$ 16 mmHg），高空跳伞者模拟从 30 000 英尺下降（PaO_2 22.5 mmHg，SaO_2 48%，$PaCO_2$ 29 mmHg）和静态呼吸暂停后的自由潜水员（PaO_2 23 mmHg，SaO_2 38%，$PaCO_2$ 61 mmHg）等。TUC 还可以通过以下途径得到扩展：氧气预呼吸，增加肺内氧气储存；血液的血红蛋白携氧能力更强；在缺氧时避免体力活动。然而，TUC 似乎并未因之前的缺氧暴露而延长，这表明它不是可训练的。

因此，缺氧识别训练（Hypoxia Recognition Training, HRT）是机组人员军事航空训练的一个重要组成部分，并可能对其他操作环境产生影响。目前，北大西洋公约组织标准化协议（STANAG）和美国空军互操作性委员会建议最多每 5 年进行一次进修培训；然而，一些国家可能需要对处境危险的机组人员进行更频繁的培训。HRT 的主要原理是在安全可控的环境中有意诱导缺氧，从而使患者①熟悉其缺氧症状，包括症状和强度的顺序；②体会到缺氧的发生速度和潜伏性；③观察缺氧引起的认知和精神运动障碍；④练习使用设备和实施应急恢复程序。据报道，在一定的缺氧剂量下，一个人最显著的症状可持续 4~5 年，这被称为他们的缺氧特征。然而，并不是所有人都能准确地记得训练中缺氧暴露后的症状和操作环境。训练期间报告的缺氧症状也可能与操作环境不同，这可能是由于记忆回忆能力降低，以及缺氧剂量、环境条件和生物变异的差异。

目前，很少有研究评估 HRT 的有效性，以及它如何转化为操作环境中的缺氧识别。然而，许多轶事报告强调了 HRT 对提高操作安全的重要性。据报道，戴面罩的常压 HRT 可缩短 64% 的参与者识别缺氧的时间；然而，没有对照组，参与者在 HRT 期间（约 2.4 年）的操作经验可能会干扰 HRT 的效果。此外，分离激素替代疗法如何使更大比例的人认识到缺氧，这似乎是谨慎的，这可能证明激素替代疗法的个体化方法。由于学习和记忆受损，HRT 期间低氧血症应达到的阈值也应进行评估，这将违反训练的目的。一般来说，脉搏血氧测定似乎是确定 HRT 期间缺氧的首选方法，当 SpO_2 下降到 65%~70% 以下时，脉搏血氧测定就会终止。其他生理应激源，如疲劳、温度和脱水，对缺氧识别的相互作用也尚不清楚，这是相关的，因为它们在军事航空中普遍存在。

虽然低压室提供了诱导缺氧的初始工具，但低氧呼吸装置（Reduce Oxygen Breathing Decive, ROBD）最近被纳入 HRT，以防止气压降低的潜在不利影响（如减压病）。ROBD 的其他优点是简单、方便运输、低费用和低维护，对于个人特别是战斗机飞行员可以成为 HRT 的首选模式。据称，使用 ROBD 可以准确复制在低压室中短暂暴露的症状；然而，仍然存在 ROBD 并不一定反映机组人员在操作环境中经历的缺氧症状的争议。此外，使用 ROBD 时呼吸气体流量的问题可能会改变缺氧症状。

缺氧识别训练应包括高水平的保真度，缺氧的迹象和症状反映了在操作环境中可能经历的情况。因此，缺氧暴露应该要求个体执行特定于训练目标的认知任务。ROBD 允许个人从事各种特定的操作任务，不受腔室的限制和压力变化的限制。例如，战术飞行模拟可以实现决策训练、执行实际紧急恢复程序，以及在模拟着陆前继续缺氧训练任务。另一种选择是，低压室提供了一个群体环境，以便观察人的缺氧情况和气压变化（即逐渐和快速减压），这可能会引起识别缺氧的重要体征和症状（如耳鸣）。如果使用低压室或 ROBD 发生任务饱和，则不易察觉到细微的体征和症状；因此，根据训练目的的不同，这可能会削弱或加强 HRT。定制有针对性的 HRT 方法和缺氧剂量可以使个人做好最佳准备，识别他们可能在操作环境中经历的缺氧症状。

（六）缺氧后脑功能恢复时间

动脉血液再充氧后，认知障碍可能仍会持续数分钟至数小时。例如，在 10 min 的常压缺氧后，尽管低氧血症在常氧恢复约 1 min 内消失，但认知障碍仍持续 10 min。在 30 min 常压缺氧（模拟 18 000 英尺）后长达 24 h 的随访研究中也证实了这一点，同时简单选择和反应速度受损；因此，大脑向外周组织再充氧的速度可能较慢。这表明，在从缺氧状态恢复后，业务任务的执行或紧急自救程序的执行可能继续受到影响。然而，并非所有研究都证明了脑再氧合延迟。需要进一步的研究来确定在缺氧恢复后是否对大脑功能和认知表现有操作相关的时间影响。

呼吸含氧量超过 21% 的空气（即高氧）以加速从缺氧中恢复是军用航空的一种常见做法。考虑到使用超过 21% 的氧气从缺氧中恢复会导致脑损伤，因此有理由询问由高氧呼吸引起的缺氧是否对大脑有害。在动脉血突然再氧过程中，有些人可能会经历短暂 (15~60 s) 的缺氧症状恶化和大脑功能障碍，这被称为氧气悖论。这可能是由于缺氧引起的低碳酸血症和外周血管收缩减少，导致大脑血管收缩和灌注不足。缺氧后呼吸高氧空气可能比正常氧恢复更危险，可能会影响操作和安全关键任务的性能。目前需要进一步研究呼吸不同 PO_2 水平对缺氧恢复的影响，以及这与缺氧严重程度有何不同，此外还应探讨回收气体中二氧化碳含量的影响。

第二节　缺氧的生理效应

一、呼吸系统的变化

在呼吸中枢或呼吸肌麻痹以外的因素而导致的低张性缺氧初期，PAO_2 下降，发生的代偿反应是呼吸反射性地加深、加快，肺通气量增大，肺泡内氧分压升高，最终使 PAO_2 随之升高。胸廓呼吸运动的增强会升高胸内负压，促进静脉回流，心脏和肺部的血液流量随之增大，以增加血液运送氧和组织利用氧的功能。但过度通气使二氧化碳分压降低，可能抑制呼吸运动，造成呼吸性碱中毒；呼吸中枢的活动会被严重性缺氧抑制，产生周期性呼吸的症状，甚至呼吸停止。

急性低张性缺氧可引起急性高原肺水肿，导致中枢性呼吸衰竭而死亡。血液性缺氧、组织性缺氧和不累及肺循环(如心力衰竭引起肺淤血或肺水肿时)的循环性缺氧时，因 PAO_2 不降低，故呼吸功能一般不增强。

二、循环系统的变化

缺氧早期，循环系统出现代偿性反应。循环系统的反应，与缺氧导致交感神经兴奋有关。交感神经兴奋，引起以下效应：①强心；②血流分布改变：心脑血管扩张，皮肤、内脏血管收缩；③肺血管适应性改变：缺氧的肺泡，血流量减少；④正常肺泡血流量代偿性增多。

机体在缺氧时可发生血流分布改变、肺血管收缩以及毛细血管增生。动脉血氧分压的下降导致胸廓呼吸运动增强，交感神经发生反射性兴奋，心肌细胞 β- 肾上腺素能受体受到儿茶酚胺分泌水平升高的作用，心肌兴奋性增强，心率加快和心收缩力增强，加上回心血量增多，引起心排血量增加。即使单位容积血液中血氧含量没有升高，也可以通过供给组织细胞的血量增多而提升总供氧量。

缺氧引发的交感神经兴奋使皮肤和肝、脾等器官血管收缩，促进储血释放，加大循环血量；另一方面，缺氧条件下的无氧代谢产生乳酸、肌苷等代谢产物，引起心、脑血管扩张，流入更多血液。这样通过血液在全身的重新分配保障心、脑等中枢核心器官组织的血液供应。与体血管在缺氧情况下的反应相反，当部分肺泡气氧分压降低时，该区域肺小动脉收缩以降低缺氧肺泡的血流量，使血液流向通气充分的肺泡，有利于维持肺泡通气以及氧利用。

长期缺氧导致细胞生成的缺氧诱导因子，作用是促使缺氧部位的毛细血管增生，尤其是脑、心脏和骨骼肌等处的毛细血管密度明显增大，使血氧扩散至细胞的距离缩短，提高细胞供氧量。慢性缺氧情况下，心脏长时间承担过高负荷，ATP 生成减少导致能量供应不足，有损心肌的正常收缩和舒张功能，甚至可能发生心肌细胞的变性、坏死，演变为心肌炎和心力衰竭。

三、血液系统的变化

缺氧条件下红细胞内糖酵解过程的中间产物 2,3-DPG 数量增加，导致血红蛋白与氧的亲和力降低，氧解离曲线右移，红细胞释放更多的氧，供组织利用。缺氧时，除了贫血（缺血性缺氧）、组织中毒性缺氧以及大多数血液性缺氧外，皮肤、可视黏膜可出现发绀现象。在皮肤、黏膜血管收缩的情况下，由于血量很少，局部血红蛋白并不升高，即使严重缺氧也没有明显的发绀现象。因此，发绀通常指示缺氧，但不能通过没有发绀判断人不缺氧。

急性缺氧时，因交感神经兴奋，皮肤、肝、脾血管收缩，使储血进入体循环，参与循环的红细胞和血红蛋白总量增加。慢性缺氧造成的低氧血流经肾近球小体时，刺激近球细胞生成并释放促红细胞生成素，增强骨髓造血功能并促进合成血红蛋白，红细胞生成增多且骨髓中的网织红细胞和红细胞释放进入血液，血容量增加，使血液的携氧能力得到提高。但红细胞过多增加了血液黏滞性，以致血流减慢，容易发生弥散性血管内凝血，血流阻力增大，心脏负担加重，反而会影响脏器的血液供应。人的骨髓造血功能会因长期严重缺氧而受到抑制，红细胞数量下降。

如前所述，氧离曲线呈近似“S”形，上段较平坦，代表血红蛋白在肺部与氧结合的值；中下段较陡部分相当于氧与血红蛋白解离并向组织大量释放。二氧化碳分压降低、血浆 pH 升高、温度下降及 2,3- 二磷酸甘油酸（2,3-DPG）减少可使氧离曲线左移；二氧化碳分压增高、pH 降低、温度升高、2,3-DPG 减少，氧离曲线右移。

四、神经系统的变化

虽然大脑的重量仅占全部体重的 2%~3%，但脑部血流量占心脏排血的 15%~20%，脑部耗氧量占机体总耗氧量的 20%~30%。脑组织储存的氧很少，所以，脑组织对缺血、缺氧十分敏感，对缺氧的耐受性也很差。一旦缺氧，脑组织将直接受到损害。在缺氧早期，出现的代偿活动包括脑血管扩张、血流量增多等，大脑皮层兴奋性提高；若缺氧持续加重或发生严重急性缺氧，会发生脑神经细胞变性、坏死，脑细胞和间质水肿（即脑水肿），颅内压升高，以及中枢神经系统功能紊乱。在临床上，动物在慢性缺氧时常表现为精神沉郁、嗜睡、反应迟缓、肢体乏力等症状，而急性缺氧则表现为躁动不安、运动失调、抽搐甚至昏迷死亡。

五、组织细胞的变化

组织细胞在缺氧时通过促进无氧代谢和增强血氧利用能力来获取基本生命活动所必需的能量。慢性缺氧时，细胞膜表面积、胞内线粒体数目增加，呼吸链式反应的酶（如细胞色素氧化酶、琥珀酸脱氢酶等）含量和活性升高，共同强化细胞的内呼吸功能。同时，肾产生的促红细胞生成素也使骨髓的造血功能增强，红细胞生成增多，增加血液的携氧能力。缺氧时，细胞线粒体内通过氧化磷酸化产生的 ATP 不足，ATP/ADP 比值降低，可激活糖酵解过程最主要的限速酶——磷酸果糖激酶。磷酸果糖激酶的活性增强促进糖酵解过程，起到弥补能量不足的作用。另外，缺氧弱化了细胞耗能过程，蛋白质、葡萄糖和尿素等物质的合成减少，离子泵功能受抑制，这种细胞的低代谢状态有利于机体在缺氧条件中生存。

慢性缺氧的另一效应是肌肉中肌红蛋白（Mb）含量升高。肌红蛋白对氧的亲和力较大，在 1.33 kPa（10 mmHg）的氧分压下，血红蛋白氧饱和度仅约 10%，而肌红蛋白的氧饱和度高达 70%。随着氧分压降低，肌红蛋白中的氧被释放以供细胞利用。因此，肌红蛋白有一定储存氧的功能。

严重缺氧会引发组织细胞的高度损伤，主要表现为细胞膜损伤，线粒体肿胀、脊崩解、外膜破裂和基质外溢，溶酶体肿胀、破裂后大量溶酶体酶释出，再发展为细胞及周围组织溶解、坏死，随着细胞病变器官可发生功能障碍甚至功能衰竭。

六、生理生化过程的变化

缺氧使得生化和生理功能发生一系列改变。学者提出了缺氧在生理生化意义上的区别，认为缺氧导致的一些生化变化可能刺激细胞更易在复氧之后产生氧化应激损伤，根据所述线粒体 ATP 供给的生化机制提出针对缺氧损伤的短期保护机制。

缺氧并非一种独立存在的疾病，而是许多症状共同发生的病理过程。缺氧对机体产生的影响由缺氧的程度、发生速度、持续时间和机体的代谢机能状态决定。通常程度较轻的缺氧主要引起机体的代偿反应，如血液循环的改变、呼吸加强和红细胞生成加速等。而一些重度缺氧，即动物机体来不及代偿或代偿不完全时，机体产生显著的代谢功能障碍甚至局部细胞、组织、器官坏死，而当脑、心脏等重要生命器官缺氧时可直接导致死亡。

耐缺氧能力在个体之间有显著差异。动脉和脑氧合、脑血流量和通气反应都可能因特定的低氧剂量而发生巨大变化，这可能是简单和复杂认知结果差异的基础。重要的是，简单的认知任务不太可能与现实世界紧急情况的需求很好地联系在一起，但可以为自动化操作任务提供可靠的替代。因此，在检查缺氧对认知的影响时，建议使用一系列认知测试，特别是需要执行力、创新思维、创造性和灵活思维的复杂任务。这些领域对于理解和在现实世界、新奇和危险的场景中发挥作用是必要的，这些场景需要情景意识、复杂的多任务处理、自我反思、有效的沟通、管理行为和情绪、评估不断变化的情况和决策。此外，如果复杂任务需要增加氧气，补充氧气的需求不应仅仅基于海拔高度或低氧血症，也应基于操作任务。缺氧后的脑功能恢复也应进行评估，因为似乎存在滞后效应，尽管低氧血症已得到解决，但这可能因给氧水平和含二氧化碳量的不同而不同。

（一）缺氧对线粒体形态、结构、功能及能量代谢的影响

线粒体（mitochondria, MT）是细胞中主要负责进行呼吸和氧化磷酸化反应（Oxidative Phosphorylation, OXPHOS），产生能源物质 ATP 的重要亚细胞单位。呼吸摄入体内的氧大约 90% 被线粒体消耗，其中约 2% 在线粒体内膜上被电子传递系统复合体转化为对人体有害的超氧自由基，所以线粒体是最易受氧化剂损伤的敏感靶点。缺氧状态下线粒体的结构和功能都容易受到损伤，线粒体结构与功能障碍常常由缺氧

引发。成年人正常状态下的 OXPHOS 产生超过机体所需 80% 的能量，因此缺氧必然导致能量代谢障碍。研究发现，缺氧会使细胞代谢发生变化，特别是一些毒理学上的重要变化。

与所有细胞器一样，线粒体的结构完整性是功能稳定性的保障。缺氧可导致线粒体形态、结构及功能的改变，特别是发生缺氧缺血性脑损伤会剧烈改变线粒体的形态结构，如线粒体肿胀，平均截面的周长和面积增大，嵴溶解、断裂和消失，比表面积、嵴膜密度及平均截线长减小。线粒体的比表面积缩小表明体积增大，嵴膜密度和平均截线长降低则说明嵴受到破坏。早期的细胞缺氧缺血很容易观察到线粒体肿胀的形态学变化。作为线粒体产能的关键性结构，嵴膜和基质的破坏将引发能量代谢障碍。研究证实缺氧缺血的大鼠脑细胞线粒体 ATP 合成减少。细胞产生的能量不足以支撑正常生理活动，继而发生形态学损伤与功能障碍。能量代谢障碍不仅导致缺氧缺血性脑损伤，还伴随着含氧自由基异常增生，造成生理生化的恶性循环。通常由缺氧缺血引起的功能下降可逆，然而缺氧程度过高也会引发不可逆的损伤甚至是死亡。脑细胞正常情况下的氧代谢非常旺盛，脑部一旦缺氧缺血，脑氧合状态和脑线粒体会受到严重而快速的打击，引发能量代谢衰竭；一旦缺氧缺血，脑线粒体呼吸功能被抑制，最大呼吸速度和呼吸控制率（respiratory control rate, RCR）均显著低于正常状态的对照组。脑组织的非正常氧合状态是缺氧缺血性脑损伤的核心发病原因。研究表明，对新生儿来说，即使是短暂的缺氧缺血也会使其脑部能量代谢失调，严重程度与其后续神经发育损伤程度正相关；缺氧缺血损伤的最显著特征是胞内 ATP 水平降低，这会引发细胞内 Na^+ 和 Ca^{2+} 含量升高而 K^+ 降低。导致胎儿或婴儿神经系统发育损伤及残疾的一个重要原因就是围产期缺氧缺血脑损伤。

能量代谢障碍也是导致缺氧性心肌损伤的基础性原因。生物膜损伤对心肌缺氧—复氧损伤有重要影响，心肌在缺氧后的功能恢复情况由 ATP 产生水平决定。ATP 在保持生物膜完整性、心肌正常收缩和细胞质离子浓度稳定方面至关重要，心肌发生缺氧—复氧损伤的直接原因是以 ATP 生成量降低为主的能量合成障碍。大鼠的急性和慢性间断性缺氧症状使心肌线粒体呼吸功能、FoF1-ATP 酶活性和能量代谢水平均同时下降。急性缺氧情况下，大鼠心肌 ATP 明显减少，在慢性缺氧组中尽管该情况有所缓解，但仍低于正常水平。分析研究认为，ATP 含量与 RCR、ADP/0.FoFl-ATP 几类酶的活性有关，而急、慢性缺氧均导致 RCR、ADP/0.FOFl-ATP 酶活性降低，因此，缺氧条件下动物体内 ATP 生成减少和 ATP 含量降低的一方面重要原因可能是线粒体呼吸功能与 FoF1-ATP 酶活力下降。

光学探针罗丹明 123 可以作为外源能量依赖性的参照试剂。测定缺氧条件下线粒体悬液与肝细胞的线粒体膜电位，发现二者均维持着正常的膜电位。缺氧期间 OXPHOS 产 ATP 过程受到抑制，糖酵解底物（如果糖）可保护肝脏不因缺氧而受到严重威胁性损伤。在氰化物作用下的化学缺氧模型中，果糖对细胞的保护作用在于维持糖酵解持续性产生 ATP，而非由胞内酸化作用或作用于线粒体膜电位。ATP 介导的哺乳动物细胞缺氧耐受时间具有高度可变性，具体取决于细胞的类型和所处条件（如机体功能负荷与营养状况）。细胞拥有几种缺氧条件下的死亡保护机制，如发挥糖酵解途径产生更多 ATP、低 pH 时抑制磷脂酶以及限制质膜内侧离子转动子和通道等。实验发现，缺氧（8.4%O_2，91.6%N_2）期间大鼠皮层乳酸脱氢酶（LDH）的释放不断增多，而褪黑素能够使该条件下的 LDH 含量下降，同时降低缺氧后羟基自由基的生成与其造成的细胞损伤。曲美他嗪可促进机体细胞对急性缺氧的抵抗作用，以腹腔注射方式为大鼠使用最适保护剂量（25 mg/kg）可有效防止严重能量代谢紊乱，同时预防脑、心、肝等组织细胞内脂质过氧化物的激活。

（二）缺氧对其他生理生化过程的影响

缺氧初期呼吸运动代偿性增强，体内 CO_2 排出增多，血液中 CO_2 含量相应减少，导致呼吸性碱中毒。随着缺氧的继续，机体内三大营养物质不能充分氧化分解，氧化不全的中间代谢产物蓄积，结果导致代谢性酸中毒。

1. 糖无氧酵解增强

缺氧时，细胞线粒体内通过氧化磷酸化产生的 ATP 不足，ATP/ADP 比值降低，可激活磷酸果糖激酶。磷酸果糖激酶活性增强，促使糖酵解过程加强，乳酸生成增多，可引起代谢性酸中毒。

2. 脂肪氧化障碍

缺氧过程中，脂肪氧化分解过程障碍，血中游离脂肪酸、氧化不全的产物酮体增多，大量酮体经尿液排出，引起酮尿症。

3. 蛋白质代谢障碍

缺氧可使蛋白质的合成和分解过程发生障碍，氨基酸、非蛋白氮（氨、胺）在体内蓄积，在肝合成转化、解毒机能降低或肾排泄机能降低时，可引起自体中毒。

缺氧还会引发细胞的多种形式的损伤坏死。临床检验发现，被认为是细胞凋亡重要特征的核酸内切酶激活在缺氧损伤的 LLC-PKl 细胞内关系到 DNA 损伤及细胞死亡。LLC-PKl 细胞缺氧方式是通过线粒体抑制剂抗霉素 A 结合的方式消耗葡萄糖导致的化学缺氧，能够引起 DNA 损伤及核糖体形成片段导致细胞凋亡。化学缺氧细胞的蛋白提取物及 DNA 导致寡梭糖体长度片段化，该过程可被核酸内切酶抑制物阻止；化学缺氧提高 DNA 的降解活性，形成的片段分子量约 15 KDa，核酸内切酶抑制物可阻止抗霉素 A 诱发的 DNA 链断裂，形成片段及细胞死亡。因此，激活核酸内切酶与 LLC-PK1 细胞的化学缺氧损伤与死亡密切相关。

另外，有研究探讨了关于线粒体 DNA 损伤的 OXPHOS 变化和关系到中枢神经系统病理的心血管疾病、关系到阿尔茨海默病的线粒体基因组以及慢性缺氧所致线粒体与神经退行性疾病之间的关系。总之，不仅是神经系统损伤，DNA 损伤、一些酶的含量与活性改变和疾病发生也与缺氧十分相关。

七、急性重复缺氧条件下的生理适应过程

为适应低温、低气压及缺氧环境，特别是在急性重复缺氧环境中作业时，机体可以在一定程度上进行呼吸、循环和内分泌等系统的神经—体液机制调节，进行一系列适应性的代偿生理反应。为研究急性重复缺氧的对机体的影响和机体的生理适应过程，人们检测了体内自由基代谢、脂类代谢、免疫功能（包括细胞因子）、血流动力学和血液流变学（包括微循环）；通过测定上臂肌围和体脂量等指标，分析急性重复缺氧后机体的营养状况；根据智力、记忆、反应速度和操作敏捷度等指标变化，探讨急性重复缺氧对大脑认知功能的影响程度。

（一）急性重复缺氧对机体氧自由基代谢的影响

人长期处于低氧环境中机体健康会受到一定影响。调查研究发现，高原地区居民体内氧自由基代谢有不同程度的紊乱，随着海拔升高、空气氧分压降低，这种紊乱越发明显，主要表现在负责清除超氧阴离子自由基的超氧化物歧化酶（Superoxide Dismutase, SOD）活性减弱，且脂质过氧化代谢产物丙二醛（Malondialdehyde, MDA）增多。RBC-SOD/MDA 值是反映机体自由基代谢情况的重要指标，其比值下降表示机体内自由基清除能力降低而脂质过氧化反应增强，研究中发现被试人员执行高原运输任务的任务前、途中及任务结束 1 个月后，其 RBC-SOD/MDA 值依次为 3408.2569 和

2279，结果指示的机体问题与 LPO 递增和维生素 E 递减的结论相符。

（二）急性重复缺氧与 SOD 的变化

缺氧环境中机体代谢加剧，细胞难以稳定在正常的功能状态，导致体内部分物质自氧化产生过量自由基，而 SOD、CHS-Px（谷脱甘肤过氧化物酶）等各种负责清除自由基的酶活性减弱，这是重复缺氧时机体内氧自由基含量发生变化的主因。

肾脏是机体的主要代谢器官之一，急性重复缺氧时机体应激反应突出，肾上腺髓质分泌水平大幅升高且活性增加，导致体内部分物质氧化产生的自由基增多，抗氧化物质大量被消耗，同时肾脏排泄的 U-SOD 活性降低，因此急性重复缺氧会造成体内血红蛋白和 SOD 含量变化并导致机体受到自由基损伤。

（三）急性重复缺氧对机体血流动力学的影响

从严重低氧环境转移到常氧环境后，机体原本在低氧环境中的机能性和结构性生理适应状态逐渐逆转或消退的过程叫作脱适应。脱适应后机体从血流动力学方面来看，脉搏频率、有效血容量及每搏量、肺动脉压及平均动脉压降低，全血勃度、总周围阻力、微循环半更新时间增大，且变化的差异性明显，因此急性重复缺氧明显影响血流动力学。

（四）急性重复缺氧与机体营养状况

机体在严重缺氧时，一方面通过下丘脑—垂体前叶—肾上腺皮质三者的相互作用使肾上腺皮质激素分泌增多，加速蛋白质分解，因而会引发负氮平衡。另一方面，交感神经兴奋性提升，儿茶酣胶在 α 受体的作用下增多，从而提升机体代谢率和生长激素分泌水平，脂肪分解通过这个途径加强，人体血浆的游离脂肪酸和自同体含量增大；机体氧化游离脂肪酸可产生能量，但氧化不完全产生的酮体在体内堆积则引发酮尿和高粘血症。显酸性的酮体在体内过多堆积则导致中枢神经系统、心血管系统和消化系统出现功能障碍，临床上表现为头痛、胸痛、心慌、恶心、呕吐、反应迟钝等症状，形成进一步加重营养物质代谢紊乱的恶性循环。

（五）急性重复缺氧脂代谢和相关细胞因子的变化

低缺氧状态下机体产生能量的方式由糖类代谢转换为脂肪代谢，这种整合调节过程的最终目标是保障机体适应缺氧环境的能量需求。适应过程中有时难以避免进行应急性调节，遇到这种情况，只能通过储备能量路径为机体供应能量，就会导致某些物质代谢特别是脂肪代谢的障碍。研究发现，急性重复缺氧前期 Ch、TG 显著增高，机体发生急性缺氧应激，能量代谢和糖酵解显著增强。当人刚进入高海拔地区时，葡萄糖储存水平可能随着食量降低，此时机体为了维持甚至提升能量消耗就必须使用非糖的储能物质，血液中游离脂肪酸和 TC 浓度的增高表明体脂被有效利用。ApoA-1 和 ApoB 分别是 LDL-C 和 LDL-C 的主要蛋白质成分，其主要功能是维持体内血脂水平稳定；重复缺氧中期 LDL-C 降低，血浆负责转运的内源性 Ch 以肝部为起点，到达全身各组织按比例降低，缓解 LDL-C 对动脉内膜的浸润和在动脉内膜的沉积，ApoA-1 降低则是加速动脉粥样硬化的主要原因；后期脱离低氧环境后，血脂和载脂蛋白水平逐渐恢复正常。

血清 lg 浓度是指示体液免疫状态的重要指标之一。机体适应高原缺氧环境的生理性自我保护机制之一就是提升体液免疫功能，各项相关功能在机体适应高海拔地区的过程中发挥协同作用。人进入高原后，空气氧分压显著降低导致细胞发生变性，自主产生抗原刺激淋巴系统；B 淋巴细胞在 T 淋巴细胞的作用下转化为浆细胞，致使 lgG 合成增多，形成的抗原—抗体复合物在血管基底膜上沉积，易损伤血管组织并激活补体，使 C3、C4 水平上升；CRP 对炎症和组织损伤程度较为敏感，CRP 升高可用于指示高原急性缺氧及机体应激反应，机体产生的急性期蛋白具有多种生物效应。

（六）急性重复缺氧对脑功能的影响

在某高原汽车部队中随机选出 50 位驾驶员，测验其驾驶上山任务前、中、后的记忆能力。与上山前相比，途中 1-100、100-1 以及积累和短时记忆中的记图、再认和瞬时记忆测试的记忆商数（memory quotient, MQ）平均水平明显降低（$P<0.01$ 或 0.05）；下山后与途中比较有显著性差异（$P>0.05$）；下山后的 1-100、100-1，积累、短时记忆中的记图、再认和瞬时记忆的 MQ 平均水平仍比上山前明显偏低（$P<0.01$ 或 0.05)。

人在缺氧状态下脑神经细胞严重受损，其认知、记忆、个性、情绪连带行为等多方面都可能表现异常，特别体现在脑体工效学方面。动物实验的研究结果证实，急性重复缺氧对脑细胞带来损伤的严重性低于持续性低氧损伤，原因在于动物可以在急性重复缺氧中形成对间歇性低氧的生理性适应：脑组织和血液中谷光甘肽过氧化酶的活性可在一次急性缺氧中急速降低，但在重复的急性缺氧中又被激活，且抗氧化能力有所提升。

第三节 供氧措施与合理用氧方案

氧气不足时人的情感、记忆和认知水平易受损，作业绩效随之降低。人在一些缺氧的特殊环境中作业，其作业能力相关的体能、智能水平发挥都会受到限制，长期慢性缺氧还可引发心脏病和红细胞增多症等慢性疾病。因此，为维持机体健康状态、提升作业绩效，有时必须要采取科学供氧措施，如通过提高可吸入的氧气浓度，直接补充提升机体血液中的氧分压，从而改善低氧血症，也是防止各种低氧性损伤的重要手段。舰艇中密闭环境人体健康的最大威胁是缺氧，因此，开展科学合理的增氧方式研究有着全面提升舰艇部队官兵健康水平、保障部队作战能力的重要军事意义。针对舰艇官兵的吸氧特征、时间、模式等关键问题优化吸氧效果，主要以解决急性或慢性缺氧症状为评价标准，综合机体的基础生理特征、代谢水平和作业能力等指标全面反映吸氧对机体整体功能的作用情况。将人体试验与临床实证相结合，建立用氧标准和评价体系以验证合理用氧方案，开发和优化科学用氧、安全用氧的技术与方案。

一、液态氧供氧技术

国内目前最常使用的技术是气态氧供氧。液态氧的制备方法是将普通空气过滤后压缩和冷却，再将制成的液态空气缓慢升温到 –195.6 ℃，此时液氮全部汽化只剩余液氧，该过程需多次重复以提高液氧产品的纯度。就使用的氧气瓶来说，40 L 的氧气瓶重约 80 kg，其储氧量低而体积大，4~6 L 的供氧箱只能供单人吸氧使用 1 h，无论是车载、机载、舰载还是机动供氧都十分不便。1 L 液态氧气化产生气态氧 840~860 L，1.5 L 的液氧连罐重约 5 kg，可供 1 人吸氧约 10 h。整罐装满的 15 L 液氧罐约 34 kg 重，按每人每分钟消耗 2 L 氧气计算，理论上可供 4 人同时吸氧约 27 h；15 L 液氧能够释放的气态氧量（约 2750 L）相当于 2 只 40 L 高压氧气瓶的储存能力，但液氧罐的重量仅有不到 2 只氧瓶的 1/4，体积也仅有 2 只氧气瓶的 1/8。液氧罐使用了专门用来保存超低温液体的多层多屏绝热高真空不锈钢，能在常压下保存液氧，比高压氧气瓶更加稳定，安全性更高，供氧量更大、持续时间更久，并且装备轻便、占用空间小，有广阔的应用前景。业界公认的一种经济高效氧源是高压超临界液态氧，液态氧供氧技术已在军用战斗机中广泛应用。

我国的液态氧储存设备制造同样迅速发展，如成都某设备有限公司生产的低温液体容器分 3 种规格（1.5 L、15 L 和 50 L）。液氧罐分为双层，外层负责隔热，内层充

装 –183 ℃的低温液态氧，两层之间抽真空，保证罐身隔热效果。罐顶部具有充液间、排液间、安全阀和压力表。大型液氧储存器中或制氧机排出的液态氧通过特制金属软管连接液氧罐的充液口，将放空满液阀打开后，即向液氧罐充入低温液氧；液氧充满后，关闭充液开关和放空满液阀，断开与充液金属软管的连接，再打开增压阀，间歇性缓慢调节罐内压力，使其逐渐上升至预定值。由于吸收外环境的热量，罐内液氧气化导致压力逐渐增大，而压力一旦超过预定值，安全阀就会排出多余气体，保证罐内压力恒定的安全性。充满液氧的液氧罐在运输过程中需考虑液体汽化后体积膨胀的问题，所以运输途中其放空满液阀应处于开启状态，待到目的地后再完全关闭。液氧罐的存放环境应通风阴凉，严禁靠近火源或将其倾倒，避免碰撞。50 L 的液氧罐通常用作储液罐，既可以直接供氧，又可以按照上述操作步骤从储液罐中向 15 L 车载罐和 1.5 L 单兵罐中充液氧。液氧罐为人供氧时充液金属软管连接氧罐与气化器，氧气被汽化后经过湿化瓶到达吸氧人员。1.5 L 单兵罐尽管体积较小，但其基本构造与储液罐和车载罐并无不同，罐上部夹层内部盘绕有气化装置，罐顶部具有放空满液接头、充液接头、压力表、流量调节阀和吸氧嘴。

二、氧烛供氧技术

氧烛的主要成分是氯酸盐（如氯酸铀），以金属粉末为燃料，将燃料与少量催化剂、抑氯剂和结结剂的混合物干（湿）压或浇铸制成，启动后自动燃烧释放氧气。氧烛使用方便，因其燃烧现象与蜡烛燃烧类似而被称为氧烛。一般氧烛的外形尺寸为 140 mm × 140 mm × 400 mm。单支氧烛可持续放氧约 45 min，释放纯度为 99.5%、总体积约 2300 L 的氧气。氧气质量符合满足人员直接吸入的《医用及航空呼吸用氧》（GB 8982—2009）国家标准。

在一间常压下门窗密闭的制式房间中进行实验，房间内部空间为 40.5 m^3，室内温度 15℃，用气体测定仪测得室内 O_2 浓度为 21%、CO_2 不可测出。令 8 名被试人员在 23 点进入该房间，到第二天上午 9 点前进行休息睡眠。于 23 点在房间内点燃氧烛，可将室内 O_2 浓度维持在 24%~25%；实验期间每隔 30 min 测定室内 O_2 和 CO_2 浓度，表明 1 枚氧烛能够将上述 O_2 浓度维持至第二天上午 8 点。加入两台自制气体净化机去除实验房间内被试人员排出的 CO_2 及其他有害气体，实验期间室内 O_2 和 CO_2 浓度分别达到 24.25% ± 0.36% 和 0.08% ± 0.01%。在一间低气压、容积为 50.49 m^3 的密闭制式房间中进行另一组实验，晚间令 8 名受试者进入后，23 点点燃第 1 枚氧烛，并在第二天凌晨3点点燃第2枚，其他实验程序与前一组相同，该房间内的 O_2 和 CO_2 浓度稳定在24.30%±0.29%和0.06%±0.02%。被试人员在富氧下的睡眠 SaO_2 较常氧下睡眠增高，P值降低（$P<0.05$ 或0.001）；呼吸频率两组间无统计学意义（$P>0.05$）。被试人员在富氧条件下均未发生睡眠呼吸暂停，而常氧下其中6名被试人员出现了睡眠呼吸暂停现象。

国内外潜艇已装备并使用氧烛多年，实践运用证明其是一种性能优良的固体氧源，不仅能维持密闭舱室空气中的氧气浓度基本等同于正常大气水平，所释放氧气的杂质（有害物质）和盐烟含量均符合相关气体质量标准。氧烛产氧迅速、产氧量大、方便携带、可长期储存，非常适宜舰艇的应用场景；制氧的主要技术优势是不需要动力输入，不容易受环境因素影响，单位体积储氧量大。

三、吸氧对缺氧损伤的保护作用

慢性缺氧病的显著特征之一是缺氧性肺动脉高压。长时间处于密闭舱室中，低气压、低氧分压、日光照射不足等环境条件对人产生强烈刺激，致其脑垂体-肾上腺髓质系统兴奋亢进，产生大量儿茶酣胶等血管活性物质，进入循环系统后导致外周循环阻力增大，中心循环量随之升高。低氧刺激促使机体分泌更多抗利尿激素和醛固酮，引发体内水钠滞留和红细胞增生，同时肺部因血管收缩与重建而易产生肺动脉高压。肺动脉高压发生的另一个原因是促红细胞生成素（EPO）在缺氧环境中分泌更旺盛，血液粘滞度因红细胞增多而升高，血管切压随血流阻力增大。若肺动脉高压得不到及时控制，将会发展为慢性呼吸病。

氧疗是慢性呼吸病的首要治疗措施，通过增加人可呼吸的氧浓度直接使其体内氧分压升高。研究人员认为人体的 SaO_2 可在低流量（2 L/min）吸入氧气30 min后到达高峰，该方法为高原作业人员预防性吸氧提供参考。将187名18~25岁的男性随机分为两组，其中96名构成长期氧疗组（LTOT组），为他们提供连续1年的每人每天持续鼻管吸氧（2 L/min）1 h；另外91名为对照组，不采取任何干预措施。1年后对全部被试男性进行问诊和体检，调查项目包括呼吸症状、Hb、心脏超声、心电、血液生化、记忆能力与肢体运动能力。问诊的重点症状包括头晕、头痛、耳鸣、疲倦、心悸，记忆衰退、呼吸困难、食欲下降、睡眠障碍，唇部、面部及手指发绀，结合膜及咽部毛细血管扩张充血等。上述各项分别计分，根据全部分数总和，读断疾病并判定严重程度：总记分低于5表示健康，总记分为6~10表示轻度疾病，总记分为11~14表示中度疾病，总记分高于 15 表示疾病程度严重。LTOT 组在为期 1 年的干预后 SaO_2 升高，CMS 及 HAPC 患病率明显低于对照组（$P<0.05$），说明长期氧疗有助于提高动脉 SaO_2，减轻血液的粘滞度从而降低肺动脉压，可有效预防慢性呼吸疾病。

四、吸氧对青年记忆与肢体运动能力的影响

将 2 组青年分别设置为 LTOT 组和对照组，使用多功能心理生理能力测试康复仪进行左右手交叉敲击动作频率和数字记忆广度顺背数测验。左右手交叉敲击动作频率测验要求被试人员两手依次轮流敲击键盘上的左、右两个键，敲击动作持续 10 s，若连续 2 次敲击成同一键则错误次数加 1，敲击的总次数、正确次数和错误次数都由仪器自动输出，同时仪器计算出完成敲击动作的平均时间。数字记忆广度顺背数测验步骤是被试人员受试者依次按下屏幕上显示的数字，起始数字为 3 位，连续按下 2 次正确数字则显示的数字位数增加 1，最多显示 13 位，连续错误 3 次则实验结束，仪器自动输出测试得分。结果表明，与对照组相比，LTOT 组完成左右手交叉敲击动作频率实验的总次数和正确次数均明显增多（$P<0.01$），错误次数明显减少（$P<0.05$），平均时间明显缩短（$P<0.01$）；数字记忆广度顺背数测验中 LTOT 组得分显著增高（$P<0.05$）。如果人生活环境的氧分压偏低，一段时间后机体会受到出后脑功能和运动能力的一定程度损伤，其智力和记忆功能，尤其是瞬时记忆和短时记忆功能会严重受损，出现认知作业能力降低，反应力和判断力迟缓，无法完成精细操作，运动能力和耐力难以维持。左右手交叉敲击动作频率测验指示肢体的运动能力和协调性，而数字记忆广度顺背数测验可用于评价的短时记忆能力。上述测验表明，坚持每日短时吸氧可显著提升高人的记忆和肢体运动能力。

第四节　舱内氧舒适性的评价指标

一、评价舱内氧舒适度应考虑的因素

舒适是人对自然的一种主观感受；舒适会受到许多种不同因素的影响而发生改变，其中包括但不仅仅限于生理方面的、心理方面的、物质方面的等等；舒适是人对环境的一种反应。

人在密闭空间环境和高海拔地区作业劳动时，面对的最大生命健康威胁都是缺氧。缺氧会使人发生一系列的缺氧反应，劳动能力受到明显影响。在评价舱内氧舒适度时候应考虑以下因素：

（一）体 力

在劳动中，作业者由于生理和心理状态的变化，会产生某些器官乃至整个机体力量的自然衰竭状态，称为疲劳。其产生的机理是人体能量消耗与恢复相互交替，中枢神经产生“自卫”性抑制的正常生理过程。疲劳感是人对于疲劳的主观体验，而作业效率下降是疲劳的客观反映。

缺氧可引起一系列的生化和生理功能的改变，包括线粒体形态、结构、功能、能量代谢等。氧是维持生命活动必需的物质，由于各种原因导致机体供氧不足或氧利用障碍，均可导致缺氧或低氧性病理过程的发生，但最为外在的反应是体力下降。

因此，评价氧舒适度应当首先保证作业者的体力水平足以开展正常的工作。

（二）脑 力

脑力劳动是指从外界接收信息，并对信息进行编译、整理、分析，最后作出反应的过程。工作对脑力劳动需求的提高必然导致脑力负荷的增加，适度的脑力负荷是完成工作任务甚至是人体健康所必需的，但过高的脑力负荷将影响到劳动系统中操作人员的身心健康和工作业绩。

认知功能高度依赖于向大脑输送足够的氧气。认知处理过程中大脑活动升高会导致能量需求增加，从而导致脑血流量增加。因此，由缺氧引起的大脑有氧代谢紊乱可能表现为认知功能障碍，进而对暴露于缺氧的环境的人员产生负面影响。此外，在患有严重缺氧缺血性脑损伤（例如中风、睡眠呼吸暂停或慢性阻塞性肺病）的患者中，认知能力下降很常见。因此，为保护劳动者健康，提高劳动工效，正确评价劳动者的脑力负荷并使其处于适当的水平具有重要意义。

（三）心 理

尽管都是心理学与生理学交叉学科，生理心理学和心理生理学有着不同的含义。生理心理学的研究目标是心理活动和行为的心理学机制，包括人体获取信息的方式，外界刺激信号如何由感觉器官经传入神经传递至中枢神经系统，刺激信号在神经中枢完成的整合、加工、编码和储存，还包括睡眠、饮食、情感、思维、语言、本能、动机、警觉等机体行为与心理活动的神经-内分泌机制。而心理生理学重在研究人的心理活动（尤其是情绪）给生理特征造成的影响，例如人在焦虑、恐惧、紧张的状态下，心率、心率变异性、血压、血压变异性、呼吸、心电、脑电、肌电、皮肤电等生理指标的变化。"测谎仪"和"生物反馈仪"的作用依据就是心理生理学的基本原理。

心理生理学与生理心理学两者的研究对象和所使用的研究方法也不同，前者大多数情况下以人作为研究对象，后者的研究对象虽然也可以是人，但从伦理学角度出发一般都使用动物进行具体研究。生理心理学中常用的一种研究手段是对动物脑内的某部位实施电刺激，或通过手术精准破坏动物机体某部位，或注射作用于某部位的药物到动物体内，然后观察其行为变化。心理生理学则在研究中经常使用可同时记录人各类生理指标的"多道生理记录仪"。心理生理学的理论认为，人体状态由"舒适"变为"不舒适"会导致部分生理指标随之发生变化。因此，人在特定环境下或从事特定工作时，若产生主观上的不舒适感，其心率、心率变异性、血压、血压变异性、呼吸、心电、脑电、肌电、皮肤电等生理指标都可能发生改变，可利用生理记录仪将这些变化便于分析。但是在实验仪器的设计上还需要真正融入"以人为本"的思想，实现人与机器良性互动的快速发展。

人的情绪有时只会持续较短时间，但仍会引发生理、行为、语言和神经机制互相协调的一系列反应。营造装备舱室中良好的作业环境，对作业人员保持正面情绪、提高作业绩效有明显促进作用。进行氧舒适度设计时强调人性化，以充分实现人-机-环交互为原则，尽可能满足目标群体的所想所需，体现装备空间环境设计中对人的因素的关心和尊重；同时需要根据人的环境心理需求和行为特点差异性构建具有不同特点的功能空间，以适应任务和人群的多样化需要。

二、舱内氧舒适度指标选取的原则

舱内氧舒适性的评价指标体系的构建旨在帮助设计者了解舱内影响作业人员工作的最适氧舒适度。选取指标时具体应遵循以下原则：

（一）全面性原则

评价指标应尽可能全面涵盖舱内作业条件下的人体各方面生理状态，以此为调研依据才能充分掌握作业人员的真实情况和需求，从而更好地进一步优化设计。

（二）重要性原则

大量因素同时作用于舱室作业人员的工作绩效，将其全部列出不仅造成巨大的分析任务量，同时还提高了关键指标的提取难度。因此，在保证指标无重要遗漏的前提下也应使关键指标具有代表性。

（三）独立性原则

选取的指标应该相互独立，不存在互相覆盖或重叠。

（四）控制性原则

选取的指标应可控，即能够在实际舱室环境中实现调查研究得到的最适氧舒适度指标，否则将失去调查研究的根本意义。

（五）直接可测性原则

利用问卷调查、抽样测定等方法应能够获得作业人员相应指标的可量化反馈，即所选指标可以通过数字形式反映作业人员对环境氧含量的舒适性感受。

三、主观、客观评价指标的选取

舒适是生理系统与心理系统相互作用的结果，在感知上需以生理上的测量为基础，以评估其心理上的主观感受。舒适度设计的基本前提是保证正常作业活动的开展，因此要考虑体力和脑力两方面。

随着社会和技术的发展进步以及人类的需求提升，众多专家、学者纷纷对室内环境舒适性展开评价和研究。作为人类工作和生活的重要环境场景，室内环境包括热环境、气体环境、光环境和声环境等方面。热环境的各种环境因素直接决定人体的冷、热感觉，即热环境包含人对室内综合气候条件的主观感受。目前用于评价热环境的指标包括有效温度、新有效温度、室内热环境指标（PMV）等，其中 PMV 指标的含义更为全面，涉及到更多的热舒适性影响因素。综合多种因素进行评价时可参考多种方法。由于研究不断加深，多因素的目标分析难度逐渐增大，难以继续使用一般方法得出准确结论，因此需要综合评估部分参数，即以部分参数的估计值代替确定值，以科学合理的方法同样可以获得可靠性强的结论。目前研究人员所用的评估方法各异，不同的研究对象也有各自针对性的评估方法，成功度综合评价法、灰色关联度分析法和模糊综合评价法是较为常用的评估方法。

人因工程方法深入分析环境舒适度设计的特点和内涵，确定了涵盖体力工作疲劳程度、脑力工作疲劳程度、心理舒适度三方面指标的舒适度设计评价指标体系。具体包括各种体液成分的生化指标、膝腱反射技能、两点刺激敏感域、连续色名呼叫、脑电肌电位、心率、血压、他觉观察、主诉症状、脑力负荷评价、心电活动、眼电活动、脑活动和心理舒适度。

四、主观、客观评价指标的权重分配

由于舒适是生理系统与心理系统相互作用的结果，在感知上需以生理上的测量为基础，以评估其心理上的主观感受，因此基于前文对舒适度指标的评价主要是从体力、脑力和心理三个方面展开，每个一级评价指标对应多个二级评价指标，每个评价指标互相之间有一定影响。目前的数十种指标数据权重分配方法大致可分为两类，分别为主观赋权法和客观赋权法。主观赋权法的代表性方法包括对比排序法、层次分析法、专家评分法等，其问题主要在于主观赋值过于依赖决策者经验，做出的判断也难以避免被主观因素所影响。客观赋值法的代表性方法有标准离差法、熵值法、CRITIC 法（通过分析每两项指标之间的相关性得出指标的重要性分析）等，利用各项指标的实测数据所反映的客观信息确定各项指标的权重，主要缺点是不能有效利用专家经验方面的信息。结合上述两类方法的优势与不足，下面介绍综合主观赋权法和客观赋权法提出的综合主客观赋权法，以该方法确定评价指标权重能有效提高整体评价的有效性与真实性。

（一）主观赋权法

1. 直接评分法

选择 5 名进行医学领域研究工作的教授和 5 名装备舱室相关工作的高级工程师，设计一套调查问卷，请他们根据个人经验判断问卷涉及的不同评价指标之间的相对重要性，按照 0~10 的等级进行重要性评分（分数越低表示认为某指标权重越低）。统计 10 名专家的评分结果，计算每个评价指标得到的平均分从而确定其对应权重。

2. 对比排序法

仍按上述方法选出 10 名本领域专家和教授，每人对问卷相关的各个评价指标进行相对重要性的主观性排序，再根据排序情况对各个指标打分。假设共有 n 个指标，最重要的指标记 n 分，其次记 n-1 分，依次递减，最不重要的记 1 分。使用下式计算出各项指标的相应权重：

$$w_j = \frac{\sum_{i-1}^{m} \log_n k_i}{m}$$

式中，w_j 表示第 j 项指标的权重，n 表示指标数量，m 表示专家人数，k_i 表示第 i 个专家将该项指标排序后的记分值。

3. 层次分析法

层次分析法从实验总体目标出发，将问题逐步细化为不同的目标层次，最终形成多层次的分析化结构模型。一般将实现目标所需执行的措施或相关计划方案定为最低层次，总目标则是最高层，计算最低层相对于最高层的相对重要性权重。该过程涉及对所有方案中的任两个方案进行比较，将比较的结果按照 1~9 分进行标度。若标度打分为 1，表明对总目标来说，两个方案有着相同的重要性，数值越大则表示两个方案的重要性差异越显著。

层次分析法只需要决策人员对所涉及方案中的任两个进行单独比较，并给出肯定或否定的答案。在实际使用该方法的情境中，决策人员所做的选择一般不会是极端的肯定或否定，而更多使用较为模糊的概念，可以采用在模糊环境中进行扩展的层次分析法。

（二）客观赋权法

1. 标准离差法

标准离差法是根据标准差评估某项指标能够为整个评价体系提供的信息量。某个指标的标准差越低则表示该指标的变异程度和可提供的信息量都越小，因此在整个评价体系中的占比作用也就越低，相应地该指标的权重越低；相反地，某个指标的标准差越大就表明该指标对于评价体系整体有着越大的作用，应得到越高权重。计算第 i 项指标权重大小 w_i 使用的公式为（σ_i 为第 i 项指标的标准差）

$$w_i = \frac{\sigma_i}{\sum_{i-1}^{n} \sigma_i}, \qquad i = 1, 2, 3, \cdots, n$$

2. 熵值法

熵值法利用熵特性评价某个指标能够为整个评价体系提供的信息量。某个指标的信息熵越小表示该项指标具有越高的不确定性，能够反馈的信息量更大，将更显著地影响整体评价，因此应当对其赋予较大权重。

3.CRITIC 法

CRITIC 法的评价基础是各项指标之间的对比强度与冲突性。对比强度指的是不同评价对象的相同指标评价得分互相之间的差距大小，主要以标准差指示，越低的标准差代表各评价对象之间的得分差异性越小。而冲突性指的是两个指标之间的相关性，正相关性越高表示这两个指标的冲突性越低。冲突性可以使用公式进行量化计算：

$$c_j = \sigma_i \sum_{i-1}^{n} (1 - r_{ij}), \quad j = 1, 2, 3, \dots n$$

上式表示第 j 项指标与其他指标的冲突性，r_{ij} 为指标 i 与指标 j 之间的相关系数，c_j 表示第 j 项指标包含的信息量大小，c_j 越高表示该指标对整个评价体系越重要。所以第 j 项指标的客观权重计算公式为

$$w_j = \frac{c_j}{\sum_{j-1}^{n} c_i}, \quad j = 1, 2, 3, \dots, n$$

（三）综合主客观赋权法确定指标权重

在研究环境舒适性时，各指标的权重不仅注重客观性评价，同时又不失主观性配合，将两者的优点结合起来。综合前文所述，分别用直接评分法（W1）、对比排序法（W2）、层次分析法（W3）、标准离差法（W4）、商值法（W5）和 CRITIC 法（W6）计算得出的权重进行主观赋权法权重取算术平均数后归一化和客观赋权法权重取算术平均数后归一化，再将得出的主观权重和客观权重分别取几何均数得出组合权重，再次进行归一化，最终得到评价指标的综合权重。

第五节　实验设计方法

一、模拟舱内不同氧含量处理实验

在某模拟舱内实验中，舱内部体积约为 20 m^3，设有供氧系统、空气净化系统、温湿度调节系统和环境监测系统。分别选取 8 名作业人员为一组，共设置八组。每组分别进入模拟舱内，控制舱内温度为 25 ℃，二氧化碳体积分数低于 0.8%，相对湿度在 90%~95% 之间，分别调节舱内的氧气体积分数为 15%、16%、17%、18%、19%、

20%、21%、22% 和 23%，在不同氧气体积分数下测定作业人员的体力、脑力和心理舒适度。

为排除昼夜节律带来的机体生理变化因素，实验全部于白天进行，正式开始前需要测量受试作业人员的心率和血压以核实参数处于正常范围内。为作业人员佩戴好测试仪器后正式开始实验。实验过程中作业人员模拟执行正常的作业任务，始终正确佩戴正常工作的生理记录仪，记录下每个人的心电和脑电信号。要求实验期间保持周围环境安静，避免人为噪声及其他干扰。

实验应设置对照组以排除其他因素的干扰影响。选择受试对象时，除了要求心率和血压必须满足正常值范围，注意不允许发热、心脑血管疾病、甲状腺功能亢进、肝肾病、糖尿病以及其他自主神经系统相关疾病的患者参加，且受试对象不可有胸部皮肤严重过敏症状，女性受试对象不能处于月经期内。为保证实验结果客观准确性，要求受试对象在实验前 24 h 内不进行剧烈运动，保证夜间睡眠充足，避免巨大情绪波动；实验前 12 h 内禁酒，8 h 内禁烟和含咖啡因的饮料并停止使用可能影响心血管功能的药物。保证受试对象在同意参与实验前均仔细阅读过注意事项，自愿参加且具备较好的依从性。

二、舱内气体环境监测

广义上的舱室微气候环境质量分为物理因素（气温、相对湿度、气压、风速、新风量等）、化学因素（二氧化碳、一氧化碳、臭氧、挥发性有机化合物、可吸入颗粒物等）以及病原微生物等生物因素。与一般的室内场所环境不同，舱室环境具有以下特点：相对湿度较高，物理因素如噪声、振动的影响大，作业人员密集，舱内增压，环境难以但需要长时间维持稳定等。

影响舱室空气质量的因素有很多，包括空间结构、人员数量、气体环境控制系统（如空调和净化器）、舱室内外压强差和装备外部气候环境条件变化等。人员数量会对舱室 CO_2 浓度产生很大影响，人员密度越高呼吸产生的 CO_2 相应增多，需要相应调整空调控制系统的参数。相对湿度受到空调系统和外部气体的影响，长期在海上运行的舰艇，其外部空气湿度极高或处于水下，而一般的空调系统送风相对湿度为 10%~20%；对舱室进行除湿就需要考虑空调设备外壳壁内侧的冷凝水问题，冷凝水可能造成设备的结构性腐蚀，带来电气安全风险。

一种较为先进的方式是对空气质量参数进行分级管理，即将各个参数分为安全值、舒适健康值及舒适度限值三个等级。舱室舒适度需要作业人员进行各方面综合评价，不仅受到振动、噪声、温度、湿度、加速度、污染物、色彩、照明等诸多因素的影响，个体的健康状况和心理因素也会影响其对舱室的舒适度评价。人在舱室中产生的各种不适反应，如鼻塞，肢体麻木，关节肿胀，眼睛干涩、发痒或疼痛，头晕恶心及耳部不适等症状与舱内各种环境质量参数的相关性需要进行详细的流行病学研究。

（一）模拟和物理测试

设计需要均衡考虑整体舱内气候和可接受的氧气水平。空调系统与氧气释放、二氧化碳回收系统结合，通过管理气流，控制加热、冷却过程和湿度，来精细化控制舱内舒适度。虽然舒适性有统一的客观标准，但同时又非常主观，可以个性化设置来优化舱内工作人员的舒适性。为了改善舱内气候并开发理想的系统，在研发和测试期间通常需要采取不同的步骤。设计完成后，模拟和物理测试有助于分析座舱环境。因此，在开发和测试座舱舒适性时，以下三种方法是必不可少的：①热流和气流模拟——这有助于工程师在设计原型前理解并建立设计理念；②热流和气流物理测试——在极端环境（冷、热）和不同乘客人数下进行原型验证；③声学分析——有助于确定总体噪声级别和目标。工作人员的舒适和健康是舱内设计或优化的基础，确保最佳、最适宜的气候（氧气浓度、气流、温度、湿度、压力）、可接受的内部噪声以及新鲜清洁的空气，以确保整体健康。为了确保舒适的座舱气候，整套系统需要考虑以下参数：室外温度和湿度、阳光直射对座舱的影响、舱内的热源、来自外部和通过空调出风口的气流、舱内温度和湿度及其分布（尤其是头部和脚部）。所有这些气候和声学参数之间的完美平衡是实现舒适度设计的关键——多属性设计优化，以最少的材料达到最完美的效果。

（二）流体动力学（CFD）计算模拟

气流的数值模拟，包括固体的热传递以及结构和人体周围的对流，可使用CFD进行模拟耦合，在热方面，可通过FEA（有限元分析）进行计算。因此，可以模拟和分析出空调系统对舱内环境的影响，例如冷却时间、空气和结构中的温度分布以及气流速度等。这些结果可用于系统性能和人体舒适性分析，最终改善座舱气候，实现座舱的最佳舒适度。

可以运用风洞模拟，采集、处理和评估高质量测量数据。作为对实验数据验证的补充。在风洞试验不够充分的情况下，采用物理过程CFD（流体动力学计算）模拟和并进行详细分析分析。数值模拟涵盖了广泛的应用，包括动态 FSI（流体—结构相互作用），是初步构型研究的理想选择。

（三）热流和气流的物理测试

物理测试通常从需要进行物理验证测试的舱体原型开始。这涉及在气候室中进行一些实验，模拟真实环境。例如人员荷载测试，温度从 –30 ℃ 到 +50 ℃，而控制不同舱内压强的情况下，不同湿度、光线和的运行模式各不相同。在进行测试时，数百个传感器安装在整个舱体中，通过红外（IR）摄像机测量温度、湿度、压力和气流。物理测试可能需要几个小时甚至几天时间，因为测试环境（气候室）通常非常大，温度控制和补偿需要一些时间。为了保证测试过程的准确需要可靠、稳定的测量设备，以方便、灵活地从不同类型的传感器采集数据。为了获得高精度的测试数据，需要使用能够承受气候室恶劣条件的数据采集系统（例如 HBK 的 SomatXR 数据采集系统）进行无人值守测试和记录。大通道数据测试的后处理工具可对大量测量数据进行提取、可视化和分析。

（四）声学分析

舱内舒适性还受到噪声和振动的影响。例如，总体噪声级别和指标不仅基于计算模拟，还基于物理测试以及对现有舱内环境的测量和分析。然后将数据转换为工作水平、总体噪声和舱内的隔声材料。工程师需要了解从外部源到内部的噪声路径和分布。湍流气流在内部产生宽带噪声，这是最主要的因素。然后在噪声、热气候、重量和成本等方面采取最佳折中方案来调整隔离度。频谱最好在地面测试期间进行分析，这也是舱内运行测试的一部分。

（五）空气质量检测

检测舱内空气质量，需要根据各指标检测的方法原理，确定方法后选取符合检出限、检测范围和灵敏度等指标的仪器设备；一般情况下，考虑到环境参数时效性的问题，尽量在误差允许的前提下选取快速现场检测设备，如使用紫外吸收法原理的臭氧分析仪检测臭氧，使用便携式红外分析仪检测 CO、CO_2，使用激光仪器检测可吸入颗粒物等。由于舱室普遍空间狭长、人员拥挤，监测空气环境的物理、化学及生物因素时尽量利用可直接读数的快速检测仪器，统一规定采样的布点位置和数量，还应将仪器指标的校准周期和计量报告等规范化。

综上所述，舱内空气质量对机组人员和乘客的身体健康都非常重要。提高舱室空气质量和环境品质是人员舒适度的有力保障。建立空气质量评价的标准体系与按时完成检测评价是保障环境安全的重要手段，包括舱空气质量标准体系的构建、具体参数标准限值与检测方案的制定等，为舱内气体环境舒适度设计提供规范化的程序、技术支持以及监测保障。

三、数据分析与模型研究

（一）数据一致性分析

如果变量存在一定的非因果性关系，其互相之间的关系与依存程度可以采用相关性分析判断，相关系数的数值在 0~1 之间，用于表示联系的紧密性。若两个变量之间的相关性包含一定的因果关系，那么可以将一个变量作为自变量，另一个作为因变量，将自变量与因变量以直线或曲线形式的方程联系，该方程叫作回归方程。回归分析就是根据回归方程后，通过自变量取值估算相应因变量的分析方法。

Spearman 相关系数是一种秩相关系数（又称等级相关系数），常用于分析两个变量所在等级的相关性，适用于部分难以被精确定量而只能用现象的强弱程度、对刺激的反应大小等分为不同等级的变量。以针对急性白血病患者的血小板数量与全身出血症状的关系研究为例，可以将出血症状分为“无出血点”“个别出血点”和“明显出血”3 个等级。将可被定量测量的血小板数资料作为自变量，出血症状作为因变量，二者之间的相关关系就可以运用 Spearman 相关系数进行分析。

人的部分主观感受在心理学上是可以利用确切的物理量进行描述，并实现直接量化计算的，如物品重量、光强、风速等。舒适性是一种受众多因素影响的复合性感觉，例如，厢式电梯乘客的舒适性由运行速度、加速度、振动、噪声、空气质量、乘客密度、气压、上升或下降高度以及电梯本身的机械结构和电气控制方式等众多影响因素共同形成，并没有一个具体而准确的物理量能反映电梯的舒适性，只能对其进行相对度量，且个体之间的感受差异性较大。利用 Spearman 相关系数和 Logistic 回归模型，将人在乘坐运载装备时的主观舒适感与人体客观生理指标（心率、心率变异性、血压、血压变异性、呼吸、心电、脑电、皮肤电、肌电、视觉、听觉等）的改变建立对应关系。

以脑电和心电为例，介绍使用非线性回归法分析生理信号。在头皮上使用电极测得的脑电信号是关于大量神经元突触后电位信号的时间序列，不仅复杂，且具有不规则性和不确定性。对于脑部尤其是枕部神经元病变或神经元联系缺失的患者，其中枢神经系统的信息加工能力减弱，致使关联维数、里亚普诺夫指数、近似度和复杂度的数值减小，而早老性痴呆、癫痫、帕金森病等许多神经和精神疾病均会导致上述数值减小。脑电信号的非线性分析不仅可以在脑医学领域运用，也对心理学研究有帮助，因此也被用于研究人机工程学试验中人的心理特性。对单纯睁眼、单纯闭眼和闭眼并做减法运算 3 种状态下脑电信号的关联维数进行研究。结果发现，与闭眼相比，睁眼和闭眼做减法运算状态下都比单纯闭眼状态的脑电信号关联维数值升高。另外的研究发现，通常人处于思维状态下的脑电信号关联维数比静息状态的数值高得多。这些研究证实，大脑的脑电信号复杂程度随着神经活动加强而增高，关联维数值随之增大。在心率变异性的时域分析法和频域分析法中，人的心电信号被简化为线性模式，但实际严格来讲，心率变化不仅由心血管系统和自主神经系统主要决定，同时受到血液动力学、激素分泌和新陈代谢以及外界环境等各种因素的变化影响，这个高度复杂过程产生的心电信号在分析上更适合使用非线性系统动力学的方法。

依据前文得出的中舱内氧含量舒适度的总权重，分别对 8 名舱内作业人员在不同作业环境和氧浓度下的客观、主观评价表格的数据进行计算整理，得到舒适度值统计对比图，并进行一致性分析，得到舱内氧舒适度区间。

（二）综合评价模型研究

当研究深入到一定程度，多因素目标分析困难程度过高而难以使用一般常用的方法获得可靠结论。这时可以综合评估部分指标参数，也就是以估计值替代准确值。运用适宜的方法就可以得到较为准确的估计值，从而获得可靠性高的结果。研究人员运用模糊评价法对工作环境和设计方案进行评价，均获得较好效果。成功度综合评价法在各领域内有着较为广泛的应用，具体进行评估时，首先请专家根据其所掌握的技术技能和在各自领域内的经验，针对各个指标重要性提出意见，再基于专家意见进行整理和分析，经专家组多次讨论后最终确定评价结论。

四、细胞在最适氧浓度下的生理基础

（一）不同氧浓度处理

为了探究细胞在最适氧浓度下的生理基础，将细胞置于不同的氧浓度下培养 24 h

之后，收集细胞，利用转录组和加权基因共表达网络分析探究不同生理途径在不同氧浓度下的响应情况。

（二）转录组和加权基因共表达网络分析

使用 Trizol 试剂盒提取总 RNA（Invitrogen，美国）。利用 1% 琼脂糖凝胶电泳检测 mRNA 的质量，用 NanoDrop 2000 分光光度计（Thermo Fisher Scientific Inc.，美国）定量。使用 Oligo（dT）珠（Epicentre）富集 mRNA，再用片段缓冲液将富集的 mRNA 切成短片段，并以随机引物反转录形成 cDNA。用 DNA 聚合酶 I、RNase H、dNTP 和缓冲液合成 cDNA 的第二条链后，再用 QiaQuick PCR 提取试剂盒（Qiagen, Venlo, 瑞士）纯化 cDNA 片段进行末端修复，添加 poly(A) 并连接 Illumina 测序接头。利用琼脂糖凝胶电泳筛选连接产物进行 PCR 扩增，并利用 Illumina Novaseq6000 平台（广州，中国）完成测序。

为了消除接头和低质量的碱基对后续组装和分析的影响，使用 fastp（version 0.18.0）过滤测序得到的原始 reads。被过滤掉的低质量 reads 包括含接头的、超过 10% 的未知核苷酸的、超过 50% 的低质量碱基（Q-value≤20）。为去除残留的 rRNA reads，使用比对工具 Bowtie2（version 2.2.8）将高质量的 reads 比对到核糖体 RNA（rRNA）序列上。利用 HISAT2 将 clean reads 定位到参考基因组中（Phaeodactylum tricornutum CCAP 1055/1, assembly ASM15095v2），其中“-rna-strandness RF”等参数为默认值。使用 R 包 gmodels[①] 进行主成分分析（PCA）。

为构建不同细胞密度和光照条件下基因的共表达网络，使用 R 包进行 WGCNA (v1.47) 分析。将 FPKM 大于 1 的转录本导入 WGCNA 中，使用自动网络构建功能块按默认设置构建共表达模块，Power 值为 8，TOM 类型为无符号，加权相关阈值为 0.85，最小模块大小为 50。最终，基因被聚类到 16 个模块中。通过计算模块特征基因与样本或样本性状的相关系数，找出与细胞密度和光照条件显著相关的模块。通过 WGCNA 的 R 包计算各基因的模块内连通性和模块关联度，连通性高的基因通常是具有重要功能的枢纽基因。利用模块特征基因与特定性状或表型数据进行相关分析，对各表型数据对应的最相关模块（正相关和负相关）计算模块下各基因与性状数据的 Pearson 相关系数，得到基因显著性值（GS）使用 Cytoscape_3.3.0 可视化共表达网络。对每个模块中的基因进行 GO 和 KEGG 通路富集分析，分析模块的生物学功能。选取

---

① http://www.rproject.org/

各模块中权重值最高（连通性最高）的前 100 个基因，使用 Cytoscape 3.8.2 软件构建基因共表达网络图。通过 CytoHubba 算法得到的得分最高的 4 个基因为 hub 基因。

使用实时荧光定量（qRT-PCR）验证转录组的数据质量。用植物 RNA 提取试剂盒（多糖和多酚型，DP441，天根，中国），按照说明书提取各个样本的总 RNA。使用反转录试剂盒（Takara，R0047A，中国），根据说明书，合成 cDNA。采用 FastStart Essential DNA Green Master 试剂盒（Roche Diagnostics GmbH，德国）和 IQ5 多色实时荧光定量 PCR 检测系统（Bio-Rad，美国）进行 qRT-PCR。内参对照为 30S ribosomal protein subunit（RPS）。

计算基因丰度并将其归一化到 FPKM（每千个碱基的转录每百万映射读取的 fragments）。采用 DESeq2 软件对不同处理下的差异表达基因（DEGs）进行分析。错误发现率（FDR）≤0.05，绝对变化倍数≥ 2 的基因为 DEGs。为确定 DEGs 的主要生物学功能和通路，利用 GO 和 KEGG 进行富集分析。计算出的 p 值经过 FDR 校正，FDR 阈值小于 0.05 的通路为显著富集的通路。

五、数据统计与分析

人因工程学的试验数据可以运用参数统计法和非参数统计法两大类方法进行统计，其中参数统计法的两种基本方法是 t 检验和方差分析。

t 检验是基于 t 分布的假设检验方法，主要用来比较样本与总体的均值或两组样本的均值。t 检验有三种类型，分别是单样本 t 检验、配对 t 检验和两独立样本 t 检验。单样本 t 检验适用于比较样本均值和已知的总体均值。例如，在男性工人中随机选择 10 名检测其作业结束后的每分钟脉搏次数，得到的数据服从正态分布和方差齐性，若想要分析工人作业后的脉搏数是否比人的普遍脉搏 72 次每分钟更高，就需要进行单样本 t 检验。配对检验和两独立样本力检验则分别适用于配对设计资料（包括同一受试对象的试验前后情况）和完全随机选取设计的两组样本的均值比较。

无论 t 检验的种类如何，都只适用于对比两组样本数据的均值，相对来说方差分析则可用来比较两组以上的样本。方差分析将总的离均差平方和与总自由度分解成多个部分后进行统计推断，分析检验多于两组的统计资料均值之间差异的显著性。根据试验设计类型，方差分析又分为单因素方差分析（又称完全随机化设计方差分析）、随机区组设计方差分析、析因设计方差分析、重复测量设计方差分析以及协方差分析等。

t 检验和方差分析都必须满足总体呈正态分布和各组数据具有方差齐性的前提，

对不符合这两个基本前提的数据统计资料只能使用非参数统计法。此外，在部分试验中无法测出具体的数值，获得的结果只是程度上的差异性描述，如颜色深浅、任务难易、环境感觉舒适与否等，分析这些等级类型的资料也通常运用非参数统计法。在非参数统计中，检验两组具有相关性的样本数据使用符号检验与符号秩和检验，检验两组互相独立的样本数据使用 aim-whitney U 检验，Friedman 检验则用于检验两组以上的相关样本。

参数统计法能够在单个模型中分析若干因素，这一点是非参数统计法很难做到的，故而以非参数统计法分析原本适合使用参数统计的数据就会发现效率降低。比较特殊的是在临床药理学试验中，往往将数据取对数来把非正态分布的数据转换成正态分布，该处理方式需要专业视角予以解释，在此不展开讨论。

第六节　评价试验设计

一、舒适度设计评价原则

密闭空间是一个特殊环境，对人类生命安全威胁最大的是低氧。缺氧会使人发生一系列的缺氧反应，劳动能力受到明显影响。舒适是人对环境的一种反应。舒适是人对自然的一种主观感受，受到人的生理、心理以及客观物质条件的各种不同因素的影响。

那么，进行舱内氧舒适度评价需要从客观和主观两方面进行。客观上的评价包含体力和脑力两方面。疲劳是指作业人员的生理和心理状态在作业过程中发生变化，部分器官、身体部位乃至整个机体进入自然衰竭状态；疲劳发生的机理是机体能量消耗得不到及时补充恢复的情况下，中枢神经产生的“自卫”性功能抑制，属于正常的生理过程。疲劳感是一种人的主观体验，客观上的表现之一就是作业绩效降低。

主观上，应从人体对舱内不同氧环境的舒适度感受上进行评价。营造密闭舱室内良好的作业环境，有助于使作业人员保持愉悦情绪，从而提高作业绩效。进行氧含量舒适度设计时，应从人性化角度出发，尽量满足作业人员群体的需求，重点放在人与环境的充分交互，构建的空间环境应体现对作业人员的关注和保障；为适应需求的多样性，应根据人员不同的心理需求和行为特性设计不同特征的舱内空间。

舒适度设计是以舱内作业者的生理和心理需要为依据，应充分考虑作业人员因素进行设计。舒适度设计应遵循如下评价原则：

（1）以人为本，保证作业人员的基本健康安全与心理舒适。

（2）根据作业任务需求，先进行总体部署再从局部细节上具体设计。

（3）从实际出发，不违背或偏离客观条件。

（4）要充分考虑各种作业环境及心理情境，设计可调节的氧含量舒适度。

（5）按照空间组织的工艺原则进行布局。

（6）总体部署基于人的生理和心理特性，尽量减少和消除人员疲劳，使其在作业时保持愉悦的心情和良好的心态，提高作业绩效。

二、舱内氧舒适度客观评价

（一）体力负荷测试

检测体力疲劳的方法包括生化测试法、生理测试法以及他觉观察和主诉症状法。

1. 生化测试法

检测作业人员的血液、尿液、唾液及汗液等液体成分的变化，通过建立的与疲劳程度的对应关系来做出判断。

2. 生理测试法

（1）膝腱反射检查法

使用医用硬橡胶小锤以一定冲击力敲击被试人员膝部，根据小腿弹起的角度判断疲劳程度。不同疲劳程度的被试人员发生的反射运动有不同程度的钝化。一般对疲劳程度的判断标准是，作业后比作业前反射角降低 5~10° 对应轻度疲劳，反射角降低 10~15° 对应中度疲劳，反射角降低 15~30° 对应重度疲劳。

（2）两点刺激敏感域限检查法

该方法通过测定视觉辨识光源闪变频率变化的能力判断机体疲劳。令作业人员观察一个可变频率的闪烁光源，记录其在作业前、后可恰好分辨出光源在闪烁的频率数值。测试时使光源先以低频闪烁，发生视觉可见的不断闪光，闪烁频率不断提升，当视觉上刚刚认为闪光消失时的频率值叫作闪光融合；光源从超出融合阈值的闪光频率逐渐降低，当视觉刚刚能够辨识光源在闪烁的频率值叫作闪光域。闪光域与融合阈的平均值即为临界闪光融合值。当人体处于疲劳状态，视觉神经反应迟钝，视觉的闪光融合值下降。该方法对于常进行视觉显示终端监视的作业人员疲劳测试尤为适宜。

表6.1给出了不同劳动中频闪融合阈值的限制。

表6.1　频闪融合阈值变化率

	日间变化率		周间变化率	
	理想界限	允许界限	理想界限	允许界限
体力劳动	10	20	3	13
体力脑力结合劳动	7	13	3	13
脑力劳动	6	10	3	13

（3）连续色名呼叫检查法

该方法中作业人员需要识别不同颜色，通过其正确说出各种颜色名称的能力判断疲劳程度。测试人员提前准备多块5种颜色板，快速随机抽取色板令作业人员说出色名，作业人员若处于疲劳状态，则一般回答速度较慢且错误率较高，因此可通过作业人员对颜色的辨认速度和错误率判断其疲劳程度。

（4）脑电肌电测定法

中枢系统机能的钝化程度可利用反应时间的变化表征。检测作业人员作出特定反应的时间，根据反应速度判断其中枢系统机能大脑兴奋水平降低的程度，因此脑电图可被用来反应作业人员的疲劳。通过肌电图检测肌肉的放电反应，可判断局部肌肉的疲劳程度。肌肉疲劳状态下的放电反应节奏变缓且振幅增大。

（5）心率血压测定法

心率一般与劳动强度紧密相关。在心理因素的作用下，在开始作业前1 min人的心率往往略微加快；刚开始作业的30~40 s内心率迅速增大，在适应供氧能力后缓慢上升，一般在4~5 min后形成与劳动强度匹配的稳定水平；一旦停止作业，几秒到十几秒内心率先快速降低，然后缓慢地回到原有水平。作业结束后心率的恢复滞后于氧耗的恢复，疲劳程度越重会产生越大的氧债，使心率恢复减缓。心率恢复时间的长短可用于评估人的疲劳程度和体能素质。

人们习惯以主动脉压代指动脉血压，通过测量上臂肱动脉血得到。心血管系统提供的充足血液形成了动脉血压，心室收缩和外周阻力同样是形成动脉血压的关键因素。心室收缩导致了动脉血压上升，舒张时则主动脉压下降。目前可使用24 h动态血压测量仪对人体不同活动状态时的血压（收缩压与舒张压）进行连续、实时监测和记录。

（6）动脉血氧测定法

可直接定量测定动脉血氧分压和SaO_2，而外周血氧饱和度（SpO_2）是通过脉搏血

氧仪间接测量 SaO_2 的估计值。脉搏血氧仪是基于光容量描记术；一种光学技术，通过照亮指尖、耳垂或其他组织的皮肤来测量血红蛋白光吸收的变化。脉搏血氧测定仪是一种无创、即时、方便的替代方法，可替代金标准、但有创的血氧测量方法。通常认为，在常氧条件下，SaO_2 和 SpO_2 之间低于 3%~4% 的偏差可以忽略不计，但当 SpO_2 低于 70%~80% 时，与直接测量的一致性就会降低，SpO_2 的有效性也会受到影响。在这种情况下，可能会出现 SpO_2 的系统低估；然而，由于脉搏血氧仪通常不能在这些水平上校准，误差的方向和大小是不确定的。皮肤色素沉着、性别和脉搏血氧仪的设计和使用也会增加动脉血氧饱和度的变异性。

（7）能量代谢测定法

即测量机体的能量代谢率，通常采用间接测热法测定。

3. 他觉观察和主诉症状法

根据个人自觉症状的主诉可判断周身和局部疲劳状态。日本产业卫生学会的疲劳研究会制定了疲劳自觉症状调查表，将疲劳分为身体因子、精神因子和感觉因子三个构成部分。针对每个因子列出 10 项调查内容，根据症状主诉率的时间和作业条件分别分类对比，评价作业内容和环境条件对作业人员的影响。

（二）脑力负荷测试

1. 基于库珀–哈珀评定量表的人体脑力负荷主观评价

库珀–哈珀评定量表（CH 量表）曾被用于评价飞机驾驶的难易程度。该方法是一种主观方法，将飞机驾驶的各方面操控分为 10 个难易等级，驾驶员在驾驶飞机后，根据自己的体会和感觉，参考量表上对困难程度高低的描述做出对该种飞机的驾驶评价。美国空军在 20 世纪 60 年代凭借 CH 量表成功实现了新式飞机的操作难易程度评价，使该量表方法广泛运用于飞机设计。现阶段的电子系统、操控系统、人机交互界面等开发设计均可运用该量表或其改良形式进行评估，例如评价显示器的信息可读性、布局合理性、信息清晰易理解性，控制器可控性和普遍适用性等。CH 量表具有主观评价法的内在固有缺陷，评价结果可能存在较大的个体差异性。

2. 人体脑力负荷生理测量

当人的脑力负荷过重时，与脑力相关的某些生理指标将发生变化。生理测量法测量作业人员某些生理指标的变化用于反映其脑力负荷水平的变化，其最大优势是具有客观习惯和实时性，可实现不影响人员执行作业任务同时的连续监测。主要包括心电活动测量法、眼电活动测量法以及脑活动测量法，具体如下：

（1）人体脑力负荷的心电活动测量

正常情况下人的心率是不规则的。但是当人承受两种不同脑力负荷的时候，两种情况的心率平均值没有提高，但心率变异明显下降。随着脑力复合强度的增加，心率变异越来越小。曲线趋于平直。采用上述心电活动规律，可以进行脑力负荷测量。

（2）人体脑力负荷的眼电活动测量

研究脑力负荷和眼电活动的关系通常使用眼动仪等记录眼电图信号，通过计算机将信号放大后分析不同脑力负荷下的眼动信号变化。

（3）人体脑力负荷的脑活动测量法

脑活动测量法主要包括脑电波和脑事件相关点位测量法两种。当人思考问题时，人体的磁场会发生改变，形成一种生物电流通过磁场进而产生脑电波。不同的脑电波成分可以作为度量脑力负荷的指标，脑部相关电位测量可与脑的认知活动建立密切联系，是近年来新兴的脑力负荷评价指标。学界逐渐认为脑活动是反映认知活动的窗口，脑电的波幅表示诱发其产生的刺激对脑力资源的占用情况，故而可用于评价任务造成的脑力负荷。

3. 人体脑力负荷的脑组织氧合测量

与全身动脉血气测量（即 SaO_2 或 SpO_2）相比，脑组织氧合测量（ScO_2）可以提供更相关和更局部的氧不足指数。ScO_2 可以通过脑血管血液采样直接测量，并使用近红外光谱。ScO_2 测量值可以相对于基线或绝对组织饱和度表示，这依赖于专有算法（基于动脉和大脑混合静脉血红蛋白-氧饱和度）进行估计，并且可以显著变化。此外，皮肤色素沉着、性别和 NIRS 设计增加了 ScO_2 的可变性。这可能支持了与缺氧暴露后动脉血氧合相比的不一致的发现，因为 ScO_2 的下降幅度可能与 SpO_2 相似、更低或更大。

（三）生理测量

较重的脑力负荷会导致部分与脑力相关联的生理指标产生变化。生理测量法通过测定作业人员的部分生理指标分析其脑力负荷水平，这种方法的最大优势在于客观性和实时性，可实现不影响作业任务完成的持续性监测。主要包括心电活动测量法、眼电活动测量法以及脑活动测量法。

1. 心电活动测量

正常情况下人的心率是不规则的。但是当人承受两种不同脑力负荷的时候，两种情况的心率平均值没有提高，但心率变异明显下降。随着脑力复合强度的增加，心率变异越来越小。曲线趋于平直。采用上述心电活动规律，可以进行脑力负荷测量。以心率和心率变异性为主要指标，利用线性分析法分析研究心电信号，其中心率分析使用 RR 间期，其数值增大表示心率减慢，反之则心率加快。

2. 眼电活动测量

研究眼电活动与脑力负荷之间的关系通常需要利用仪器记录眼电图信号（眼动仪等），计算机将信号放大后解析不同脑力负荷对应的眨眼信号模式。

3. 脑活动测量法

脑活动测量法主要包括脑电波和脑事件相关点位测量法两种。当人思考问题时，人体的磁场会发生改变，形成一种生物电流通过磁场进而产生脑电波。不同的脑电波成分可以作为度量脑力负荷的指标。而脑事件相关电位测量法与脑的认知活动密切相关，是近年来比较新的脑力负荷评价指标。鉴于与认知活动之间存在非常密切的联系，脑活动被看作是反映认知活动的窗口，可用来指示任务的脑力负荷，脑电波波幅表示诱发其产生的刺激任务占用的脑力资源大小。

4. 脑组织氧合测量

与全身动脉血气测量（即 SaO_2 或 SpO_2）相比，脑组织氧合测量（如 ScO_2）可以提供更相关和更局部的氧不足指数。ScO_2 可以通过脑血管血液采样直接测量，并使用近红外光谱。ScO_2 测量值可以相对于基线或绝对组织饱和度表示，这依赖于专有算法（基于动脉和大脑混合静脉血红蛋白-氧饱和度）进行估计，并且可以显著变化。此外，皮肤色素沉着、性别和 NIRS 设计增加了 ScO_2 的可变性。

三、舱内氧舒适度主观评价

作为人对周围环境产生的主观感受和人对环境的反应，各种各样的因素都会影响舒适性使其动态变化，其中包括生理、心理、物质及其他各个方面。Helander 等曾综合运用三种主观评价量表，构建了一个多维度、多角度的主观评价体系，其中包括了 Shackle 等提出的一般性舒适度尺度，Corlette 和 Bishop 提出的身体局部不舒适性尺度以及 Kolich 等提出的整体舒适度指数尺度。通过系统地分析研究上述三种不同的舒适度尺度量表，Helander 等针对汽车座椅舒适度评价提出一套新的座椅评价确认表，最初从多方考虑包含了 16 个问题，后又将其简化至 12 个，并对部分问题进行了修改。

在参考以上舒适度评价体系的基础上，可以针对舱内作业环境设计作业人员的舒适度感受问卷。在实验过程中，由作业人员填写舒适度调查问卷，根据舱内不同作业环境下作业人员对氧含量的舒适度感受问卷的调查结果，获得描述性实验结果和定量数据，从主观角度评价舱内氧舒适度。

第7章 装备振动舒适性设计

第一节 振动舒适性理论

一、机动装备车辆振动

不平坦的路面以及发动机、传动装置和轮胎等部件都会在装备车辆的行驶过程引发车辆振动。最常见的引发车辆振动的输入就是路面因素，因而在车辆振动状况的研究中产生车辆平顺性这一概念，主要指将行驶过程中装备舱室的受到的冲击和振动环境带来的舒适性影响控制在一定范围内，故而平顺性是一个舱室人员舒适性的主观评价指标，若车辆负责运载设备，平顺性还包括对设备质量的保障。图 7.1 是一种分析车辆平顺性的“路面—车辆—人”系统框图，车辆的振动系统包括一系列弹性元件和阻尼元件（轮胎、悬架、坐垫等）以及车身（悬挂质量）、车轮（非悬挂质量）共同组成的振动系统，其输入主要为路面不平度和车速，系统的输出之一是车身具体部件（座椅或担架）传递给人体的加速度。这种加速度就可以转化为人体感受到的振动舒适性用于评价车辆平顺性。

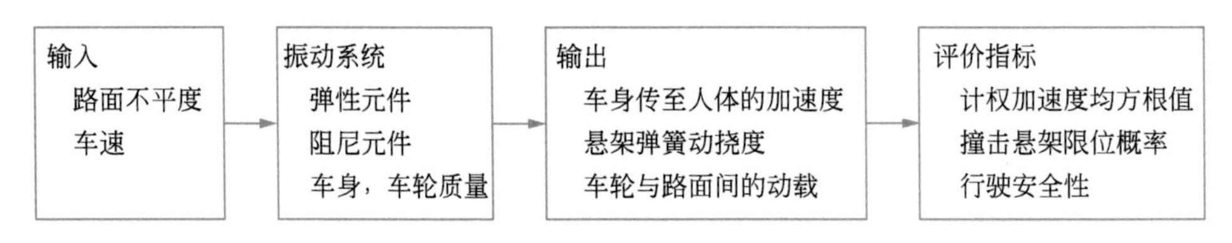

图 7.1 “路面–车辆–人”系统框图

人的感觉基本上是主观性的，因此涉及个体感受的平顺性评价较为复杂而困难。使用不同的优化准则及目标函数，形成的较为成熟、影响较广的评价准则和方法有 Janeway 准则和 K 系数法。Janeway 认为低频振动时舒适性的主要影响因素是加速度，中频振动时是加速度，高频振动时则是速度；给出了接受振动输入的人的机体舒适性准则以及指标 J 值的计算公式，说明 J 值位于 Janeway 准则曲线上方表示振动会导致疲劳和显著的不舒适感。K 系数法则认为低频振动时人体舒适性的主要影响因素是加速度，中频振动时是速度，高频振动时是振幅，并提供了评价指标 K 的计算公式和对应的人体舒适性阈值。二者运用的试验均在振动台上输入正弦模式的振动，并不能用于评价接受随机振动输入的车辆平顺性。

根据以往研究基础和试验数据，Goldman 等将承受低频（0~l00 Hz）振动的人体简化为含有质量、阻尼和弹性特征的集中模型，提出该模型在振动为 3~6 Hz 时胸腹出现共振，20~30 Hz 时头–颈–肩出现共振，60~90 Hz 时眼球出现共振。该模型成为了后来建立的两自由度人体模型的基础。根据 Pradko 等的研究结果，当振动在 60 Hz 以内，施加外力为不高于 320 N 时，人的身体可视为近似的线性系统，其形变 0~10.16 mm。他们基于此提出了吸收功率法。吸收功率的物理意义是单位时间内人体接收的振动能量，由于它是一个纯标量，各个点位和方向输入的振动都无需考虑矢量关系而可以直接相加，在实际工程上应用非常方便。吸收功率法对低于 1 Hz 的振动评价依然适用，还可以根据吸收能量计算一定频率振动下的暴露时间。因此，国际上众多生产商都运用吸收功率法进行车辆的平顺性评价，但由于该方法无具体的舒适性范围相关规定，一般只适用于比较各种车型之间的舒适性差异。

要定量研究人体的振动特征，首先应确立人体坐标系，因为坐标系直接关系到人体振动舒适性的准确评价。基于人体解剖学，ISO 2631—1:1997(E) 规定的直角坐标系以心脏为原点，三条相互垂直的坐标轴的对应方向别是背–胸方向的轴为 x 轴，右–左方向的轴为 y 轴，脚–头方向的轴为 z 轴。

由于机体有一定弹性，可认为该振动系统具有多自由度，对振动可产生组合反应，人体在不同条件参数的振动中也会产生不同反应。国际通用的振动强度表示参数是计权加速度均方根值 a_w（单位 m/s^2）。一些振动测量仪也使用计权振级 La_w 替代 a_w，使用起来特别是对比表达上更为便利，$La_w=20\lg(a_w/a_0)$（单位 dB），式中 a_0（10^{-6} m/s^2）是参考加速度。通常能使人产生感觉的最小垂直振动 a_w 为 10^{-3} m/s^2（即 60 dB），人能够耐受的 a_w 上限是 5×10^{-1} m/s^2（即 114 dB）。

影响人体的各段振动频率通常是指 1/3 倍频程的中心频率。能被人所感知到的振动频率范围一般是 1~1 000 Hz，但人体对于 1~80 Hz 的振动尤其敏感，因此人们更加关注这一集中了各类组织器官共振频率的区间。频率为 4~8 Hz 的振动在机体内部有着最高的能量传递率，能造成最大的生理效应，因而被称为第一共振峰，由于可引发胸部共振，该频率段对胸腔内脏产生最大影响；出现在 10~12 Hz 的第二共振峰生理效应仅次于第一共振峰，引发的腹部共振严重影响脏器；第三共振峰的频率段为 20~25 Hz，生理效应较第二共振峰更弱一些。低频区对人的危害最大，振动在体内的传递随频率升高而逐渐减弱，随之减弱的还有生理效应。

暴露时间是指身体持续受到机械振动作用的时间。按照时间特征，振动可以分为稳态振动、冲击振动与间歇振动。稳态振动的特点是强度不随时间发生变化。冲击振动是指冲击力做功的机器设备（如锻锤、打桩机）产生的振动，冲击振动对人体的作用与作用时间呈负相关，与振幅呈正相关。间歇振动是间断性有和无的振动（如大型车辆驶过路面引起的振动）。无论承受哪种振动，人体暴露于振动的时间越长就会受到越大的负面影响。

即使暴露时间相同，人体各方向上的振动也会产生不同的作用效果。坐标轴 x、y 方向 2.8 Hz 与 z 轴方向 4~8 Hz 的加速度允许范围相同，而低于 2.8 Hz 的 x、y 轴方向加速度允许值低于 z 轴方向 4~8 Hz，x、y 轴方向 1~2 Hz 的加速度允许值比 z 轴方向 4~8 Hz 低 1.4 倍。

在大量综合参考人体全身振动相关研究的基础上，ISO 于 1974 年制定了 ISO 2631《人体承受全身振动评价指南》，全面修订后于 1997 年推出新版振动舒适性评价国际标准 ISO 2631—1:1997《人体全身振动暴露的评价——第一部分：一般要求》，能够更贴合主观感受地评价人长时间暴露于随机振动和多方向、多输入点振动环境时受到的影响。以国际标准为基础，我国颁布了相应的国家标准《人体全身振动暴露的舒适性降低界限和评价准则》（GB/T 13442—1992）和《汽车平顺性随机输入行驶试验方法》（GB 4970—1996）。

国家相关标准规定了坐姿和卧姿振动舒适性的指标限值。如 QC/T 677-2001 规定以两次计权加速度均方根值作为振动舒适性指标限值，具体范围是 (0.800，1.250] m/s^2；GB/T 12477—1990 规定的总计权加速度均方根值中，长途运输≤1.027 m/s^2，降低舒适界限的长途运输时间≥ 0.5 h；MH 7005—95 规定计权加速度均方根值客机 a_x<0.32、a_y<0.22，直升机 a_x<0.53、a_y<0.36，暴露时间≤4 h。

国家军用标的制定以国际标准和国家标准为参考，包括《人体全身振动环境的测量规范》（GJB 965—1990）、《人体全身振动暴露的舒适性降低限和评价准则》（GJB 966—1990）、《军用轮式工程机械设计定型通用试验规程——乘员座椅振动试验方法》（GJBz 20038.12—1990）、《军用履带式工程机械设计定型通用试验规程——乘员座椅振动试验》（GJBz 20016.20—1991）等一系列军用车辆的平顺性测试和评价标准。

2000 年对 GJBz 20038.12—1990 和 GJBz 20016.20—1991 完善修订，颁布《军用轮式工程机械设计定型通用试验规程——乘员座椅振动试验方法》（GJB 4110.12—2000）和《军用履带式工程机械设计定型通用试验规程——乘员座椅振动试验方法》（GJB 4111.20—2000）。GJB 965—90、GJB 966—90、GJB 4110.12—2000 与 GJB 4111.20—2000 构建了当前的军用车辆平顺性测试及评价方法体系。当经历振动环境时，设备的物理状态及性能参数在振动环境中应较为稳定地保持技术要求，具体试验测试方法可参照《军用装备实验室环境试验方法第 16 部分：振动试验》（GJB 150.16A—2009）给出了具体测试方法。

二、舰艇舱室振动

舰艇的振动通常包含总体振动和局部振动两大类，二者同时发生，相互之间存在普遍性的关联和影响。舰艇振动的激励源可分为原发性激励（由主机、螺旋桨、泵和海水紊流等产生）与继发性激励（发动机机架和轴系等产生）。舰艇振动与其设计、制造、装配等互为关联的因素有关，形成的原因及机理较为复杂。

螺旋桨、推力轴、中间轴及轴承支撑等共同构成了舰艇的主要推进系统。在非均匀伴流场中转动的螺旋桨叶片上形成升力和阻力并周期性变化，除了形成作用于叶片的恒定轴向推力和转矩，升力和阻力还会产生螺旋桨上的轴向脉动力、垂向脉动力及水平脉动力与它们的力矩，于是推进系统中纵向、垂向和水平向上均发生振动。造成舰艇发生结构性振动以及形成辐射噪声的重要因素就是推进系统激励，舰艇振动及噪声形成原理的深入研究不断证实低频范围内这类激励的突出贡献。

舰艇柴油机交变气体的压力和其往复、旋转运行产生的平衡质量力不平衡造成了主体结构、轴系以及周围支承件和船体桁材的振动激励，其频率和幅度受到柴油机点火顺序影响。柴油机气缸内产生的气体压力作用到轴系上可分解为水平支承力和连杆力，作用于曲轴形成径向和切向分力。造成曲轴扭转振动的主要原因是切向分力，在系统中产生惯性力及脉动支承力，与轴系本底频率相同的激振频率引发共振，造成联接、传动部件以及轴承的支承压力动态放大，连带船体的尾部和桁材发生激烈振动；气体压力的径向分力则引发曲轴的纵向振动，产生的巨大作用力作用于轴系止推轴承，最终导致控制台上层结构振动。

ISO 于 1984 年发布船舶振动评价标准《机械振动与冲击——商船振动的综合评价指南》（ISO 7452—1984），并于 2000 年制定《机械振动客船和商船适居性振动测量、报告和评价准则》(ISO 6954—2000),内容包括客船和商船适居性中有关振动的评价准则、对测量仪器的要求以及适用于正常参数范围的测量方法。我国海军装备研究论证中心标准规范研究所于1985年发布一系列国军标,包括《舰艇船体规范 水面舰艇》(GJB 64.1—1985)、《舰艇船体规范 潜艇》(GJB 64.2—1985)和《舰艇船体规范 滑行艇》(GJB 64.3—1985)。首制艇的艇体整体和局部结构振动的测量应参照国防科学技术委员制定标准《快艇(滑行艇)系泊和航行试验规范 艇体振动测量》(GJB 524.10—1988)。国防科学技术委员会后续又参照《船体振动评价基准》(GB 7452—1987)和《船体振动测量》(GB 7453—1987)制定了一系列军用标准,如《舰艇船体振动评价基准》(GJB 1045.1—1990)、《舰艇船体振动评价基准 快艇》(GJB 1045.2—1990)以及《舰艇船体振动评价基准 潜艇》(GJB 1045.3—1990)等。海军装备研究论证中心标准规范研究所与1997年完善修订GJB 64—1985系列标准并形成了GJB 64—1997系列标准。总装工程兵装备论证试验研究所负责编制的《侦察舟设计定型试验规程》(GJBz 20423—1997)适用于工程兵用侦察舟的设计定型,也可配合船舶行业标准《内河船船体振动衡准》(CB/Z 319—1980)使用。上述标准普遍应用于军用船艇的振动测试,建立了较为成熟的振动测试与评价方法体系。

第二节 振动环境的生理效应

测试振动工况下坐姿人体的各项生理参数,得出规律如下:

(1)设置不同的座椅激振频率(2 Hz、4 Hz、6 Hz、8 Hz、20 Hz),通过分析肌电和脑电的功率谱与最大熵谱,可发现肌电和脑电功率谱的最高或第二高峰值出现在座椅激振频率的位置,说明该频率时肌电与脑电的能量尤为集中,肌肉与大脑功能活性与振动频率相关。

(2)将座椅激振频率设置为4 Hz时,根据心电、肌电和脑电信号关于振动信号的凝聚函数可知,各个激振频率对应的腿部、臂部肌电信号与座椅振动加速度的凝聚函数结果高于0.9,而激振频率8 Hz时甚至高达0.98,因此,腿部、臂部的肌肉运动与座椅振动相干性极强。激振频率对应的脑电和振动信号的凝聚函数值也高于0.8,4~8 Hz范围内尤其敏感(高于0.87),说明脑电与座椅振动的相干性在激振频率范围内较高(而在激振频率外很低)。受座椅振动干扰较小的心电信号与振动的凝聚函数值始终在0.8以下。

（3）计算各激振频率对应的脑电、心电方差与各自正常不受振动状态的方差比值，可知脑部方差高于正常状态多倍，在 4~8 Hz 范围内甚至高于正常状态下 6 倍以上，进一步说明脑电很大程度上受到振动影响。振动使脑电方差升高，表明其可使人精神上感到疲劳。相较于正常状态，承受振动时心电方差只高出不足 1.6 倍，这一现象表明振动对心电影响较弱，符合人类心脏功能的特性。

（4）脑电总功率在人的垂直振动敏感区提高 2.3~2.8 倍，敏感区之外增量不明显。

（5）各种振动工况条件下人的血压不发生有规律性的明显变化。

通过处理分析以上坐姿人体全身振动试验的各参数信号等全部数据结果，能够得出重点结论如下：

（1）全身振动状态下，人的肢体肌肉保持紧张，伴随激振频率同步运动以消除振动引发的位移，维持身体平衡，肌肉所消耗的能量远高于正常不受振动状态，因此随着时间延长产生疲劳是必然趋势。

（2）人体全身受振时，由于精神紧张高度集中，脑电幅度加大且功率谱密度函数的频率峰值基本等同于激振加速度，振动持续一定时间后就会形成精神疲劳。

（3）心脏抗外界干扰能力较强，表现出心电信号受各种工况的振动影响弱，能在一定时间内保持心脏基本稳定。

（4）受振时肌电、脑电信号大幅增长，这两种生理参数的客观变化符合人对振动的主观感受。

（5）由振动引发的肌电和脑电活动改变，反映出在激振频率与频率整倍数点上的能量集中性，表明生理参数信号与振动输入的对应关系不符合线性系统的频率保持性特征，属于非线性模型。

国际标准化组织提出了一套全身振动对人体影响的评价标准，评价要素为 4 个振动基本参数（振动频率、振动方向、振动加速度有效值与受振持续时间）的各种方式组合。一般情况下会对人体产生明显影响的全身振动频率为 1~80 Hz，低于 1 Hz 的振动对人无作用效果。人体对低频率水平方向振动的敏感程度要高于垂直方向，但在高于 10 Hz 的频率条件下，对水平方向振动的灵敏度低于垂直方向 3 倍以上。在 4~8 Hz、10~12 Hz 以及 20~25 Hz 三个频率范围内各出现 1 个共振峰，能量传递效率这三个共振峰上大，相应产生显著的生理效应，很大程度上影响着胸腔和腹腔内脏；高于 90 Hz 的振动会导致脑部或眼球共振，直接影响人的视力。频率过高或过低都呈现振动能量传递和生理效应的减弱趋势。

人在承受全身振动时会产生生理学效应、病理学效应和心理学效应，不同的振动频率、方向和强度会引发不同的心理效应。承受的振动强度为 0.1~1 g 时，机体的心律和心脏血液输出量增加，氧摄取量跟随呼吸频率和肺通气量升高。对于低频振动来说，强度相同时人处于坐姿的心理效应低于立姿。低频振动强度过高可引发引起心动过缓或期外收缩，z 轴方向 1~10 Hz 范围内的振动大于 0.5 g 则会导致过度换气以及动脉血的二氧化碳分压过低；全身振动 10~200 Hz 时会引发骨骼肌反射性紧张收缩并抑制肌腱反射，振动低于 10 Hz 则不产生肌腱反射抑制；1~2 Hz 的中等强度振动具有催眠效果，而不规律或频率强度高的振动则使觉醒水平升高。

由于会使人感到不舒适和产生消极情绪，振动对人的生理、心理健康和各方面机能产生威胁。振动产生的效应有 4 方面决定因素——强度、频率、方向和作用时间，其中振动强度最为重要，可以以振动加速度为衡量指标。根据人的主观感受，不同频率和强度的振动对人的影响分为 4 种区间：感觉阈、不舒适阈、疲劳阈和痛阈。

研究表明，全身振动危害人的泌尿系统。与不受振的对照组人群相比，受振作业人员（机动车司机）的肾脏活动度高于 3 cm 的总标化检出率明显提高，根据 RR 值和 AR%，受振作业人员的肾脏活动度比对照组高出 44.89%。观察肾脏的位移情况，发现受振人员的立卧位活动度大于 4 cm 检出率升高更加显著，表明全身振动对人类肾脏造成的位移问题不容忽视。振动有促进胃肠蠕动的作用，长期暴露于剧烈振动人胃液分泌和消化机能减弱，容易患有胃下垂，有全身振动职业暴露的人较非接触者的消化系统疾病更为高发。研究还显示暴露于主要频率低于 20 Hz 的振动是胃病的一个高风险原因。

全身性振动造成的腰椎和胸椎劳损十分常见。接触全身性振动的人群中脊柱病发病率最高，与脊柱病关系紧密的一类继发性损伤就是周围神经系统病变，如坐骨神经痛。骨关节很容易被高振幅的冲击性振动所伤害，接触此类振动的人手部 X 射线图片常见皮质增生，且患有骨质增生及形成骨刺、骨桥等概率明显高于正常人群。振动会造成肌肉系统产生肌无力、肌肉疼痛和萎缩等症状，还会使肌电图发生异常变化。

人在寒冷的环境中血管收缩，导致血液流量下降，造成的刺激直接引发平滑肌收缩，血液粘稠度上升，使循环系统发生变化，引发身体机能障碍，最终导致振动病。除去本身对人体的危害，环境噪声还经由神经系统（尤其是植物神经系统）诱发振动病；此外，环境汇集的烟雾及化学污染是振动病的促发因素。人长时间受到振动输入可能产生循环系统疾病，主要包括两类症状：振动约 20 Hz 所引发的疾病受到接振部位影响，诱发接触位置附近的毛细血管张力和形态变化，使接触点血管痉挛和形变而受损，血管变硬而血液流量降低，此类病症的典型代表为常见于伐木工人的职业性雷诺现象（即振动性白指症）；振动还会造成缺血性的心脏病和高血压，发病的主要原因是振动引发的精神紧张等，高于 40 Hz 的振动可能引发的临床症状包括窦性心律不齐、房室与右束支传导阻滞和 ST 段下降等。

视力减弱和视野改变（通常是缩小）也已被证明是全身性振动的可能后果。环境输入的振动频率与人眼自振频率相同时引发共振，当振动约为 30 Hz 时人会感到视力模糊且敏感程度降低。振动还会损伤耳蜗部，导致产生以低频段听力下降为主的听力损失。

第三节　振动环境对人作业能力的影响

人与装备舱室结构接触的部位包括站时的双脚、坐时的臀部和倚靠时的肩背部等，环境振动从这些接触部位传递至全身，产生的全身振动会影响人的生理、心理健康和各方面机能。振动可通过固、气、液介质传递至人体，还会在人操作仪器设备时直接通过上肢传递，因此人可能长时间处于高强度的声域或亚声域之中，作业绩效受到影响。

人在暴露于全身振动时产生的主观感觉由振动参数决定。一般低频振动给人摇摆或颠簸感，高频振动带来的感觉则是刺（灼）痛。坐姿状态下 1~2 Hz 的低强度振动使人感到轻松和舒适，而 4~8 Hz 的中度振动会让人相当不适，低于 1 Hz 的振动则令人厌恶，特别是 0.2~0.3 Hz 极易引发人晕车或晕船。剧烈的全身振动可导致语言功能失真或间断，大脑中枢机能下降，注意力分散，加剧机体和心理疲劳及相关损害。

振动是作业环境的重要负面因素之一，使噪声放大和叠加，振动环境中作业人员不仅难以保证作业任务的完成效率，还容易受到生理和心理损伤。振动影响环境行为具体表现在降低人的操作能力和认知敏锐度，使人视觉模糊、反应延迟、动作协调性变差，完成操作所需时间、对刺激的反应力和操作误差率都受到干扰。

由于振动会降低视力的敏感度和辨识功能，人对于视觉信息的接受和分析处理能力下降，对作业任务包含仪辨认表盘、荧屏信号的人员尤其不利。强烈振动环境妨碍人的正常神经–肌肉活动，人体平衡性减弱，头部定位困难，难以继续完成需要凝视目标的瞭望任务和精细操作任务。人在长期振动环境中产生严重不适感和厌烦情绪，容易疲劳和精力涣散，脑力作业均受到影响。

研究发现全身振动对神经系统的影响最强烈，一定强度的振动会使人产生头晕头痛、失眠盗汗、疲劳嗜睡、记忆力衰退等神经衰弱症候群。试验发现暴露于 10.20 或 25 Hz 的 0.3 g z 轴方向振动使人的连续计算能力明显受损；原因在于人头部的固有振动频率约为 20 Hz，振动为上述三个频率时容易引发中枢神经系统共振，人的短时记忆、警觉状态、精力集中程度等方面的认知思维能力和心理学特性发生改变。全身振动可能导致的中枢神经系统病变包括脑电变化、大脑皮层功能衰退、条件反射潜伏期延长、交感神经亢进、血压稳定性差等具体症状。振动对神经系统的影响很大程度上取决于接振频率，频率高于 20 Hz 的会妨碍脑部血液供应，损伤皮层及以下的结构功能，使间脑功能发生紊乱，还可能产生中枢神经系统的小病灶症状等；全身振动低于 20 Hz 则主要降低植物性神经系统稳定性，所表现出的主诉大多是非特异性的，包括应激性和感觉障碍增强以及原发功能紊乱，临床症状为头痛等。

振动与噪声的叠加效应使其危害进一步加重。高于 90 dB 的噪声显著增加人的精神负担，而环境中的复合刺激因素可发挥重要作用，除了影响人的环境行为还将作用于人的神经、消化、心血管及内分泌系统，引发神经衰弱和高血压等疾病。据研究，振动和噪声的复合刺激造成人舒张压上升、血管紧张素Ⅱ分泌升高，噪声和振动的各方面参数互相之间的交互作用和协同效应使人血压升高。

第四节　振动舒适性设计方法

振动控制主要是通过一系列控制措施，抑制或降低动力荷载作用于系统结构引发的反应。二战后的军工和民用工业迅猛发展，关于振动控制的理论和应用研究进展巨大。得益于现代控制理论而建立发展的现代振动控制技术运用经典及现代的控制理论，将控制装置设定于系统结构的特定位置。此类装置能够施加控制力或改变结构的动力特性，使结构振动导致的振动效应明显降低，让系统具有更高的安全性，尽量满足其功能要求。近些年振动控制系统的发展趋势是规模化、智能化、柔性化及高精度化。

隔振控制振动的重要手段之一，振动隔离元件与隔振目标连接构成的物理系统是振动隔离系统。例如，在基础与隔振目标物体之间设置隔振元件能改变振源激励系统的能量频谱结构，对消减共振现象非常有效，且隔振元件往往本身就能够消耗和分散能量。可见准确设计隔振系统的结构动力参数可使其积极发挥减轻振动的作用，该措施广泛运用于实际工程。振动控制技术可依据是否有动力源分为被动控制、主动控制、半主动控制及主被动相结合的复合控制。

一、被动隔振

被动隔振通过特定元件的缓冲作用将冲击振动能量暂时储存并延迟缓慢释放，采取的方式是使用弹性元件、阻尼元件或惯性元件及其组合元件将振源与需要隔振的对象分隔开。很长时间以来国际通用的振动被动控制技术都是将振动隔离开，减震器的类型包括钢丝绳、弹簧、油膜、金属丝网、复刚度双橡胶，并研发了二级减振技术。被动隔振具有无需消耗额外能源、装置结构简单、高性能低成本的特点，但有时减振效果不十分理想，尤其是因为无源隔振装置的固有频率无法做到无限降低，对包含超低频的随机振动无法有效隔振。按照控制机理，被动控制分为两类，即基础隔振和耗能吸能减振。

常用隔振材料如下。

（1）隔振垫：橡胶隔振垫，玻璃纤维垫，金属丝网隔振垫，软木、毛毡和橡胶海绵等材料制成的隔振垫。

（2）隔振器：橡胶隔振器（常为橡胶与金属复合使用，如减振器）、全金属隔振器（螺旋弹簧隔振器、板簧隔振器和钢丝绳隔振器等）、薄板隔振器、空气弹簧隔振器以及弹性吊架（橡胶类、金属弹簧类或复合型）。

（3）柔性管接头：可曲绕橡胶接头，金属波纹管，橡胶、帆布、塑料等材料制成的柔性接头。这类材料在液压系统中有广泛应用。

（4）阻尼材料：工程机械行业常用的阻尼材料有 4 大类——粘弹类阻尼材料（如阻尼橡胶和阻尼塑料）、金属类阻尼材料（如阻尼合金和复合阻尼钢板）、液体阻尼涂料（如阻尼油料和阻尼涂料），以及沥青型阻尼材料。

国内外研究时间最早、发展最成熟、应用最广泛的减振方法是利用结构控制实现的基础隔振。基础隔振技术方便实用而性能可靠，只是因对隔振支座的竖向刚度要求过高而一般无法实现竖向隔振。研究人员于 20 世纪 70 年代尝试在结构中加入非结构耗能元件以分散和损耗原本全部施加给结构构件的能量。该方法极大推动了被动减振技术的发展，成为结构性耗能减振的重点方向。

二、主动隔振

主动隔振控制基于对系统周围振动环境与自身参数的实时监测系，控制器得到收集的信息后计算出控制量，作动器得到相应指令，向系统结构提供一定的力或力矩起到抑制或隔离振动的效果。主动隔振尤其适于进行被动隔振方式难以完成的超低频和高精度隔振。20 世纪 20 年代诞生的电磁阀控制缓冲器可以算作最初的主动减振控制装置，更加复杂的主动减振系统出现在 50~60 年代；主动隔振研究在 70 年代广为探索且逐渐应用于实际工程领域，到了 80 年代相关研究大量涌现，理论研究获得巨大进展，其应用于不同结构系统中展现了显著效果和强适应力，解决了诸如航空航天领域的飞机振颤、空间站天线及光学系统振动，土木建筑领域桥梁的风激振动，车辆装备领域的振动冲击、磁悬浮轴承及柔性机械终端振动等一系列振动控制问题。此外，精密仪器的抗振动防护也经常采用主动隔振手段。

在船舶的振动控制中，控制算法根据模态测量计算出模态力需求，为模态提供相应阻尼，有公司据此开发了一种降低装备整体结构振动的选择性阻尼技术。日本东京大学运用压电驱动器和超磁致伸缩驱动器各自研发了针对台体式隔振结构的六自由度微振动控制平台，实现降低隔振台体的振动加速度至 6~10 g 量级，所搭建的具有六自由度的六足结构隔振平台对 56 Hz 的振动进行主动控制，减振效果达到 30 dB。其他针对主动隔振系统或装置的研究包括为适用于超精密主动隔振系统的具备自适应前馈补偿器的滑模控制器；一种由成对的复摆及二维弹性簧片构成的低频主动隔振系统，同时分析了复摆对水平和倾斜方向振动的响应情况；一种解决车辆发动机振动问题的电磁制动器主动悬置系统，其原理基于自适应前馈控制。还有研究运用四端参数法分析了二级主动隔振系统中功率流的传递特征，并通过邻域传播遗传算法实现主动隔振系统基于柔性基础的多目标优化。

三、半主动隔振

主动隔振需要将能量直接转化为系统控制力，实际应用中有一定困难，主要问题是所需能量输入较大，因此人们开辟了通过主动变刚度和变阻尼等机械调节实现半主动控制的新思路。半主动控制被认为是人为可控的被动控制，其控制和调节对象是系统中的阻尼或刚度，能够缓解和隔开不同情况条件的振动。随着材料科学领域的发展，智能驱动材料和器件制造中运用了电（磁）流变液体、压电材料、形状记忆材料以及电（磁）伸缩材料等新型材料，为半主动减振控制拓宽了研究与应用空间。半主动隔振控制主要分为变刚度和变阻尼两种方式，1983 年提出的半主动控制系统的最优主动控制力实现规则称作半主动控制算法。

从本质上讲，结构半主动控制是一种以改变结构刚度或阻尼方式降低振动的参数控制。变阻尼控制系统能够施加可变的附加阻尼，从而降低结构反应峰值并实现减振，属于非频变减振。为达成优于定阻尼系统的更好振动控制效果，变阻尼控制研究曾是振动控制领域的一大研究热点。一种使用智能材料研发的半主动隔振器集形状记忆合金弹簧与磁流变惰器于一体，低频隔振效果显著。清华大学航天航空学院在攻关航天飞行器飞轮的隔振困难时，首次提出运用等效被动元件解析主动隔振控制规律，通过被动元件的使用实现了反馈的拟主动控制；该控制方法同时具备主动隔振与被动隔振的优势特征，在隔振领域具有广阔应用发展前景。

四、主被动复合隔振

随着技术水平的发展，源于理论实验研究的复合式隔振控制（即主被动一体化隔振控制）正逐渐转化为应用实践。复合隔振控制就是对某结构同时运用主动控制和被动控制进行的减振控制；按照两类方式在整体减振作用中的相对大小，复合隔振控制分为主从组合方式和并列组合方式，前者存在某种控制的主控制部件，其他部件配合主要部件完成结构控制，后者则没有所谓的主控制部件。综合运用主动控制和被动控制的复合控制能够充分展现两类控制系统的优势优点并避免各自的不足，为其提供较少的能量就能获得良好的控制效果。有了主动控制的弥补，被动控制的调谐范围和最终控制效果都得到极大促进；有了被动控制的协助，主动控制的控制力需求大大降低，复合减振系统比单纯主动控制明显更加稳定可靠。

由韩国机械与材料研究设计的一种混合型超精密微处理器线性电磁制动器，适用于减轻舰载设备为代表的振动噪声源对装备结构产生的传输力。针对装备内部重要电子设备（如计算机硬盘）防振，西安电子科技大学研究人员就电磁作动器展开了系统性主被动复合隔振控制技术开发。中国科学技术大学深入研究了电磁式主被动复合隔振器及主动隔振控制算法，在综合归纳传统隔振效能评价指标的基础上精简出一套工程实际适用的复合隔振系统综合性能评价指标。中国舰船研究院运用可调频动力及主被动混合隔振系统，开展了典型装备动力设备和管路系统的低频振动吸振技术研究；在充分分析 WD618 柴油机的振动特性后提出了振动的自适应前馈控制策略，运用三向动力吸振理论研发可调频动力吸振器，进一步根据海尔贝克磁阵列研制了如图 7.2 所示的主被动混合隔振装置。基于压电堆主动隔振的低频特性优势和磁流变弹性体半主动隔振的高频特性优势相结合，研究人员研发的主动-半主动混合隔振系统工作时能够在被动模式、磁流变半主动模式和压电主动模式之间切换，可在衰减高频振动中使用被动模式，衰减中频振动中使用半主动模式，衰减低频振动中使用主动模式。该系统具有良好的应用前景。

五、磁悬浮隔振系统

图 7.2 基于海尔贝克磁阵列的主被动混合隔振装置

磁悬浮隔振的非线性隔振性能突出，电磁线圈产生的变化性电流强度改变磁场强度非常便捷，是简便可行的主动减振方式。用于设计生产隔振作动器时，其非线性特性便于调节刚度、阻尼等参数，减振效果具有良好的频带宽和低频性能，且磁悬浮结构相对简单，安全性、可靠性高，在多种激励和环境条件下均适用。磁悬浮隔振器的另一方面优势是解决刚度与隔振效果的普遍矛盾性问题，使隔振系统避免谐振峰值，故而磁悬浮技术在隔振控制系统中有很好的应用效果。

负刚度应用于隔振在 20 世纪 90 年代被提出，混合式隔振系统的设计需要综合正负刚度，磁悬浮作动器的发展为其创造了极大便利。一种船舶隔振使用的智能弹簧设计为钢弹簧与电磁作动器并联，弹簧内部集成了电磁铁和永磁铁共同构成的混合作动器。埼玉大学研究人员分别设计出基于弹簧和弹性铁磁材料的零功率磁悬浮隔振系统；与先前的各种负刚度系统并联设计不同，他们首次将正弹簧与负弹簧串联，之后又在研制出的零功率磁悬浮系统的基础上研发具有负刚度可调性的三自由度模块化隔振系统。完全无源的永磁可用于制作非接触磁弹簧装置，基于该装置研制出了六自由度的电磁减振系统。一种振动滤波器控制器将自适应鲁棒滑模控制器与加速度补偿有机结合，使用包括模糊自适应控制器和径向基函数自适应控制在内的先进控制与算法。该控制器不仅完成了理论研究，还在磁悬浮主动隔振平台中完成了应用性实验验证。另外一种绝对速度反馈控制原理的差动电磁铁，在仿真模拟与实验中证明了基于电磁响应的主动隔振实现高频隔振的可行性，而且将低频隔振能力大幅提升。

国防科技大学研究人员自 20 世纪 90 年代起就针对磁悬浮隔振系统开展研究。该团队分析设计了结合全电磁和永磁电磁两种作动器的结构形式；利用磁悬浮技术搭建的隔振平台，实现作业平台与工作站相分离，能够减弱空间站中宇航员移动、太阳帆板抖动、姿态执行机构作动等引发的振动给太空望远镜光学系统定位精度造成的负面效应，充分利用了空间站的微重力条件。另外，团队将加速度反馈降低系统频带的方案用于隔振控制器设计，以工程化视角布置分级设计，使设计的磁悬浮隔振系统便于进行实际工程调试。

气囊隔振器的固有频率低，其承载能力大而驻波频率高，不具有蠕变，不与磁悬浮作动器发生接触，输出力大且等效刚度低。海军工程大学何琳院士团队充分利用气囊隔振器的这些优势，在气囊隔振器内部以并联方式集成磁悬浮作动器（如图 7.3），形成并联正负刚度的主被动混合隔振器。基于虚功原理分析该磁悬浮-空气弹簧复合隔振装置的静稳定性，继而运用多通道滤波 X 牛顿算法实施主动隔振实验，研究改善了滤波 X 最小均方算法的慢速收敛问题，说明该隔振器由气囊承载设备重量且高效隔离宽频振动，同时以力的传递为误差信号用于控制磁悬浮作动器，从而去除剩余低频线谱振动，既有效控制低频线谱振动控制还能隔离宽频振动。

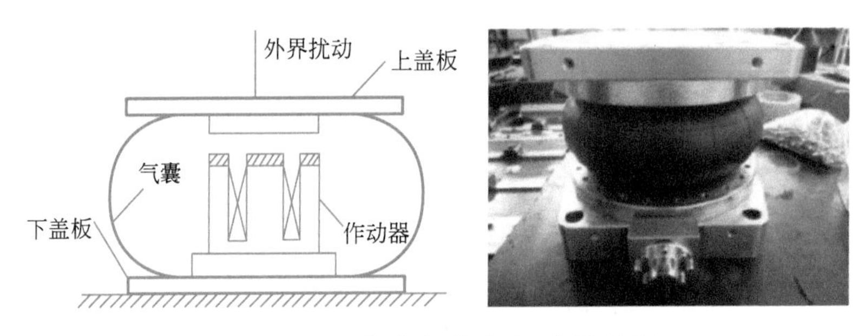

图 7.3　磁悬浮气囊主被动隔振器

六、舰艇振动舒适设计

舰艇的减振降噪工作紧密围绕作战使用和舰员的健康及环境行为，整体设计融合声学原理，注意系统功能与配置及使用流程的最大化相关和兼容，以整体性能与声学性能的优化平衡为目标。与噪声因素相似，控制室的减振降噪工作主要采用结构性隔振被动控制，如使用柔性隔振结构、柔性管道、敷设消声覆盖层等。

控制舰艇低频多线谱振动噪声的研究重点在于研发主动噪声和振动控制系统及相关仪器设备，并取得舰体结构振动主动控制技术的突破。振动主动控制系统分为被控系统和主控系统两部分，主要包含作动器、传感器和控制器等部件。传感器检测外部激励作用及系统内部信息，其获取的信息被控制器接收并基于特定控制策略和算法计算出系统减振所需的控制力，最终由作动器提供作用于系统的控制力，这就是系统的振动控制流程。

振动主动控制可根据产生控制力的方式分为两类，即前馈控制和反馈控制。对于前馈控制，形式上的控制力是外力叠加，尽管实施简单，但其应用还主要限制在线性受控系统、可直接测定系统振动的场景中。然而实际条件下，导致舰艇结构稳态强迫振动的原因常是往复式设备的不均衡惯性力、螺旋桨干扰力以及高速行驶时船体周围附近的空泡所致干扰力等。造成上述稳态振动的大部分初级激励源并不能被直接检测，因此反馈控制更为适用。反馈控制系统需要的控制力通过外部输入提供，控制系统与受控系统形成一个整体，改变原本系统的结构特性，需据此进行控制系统参数的选取，从而及时调整系统的整体特性，进行结构减振。

机械设备振动主动控制技术主要针对性解决被动隔振在低频区的失效状况，在被动隔振器的作用基础上加入主动激励器消减设备的振动或作用力，增强对低频振动的控制作用。当前研制的主动激励器种类主要包括电磁激励器、压电式激励器、气动激励器和液压激励器。美国报道了一种主动噪声和振动控制系统，可通过船用高速网络实现设备低频振动的主动控制；德国研发的船用机械设备主动振动控制系统，对 400 Hz 以下振动的隔振超过 10 dB；澳大利亚的科林斯级潜艇在柴油发动机上使用了 8 个相互独立的双层混合隔振器，具有对柴油发动机 1 次和 2 次谐波超过 30 dB 的隔振效果。

不仅是振动控制系统，技术方面还需研发噪声（振动）更低、体积更小、质量更轻而效率更高的动力装置。对于传统的单轴单桨推进系统，其推进器振动噪声与螺旋桨直径及转速成正比，最有效的减振方式就是减小螺旋桨的直径和转速；综合高运行效率、低激励力、低噪及空化性能佳等性能于一体的新型舰艇推进装置是未来应重点发展的方向。负泊松比材料具有区别于普通减振材料的特殊弹性和振动波吸收能力；高分子仿生材料模仿了生物体的特殊功能分子结构，利用了生物自然进化出的结构独特高效性。这两种新概念材料在减振领域应用前景广阔。在新材料技术领域，应突破性发展负泊松比材料、仿生材料等新概念减振材料的关键技术，以增强材料的振动波吸收能力和设置结构阻尼的隔振效果。

七、混沌隔振技术

非线性动力学的研究目标是非线性动力系统复杂的基本特性和运动规律。人们研究了线性问题的常规性、渐变或周期性、稳定性平衡和运动问题后，对于非线性动力学的研究大体围绕分岔、混沌、分形和奇异性理论问题。这些理论研究已经在振动、自动控制、系统工程及机械工程等领域中得到广泛应用。

尽管线性振动理论到今天已经发展得十分完善，但其包含的叠加原理并不适用于非线性振动系统，所以线性振动理论涉及的各种定理及计算方法（如模态叠加法、模态分析和模态综合等）均无法应用于非线性振动理论。目前研究人员并没有得出关于非线性系统（尤其是强非线性系统和高阶非线性系统）解的形式数量的确定结论。非线性系统中通常存在几种不同的平衡状态和周期解，部分周期解和平衡态稳定且可实现，而其他情况则不稳定且无法实现。因此，无法将非线性振动解的形式和解的稳定性研究分离开单独进行。另一方面，非线性系统里参数发生微小改变即可引起分岔现象，故而实际工程中的部分非线性问题经常需要找出解的稳定区和不稳定区的明确界限，以及确定拓扑结构的解随系统参数改变发生的变化。

至今人们尚未彻底理解阻尼的机理。线性振动理论往往把阻尼假定为线性（或比例性）的，系统振动因有了线性阻尼而减弱。非线性系统里的阻尼可能是非线性形式，即使不存在外力作用也可导致振动，如负阻尼或平方阻尼等。由于简谐激励的作用，不仅是主谐波响应，次谐波、超谐波和组合谐波等响应，甚至是混沌振动都可能出现于非线性系统中。

混沌的含义是确定性系统中看上去具有随机性的运动。只有非线性振动系统中才出现混沌振动，而系统的非线性仅是混沌振动的必要条件，通常混沌发生还需要某些强非线性因素。非线性动力学系统中，下列元件或因素会引发非线性效应：非线性弹性元件，非线性阻尼，空隙结构、摆动元件、限位器、双线性弹簧等，大部分流动介质，非线性边界条件和非线性反馈力。

非线性弹性效应通常分为材料非线性和几何非线性效应。举例说明，橡胶受到的应力与对应应变之间是一种物理非线性关系，而梁、板、壳等位移结构的横向弯曲位移和载荷之间的非线性关系称为几何非线性。当恢复力为零时，允许振子在某空隙进行自由飞行运动，该情况下空隙元件（即非线性元件）体现了系统的非线性。针对现代复杂机械结构建模时需注意考虑到此类元件。即使不考虑非线性元件因素，非线性力学系统自身可能固有的非线性性质主要由这些因素导致：非线性动力学参数（加速度、迁移加速度、向心加速度等），非线性本构关系（如应力与应变之间），非线性边界条件（如自由液面、限制条件下形变），非线性体积力（如磁力、电场力），以及结构大变形的几何非线性（如梁、板、壳的变形等）。

结合非线性效应简单讨论常用的隔振元件。

（1）金属螺旋弹簧隔振器：形式包括圆柱形和圆锥形等，便于设计所需线性或非线性刚度，设计制作成本较低，性能较稳定且使用寿命长，作为隔振器的使用范围最广，缺点是阻尼性能较弱。

（2）金属蝶形弹簧隔振器：阻尼性能和非线性载荷-变形特性良好，性能稳定且便于安装，适用于阻隔冲击振动，但对高频振动的减振效果不佳。

（3）不锈钢钢丝绳隔振器：动力学特性较好，适合隔离冲击振动，因生产成本问题暂时主要应用于舰船装备及工程中重要设备的隔振。其荷载-变形曲线呈非线性。迟滞阻尼由弯曲的钢丝绳与钢丝之间的干摩擦与滑移产生。钢丝绳隔振器不仅动力学特性优良，还具有二向和三向隔振作用，且耐高温和油污，几乎与隔振设备的使用寿命相同。但钢丝绳隔振器内各条钢丝上的荷载分布不均、生产制造形成大公差，同时还具有高成本等缺点，应用范围较窄。

（4）橡胶隔振器：由于生产成本低，对三方向的刚度都有较好控制效果，且橡胶材料阻尼远高于金属，橡胶隔振器作为隔振元件广泛使用。缺点在于容易老化，长时间承受荷载时产生自然松弛现象。

（5）橡胶空气弹簧隔振器：其工作时的刚度由气囊内部压缩空气的实时压力变化率确定，可达到固有频率不足 1 Hz，因此具有很大的承载范围，阻尼性能良好。为其配置一定的控制设备就可以随时得到近似非线性的工作特性。但由于该隔振器制造工艺较为复杂，难以降低生产成本，目前仅在舰艇、列车、汽车以及重要精密仪器、机械上实现应用。

（6）其他隔振元件：基于磁悬浮原理的电磁体支撑元件将电磁力作为支撑力；根据压电材料固有的逆压电效应，对压力式作动器施加外部电场可实现电能向机械能的转化；磁致伸缩材料受到磁场作用时，其尺寸和体积等参数会跟随磁场而发生变化，可用于研制主动隔振作动器，通过其磁致伸缩性调控材料的伸缩和变形。

形状记忆材料可分为形状记忆合金与形状聚合物，在特定温度条件下，分别产生热弹性马氏体相变或玻璃化转变，材料性能随之明显改变。对形状记忆材料进行一定处理，材料能产生对相变前形状的记忆，从而自身提供较大的应力和应变以克服振动效应，这就是其抑制振动的原理。

其他一些包括软木、泡沫橡胶、玻璃纤维毡等的隔振元件，尽管不具有优势突出的隔振效果，但它们经济性高、结构简单、对中高频振动隔绝有效，在设备辅助隔振及装备舱室隔音时得到广泛应用。

在装备减振降噪系统中运用混沌理论时，研究具有刚度特性差异的各种隔振元件的动态和静态力学性能及在系统中的隔振作用情况，理论性证明可以确定一组使非线性隔振系统实现所需混沌振动状态的窗口参数。计算与实验相结合，目标为制定一套减振降噪、提高装备隐身性能的完整理论、设计与实验运行方法。通过对目前型号装备中各种刚度特性的隔振元件进行应用研究，成功实现了隔振系统的混沌隔振。研究中得出以下结论：

（1）线性化处理非线性刚度时必须纳入非线性系统中静平衡位置的影响，即不得忽略系统中的静载荷。

（2）应综合多种方法研究非线性系统的动力学特性，尽可能从定性、定量多角度开展系统特性研究，最好使用实验的方法。从理论角度分析一些隔振系统或许不产生混沌，却不能排除它们在实际实验和应用过程中产生混沌动力学特性的可能，如具有软特性刚度的不锈钢钢丝绳隔振系统。

（3）应运用多种方式识别实际条件下的混沌信号，综合分析系统固有的非线性特性、激励信号特征以及非线性系统动力学类型等各个方面。

（4）判断简谐激励的单自由度非线性隔振系统是否处于混沌振动状态，可以观察响应是否含有次谐波。

（5）呈一定混沌振动状态的非线性隔振系统，其特征谱线将明显减弱甚至消除，说明在隔振处理中运用混沌理论隔离特征线谱是切实有效的。

八、特种运输车主动悬架振动控制

现代控制理论不断更新完善，许多控制理论如最优控制、天棚-地棚控制、神经网络控制等逐渐在车辆悬架系统中得到应用。民用及小型车辆的悬架动力学振动控制研究相当普遍，目前针对装备运载相关特种车辆的研究还比较缺乏。特种车辆具有车身长、质量大（惯性大）的特点，行驶速度高容易暴露稳定性差的问题，严重威胁执行运输任务的安全性。

在工业过程控制中，按被控对象的实时数据采集的信息与给定值比较产生的误差的比例、积分和微分进行控制的控制系统，简称 PID 控制系统。PID 控制具有原理简单，鲁棒性强和适用面广等优点，是一种技术成熟、应用最为广泛的控制系统。特种运输车辆的遇到复杂险峻的行驶路况时，车厢产生强烈振动将带来武器装备的安全性问题。为提升某型号运输装备的减振性能，基于实测该车辆在山路工况高速行驶时的振动情况，提出主动悬架模糊 -PID 控制法。与其他控制理论对比，PID 控制的原理简单，稳定性良好，且各参数彼此独立、易于整定，是一种便于实现的控制理论；模糊控制是一种基于语言规则判断设计的智能性算法，尤其适用于难以建立数学模型、特性存在显著动态变化的对象。

通常使用车辆运输装备时，装备放置于车辆纵向的中轴线上，鉴于实际条件下车身左右摇摆产生振动概率低而幅度小，将车辆整体系统（含装备）简化一个平面动力学模型，如图 7.4 所示。建立车辆坐标系，由于该模型具有 6 个分别代表悬挂、车身和装备运动状态的自由度，可列出六自由度运动微分方程。车辆行驶途中受到的激励主要由路面不平坦、车辆急转向等条件因素引发，在运输装备的垂直方向上需要重点考虑高速行驶时路面激励的振动响应。

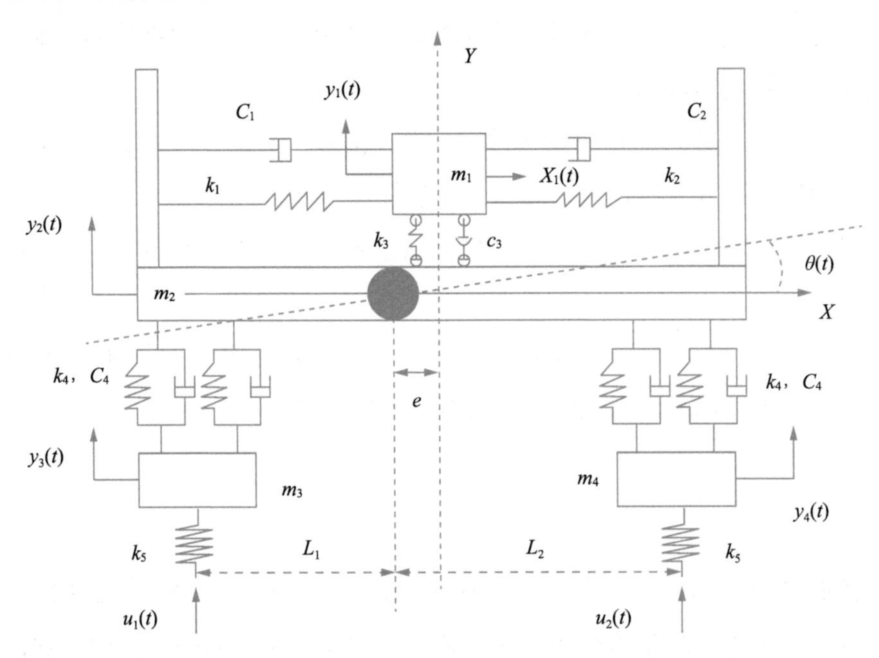

图 7.4 装备运输车辆模型

控制一定的外激励，仿真分析动力学系统的被动模型与 PID 控制、模糊控制及模糊 -PID 控制的主动模型并进行对比，可获得随机路面激励下车载装备的速度、加速度以及动位移的时域变化曲线，发现相对于被动控制，无论何种主动控制方式均对装备振动的控制效果有不同程度的增强，而模糊 -PID 控制又要优于 PID 控制和模糊控制。通过分析路面冲击振动激励下上述 3 个指标的时域变化曲线，PID 和模糊 -PID 控制下形成的曲线具有显著低于被动控制的衰减时长，表明装备所在悬架的抗冲击能力有所提高；相对于 PID 控制，模糊 -PID 控制有了进一步的小幅改善，表明了模糊 -PID 的在线整定寻优特性。

根据各种控制方式下绘制的装备加速度幅值频谱曲线，模糊 -PID 控制不仅取得了最佳装备振动性能改善效果，且在其作用下的装备加速度频率比被动控制下更低，这也是对整车系统减振积极效应的一个方面。为进一步验证模糊 -PID 控制器对于车辆悬架控制的优越性，计算随机路面激励下装备悬架性能指标的均方根值，将两种工况进行对比，模糊 -PID 控制下的装备速度、加速度和动位移均远低于被动控制。

综上，与被动控制方式相比，模糊 -PID 控制系统不同程度地提升了车辆运载装备悬架的各方面抗振性能，且优于其他主动控制策略，表明其减振效果良好，具有较高的鲁棒性，能够有效保证车辆高速行驶时武器装备运输的安全性。

第五节　评价试验设计

一、载运装备心理生理学评价

（一）载运装备乘坐舒适性评价

生理学角度认为，人体感到舒适的状态意味着构成体内环境的各种理化因素状态相对稳定，血液中的化学物质（如儿茶酚胺类）含量相对恒定，从细胞到组织器官均表现出生理功能正常，人体与周围环境的物质和能量交换也稳定正常进行。一旦人体进入不舒适状态，可能会破坏体内环境稳态，这时人体需要以各种神经（主要是交感神经和副交感神经）调节、体液调节等方式重新达到内环境的稳定状态。

以往评价传统运载工具的乘员舒适性时，基本上关注的是其控制系统、机械系统和电气系统的运行原理与构造，与设计方法、控制理论与智能辅助技术相结合后解析运载工具的各种物理与机械特性，最终的研究目标是在产品的设计、制造、安装、使用及维护全过程提升其人员舒适性。然而，评价基本功能是“载人”的运载装备舒适性时，不能仅仅把握装备本身，更要充分考虑人在驾驶和乘坐过程中的客观生理变化与主观心理感受，该过程可以利用机体生理指标评价人的主观舒适性感受，应当在舒适性评价体系中有效运用客观生理指标的测量与结果分析。

在研究车辆的座椅舒适性时，可将其按照静态舒适性、动态舒适性及温湿度舒适性分别研究。其中，坐姿舒适性和体压舒适性归为静态舒适性；动态舒适性主要体现在振动舒适性，如机体的振动特性、座椅的振动特性和振动传递特性等；人体与座椅直接接触部位的闷热、潮湿问题反映了温度与相对湿度特性。载运装备的乘坐舒适性基本都含有静态舒适性和动态舒适性两部分。舱室气体环境质量主要影响静态舒适性，包括的因素有温度、相对湿度、氧气和二氧化碳浓度及有毒和有害成分浓度等；动态舒适性基本取决于车辆行驶时水平和垂直方向上产生的速度、加速度、（冲击）振动及噪声，这些因素都会对人产生强烈影响。

评价运载装备舒适性的方法可分为两大类：主观评价法与客观评价法。主观评价法使用的量表或问卷需要预先针对性制定，将人的主观感受评价分成从舒适到非常不舒适的若干等级，提供给受试者按照其主观感受进行填写。主观评价法的优势在于简单、清晰、直观，不需要借助于专门的测量和检验仪器，只是对于评价人员有一定的实践经验和感觉敏锐度要求。个体之间普遍存在不同程度的差异，想要避免得到的数据离散程度过高，就需要在使用主观评价法时获取尽可能大量的数据样本；另外，主观评价法的结果精确性较差，经常需要结合客观评价法使用。客观评价法预先确定感兴趣或相关的人体生理指标（如心率、呼吸、血压、脑电、心电等），使用特定仪器对被试人员进行测定，将得到的数据与相应参考标准或主观评价结果进行比较从而完成评价。客观评价法的规范性和科学性更强，受到广大研究人员重视，应用越来越普及。例如，分析车辆乘坐舒适性时，研究人员对各种振动频率和行驶速度影响驾驶员自主神经和肌肉紧张程度的客观评价，以及疲劳干预措施研究使用了心电图和肌电图；另有研究建立了汽车座椅乘坐舒适性的若干客观评价原则。

心理生理学的研究目标是人的心理行为(尤其是情绪)带来的生理性影响，如焦虑、紧张、担忧等状态下机体心率及心率变异性、血压及血压变异性、心电、脑电、皮肤电、肌电、呼吸等生理指标的变化。测谎仪和生物反馈仪就是根据心理生理学的基本原理研制而成。根据心理生理学理论，人体的状态在舒适与不舒适之间变化时，相应的部分生理指标会发生变化。所以人在乘坐各种运载工具与装备时，利用生理记录仪监测人体的上述各种生理指标，观察它们的变化，或许可起到指示主观不舒适感的作用。

运输工具的行驶速度与振动频率都对驾驶员的自主神经系统产生影响，导致驾驶疲劳。在模拟驾驶条件下研究车辆振动频率分别为 1.8 Hz 和 6 Hz 时驾驶员自主神经系统所受影响，利用心率变异性（HRV）频域分析 LF、HF、LF/HF 三个指标，发现模拟汽车驾驶过程中的两种振动频率均导致人体交感神经和迷走神经的兴奋性改变，6 Hz 的振动频率下该现象更为突出。另一项研究运用 HRV 频域分析 LF、HF、LF/HF 以研究不同车速对长途汽车驾驶员自主神经系统的影响。实际的高速公路试验中，长途汽车行驶单程约 4.5 h，当天往返。试验选取了 60 km/h、80 km/h 和 100 km/h 三种车速，为驾驶员穿戴 24 h 动态心电图记录仪。结果表明，在三种车速条件下，心率变异性的 LF 值随着试验时间延长而增高，HF 值降低，LF/HF 值增高显著（$P<0.05$）且车速越高时该现象越明显。因此可得出结论：在特定车速下，驾驶员交感神经的兴奋性随驾驶时间累积而增加，迷走神经兴奋性随之降低，该过程中疲劳程度不断增强。车速越高，驾驶员自主神经受影响程度和疲劳程度就越显著。

（二）主观舒适性感觉与客观生理指标的关系模型

可以将人员乘坐运载装备时的主观舒适感作为因变量 y 并分为舒适、轻微不舒适和非常不舒适 3 个级别，以各种客观生理指标作为自变量 x，研究因变量与自变量之间的相关关系，进一步提出较为客观的运载装备舒适性评价方法。

若两个变量之间具有一定的非因果性关系，相关分析就适用于确定变量之间的对应关系和关系密切程度，二者联系的强弱以相关系数描述，取值范围为 0~1。基于回归方程的回归分析法能够利用自变量的值估计因变量取值。

舒适性是一种受多因素控制的复合型感觉，当实验能获得足够数量的大样本时，可以运用数学方法和工具把装备中人员的主观舒适性对应于与心率及心率变异性、血压及血压变异性、心电、脑电、肌电、皮肤电、呼吸、视力、听力等各种客观生理指标，建立主观舒适性与生理指标之间的数学关系。事物和各种变量之间具有多方面联系，运载装备的舒适性也与多种因素有关，舒适性作为一种因变量，对其产生影响的自变量通常有若干个，就需要对它们的关系采用多元回归法进行分析。假设因变量 y 对应着 n 个自变量 x_1，x_2，…，x_n，对应的多元线性回归方程的一般形式为

$$\hat{y}=k_0+k_1x_1+k_2x_2+\cdots+k_nx_n$$

式中 $\hat{y}$ 为 y 的估计值，k_0 为截距，k_1，k_2，…，k_n 为偏回归系数。各个自变量与因变量并不一定呈线性关系，而可能有指数函数、对数函数、幂函数或三角函数等，需要经过一定的自变量变换将这些关系转化为线性关系。求得线性回归方程后还需要求出相关系数，这个系数的平方叫作决定系数，其取值范围同样是 0~1，越接近 1 表明回归方程具有越良好的拟合效果，越接近 0 则表明拟合效果越差。

对于多元线性回归模型来说其因变量 y 必须是数值变量，若因变量是分类变量则可使用 Logistic 回归模型。Logistic 回归模型最常使用的二分类中自变量 x 是二分类、多分类或数值变量，而因变量 y 是一个服从二项分布的二分类变量。作为一种概率模

型，假设 Logistic 回归模型的因变量 y 值为 1 的概率是 p，那么 y 值为 0 的概率就是 1-p，则 p 与各自变量 x_1，x_2，…，x_n 之间的关系式为

$$p=\frac{\exp\left(k_0+k_1x_1+k_2x_2+\ldots+k_nx_n\right)}{1+\exp\left(k_0+k_1x_1+k_2x_2+\ldots+k_nx_n\right)}$$

则

$$\frac{p}{1-p}=\exp\left(k_0+k_1x_1+k_2x_2+\ldots k_nx_n\right)$$

定义$y=\ln\frac{p}{1-p}$为 Logit 变换，则有

$$y=\frac{p}{1-p}=k_0+k_1x_1+k_2x_2+\ldots k_nx_n$$

上式就是 Logistic 回归模型的定义式，将上式变换可得到如下两个公式，即可计算 y 值分别是 1 和 0 的概率：

$$p=\frac{e^y}{1+e^y}$$

$$1-p=\frac{1}{1+e^y}$$

Logistic 回归模型是一种在社会普查和流行病学调查中广泛运用的重要数学工具。例如，以研究影响牙齿治愈效果的主要因素为例，将患者年龄、性别、根尖 X 光片有阴影与否、治疗过程中换药次数、根管充填密封程度、牙齿是否松动、自觉症状及主治医生经验等 8 方面因素作为自变量 x_1，x_2，…，x_8。因变量 y 就是牙齿治愈效果，取值为 1 表示治愈、为 0 表示不治愈。经 Logistic 回归模型处理可以分析得到影响牙齿治愈性的主要因素。根据上例，将运载装备的人员主观舒适性作为二分类因变量 y，"取值"分成舒适和不舒适两种，以各种客观生理指标作为自变量 x，运用 Logistic 回归模型确定影响载运装备舒适性的主要生理指标因素，从而提供又一种客观评价试验方法。

求解 Logistic 回归模型的过程中需要使用逐步回归分析，其基本步骤如图 7.5 所示。逐步回归分析的理论基础是按照各种自变量 x_1, x_2, …, x_n 对因变量 y 的作用大小，将自变量逐个作显著性检验，确定显著即将自变量引入方程中；在引入新的自变量后，要再次对方程中已有自变量进行逐个检验，若原有自变量退化为不显著则将其从方程中剔除。也就是说，每引入一个新的自变量前后都要对自变量作显著性检验，保证回归方程中的全部自变量均对因变量 y 有显著作用，这样得到的回归方程叫作最优方程。

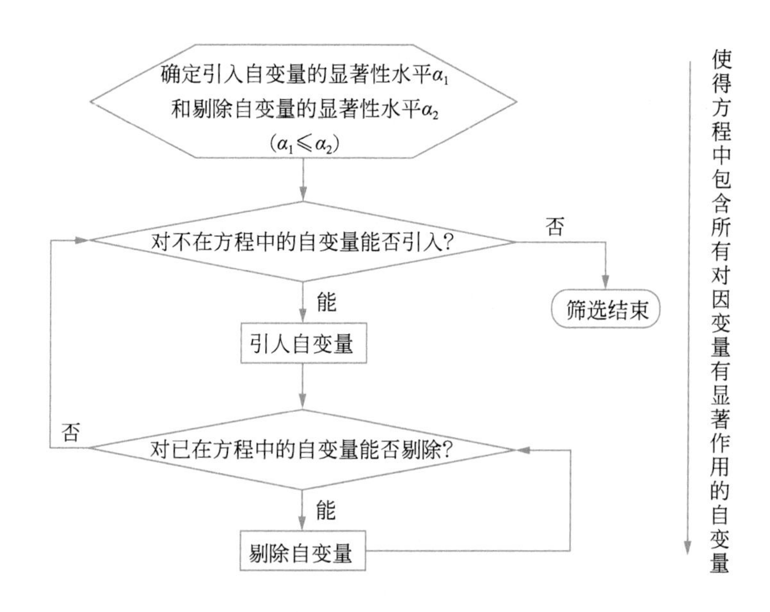

图 7.5　逐步回归分析的基本步骤

可以看出，与机械设计中常用的模拟退火算法和遗传算法等优化设计原理相似，逐步回归法是优化回归方程的方法。Logistic 回归模型在经过逐步回归分析后将表现出如下特征：所有被引入模型的自变量均对因变量 y 有显著作用；自变量个数不变的情况下，实现决定系数的最大化；在完成逐步回归分析后向模型加入任何自变量，都会致使该模型中的部分自变量失去显著意义。

二、机动装备坐卧振动舒适性评价

机动装备行驶过程中驾驶员和车厢内乘员都是呈坐姿运送的。以国际标准为基础，按照 GB 4970—2009 相关规定进行振动计算。具体步骤是把采集到三个方向的加速度振动信号转换为频域的 1/3 倍频程谱，再将加速度使用计权计算，利用三个方向的计权加速度算出三个方向总加速度的计权均方根值。

x、y 与 z 向振动加速度 a_w 的计权公式为

$$a_w = \sqrt{\sum (W_j a_j)^2}$$

式中的计权因子 W_j 见表 7.1（人体振动方向按人体坐标轴系的规定）。

表 7.1 坐姿舒适性评价频率计权因子表

中心频率 f_j, Hz	横向因子（x、y）	纵向因子（z）	中心频率 f_j, Hz	横向因子（x、y）	纵向因子（z）
1.25	1	0.56	12.5	0.16	0.63
1.6	1	0.63	16	0.125	0.5
2	1	0.71	20	0.1	0.4
2.5	0.8	0.8	25	0.08	0.315
3.15	0.63	0.9	31.5	0.063	0.25
4	0.5	1	40	0.05	0.2
5	0.4	1	50	0.04	0.16
6.3	0.315	1	63	0.0315	0.125
8	0.25	1	80	0.025	0.1
10	0.2	0.8			

总计权加速度均方根值 a_W 的计算公式：

$$a_w = \sqrt{(1.4a_{wx})^2 + (1.4a_{wy})^2 + 1.4a_{wz}^2}$$

式中，a_{wx}、a_{wy} 和 a_{wz} 分别为横向 x 轴、横向 y 轴与纵向 z 轴的振动加速度计权均方根值，单位 m/s^2。

得到总计权加速度均方根值后可根据下式计算各种路面状况对应的舒适性降低界限值 T_{CD}：

$$T_{CD} = 0.167/\left(\frac{3.15}{5.6}a_{WO}\right)^2$$

也可通过表 7.2 中给出计权加速度均方根值来评价人体舒适性状况。

表 7.2 La_w 和 a_w 与人主观感觉之间的关系

计权加速度均方根值 a_w, m/s^2	计权振级 La_w, dB	人的主观感觉
<0.315	110	舒适
0.315~0.63	110~116	轻微不舒适
0.5~1.0	114~120	较为不舒适
0.8~1.6	118~124	不舒适
1.25~2.5	122~128	非常不舒适
>2.0	126	极不舒适

装备在运输伤情较严重的伤病员时，一般使用担架系统使其处于卧姿状态。长安大学对被试进行振动耐受试验后，分析得到卧姿人体承受 x 轴向 1~80 Hz 范围内全身振动 1 min 后的舒适性降低界限曲线。卧姿伤病员机体承受的振动与立姿和坐姿状态下差别明显，人们研究后发现 ISO 2631—1:1997(E) 提供的振动评价方法用于评价卧姿振动不够合理，还需要进一步研究提出更加客观准确的舒适性评价方法。德国工程师协会于 1984 年修订了针对振动频率范围 1~80 Hz 的 VDI 2057 标准。根据该标准，卧姿人体对 x 轴方向上 3.15~6.3 Hz 的振动耐受力低于其他姿势，振动高于 6.3 Hz 后卧姿耐受力基本不变。卫生装备研究所在 1994 年依据 VDI 2057 标准绘制的曲线构建了频率计权函数的相关方程，得到卧姿人体在 1~31.5 Hz 范围内承受 x 轴向全身振动的舒适性降低界限曲线。图 7.6 展示了上面提到的 4 种评价曲线，它们之间的明显差异主要由用于评价的人体姿态、受试对象及试验方法差异性造成，而使用不同的振动舒适性评价曲线必然会获得不同的卧姿振动暴露时间限值。

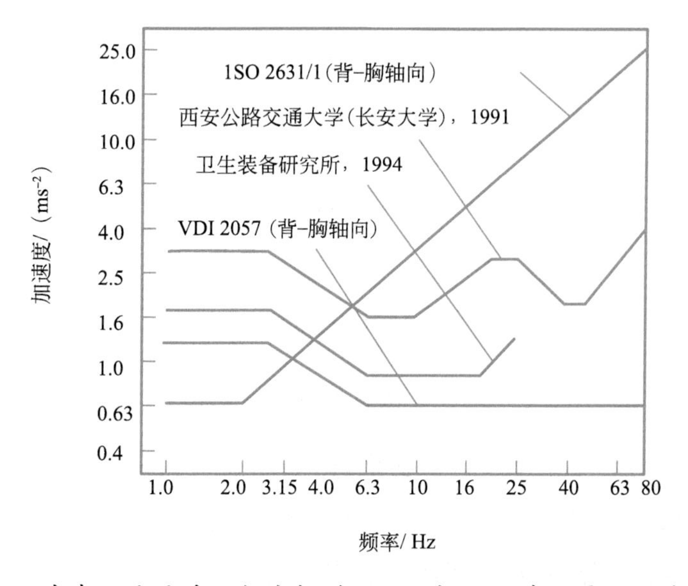

图 7.6　卧姿人体承受 x 轴向振动 1 min 舒适性降低界限评价曲线

在研究制定卧姿人体的舒适性评价规范时，长安大学团队进行了大量客车卧姿乘客全身振动的舒适性试验。对试验结果数据分析表明，乘客头部和臀部振动基本出现在 0.5~20 Hz；在高档卧铺客车上，卧姿乘客的头部振动加速度通常低于 1.20 m/s^2，臀部振动加速度低于 1.00 m/s^2，腿部振动加速度低于 0.5 m/s^2；卧姿人员的振动敏感部位主要是头部和臀部，这两个部位振动比较明显且振动加速度曲线相似，头部振动会产生显著的舒适性影响。腿部振动通常很弱，振动加速度变化幅度大，为提高测试评价精度可以在实际测试评价中忽略腿部振动。该团队得到的大量数据分析结果为《卧姿人体全身振动舒适性的评价》(GB/T 18368—2001)和汽车行业标准《卧铺客车平顺性随机输入行驶试验方法》(QC/T 677—2001)的制定提供了科学依据，结果的运用保障了国家标准和汽车行业标准制定的振动舒适性评价方法和等级划分实用性强且符合我国国情。

按照 QC/T 677—2001 提出的方法计算卧姿人体振动舒适性参数并做出评价，方法包括通过采样得到垂直方向加速度振动信号，将其转换为频域的 1/3 倍频程谱，再完成部位加速度和频率加速度的计权计算。以生防急救车的人体乘坐(卧)振动舒适性为例，进行道路行驶试验并分别获得卧姿和坐姿人体的振动加速度信号。路面激励引发的随机振动信号在车辆上产生滤波放大效应传递至被试人员，信号激励在试验测点布置好的加速度传感器，抗混滤波放大器放大响应信号后输入数据采集系统并将其记录，仪器连接情况如图 7.7 所示。

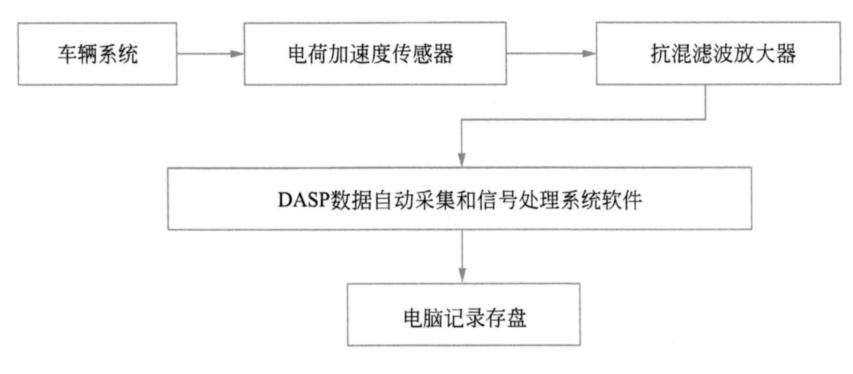

图 7.7 试验仪器连接框图

试验条件：地点在某军用改装车试验场，天气条件晴朗无风，沥青路工况在试验场周边公路上测试，砂石路工况在试验场内直线跑道上测试；两种道路平直且纵向坡度小于 1%，路面无明显凹凸不平路面，路长超过 3 km，道路两端含 30~50 m 稳速段。生防急救车空车质量 4 408 kg，整备质量 4 783 kg，轴距 3 310 mm，轮距 1 670 mm。整车系统的总成、部件、附加装置齐全，轮胎气压满足汽车技术规定要求。车内搭载医护人员 2 名、卧姿伤员 1 名和坐姿伤员 3 名。按照 GB 4970—2009 和 QC/T 677—2001 相关规定，测试位置的人员载荷为身高 1.70 ± 0.05 m、质量 60 ± 5 kg。坐姿人员双腿自然下垂与车厢地板接触，两手自然搭放在大腿处，身体放松靠在靠背上；卧姿人员采用仰卧姿势，身体放松，双臂自然平放在身体两侧。

仪器设备：IBM A35 笔记本电脑 1 台，DASP2006 Pro 数据采集和信号处理软件 1 套，

INV-8 和 INV-4 多功能抗混滤波放大器各 1 台，INV 306 DF 信号采集处理分析仪 1 台，YD-23Z 坐垫式三向加速度传感器 3 套。

试验方法：舒适性评价使用坐垫式三向加速度传感器，针对坐姿舒适性评价将其置于坐姿被试人员臀部下方，针对卧姿舒适性评价将其分别置于卧姿被试人员的臀和头部下方，具体测点布置如图 7.8 所示。试验设置采样频率为 600 Hz，低通频率为 200 Hz，分别测量车辆常用行驶车速（沥青路取 40.50 和 60 km/h，砂石路取 20.30 和 40 km/h）下各测点的加速度响应值，由 DASP2006 系统完成数据的采集记录，将生成的不同试验采样文件依次存盘。使数据处理与分析软件 DASP2006Pro 对采集到的时域加速度信号进行数据预处理和加权分析，数据重叠系数为 63/64，计算各中心频率下的 1/3 倍频程加速度均方根值，最后根据坐姿和卧姿的舒适性评价方法分别进行加权计算。

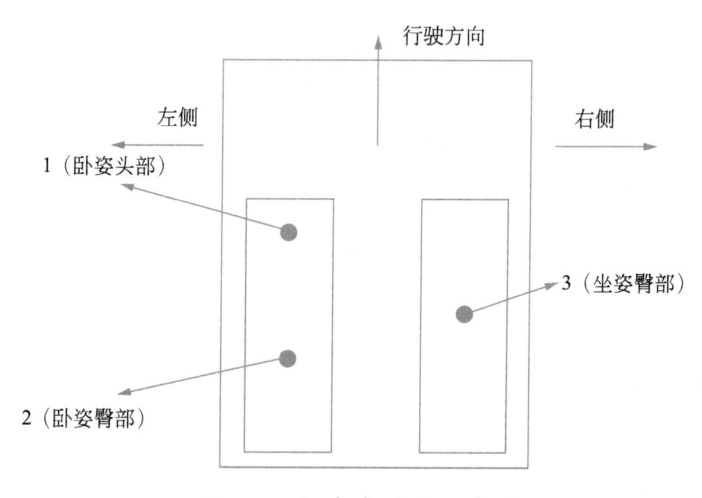

图 7.8　加速度测点示意图

根据国家相关标准规定的坐姿和卧姿振动舒适性指标限值，沥青路面上行驶速度为 40 km/h 的急救车内坐姿振动的总计权加速度均方根值不应超过 1 m/s^2，卧姿振动的两次计权加速度均方根值不高于 1.250 m/s^2 的范围内，则人体振动舒适性均能够满足要求。

三、评价软件开发

于学华等制定的脉冲输入条件下汽车平顺性健康评价指标提供了相应情况中车辆平顺性评价的直接依据，在平顺性分析中运用了小波分析技术。王岩松等基于构建的汽车平顺性模糊评判模型提出了汽车平顺性模糊评价方法，将其用于对某轻型客车的样车试验进行模糊评价，获得的评价结果与基于 ISO 2631 的单点评价结果基本相符，证明该方法可实现对整车主客观因素的综合评价，不足之处在于仅仅考虑了座椅垂直振动这一乘员舒适性的最主要影响因素，并没有将其他因素纳入评价。张立军等基于实验研究，根据 ISO 2631/CD—1991 提供的总乘坐值法提出“汽车综合振动舒适度”这一概念，一定程度上实现了不同测点、车速、路面工况及人员驾驶操纵等客观和人为因素的综合性汽车平顺性评价。以 ISO 2631/1—1997(E) 为基础建立车辆振动综合舒适度评价指标体系，对特定车型的平顺性分析评价引入模糊数学方法并使用统计分析数据确定加权系数矩阵等，将使得到的平顺性评价指标更加合理可靠。

评价车辆平顺性时主要方法仍分为主观评价和客观评价两类。主观评价的方法偏重反映乘员的主观感受，对相关因素进行统计分析后完成车辆平顺性评价；客观评价方法则从车辆的抗振减振性能出发，在评价车辆行驶平顺性时使用的评价参数为各种机械振动物理量（如振幅、频率、加速度等），同时一定程度上考虑到机体的振动敏感程度。目前针对船舶的振动评价大多局限于 0~80 Hz 的频率范围；在定量评价方面，低频域中通常使用结构动力学有限元的计算方法，中高频域内通常使用混合法及统计能量法进行计算。经测量和计算将装备各个位置的评价数据（振动位移、速度或加速度）按照相应振动评价标准完成评价。该过程涉及船体上众多位置，计算量大，在理解各个位置上的振动衡准时可能产生偏差，急需研发自动化评估软件。

（一）装备振动集成评价软件

凭借计算机、应用测试等高新仪器技术的发展，紧密结合工程装备的实际抗振需求，以现行国际标准或国家标准为基准，研发实用性强、可靠程度高的装备振动测试与分析评价系统，实现对军用车辆、快艇、冲锋舟和舰艇等典型装备及装备上人员和仪器设备的振动测试分析和评价。确定测评系统主要技术指标时，以国家军用标准为根本准则，同时参照国际和国家标准。

硬件系统的重要指标列举如下：

（1）加速度测试范围。振动测试的目标参数为加速度，一般情况下对车辆和舰艇来说约几十 m/s^2，工程机械和舟艇等小型运载装备驾驶员座椅的垂直方向振动范围是几到几十 m/s^2，在行驶过程中不可忽略冲击激励的影响，因此将加速度指标范围定为 0~200.0 m/s^2。

（2）测试精度。以测试标准为基础，集合所使用的数据采集设备（传感器）能实现的测量精度确定测试精度为满量程的 ±5%。

（3）频率范围。车辆平顺性或舒适性评价从根本上关注的是振动对人员的影响，在不涉及晕车、晕船之类的症状时，人在垂直方向上最敏感的频率为 4~8 Hz，在水平方向上为低于 2 Hz，故而进行装备平顺性或舒适性评价时目标频率范围通常设置在 1~80 Hz。晕车、晕船对应的频率范围通常为 0.1~0.5 Hz。车辆、舰艇等结构振动通常频率为几百、有时也达到上千 Hz，将频率测试范围定在 0.1~2000 Hz。

软件评价指标：

（1）ISO 2631/1—1985 车辆平顺性指标

疲劳–熟练度降低界限（Tfd）、舒适性降低界限（Tcd）和暴露界限（T）三个指标都分为横向（x，y 方向）与纵向（z 方向）评价。

（2）ISO 2631/1—1997 车辆平顺性指标

舒适性评价分为舒适性评价–坐姿–座椅支撑面–单测点评价与舒适性评价–坐姿 / 站姿 / 卧姿–综合振动总值评价，评价结果可分为舒适、有点不舒适、相当不舒适、不舒适、非常不舒适和极不舒适 6 个等级。振动感知评价分为坐姿、站姿和卧姿 3 种，评价结果仅分为可能感知振动和不可能感知振动 2 级。影响健康评价主要针对坐姿进行，评价结果分为影响健康、影响健康过渡区和不影响健康 3 级。运动病评价使用呕吐概率作为指标。

（3）CB*/Z 314—1980 内河船振动评价指标

对船体结构的强度评价分为合格和不合格 2 级。人员舒适性评价包括垂直（z 方向）、横向（x 方向）与横向（y 方向）人员舒适性评价三个方面。评价结果分为良好、尚可和不允许 3 级。

（4）GB 7452—1987 船舶振动评价指标

船体振动评价分为 I 类船舶–船体振动评价与 II 类船舶–船体振动评价，评价结果分为振动轻微、振动可以接受和振动难以接受 3 级。船体局部振动评价同样分为 I 类船舶–船体局部振动评价与 II 类船舶–船体局部振动评价。评价结果分为合格和不合格 2 级。

（5）GB/T 7452—2007 船舶振动评价指标

适居性评价的评价结果分为振动轻微、振动可以接受和振动严重 3 级。

研发的某系统硬件包括数据采集模块、调理模块、传感器和便携机等，软件包括数据采集软件、数据处理软件和评价软件。软件开发平台为美国 NI 公司的虚拟仪器开发平台 Lab VIEW。系统组成如图 7.9 所示。数据采集模块选用美国 iOtech 公司的

Wavebook/512 高速数据采集模块，调理模块选用该公司的 WBK14 动态信号调理模块，每个通道由激励电源、高通滤波器、可编程增益放大器、低通抗混滤波器、采样保持器等组成。增益大小、激励电源偏置电压大小及滤波器截止频率都由软件设置。

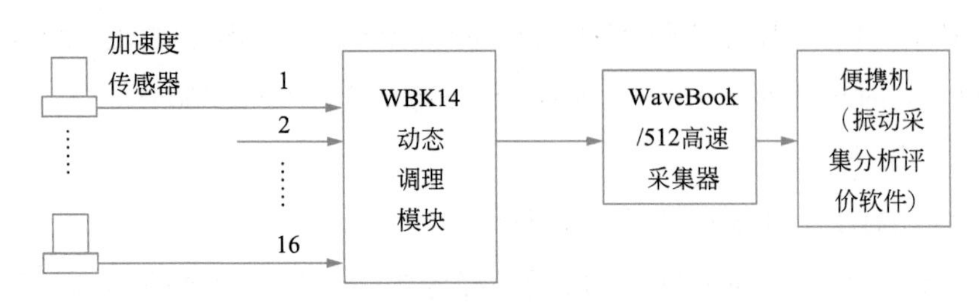

图 7.9 评价系统的硬件组成

传感器选取上海北智传感器技术有限公司研发的集成压电式（ICP）加速度传感器。该传感器基于传统压电加速度传感器并耦合了核心是一根场效应管的放大电路，能够将高阻抗信号转化为低阻抗信号输出，具有工作状态稳定、抗干扰能力强、恶劣环境中也可通过超长电缆传输信号的特点。配置系统时无需外接电荷放大器，WBK14 动态信号调理模块足以提供传感器系统所需的恒流电源。

按照最新标准规范，该研究开发的装备振动测试分析评价系统运用了虚拟仪器技术，将多种类型装备的测试、分析和评价集成于统一的硬件和软件整体平台。在软件平台上可智能化设定测试条件和传感器参数，相比传统的人工设置方式在容错率和试验效率上有了很大提升。该系统自研制以来先后应用于超过 20 个型号的舟艇及工程机械的设计研发和定型试验，并在为总后、空后、武警及对地方车辆提供技术服务的过程中为 20 多台车辆进行平顺性测试和评价，完成实际任务时体现出高效率的特点。该系统在包括车辆、船艇、机械等军用与民用运载装备和机械设备的振动（平顺性）测试与评价中应用前景广泛。

（二）舰艇振动评价软件

舰艇的各个舱室与位置具有不同的振动限值，因此在进行振动数值评价时原本需要分别测定和计算不同舱室及船体部位的振动级并对结果分别评价，这样不仅工作量大且数据处理费时费力。使用软件将振动评价变为一个流程化过程，可以很大程度上降低人工计算与评价时的人相关因素所致错误，提高整体工作绩效。

通过数值模拟法评估舰艇振动的主要步骤：利用设计图纸构建船体总体结构的振动有限元模型，结合以往同型号（或其他型号舰艇）的测试数据初步修正船体振动数值模型；根据船体的主要尺度、发动机与螺旋桨参数计算主要振源的参数数值，将其在对应位置上施加于船体有限元模型；以技术规格要求和评价衡准为基准，在确定的振动评价位置上计算出各种振动频率下该处的振动速度或加速度；使用该船入级的船级社振动规范对其评价并生成评价报告。

模块使用 Visual Studio 2008 开发，编码使用语言为 C++。软件主要由数据引擎、VTK 三维视图及后处理 GUI 三部分组成。数据引擎部分的主要作用是支撑后处理过程的数据管理，封装时统一数据对象且给出一致的数据类型封装，涵盖绝大多数数据模型的管理功能。VTK 三维视图部分负责具体实现 GUI 框架内的视图框架，将后处理数据可视化与 VTK 算法相结合就能便捷实现各种可视化功能目标。后处理 GUI 部分除具体实现后处理界面之外，还负责将各种功能组合成软件这一有机整体。

另一项研究将设备–基座系统简化为质点，采用理论分析中的公式推导出动荷载施加于质点系统的方式与该系统模型之间的关系，结果得到以加速度和激振力两种方式施加荷载对应的两个模型的等效性规律。为进一步验证由简化质点系统得出的规律在连续体系统中推广的适用性，在软件中构建连续体有限元模型，分析不同建模方法下基座发生的系统结构动力响应，从而得出适用于连续体模型与实际结构的等效性规律。以此为基础针对不同隔振器刚度建立数值模型从而验证规律的普遍性。研究发现，对于低频域内的设备–基座系统有限元模型，载荷输入形式是加速度时不需要对设备的质量分布情况建模分析。

利用某 5.5 万吨的军舰对振动及噪声评估集成软件的振动评估模块进行可靠性测试。通过军舰结构的振动有限元计算分析建立覆盖全舰整体结构的三维有限元动力学分析模型，进行固有频率计算后得到总体结构的垂向振动、水平振动及扭转振动模态。利用该软件预测舰体重点局部结构的固有频率，并判断是否会由于与激振力频率（如轴频、叶频、倍叶频等）接近或相同而引发局部共振。另外，运用有限元分析技术完成振动频响分析，再通过该软件验证舰体振动是否符合中国船级社以及设计任务的要求。

（三）重型机动平台振动评价

国际上主要有两套人体振动反应的评价体系，分别是基本指标为振动加速度均方根值、辅助使用振动剂量值和运行加速度均方根值等的 ISO 国际标准体系，和使用人体与系统振动的接触部位力与速度信号计算吸收功率、根据人体吸收的振动能量评价振动强弱的吸收功率法。根据 ISO 2631 标准，由于人体对振动的敏感程度受到频率影响，该标准基于试验提供了 1~400 Hz 范围内各 1/3 倍频带的加权系数，推荐的振动评价范围是 0.5~80 Hz，该标准在小型民用车辆上应用广泛。目前评价手部传递振动的通用标准是 ISO 5349，该标准也判断人对于不同频率手传振动有着不同的敏感性，对手传振动的频率分析建议范围是 6.3~1000 Hz。目前的研究比较缺乏针对大吨位全地形机动车辆车载装备处的振动评价。

军用装备中的重型机动平台的驾驶舱振动是其一项重要的性能指标，直接影响作业人员的疲劳程度、健康状况与工作绩效，而机动平台的车载武器装备处（即装备攻击性武器位置）的振动将直接降低攻击精度。一定程度的振动不仅影响装备使用，还会缩短装备的寿命，甚至严重时致使装备损坏。

驾驶舱内方向盘、座椅及地板与人密切相关，在它们的振动评价中必须将机械物理与人的生理、心理众多因素相结合；对于机动平台车载装备处则基本上只需考虑振动该处装备的作用，无需在评价中纳入人的因素。机动平台的主激励源是路面和发动机，主要影响因素包括悬架和坐垫匹配参数合理性、发动机悬置结构隔振性能及车架振动特性等。

某研究以某型进口机动平台为例对比研究国产原型车的缺陷，对两款车型进行振动定量评价后，分析车架自身的振动特性与坐垫、悬架、发动机悬置件的隔振性能，根据研究结果为重型机动平台的开发改进提出翔实建议。在确定驾驶舱内方向盘、座椅和地板处的振动评价方法时，振动定量评价方面参考 ISO 2631、ISO 5349 等国际标准的推荐方法，选取总加权振级进行定量评价。根据军用车辆的特性且为便于数据处理，将座椅处的振动频率评价范围扩大为 89.6 Hz，方向盘处扩大为 1122 Hz；结合对机动平台车载装备频率成分与实际处理结果，将该处频率扩大为 300 Hz。

最终基于 ISO 2631 和 ISO 5349 建立的重型机动平台振动定量评价方法如下：先进行所记录的加速度时间函数 $a(t)$ 的频谱分析，利用功率谱密度函数计算单轴向加权加速度均方根值 a_w，再根据结果计算 1/3 倍频带加速度均方根值；计算三个轴向的加权加速度均方根合成值，以此评价机动平台驾驶舱方向盘、座位和地板处的振动，这些位置的振动评价需要考虑舒适度，取各轴向的加权系数均为 1，车载装备处的振动评价使用加速度均方根值合成值。为便于表示，对驾驶舱方向盘、座椅和地板位置的加权加速度均方根合成值取对数表示为加权振级，而车载装备处位置则用加速度均方根值表示。

评价结果显示，进口的机动平台振动较弱，驾驶员的不舒适感较轻，振动对车载装备使用几乎没有影响；相比之下国产原型车的驾驶舱振动明显，驾驶员感到较为不适，车载装备处振动情况影响了装备正常使用。进一步分析座椅、悬架、发动机悬置件及车架特性等，可得出如下结论：

（1）进口机动平台的座椅和悬架采用合理设计，使振动不在人体的敏感频率范围内，原型车这一点效果较差，在进一步开发重型机动平台时，为得到最优偏频应注意科学配置座椅和前后悬架的刚度。

（2）实际工况中，进口机动平台的发动机悬架隔振性能远超过原型车，进一步开发重型机动平台时必须重视悬置部件的刚度与阻尼系数匹配性。

（3）进口机动平台整车系统的模态频率高，振型分布合理，有助于提高对外界激励较为敏感的一阶弯曲模态，其前后悬架合理设置在一阶弯曲的节点位置。车架结构模态分析对重型机动平台开发十分重要，应尽量将悬架布置在一阶弯曲节点处。

四、人机匹配性及使用满意评价

（一）装备人机匹配性及用户满意度评价模型

引起装备控制室振动的主要源头是机械动力源与行进环境造成的颠簸，其中机械动力产生的振动在运行时相对稳定，而行进环境振动则具有随机性。由振动造成的人体全身或局部振动可能影响人的肉眼识别速度、分辨力与准确度，肢体速度、灵活性、操纵准确度以及主观舒适感受。分析研究相对稳定的振动时，主要依据是起主要作用的振动参量，如频率、方向、振幅、加速度等，分析随机振动时则需先将其转化为等效稳态振动。

装备运行作业过程中的机械振动、摩擦等因素会产生噪声，这些声音可能长时间持续且频谱和强弱混乱随机，将对人员的听觉、语言交流传递、情绪心理、作业绩效等方面产生干扰；特别是持续高强度噪声使人员普遍烦躁慌乱、紧张不安，引发血压升高，消化系统功能紊乱，甚至造成耳聋等听力损伤。装备控制室条件涉及舱室温度、湿度、振动噪声、与人直接接触材料透气性等客观环境要素与人员着装、劳动强度等人员要素，这些要素对舱室环境中人员的作用及影响不会独立存在，往往互相影响而产生综合性作用。

人机匹配性指机器使用、清洁、维护全过程中体现出的各方面特性，包括基本尺寸参数、操纵及显示形式、周围环境要素与使用者生理、心理等尺度的适应及切合程度等。装备设计方案的人机适配性既包括物理尺寸层面的人机协调性匹配，也包括心理层面如认知、学习、舒适度等人机匹配关系。在人机系统设计中主要依据各类标准规定实现生理层面上的匹配适应，而机器在心理层面上与人匹配适应通常参照以往产品的设计经验与用户评价结论，以及广泛调研获得目标用户对人机系统的使用需求。

通常用户满意度是一个结合主观性、层次性、相对性及阶段性特征的指标，完成满意度测评不应忽略这些基本特征。主观性指的是用户的满意度以其对使用产品及相关服务的体验为基础，针对客观对象产生的感受与结论具有很强的主观性，受到用户经验、学识、收入、价值观念及日常习惯等自身因素的影响。层次性指的是各个需求层次的人表现出对产品和服务具有不同的评价标准，所以不同地区、收入状况的人，或者同一个人在个人不同阶段的不同条件下都可能对某产品或服务提供差异性评价。有时用户对所使用产品的经济成本、技术指标等较为陌生，只能通过将目标产品与同类型产品对比，或借鉴过往消费经验，这样对产品的满意度就具有相对性。所有产品的生命周期都是有限的，顾客对新产品的满意度受到以往对同类型产品使用体验的影响，在多次对不同产品和服务的体验中逐渐形成的满意度具有阶段性。

基于顾客满意度，众多专家学者建立了顾客满意度模型并以此作为测定评价顾客满意度的依据。最典型的高效顾客满意度测评是瑞典顾客满意度晴雨表（SCSB）和美国国家顾客满意度指数（ACSI）等国家顾客满意度测评体系。图 7.10 展示了 ACSI 对应的顾客满意度评价模型，顾客满意度是与其对产品价值的感知判断呈正相关，感知价值又由感知质量和顾客预期正相关决定，顾客的忠诚或抱怨则是满意度的具体行为表现。

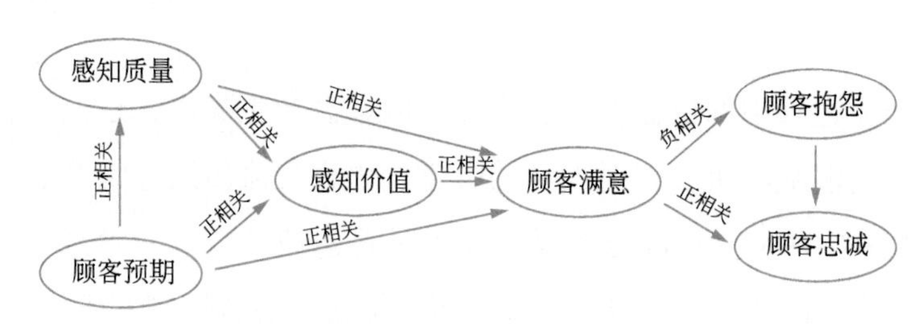

图 7.10 ACSI 顾客满意模型

为分析武器装备的人机匹配性现状，基于美国 ACSI 模型和装备人机系统各种设计要素，构建装备人机匹配性的用户满意度模型。如图 7.11 所示，装备驾驶员和乘员对产品装备的人机期望表现为具体的、可被用户感知的一系列人机特性，如装备运行过程中的高效性、安全性、舒适性等。这些人机特性对应体现在产品开发设计考虑的人机设计要素上。例如，用户人机期望实现的安全性既关系到装备内显示设备的合理设计和布置，还关系到控制装置、座椅等其他要素，这些要素之间也存在相互关系，因而都与装备安全性密切相关。用户在使用、清洁和维护装备的过程中会对装备人机界面的设计特性产生相应的高效性、安全性、舒适性等方面价值感知，预期目标与所感知到价值之间的匹配程度，很大程度上反映了用户的人机满意度，也就是人机匹配性。若用户感知到的价值基本符合甚至明显高于对人机系统的原本期望值，那么用户就感到满意，反之则产生不满或抱怨。考虑到装备的人机匹配性形成于用户长期使用产品过程中累积的满意程度，并且可以通过测试用户满意度指数获得，故而使用基于用户满意度的装备人机匹配性方法进行研究。

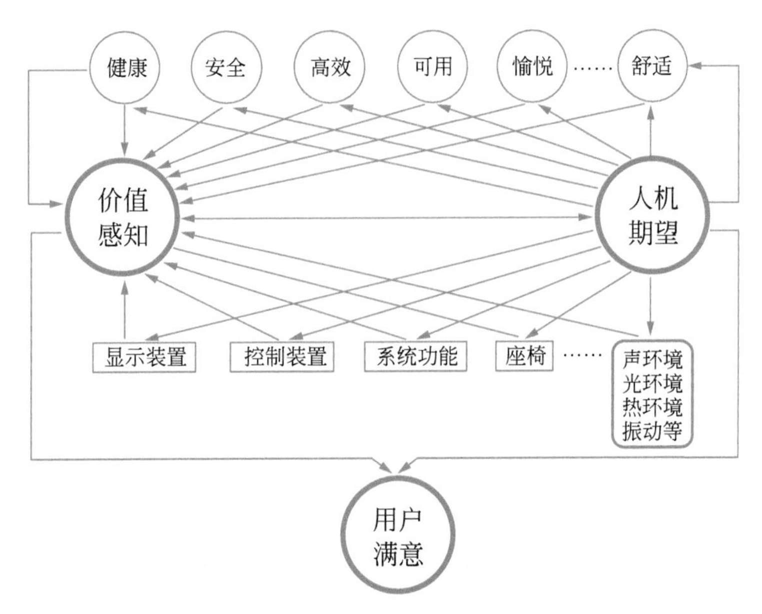

图 7.11　装备人机匹配性满意度模型

测评用户满意度首先应构建可直接测量的指标体系。作为衡量用户满意度的一组因素项目，装备人机匹配性测评指标的全部项目指标必须反映用户对装备人因工程整体设计满意程度的主要影响因素。由图 7.11 中装备人机匹配满意度模型可知，可以从人机界面出发为装备人机设计需求和期望相关的一系列元件载体与人机特性建立满意度测评指标体系。

态度测量指利用某种方法调查研究人对于人、事、物的态度。态度作为人持久性的内在心理行为不能被直接测量，但人对各种客体的态度可以体现于语言、行动及其他方面，而这些表现是可以被量化测量的。目前最常用的量表测量法使用 Likert 量表（即累加量表），其设置的问题直截了当，常常使用简单的陈述句直接询问受访者意见，受访者按照其对所述语句含义的态度选择“非常同意”“同意”“无意见”“不同意”或“很不同意”。获取足够大量的样本，按照规则对各个态度选项进行赋值，计算出所有样本对每个指标做出评价的均值，以此得到总体样本对于该评价项的态度。

通过分析装备人机系统的设计要素、匹配满意模型以及态度测量结果，若希望站在用户满意度视角上测试评价装备人机匹配程度，则可运用装备人机设计要素基于Likert量表法构建满意度测评指标体系，根据该体系设计调查问卷、试调研、正式调研以及统计分析数据，最终实现较为合理的装备人机匹配性测评。

（二）装备人机匹配性评价及数据分析

人机匹配性调查过程分为确定研究主题或研究目的、设计调查问卷、实施研究试测、设计抽样样本、实地正式调研、收集资料、统计分析及撰写调查报告等步骤。设计人机匹配性测评问卷时需要遵循的原则包括中心明确、设计合理、提问清晰、便于分析。围绕装备人机设计要素设置的问卷问题具体可分为系统、功能舱室、显示设备、操纵设备、舱室环境、作业生理及心理状态、需求期望等方面。基于人机匹配性调查的目标和调查思路，装备人机匹配性测评问卷包含三个主要部分：

（1）关于测评目的、填表说明以及用户基本工作信息描述等方面内容。

（2）调查问卷主体。为使获取的信息更加丰富和全面，主体内容可将少量开放式问题与封闭式问题相结合，使被访人员有充分表达个体意见的空间，这样获取的信息更加全面深入。问卷具体内容涉及装备整体功能、各类显示设备及指示信号、各类操纵元件等的人机特性描述，并从人员作业时生理、心理状态和需求期望等方面深入展开；各部分根据测评内容和标准等设定可感知的具体测评项目，例如测评座椅时，被访人员在勾选座椅方向可调节及具备其他附件的前提下，再从方向调节角度范围、椅背高度、倾斜角度、椅面材料舒适性等项目做出具体测评。

（3）目标用户信息采集。采集到的用户信息用于进行相应的人机匹配性满意度指数相关分析，以期确定个体因素的人机适应性分布规律，调查包含的个体因素有性别、年龄、身高、文化程度等。

测评指标体系与调查问卷设计是否合理直接决定调查测评结果的准确性和可信度，所以有必要进行调查问卷的信度与效度检验。检验首先是检测测评问卷中所含问题的合理性，其次为了确定测评问卷的稳定性与可靠性，即问卷调查提供的结果是否与实际情况相符。通常需要前期的预调查研究对测评问卷实现预期目标有效性进行验证，同时检测统计评价方案的正确性，并且需要使用预调查所得结论完善和改进原始版本的测评问卷。预调查与正式调查的区别是进行信度与效度分析需要收集的样本数量少。

信度指的是以同一方法多次对相同的对象进行测量，每次得到结果的一致性。研究中信度检验常用 α 信度系数法。α 系数指示的是内在一致性，即量表包含的各项指标测评得分的一致性。信度分析的 α 系数取值范围为 0~1，α 系数值达到 0.80~0.90 时即可认为测评问卷具有非常高的可信度，为 0.70~0.80 时认为测评问卷信度是比较好的，在 0.65~0.70 的范围是问卷可信度的可接受最低值。当问卷设计合理性偏低，例如大部分人回答的高分或低分题目量过多或过少，就会反映出问卷的信度较低，对于不可信的问卷需要改进或再次设计。

问卷的效度指有效性，表示测评问卷体系对测评目的和要求真实反映的有效性，或是测评工作准确测定其目标测评特征的完成程度。越高的效度表明测评结果对其需要测评特征的表现性越好。进行调查问卷效度分析的常用方法包括单项与综合相关效度分析、准则效度分析以及结构效度分析。

单项与综合相关效度分析法（也叫作表面效度或逻辑效度）通常用于量表内容效度的测评，目的是分析包含的测评项目是否满足所要测评内容或主题的代表性。评价内容效度时常用方法是逻辑分析结合统计分析：逻辑分析主要请由专家学者评判所选测评项目是否符合测评目的和需求；统计分析一般使用单项与综合相关分析法，通过依次计算单个测评项目得分与总分的相关系数，根据相关系数的显著性判断其有效性。

准则效度分析（也叫作效标效度或预测效度）基于某种已被论证的理论以某项测评工作或指标为基准，解析问卷测评项目与基准之间的关系。二者之间相关性显著，或问卷测评项目在基准的不同取值、特征条件下具有显著差异，则说明该测评项有效。评价准则效度的常用方法为相关性分析或差异显著性检验。

结构效度分析指测评结果反映的某心理学结构或特质与测量结果之间的对应程度。结构效度的大小很大程度上由事先假定的心理特质理论决定，对于理论假设实际不成立或所设计试验无法恰当检验该假设情况，实测结果就无法验证理论结构，但并不能说明该测评结构效度低。效度分析的常用方法是因子分析，分为探索性因子分析和验证性因子分析。

第8章 装备噪声舒适性设计

第一节 噪声的评价指标

噪声可以被最简单地定义为人听到后产生负面情绪的、不被需要的干扰声音。所有对人的活动（包括心理活动）产生干扰的声音都可称为噪声，这种噪声的定义角度是根据作用。噪声还能够使人产生显著心理反应，例如当某人想要专心工作时，任何大声播放的音乐对其都可能算作噪声，因此也可根据人对声音的反应对噪声进行定义。

一、听 觉

听觉的外周感觉器官是耳。人耳包含外耳、中耳和内耳三部分。人的听觉器官由外耳、中耳和内耳耳蜗组成。

外耳含有耳廓和外耳道。声波通过外连耳廓、内接骨膜的弯曲管道——外耳道抵达中耳。中耳是一个含有鼓膜、鼓室、听小骨、中耳肌和咽鼓管等结构的小空腔，其容积仅不足 2 cm^3。鼓膜是作为外耳与中耳分界处的椭圆形薄膜；鼓室的位置介于鼓膜和内耳外侧壁之间，向前就是通往咽部的咽鼓管；锤骨、砧骨、镣骨 3 块听小骨连在一起形成听骨链，附着在鼓膜上的锤骨与连接内耳卵圆窗的镣骨由砧骨相连；咽鼓管（又称耳咽管）是耳部与鼻咽部之间的唯一通道。正常情况下咽鼓管连接鼻咽部处开口是常闭的，发生咀嚼、吞咽、打哈欠或打喷嚏的动作时咽鼓管口短暂打开，实现鼓室内部压力与大气压的平衡，使鼓膜得以保持正常的位置和形状。耳蜗和前庭器官属于内耳，前者负责接收声音信号，后者负责感受机体运动状态和所处空间位置。

声源振动产生各种疏密程度的声波经由外耳和中耳的传音系统到达内耳，在内耳发生换能作用，声波的机械能被转化为听神经纤维的神经冲动并沿听觉的传导通路抵达大脑皮层听觉中枢，这就是听觉产生的过程。低于 20 Hz 的声波叫作次声，高于 20 000 Hz 的叫作超声，通常人耳无法听到次声和超声。能被人耳感受到的声波振动频率范围是 20~20 000 Hz，该范围内各个频率的声波刚刚能使人产生听觉的最小强度叫作听阈。当声音强度高于听阈，听觉感受随着强度增大而增强，但强度过高会导致鼓膜疼痛，人能忍受的最大强度称为最大可听阈。人耳的听阈和最大可听阈因频率而异，最敏感的声波频率为 1 000~3 000 Hz。

声波传入内耳的基本途径包括空气传导和骨传导。声波在外耳道内导致鼓膜振动，然后通过听骨链和卵圆窗进入耳蜗的声波传导方式叫作空气传导（简称气导）。声波同样可以引起颅骨振动，继而引发颞骨中的耳蜗内淋巴振动，这就是声波传导的骨传导途径（简称骨导）。人对气导声波的敏感性比骨导更高，骨导在正常听觉中只起到很小一部分作用，气导是声波传导的主要途径。人发生中耳病变引发传导性耳聋就是由于气导严重损伤，此时对骨导的影响较小；由于耳蜗病变产生的感音神经性耳聋则同时损伤气导和骨导两种方式。

二、噪声分类

（一）基于时间特性

噪声按照其时间特性可分为稳态和非稳态噪声，后者包括起伏噪声、间歇噪声和脉冲噪声。稳态噪声指保持一段时间内声压级以及频谱特性不变或其起伏变化几乎可以忽略不计的噪声。非稳态噪声指声压级与频谱特性不固定且变化显著的噪声。其中起伏噪声指在较大范围内声压级随时间以一定规律性起伏波动变化的噪声；间歇噪声指在某时间段内连续出现和消失，或数次声级降低至背景声级的噪声；脉冲噪声指由一到多个具有明显声压级峰值、单次持续不超过 1 s 的猝发声构成的噪声。脉冲噪声中，由一系列振幅相似且间隔不超过 0.2 s 的猝发声组成的称为准稳态脉冲噪声，波形振幅（近似）恒定的猝发声和瞬态衰变的猝发声统称为独立猝发声。

（二）基于强度特性

噪声的强度特性可分为低强度、中强度和高强度三种。需要注意这种强度等级划分具有相对性而非绝对的明确标准。根据人们通常的判断习惯，强度不高，长时间作用于人体也没有显著影响的噪声称为低强度噪声；强度较高，尽管短时间内无明显影响，对人体长时间累积作用具有一定负面影响的噪声称为中等强度噪声；短时间作用即可对人体造成显著负面影响的噪声称为高强度噪声。

（三）基于频率特性

根据噪声的不同频率可将其分为高频、中频和低频噪声，还可以根据噪声频率的宽度分为宽带和窄带噪声。低频噪声的典型例子有电梯、变压器、中央空调（冷却塔）及多数交通噪声，汽笛声是典型的高频、窄带噪声。

此外，还可以按照噪声来源和场景将其分为工业噪声、交通噪声、社会生活噪声以及航空航天噪声等等。

三、噪声参数

如表 8.1 所列，噪声的物理参数主要包括声压、声压级、声强、声强级、声功率及声功率级。以频率（或频带）为横坐标、声压级（或声强级）为纵坐标绘制的声音频谱图可以反映噪声的频率构成以及不同频率分布的强度特征。

表 8.1 常用声音参数

分类	名称	符号	说明	单位名称	单位符号
声音物理量	声压	P	声波在传播媒介中产生的压强	帕斯卡	Pa
	声压级	L_p	声压与基准声压比值的对数的 20 倍，$L_p=20\times\lg(P/P_0)$，P_0 是 1 000 赫纯音的听阈声压（2×10^{-5} Pa）	分贝	dB
	声强	I	通过垂直于声波传播方向单位时间内单位面积上的声能强度	瓦 / 米 ^{2}	W/m^2
	声强级	L_i	声强与基准声强比值的对数的 10 倍 $L_i = 10\times\lg(I/I_0)$ I_0 是 1 000 赫纯音的听阈声强，为 10^{-12} W/m^2	分贝	dB
	声功率	W	单位时间内声源辐射至环境的总能量	瓦	W
	声功率级	L_W	声功率与基准声功率比值的对数的 10 倍 $Lw=10\times\lg(W/W_0)$ $W_0=10^{-12}$ W	分贝	dB
声音心理量	响度	N	人耳对声音强弱的主观感觉，取决于声音强度和频率，基准音为 1 000 Hz 40 dB 的纯音，其响度为 1 sone，取基准音响度的倍数为感觉声音的响度	宋	sone
	响度级	L_n	等响于 1 000 Hz 纯音的声压级	方	phon
	音调		人耳对声音频率的主观感觉，以 1 000 Hz 40 dB 的纯音为基准，该基准音心理量为 1 mel	美	mel

人主观上对声音产生的感觉不仅由声音的物理要素决定，噪声对人的影响程度也不仅仅与其物理特性线性相关，而是无法通过单一物理量定量描述的，因此需要定义一些噪声的主观评价参数。

（一）响度与响度级

响度是人感受到的声音强弱程度，声音响度的大小由强度和频率决定，单位是宋（sone）。将 1 000 Hz 40 dB 纯音的响度定义为 1 sone，即若判断某声音的响度是 1 000 Hz 40 dB 纯音响度的 n 倍就表示其响度为 n sone。

将频率与强度相结合的响度级是一个主观评价物理量，反映了人对声音响度的主观感受。响度级同样基于声音与基准音的对比，将 1 000 Hz 的纯音作为基准音，某一声音给人的感受等同于某一强度的基准音，该声音的响度级就等于基准音的声压值，单位为方（phon），如 100 Hz 67 dB 的纯音等于 1 000 Hz 60 dB 的基准音，则该 100 Hz 67 dB 的纯音响度级等于 60 phon。

通常响度级（L_n）提高 10 方会使人耳感觉到响度（N）增大了 1 倍，二者之间的定量关系为 $L_n=40+10\log_2 N$。

（二）声级与等效声级

在测量噪声时，人们需要测量仪器提供可等同于人主观响度感觉的结果，因此根据人听觉灵敏程度因声音频率而异的特点，设计出一类噪声测量仪器声级计使用的特殊滤波器——计权网络。使用计权网络测定的叫作计权声压级或计权声级，简称声级（单位 dB(A)），是区别于声压级这一客观物理量的主观心理量，其中使用 A 计权网络测得的声级叫作 A 计权声级。A 声级的噪声强度具有与噪声所致烦恼程度、语言干扰级及导致听力损伤等相关健康危害等较强的相关性，在实际使用时对人主观噪声感觉能够真实反映，是噪声测量时常用的主要评价指标。

等效连续 A 声级又称等效声级（L_{eq}），意为一定时间内测量的 A 声级能量平均值，该指标反映了声级不稳定的非稳态噪声中人实际接收的噪声能量。测量评价环境噪声的其他指标还包括分别表示昼间时段和夜间时段所测等效声级的昼间等效声级（L_d）与夜间等效声级（L_n）。当表征非稳态噪声条件时，将某项反映噪声声级离散程度或变化幅度的量加入等效声级，所形成的指标更适于评价实际噪声给人造成的感觉，该指标被称为噪声污染级（L_{NP}），尤其适用于航空或道路交通噪声评价。

（三）噪度与感觉噪声级

噪度（N）的单位为呐（noy），是表示噪声引发的主观干扰感觉的物理量。将声压级 40 dB、中心频率 1 000 Hz 的 1/3 倍频程噪声规定为 1 呐的噪度。感觉噪声级（LPN）单位为 dB，表示人主观上的噪声吵闹程度，是一种相对度量方式，其定义为主观判定正前方方向与受试信号感觉噪度相等、中心频率为 1 000 Hz 的倍频带噪声的声压级。

即使同样属于噪声的主观衡量指标，噪度和感觉噪声级反映了噪声吵闹使人感觉烦恼的程度，而响度和响度级则仅表示人对“响”的感觉程度。

（四）NC 曲线与语言干扰级

语言干扰级用于评价噪声干扰言语对话的程度，在人与人当面谈话环境中，噪声中心频率取 500、1 000 和 2 000 Hz 三个倍频带声压级的算术平均值即得到语言干扰级。噪声语言干扰级不足 12 dB（即低于语音的有效声压级）则意味着对话语言可被正常人耳完全正确地听懂。

1957 年，研究人员基于噪声频谱分析，结合人听觉特征、等响曲线及语言干扰级发展出一组噪声干扰标准曲线，将其称为 NC 曲线（见图 8.1）。NC 曲线主要应用于室内环境，反映出噪声的语言干扰性，其同一条曲线上每个点的干扰程度相等；由于对人和人与人对话影响明显的是噪声的高频成分，NC 曲线的倾斜方向是从低频到高频逐渐降低。后来人们将 NC 曲线修订成 PNC 曲线，包含的频谱域由 63 Hz 扩大至 31.5 Hz，且与 NC 曲线相比，PNC 曲线整体约降低 5 dB，因此对室内环境背景噪声提出更高要求。美国常将 NC 曲线认定为美国的常用室内噪声容许标准，ISO 评价标准制定了与之相似的 NR 曲线（见图 8.2）。一般情况下噪声的各 NC 值范围对应噪声环境评价如表 8.2 所列。

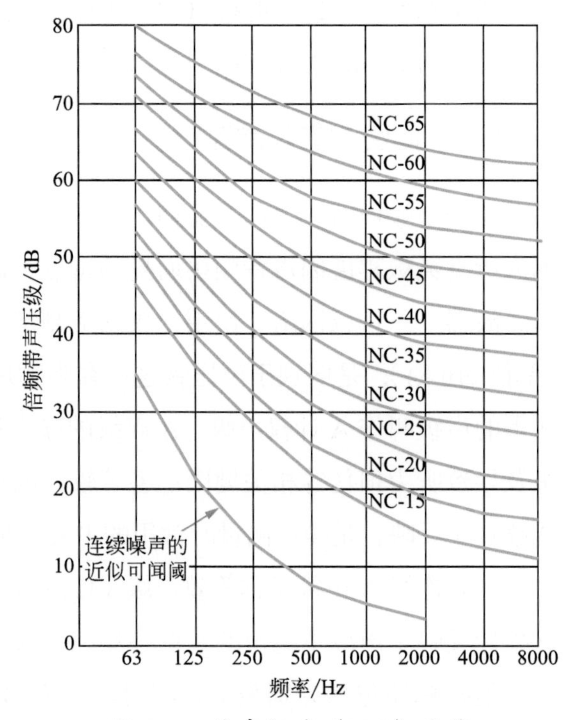

图 8.1 噪声标准（NC）曲线

表 8.2　NC 值对应的噪声环境评价

NC 值	噪声环境评价
20~30	非常安静，适合大型会议
30~35	安静，适合 10 米内距离的会话
35~40	适合 4 米内距离的会话，不影响电话通话
40~50	适合 2 米距离的普通会话及 4 米距离的稍大声会话，稍影响电话通话
50~55	适合 2 米距离的稍大声会话，影响电话通话，不适合会议
55 以上	会话和电话通话均困难

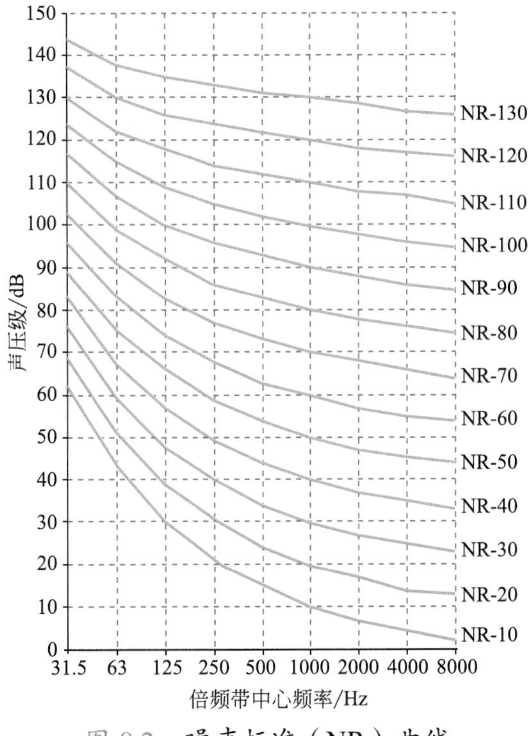

图 8.2　噪声标准（NR）曲线

预见性和控制感也是噪声心理指标的重要评价因素。人们倾向于忽略或适应稳定的、不易引起注意的噪声（如机器平稳的嗡嗡声），规律性爆发的噪声就会让人难以习惯从而产生不同程度的身心不适感，无法预判、无周期规律性爆发的噪声则让人几乎无法忍受。与其他应激物类似，是否被认为是一种威胁、人对其有无可控感也对噪声的心理评价有重要影响；只要人具备噪声防治的能力或条件，即使并没有进行实际处理，也会显著减弱噪声带来的负面情绪。

第二节　噪声环境的生理效应

噪声对人体生理可产生特异性效应和非特异性效应的两大类影响作用。噪声的特异性效应专指对听觉系统的影响，非特异性效应则是指对其他生理系统造成的影响。噪声会降低人的听觉敏感性，造成听阈的提高（又称听阈偏移），根据偏移的时间或强度特性可将其分为暂时性或永久性听阈偏移。

噪声消失后人耳听觉可完全恢复原本敏感性的听阈偏移成为暂时性听阈偏移，常以噪声停止 2 min 后的暂时性听阈偏移作为度量指标。噪声的频率、强度、暴露时间以及个体对噪声的敏感性等都是影响偏移程度的因素，通常高频噪声比低频噪声的影响更大。暂时性听阈偏移恢复时间由听阈偏移的程度决定，偏移程度越高就需要越长时间恢复。听阈偏移不超过 40 dB 时可在噪声结束后 16~18 h 内恢复正常。暂时性听阈偏移的恢复具有先快后慢的特点，快速恢复期在噪声停止后的前 2 min 内。

永久性听阈偏移指噪声导致无法完全恢复的听阈偏移（又称噪声性耳聋）。它可看作是暂时性听阈偏移的累加效果，受到噪声的频率、强度及暴露时间影响。永久性听阈偏移是一种渐进性的慢性听觉系统损伤，伤患的听力先从 4 000 Hz 处开始降低，再逐渐扩展至 3 000~6 000 Hz，最后全频谱听力受损。人在完全没有心理预期的情况下突然暴露于强度过高的噪声中（如超过 150 dB 的脉冲噪声），鼓膜会因内外产生过高的压力差而破裂，导致人完全丧失听力，这种情况叫作爆震性耳聋，也称声外伤。

人从接受听觉刺激到产生听觉是一个声波震动—电—神经冲动—中枢信息加工的过程。声波进入外耳到达内耳基底膜是一个机械过程，又称声学过程；基底膜毛细胞受到声波刺激产生细胞膜电位变化，然后发生化学递质释放，产生突触兴奋和神经冲动；中枢系统接收神经冲动后进行一系列信息加工过程完成感知。长时间强噪声作用会使大脑皮层功能紊乱，兴奋性与抑制性过程平衡被破坏，具体表现为头晕头疼、失眠多梦、疲劳心悸、记忆力减退等症状。在研究噪声对人中枢神经系统的影响后发现，职业原因有强噪声暴露的人具有上述症状的概率显著升高；调查统计显示，噪声持续接触人员中有高达 58.6% 的神经衰弱综合征患者，这一比例远高于正常人群。

除听觉系统以外，噪声的生理效应主要是危及人的消化系统、神经系统、心血管系统及其他各脏器。暴露于超过 70 dB 的噪声会影响人的作业绩效，导致暂时性听力下降或使人产生听觉疲劳；对要求注意力高度集中的作业，人员暴露的稳定噪声级不得超过 50 dB；超过 90 dB 的噪声会引发神经及内分泌系统功能紊乱，同时损伤心血管系统，导致听力受损和精神障碍；120 dB 为噪声的病阈，超过该阈值可引起耳聋。噪声对其他各生理系统产生的伤害具体包括下面几种。

（1）中枢神经系统：在长时间噪声的作用下，中枢神经系统大脑皮层发生兴奋抑制机能失衡，表现为异常脑电，产生耳鸣、头晕头痛、失眠多梦、疲劳心悸、恶心与记忆力衰退等神经衰弱症状。人的植物性神经系统容易因长期强噪声而形成功能紊乱。在调查近一万七千名作业环境噪声暴露的工人后发现，他们之中有 24.6% 为神经衰弱症候群阳性。调查统计显示，环境噪声强度增大会使神经衰弱症候群的阳性率增高，当环境噪声 80~85 dB 时为 16.2%，90~5 dB 时为 20.8%，100~105 dB 达到 28.3%。从脑电节律到神经行为功能都会因噪声作用而改变，噪声强度增高时人的消极情绪加大而积极情绪随之降低。

研究发现噪声使人发生脑电波 α 节律振幅的异常变化。根据情绪中枢相关理论，人类情绪活动特性由下丘脑、海马、杏仁核及额叶新皮层互相之间的功能关系决定，噪声刺激神经系统时相当于间接作用于情绪。问卷研究中的噪声暴露组与对照组相比，被试负性情感因素（包括焦虑、紧张、愤怒、烦躁、疲劳等）得分更高，且表现出明显的剂量—反应相关性，特别是当被试暴露的噪声强度超过 95 dB(A)。研究噪声的心理影响时，工人填写 SCL-90 症状自评量表，结果显示在高强度噪声下工人感到身体不适，同时产生焦虑、悲伤、等不良心理反应，容易产生人际敌对情绪。

（2）消化系统：消化机能可在强噪声刺激下减退，此时胃酸等消化液分泌及各种胃功能紊乱，胃张力减弱，由于无力蠕动而使胃排空变缓，因而发生食欲不振、消化不良，进而导致营养不良。通过动物实验发现，动物在 115~125 dB 的噪声中有 30% 出现胃消化液分泌功能减退，30% 出现胃收缩能力下降。胃病常见于海上作业人员，根据流行病学调查，有 10.3% 的舰员患有功能性消化不良，其中噪声因素占病因的 57%。

（3）内分泌系统：中等强度（70~80 dB）噪声可使人产生应激反应，肾上腺皮质功能增强，去甲肾上腺素和肾上腺素分泌增多；这两种激素负责调节机体葡萄糖代谢，与心血管系统关系密切，其水平升高引发心率加快、血压上升等现象。噪声暴露使人随尿液排出的肾上腺素、17- 轻皮质类固醇及儿茶酚胺增多，血液中红细胞数量和血管紧张肽原酶活性下降。在研究中使小鼠每日暴露于 95 dB 的噪声 4 h，连续作用 6 d 后小鼠体重中的脾和胸腺重量占比以及脾脏淋巴细胞显著减少；若连续暴露于 98~112 dB 噪声 10 d，小鼠巨噬细胞吞噬功能明显受损，T 淋巴细胞转化、血清溶菌酶及血浆皮质酮含量减少，胸腺、脾脏萎缩。众多研究发现噪声致女性内分泌紊乱的结果包括月经失调，卵巢组织缺氧及功能障碍，可破坏受精卵及早期胚胎，增大自然流产或早产的概率。

（4）心血管系统：所受影响主要导致心率、心电、血压及心脏泵血功能改变。噪声对心血管的影响主要分为两种，一种是即时效应，也就是噪声刚开始作用时引发的机体保护性反应，这些反应包括交感神经兴奋、心率加快、心脏血液输出增多、收缩压上升，且这些反应会随着噪声增强而越发明显。受噪声作用时间延长后，机体应激反应逐渐消退后产生心血管系统机能抑制，表现出心率下降，心输出量减少且收缩压降低。还有一种慢性损伤效应（或称远期效应）表现为脉搏、血压波动以及心电图的缺血型变化。

（5）前庭和视觉系统：人在前庭器官受到噪声刺激时会眼球颤动并感到眩晕，严重情况下产生躯体平衡与空间定向功能障碍。另一方面，噪声导致瞳孔散大，视野因而向心缩小，视力的清晰度、敏感度及调节敏捷性减弱。噪声还可以使人视觉致幻，例如，人在观察竖直垂挂的细线时，受到噪声作用影响就会认为看到的直线逐渐远离刺激声来源方向；在噪声环境中观察空中的明亮光点则感觉相反，即认为光点朝刺激声大的方向逐渐靠近。

武器装备可产生典型的脉冲噪声，对人体主要造成听觉系统周边听觉器官（中耳、内耳）损伤，常导致急性的中耳内耳混合伤，一般不对中枢神经系统致伤。对中耳损伤来说，轻伤表现为鼓膜和鼓室充血或出血，严重者可发生鼓膜穿孔，听骨骨折、移位；内耳损伤通常始于第二蜗周，情况严重时第一、三、四蜗周也受到影响。中耳和内耳即使同时受到损伤，伤情也可能并不平衡，可能一方损伤更严重、另一方损伤极轻甚至未损伤；但无论损伤的是中耳还是内耳抑或是二者混合损伤，导致的结果都是听力损失。

脉冲噪声造成的听觉系统损伤由压力峰值、持续时间（即脉宽）与发数（次数）决定。以豚鼠为例，对于发射持续时间为 10 ms 的火炮，其压力峰值安全阈为 165~166 dB；对于发射持续时间为 300 ms 的导弹，其压力峰值安全阈为 157~159 dB；这些换算成人的安全压力峰值时要高出 5~8 dB。噪声持续作用时间延长 3~4 倍或发数增加 3~5 倍，听觉损伤加重一级；持续时间每延长 10 倍或发数增加 10 倍，压力峰值安全阈降低 5 dB，反之则升高 5 dB。

第三节　噪声环境的人体作业能力

一、噪声的心理效应

人产生的噪声主要心理效应是烦躁感，不超过 50 dB 的噪声中人依然感觉是安静的；80 dB 的噪声会使人感到吵闹，高于 100 dB 则令人无法忍受。噪声的心理效应多种多样，主要表现在两方面。

（1）噪声心理效应最主要表现的方面就是烦躁不安等各种不愉快情绪。不仅是噪声本身的物理特性，个体对噪声的敏感程度及环境中其他要素也会影响噪声所致烦恼程度。噪声的物理要素包括声强、声强波动、频率、频率波动、持续时间等，它们通常与烦恼程度正相关；与持续性噪声相比，间断噪声和脉冲噪声导致更高的烦恼程度，且间歇性越不规律引发的烦恼程度越高。

一般在其他条件相同时，高频比低频的噪声更使人烦恼；也有研究发现，尽管在言语清晰度方面高频噪声的影响更大，对声环境满意评价或烦恼程度来说，高频和低频噪声并不存在明显差异。另外，低频噪声具有更强的穿透力和更慢的衰减速度，在室内结构传递过程中损失更小，因此不能轻视低频噪声引发的烦恼度；特别当其他背景噪声不明显时，舱室仪器设备的低频噪声是休息人员的重要干扰因素。

噪声引起的烦恼程度还与其必然性及利益相关性有关。可控的或可预见的噪声相对引发的烦恼程度较低，这解释了人容忍自己制造的噪声比容忍他人发出的同等强度噪声更加容易的现象。噪声内容是否具有意义是影响其厌烦度的一个重要因素，研究发现，工作环境中人们普遍最厌恶的噪声是周围人的谈话声。

人正在执行的任务类型与难度也影响噪声的实际干扰。噪声一般对简单体力劳动的影响较弱，但对于要求注意力高度集中或难度较高的脑力劳动，人极易因噪声而无法集中注意且记忆力减弱，因而效率降低甚至失误。一些人对噪声有更高敏感性，相对于别人而言这些人在噪声中产生更强烈的反应，表现出更烦躁的状态，同时容易产生心理障碍。

噪声的作用时间及地点也显著影响其干扰程度，与工作日或昼间时段相比，噪声发生于夜间时段及周末会引起人更严重的烦躁情绪。部分国家在相关标准中规定了更低的夜间与周末时段噪声声级标准值。同样，医院、居住区、商业区、工业区等不同功能区域具有不同的噪声水平限定标准。

（2）不可控噪声使人的环境应激压力水平升高，将导致人的社会性线索敏感程度下降，易产生环境人际负面情绪和反应。噪声在人际交往、助人及攻击倾向等方面影响人的社会心理行为。

人的言语会话声可能被强背景噪声掩盖，此时言语清晰度差导致沟通交流困难；同时人们会因听不清彼此说话声而被迫提高音量、大声喊叫，这种状态下人变得易怒，影响到正常人际交往。有研究显示噪声使人际吸引力减弱，人与人社交距离变大，使个体的一些原本情绪和反应放大化、极端化。产生诸多社会交往方面的影响可能是由于噪声的出现增加了环境信息量，个体面对过载的信息负荷不愿接收更多刺激信息，降低对其他信息的关注度，或者由于信息过量，个体的注意力资源减少而只能注意部分信息。

根据社会心理学研究，人在本身心情愉快时才会更愿意为他人提供帮助。噪声使人易怒或烦躁，从而影响助人行为，因此噪声对于团队合作会产生负面影响。

人并不会因为噪声而直接产生攻击性，但噪声会提高人的唤醒水平，使人更具有攻击行为情绪，也就是仅会因明显提高唤醒水平而增强人原本已产生的攻击意图及行为。因此，噪声对攻击行为的影响与其对助人行为的影响相似。其影响因素包括噪声强度、可预测性及可控性。难以预见的突发高强度噪声尤其容易使人难以集中注意力，长时间暴露还会缩小人的注意范围；无法控制的高强度噪声将影响保存和提取记忆信息的能力，让人更容易注意到烦躁的事物与情绪并回忆使之感受负面情绪的事件，甚至形成扭曲记忆。

二、噪声对语言交谈的影响

噪声对语言交谈过程中的说话和听话均产生影响。

人在噪声中交谈时不自觉提高音量。环境噪声升高 10 dB 会导致说话者音量自然升高 3~6 dB；人的语速会因环境噪声升高而减慢，咬字发音特别是元音延长；受噪声影响的发音力度加大造成声音基频提高，语音的能量偏向高频率，第一共振峰的频谱升高。当环境噪声较低时，人一般将言语发音清晰度增加 6%~8%；但环境较高会迫使人说话大声喊叫，发音肌肉太过紧张造成发音准确性波动，清晰度反而降低。噪声还将影响谈话的持续时间，研究发现人使用 78 dB 的音量只能维持短时间谈话，还有结果说明以 90 dB 发音超过 70% 的人都会产生病理性反应，而几乎所有人使用 95 dB 音量均产生病理性发音。

环境噪声由于掩盖语音而影响人听对方说话。在研究噪声环境中的语言识别后发现，语言识别率随信噪比增大而提高。以噪声强度为参数，信噪比高于 5 dB 时，识别率能超过 80%；以语言干扰级为参数，10 dB 的信噪比对应超过 80% 的识别率。正常对话交流需要保证单音字识别率达到 70%~80% 的范围，若识别率不足 60% 则对谈话影响较大，低于 40% 则谈话无法进行。

舰船内信息交流传递的一种重要方式就是语言及声音信号，遇到紧急情况时人员无法正确理解语言或警报信号带来的后果将非常严重。舱室噪声对人员谈话和辨认音响信号产生影响，部分舱室内噪声过强使人员难以正常谈话，而无线电室、声纳室等若环境噪声过高会导致信号错收、漏收。综合各研究结果，发现一般满意的通话需要舱室环境噪声低于 50 dB，50~70 dB 是通话的基本保障，到 70~80 dB 就会产生通话困难，高于 90 dB 时人员大声叫喊也仅能被勉强理解。在不足 55 dB 的环境噪声中电话通话能清晰辨别语音，65 dB 时辨别稍有困难，到 80 dB 就相当困难，而 85 dB 以上的噪声对通话产生严重干扰。

三、噪声对作业绩效的影响

噪声通过产生生理和心理效应而影响作业绩效。一方面，噪声直接干扰听力和辨识声音信号，使听觉类作业绩效下降；另一方面，噪声带来的生理和心理效应使作业人员认知注意或信息处理传递水平降低，因而影响作业绩效。

结合噪声本身参数特性、作业人员自身特点、作业任务种类和难度等因素，难以直接判定噪声对作业绩效的影响。大量相关研究得出几点关于噪声影响工作绩效的结论：高于 95 dB 的连续性稳态噪声会降低操作作业绩效，低于 95 dB 的噪声会干扰操作作业，特别是有记忆要求的作业；与同强度持续性稳态噪声相比，突发性或间断性的非稳态噪声干扰作业绩效更加明显；频率高于 2 000 Hz 的噪声比低频噪声对作业绩效的影响更严重；噪声一般明显影响作业质量，升高错误率，但并不降低人员的作业速度；噪声对要求复杂知觉能力或信息处理过程难度较高的作业任务绩效干扰显著，相对不会明显干扰甚至可能一定程度上促进常规的简单操作作业，如类似背景音乐的中等强度噪声有助于单调作业的进行。

人在高频听力受到影响的情况下辨声困难，产生语言交流障碍，特别是在背景噪声存在时难以听懂一般的语言，甚至可能无法继续对话沟通。长期暴露于噪声环境的生理和心理效应还包括头骨、牙齿、躯干和肢体骨骼、肌肉及软组织振动；耳鸣耳痛，头痛，视觉模糊；感到恐惧不安；易于疲劳等。另外还有一种“超声疾病”引发头痛。噪声所致问题不仅受到噪声的物理特性（强度、频率、持续时间等）影响，还与人员的个体心理情绪状态、其他环境条件因素及作业内容性质等有关。

除了占用较多记忆或注意资源的分析类任务，需要细致肢体活动、需要语音传递信息或声音信号辨识、需要连续性监视、需要保持持续警觉以及多任务并行作业都容易被噪声所干扰。被试在 80~91 dB 的噪声环境中进行视觉运动反应实验时，错漏率明显升高。噪声会明显干扰人监听或监视波动的声音及图像信号，在同时追踪、查找多目标时容易失误。实验显示噪声明显影响人辨别光信号和进行数学计算的效率。实验研究发现，人暴露于超过 95 dB 的高噪声时，其视力的灵敏度、对比辨识能力和眼动，运动能力，简单的反应时、书写等任务受噪声影响程度低。在一项研究中利用语言、沉默和五种蒙面掩蔽声音（过滤、通风、器乐、声乐及泉水的声音作背景噪声）在开放式办公室环境中，对 54 名受试者进行注意力掩盖与分散，发现与静音的环境条件相比：受试者的短期记忆能力在语言和声音掩蔽条件下基本都会减弱；而受试者的主观工作量评价和声学满意度体现出，与语音条件相比，掩蔽语音条件比语音条件起到了工作条件提升效果。

四、装备噪声对作业能力的影响

人普遍的生长发育环境都具有一定的本底噪声，可以一定程度上适应各种环境噪声。长时间过于安静或突然过分寂静的环境则会使人感到紧张甚至是凄凉和担忧，人在完全安静的环境中工作时，会产生上述负面心理，对作业能力产生影响，因此环境噪声过低过小也会成为问题。装备舱室中适当的温和噪声实际上对人员的工作及生活有益，如空调风机等设备低强度的稳态噪声或和缓的背景音乐都具有掩蔽非稳态噪声、降低其对作业人员注意力分散和惊扰的作用，特定情况下这些温和噪声还可以起到提示作用，维持个体在作业过程中较高的唤醒水平。公共场所中温和的背景乐或噪声能够掩蔽该场所中的轻声谈话，有利于维持该环境中一定的个体私密性。

听力损失是重型装备作业人员常见的健康问题，危及武器装备人员的作业能力，降低整体战斗力。长期受到高强度噪声作用，人大脑皮层兴奋和抑制机能失衡，造成注意水平降低和情绪起伏大，容易烦躁、激动、愤怒，同时思维反应力、警觉性下降，学习能力、记忆水平、认知能力、逻辑推理与空间想象能力发生变化，这些都最终导致作业能力和绩效降低。听力损失还致使人面临作业警报信号时反应敏捷性下降，对听觉信号和干扰信号辨别能力减弱，无法对声源进行准确辨识、侦测和定位，这样在紧急情况下将造成装备和人员安全事故。作业人员无法听清语言和声音信号将损害武器系统发挥整体效能。

各种机械、电磁设备与武器装备带来的噪声是造成装备环境不舒适的主要因素之一。装备舱室的噪声声源多样、频谱宽、强度大且长时间持续作用。随着近年来武器装备不断发展更新，其吨位、功能及动力装置不断提升，噪声问题还没有得到良好解决，甚至在部分装备内更加严重。舰艇舱室的生活环境密闭单一，几乎所有人员都会因舱室噪声引起烦恼；21% 的美国舰船轮机部门作业人员患有严重听力损伤，40% 的雷达无线电相关作业人员出现听力损伤问题，这一比例在人群中随服役年限而升高。

已知长期暴露于高于 90 dB 的噪声环境将导致听觉系统器质性病变而产生听力损失。曾对装甲部队车辆人员进行测试，发现 59 式中型坦克驾驶员持续 4~6 h 作业后听力降低 15~30 dB，完全恢复需要 20~24 h 小时方能恢复；63 式履带装甲输送车驾驶员持续 3 h 作业后高频听力降低 20~50 dB，整体听力同样显著下降，大部分人 18 h 后听力未能完全恢复，个别人员恢复原本听力甚至需要 3 天。装甲车辆乘员中 36.9% 患有各种程度的听力损伤，少部分人员的听力损伤涉及语言频率范围；由于噪声会对身体其他组织器官产生影响，乘员整体健康水平随服役年龄而降低。

研究发现作业人员同时暴露于噪声和高温环境条件会影响其神经行为功能。噪声暴露人群的神经行为功能变化甚至先于听力发生改变，而噪声与高温的协同作用可能会进一步降低人的情感、视觉及简单反应时等相关项目指标。模拟船舱环境实施噪声和温度条件对人员工效的影响实验，测试评估包括听力、听反应时、视反应式、视觉辨别、记忆扫描、注意广度、运算能力和肛温等指标参数，结果表明一定高温条件下增大噪声级会延长个体的视、听反应时。

在一项分别对 166 名歼击机飞行员及 410 名机务人员听力水平的长期跟踪研究中发现：飞行员和机务人员存在普遍性高频听力损伤现象，其中两类人群的高频听力损失比例分别占到 53.6% 和 46.1%；将飞行员与机务人员根据年龄分组，发现其高频听力损失的年龄相关性之间具有明显差异，并且机务人员的语频损失均值比飞行员更高，这两方面差异均具有显著性意义。综合结果可得出结论：飞行员和机务人员群体中高频听力损失十分常见，损失情况随飞行时间累积而严重；机务除了高频听力损失还存在更为明显的语频听力降低。

通过实验手段分析飞行过程中噪声对飞机驾驶员畸变产物耳声发射的影响，发现随着飞行时间增长，畸变产物耳声发射幅度在减小。受稳态噪声影响，外毛细胞主动活动性减弱，导致飞行员即使听阈仍属于正常范围，也已经产生了一定的听觉敏感性损失。飞行员在稳态噪声作用下先高频听力、后中低频听力受到损伤；另外，即使处于相同的噪声环境中，不同个体会产生不同的噪声损伤反应，且差异性较大，约 11% 的人具备噪声损伤抵抗性。畸变产物耳声发射的测定结果具有较强的纯音测听相关性，其优势是对于早期听力损伤的测定更加敏感。因此，通过研究得以确认，飞机驾驶室的高强度噪声造成的飞行员听力损失随飞行时间而增加。

情景意识是一个综合性概念，可对人处于特定环境中掌握和控制任务、操作及个体状态的情况进行评价。情景意识的经典理论将其分为感知、理解和预测三个层次，这种分类具有相对性。飞行员需要随时对驾驶舱内的各项状态信息做出判断和一定预测，舱室噪声造成飞行员的生理和心理状态变化，按照如下的具体影响机制直接或间接地影响其情景意识水平。

1. 影响信息感知

无论何种声音信号有可能受到其他声音的掩蔽作用，被掩蔽的情况取决于信号本身和掩蔽声音的强度与频率，相对而言高频声音被低频声音掩蔽的可能性更大。舱室环境噪声容易造成有效声音信号掩蔽，使作业人员错听漏听。根据前述的噪声对人的生理影响，长期在噪声环境下作业人员会产生暂时性听阈偏移，且视觉运动反应受到抑制，因此其视听信号的接收都受到影响。噪声给作业人员造成的心理影响使其注意力集中水平具有不确定性，其注意力可能易分散而导致对信息的感知缺漏或滞后；另一方面作业人员可能因神经系统受到刺激而注意力更加集中，减轻疲劳和倦怠感，从而更快速和准确地感知信号。

2. 影响信息理解

信息在被作业人员在感知到以后以短期记忆的形式储存在知觉当中。神经中枢对接收的信息进行处理，包括将信息与长期记忆进行比较和关联，最终做出处理决策（即完成信息理解）。知觉器官在该过程当中依然受大脑控制而接收外界信息（包括噪声），所以舱室噪声始终会影响信息的感知。

3. 影响状态预测和动作执行

人在完成信息处理后会做出相应决策，也就是判断和预测状态。为进行预测，大脑会将处理的信息与自身原有知识经验相结合，即进行长期记忆与短期记忆的匹配，做出决策后对机体具体部位发出动作执行指令。

第四节　噪声舒适性设计方法

一、基本噪声控制

噪声从源头上来自物体振动，噪声源就是产生振动的物体。噪声源根据发声机理可分为机械噪声、空气动力性噪声与电磁噪声。

机械设备运转时部件之间彼此存在摩擦力、撞击力等非平衡力，设备部件与壳体结构产生的振动辐射噪声就是机械噪声。机械噪声的物理特性（包括声级、频率和作用时间等）受噪声的激发力特性，噪声源振动的模式、速度及边界条件等因素影响。发动机、齿轮等就是机械噪声的典型及重要来源。

空气动力性噪声来自于气体流动过程中本身受到的作用或气体与固体介质的相互作用。气流的压力、流速等因素决定了空气动力性噪声的特性。气流噪声中发动机排气和空调送风噪声都是常见的空气动力性噪声。

电磁噪声来自电磁场变化时引发的机械部件或空间振动。当电源不稳定时，发电机的定子、转子可被激发振动而产生电磁噪声。电磁噪声的特性关系到交变电磁场特性、振动部件及空间的形状、容积等因素。典型的电磁噪声包括变压器和霓虹灯镇流器等产生的噪声。

噪声的形成过程可简化为“声源—传播途径—接收者”，干预和控制噪声可从这三方面分别采取措施。根本上来说应对噪声源进行降噪；若技术上难以实现或经济成本过高，则应限制或切断噪声的传播途径；若仍无法解决噪声的干扰问题，应采取针对接收者的个体防护措施。

（一）控制噪声源

降低噪声源发出的噪声强度，主要方式是提升设备性能，如提高维修保养的频率和力度，减轻设备日常运行时的振动、外部撞击及摩擦，改变噪声声源的频率、方向等物理特性。以合理方式在合适位置安装设备，将噪声的发声方向与传播方向错开，同时尽量使噪声源与其邻近传递媒介不发生耦合。设备基座是重点改进对象，在基座处设置减振装置或使用含有橡胶、毛毡、弹簧等减振消声材料作为基座隔层。对噪声源采取封闭隔声措施也是一种有效手段，具体包括安装隔声罩或设置单独的隔声空间将噪声源整体与外界隔离，降低设备向周围环境的声辐射。

（二）控制噪声传播

在切断噪声传播的途径方面，可以选择安装遮声、隔声或吸声材料，使噪声在传播过程中更多地衰减。室内环境中通常选取吸声材料敷设于墙壁，能起到降低声波反射、调整混响的作用，使语音信号传递更清晰。

（三）接收者个人防护

相对于前两种措施来说，噪声接收个人防护措施最为经济便捷，可利用头盔、耳罩（耳塞）等个人防护用具，并通过作业人员轮班工作制度减少个体的噪声暴露。

（四）主动消噪技术

上述三种噪声控制措施都是传统的被动降噪措施。近年来新兴的主动消噪技术基于对噪声的频谱分析，主动制造一个新噪声使之与原本噪声频谱相同且位相完全，从而抵消原有噪声达到降噪目的。

二、舰艇舱室噪声舒适性设计

（一）舰艇噪声

舰艇在海上作业时，舱内大部分噪声均由机械设备制造的振动噪声经刚性连接在船体上传播，主要噪声源包括发动机噪声、推进器（螺旋桨）噪声、辅助机械噪声与水动力噪声，此外还有舰艇舱室的空气辐射噪声等。

柴油机的动力性噪声是舰艇上强度最大而消除难度最高的一种，主要分为排气进气噪声、表面辐射噪声和结构噪声。排气噪声主要在柴油机的排气系统内部产生，其内部产生的高温高压气体在柴油机高速旋转时直接或间歇排放而形成噪声，经由舰体结构传递抵达上层舱室，因而上层舱室难以避免受到排气噪声影响。进气噪声是空气在进气系统内产生不均匀空气流脉动产生噪声，主要通过通风机把噪声辐射至周围产生空气辐射噪声。一般排气噪声要远高于进气噪声。

柴油机表面辐射噪声主要是机体结构噪声，可分为燃烧室噪声和机械振动噪声。燃烧室噪声是柴油机运转时气缸内高压燃气产生的振动。这种振动从燃烧室中心向四周传递，经过气缸盖、活塞等部件，最终传递至机体表面的振动辐射产生噪声。柴油机运转时，配气系统和燃油系统中各种部件做功时彼此相互摩擦和碰撞，产生的振动辐射生成机械噪声。结构噪声则是机体振动引发的结构振动在机体内传递到至表面转化为空气噪声。由于上述噪声的贡献，发动机机舱是舰艇主要的噪声源舱室；舰艇上最基本的噪声源是结构噪声，故而合理控制和消除机舱噪声意义重大。

舰艇的另一个噪声源是螺旋桨噪声，相比柴油机噪声还是低得多。近年来经济社会的快速发展使舰艇发电机特性不断上升，功率随之增大，形成的螺旋桨噪声问题越来越不容忽视。舰艇在海上航行的过程中受到海水无规律拍打，局部产生的激励振动辐射到周围海水和空气介质中，产生的噪声是水动力噪声。辅助机械噪声来源于辅助机械设备，包括安装在控制室或生活舱室附近的泵、风机、锅炉等。一般它们功率不高，因此产生的辅助机械噪声较低，然而若不对辅助机械采取一定的降噪措施，其作为噪声源依然会产生突出问题。

舰艇噪声可按照不同传播路径分为空气辐射噪声和结构振动噪声。简单来说，空气辐射噪声就是噪声源以空气辐射激励的方式，直接使噪声通过紧邻或附近的门、窗、天花板、舱壁等在空气介质中传递至其他舱室；结构振动噪声指噪声源以结构振动激励的方式，先传递至一定位置，再以噪声辐射的形式经由天花板、舱壁等继续传递。通常小型舰艇上以空气辐射噪声源为主，而大型舰艇由于其具有先进的动力性能，结构噪声产生的影响远比空气噪声更加显著。

普通企业和一般军事作业人员都可能在噪声环境中工作长达数年到数十年，但每日工作时间通常在 8 小时左右，离开工作环境就能在相对安静的环境中得到充分休息。舰艇人员受限于受服役规定及训练、作战任务等因素，总体噪声暴露时间可能远远短于一般作业人员，然而舰艇各个舱室内都具有较高的噪声水平，使他们无论工作还是休息时间都暴露在一定的噪声之中。加之相对恶劣的居住环境条件（振动、高温、高湿、风浪导致船体摇晃等），人员始终难以获得良好休息，噪声对人影响的累积效果就格外显著。另一方面，《工业企业噪声卫生标准》与《军事作业噪声容许标准》重点考虑到对作业人员的听觉保护，却忽略了噪声对特种作业尤其对注意力水平要求高的脑力作业工效的干扰，更没有纳入噪声对睡眠健康及通讯有效性的影响。因此，应当充分考虑舰艇作业环境的极端特殊作业情况，为部队人员制定健康和工效保障的噪声暴露限值标准。

为了防止舰艇舱室噪声对舰艇人员的危害和保证舰艇人员的工作效率，促进造船工业噪声控制技术的发展，国家军用标准 GJB 153.1—86《水面舰艇舱室噪声级限值》于 1987 年起实施。标准制定基于噪声对听觉、通讯、作业绩效及睡眠的影响。在制定卫生标准时尽管不可能以最佳值为追求目标而不考虑现实条件的限制，也不应只强调能力和条件限制而降低标准要求；各方面应就海军现有舰艇的舱室噪声问题引起思想上重视，适当完善和更新标准，敦促改进设备和舱室布局等方面设计，并在舰艇内采取适当的先进隔声消声方法，有效降低舰艇舱室的噪声水平。

（二）舱室降噪措施

控制舰艇舱室噪声最常见的方法为使用吸声技术，具体而言主要是应用吸声材料与吸声结构。吸声技术本身的局限性在于它是根据反射原理在噪声传递时将其反射至吸声材料内部，然而该过程不起到消除噪声直射传递的作用，而是利用声波与材料内部的空气摩擦以热量形式散发。因此，吸声技术基本上会在舱室的天花板和壁板表面或内部敷设吸声材料或者设计安装吸声结构，达到对舱室的降噪效果，即消减舱室内的反射噪声而无法有效处理直射噪声。

对舱室进行吸声技术降噪设计时，首先确定目标舱室未经任何控制干预的各个倍频带对应的声压级；再将舱室各倍频带下的声压级对照标准，确定其需要降低的噪声量；然后选取目标舱室的吸声系数；最后选择吸声材料类型，设计安装敷设的位置及数量。按照结构种类，吸声材料可分为如下几种。

（1）多孔吸声结构，最常用的包括矿棉、玻璃棉、毡类、聚氨酯类泡沫塑料等。多孔吸声的主要特征是材料内部具有许多不规则直径的孔或微小气泡，它们在吸声材料内部相互贯通，赋予材料极强的通气性。将该材料敷设在舱壁板表面时，噪声射入吸声材料后，产生的反射波部分直接由吸声材料反射，另一部分通过孔或微小气泡扩散至材料内部，大部分以摩擦产生热量的形式消耗掉，因而实现降噪目的。

（2）共振吸声结构，最常用的是穿孔板共振与薄板共振吸声结构，前者是在板材上开始孔洞形成一些空气腔，后者指将薄板敷设于舱壁之上，在薄板与舱壁板间形成一定的吸声间隙。

（3）微穿孔板吸声结构，最常见的形式是材料内部金属板上开设一些小孔形成微小空气腔，使材料产生较高吸声系数及较宽频带。

舰艇舱室降噪的另一有效手段是隔声，其原理为当噪声在传递过程中遇到舱壁结构或隔声装置材料时，材料介质阻抗的变化使噪声声能被反射或吸收并传递至邻近其他位置，因而隔声技术利用了能量的吸收和消耗原理实现舱室降噪。隔声技术的使用通常能够有效降低空气噪声而无法消减结构噪声。舰艇上常见隔声方法为运用由金属外壳、隔声件（面板、阻尼层、吸声材料及穿孔护面板）、弹性结构与冷却系统等部件组成的隔声罩。

（三）根据舱室功能的噪声舒适性设计

可根据各种舱室的具体需求，对所有作业环境的舱室噪声种类进行划分。然而，舰艇航行过程中可能会经历突发状况，或在执行特定作业任务时形成与舱室平时噪声不一致的条件状态，所以舱室噪声的分类适用于通常的稳态舱室状况，对于冲击或推进状态则可能不适用。如表 8.3 所列，国际海事组织（IMO）颁布的 A468(Ⅻ)文件对海上航行舰艇的各类舱室噪声级规定了针对性限制。该标准的最新修订于 2017 年开始实施，将居住、休息类舱室的噪声级限值进一步降低 5 dB。控制室 / 驾驶区由于需要舰员精神高度集中进行脑力劳动，对噪声的控制标准当属于全舰最严格水平。

表 8.3　IMO 对舰艇噪声的限制值

部　位		噪声级 dB(A)
机舱区域、工作舱室	值班机舱区域	90
	无人值班区域	110
	控制室（集控室）	75
	专用工作舱室	85
	非专用工作区域	90
驾驶舱室	驾驶室、海图室	65
	监听哨（包括驾驶桥楼两翼侧和窗旁）	70
	雷达室	65
	通讯室	60
生活区域	居住舱和医务室	60
	餐厅	65
	娱乐室	65
	敞开式娱乐区域	75
	办公室	65
后勤舱室	厨房	75
	配菜室	75
非工作区域	无专门指定用途空间	90

舰艇噪声源所产生的噪声主要有两种途径传播。一种是通过空气进行传播，称为空气噪声，主要在声源所在的舱室内传播，也可通过门窗、空隙和通道等向其他舱室传递。另一种是通过舰体结构传播，称为结构噪声。结构噪声是振动经由舰体结构传递至其他结构表面因振动辐射出的噪声，它可以通过基座、板架、船壁和船体外板等

传递。控制室内噪声源较少，噪声污染主要是来自于舱室外的空气噪声和结构噪声，因此主要的降噪工作是针对噪声源与传播途径进行干预控制。

控制噪声源主要针对容易产生高强度振动及辐射声的机器设备。设备结构噪声需要的减振或隔振技术一般是降低结构的振动能量输入，而对于设备空气噪声的常用处理方式是隔声吸声技术；控制前者是降低了舱室空气噪声的能量输入，后者则是增大空气噪声的能量损耗，二者最终都会减少空气噪声。

控制舱室噪声的传播途径首先需要分析噪声的主要能量来源及频域、空间分布状况，根据分析结果针对性选取降噪方式，其中吸声降噪和阻尼减振最为常用。根据吸声材料的结构性质可将其分为四类：多孔吸声、薄板共振吸声、穿孔板共振吸声、特殊吸声（如吊幕、吸声尖劈等）。常用吸声材料一般为多孔吸声材料，具有良好的隔热保温作用，被称为隔热或绝热材料。多孔吸声材料一般是中高频吸声系数比较大，低频段的吸声系数比较小。由于舱室壁的钢板吸声系数非常小，一般在舱室内壁上敷设吸声材料，从而降低噪声反射并减弱室内混响声。隔声技术也在舰艇上应用广泛，最常见的是以隔声措施为主将控制室隔离出一小块空间，达到闹中取静的目的。根据实际需求情况可用隔声材料制作隔声构件（如隔声门、墙、窗等），隔声结构是由隔声构件组合形成的特定结构，包括隔声罩和隔声间等。

对除控制室外其他舱室特别是含有主要噪声源的舱室，可以实施如下几方面的控制措施：

（1）使用低噪的机械设备及动力装置。

（2）舱室功能布局总体设计时，尽量将居住舱室安排远离噪声源。为机舱安装双层门，将储藏室、卫生间等布置在机舱旁边用于隔离噪声，都能起到将居住舱与机舱隔离的效果；使高噪声源位置集中，在设计结构和机器布设时注意避免共振现象发生。

（3）对不含有噪声源的舱室可采取的一种有效降噪手段是使用吸声措施，如在舱室天花板和内壁墙壁敷设吸声材料，安装吸声结构或吸声体。

（4）一般隔声壁选用刚性材料（钢板、铝板等），为进一步提升隔声效果可使用双层壁，加入吸声材料或设置空气夹层；为噪声源安排专门的隔声罩或隔声室等，还可以针对个别外形相对规则、体积不过大的高强度噪声源定制隔音罩，降低噪声的向外辐射；在振动机械设备附近敷设阻尼，为其安装减振底座以消减结构噪声。

（5）控制空气动力性噪声的常用措施是消声器。舰艇上消声器主要针对主机、辅机的进、排气系统，包括增压器及通风空调系统设备。

（6）做好个人防护，若人员的噪声暴露高于作业安全规定限值，必须采取个体听力防护措施，应在相应区域设置听力防护警示标志，标志上的附加信息应解释说明保护措施。

由于舰艇在投入使用后各个舱室的功能基本固定，舱室中人员的行为也因此相对固定。机械设备运行及人的行为都关系到舱室环境噪声的产生，人为活动噪声（如敲击键盘、翻书、咳嗽等形成的噪声）与人的习惯和为了完成任务而做出的行为有关。舱室空间设计还包括对工作、生活时人与人之间距离的设计安排，以此降低人员行为产生的噪声及对他人的影响。

（四）舰艇人员听力保护

美国海军舰艇人员的听力保护技术和管理措施值得借鉴，包括以下几个方面：

1. 规定听力保护相关人员责任

美国海军明确了与听力保护工作的直接相关人员，包括指挥官、卫生军官、分部门军官、医疗部门代表及全部在噪声危害暴露环境中的作业人员。美国海军舰艇从上到下所有级别人员的分工职责明确，便于操作执行和相应监管。

2. 采取听力保护相关措施

美国海军注意从噪声危害的全过程各方面入手，制定的人员保护及相应研究试验方案关系到噪声产生、范围管控、危害评估、防护设备及措施训练等环节。听力保护措施包括根据噪声测评和人员暴露情况分析，分别确认噪声源、噪声暴露区域与相关人员；使用各种技术性手段减振降噪；为在无法有效进行噪声控制区域的人员配备听力防护设备，确保其得到充分运用；定期安排噪声人员进行听力测试等方式的听力医学评估，及时确定各项防护措施及监控规程的有效性；组织工作与噪声源和噪声危害区域相关的人员进行安全与防护培训。

3. 周期性评估听力危害及暴露

美国海军规定定期对舰艇人员在噪声环境中进行作业风险评估。作为人员听力保护的研究重要部分，此类风险评估主要由工业卫生及听力矫正方面专家针对噪声危害和暴露开展。对于噪声的危害及暴露风险评估，美国海军十分注重收集、整理与保存听力保护的相关测试记录，建立听力健康数据库用于分析听力保护工作情况并开展追踪研究。

4. 设置明显警示标志

按照舰艇上各区域可能产生的噪声危害情况级别，为各噪声区域和噪声源设备贴上相应的警示标志，特别要求将专门标志贴在噪声危害区域的入口处(门或舱盖外侧)，提醒人员即将进入噪声暴露区域。

5. 组织听力防护训练

所有即将分配到噪声危害区域工作或操作噪声危害设备的人员必须接受听力保护培训，相关培训在正式工作后每年需参加 1 次。培训应清晰介绍听力防护的原因及重要性、噪声污染的危害与防护手段等。

舰艇噪声控制这项系统工程复杂而艰巨，应贯穿舰艇从论证设计到生产、直至使用和维修保养的全寿命过程。设计制定工程降噪方案时，考虑到噪声源改进受到生产的工艺、技术和设备多方面限制，一般采取减振、隔声、吸声等降噪措施，然而这些措施也常常无法达到卫生标准且成本过高。当工作环境的噪声 8 h 等效 A 声级高于 85 dB(A) 就应为听力保护配备护耳器。选择护耳器时，原则之一是其实际降噪作用的能力限度必须超过噪声的超标水平，之二是尽可能保证使用舒适性。护耳器应满足的要求包括隔声值良好，若带有通讯功能应在通讯时免受环境（电磁）噪声的干扰，设计和制作合理，材质无毒无刺激，佩戴感觉无明显不适且不过分沉重，经济耐用，易消毒清理。

应对舰艇相关作业人员大力宣传噪声对听觉系统乃至整体健康的危害，提高官兵在听力保护方面的思想认识，使相关各部门人员重视爱耳护耳，充分学习相关知识，使官兵自发养成健康用耳习惯，从自身做起降低噪声的负面影响，保障听力健康。听力损失是一种较为高发的兵役相关残疾，美国针对耳与听觉的残疾评级颁布了法规，同时规定军人听力损伤的赔偿标准。我国海军在新时期新阶段面对重大使命任务，应当在制定适用性听力损伤鉴定与赔偿标准的基础上完善对官兵听力健康的终身全过程保护；应为官兵建立听力健康档案，记录其作业环境噪声评估、服役噪声暴露量（时长）、听力测试评价结果、护耳器使用及管理等方面内容。

三、装甲车辆噪声舒适性设计

（一）车内降噪研究

根据噪声的产生机理可将装甲车辆内部噪声分为空气声和固体声两类，它们在车室内部壁面形成多次反射，生成的混响声使噪声级进一步提高。空气声的主要成因是外部声源（如发动机和底盘）产生的噪声穿透舱壁以及通过各种孔洞、缝隙进入舱室内。固体声则是由发动机、传动系统、路面等传递给车舱壁本身的激励作用产生结构振动形成。研究发现，通常只要车舱密封性能良好，内部主要噪声就是固体声，即结构振动带来噪声和混响声。类似拖拉机、工程车及运输车等的发动机容易产生较大振动，再加上行驶路况较为恶劣等因素，综合产生严重车体结构振动，固体声特别是近似轰鸣的低频噪声是上述车辆内部噪声的严重问题。不仅外界激励是导致严重固体声的关键因素，车辆固有的结构动态特性也与固体声密切相关；一些工程车辆的驾驶室由角钢和钢板材质的焊接件构成，具有极复杂的动态特性，既模态频率密集又声辐射效率高，其辐射噪声频谱显示出振动激励的显著频率特性，因而常常引发共振现象。

车内噪声控制技术主要包含两大类，即被动控制（无源控制）技术和主动控制（有源控制）技术。被动控制是传统的噪声控制方法，主要的控制措施从声源、传播途径和人员个体三方面入手，具体的降噪途径主要有控制噪声强度、阻隔传播途径和吸声处理。噪声源从根本上决定车内噪声大小，控制声源的主要途径有在噪声产生位置使用消声器，为振动部件和结构安装减振器；从结构设计角度错开固有频率且避免激励频率；通过使用密封元件等消除产生气流的缝隙，提高密封压力；改进车舱的形状和尺寸设计，使空腔避开共鸣频率，减少空腔共鸣噪声。

控制噪声的传播途径的主要方式是采用隔声结构。车舱隔声结构通常考虑到阻尼减振、吸声及隔声的各自特性和要求，在不同部位使用适宜的吸声防振材料组合而成。设计隔声结构时应先评估处理目标噪声的特征、选用材料和结构的性能以及综合成本。常用结构为两层之间填有毛毡、玻璃棉、黄麻纤维、聚氨酯泡沫等材料的双层壁，填充后的双层壁结构隔声作用进一步增强。车舱的隔声要求往往与整体轻量化产生矛盾，为避免在设计过程中的轻量化理念降低车舱隔声性能，建议在轴承结构、减振性能、车身结构动态特性等方面进行改进优化设计，另外还可以为车身涂敷防振材料。

在车舱地板、侧壁及顶棚的衬垫内饰上都建议使用具有吸声特性的材料，综合运用隔声与吸声方法，尽可能减少材料使用并以简单化结构实现车内噪声控制。目前车辆上常用的吸声材料：多孔性吸声材料，声波进入该材料表面众多孔隙，引发孔隙里的空气和微小纤维振动从而完成吸声，典型的多孔性吸声材料包括毛毡、玻璃棉、聚氧脂泡沫塑料等；开孔壁吸声材料，对中低频噪声的吸声效果突出，作用机理是在材料上开孔后孔后侧存有空气层，空气层产生的共振能够消耗噪声能量。目前噪声被动控制技术的研究重点集中在新型隔声、吸声阻尼材料的开发，国际上有众多研究致力于发展隔离振源与车身、消除固体声传递的智能化材料。

近年来兴起了有源噪声控制这种新型噪声控制法，对比传统降噪技术其具有低频噪声消除效果显著、对系统外加质量低的优势，近年来在低频噪声控制领域应用广泛。有源噪声控制指的是在特定区域中人为目的性地制造一种次级声信号，通过控制初级声信号实现降噪的技术，作用原理是两列声波之间的干涉相消。若次级声源所制造的声波与初级声源声波的波幅相等而相位相反，则人为制造的声信号与区域内的原有噪声相互抵消，达到了降噪效果。这项专利技术于 20 世纪 30 年代由德国物理学家 Lueg 提出。我国清华大学、西安交通大学和西北工业大学的研究团队开展了有源降噪理论研究及应用工程化的大量工作，然而目前国内尚无自主开发的车内有源降噪控制系统。未来车辆噪声控制的有源控制技术会伴随物理学、电声学、自动控制、模糊控制、数字信号处理、系统科学、自适应技术、人工智能、神经网络技术等领域的发展而逐渐得到广泛应用。

（二）噪声辐射预测研究

使用数值方法进行的构件声辐射研究逐渐受到重视，其中有限差分法、有限元法和边界积分方程法最为常用。最先发展出的数值方法就是有限差分法，其核心思想是把微分方程转换为差分的形式，通过场中离散点在数值上逼近目标参数。该方法适用于研究计算形状结构比较规则的物体（如板、梁、柱），若用来计算复杂结构则精度有限。有限元法运用局部的解的近似值计算全部定义域内解的数值，特点是适应性强，计算不同形状结构都能得到相对合理准确的结果。有限元法最早在 1965 年就用来计算物体的声辐射，当时只能在形状简单的物体上应用；后来人们发现规则形状物体的声学有限元可以通过高次元讨论得到高精度结果，由于计算的工作量限制，任意不规则形状结构的有限元暂时仍用简单单元进行讨论。Petyt 首次运用等参元讨论不规则物体的声模态时发现符合实际试验结果；沈壕等在计算不规则房间的简正频率时运用了有限元法求解波动方程，二维模型计算表明房间的形状不规则并不会影响室内的声场扩散。

在有限元后发展出的另一数值计算方法——边界元法，以边界积分方程为基础，同时具备有限元法的网格离散优势，只需要结构的边界信息，需要的数据准备和求解变量数量少，尤其适合解决无限域问题及时间波动性问题。大量研究使用边界积分方程分析不规则形状物体的振动声辐射特性和发声机理，从而推进低噪声的结构设计。Chertock 等有效运用边界积分方程法完成物体振动面的声辐射和声指向特性计算；赵健等使用边界元法计算了任意振动频率、振速分布已知的轴对称封闭面的辐射声场；苏清祖等基于声强测量技术，根据边界元法估算了车辆的变速器噪声；束永平等分析了某型号叉车油泵齿轮箱频率峰值产生的表面辐射声场。另外，我国有众多学者提出了车辆驾驶室声辐射研究的新方法。噪声控制很大程度上需要噪声预估作为目标指导，因而能否准确预估噪声对噪声控制意义重大。大部分理论性噪声预估研究都针对的是预估算法，而工程性研究集中在基于结构表面振动响应监测的表面辐射噪声值预估。

以某驾驶室的机械模型为对象，使用统计能量分析法，简化性将其附近的声环境视作扩散声场，建立机械模型在该环境中的声传递统计能量分析模型，推导出公式计算驾驶室内部声级和外部声级衰减量，并对其内部声级和外声级衰减量同时进行理论预测和试验研究，分析驾驶室板壳结构的固体声传递情况、振动能量及振动功率流特性，计算出结构振动产生的室内辐射噪声。一系列结果显示，在高于 400 Hz 的分析频带内，理论预估与试验测试的结果之间最高相差 2.7 dB，完全能够满足工程应用需要，而在低于 400 Hz 的低频段内则会产生较大的预估误差。

基于神经网络理论，宋传学等构建了根据发动机悬置点振动信号的单一工况车内指定位置低频噪声神经网络的预测模型，并针对性通过实验研究了车辆驾驶员的耳旁噪声；轻型客车的实验研究结果显示，单一工况下带有动量项自适应功能的神经网络模型预测频域的精度较高。由于机械振动往往显示出音频范围的随机性，普通边界元法不适用于此类边界条件随机的结构声辐射问题计算。由研究给出的统计边界元方法将统计方法与边界元法充分结合；统计边界元方法相对于普通边界元法有显著改进，因此研究能推导出随机振动物体辐射噪声声场的求解公式。将有限元与边界元相结合，在研究某型号柴油机油底壳辐射噪声时建立了对应的辐射噪声预测模型，开发出满足多点激励条件下预测油底壳噪声的计算程序。试验结果显示这种方法计算精度非常高，有望推动发动机噪声的优化设计。

（三）依据振动激励预估声场及降噪

在 ANSYS 软件中建立车辆的模态分析有限元模型，使用软件分析模型的理论模态，得到车体有限元模态的相应参数后用于车体模态试验并进行模态分析，通过信号分析软件完成模态参数识别，验证建立的有限元模型是否。从有限元模型出发计算结构的动态响应，获得其动态响应参数。基于动态响应计算与模态分析的结果，通过 SYSNOISE 软件的声-振分析边界元方法，对模型车体内部声场（包括其受表面单元影响情况）进行编程计算。实验测量车体产生的激振和噪声，对边界元编程进行准确性验证，最后综合各部分影响内部声场的情况，设计对应的降噪措施并分析实施效果。根据模型建立及计算分析，得到具体控制车内噪声的以下措施：

（1）控制发动机（内燃机）排气噪声，主要涉及两个方面。一方面是针对噪声源本身，分析其产生噪声的机理并采取相应对策，对策方法通常涉及到排气系统结构部件（如凸轮轴、气门及气缸盖）的设计，一旦更改设计又容易影响内燃机各方面性能，所以必须进行综合分析以及细致的实验研究。以不对发动机性能与排气系统做出显著改变为主要目标，使用适当方案降低声源噪声。另一方面是使用消声器以及降低发动机排气歧管传导的机械振动，既不改变和影响发动机自身特性又相对易于实现，而排气消声器的使用最常见、最有效也最方便。

（2）设计研发消声器。根据消声器的基本原理，抗性消声器对低频排气噪声具有更好的降噪效果。研究中针对某装甲车的排气系统管道结构为其安装共振消声器，实现 150~200 Hz 的降噪效果。

（3）控制发动机风扇噪声。设计合理的风扇与散热器间距，既有助于发挥风扇的冷却能力，又尽可能减小噪声。风扇叶片的形状与其周围涡流强度密切相关，因此应当改进叶片形状的流线型设计，使之弯曲角度适宜；同时影响噪声的还有叶片材料，如铸铝叶片产生的噪声就低于冲压钢板叶片，而有机材料叶片噪声低于金属材料叶片。风扇的运行时间通常占装甲车辆行驶时间的不到 10%，所以在风扇处安装离合器不仅能够为发动机制造适宜的工作温度环境，降低功率耗损，又并且能够抑制噪声。若风扇叶片均匀分布则产生的声音成分为高声压级且有调，非均匀分布的叶片使噪声中声中显著的线状频率成分减少，形成的噪声频谱相对平滑。在上述改进措施的基础上，还可以为换气扇加装吸声板构成的吸声结构。

四、装备电源舱噪声控制

电源舱利用柴油发动机进行动力驱动，是一种机电一体化的交流同步发电机发电的厢式柴油发电机组。电源舱的主要结构组成是由外部的集装舱围护结构保护内部的发电机组。电源舱是由气流方向上进风面、排风面及侧面合围而成的方型舱室围护结构，舱壁内侧贴附的隔热吸声棉具有防护、隔热与降噪功能。发电机组的组成部件包含发动机本体、发电机、散热器、冷却风扇、进气歧管、排气歧管、排气管、消声器和控制系统等。电源舱属于应急备用电源，在通信、采矿、道路建设、工业和国防等电网电力无法输送的领域广泛应用；电源舱在国防应用场景中主要以车载移动电源的形式，广泛用于在高机动性与可靠性要求的应急供电。

发动机噪声成因复杂，一般以机械噪声、气动噪声和燃烧噪声为主要来源。机械噪声通常包含活塞撞击噪声、配气装置爆震噪声、齿轮噪声及喷油泵噪声；气动噪声主要指进、排气噪声；气缸内部压力剧烈变化产生的动力载荷和冲击波所引发的高频振动产生了燃烧噪声。控制发动机噪声同样需要噪声源识别和噪声级预测。测定各种转速条件下的发动机噪声级可发现转速升高导致噪声级增大，发动机表面振动噪声的主要成因是内部激振力，转速 2 200 rpm 时产生的噪声级约为 120 dB(A)，控制机组噪声的有效手段是减弱激振力及在机体表面加上阻尼材料层。使用声强法识别 5 kW 发电机组的噪声源并测定其进气、排气和冷却风扇的声功率，发现三者分别为 5.3×10^{-4} W、6.8×10^{-4} W 和 4.3×10^{-4} W，是在机组噪声中占比较大的主要噪声源。根据双耳定位与盲源分离法进行发动机噪声成分分析时，辨识并分离出了气缸燃烧和活塞撞击噪声，二者的集中频率分别为 4 350 Hz 和 1 988 Hz，这种方法能够屏蔽车辆上其他噪声源的干扰，实现对发动机噪声的有效分离和识别。

分析发动机噪声进行频谱和强度时，发现发动机的非正常噪声来自活塞机构异常动态特性产生的冲击噪声。对活塞的动态特性提升使用多体动力学模型优化设计，活塞的侧向力、二次动能和摩擦功率损耗经优化后分别减少 51.3%、40.2% 和 31.8%，实验还表明发动机非正常噪声级在优化后降低 2.5 dB(A)。使用有限元法及联合多体动力学研究机体表面的振动响应，计算结果表明振动噪声主要来源于发动机裙部。针对这个问题在发动机裙部加设加强筋且开设隔振孔，使模态密度随机体弯曲刚度的增加而减小，减轻表面振动响应，将原本的发动机表面振动噪声级降低了 3.3 dB(A)。这种发动机结构设计改进方法并没有明显抑制发动机噪声。

气动噪声即进、排气噪对发动机噪声贡献最大。通常非增压发动机排气的噪声级高于进气 8~10 dB(A)；增压发动机由于涡轮增压其进气噪声通常比排气噪声更高，故而需要控制增压发动机的进气系统噪声。发动机进、排气系统使用的主要消声设备是可形成较大插入损失的消声器。基于流体力学和声学有限元法进行了在涡轮增压发动机上使用进气消声器的消声效果，测得增压器转速为 2 200 rpm 时进气消声器的平均插入损失达到 27.6 dB(A)，发动机的进气噪声得到有效抑制，同时进气噪声的指向性减弱。研究人员设计出一款双向同轴对称的进气消声器，兼顾增压发动机的性能保持与宽频噪声抑制，根据声学 FEM 仿真原理解析该消声器性能，结果表明，设计上的双向进气能够有效消减该增压器增压侧宽频段 125~1 000 Hz 的进气噪声。对于排气系统，消声器同时也普遍应用于消除排气系统噪声，中低频排气噪声适合使用抗性消声器处理，而对中高频噪声一般使用阻性消声器。将声学法与数值法相结合用于优化阻性消声器性能，同时运用传输矩阵法算出声学性能最佳的阻性消声器尺寸，结果显示优化后的阻性消声器将原本 15.5 dB(A) 的传输损失提升至 21.5 dB(A)，同时减少发动机制动燃油的消耗率约 8%。另一种阻抗消声器与抗性、阻性消声器相比，不仅能增大排气消声量还具有更宽的消声频段。

水箱散热模块因其运转速极高的冷却风扇而成为电源舱的一个主要气动噪声源。风扇噪声一般不会高于进、排气噪声，主要指叶片周期性扰动气流发出的旋转噪声与因叶片扰动气流本身产生的涡流噪声。对冷却风扇噪声进行的大量成分分析表明其中的主要影响因素是叶片通过频率及其较高阶次谐波噪声，而后者导致了宽频带噪声。为预估风扇噪声源，运用非稳态雷诺平均 N-S 方程计算出风扇叶片的表面压力场、声学类比法计算出噪声的声压场，风扇宽带噪声源可由叶片表面压力场分析。据研究，风扇噪声的主要贡献来自叶片尖前缘小于 1 kHz 的低频噪声及风罩环附近锯齿高于 1 kHz 的高频噪声，改变风罩环锯齿数量的设计可消除部分宽频噪声。实验研究表明风扇罩的安装使叶片噪声更显著，因而相应的主要降噪方法是提升叶片的进气流场均匀性和消除风扇罩的回流碰撞。一项研究运用计算流体力学优化改进流场和结构，将噪声级降低了 19 dB(A)。另一项基于风扇噪声频谱分布特性的研究设计的进、排风圆筒消声器从内到外分别为低频消声层（由微孔板和空气层构成）与高频消声层（由沥青阻尼层和玻璃棉构成），从本质上相当于隔声罩，将风扇平均噪声级从 93 dB(A) 降低为 81 dB(A)，还可以进一步通过控制高频的进风噪声和低频的排风噪声实现进、排风噪声频谱优化，相对于改造噪声源结构，使用该消声器比显示出通过传播路径抑制风扇噪声的优势。

由于柴油动力的电源舱运行时燃料在气缸内燃烧，曲轴连杆等众多部件相互摩擦，其发动机、排气系统以及水箱散热器均有较高的热负荷；内热源加热导致部件高温热辐射及排风形成热对流，接收热量的电源舱外壁面温度上升，产生明显红外特征。机组的功-热转换设备将燃烧噪声和机械噪声转化为表面振动噪声，进一步形成向外界传播的空气动力噪声，即进、排气噪声和冷却风扇噪声。以上含有各种各样复杂频谱成分的噪声源具有很宽的频率范围，故而电源舱往往呈现出明显的噪声特征。为针对噪声特征采取抑制措施，需要采集电源舱稳定运行状态下的噪声频谱、近场噪声特征、距离 1 m 处噪声频谱和噪声级进行分析。监测空气动力与表面振动两类噪声源使用噪声频谱分析仪，同时分析噪声的频率特性和传播特性。为扩大噪声控制的方法指导范围，后续测量了无舱壁发电机组和电源舱的近场噪声级、1 m 处噪声频谱及噪声级，研究其近场和 1 m 处的噪声分布特性、频谱特性并分析舱壁的隔声性能。

分析电源舱的热、声源可发现具有多种彼此有密切相关性的噪声和红外特征成因，主要噪声源包括发动机（产机械噪声）、进排气系统（产气动噪声）和水箱散热模块等，它们同样作为热源使电源舱产生明显红外特征。从结构方面来看，在舱壁上设置大的进、排风口才能满足舱室散热，故而舱壁的整体隔声性能变差且电源舱的噪声特征更加显著，发电机组噪声传播无法避免；舱壁接受发电机组产生的热量使外壁面温度上升，电源舱舱壁的整体隔热性也下降且红外特征加强。从声波与热量传播方面来看，舱壁的隔声、隔热性能改变同时影响着电源舱的噪声与红外特性。为控制电源舱的噪声和红外特性，可充分考虑上述与噪声和红外特性关系密切的影响因素进行电源舱设计。

基于关键源项同步降低噪声和弱红外特性。提出的设计方案将水箱散热模块解除与电源舱耦合并外置，为其装配可电控单元调速的低噪风扇，并设置带有浮力驱动外壁风屏的风道以掩蔽水箱风道的红外特性。该方案将原本的电源舱整体分解成电源舱加上水箱风道。排气消声系统中使用串联的两级阻抗消声器以控制宽频排气噪声；为掩蔽发电机组的噪声和红外特性，使用从外到内分别为不锈钢蒙皮、阻尼垫与吸声隔热棉的复合层舱壁结构，另外优化舱壁进、排风口设计。在组织舱室流场时充分考虑舱室散热，基于有限元法论证弱红外特性设计的可行性，综合上述设计内容构建电源舱系统，通过实验研究验证系统优化的噪声控制效果。根据实验结果，电源舱正常稳定运行时仅有进、排风口处的水箱风道产生近场高噪声级，对电源舱噪声特征无明显贡献。采用阻抗复合型消声器可明显消除低中高宽频排气噪声，减少了对电源舱噪声的贡献。经改进设计，电源舱近场噪声级从高到低逐渐增大，舱壁对中高频噪声隔声效果更佳，隔声性能显著提高。

五、基于声学超材料的低频吸声结构设计

人造声学超材料具有复合周期性结构，其物理特性远超一般天然材料，可实现的特性包括声隐身、声聚焦、负等效质量密度等。现阶段用于吸声的主要包含薄膜型、卷曲通道型和微穿孔 / 微缝型等类型的声学超材料。

（一）薄膜型声学超材料

香港科技大学的研究人员将质量块加到固定的圆形弹性薄膜上，获得的薄膜型声学超材料在 200~300 Hz 频带内呈现负等效质量密度。Mei 等为吸声作用设计的 28 mm 厚双层相间结构矩形薄膜声学超材料能够多重共振，与多个共振频率相接近的弯曲波能量都可被该结构吸收；经实验测试，该结构的薄膜超材料于 100~1 000 Hz 频带内低频吸声性能显著，吸收峰频率最低达到 164 Hz。Wang 等在双层薄膜超材料的 15 mm 缝隙内填入多孔材料，构建的薄膜型声学超材料展现出等效质量密度和模量两方面“双零”特性，能实现对 312 Hz 的近乎完美吸声，该频率下声波长与材料完整厚度的比值为 73。薄膜型声学超材料质量和厚度低，对低频声波吸收效果好，但尚未解决的易老化、不耐高温高湿、张力稳定性不高、吸声效果无法长时间稳定等缺点很大程度上限制其推广应用。

（二）卷曲通道型声学超材料

Liang 等首次提出并在吸声结构设计中使用了空间卷曲型声学超材料，该结构在声波有效传播长度为共振频率相应波长的 1/4 时发生共振，产生最大吸声峰值。Cai 等将吸声结构的共振腔进行卷曲设计，实现对 400 Hz 的高效吸声，该频率对应的波长与结构整体厚度比值约 50。Liu 等向卷曲通道加入多孔吸声材料，所设计的垂直型卷曲通道声学超材料吸声性能良好，并且可以根据通道的横截面积调整结构的吸声频带范围；Chang 在此基础上设计了 10 个并联的吸声峰值呈梯度变化卷曲通道，并在该结构添加棉花吸声材料，使其在 500~2 000 Hz 范围内的平均吸声系数超过 0.9。Shen 等设计的卷曲通道具有梯度变化的横截面积，对固定总长度来说该结构能实现更低的共振吸声频率，从而降低通道总长度对于卷曲通道型声学超材料性能的限制。

当前在设计吸声结构时使用最多的声学超材料就是卷曲通道型，其最突出的优势是结构性能稳定，然而其吸声机理单一。人们常采取在声波入口另外添加多孔吸声材料（如棉花、海绵涂层）的措施从而实现良好的低频吸声。恶劣的环境条件（如高温、潮湿等）将限制该类吸声结构的应用，一直以来拓宽卷曲通道型声学超材料的吸声机理都是相关研究的重点方向。

（三）微穿孔 / 微缝型声学超材料

马大猷院士首先提出了微穿孔 / 微缝吸声技术，设计的双层微穿孔板吸声器拓展吸声带宽到 2~3 个倍频程，展现出极高的理论与应用价值。由 Wang 等设计的微穿孔吸声结构将三种背腔并联，通过匹配阻抗和累积吸声峰将整体吸声频带拓宽，表明对不同入射角度的声波均能实现良好吸声效果。基于声学超材料的概念已经验证微缝空心管共振结构可以产生超低频亚波长带隙，即其波长远大于结构尺寸。Wu 等设计的椭圆形空心管吸声超结构具有 180 度翻转的两个相对微缝，由相反方向开口的两只开缝圆管构成，该结构能够完美吸收不超过 500 Hz 的超低频声波，厚度不到共振吸声峰波长的 1/30，缺陷在于带宽较窄。Ruiz 等设计的蜂窝微缝声学超材料在 30~50 mm 的厚度内部呈悬臂梁结构，悬臂梁共振使内部发生强烈空气摩擦振动，使声波损耗，吸声峰值受悬臂结构的共振频率影响而偏高。

与其他类型的声学超材料相比，微穿孔 / 微缝吸声超材料的结构和制造加工相对简单，在单体吸声特性方面优势更明显。该结构可通过并联有效拓宽吸声频带，但实现宽频吸声一般需要并联多个吸声单体，这样就加大了协调结构尺寸与吸声单元的难度。因此，该结构研究的重点难点之一是在实现宽频吸声的基础上尽可能降低并联的吸声单元数量。

吸声结构的功能通常是被动吸声，一旦确定了结构参数往往难以调整吸声性能。因此结构有较为显著吸声选择性和单一的吸声频率，不适合在复杂的变化性噪声环境中使用。将主动控制技术与被动吸声结构相结合，能够弥补吸声结构自适应吸声能力上的缺陷，增强噪声抑制的灵活有效性。基于 MEMS 技术，美国宇航局研究人员将柔性单元加设在吸声结构底部，通过柔性单元实现结构阻抗调控，从而完成结构自适应吸声；进一步采集分析结构内部声压信号，发现实现对各种频率噪声的吸收。韩彦南等设计的消声结构利用逆压电效应使压电片发生形变，通过腔体体积变化改变了结构的消声频率。自适应吸声不仅可以通过上述柔性单元或压电原理，还可以采用机械式调节实现。吕海峰等研发的微型气泡制动器基于 MEMS 技术，调整结构体积从而有效消除宽频噪声。图 8.3 所示的机械式旋转结构可通过改变微穿孔板吸声结构的穿孔率实现结构吸声频率的调节。

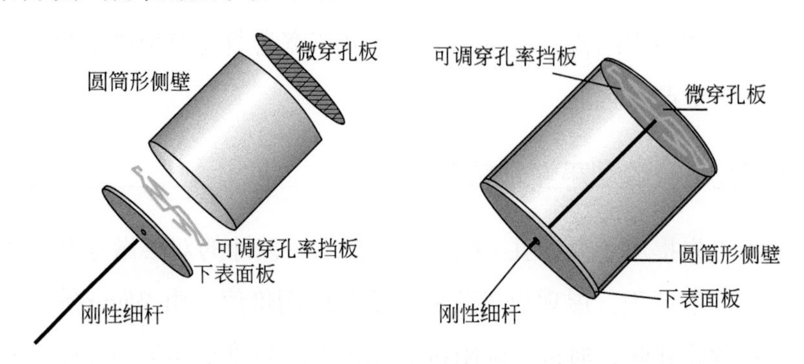

图 8.3 机械式可调穿孔率装置结构示意图

上述自适应吸声或消声结构实现的方式、机理及效果不同，为进一步研究工作提供了有力支撑。目前需要解决的主要问题是自适应吸声频带较窄而频率较高。研究人员认识到大型运载装备上存在低频噪声抑制困难与缺乏吸声自适应性的问题，开展了一系列声学超材料结构低频吸声与自适应吸声的系统设计研究。研究首先在吸声结构设计时充分运用声学超材料原理，发挥现有声学超材料的吸声特性优势，努力解决存在的不足，进行低频吸声结构的集成设计研究；将主动控制技术融入吸声结构设计，使建立的自适应吸声系统兼具噪声辨识与吸声频率智能调节功能。

对卷曲通道型声学超材料使用微缝结构设计，开发出无需额外添加其他吸声材料即低频吸声效果良好的微缝卷曲通道吸声结构。该结构在 137 Hz 处基本接近完美吸声，且亚波长尺度特性良好，结构厚度仅占此频率对应波长的 1/85；采用的微缝将卷曲通道型超材料本身的吸声系数大幅提高，因而不再需要配合使用其他吸声材料。研究分析了微缝宽度和卷曲通道数量、宽度改变对结构吸声特性的影响规律。将结构并联可拓宽 54% 的结构相对吸声频带宽度，经实验验证效果良好，所设计的吸声结构具备很强的实际工况可行性，在低频噪声控制领域工程应用前景广阔。

以拓宽单个吸收峰带宽、同时在低频引入第二阶吸收峰的方式，在微穿孔板基础上研制了一种低频宽带吸声结构。研究发现该低频宽带吸声结构实现双吸收峰吸收：吸声结构 1 对应 λ/15 亚波长尺度的相对吸声带宽为 152%，频带 258~815 Hz 的平均吸声系数为 0.82；吸声结构 2 对应 λ/12 亚波长尺度的相对吸声带宽为 159%，频带 295~945 Hz 的平均吸声系数为 0.83。将结构 1 和 2 并联，产生的相对吸声带宽为

172%，频带 258~936 Hz 的平均吸声系数可达 0.87，且实验测定的吸声系数结果好。上述结果表明该低频宽带吸声结构实现良好的性能要求，在噪声控制领域应用前景巨大，且明确该结构的低频宽带吸声机制将拓展吸声结构宽频吸声的研究思路。

六、航空噪声舒适性设计

航空业发达的国家基本都制定了标准或规范限制飞机座舱噪声，这对于维护和提高行业评价非常重要。适用于飞机驾驶舱的噪声标准规定主要有运输类飞机适航标准、美国国防部《人体工程学设计标准》（MIL—STD—1472G）、《军事装备和设施的人机工程设计准则》（GJB 2873—1997）以及《飞机内的噪声级》（GJB 1357—1992）。《军事装备和设施的人机工程设计手册》（GJBZ 131—2002）中规定了座舱告警音响度，通常情况下听觉警告信号主要成分的主要频带需至少超出噪声水平 20 dB；听觉注意信号水平在安静环境中应达到 50~70 dB(A)，有背景噪声时位于其主要成分频率中心部位的主要频带应超出噪声水平 20 dB。

美国国防部《人体工程学设计标准》（MIL—STD—1472G）规定，警告信号应至少超出环境噪声水平 15 dB，警报信号应至少超出全部主要信号组件的临界频带噪声水平 20 dB。介于接收机工作位置 200~5 000 Hz 的至少一个倍频带内信噪比不得低于 10 dB，若听者耳边的声音不高于 115 dB 就可以提供更高的信噪比；若听者工作环境具有高强度噪声（不低于 85 dB），在工作过程中需佩戴覆盖双耳的头戴式耳机，保证产生降低环境噪声至 85 dB 以下的衰减质量。如果持续噪声水平不能维持在 75 dB（连续）、85 dB（8.0 小时暴露）以及 140 dB 峰值冲击或碰撞以下，需要使用个人听力保护装置。听力保护装置与任务活动兼容。听力保护装置的最小衰减值应达到以下要求：使用耳塞 20 dB，使用耳罩 30 dB，同时使用耳塞与耳罩 35 dB。

根据《军事装备和设施的人机工程设计准则》（GJB 2873—1997）规定，工作空间应为作业人员提供良好的声环境，不仅不会造成人员的听力及其他健康方面损伤，也不会对声信号及其他类型的通信信号造成干扰，不诱发或加剧疲劳，不通过任何形式使系统的整体工作绩效下降。紧急情况下的声信号警告强度应至少超出接收人员位置处的语言干扰级 20 dB。在 85 dB 及以上的强噪声环境中工作的人员应佩戴双耳（而不是单耳）耳机，排除操作要求另行规定的情况，双耳耳机的接线方式应使到达双耳的声音反相，且耳机应实现降低环境噪声至 85 dB 以下的衰减水平。

《飞机内的噪声级》（GJB 1357—1992）规定飞行人员耳部接收的连续（非脉冲）

噪声级不得高于 115 dB。定义日暴露指数为人员的各个噪声级每日实际暴露时长与暴露容许时长比值之和，规定任何飞行人员的日暴露指数最高为 1。计算日暴露指数需要统计飞行任务所需各种状态的实际飞行时间，以及查找该飞行状态对应噪声级的日暴露容许时长。

根据上述机舱内噪声相关标准规定，当驾驶舱环境噪声超 85 dB 应为飞行人员提供听力保护用具，保证在规定暴露时间的作业过程中将噪声控制在低于 85 dB，以有效维护飞行人员的身心健康和作业绩效；听觉警告信号的所有主要成分的主要频带必须超出噪声水平 20 dB 以上，听觉注意信号在环境安静时应有 50~70 dB。

航空噪声舒适性设计的核心是在航空噪声环境中保障和提升人员身心健康水平，其设计研究的主要内容有

（1）航空噪声效应，即航空噪声对环境、人体健康、人员工效的直接、间接影响和危害等。

（2）航空噪声声源及传播途径特性，包括航空噪声的声源特点，噪声强度、频谱及传播途径等方面，以及各种机型的声信号、噪声来源、噪声特性，为噪声控制提供基础性依据。

（3）航空噪声防护卫生勤务，分析人受到航空噪声环境影响生理指标的变化规律，为生理指标制定健康标准与卫生学防护要求，如航空噪声防护与控制评价体系，航空噪声人耳暴露标准，舱室噪声舒适性设计评价的生理心理指标、技术指标以及规范准则等。

（4）航空噪声舒适性设计，包括航空噪声控制与防护的技术措施和工程方案，从噪声源、噪声传播途径和个人防护三个方面分别入手制定相应对策。

（5）航空噪声控制技术鉴定，研究制定评价鉴定航空噪声控制的标准，将噪声防护的技术手段和装备性能测试纳入规范，通过测定噪声水平和人员听力，对噪声防护设备用具的基本性能和环境适应性做出评价鉴定。

（6）航空噪声防护设备装具，结合生物医学等工程学科的科技进展，设计研发新型高效吸声隔声材料、结构和装置以及个人防护装备工具。

进行航空噪声的舒适性设计首先调查测量噪声源特性，经过分析噪声传播途径、确定降噪量等一系列步骤后，筛选出噪声控制的最佳评价方案，根据评价结果采取相应措施：

（1）控制噪声源是根本的降噪措施。飞机上发动机是最主要的噪声源，其位置很

大程度上决定了机舱噪声强度，开发低噪飞机发动机是控制航空噪声的基础性方法。航空科技发展至今已到达发动机降噪的瓶颈期，经济和技术性难题制约着产生进一步的突破。

（2）控制噪声传播途径的方法分为隔声、吸声和消声。隔声需要使用特定材料、结构或装置；吸声一般在舱室内铺设或在舱壁上敷设多孔材料室，通过吸收声波来降低噪声；消声指使用消声器降低高速气流产生的噪声。目前国外大多采取的措施为“噪声衰减室”，它是一种用于测试发动机喷气的设备，基于吸隔声手段降低飞机噪声，可在飞机地面试车时抑制发动机尾喷口的高强度噪声，并在飞机的实际负载情况下进行发动机消声。

（3）个人噪声防护。进行噪声控制时将噪声分为高频和低频两大频段，基于此消声技术分为有源消声和无源消声，而个人噪声防护手段也分为主动和被动。控制低频噪声更适宜、更具针对性的方式是主动式有源消声，工作原理为两个频率的声波互相之间相消性干涉或产生声辐射抑制，通过制造与被抵消声源（初级声源）声波大小相等、相位相反的抵消声源（次级声源），使二者的声波辐射抵消掉从而实现降噪。一般将主动式消声装置安装在防护耳机或头盔耳罩中，整合进通信系统更佳。被动式无源降噪装置适用于消除高频噪声，护耳器属于最经济高效的无源降噪防护用具。

有源噪声控制是以电子系统控制人造次级声场或振动，从而消除原始噪声或振动的方法技术，其优势在于针对低频减振降噪效果好、对其他仪器设备无明显影响等。现阶段研究人员和相关部门十分重视有源消声技术的研发应用，评估声环境中有源消声系统的稳定性和可靠性，开发各种含有噪声源数字化高效分析功能以及信号处理芯片的有源消声系统并实际推广应用，研发匹配有源消声应用需求的仪器设备及元器件，以及计算速度快、运行状态稳定、自适应性的有源消声实时控制算法等。经大量研究，机舱有源噪声控制系统和有源护耳器等开发获得重大进展，有源消声技术的理论与应用都得到了创新推动。基于有源消声技术的机用头盔将前馈与反馈技术相结合，内含有源消声装置和扩音降噪耳罩，使用复合型控制的主动降噪技术同时被动隔音与主动消音；还有总体抗噪能力大幅上升的新型耳塞，都是已投入实际应用的代表性成果。

在飞机的地面试车过程中，以保障其动力系统的正常工作和飞机安全为前提，要提升空、地勤人员的作业声环境品质，需从噪声源入手进行噪声控制。在研发针对飞机地面试车的消声技术时，测定发动机尺寸、地面试车时的尾喷口处噪声和工作温度，根据数据结果进行噪声的能量和窄带噪声分布情况分析，使用耐高温和腐蚀的材料制作消声装置，通过多次实验验证，确定发动机试车适用的活动式消声器设计参数，尽可能抑制飞机试车过程中的高强度噪声。

由于航空噪声的信号特征有分布性和即时性，噪声监测也应相应做到分布和实时，应将监测点布设靠近噪声源以便于尽可能精确刻画噪声事件。随着航空噪声的监测和控制技术发展，新兴网络传声相关的智能传声器、MEMS 传声器，以及网络化监测、阵列化处理等得到飞速发展运用。分布式网络化噪声监测系统属于实时监测，高度信息化使其数据采集方式更为先进，装置具有可拓展性，灵活方便，分布随机且广泛。一套系统终端通常含有 24 小时网络传声器、户外监测子站、信息传输系统和数据分析及存储设备。根据程序设定，若干户外噪声监测装置自动进行数据采集和存储，结合控制终端共同构成传输网络的星形拓扑结构。最终研究人员通过控制终端获得有效数据，运用现代声学理论算法计算评价航空噪声对人的影响，以及机舱各区域人员的噪声容忍程度。

噪声防护领域的另一个重点研究方向是声学材料，包括声子晶体材料、局部共振材料、智能材料、低声速强色散或强非线性材料等。降低材料厚度和密度、拓宽声学频带和提高结构强度是声学材料的主要发展趋势。材料科学的发展产生了可用于航空噪声控制的环保隔音材料和纳米吸声材料。一些新型合成材料不仅在发动机制造中发挥重要作用，也逐渐成为消声器的关键材料，如蜂巢式纳米吸声材料和超微孔吸声结构都在型号工程化研制中展现巨大潜力，高温力学性能优势显著的单晶高温合金也被广泛应用。多孔吸声芯体材料内部独特的孔道连通结构表现出极强的吸声特性，复合致密板则具有良好的隔声和减振作用，因而多孔材料被认为是应用潜力巨大的减振降噪材料。经过结构和制作工艺的设计优化，可制做出宽频吸声特性优异的金属纤维多孔材料；纤维多孔吸声芯体因其独特的结构而能够在全频段范围内有效吸声，将其与阻尼层和隔声板共同结合运用，有望成为新一代噪声防控重点复合材料。

第五节　评价试验设计

一、驾驶舱噪声的情景意识评价

（一）飞机驾驶舱噪声环境

按飞机舱室划分，可将飞机舱内噪声分为驾驶舱噪声、乘客舱噪声、空勤舱噪声、货舱噪声与设备舱噪声五部分，又可按照噪声的不同来源将噪声源分为内部与外部两大类。

直升机舱内噪声来源主要分为两类，一类是直升机旋翼和尾桨启动时产生的噪声，另一类是舱内设备运转的机械噪声。大部分舱内噪声的研究针对前者进行，但研究发现机械噪声同样显著影响着对机舱声环境评价，是舱内高频噪声的重要成分。噪声在机舱内传播途径多样。对飞行员来说，耳部接收到的噪声可能包含这些成分：附近机舱的一定角度传播噪声；邻近的高结构噪声向低噪声位置传播时经过驾驶舱的噪声；附近机舱区域的振动引发噪声沿结构传播至该位置；噪声传入驾驶舱后经壁面反射产生的混响；通过空气通道从噪声源传播至该位置的噪声。

外部噪声源主要包含三类，一类是飞行时飞机与大气高速相对运动，流经机身的气流引发的附面层脉动噪声，另一类是发动机的运行噪声通过空气或结构途径传播，还有一类是发动机运行时产生的机械振动辐射噪声。内部噪声源同样主要有三类：液压系统即机上各种液压设备的运行噪声，电子仪器和设备运行时风扇散热噪声，以及辅助动力与环境控制系统设备噪声，包括通风管道和出风孔气流的噪声等。

飞机驾驶舱的复杂声环境包括飞行过程中的发动机噪声、音响警报信号（高度提示、近地警告及警报、风切变警告及警报、起落架形态警告、起飞形态警告、空速超限警告、轮舱火警、防撞警告、座舱高度音响、自动驾驶仪脱开音响等）、玻璃刮水器马达噪声、各类开关声、座椅移动声、操纵手柄使用声以及其他驾驶舱噪声等，部分声音代表了特殊事件或应对操作，可用来判断发动机转速、飞行速度、系统故障等特定事件或操作，以及舱外气象环境等状况。

（二）飞行员情景意识模型

情景意识（Situation Awareness, SA）的概念常用于航空人因工效评价。关于情景意识目前没有统一概念，一般认为 SA 指人在一定时间和空间范围感知和理解各种环境因素，并对这些因素的变化趋势做出预测。人们普遍使用的三层次理论将 SA 划分为三个层次水平，即感知当前情景（SA1）、综合理解当前情景（SA2）和预测规划情景未来状态（SA3），分别对应着三个直接影响因素。SA影响因素的最基本研究在于分析系统并定义相关概念，为定性分析和定量评价提供基础指导。

SA是操作者与系统和环境交互过程引发的综合作用。影响SA获得和保持的众多因素主要分为直接因素和间接因素，而间接因素可进一步分为内部因素和外部因素，这些因素都在表8.4及其具体说明（见表8.5至8.7）中列出。

表8.4 情景意识影响因素分类

<table>
<tr><th>类 别</th><th colspan="2">说 明</th></tr>
<tr><td rowspan="3">直接因素D</td><td colspan="2">感知D1</td></tr>
<tr><td colspan="2">综合理解D2</td></tr>
<tr><td colspan="2">状态预测规划D3</td></tr>
<tr><td rowspan="8">间接因素I</td><td rowspan="4">内部因素N</td><td>固有能力IN1</td></tr>
<tr><td>经验IN2</td></tr>
<tr><td>生理状态IN3</td></tr>
<tr><td>心理状态IN4</td></tr>
<tr><td rowspan="4">外部因素W</td><td>任务复杂程度IW1</td></tr>
<tr><td>软硬件设计IW2</td></tr>
<tr><td>自动化IW3</td></tr>
<tr><td>舱内环境IW4</td></tr>
</table>

表8.5 影响情景意识的直接因素分类

<table>
<tr><th>类 别</th><th colspan="2">说 明</th></tr>
<tr><td rowspan="7">感知当前情景D1</td><td>视觉感知D11</td><td>空间视觉、颜色知觉、深度知觉</td></tr>
<tr><td>听觉感知D12</td><td>有效与无效声音知觉</td></tr>
<tr><td>触觉感知D13</td><td>压力、振动知觉</td></tr>
<tr><td>对象识别D14</td><td>模式的检测、辨别、识别</td></tr>
<tr><td>知识认知D15</td><td>“自上而下”及“自下而上”匹配记忆经验的处理过程运用</td></tr>
<tr><td>注意D16</td><td>集中听觉和集中视觉注意、注意分配、注意保持、自动处理</td></tr>
<tr><td>环境感知D17</td><td>感知温度、湿度等</td></tr>
<tr><td rowspan="3">综合理解当前情景D2</td><td>记忆D21</td><td>工作记忆与长时记忆、回忆与遗忘</td></tr>
<tr><td>图式D22</td><td>知识经验的组织与融合</td></tr>
<tr><td>认知偏差D23</td><td>认知不一致导致偏差</td></tr>
</table>

续表

类　别	说　明	
预测规划未来状态 D3	推理 D31	基于线索的认知判断
	记忆 D32	使用心理图式搜索匹配
	认知偏差 D33	形成反馈调节机制
	目标 D34	整合“自上而下”及“自下而上”匹配记忆经验的处理过程

表 8.6　影响情景意识的间接内部因素分类

类　别	说　明
固有能力 IN1	知觉灵敏度、感知、运动控制、技能记忆、模式识别
经验 IN2	判断力与正确性的关系
生理状态 IN3	身体不适（疲劳、疼痛等）与固有能力和注意的关系
心理状态 IN4	情绪（焦虑、烦恼等）与注意的关系

表 8.7　影响情景意识的间接外部因素分类

类　别	说　明
任务复杂程度 IW1	任务量、执行过程、执行难度
软硬件设计 IW2	系统、界面、设备设计，信息呈现，人机交互
自动化 IW3	系统复杂性、自动操作
舱内环境 IW4	光环境、声环境、热环境、振动、气压等

SA 三层次理论认为，人感知、理解信息并做出预测的综合能力决定了 SA 高低。将感知水平 S1 理解程度 S2 和预测能力 S3 进行综合评价，得到 SA 的最终评价 S，即存在 S=φ(S1, S2, S3) 的关系。尽管其中 S2 和 S3 分别建立在 S1 和 S2 的基础上，但并不意味着感知水平高、理解程度深就一定会带来良好的理解和预测能力。

舱内噪声是驾驶舱环境的重要成分，显著影响飞行人员的生理和心理状态。飞行任务过程中，驾驶任务包含复杂的智力活动，不仅要求飞行员注意力高度集中，还需要很强的记忆和辨别能力；强环境噪声干扰飞行员接收听觉和视觉信号，对任务绩效和安全性产生极大威胁。基于舱内噪声对飞行员 SA 的三层次影响分析，建立噪声环境中的飞行员 SA 定性模型如图 8.4 所示。该模型简单地逻辑性描述 SA 与影响因素的相互作用关系，对 SA 的全部影响因素综合分析后得出完整任务中飞行员的情景意识水平。飞行员的情景意识由前述三个层次水平决定，当前环境中信息（即当前任务所需信息）的产生与传播被包括舱内噪声在内的间接外部因素影响，飞行员对这些信号信息的感知、理解和预测则被间接内部因素及包括舱内噪声在内的间接外部因素影响。如果可以将环境中的信息分成若干类，对某一类信息进行的 SA 量化和分析驾驶舱噪声对该类信息影响的难度将大大降低。飞行员在感知信息时首先完成注意分配，注意还是后续信息理解与预测不可或缺的部分，因此应探究注意与 SA 的关系，从而完善飞行员的 SA 研究体系。

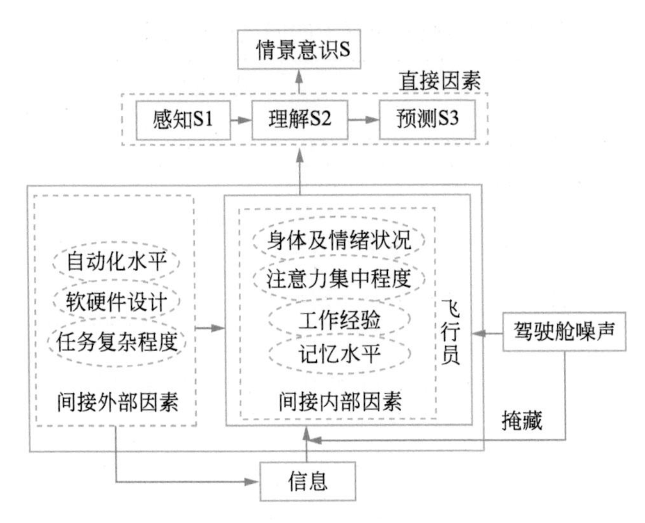

图 8.4 噪声环境中飞行员情景意识定性模型

（三）基于注意资源分配的情景意识建模

人的注意机制特征之一是随机性。视觉信息在人完成一次扫视时能否被成功获取存在一定概率，无论信息的重要性有多高都有可能被忽略，因而不能启动注意机制和产生注意行为。产生注意行为则表示飞行员觉察到其关注的信息，可认为满足感知要求，继而在飞行员本身心理模型的基础上将感知的内容处理转化，完成环境情景信息的理解与预测。SA 的构建基于人对任务所需信息的感知、理解及预测，而对所需信息的注意是 SA 每个层次的前提。任务所需信息叫作情景成分（Situation Element, SE），主要含有视觉成分和听觉成分。视觉成分包括速度、高度、航向、俯仰角、滚转角、垂直速度、导航信息、灯光信号等。听觉成分以听觉警报信号为主，常常伴随着相关的视觉告警信号。对 SE 的注意也就是输入情景意识模型。

飞行员的个人知识技能水平很大程度上影响基于心理模型获得的 SE 认知状态，并且心理模型在转化时结果具有不确定性，导致外部客观环境的实际 SE 在内部心理模型映射或运用心理模型进行信息处理形成一定 SA 水平的过程均存在不确定的随机性；换言之，飞行员基于心理模型机制转换处理其接收的外界信息，形成对 SE 的理解存在不发生的可能性。预测 SE 常常表示评估下一时刻的 SE 状态，因 SE 的瞬时性而难以判断其本质是在这一时刻的预测还是对下一时刻状态的感知和理解，所以将任务过程中某一时刻的 SA 水平规定为对 SE 的感知和理解水平，将其称为认知水平（即 SA 模型的输出）。

驾驶舱中不断出现的大量视觉和听觉信息意味着飞行员想要在某时刻仅获得任务相关的有效信息，就需要从大量复杂信息中进行快速提取。对信息加工来说，前注意过程中就将部分信息属性并行处理，再通过深入处理的进一步注意形成最终认知。注意资源限制着作业人员在认知过程中同一时间正确察觉理解情景信息的数量，也就是限制人员提升 SA 水平。飞行员面对的信息及接收后需要处理的信息都伴随时间推移和具体任务而不断变化，因而其 SA 是不断发生动态变化的。由前所述，可以将某一时刻 SA 三个层次的知识简化为两方面，即将 SA 简化为由感知和理解组成的认知水平。认知水平包含理解全部 SE 的程度，飞行员保持高水平 SA 即表明其能够清晰深刻认识所执行任务中作业绩效的关键影响因素，而非对任务情景中全部 SE 都持有高认知水平。如图 8.5 所示，将某时刻飞行员对驾驶舱中全部 SE 的认知水平期望设定为其 SA 水平的评价标准，得到基于注意资源分配的 SA 定性模型。

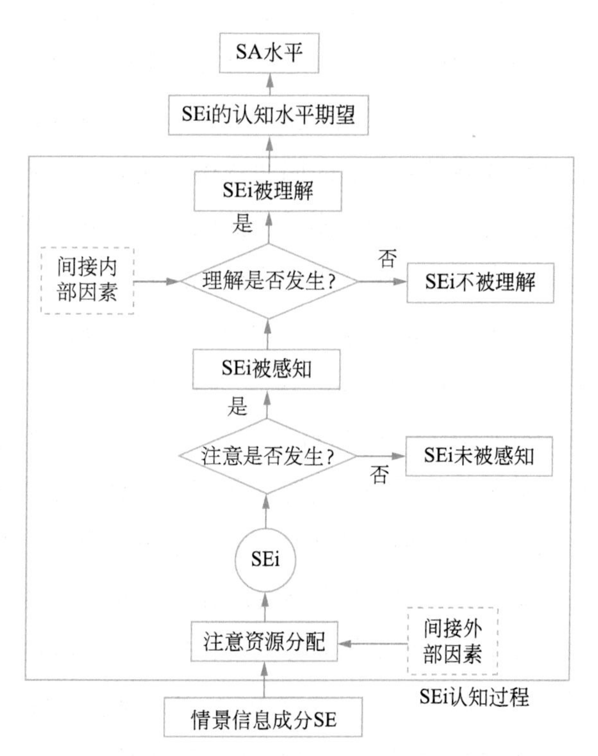

图 8.5　基于注意资源分配的情景意识定性模型

（四）情景意识测量方法

国内外学者都对 SA 的测量方法与评价指标展开了广泛研究，大多研究应用仅采用了一种方法；SA 相关研究中对生理指标较少涉及，且尚未得出明确结论，还需深入分析探讨。SA 测量至今仍未解决其抗干扰性、诊断性、有效性、可靠性等一系列问题，故而建议同时采用多种方法进行测量。

1. 主观测量方法

目前，SA 测量最常用的方法

就是主观测量，其形式以调查表和调查问卷为主。SA 评定技术（Situation Awareness Rating Technique, SART）在主观测量方法中应用最广且效果最佳，该方法测定 SA 基于调查作业人员真实的主观感受及观点，使用便捷而经济。3D-SART 是一种让作业人员从以下三方面评价自身完成实验感受的方法：①注意资源的需求量，要求被试综合试验情景中各种变量及其属性的数量、复杂程度及变化情况来评定；②注意资源的供应量，要求被试仔细回忆试验全过程，综合感受到的心理压力程度、注意集中程度以及兴奋紧张程度来评定；③对情景的综合理解，要求被基于其理解试验情景的程度评定。该方法最终的计算公式：SA 水平 = 对情景综合理解程度 –（注意资源需求量 – 注意资源供应量）。

2. 客观测量方法

基于记忆探查的方法通过要求被试按规定汇报记忆内容测量当前 SA 水平，例如要求飞行员回忆作答当前的飞行高度，研究认为此类记忆探查测量法最接近 SA 的定义。该测量方法按照测量时间点的区别可分成同时测量、回溯测量和冻结测量三种。同时测量分为两种具体形式，其一是口语报告的形式，容易受到明显干扰；其二是在任务中加入负责沟通被试的评定人员，由其评估被试是否产生了相关信息的 SA 的形式可能使被试产生非自然反应或结果带入评定人员的主观因素。回溯测量的形式是在事后测量，即被试完成操作任务后对其提问，考察被试针对特定事件所做的决策；该方法仅在被试有足够时间回顾操作任务以及回答问题时才可行，且必须在任务结束后马上执行。冻结测量则是在被试执行任务过程中创造间隙探查其记忆，即在过程中随机将任务冻结，在对被试屏蔽全部任务相关信息的条件下向被试提出针对任务的问题；该方法介于同时测量和回溯测量之间，既能避免同时测量受到的显著干扰，又比回溯测量占用的时间更短。其中，得到广泛应用的 SA 全面评估技术（Situation Awareness Global Assessment Technique, SAGAT）基于冻结测量技术的记忆探查方法，在模拟实验中随机冻结任务，清除任务相关信息后让被试回答主试提出的任务相关问题，根据作答正确率评估被试针对特定操作任务的 SA 水平。

研究发现 SA 水平高可以算作作业绩效良好的必要不充分条件，因此利用作业绩效可实现 SA 水平的间接测量，这类方法测量便利且干扰性小。常用的基于作业绩效的 SA 测量可分为三种方法：一是外部任务测量法，通过去除或改变部分被显示的信息，观测记录被试对这种信息去除或改变所需的反应时间，该方法的缺陷是干扰较大；

二是整体测量法，由于该方法仅测量被试完成任务的整体绩效，存在敏感性和诊断性不足的缺点；三是次任务嵌入测量法，在整体任务中嵌入次任务，根据其绩效评价被试 SA 水平，只能反映 SA 的部分相关信息。若操作任务简单而要求较为单调，次任务嵌入测量法测定的次任务绩效平均值足以较为客观地表现 SA 水平。

3. 眼动生理测量

生理测量的客观手段几乎不具有干扰性，人们对将生理指标测量用于脑力负荷研究经验丰富，但目前在 SA 研究中应用相对少见，并且人们尚不清楚可否直接用生理测量方法反映包含 SA 在内的一系列高层次认知过程。经过对眼动测量的研究，发现眼动可表明大脑已将信息进行了知觉登记，不过无法确定人是否感知到了边缘视觉对象，以及是否理解了感知对象等问题。测量眼动会记录下被试在试验全过程中的眼部反应，获得瞳孔直径、眼睑开度、注视点、注视时间、扫视路径、眼跳、眨眼率、注视热点图等指标数据。探讨眼动生理与 SA 的关系对眼动测量方法在 SA 研究中的应用意义重大。

4. 建立情景意识测量方法

研究 SA 测量方法可知各种方法测得的结果仅能以某种程度反映 SA 水平，而并非 SA 真实值，故而使用测量方法所得结果互相比较的意义高于绝对水平。某研究在 SA 实验中同时运用 3D–SART 测量（主观测量方法）、SAGAT 测量（客观测量方法）及眼动测量（生理测量方法），根据多种测量的结果综合反映飞行员 SA 水平，需要将这些通用方法基于驾驶舱实验的噪声环境进行设计调整。

主观测量的 3D–SART 法安排在实验结束后，无须进行额外的实验过程设计，主要测定飞行员综合评价注意资源的分配情况及其回答问题的自信程度，其问卷见表 8.8。

表 8.8　3D-SART 问卷

请按照试验中真实感受打分，最低 0 分，最高 100 分。	
注意资源的需求量：试验情景中诸多变量及其属性的数量、变化和复杂程度	
得分	
注意资源的供应量：注意力集中程度，兴奋紧张程度及对仪表信息关注程度	
得分	
对情景的综合理解：对情景的理解，回答问题时（排除猜测）的自信程度	
得分	

由于 SAGAT 测量需要在过程中随机冻结实验并提问被试，需要配合这种特点进行适宜的实验任务设计，探查飞行员记忆的问卷设计也要针对任务来完成。例如实验任务选用塞斯纳小飞机手动矩形起落航线任务，在过程中随机冻结实验并探查被试飞行员的航向、速度、高度、俯仰角、告警信号的五个 SA 记忆，伴随相应的问卷设计。眼动测量贯穿实验的全过程，在实验中发挥两种作用：作为 SAGAT 法的辅助测量记录整个实验过程，以及提供眼动与 SA 关联性研究的生理指标数据。眼动测量的关键在于分析处理获得的数据，同样不需要针对性实验过程设计。

（五）试验设计

飞行实验十分复杂且需慎重评估安全性问题。针对特定环境中执行的典型飞行任务，在模拟飞行平台上开展受驾驶舱噪声影响的飞行员 SA 测量实验。被试在不同条件的噪声环境中执行典型任务，并使用指定 SA 测量方法测定其 SA 水平；根据测量结果结合定量模型，比较使用不同方法在不同噪声条件下测得的被试 SA 水平，得到噪声影响 SA 的情况结果，分析讨论测量方法的使用情况及适用性，最终确定结论并对后续研究提出建议。

数理统计学的最小样本法则提出样本数不得少于解释变量个数加一。在本试验中，SA 水平是被解释变量，解释变量分别是被试产生的飞行航向、速度、高度、俯仰角及告警信号五个 SE 相关值，因此需要至少 6 个样本。实际试验选择的 10 名被试年龄为 23~29 岁，有民航专业背景，右利手，矫正视力和听力正常，身体状况良好；被试均预先熟知矩形起落航线的任务过程，并保证能够成功完成该起落航线任务。

试验硬件平台具备飞行仿真、视景仿真及仪表显控系统；软件平台使用微软的模拟飞行平台，其对画面和任务有极高的模拟真实度，系统中可选择的大量机型完全满足试验需要。硬件设备配备了德国 SMI 公司的 i View X 无线眼镜（即眼动仪），该眼镜可用于采集眼动信号，其使用方便，也很轻巧，不会使被试产生佩戴不适感。噪声水平在试验开始前使用 TES 1350R 型声级计测定。

试验中将被试分成 4 组，噪声条件分别设定为 1 组 45 dB(A)、2 组 55 dB(A)、3 组 65 dB(A) 和 4 组 75 dB(A)，天气条件为晴朗无风。在飞行模拟系统中选用塞斯纳 C172S 飞机，在南非乔治（GRJ）机场场景完成基本的矩形起落航线任务，任务具体步骤包含起飞爬升，一、二转弯，巡航平飞，三、四转弯以及进近着陆等。在完整起落航线中规定 8 个关键点，要求被试在每个点达到特定的飞行高度（英尺 /ft）和指示空速（节 /KIAS）。试验过程监测航向、速度、高度、俯仰角及告警信号五个 SE，将告警声音设置为 70 dB(A)，在达到 8 个关键点的过程则随机冻结实验，用 3D–SAGAT 问卷提问被试，无线眼镜记录下被试试验过程以测定被试的 SA 水平。被试在试验结束后马上填写 3D–SART 主观问卷，眼动数据也需要尽快分析处理。

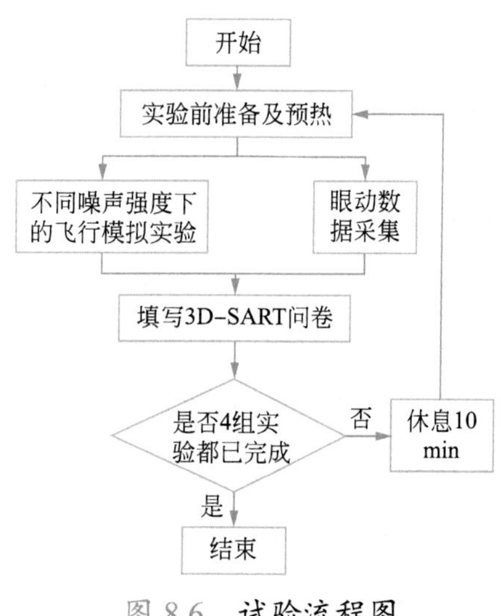

图 8.6　试验流程图

注意在试验准备阶段查验模拟飞行平台、眼动仪等相关设备能否正常运行，确认被试人员对试验准备就绪。提前 10 min 协助被试正确佩戴眼动仪，然后请被试静坐等待。试验开始后在前述阶段中根据 SAGAT 法随机冻结实验并测量被试 SA；试验结束被试需立即填写 3D–SART 问卷，休息 10 min 再继续进行下一组实验。试验共计 4 组，流程如图 8.6 所示。

在 4 种噪声环境条件中得到 10 名被试各项指标数据并计算平均值，被试 SA 水平运用 SAGAT 正确率和 3D–SART 得分作为标准进行评价，这两个指标与其他特征值的相关程度（即其他指标与 SA 的关系）通过相关性分析挖掘和判断。统计学家卡尔·皮尔逊定义的统计指标——相关系数表示不同变量的线性相关关系密切程度，以字母 r 表示，其具体定义与研究对象有关，其中皮尔逊相关系数最为常用。计算相关系数使用积差方法，以两个变量与其平均值离差的乘积表示它们的相关程度；$|r|>0.8$ 可认为两个变量相关性高，$|r|<0.3$ 则认为两个变量不具有相关性。

（六）试验结果讨论

以 SAGAT 测量结果作为情景意识水平比较标准，发现其与模型计算值、3D–SART 得分和眨眼频率有极高的正相关性，而与瞳孔直径、眼跳频率和正确率反应时间负相关性高，与眼跳速度及注视频率和眼跳速度不具有相关性。随着环境噪声由 45 dB(A) 升高至 75 dB(A)，水平降低的指标有模型计算值、3D–SART 得分和眨眼频率，导致被试 SA 水平逐渐减弱。

噪声级升高不仅对被试的注意力有更大的分散作用，对其视觉运动的抑制效果也增强，这种条件下被试为了有效接收和理解所需的 SE 包含信息，就需要耗费更多精力，因而延长了正确反应所需时间。眼跳的目的是让所需的视觉信息位置移动至注视视野中心，眼跳频率越高说明被试在越频繁地搜索各种信息，噪声级增大使被试的注意力难以集中，可能要通过多次注意得到某一信息，为提高情景信息的获取效率，被试将瞳孔放大接纳更大量的信息，同时增大对于感知不同信息的眼跳频率；眨眼有助于缓解视觉疲劳，但会使人瞬时性失去前一刻的视觉感知，为应对噪声分散注意力的问题，更高效地获得情景信息，被试会降低眨眼频率。注视频率（每秒的注视次数）关系到环境中的 SE 数量，由于本试验有固定的 SE 数量，试验任务紧张程度适中且过程中被试可自由观察窗外，可认为注视频率不影响 SAGAT 测量的结果。眼跳速度与注视位置、距离有相关性，如果被试原本注视窗外而下一时刻观察仪表，其眼跳速度可能低于一直观察同一块仪表，认为眼跳速度也与 SAGAT 测量的结果无关。

对驾驶舱噪声对飞行员 SA 影响进行试验，分析试验测量数据并将 SAGAT 测量结果用作评价 SA 水平的标准，得出的结论有：

（1）随着环境噪声以 45 dB(A)、55 dB(A)、65 dB(A)、75 dB(A) 依次升高，被试的 SA 水平逐渐降低。

（2）可用作 SA 判断指标的眼动特征量有眼跳频率、眨眼频率以及瞳孔直径。

（3）与 SA 水平呈正相关的指标有模型计算值、3D-SART 得分值和眨眼频率，即被试 SA 水平越高对应着越高的模型计算值、3D-SART 得分和眨眼频率。

（4）正确率反应时间、眼跳频率、瞳孔直径与 SA 水平有高度负相关性，被试越低的 SA 水平对应越长的正确率反应时间、越高的眼跳频率和越大的瞳孔直径。

本试验运用的矩形起落航线手动飞行任务难度不高，对所选的具备一定民航基础知识的被试来说容易学习；该任务尽管操作要求较为简单，但完全能够满足测定 SA 的相关需求。对被试在整个任务过程中 SA 状态的关注重点在于测量考察被试记忆仪表参数的情况，没有对矩形起落航线的五边飞行任务完成时间作出规定，被试可自由把握飞行时长，故而数据分析结论不涉及对五条边之间的飞行比较。

在设计 SAGAT 问卷时参考了其他研究使用的方法，在每次冻结试验时均探查被试对仪表 SE 信息的记忆。试验过程中发现，被试并不能随时记住本试验监测探查的 5 种 SE，表明了 SAGAT 正确率测量的有效性。试验发现，被试会受到所谓"第一印象"影响，一旦被试预先知道本次试验将环境噪声作为变量、需在四种不同的噪声条件下完成相同的试验任务，容易不自觉在主观上评价和比较各组试验条件，将导致结果受到主观影响。因此，3D-SART 主观测量的问卷调查安排在试验全部结束后进行。

本试验使用眼动仪进行全过程追踪测量，由于眼动仪的精密参数在每次校准时都会产生些许变化，因而人穿戴上后直到试验结束都不宜拆卸。在这种客观条件下，眼动数据对试验过程的还原依然是相对客观的。眼动跟踪对 SA 测量的意义不仅在于试验过程还原，同时还要挖掘相应数据，进一步推动眼动测量技术与 SA 研究的开发应用。

试验得到的全部数据（包括定量模型计算）结果仅具有相对比较意义，可以互相比较以判定 SA 水平高低，不能等同于真实的绝对 SA 水平；在应用时可构建具体的理想 SA 环境，通过以上方法获取人理想状态的 SA 水平。

二、高温噪声环境下工作效率评价试验

（一）工作效率的神经行为测评

人的全部脑力活动由中枢神经系统负责控制，信息加工的效度直接由脑叶活动决定，其最终控制脑力活动的结果输出。人们将行为定义为“关联时间与空间的机体及其产生的部分运动，对有效控制变量（刺激）作出的反应”。而神经行为功能具有综合反映作业人员心理、生理和信息认知加工各方面水平的特性。人们最早在毒理学研究中使用了神经行为测试分析环境中不利因素对人劳动能力、心理状态和神经行为功能 3 方面水平的影响，实施职业人群健康状况的早期检测与长期监护。神经行为测试在检测被试人员认知功能方面最初使用传统的心理学测试方法（如韦克斯勒成人智力量表、韦克斯勒记忆量表等）；WHO 推荐的神经行为核心测试组合（Neurobehavioral Core Test Battery, NCTB）被认为可综合反映作业人员的认知能力。神经行为功能包含 5 个方面，分别是情感、智力、学习与记忆、感知以及心理运动，有研究表明 NCTB 等多因素综合评价方法具有较好的信度和效度，目前神经行为评价方法被广泛用于评价作业人员的工作效率。

如图 8.7 所示，通过试验测评建立作业人员工作效率的影响机制模型，其中工作效率的结果输出取决于 5 个因素，包括环境因素、防护设备、工作性质 3 个外界因素及其影响改变的心理状态和生理状态 2 个作业人员自身因素。作业人员的心理和生理状态是互相联系且彼此影响、制约的，该测评中把神经行为功能的情感划归心理状态范畴。在评价作业人员工作效率时，神经行为测试可当作定量任务。

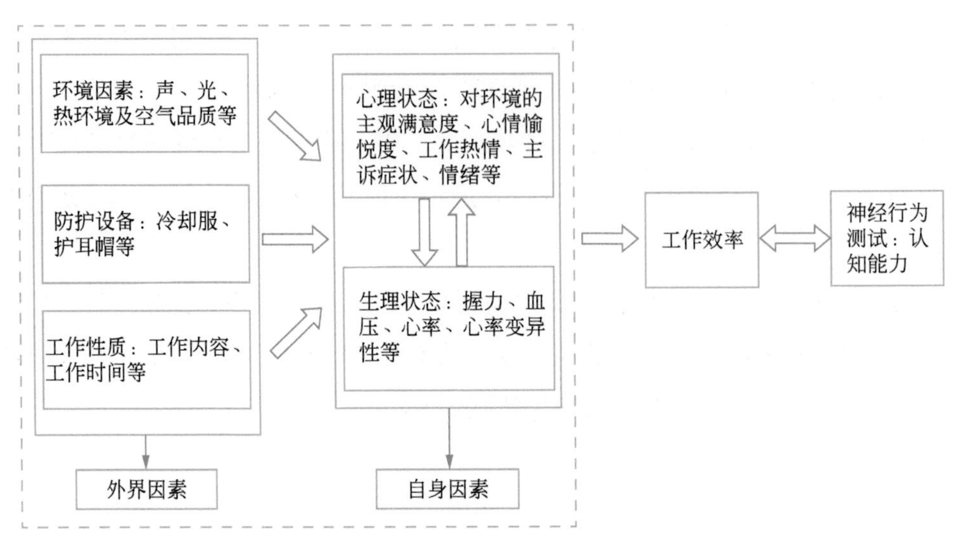

图 8.7 工作效率的影响机制模型

工作效率的影响机制数学模型如下：

$$P=f(x_1, x_2, x_3, Q_1, Q_2)$$

$$Q_1=f(x_1, x_2, x_3, Q_2)$$

$$Q_2=f(x_1, x_2, x_3, Q_1)$$

$$Q_3 \approx P$$

式中，P 为作业人员工作效率，x_1 为环境因素（包括温度、噪声等水平），x_2 为防护设备因素（包括服装热阻、护耳器降噪性等），x_3 为工作性质因素（包括脑力劳动负荷、体力劳动负荷、作业时长等），Q_1 为心理状态（包括环境主观满意度、工作情绪等参数指标），Q_2 为生理状态（包括心率、心率变异性等参数指标），Q_3 为神经行为测试（如以正确率和反应时间表示的认知能力分数）。

试验在研究环境温度和噪声对人员工作效率的影响时，在实验设计方面简化实际问题以便于研究实施。取温度水平为 25 或 32 ℃，噪声水平为 50 或 85 dB(A)；在防护设备方面考虑到服装热阻值的影响，要求被试人员试验过程中均身着长袖 T 恤和长裤；规定统一的体力劳动、脑力劳动负荷和工作时间。被试人员的工作效率以神经行为测试结果测定。

简化后的被试人员在各试验工况中作业效率为

$$P=f(T, Q_1, Q_2)=Q_3$$

式中，T 为工作时间。

该式反映了工作效率与心理、生理状态之间关系，进而可以得出分别表征心理、生理状态的一系列指标与工作效率的对应关系。这样就建立了基于心理、生理指标的工作效率评价模型。

（二）影响工作效率的心理生理指标

建立高温噪声环境的工作效率评价模型，其心理指标包括三方面：主观满意度、主诉症状及情绪。人对环境温度、环境噪声的满意度，心情愉悦程度以及工作热情是用来衡量主观满意度的指标；神经行为核心测试组合 NCTB 的 POMS 量表用于测量情绪；在选择关于生理指标时重点考虑两方面，指标既要高度关联工作效率以反映工作效率高低，又必须能体现高温和噪声因素对其的影响，与高温、噪声的环境因素具有交互效应。基于上述考虑，选取如下生理指标：

1. 握　力

作为一项常见的体能测试指标，握力体现了手部的肌肉力量，成年男性握力值一般为 30~60 kg。研究发现高温噪声中，人作业时间越长则握力越低，握力变化规律符合作业人员的疲劳曲线。研究同时解析了高温使人握力下降的机制——线粒体酶的活性会在高温条件下降低，ATP 产量因而减少，肌肉活动得不到充足能量；另一方面，电解质也是肌肉运动的必需品，而高温使人大量出汗，大量损失水分与电解质，于是肌肉力量减弱，人感到四肢酸软。

2. 血　压

血压测量包括收缩压（高压）和舒张压（低压）两个指标，正常范围为收缩压 90~140 mmHg、舒张压 60~90 mmHg。高温环境引发血浆量降低与血管扩张，血压迅速下降；噪声条件对血压的影响与高温正相反，噪声使交感神经兴奋，引发去甲肾上腺素和肾上腺素分泌，最终导致心率与血压增大。

3. 心　率

心率（安静心率）一般为 60~100 bpm，是评价热应激的主要指标。高温环境中心跳加速，血液循环速率提升从而利用该过程转移多余热量；噪声环境会使交感神经兴奋，心率随之上升。运动是影响心率变化的另一因素，与安静状态下相比，心率在运动时及运动后升高，运动后经过休息又会恢复到安静状态水平。利用心率的这种变化规律，可根据体力作业后心率增加幅度评价作业负荷及作业人员疲劳情况。

4. 心率变异性

神经体液因素调节心血管系统的根本机制决定心率值在逐次心跳间期存在一定细微差异，即产生围绕均值的周期性波动，心率变异性（Heart Rate Variability，HRV）是指这种周期性的逐次心跳差异变化。通常在频域分析时将 HRV 分为高频段（HF）、低频段（LF）和超低频段（VLF）三个峰谱。HF 主要受到迷走神经活动影响，LF 主要受交感神经活动影响。HRV=LF/HF，因此其数值大小体现出交感神经和迷走神经活动的相对均衡性，HRV>1 表明交感神经活动占主要地位，HRV<1 表明交感神经和迷走神经活动相对平衡,HRV<1 表明迷走神经活动占主要地位。高温环境中 LF/HF 增大，LF/HF 越高说明被试人员感觉越热；噪声条件下 HRV 会大幅升高，此时以交感神经活动为主。HRV 与任务的执行准确率或速率负相关性较高，通常 HRV 增大时作业任务绩效降低。

（三）试验设计

首先是试验舱搭建。本研究使用的试验舱由一间实验室改造而成，在该实验室的一半空间内构建包含舱体、测试系统和环境控制系统三部分的试验舱。该试验舱内可控制调节的环境参数及范围包括温度 18~40 ℃，湿度 30%~95%，噪声 40~120 dB(A)。测试系统施加给被试人员一定的体力负荷和脑力负荷，测试并采集被试人员的各项心理和生理指标。

被试人员接受的体力作业负荷为举哑铃，试验向被试人员提供的哑铃有 2 个，各 5 磅（约 2.3 kg）；接受的脑力负荷是在笔记本电脑上完成游戏操作。被试人员需进行心理指标测试、生理指标测试以及神经行为测试。心理指标的测试方式主要为问卷和认知测试，生理指标握力、血压、心率和心率变异性等通过仪器测量。使用计算机数据采集分析系统——Power Lab 系统可测定血压、心率和心率变异性，该系统能够实时采集、存储和分析多通道的生物信号数据，具有心电图模块和血压模块，其硬件包括主机、生物电放大器、桥式放大器、血压传感器、心电电极、心音传感器和指压脉搏传感器，并配备 Lab Chart 软件。人的生理信号由 Power Lab 系统传感器或电极采集，信号信息经放大器放大后在主机中进行数模转换（即数字信号转换成模拟信号）传入 Lab Chart 软件，该软件即可完成生物电信号的采集与分析，特别是拥有分析人体 HRV 的专门模块。对神经行为使用任务测试，被试人员需完成全部项目测试任务。

《工作舱（室）温度环境的通用医学要求与评价》（GJB 898A—2004）做出规定，

在环境湿度为 15%~70%、风速≤0.25 m/s 的条件下，舒适级的环境温度对应 22~26 ℃；若环境湿度≤75%，有效代偿级的环境温度对应 32~34 ℃。在试验中，设计高温环境温度为 32 ℃，对照温度为 25 ℃。《工业场所有害因素职业接触限制》（GBZ 2.2—2007）规定，职业相关噪声日暴露 8 h 的限值在 85 dB(A)。出于对安全问题和被试人员接受情况的考虑，试验中高噪声工况设计为 85 dB(A)，噪声源为装甲车行驶噪声，对照环境噪声为不播放任何噪声音频的 50 dB(A) 背景声。控制环境湿度为 30%~40%，风速不高于 0.25 m/s。

试验使用的设计方法为被试内设计方法（重复测量设计），被试人员必须参加全部四种工况的暴露实验各一次。该方法有两个主要优势：个体以自身为对照，能够解决个体间变异性问题，使数据分析对处理效应有更高针对性；每名被试个体作为自身对照，研究需要的个体数量可有所减少，该方法经济性更优。重复测量设计的缺点在于某种试验条件下的处理可能对后续另一条件的处理产生影响。例如，若被试在参与一次试验后感到疲劳，立即进行下一次实验则结果很容易受到影响；针对这种情况，同一名被试人员参与两次不同工况条件的试验中间至少间隔 2 d，留有充足时间消除前一次试验对后续试验的影响。

试验招募的被试人员为在读大学生，筛选要求为健康男性，无抽烟、喝酒习惯，无心脏病、高血压等病症，所选取的 8 名被试年龄为 23 ± 1 岁。被试人员在试验前需参加培训，了解试验完整的具体流程和测试内容，签订被试人员知情协议书。正式开始试验之前，被试人员要保证充足睡眠，尽量情绪稳定，否则预先的主观不适感会影响填写主观问卷的准确性。试验开始前 8 h 内，被试人员不得服用对心脑血管和神经系统有刺激性的药物或食品，防止引发心脑血管紧张以及神经过度兴奋。被试人员参加实验时只穿着长袖 T 恤和长裤，从而控制在试验舱接受环境暴露时较为接近的服装热阻，消除服装热阻值对主观满意度的影响差异性。

ISO 8996:2004 提供了坐姿状态下的被测人员工作负荷与身体部位相关的代谢率表，人体坐姿状态下中度双臂负荷运动的代谢率为 130~150 W/m^2。据此确定被试人员在试验中的体力作业负荷为坐姿状态下双臂举哑铃，单次运动持续 10 min。

现今没有统一的标准或规范对脑力负荷分级作出规定，研究脑力负荷的方法参照文献设计。某些研究中被试人员的脑力负荷为与实际工作相同的任务，如阅读、打字、接电话等，常用于研究普通办公室环境里的职员或学生；另外一些研究中被试人员的脑力负荷是模拟实际作业场景的游戏，如模拟飞机、车辆驾驶，以及射击类游戏等；

还有研究以神经行为测试任务作为被试人员的脑力负荷。本试验的研究目标是武器装备作业中的高温高湿环境，而作业过程对作业人员的注意力集中和操作能力有一定要求，二者能通过驾驶游戏体现和测定。试验中给予被试人员的脑力负荷是斯堪尼亚重卡驾驶模拟游戏和神经行为测试任务，驾驶模拟游戏分数不计入、神经行为测试任务分数计入作业效率。

（四）试验测试方法

1. 环境参数测试

试验舱用于测试的空间有限，加之必需的桌椅和设备等，空余空间狭窄，只能在被试人员的左侧位置布设一个温湿度测点。被试在试验中全程以坐姿进行操作，按照《高温作业分级》（GBT 4200—2008）的要求在距离地面高 0.6 m 处使用德图多功能分析仪 testo 480 测量温度、湿度和风速。按照《工作场所物理因素测量 噪声》（GBZ/T 189.8—2007）选用声级计对固定作业位置测定噪声，仪器使用前先进行校正；经测量，工作场所内声场均匀分布，A 声级差异低于 3 dB(A)。

2. 心理指标测试

心理指标测试以问卷为主要形式，测试包括主观满意度、主诉症状和 POMS 情感量表（简化版）三个方面。主观满意度由环境温度满意度、环境噪声满意度、心情愉悦度和工作热情四方面组成，每一项评分有 1~5 五个等级，分别代表“非常不满意”“有一点不满意”“适中”“有一点满意”和“非常满意”。主诉最初作为医学和心理学用语，指患者（来访者）讲述其症状或（和）体征、性质及持续时间等内容，现已成为一种广泛用于各个领域的调研方法，主诉症状提供了被试人员疲劳程度和健康状况等信息。表 8.9 为本试验可能出现的主诉症状表，共 11 项，得分设置为 0~4 分，严重程度递增，0 分表示无症状，1 分表示症状轻微，2 分表示有一定症状，3 分表示症状显著，4 分表示症状严重。

表 8.9 主诉症状量表

序 号	症 状	得 分				
1	耳痛	0	1	2	3	4
2	耳鸣	0	1	2	3	4
3	头疼	0	1	2	3	4

续表

序　号	症　状	得　分				
4	头晕	0	1	2	3	4
5	记忆力下降	0	1	2	3	4
6	注意力不集中	0	1	2	3	4
7	困倦	0	1	2	3	4
8	疲劳	0	1	2	3	4
9	恶心	0	1	2	3	4
10	肌肉无力	0	1	2	3	4
11	呼吸困难	0	1	2	3	4

POMS 量表是一种自称式情绪状态评定量表，表中含有 65 个描述各种情感状态的形容词。被试人员按照自身情况针对每个情感形容词打分，分值为 0~4 的整数，0 代表完全没有，4 代表程度非常高。形容词表示的情感状态可分为六组，分别是紧张–忧虑（Tension-Anxiety，T）、忧郁–沮丧（Depression-Dejection，D）、愤怒–敌意（Anger-Hostility，A）、有力–好动（Vigor-Activity，V）、疲惫–惰性（Fatigue-Inertia，F）和困惑–迷茫（Confusion-Bewilderment，C）。情绪状态（Total mood disturbance，TMD）的总估值为五项消极情绪得分总和（T+D+A+F+C）减去一项积极情绪得分（V），TMD 总分越高表明人的情绪状态越差。完成完整 POMS 量表需 5~7 min，简化版只含 30 项形容词，2~3 min 即可完成打分。

3. 生理指标测试

试验中主要运用 Power Lab 系统测定握力、血压、心率和心率变异性等生理指标。心率信号通过固定于左手中指上的指压脉搏传感器采集，采集过程中不能移动手指或按压传感器。血压测量使用的是听诊器与血压绑带，需将血压绑带系在左手臂上距离肘关节两指宽处，其松紧程度应当能够容许插入一根手指，放开血压绑带时需匀速慢放；被试人员所穿衣物应较为宽松，使袖子在撸起情况下不会对手臂产生压迫。心率变异性无法直接测得，而需经过分析心电图数据得到。Power Lab 系统配备的软件 Lab Chart 将采集到的心电信号放大和转换，最终呈现出心电图。心电电极共有正极、负极和地极 3 根电极线，正极接在受试的左手腕或者左脚腕，负极和地极分别接在右手腕和右脚腕。心电图检测时被试人员应呈放松坐姿，手置于桌子或大腿上，尽量分开双腿避免电极之间产生互相干扰的噪声信号破坏心电图波形。Lab Chart 中的 HRV 分析模块可用于分析得出 HRV 情况。

4. 神经行为测试

根据 WHO 推荐的神经行为核心测试组合 NCTB 设置本试验的神经行为测试，包括心算、系列加减、视觉保留、记忆扫描和连续操作等项目，评价指标包括完成项目的速度与准确度。

心算包括加、减、乘、除，被试人员需完成五种脑力计算，分别是两个三位数相加，三个两位数相加、相减，五个三位数与一位数相乘、相除，共有 10 道题目组成认知测试试卷。

系列加减检测人员的智力–记忆与思维神经行为能力。本测试中被试人员被要求认真完成 10 个加减法运算：一开始向被试人员展示 4 张分别为一位数字的卡片，前两张和后两张卡片分别组成一个两位数，然后展示一张运算符号卡片，表示对这两个两位数做何种运算，例如出现“+”就将两个数相加，出现“–”号则用较大的数减去较小的数。测试过程中每张卡片显示时间均设为 1 s，因此被试需迅速记住每个数字和运算符并进行相应运算，将结果写在认知测试试卷上。

视觉保留测试反映被试人员的记忆—视记忆神经行为能力。被试人员看到一张几何图形卡片并需要尽量记住图形的形状和特点，观看时间为 2 s。测试试卷上展示出四个图案，其中只有一幅图与卡片图案完全相同，要求被试人员以最快速度选出相同图案。整个测试包含这样的 5 组图形。

记忆扫描测量被试人员的记忆—短时记忆神经行为能力。被试人员先观看记忆一组数字，再向其逐个展示数字卡片。如果被试认为某个数字在先前展示的一组数字中出现过，需立即在试卷上写“+”，认为其没出现过则写“–”。

连续操作测试中要求被试人员以最快速度从 10 × 10 的数字矩阵中圈出目标数字，圈错不得修改。

5. 试验测试流程

试验招募被试人员 8 名，全部参加 4 种工况试验，共计 32 人次。试验测试流程如图 8.8 所示，被试人员进入测试舱后即进行生理指标测试（约 15 min），然后填写主观问卷完成心理指标测试（约 5 min），接下来完成神经行为测试（约 10 min），然后是玩模拟驾驶游戏 15 min 以及举哑铃 10 min，这两项任务交替进行 3 组。以上完成后，按照全部流程重复一遍，最后依次进行生理指标、心理指标和神经行为测试。完整试验流程共需要约 4 h。

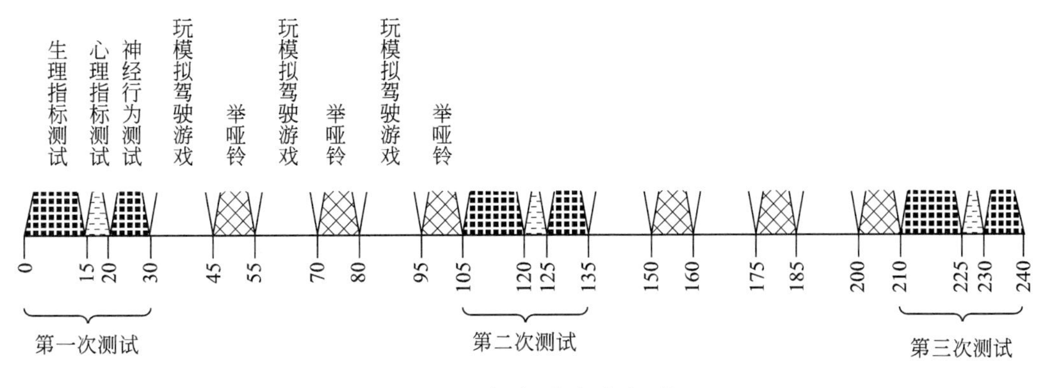

图 8.8　试验测试流程图

（五）试验研究结果

研究通过文献及理论分析，构建基于人体心理、生理指标的工作效率影响机制模型，选出高温与噪声的环境因素影响作业人员生理和心理的主要指标，制定工作效率的包括神经行为在内的一套测评方案；设计试验并搭建环境试验舱，在 4 种环境工况下共进行 32 人次的试验，分析测试数据后得出结果如下：

（1）在偏离舒适条件区域的作业环境中（试验中的环境温度为 32 ℃或噪声为 85 dB(A)），随环境暴露时间延长，作业人员的主观满意度显著降低；温度升高不会明显改变人对环境噪声满意度，而噪声增大会使环境温度满意度大幅降低。

（2）温度升高（25 ℃到 32 ℃）或噪声增大（50 dB(A) 到 85 dB(A)）都会使人出现的头晕、疲劳、困倦、记忆力减弱、注意力分散等症状加重，健康状况明显变差。高温噪声的综合环境与单一高温或噪声环境对健康的影响无明显区别。

（3）升高温度、增大噪声和延长作业环境暴露时间都会增大负面情绪得分及降低正面情绪得分，从而使情绪总估价分值明显上升。

（4）作业环境暴露时间延长使握力明显降低；血压（收缩压、舒张压）随环境噪声增大和温度降低而升高，相对来说，这两个因素对血压影响程度较低；噪声增大和暴露持续使心率升高，环境暴露时间延长、温度或噪声增大都会提高心率变异性。结果没有显示出温度和噪声工况条件的交互效应对生理指标存在显著影响。

（5）就神经行为测试的五个任务项目来看，噪声与作业时间对绩效指标均影响显著，其中心算、系列加减和连续操作的绩效同时与环境温度密切相关。

（6）与神经行为测试绩效显著相关的指标包括总体健康状态、情绪总估价、主观满意度、心率和心率变异性。

此外，研究还基于生理和心理指标，运用模糊数学理论建立了高温、噪声环境影响工作效率的评价模型。通过试验得到的生理、心理指标数据完成相应环境工况下作业人员的工作效率评级，并与神经行为测试绩效进行对比。基于生理、心理指标的工作效率模糊评价法模型综合主观和客观两类指标完成评价，对作业人员工作效率评价适用性强，而神经行为测试尤其适用于评价偏离环境舒适条件范围的作业人员的工作效率。

三、装备噪声环境评价测试

（一）客观评价指标

噪声对人的作业绩效影响存在声压级、持续时间、复合噪声频谱特性等多因素综合作用。众多指标中，较为重要的常用评价、测试指标为声级。

1. 等效连续声级

使用计权网络处理噪声时发现，A 声级对人耳对声音频谱特性和人对声音主观感受反映程度良好，因此一般将 A 声级用作连续稳定噪声的评价指标。等效连续 A 声级指不连续、不稳定的声音在一定时间内 A 声级的能量均值，符号为 L_{eq}，单位为 dB(A)。假设每天工作时长 8 h，一日内的等效连续 A 声级可用如下公式近似计算：

$$L_{ed} \approx 80 + 10\lg \frac{\sum_{i=1}^{m}\left(10\frac{n(i)-1}{2}T_{n(i)}\right)}{T}$$

式中，T 为一日内工作时间（取 480 min）；m 为声级段数，$n(i)$ 为第 $n(i)$ 段声级；$T_{n(i)}$ 为一日内工作中在第 $n(i)$ 段声级的暴露时间。

2. 语言干扰级和统计声级

语言对话最容易受到 0.5~2 000 Hz 范围内噪声的干扰，因而规定语言干扰级来评价噪声对语言的干扰性，计算方式为对中心频率 500 Hz、1 000 Hz、2 000 Hz 和 4 000 Hz 的声压级进行算术平均。噪声经常是无规律而大幅变化的，各种噪声级暴露的累积概率是一种较为科学的评价指标。对于某特定 A 声级，假设高于此 A 声级的发生概率为 m%，将该 A 声级的值表达为 L_m。若噪声具有正态分布的统计学特性，其统计声级 L_s 的计算公式为

$$L_S = L_{50} + \frac{d^2}{60}$$

式中，$d = L_{10} - L_{90}$，d 值越高表示噪声的变化幅度越大，即分布越分散。

3.NR 曲线

国际标准中常用 NR 曲线反映室内稳定噪声环境对人的影响。分别测量 63 Hz、125 Hz、250 Hz、500 Hz、1 000 Hz、2 000 Hz、4 000 Hz 和 8 000 Hz 8 个频带的声级，做出噪声的倍频程分析。将测试结果绘制在 NR 曲线图上，其评价数 NR 就是 8 个频带声级中与结果最为接近的 NR 曲线值。

（二）声级测试

噪声测试仪器分为脉冲积分声级计、声频频谱仪、噪声统计分析仪等，其中常用的声级计可直接现场测量装备舱室的噪声环境。测量环境表面的平均声压级 L_p 计算公式如下：

$$L_p = 10\lg\frac{1}{n}(\sum_{i=1}^{n}10^{0.1L_{pi}})$$

式中，L_p 为设定测量表面上各测点的平均声压级（dB）；L_{pi} 为测量表面上测点 pi 的声压级（dB）。

（三）主观评价方法

噪声会使人产生烦躁等心理感受，人在噪声环境中的烦恼指数 I_d 与环境噪声强度声级 L_A 存在下列关系（I_d 的评价等级数见表 8.10）：

$$I_d = 0.1058L_A - 4.798$$

表 8.10　烦恼评价等级指数

I_d	5	4	3	2	1
烦恼程度	极度	非常	中等	稍有	无

四、装备舱室舒适性评价方法

（一）层次分析法

美国运筹学家提出的层次分析法旨在通过对人思维转化过程的模拟，以数字形式表达人的抽象思维过程，分析不同因素之间的差别，并将以上两方面定量化，各种因素的权重视其重要性而定。

一种多目标决策系统——模糊层次分析法通过多层次分解目标对象，根据各因素间的层级关系构建能反映这些关系的递阶层次结构模型，定量化通过下层因素隶属上层的相对重要程度完成，确定各因素权重运用标度法，并将因素权重进行总排序。分为以下几个基本步骤：

1. 构建递阶层次结构

根据层次分析法解构分析的目标问题，形成问题的若干层次，构建递阶层次结构。层次结构通常分为最顶层目标层、体现目标特征的准则层、指标层和最底层方案层四层。

2. 建立判断矩阵

基于所建立的递阶层次结构建立判断矩阵，从最顶层起，每个下层以上一层因素为依据作对比，按照因素间的从属关系由上至下进行两两比较。判断矩阵通常由该领域专家或决策者提供，矩阵中的元素 a_{ij} 表示比较第 i 个与第 j 个因素时，相对于上一层目标的重要程度。

3. 一致性检验

判断矩阵以定量化数字的形式反映因素间的区别，不仅简化了问题分析过程，还便于决策者检验不同人思维判断结果的一致程度。由矩阵论可知，若判断矩阵 A 具备完全一致性，则其最大特征根等于其阶数，即 $\lambda_{max}=m$，而其他特征根均为 0；若判断矩阵不具备完全一致性，即 $\lambda_{max} \neq m$，引入最大特征根 λ_{max} 参数。将 λ_{max} 与判断矩阵 A 阶数 m 之差与 m-1 的比值，即 $CI=\frac{\lambda_{max}-m}{m-1}$ 用作衡量和检查矩阵偏离一致性的指标；当 $\lambda_{max}=m$ 时，CI=0，判断矩阵完全一致；CI 值偏离 0 越远，说明判断矩阵一致性越低。CI 还与判断矩阵的阶数有关，一般判断矩阵的阶数增大则更难以保持其完全一致性。因此，为比较不同阶数的判断矩阵，引入随机一致性比率（CR）的概念，指 CI 与同阶平均随机一致性指标 RI 的比值。若 CR<0.1，认为判断矩阵的一致性令人满意；若 CR>0.1，表明需要调整才能达到满意的一致性。

4. 层次单排序

对于通过一致性检验，即具有完全一致性或满意一致性的判断矩阵，可以接下来计算其每个因素（除方案层外）相对于下一层来说与相关因素的相对权重。权重计算主要是计算判断矩阵的最大特征根及其特征向量，常用方法包括和法、方根法及最小二乘法等。

5. 层次总排序

按照递阶层次结构从上往下的层级顺序，计算判断矩阵的各个特征根及其特征向量，并基于结果计算层次总排序，最终得到最低层因素相对于最高层因素的相对权重。

6. 一致性检验

检验各层级 CR，若 CR<0.1，认为判断矩阵具有满意的一致性，否则需要调整判断矩阵直至其一致性达到满意。

（二）灰色系统理论

灰色系统理论的研究对象为部分信息已知、部分信息未知的小样本，以及不确定性贫信息系统，通过提取已知信息中的有用信息，客观反映和有效监控系统的运行行为和演化规律。灰色系统理论的内容主要包括灰哲学、灰生成、灰分析、灰建模、灰预测、灰决策、灰控制、灰评估、灰数学等。

灰色系统理论的重点研究问题在于“少数据不确定”，模糊理论则更关注“认知不确定”问题，二者之间的差异见表 8.11。灰色关联分析通过关联因素变量的数据序列和系统特征变量数据序列的灰色关联系数计算，由关联系数进一步得出关联度，灰色关联度越大表明两个因素发展过程相对变化态势的相似程度越高，是对事物或因素之间关联性的量度。灰色关联分析的优势在于计算量较小，对样本要求不高且容易掌握。

表 8.11　灰色系统理论与模糊理论的差异

理论类型	灰色系统	模糊理论
内涵	小样本不确定	认知不确定
基础	灰朦胧集	模糊集
依据	信息覆盖	隶属度函数
手段	生成	边界取值
特点	少数据	经验
要求	允许任意分布	函数
目标	现实规律	认知表达
思维方式	多角度	外延量化
信息准则	最少信息	经验信息

（三）装备舒适性评价步骤

（1）分析装备舒适性要素，构建递阶层次结构模型。

（2）运用模糊层次分析法计算出各指标权重。构建目标评价问题的层次结构，运用标度法量化各层级因素相对于上一层因素的重要程度，建立基于因素间从属关系的判断矩阵，并进行一致性检验。

（3）计算各指标的灰色关联系数。

（4）将各指标权重和灰色关联系数代入灰色关联度公式计算。

（5）通过隶属度函数得出各因素之间的隶属度，将隶属度、关联度及规则强度代入结论可信度公式，编程计算得到结论可信度。

第六节 声信号控制——听觉人机界面设计

一、听觉人机界面概述

（一）听觉人机界面分类

除了音乐、语音等基本听觉界面分类，听觉人机界面可根据不同的功能特性分为以下三类：

（1）反馈信息听觉人机界面。该类界面主要功能为声音提供系统操作行为是否完成或完成情况正确与否的相关结果反馈，或以声音的形式提示系统的即时状态。根据其反馈内容，又可以将反馈信息听觉界面进一步分成操作行为反馈和系统状态提示的反馈信息听觉界面。

声音的操作行为反馈包括触摸屏图标选择音、键盘按键音、相机拍照快门声等，相关装置都属于操作行为反馈信息听觉界面。手机低电量提示音、电脑开机提示音、拨出电话占线或无人接听提示音都属于声音的系统即时状态反馈，相关装置属于系统状态提示反馈信息听觉界面。

反馈信息听觉界面提供的声音反馈信息具有即时优势，使作业人员得到清晰的操作行为或系统状态反馈而无须再通过视觉对信息核查确认，提高人机交互效率的同时减少了视觉负荷。

（2）辅助信息听觉人机界面。该类界面通常应用于视觉受到环境照明水平或人员观察视角限制，以及视觉负荷过重等场景下，此时需要通过听觉显示向作业人员传递相关信息。例如，汽车行驶时，车载GPS导航仪提供的语音提示信息让驾驶员免于转移视线查看屏幕显示的地图，减轻视觉通道负荷，提高人机交互效率，同时有助于驾驶员注意力集中，降低其视线转移、查看地图路况等带来的安全事故威胁。

对于存在视觉缺陷的群体（特别是盲人），其视觉信息接收通道受阻因而必须通过听觉或触觉通道来实现人机交互，使用的声音信息传递装置就属于辅助信息听觉人机界面。

（3）告警信息听觉界面。该类界面指人机系统的任意部件或环节发生故障及意外事故，需要作业人员立刻采取措施处理时，运用声音显示传达警报信息的装置。告警信息听觉界面充分利用声音信息的迫听性、全方位性等特征，向作业人员传达出危险、设备故障问题或其他值得注意的信息，促使作业人员及时采取措施，调整人机系统，规避事故问题。

听觉显示器可按照其使用的声音信号特征分为两类：

（1）语音听觉人机界面通过传递人类语音信号实现信息传递。相较于非语音信息，语音信息能够传递的信息内容更精准，在信息传递上也有更强的灵活性，不过现阶段还存在语音合成输出等方面的技术问题。

（2）非语音听觉人机界面通过自然界存在的声音和音乐声等非语音信号实现信息传递。相较于语音信息，当存在环境噪声时非语音信息的抗干扰性更强，在需要保密性等特殊场合，非语音信息也更加安全。

虚拟现实系统中的一种常用界面分类方式是按照听觉界面显示设备及其安装佩戴方式的区别，将其分为固定式听觉界面和基于头部的听觉界面：

（1）固定式听觉界面的特点是安装位置基本固定，可以向多个对象同时传递声音信号，声音信号的传递效果容易受环境噪声等因素影响。如常见的扬声器音场固定，是一种外部参照系，虚拟现实系统为追求沉浸感效果，一般会使用音场固定的固定式听觉界面。

（2）基于头部的听觉界面特点是使用位置在头部固定。以头戴耳机为例，佩戴后其音场跟随用户头部移动，耳机传递的声音若是从右侧传来的，则用户如何改变身体的姿势和位置，听到的声音始终都在右侧，该听觉界面的音场是一种内部参照系。

基于头部的听觉界面仅供佩戴者独自使用，所提供的声环境既可以达到与外部环境分隔的效果，也可以与外部声环境相叠加；如封闭式耳机具有屏蔽外部环境中杂音的功能，而开放式耳机使人能同时接收虚拟环境中合成的和外界真实环境中的声音信息。音场固定的扬声器可制造虚拟环境的沉浸感，而双声道耳机能实现比扬声器效果更好的立体声和空间化声场效果，因此虚拟现实系统通常将这两种听觉界面结合使用。

（二）听觉人机界面的特点

1. 迫听性

人可以通过闭眼等行为控制切断视觉通道，但几乎无法主动完全关闭听觉通道。声音信号可以超出个体意愿传递至人的听觉系统，也就是具有迫听性，因而易于使人产生不随意注意。一旦环境中出现较大声音，人往往下意识迅速寻找声音产生的方向，引发快速朝向反射甚至惊跳反射；处在困倦或睡眠状态中的人也可能因外界一定强度的声音而觉醒。总之，与视觉信息相比，听觉信息的遗漏概率大大降低，尤其适用于传递紧急告警信息。

2. 全方位性

空气介质中声音信号以球面波的形式向各个方向均匀传递，与视觉产生的视野和注意范围有限性不同，人耳无须扭转头部就能接收来自 360° 空间中所有方位的声音信号。因此，对于操作空间条件限制导致视觉人机界面无法设置于作业人员视野范围内的情况，显然应使用听觉界面代替或弥补。

基于声音的迫听性及传播全方位性，人往往先听到声音获得一定的事件信息，然后用视觉查看具体发生了什么，即听觉信号常起到引导人员使用视觉精确、细化分析目标的作用，因而有听觉是视觉“眼睛”的说法。

3. 变化敏感性

声音信号具有时间序列特性，听觉对声音信号随时间发生的变化非常敏感，即时间分辨率高，特别是对变频声音信号的时间分辨率几乎高出视觉信号一个数量级。检测听觉信号也比视觉信号更加迅速。

4. 绕射性与穿透性

由于声音传播过程的绕射（衍射）、折射及反射等特征，声音信号可远距离输送而受空间障碍限制较小。声音信息的传递与照明条件无关，可穿透烟雾等部分视觉障碍，在夜间、雨雾天气及存在一定面积和体积的阻挡物等条件影响下依然能够远距离传递。

对于一些间隔一般障碍物或远距离的情况，增大声音强度仍然能够有效传递信息。

听觉显示界面的缺陷包括声音信号容易干扰到非目标人群，听觉信息通道和感觉记忆容量低于视觉，对复杂模式信息的工作记忆时间短等，并且声音信号是瞬态性的，无法持久呈现。因此，将声音与视觉、触觉等信号同时结合使用，才能使人机交互更自然、高效，也能够降低不同感觉通道的压力。

（三）听觉人机界面的一般设计原则

听觉人机界面的信息传递绩效主要由其设计特性与目标人群听觉通道的匹配性决定。因此要求听觉界面的声音信息显示尽量匹配人类听觉系统的特性，这方面的基本要求包括声音信息的频率、强度及组合形式必须符合听觉系统的承受范围，并进一步优化听觉信息显示配置。

1. 易识别

易识别性原则要求听觉人机界面的显示声音应当易于引起目标对象注意从而接收，声音的强度、频率分布及个体听觉适应性都会影响听觉信号的易识别性。

在存在环境中背景噪声屏蔽效应的前提下，听觉人机界面传递的声音应有合适的强度和频率。首先，听觉信号的强度必须高于环境背景噪声，达到一定的信噪比才可保证人能够清晰分辨出和接收听觉信号。另一方面，与环境背景噪声频谱有一定差异的听觉信号频谱也可降低环境噪声对其的屏蔽效应。同时应避免发出的信号强度或频率参数落在人听觉系统感受范围的极端区域，如响度过大的信号会惊扰作业人员且提升环境噪声级，对局部语言行为造成困扰。考虑到听觉适应性因素，应选取间歇性或有变化性的声音信号，避免长期显示稳定信号而导致目标群体对其产生听觉适应性。

显示复杂信息较好的方式是两级呈现，呈现第一级信号的主要目的在于引发注意，精确信息和指示通过第二级信号传递。如在设计听觉告警信号时，有时使用一个先导信号（一般是纯音）使目标群体产生注意识别，继而是精确指示的语音信号。

2. 易分辨

易分辨性原则要求听觉人机界面呈现的各种声音信号应易于辨识和理解其含义。易分辨性包括两层概念，一层指不同性质（含义）声音信号易分辨，另一层指呈现效果同类及相近的声音信号易分辨。不同性质（含义）声音信号的易分辨性规定一个声音信号仅表达一种含义，不可出现信号一音多义。若将声音的强度、频率分布、持续时间等参数用作信息代码，需注意避开参数的极端值，且信息代码的数量不可超出目标群体对声音信号的绝对辨别能力，避免发生因人员难以辨别声音信号之间的区别而混淆接收的声音信息。

除了从强度、频率分布、持续时间等参数方面使声音信号差异化，还可以通过改变声音组合强化其易分辨性，如使用频率具有高低变化的变频信号或各种组合方式的断续性声音信号。另一种提高声音信号易分辨性的方法是借助时间或空间分离，这种方法主要针对同一或相近时间呈现的声音信号。实际中应尽量在不同时间呈现不同的声音信号，间隔应不低于 1 s；若不同信号需同时呈现，可将其声源在空间位置上分离开，也可以根据信号在系统中的重要程度高低设计注意优先级指示信号，以各种方法提升信号易分辨性。

3. 兼容性

兼容性原则要求声音信号表达、传递的意义应与人的经验习得一致或容易产生自然联系，即信号含义应较高程度兼容目标群体固有的听觉思维习惯。例如，一般用尖哨声表示发生紧急情况，用高频音表达“向上”或“加速”的含义。设计选用声音信号时应全面考虑，避开日常普遍惯例使用的信号。某些警报类的信号（铃声等）已被公众默认为与指示部分特定活动，如救护车、消防车等声音信号，不应在其他场合、目的下使用与这些声音特征相同的信号。若要使用听觉信号代替其他系统（如视觉信号系统），可在一段时间内同时使用两种信号系统，允许目标用户适应过渡。

4. 可控性

可控性原则要求作业人员可主动停止听觉人机界面的声音信号呈现。由于声音信号的迫听性容易造成无关人员受到声音信号干扰影响，若听觉界面传递的告警信息（如险情、故障）已被作业人员接收，持续的告警声给人带来压迫感，可能对作业人员诊断、解除故障一系列相关操作产生负面影响，所以应当容许作业人员主动终止声音信号持续性显示。一些操作行为反馈的听觉信息，如手机的按键声和相机快门声等，当用户已经熟练使用无须反馈或处于会议室等特殊安静环境中，也应能够主动操作关闭该类声音反馈，避免多余噪声干扰。

5. 标准化

标准化原则要求各种场景下听觉人机界面应具有统一性、标准化的声音信号，以便人在不同环境条件下的适应、学习与人机、人际沟通，提升工作绩效。国际标准化组织 ISO 与中国国家标准化管理委员会都颁布了一系列听觉信号显示的相关标准，这些标准的制定经反复实验验证，有很强的科学性和实用性，应在设计听觉人机界面的过程中充分参考。

二、听觉人机界面设计

（一）语音用户界面及设计

语音用户界面通过语音信号进行人机交互，同时具有听觉人机界面基本特性和一系列语音相关特性。该界面有直接、自然、高效和灵活的优点，也有被动、瞬态、易串行和易受干扰的缺点。另外，技术发展的局限性导致目前语音用户界面对输入语音的识别率和合成语音的质量都不理想，技术因素是限制该界面整体质量与应用推广的关键问题。

除通用的界面适用性评价指标外，语音可懂度和自然度等语音信号质量评价指标也属于语音用户界面的评价指标。影响语音可懂度的因素有信号因素（语音强度、语音信号本身特点和信号压缩与传输质量）、环境因素（环境噪声和混响时间）和语音通信者个体因素。语音自然度评价是一种主观评价，包括系统界面呈现的语音信号与人类语音的相似度，以及系统内人机交互和人人交互过程的相似度。

语音用户界面从出现至今已取得较大发展进步，亟待解决的问题仍有很多。从语音输入方面来看，广为关注的重点问题包括方言（口音）问题、自然语言理解问题和背景噪声问题等；语音输出方面的问题则主要是合成语音的自然性、真实感方面。从未来发展趋势来看，语音用户界面主要有以下三方面趋势：

（1）语音输入（语音识别）

界面在语音输入（语音识别）方面的发展趋势是在各种环境噪声条件下能够很好地理解自然语言。对自然语言的理解不仅指识别和理解人的语音，还需要理解各种不同的方言及口音，这对语音用户界面的语音识别系统提出了高鲁棒性要求。此外，未来语音用户界面将具有基于用户输入语音信号识别其情绪特征的功能，并利用相应情绪特征反推，从而更加明确语音信号（可能有所隐含的）真实语义。这种对语音识别的更高级需求已不仅要求其识别信号语义，还包括识别语音信号的情绪；这项进步将有助于系统根据用户情绪状态和真实及隐含的语义提供适宜的相应反应。

（2）语音输出（语音合成）

界面在语音输出（语音合成）方面的发展趋势是合成语音高度自然化，意味着合成的语音具有高度真实感，呈现出的从节奏韵律到情绪、感情色彩都十分接近人所发出的自然语音。这项功能的实现依赖于言语（包括口头语音和书面语言文本）识别技术的发展，系统在完全识别并理解一定言语及其隐含含义与情绪色彩的基础上才能加入相应的韵律节奏，使这些元素共同表达出一定的情绪和情感。

（3）其他新功能

人们对语音识别及合成的需求不断提高，相关技术将不断发展完善，未来语音用户界面可能产生许多新的进步和功能，如同声传译、声纹识别及音频信息档案检索与管理等。

语音用户界面输入，即语音识别部分的设计核心在于开发识别技术与算法，工效学原则在其中不起到重要作用，界面的语音信号输出则与众多心理学与工效学问题密切相关。因此，从人因工程角度，语音界面设计过程应注意语音信号输出的以下几部分：

（1）言语易懂度与自然度

由语音界面输出的语音信号首先应言语易懂度高，这就要求合理选定言语易懂度影响因素对应的参数值。对语言传示装置的言语清晰度要求超过 75%，否则无法传递正确的信息；语音信号的强度与清晰度有关，其强度在 60~80 dB 之间为宜；对大多数人来说，女声的可懂度比男声更高，因而推荐使用女声的语音信号；信号内容方面，应尽量运用多音节单词和信息冗余度高的语句，句式以人们熟悉常用的肯定式为宜。

言语自然度对系统提出输出语音信号与真人语音尽量相似的要求，用户更偏好使用预录制的真实人声，但目前这种方式成本太高，因此应进一步发展语音合成技术。

（2）语音输出信号时滞

系统识别输入的语音别需要一定时长，故而语音信息输入、信号输出均存在一定时滞。研究发现，人在浏览与工作无关的网页时，对无反馈网页打开时间的容忍度为 5~8 s，对有反馈网页的容忍度则延长至 38 s；类似地，人对语音界面输出信号的时滞也具有一定容忍度。考虑到语音信号的瞬态性特征，应尽量缩短语音界面输出信号的时滞，特别是在作业人员难以判断操作是否正确完成的情况下，时滞过长只会进一步引发其焦虑和自我怀疑。因此，即使系统需要一定时间才能完成识别所输入的语音信号，也应迅速向用户展示反馈信息，提高其对信号迟滞的容忍度。

（3）语音超文本界面广度和深度

在语音界面中，语音信息的展示往往是串行、序列化的，且由于其传递速度有一定限制，当需展示的语音信息量较大时，给作业人员施加大量认知负荷，破坏系统的可用性体验。针对这个问题，可以在语音信息的组织过程中运用超文本的组织方式，作业人员在语音超文本界面中进行与系统的交互时能够自主选择路径，进一步实现过程控制，略过不重要的无关信息，快速准确定位所需信息内容。语音超文本界面的突出优势就是提高了人与语音界面系统之间的信息传递效率。

（二）非语音用户界面及设计

非语音用户界面显示音调信号，利用特定声音（铃声等）作为代码向作业人员传递某事件的相关信息。非语音用户界面的优势包括快捷性、简洁性、宽频性、保密性及抗干扰性，但非语音听觉信号往往存在特定编码规则，要理解听觉信号的含义，作业人员需接受相应培训和练习，不熟练者在紧急情况下也有忘记声音信号所传递信息的风险。

非语音听觉界面的设计中，最为常用的两种基本表征方式是听标和耳标。

在听觉界面设计方法中，听标指使用的信号为自然声，是人机界面及其属性与自然的声音现象及其属性之间的映射，即把真实世界中各种日常交互所产生的声音与听觉界面声音反馈事件和传递对象相对应，方便人运用已有的听觉经验、技能进行人机界面交互。作为听标的自然声音也就是真实世界中一些常见的、具体的声音，具有易理解和包含信息量大的优点，缺点是多个声音同时反馈的情况下彼此难以区分甚至形成噪声；听标很难产生层次结构，不适于传递结构化的、复杂的信息；有时难以将听觉界面的元素与自然声音形成天然合理关联。

听觉界面设计中使用乐声即为耳标，它是图标的听觉对应。乐声具有适于用作耳标的诸多特性，在各种文化背景的漫长历史中，均存在便利人们交流的耳标，如整点报时的钟声和消防车、救护车及警车的警笛声等。耳标一般是一定的短节奏音高序列，其基本构成因素包括：节奏，指音乐的时间组织方式，节奏不同是乐音区分度的重要方面；音高，指声音的相对高度，由发声体振动频率决定；音色，指发声体的音质，音色区别是音高序列之间区分度的重要影响因素；音域，指发声体的全部音高范围；力度变化，指音乐的强弱变化，分为渐强和渐弱两种，是表现界面信息的重要方式。耳标的灵活性使其可传递结构化的信息；但需注意耳标的乐声与其对应表现信息之间的关联紧密度，剔除无序、随机、无关联等形成较大认知负荷的耳标，若需使用复杂的复合耳标，应安排作业人员接受专门训练。

非语音用户界面的设计不仅应遵守听觉显示器设计的一般工效学原则（包括易识别性、易分辨性、兼容性、可控性、标准化等），在耳标的设计中还应注意其层次性。层次性可表现为结合使用多种可区分的非语音信号，结合方式包括叠加、共鸣、回声等一系列音效操作。

为保证耳标的易识别性需注意：

（1）音色选择。建议使用和声而避免正弦波或方波，因为和声的声音信号更易于感知且更难以被噪声掩蔽。谱时结构对声音信号的听觉系统辨识性起主要决定作用，人耳辨识谐音信号的能力显著高于非谐音。

（2）音高范围。耳标的适宜范围约 125~5000 Hz，这个区域不仅在大多数人的听觉范围内，且不易受到其他背景声音掩蔽。应尽量使选用的音调位于同一个音阶，且有一定的结构和顺序性。

（3）音强范围。耳标的适宜范围为高于听觉阈限 10~20 dB，强度过高的耳标会变成干扰噪声源。

（4）呈现时间。简洁短促的耳标有助于人机界面快速交互，显示时间过短又会造成耳标的辨识和区分困难。耳标包含的每个音符显示时间不应低于 0.0825 s，对于结构非常简单、仅包含 1~2 个音符的耳标，其显示时间可适当缩短（仍不应低于 0.03 s）。

（5）呈现方式。可使用易于被人耳识别的动态信息刺激吸引作业人员注意。另外，可设计使用各种音调、音强及节奏的组合变化以引起人员注意。

为保证耳标的易分辨性需注意：

（1）音域选择。仅使用音域编码的情况下，不同信号需有 2~3 个八度的差距才具有明显的可辨识性，因而不应将音域用作耳标的绝对判断，通常会结合其他参数与耳标共同使用。

（2）节奏选择。声音信号若节奏相似度高，即便是有较大频谱差异仍易于混淆，所以应从节奏入手保证不同耳标有充足区分度。为加强耳标的声音节奏完整性，首音符一般为重音（显示声音略高于其他音符），而末尾音符的显示时间应略长。其他提升耳标区分度的方法还包括改变节拍、加速或减速等。

（3）空间位置。耳标声源在三维空间听觉环境中的不同位置也可帮助辨识和区分，对于同时并行显示的耳标尤为重要。

三、听觉告警设计

（一）听觉告警及作用

听觉告警信号通常包括两部分：警觉信号和识别或动作信号。从功能方面来说，警觉信号又称主告警信号，目的在于引起作业人员的注意，同时初步显示告警紧急等级信息，显示的信号形式通常为音调信号；识别信号传递的信息包括问题的性质、产生部位等，动作信号为作业人员解决问题的操作动作提供指导信息，二者通常使用语音信号的形式显示。

声音信号的全方位性、迫听性、绕射性以及传输距离远等特性使其成为最适宜的告警信号，在视觉作业负荷过高、人需要不断变换位置或者长时间持续监控等作业条件或要求下不可或缺。另外，在振动、高过载力、缺氧等多种应激条件下人的视力下降，相对而言听觉通道比视觉通道受到的影响更小或更晚。听觉信号作为引起视觉信号注意的警觉信号，以便于尽快通过视觉信号获得更多详细信息。

美国军方规定了应优先选用声学告警信号的情况：为显示声学信号源；为显示引起可能或即将发生的危险的告警信息；为使信息接收不依赖于头部位置；为使信号与噪声（特别是噪声中的周期性信号）产生区别；视觉显示负荷重的情况下（如飞机驾驶舱内）；黑暗等使人视觉受限的情况下；作业人员缺氧或加速度大的情况下。

（二）听觉告警分类

根据使用的声音信号性质，可将听觉告警分为语音告警信号和非语音的音调告警信号。语音信号是语音告警的主要形式，可向作业人员提供系统的问题位置和严重程度等状态信息，并指导人员采取对应措施。音调信号是音调告警的主要形式，可引起作业人员的注意，初步显示告警问题等级和程度等初步信息。

告警信号可按告警信息（预警信息）的紧急和重要程度分成提示、注意和警告三个等级，这种分级能使告警信息显示和传递效率更高。提示级告警信号的含义是提示作业人员应重点关注特定系统（设备）的运转状态、性能情况或潜在安全问题，可能还包含作业人员应进行的例行操作信息；注意级告警信号的含义是特定系统（设备）即将发生故障或面临危险状况，故障或危险会致使系统（设备）性能下降或干扰任务的完成情况，作业人员尽管不一定必须马上采取相应措施也必须迅速知悉；警告级告警信号传递的信息是已发生安全问题，作业人员必须立即知道相关信息并进行应对。

有时会将告警信息分为五级，增加的两个级别分别是危险级（极少数造成严重安全威胁且情况极为紧急的警告信息）和消息级（系统中普通信号指示）。

（三）听觉告警设计

听觉信号能够提升人员对告警信息的觉察性，在注意级、警告级和危险级告警中应用普遍。需注意，过度使用听觉告警信号会引发作业人员的烦躁情绪，扰乱其他工作正常进行。生活中普遍使用的听觉告警人机界面有钟、铃、哨、汽笛、警报器、蜂鸣器等，不同界面产生的声音信号具有各自的音色、强度、频率、抗掩蔽性等性能特点，因而适用于不同场景。

只有遵循听觉人机工效学原则，在设计上使听觉告警显示界面匹配人的听觉特性，才能充分发挥听觉告警界面的显示优势。除听觉显示设计需遵循的一般工效学原则以外，告警显示界面还对告警信号的强度、频率、音色和呈现方式等提出特定的设计要求：

（1）强度。足够强度的听觉告警信号（特别是非语音信号）才能引起人员注意，告警信号的清晰度要可辨识。确定告警信号强度时应同时考虑环境背景噪声水平、信号传递距离、告警等级以及目标作业人员的听觉特性与护耳器使用情况等因素。

有足够可听性的非语音听觉告警信号，其强度在作业环境中应超出绝对阈 60 dB 以上；在噪声环境中应超出掩蔽阈 8 dB。《工作场所的险情信号 险情听觉信号》（GB 1251.1—1989）规定，以人计权声级进行分析，信号的人计权声级应高于环境背景噪声 15 dB。若在任务的各个阶段产生噪声强度变化，则应采取自动增益控制的措施将信噪比维持在适当范围内。告警信号强度不宜过高，否则会影响作业人员的决策及其他操作，引发身体不适或过后持续性耳鸣；在强度较高的背景噪声中，为保持告警信号的可听性可能需要采用过高的告警信号强度水平，将引发耳部疼痛或损伤听觉器官，为避免这种情况发生可以通过耳机传送信号。

确定非语音听觉告警信号音量时还需参考告警级别，例如在武器装备使用的部分应急告警信号强度应保证舱室所有人员均能感知，并可以唤醒睡眠人员；告警级的听觉信号则需保证随时都至少有一人能接收信号，并根据信号相关的情况紧急程度决定是否唤醒睡眠人员。

（2）频率。对于非语音听觉告警信号频率，推荐使用 200~5000 Hz（500~3000 Hz 最佳）的声音，该范围内人耳对声音最为敏感；由于声音的频率越高则在传递过程中衰减越快，长距离传递的声音告警信号频率不应超过 1000 Hz，且发送功率应较大；若告警信号的传输途中要穿透或绕过大体积障碍物，应使用低于 500 Hz 的声音信号；无法消除存在的背景噪声时，应选用频率明显区别于任何背景噪声的声音告警信号，以充分降低噪声对声音告警信号的掩蔽作用，保证告警信号的易识别性；条件允许可采用变频信号，形成音调升高和降低的变化，与普通信号的明显差别很容易吸引人员注意。

（3）音色。选用的声音信号若具有特异性音色则更容易迅速吸引人员对告警信号的注意。相对于纯音，复合音的音色特征更明确，可产生多种变化，容易引起注意，因此听觉告警信号通常选用特异性音色的复合音。非语音听觉告警信号的音色应保证较高可分辨性，从而让作业人员即使在紧急情况下也能迅速精准辨识出不同的告警信号。

非语音听觉告警信号的音色还需要具有明确性含义，不能与其他明确目的或含义的信号以及背景噪声相似从而带来信号混淆，设计上需要考虑规避的背景噪声信号包括导航信号、无线电传播的调制或断续音调，啸声、偶然或静态的无线电信号，电气干扰脉冲串，空调及其他设备产生的随机噪声等。

（4）呈现方式。若同一场景中可能使用多种非语音听觉告警信号，应避免它们的同时显示，否则可能因互相之间的掩蔽作用产生错乱反应。若不得不同时显示，一种科学的方式是双通道分开呈现，将不同告警信号分别传递给左右耳。双耳呈现法非常适用于非语音听觉告警信号，若受到作业任务及其他条件限制只能采用单耳呈现，传递告警信号的耳机应佩戴于听力更佳的耳朵上。听觉告警信号与对抗声源的空间感知定位应相隔不低于 90°，难以确定信号源时应采用宽带信号。

一些具备鲜明特征的调制声音在传递告警信息时同样效果良好，常用调制声音分为三种：调制声音频率、调制声音强度和调制声音持续时间。这三种调制方式都可使声音变得易于引起作业人员注意。例如，在时间上发生均匀变化的 0.2~5 Hz 脉冲声信号容易吸引注意，但在使用时需避免其频率和持续时间与其他干扰声脉冲的这两个参数一致或相近。

另外，传递重要信息的报警系统最好同时使用听觉和视觉告警信号，形成视听双重报警信号从而避免信号传递遗漏或失效。注意显示非语音听觉告警信号不可影响、掩蔽任何其他重要功能或告警信号。当告警信号可能将另一重要听觉信号掩蔽时，可以将声音信号的通道分离，向一只耳传输告警信号，另一只传输另外的重要听觉信号。这类场景或作业条件有要求限制时，进一步调整的双重耳显示法可在双耳轮流交替显示这两个信号。

除去对上述四点的要求之外，根据听觉显示器可控性原则，无论设计听觉告警信号为自动终止、手动终止还是二者兼可的终止方式，都应同时设计自动复位功能，使信号系统回到初始状态，保证告警系统在再次出现问题或危险时有效发送告警信号。设计语音告警界面时，除遵循听觉显示器设计的一般原则，参考上述非语音听觉告警界面的设计要求以外，还需注意：

（1）语音特性。语音告警信号应独特且可懂度高。信号的语音模式一般使用女声，设计完成后必须通过言语可懂度测试。信号播送应使用较为单调的语调，紧张的语调可能会加剧本就使人紧张焦虑的氛围，不利于人高效作业。

（2）内容格式应满足一定要求。语音告警信号内容应为可清晰辨识的问题或作业操作指导短语，告警信息表述词汇应按可懂度、准确适宜性和简明性的顺序确定优先权排序，可用多音节词尽量不使用单音节词；针对危险级和警告级的语音信号，后续应有语音告警信号进行人员操作指导，其他级别的告警信号，后续语音告警信号应包含系统状态更加详细的信息；针对危险级语音告警信号的操作指导信息至少需含有动作和方向两个基本元素（如“按下”）；其他等级的告警信号所传递的系统状态信息应至少含有总标题、子系统或部位、问题性质三个元素，如“1 号发动机点火”。

（3）呈现方式。若提供预警音，语音告警信号与预警音信号之间应至少间隔 0.15 s 但不多于 0.5 s（以 0.35~0.45 s 最佳）。对于紧急情况下的警告级信号，告警音调与语音告警信号时间之和不得多于 2.5 s。语音告警信息显示的部分具体参数如速度、语言字数等，目前国际上并没有研究得出统一通用的结论：有研究结果显示飞机驾驶舱的语音告警信号显示的适宜语速范围为 3.3~5 字 /s，最佳语速为 4 字 /s；模拟实验发现战斗机舱的语音告警信号最佳语速范围为 4~6 字 /s，美国军用标准则规定为 2.5~3 字 /s。

飞机驾驶舱的语音告警信号应采用双耳呈现法播送，若只能以单耳呈现，飞行员应将耳机佩戴于听力更好的优势耳上。语音告警信号的声源与干扰声源应相隔至少 90°，避免影响告警信号的有效传递。重要告警信息应采用视听综合的显示方式。研究发现，按等级划分的理想告警方式是警告级信号使用视觉信号与语音告警信号相结合的方式，而注意级与提示级信号仅使用视觉信号；视听结合的双重告警方式有利于缩短紧急情况下人员对告警信号的反应时间；人在环境、心理高度紧张，视觉工作负荷高的情况下，接收部分语音告警信息能有效降低总的认知工作负荷。

（4）优先顺序。设计告警系统时应设置不同信息的优先权程序，使系统能基于情况紧急程度顺序显示多重语音告警信息。若没有设置合适的优先权程序，可遵循下面的方法安排调整多重语音告警信息：根据紧急等级决定哪个语音告警信号显示在前，紧急情况下危险级和警告级信号显示优先于其他级别的告警信号，警告级以上的信号先于注意级信号；若发生两个或以上的同一级别告警信号在短时间内接连出现，应按照时间顺序完整显示每个信号包含的信息；若发生两个或以上的同一级别告警信号同时出现，呈现方式有重叠呈现（叠加多个听觉信号叠加并同时为双耳显示）和分离呈现（分离不同的听觉信号，在同一时间分别为双耳显示）两种，这时应选择将多重告警信息分离呈现。在研究多重听觉告警信号的显示方式后发现，分离法显示多重听觉告警信号比叠加法更有利于接收人员理解告警语音。

除了上述四点，按照听觉人机界面可控性原则的要求，语音听觉告警系统还应该具备手动停止告警或手动静音的装置，允许作业人员在接收到告警信息内容后选择结束声音信号；对于视听综合告警的方式，不得在故障解除前自行结束视觉告警信号的显示，必须等待告警显示界面自动复位。即使人为手动静音，也不应影响已产生尚未播送或后续产生内容语音信息的传递。

我国许多有关部门颁布了一系列声音信号显示的相关标准，包括《声学 紧急撤离听觉信号》（GB 12800—1991）、《人类工效学 险情和非险情 声光信号体系》（GB 1251.3—1996）、《舰艇声光信号统一规定》（GJB 623A—98）、《机械安全指示、标志和操作第 1 部分：关于视觉、听觉和触觉信号的要求》（GB 18209.1—2000）以及《船舶声光报警信号和识别标志》（GB 9193—2005）等，用于规范具体场景下听觉告警显示界面的设计。

第9章 装备人因系统设计与评价

人因工程的核心内容是探索以“人”为本的人-机-环境系统交互运用，强调所设计的产品或系统对人类的效能，并且从“心”开始来评估和改善产品或系统，使其更能符合人体的能力、限制和需求。研究人因工程，在现代社会显得至关重要，可以提高人们活动和工作效能和效率，包括如何增进使用方便性、减少错误的发生、促进生产力的提升、增加工作速度、增进工作正确性、减少不必要的训练、减少对特殊技巧和能力的依赖、增进人力的使用和减少人为错误所引发的事故等。更重要的是，人因工程能增进人类的福祉，确保人类的安全，减轻疲劳、压力，增进舒适，让使用者更能胜任工作，增进对工作的满足感，从而改进生活品质，减少对能力的浪费。

本章综合论述了装备人因系统设计、对系统的综合评价方法，分析了如何通过以人为中心的设计方法实现可用系统，并提出了一系列可用于支持此过程的可用性方法；通过列举实例，阐述了装备虚拟人技术的应用，并对一些经典案例进行了综合分析与评估。

第一节　显示器设计

一、概　述

机器设备中，执行向人展示系统性能参数、运行状态、人输入的指令及其他信息的装置部位就是显示器。过去显示器大多是显示机器设备运转过程中状态参数信息的各种仪表，现今显示器的概念广泛得多，可以指任何将机器或环境的信息传递给人的媒介。显示器的首要特征是以人可接受的形式有效呈现机器设备的各种参数信息。在人-机-环系统中，显示器是人机界面不可或缺的重要部分。作业过程中人需要根据显示器传递的系统运转状态参数决定相应操作，以实现对机器的有效控制和完成作业任务。显示器运行良好是系统充分发挥其效能的保证。

根据针对人员信息接收的感觉通道，显示器可分为视觉显示器、听觉显示器和触觉显示器等。使用最为广泛的是视觉显示器，其次是听觉显示器，仅有某些特殊场景使用触觉显示器进行辅助显示。设计显示器时应遵循如下原则：

（1）显示器所显示的信息应具有较好的可觉察性，保证监视者迅速、准确地获得信息。各种显示都不应低于与人相对应的最低感觉阈限。

（2）显示器所显示的信息应具有较好的可辨性。相似信息容易引起混淆，这时需要运用可辨别元素。混淆会造成严重后果，为提高信息独特性，信息显示的设计人员应该删除不必要的相似特征，而强调不同的特征。

（3）尽量使显示符号更加形象且符合人的经验习惯。显示方式应注意使形象直观，匹配人普遍的认知特性。复杂的显示方式会延长人辨识和翻译编码的时间，得到错误结果的概率也增大。应尽量从逻辑上提升信息显示形式与传递意义之间的联系。

（4）若人某种感觉通道的信息负担过重，则应更换或增加另一条感觉通道辅助获取信息。

（5）使信息显示精度与系统的要求相适应。

（6）显示器传递的信息量不宜过多，特别是应减少显示不必要的信息。

（7）使获取信息的成本最小化。

（8）应考虑到照明、噪声、振动、热环境和空气条件等因素的影响。

二、仪表显示的设计

仪表是显示装置中用得最多的一类视觉显示器，按其认读特征可分为两大类：数字式显示仪表和刻度指针式仪表。刻度指针式仪表又可分为指针运动式和指针固定式两种。在设计和选择仪表时，必须明确仪表的功能，并分析哪些功能最重要，依此确定适合的仪表显示方式。

模拟式显示器是用标定在刻度上的指针与刻度盘的相对运动显示信息的装置，如最常见的手表、电流表、电压表等。依刻度盘的形状，刻度盘可分为圆形、半圆形、直线形和开窗形等；依指针与刻度盘的相对运动形式，刻度盘可分为指针运动刻度盘固定、指针固定刻度盘运动和两者均运动三种形式。

刻度线应具有适宜间距，过窄造成读数困难（低于 1 mm 时人的认读误差明显增多），太宽又造成显示界面浪费。刻度精度决定刻度线数量，相邻两条长刻度线间的短刻度线不宜多于 9 条。视距 330~710 mm 时，通常取长刻度线间距大于 12.7 mm，短刻度线间距不低于 1 mm。仪表刻度盘上的汉字、数字及字母等统称为字符，形状特征应简明、醒目、易读；形状元素多用直角和尖角形，从而凸显各个字符的形状特征使其不易混淆，字符的显示大小取决于人员视距。

圆形仪表的刻度直径受视距及刻度数目影响，远视距或刻度数目多的仪表直径应相应适当增大。仪表刻度旁必须标注便于认读的数字，通常刻度值仅在长刻度线上标注，一般不注明中刻度线的刻度值，更不会标注短刻度线。最高刻度值必须标注，最低刻度值可不标；对指针在刻度盘内的仪表，空间允许的情况下在刻度外侧标注；指针在刻度盘外的仪表应在刻度内侧标注；窗口式仪表的窗口处应能够显示所指示位置及其相邻的数字。

指针式仪表通过指针指示的刻度和标记显示信息。指针式仪表主要元素，包括盘面、指针、刻度及标记（数码、字符等）的颜色设计，特别是各种元素的颜色匹配，很大程度上影响仪表造型观感和信息认读，是仪表设计的重点问题。指针式仪表的各元素（尤其是盘面、刻度和指针）的颜色应按照一定规律进行搭配，使信息显示清晰、醒目易读。

单个仪表或含有多个显示界面的仪表板、仪表柜布置的一般原则为：

（1）为便于识读，避免识读错误，显示装置和界面所处平面应垂直于作业人员的通常视线。

（2）显示界面布置应遵循人的视野、视区特点，尽量紧凑布设，缩小全部界面的总体范围，根据显示界面的重要程度和被观察频率布设于视区内合适位置。

（3）显示界面布置遵循任务操作流程顺序。若作业任务中需要根据一定顺序观察仪表板上的各个仪表，就应按照作业人员的目光视特性（即视觉运动特性）进行布设。通常的观察顺序为由上到下、由左到右及顺时针方向旋转。

（4）显示界面布置应按照功能分区。

（5）布置的显示界面和显示对象的特定对应关系应易于理解。

三、信号显示的设计

视觉信号是指由信号灯产生的视觉信息，具有显示面积小、视距远、简明清晰、易引起注意的特点，但只能传递有限的少量信息。若显示过多信号则复杂混乱，且信号之间会互相干扰。

信号装置有两个重要作用：一是信息传递的指示性（引起操作者的注意）或指示

操作；二是显示系统工作状态，反映指令、操作的执行状况或运行过程状态。在大多数情况下，一种信号只用来指示一种状态或情况。要利用灯光信号来很好地显示信息，就应按人因工程学的要求来设计信号灯。

信号灯应具有简单明了的形状，与其表达的含义建立逻辑性联系，便于辨识。信号灯常以可辨性高的颜色编码表达某种信息含义，例如通常用红色表示停止、禁止通行、警示危险和命令立刻采取措施；用黄色表示警示和需注意；用绿色表示状态正常、运行安全和允许同行；用蓝色表示发出指令和须遵守规定；用白色表示其他重要性一般的状态，等等。

信号灯必须清晰、醒目，与人之间有基本的必要视距。信号的可察觉亮度受环境背景亮度影响，与环境背景的对比度增大能够提升信号的可察觉性。能吸引人注意的信号灯亮度通常比环境背景亮度高两倍以上，而背景光线越昏暗越好；但过高亮度的信号灯会产生眩光危害。

与固定信号相比，闪光信号更容易吸引注意，其作用包括引起人员进一步注意、提醒指导作业人员尽快采取行动措施、提示与指令要求不符的信息、信号闪光的速度可指示机器系统运转或部件运动的速度、提示人员警觉或指示危险。闪光信号的常用频率为 0.67~1.67 Hz，在与背景亮度对比度低或情况紧急时可酌情提高。闪光信号容易干扰其他信号的显示及正常工作，应仅在必须快速引起注意时使用。

信号灯应布置在较好的视野范围内。仪表板上的信号灯应按重要程度安排，将重要信号灯设置在视野中心周围 3° 的范围内，一般重要的设置在周围 20° 内。信号灯的位置应使人员在观察时无须转动头部或躯干。

若操纵控制台上设置了包括信号灯在内的多种视觉显示界面，不同显示系统应共同组成一个和谐整体，避免互相干扰或功能重叠。信号灯显示往往受到视觉环境干扰的影响，设置信号灯背面板是减少视觉干扰的一个主要措施。若需显示单个信号灯无法有效传递的复杂信息，可使用多个信号灯组合呈现。

四、荧光屏显示的设计

信息技术的发展使荧光屏使用日益增多，常见的荧光屏显示器有电视屏、计算机显示屏和示波器等。荧光屏显示器的优势包括能够呈现文字、符号、图形以及简单实况模拟，既可以显示动态信息，又可追踪显示，未来软硬件技术进一步提升会使荧光屏在人机交互领域地位更加重要。

视觉目标本身亮度越高越易被察觉，一旦其亮度高于 34.3 cd/m²，视敏度不会随着亮度增大继续增强。目标与背景亮度的对比度影响其视见度，该对比度超过目标与背景亮度对比值可见阈时，人眼才能在背景环境中识别出目标。对荧光屏来说，其背景环境照明并非越暗越有利于显示，背景亮度稍暗或与屏幕亮度一致时最适宜信息的察觉、辨识和追踪。若目标显示时间在 0.01~10 s 内，显示时间越长其视见度越高；一旦显示时间超过 1 s，视见度随时间进一步增大的速度变缓，显示时间超过 10 s 视见度便不再有明显变化。

目标余辉指目标信息不再显示后，其光点在屏幕上的滞留时间（通常达 3~6 s）。将荧光屏显示的信息形状按优劣排序，依次为三角形、圆形、梯形、正方形、长方形、椭圆形、十字形，在有较强干扰光点的情况下方形目标优于圆形目标。信息的色彩也影响辨识，显示为红色（波长 631 nm）或绿色（波长 521 nm）可达到与白色相近的视觉辨别效率，但红色容易造成视觉疲劳，故而计算机屏幕的多数设计显示目标为绿色。

设计屏幕尺寸时应考虑视距。视距通常为 500~700 mm，对应的屏幕最好在水平和垂直方向上与人眼形成的视角大于 30°。常用的计算机屏幕尺寸（以对角线长度计）为 300~350 mm，少数适用于远距离观察的大屏幕达到 508 mm 以上。设计确定最佳屏面尺寸应综合考虑显示信息目标大小、屏幕分辨率及观察精度等因素。为便于观察，荧光屏幕的位置尽量设计在最佳观察角上（使屏幕垂直于观察人员的视线）；视距过远或过近均不利于观察，最佳距离约 710 mm，特殊大屏的视距可酌情增大。

五、听觉信息显示的设计

听觉信息显示装置主要包括两大类：音响及报警装置和言语显示装置。信息显示设计中使用最广泛的是视觉信息，但人的视觉系统受到通道容量限制。听觉通道的部分特性在某些场景下更为适用：声音是全方位空间立体环绕的；声音信息传递不依赖于光环境条件，不受视觉环境差干扰；声音有迫听性，突出易辨，更容易马上引起注意；听觉系统对声音有一定的过滤功能，使人能在嘈杂环境中辨识和关注特定声音。

下列情况中视觉显示比听觉显示更适宜：信号源本身就是声源（车喇叭）；需传递的信息非常简单（上课铃）；信息仅需在短时间内传递（救护车警笛）；信息与当下事件或环境紧密相关（博物馆语音导览）；警报类信息或信息需要被迅速处理（烟雾警报器）；作业人员视觉通道负荷过大（空中交通控制）；视觉通道被限制或切断（睡眠闹钟）；需要得到语音反馈时（服务台）；环境照明条件差或暗适应阻碍视觉通道使用

（特殊飞行舱）；信息目标人员在作业过程中可能随时改变位置（单兵训练）。

听觉显示的下列潜在缺陷需要在设计显示系统时充分考虑：

（1）人对突然出现的声音可能有吃惊反应。强度大、突发声音容易干扰和打断人的作业操作，甚至使人丢失部分工作记忆。

（2）听觉定位比视觉定位困难。声音可立体环绕，可能被周围物体吸收或反射，在一定环境中迅速定位声源有时十分困难。

（3）人对抽象声音记忆容量有限。尽管人可以区分几千种不同的声音，但关于抽象声音（即单纯音频构成的声音信息）的记忆力十分有限，通常记忆范围在 5~8 个音频，因此建议使用的音频不多于 6 种。

（4）声音会被干扰声音掩蔽。若目标声音信息被其他频率相同或相似的声音所掩蔽，很难过滤掉干扰声音并从中分辨出目标信息。

（5）人对声音（噪声）有适应性，若持续存在的声音与当下工作无关，往往会被过滤掉。

听觉信息显示设计的最终目标是传递关于重要事件或状态的有意义信息，同时不会分散和干扰作业人员对当前主要任务的注意力。针对复杂系统中复合听觉显示声学特性优化的研究一直在持续，目前已得到一些基本的参考性原则：

（1）对同时显示的声音告警信号设定数量限制，最多显示 6 个提示需立刻采取行动的信号和 2 个预测性的需注意信号。

（2）尽量标准化各种场景下使用的听觉显示信号。声音信息代码采用的强度、频率、持续时间等参数尽量不使用极端值，代码种类数量不可超过作业人员的绝对辨别能力。

（3）言语告警信息的语句长短要合适，字、词和语句之间有恰当间距，冗长的语句浪费时间，过于简短又可能表达不明确。声音告警信息代表的含义一般应与人判断事物的经验共识和自然规律相符。

（4）按照与人安全和健康的相关性、紧急程度以及作业人员参与程度确定显示级别。基本规律为应急告警的声压级大、频率高，告警的声压级较大、频率较高，注意和提示的声压级较小、频率较低。

（5）背景噪声的掩蔽作用会提高声音信号的觉察阈，为保证信号被有效察觉，应提升信号响度至能够消除掩蔽效应的水平。若需要对声音信号立即做出反应且保证信号 100% 被觉察，信号必须超过环境背景噪声 15 dB。

（6）听觉信息显示配合视觉信息显示使用，如同时使用警笛和警灯。

（7）声音信号的频率必须与背景噪声有一定差异，包含至少 4 个特征显著、在 1000~4000 Hz 之间的频率成分。这些频率成分应规则而和谐（如音调顺序有可感知性），而非使用不和谐成分（如噪声）。

（8）为引起注意，尽量使用间歇或可变的声音信号，比如使用间断的嘟嘟声或者一升一降的音调（1-3 个周期 /s）。

（9）因为低频声音传得更远，必须在 305 m 以外听到的信号，其频率应该低于 1000 Hz。

（10）因为低频声音能通过障碍物传播，必须穿透隔离物或绕过障碍物而被听见的声音的频率应该低于 500 Hz。

（11）语言很容易被周围环境掩蔽（尤其容易被 500 Hz、1000 Hz、2000 Hz 的频率所掩蔽），所以要尽量提高语言的声压级。不同国家、不同地区使用的语言是不同的，尽量使用通用语言。

（12）不同的声音信号应尽量分时呈现，时间间隔不宜短于 1 s。

（13）尽量在未来应用环境中进行测试以确保有效性。

第二节 控制器设计

控制器（即操纵装置）作为人机系统的重要部分，在人机界面设计中非常关键——设计合理的控制器是整个人机系统工作绩效、安全性与作业人员使用操作舒适性的保障。必须将人因工程设计原则贯彻在控制器设计中，即必须从多学科领域出发统筹人的生理、心理机能等方面的特性。

一、控制器的分类

控制器有多种分类方式，根据身体操纵控制器的部位可分为手动控制器和脚动控制器；根据控制器功能可分为开关类、紧急开关类、转换类和调节类；根据受控制运动类型又可分为旋转控制器、摆动控制器、按压控制器、滑动控制器和牵拉控制器，如表 9.1 所列。

表 9.1　控制器的分类

基本类型	动作类别	举　例	说　明
旋转控制器	旋转	曲柄、手轮、旋钮、钥匙等	控制器可以完成 360° 旋转
近似平移控制器	摆动	开关杆、调节杆、动式开关、脚踏板等	控制器受力围绕旋转点或轴摆动，或倾斜至一个或若干个位置，经反向调节可回到初始位置
平移控制器	按压	按钮、按键、键盘等	控制器受力后向某方向运动，在施力解除前停留在特定位置上，反弹力可使其回到初始位置
	滑动	手闸、指拨滑块等	控制器受力后向某方向运动，并停留在运动所在位置上，只有在同方向上继续向前推或改变施力方向才可使控制器作返回运动
	牵拉	拉环、拉手、拉钮	控制器受力后向某方向运动，回弹力可使其回到初始位置，或可施力使其向反方向运动

二、控制器的设计要求

若系统中有若干控制器，应以一定方式编码控制器以提升作业人员辨识控制器的效率。控制器的编码可根据其形状、尺寸、颜色、标记、位置及操作方法等，编码方式由于各有其优缺点，经常被组合使用。在确定编码方式时需要考虑需编码的控制器数量、控制面板空间尺寸、环境照明条件，作业任务对作业人员操纵控制器的要求，作业人员感知和辨识力的影响因素，以及如何提升作业人员辨识控制器的效率等。

控制器的尺寸与其功能作用和操纵方式密切相关。在设计尺寸时除了要参考作业人员身体部位尺寸参数，还不可忽略操纵方式对人体尺寸的影响，如不同操纵方式决定了手动控制器的尺寸要求不同。控制器应设计成方便人使用时施力的形状，同时其自身必须根据操作方式有一定适宜的操作阻力。操作阻力可以提升操作的速度、准确性和稳定性，作为一种反馈信息帮助作业人员判断是否完成操作，还可以防止人员意外碰撞控制器导致偶发启动（非必要甚至危险性地驱动控制器）。

作业过程中，除了作业人员偶然碰撞或牵拉，环境中空间结构其他设备物品的振动也可能致使控制器偶发启动。为避免控制器偶发启动带来意外甚至生命财产安全事故，在控制器设计方面有以下防范措施供参考：

（1）控制板或控制台面设计凹槽，将控制器放入安装；

（2）为控制器外加保护罩；

（3）控制器安装于难以误触、误碰的位置；

（4）设计控制器的操纵运动方向为几乎无法受到意外外力的方向；

（5）控制器受到两种连续操纵运动方可被启动，且两种操纵运动沿不同方向，通过这种方式固定控制器位置；

（6）若存在若干成组的控制器，必须以正确顺序操纵整组控制器才能启动系统，即实现控制器的连锁效应；

（7）适当提升控制器的操作阻力。

三、主要控制器的设计

（一）手动控制器

旋钮是指以手指拧转方式操作的手动控制器，一般按照形状分为

（1）圆形旋钮。通常为圆柱状或圆锥台状，钮帽边缘刻有槽纹，一般在操作时需要连续旋转 360° 及以上，适合定位精度要求不太高的操作场景。

（2）多边形旋钮。一般用于不需连续旋转，定位精度要求较低，调节范围在 360° 内的场景。

（3）指针式旋钮。可包含 3~24 个控制点位，旋转调节范围不足 360°，调节时不转动刻度盘，根据指针指向确定旋钮的旋转位置，其优势定位和读数效率高。

（4）转盘式旋钮。其与指针式旋钮功能基本类似，不同之处在于控制操作转动的不是指针而是刻度盘。

按钮作为控制器仅在一个方向上操作，其设计尺寸应符合作业人员的手指端尺寸和弧度，从而使操作便利舒适。主要以拇指操作的按钮推荐设计直径不低于 19 mm，以其他手指操作的按钮则不低于 10 mm。按钮的弧形外凸使人在操作时容易感到不适，仅在作业负荷低、操纵频率低的场景适用；按钮的弧形中凹的手指触感较好，适合需要较大操作力度的场景。不同按钮之间需要留有适当距离，否则可能被误操作同时按动；按钮与控制面板过于接近则不容易感受其准确位置，整体应凸出并高于控制面板一定高度。

扳动开关基本上仅负责开和关，但也有二控制位（关–开）和三控制位（关–低速–高速）之分。二控制位的扳动开关位移量最低 30°，最高 120°；三控制位扳动开关位移量最低 18°，最高 60°。扳手一般设计直径 3~25 mm，长 12.5~50 mm。小尺寸开关

的操作阻力为 2.8~4.5 N，大开关为 2.8~11 N。

另一种控制器——控制杆，相对需要较大的操作力，其操纵动作多为前后、左右推拉运动或圆锥运动，所以占用操作空间较大，取决于控制杆长度。控制杆长度由设计位移量和操作力量大小确定。需进行大角度操作时，控制杆操作端应设计为球状把手；若使用指尖抓握球状把手，其直径应设计为 12.5 mm，用手掌抓握其直径应设计为 12.5~25 mm，球状把手的直径最大不超过 75 mm。操作控制杆最佳角度为 30°，一般不超过 90°。以手指操作控制杆的操作阻力最低为 3 N，以手掌操作则为 9 N；操作支点应位于手腕，便于手腕在操作过程中休息。

（二）脚动控制器

脚动控制器包括脚踏板、脚踏钮等。脚踏钮适用于所需操纵力较小，无须连续动作控制的场景；脚踏板适用于所需操纵力较大，要求操作达到一定速度的场景。常见的脚动控制器有汽车油门和刹车、冲压机开关、机械加工脚踏控制装置等。

第三节　自动化

一、自动控制的阶段和水平

自动控制的含义是机器（现今多为计算机）承担本来由人类完成的作业任务。从设计角度来说，以机器替代或协助人类完成任务的原因有很多，大致分为四类：任务具有危险性或人类无法完成任务，任务使人产生负面情绪，机器可提升、增强人的能力，以及技术经济可行。

自动控制系统的任务内容可使用其替代或协助的人类信息加工阶段来描述，因此自动控制水平可以用其替代或协助完成的体力和认知作业任务负荷数量进行评价。基于这种自动控制分类法，以人类信息加工代表的四个阶段均有不同水平：

（1）第 1 阶段是信息获得、选择及过滤。自动控制系统可替代人类完成许多选择性注意的认知活动。本阶段典型例子是系统过滤或者剔除作业人员无须关注的信息。

（2）第 2 阶段是信息整合。自动控制系统替代（或协助）大量知觉和工作记忆的相关认知过程，从而为作业人员提供推断诊断、情境评估或更便于理解的任务信息示意图。该阶段的简单例子如分配设置特定有助于知觉信息整合的视觉图形，较为复杂的例子如模式识别器、预测性显示和专业性诊断系统。一些自动化智能告警系统既可以引导注意（第 1 阶段），还具备综合分析问题或状况中是否存在必须复杂整合的逻辑的功能（第 2 阶段）。

（3）第 3 阶段是动作选择和决策。诊断与选择是不同的两个概念，其敏感程度与标准也全然不同，选择重点在于结果的价值。同理，上一阶段中自动辅助诊断系统工具和选择推荐特定活动所使用的辅助工具也是截然不同的，完成后一项功能时，自动控制系统必须一定程度上代替对其有依赖性的作业人员制定一套标准。自动控制系统在第 3 阶段的例子如基于空气介质的飞机安全告警和碰撞规避系统，能清晰及时地提示飞行员进行垂直机动从而避免相撞。这个情境中飞行员与自动控制系统共享的标准是避免碰撞。某些情境中没有确定的人与系统共享标准，只能作为一种供参考。

（4）第 4 阶段是控制和动作执行。自动控制系统可以替代人完成各种水平的动作和控制作用。控制通常离不开对预期信息的感知觉察，所以有控制功能的自动控制系统也应具备一定的自动化知觉功能。

正是由于有些情况下自动控制系统尚且不十分完善或者不可靠，才体现出区分自动控制所处阶段和评价其水平的意义。不同阶段和水平的自动控制系统可能导致人和整个系统作业绩效的不同程度损耗。

二、自动控制存在的问题

自动控制一般是比较可靠的，但人机交互过程中重点并非单位时间内的可靠程度而是人能感觉到的可靠程度。有多种原因会让人认知到自动控制系统不可靠，常见的四种如下：

（1）系统的任意组件都有可能存在设计缺陷或在使用过程中失灵，进而导致自动控制失灵。因此应认识到自动控制比手动控制系统更复杂，通常含有更多组件，可能发生故障失误的组件也更多，并且工作单元还可能虚报故障和错误。

（2）某些情况下自动控制系统工作状态不佳或处于良好工况之外。每个自动控制系统的适用性作业环境都存在一定限制，在任意目的或环境下坚持使用自动控制系统无法保障其可靠性满足要求。

（3）作业人员可能发生系统设置错误的状况。

（4）有时自动控制系统的运行完全遵照要求，但后台逻辑十分复杂，作业人员无法正确理解，那么人对系统可能执行错误操作。

也有研究发现人没有正确校准对自动控制系统的信任，有时信任度太低（即对系统不信任），有时信任度又太高（即过度信任）。信任与自动控制系统之间存在图 9.1 所示的关系。不信任指猜疑，具体指人无法恰当地信任自动控制系统。这种不信任可能源于无法理解最终输出结果（无论输出诊断建议、决策或提出控制操作活动要求）的内部自动运算过程。不信任未必会直接产生严重后果，然而若人们因为不信任自动控制系统而拒绝接受其正确合理的帮助，结果就是系统效率降低；若自动控制系统可靠性较高，拒绝使用会降低效率和准确性。

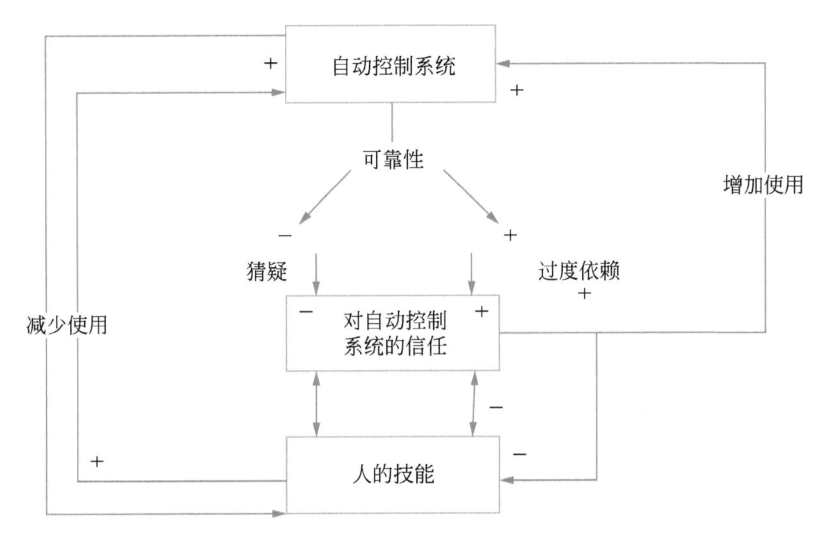

图 9.1　自动控制系统可靠性和人的信任的元素

过度信任（或过度依赖）自动控制系统指人所认知的系统可靠性是其实际上无法实现的，这种情况下如果系统可靠性存在问题，可能引发非常严重的恶性后果。过度依赖系统（即缺乏监控）的不良后果仅在系统失灵的少数情况下得到体现，这种情况下作业人员必须介入干预系统运行。

作业人员若缺乏基本训练而不能正确理解自动控制系统，就会出现错误。随着自动控制系统发展得越来越精细复杂，其分担了越来越多的体力负荷，将复杂任务简单化，因而人员逐渐忽略针对系统训练的重要性。习得的知识和技能仅在极少数紧急情况下才使用就很容易忘记和退化，应认真评估自动控制系统的训练和资格认证标准对系统的影响。

三、人与自动控制系统的功能分配

在设计时规避自动控制系统不可靠性的一种方法是基于人和系统的能力相对性进行二者的人机系统功能分配。分配的判断依据是执行某项功能时人和自动控制系统哪一方绩效更高。首先要进行任务和功能分析，应按照每项功能对人和自动系统分别提出的要求来考虑。将人和自动系统的功能列成表格可以指导各项功能是否应自动化地决策，如表 9.2 所列。人和自动系统的能力相对性非常显著：自动控制系统能够短时间内迅速执行多种复杂操作任务，类似功能要求尽量分配给自动控制系统；涉及规则理解与决策判断的任务（如选线选择和驾驶），则应分配给擅长判断的人而非自动控制系统。

表 9.2　人和自动控制系统的相对优点

人的长处	自动控制系统的长处
觉察小部分视觉、听觉和化学信号	监控过程
觉察很广范围内的刺激	觉察人类不能觉察的信号
知觉某些模式并作推广	忽略额外因素
在高水平的背景噪声下觉察信号	快速反应并且准确顺畅地使用极大的力量
应急反应和使用灵活的程序	以严格相同的方式多次重复相同的程序
长期储存信息并回忆合适的部分	迅速储存大量信息并且能够完全删除
诱导性推理	演绎推理
作出判断和决策	立即执行许多复杂的操作

表 9.2 这类的指导性对比资料尽管含有改进设计的一些普遍性思考，但也只能帮助实现部分任务的合理分配。人类记忆有利用关联性网络整理大量相关信息的倾向，从而支撑做出综合考虑众多因素条件的有效判断；此外，人更易于高效处理信息的完整模式，难以保证细节处理效率。故而让人负责主要规划，让自动控制系统负责处理细节是合理的重要安排。总而言之，不应完全分割、单独看待人与机器各自的功能，而应尽量使人机系统的工作连续一致。

四、以人为中心的自动系统

实际上功能分配最大的限制是自动控制系统的设计，而非在人和自动系统之间进行抉择。自动控制系统如何能够帮助人类适应和融入系统，需要人们更加深入思考。

理想状态下的自动控制系统应整合以人为中心的设计原则，与人形成密切的伙伴关系。当然，以人为中心的自动控制系统的一层含义是使人与自动控制进程保持密切联系，人拥有凌驾于自动控制系统之上的权力，应形成能够实现人机系统最佳绩效的人员介入水平。尽管这些重要特点难以总是全部互相兼容，但必须要将其全部考虑在内。认识理解下列以人为中心的自动控制系统的六个特点，有利于形成人、系统和自动控制系统之间的最佳和谐状态：

（1）人对系统充分了解和掌控。即使自动系统承担再多的功能，也要通过良好的交互界面让作业人员完全能够了解自动控制系统正在做什么，以及为什么做这个。人要掌握主要规划，就需要一个精心设计的显示界面来提供信息。有时仅显示信息并不能保证它们被理解，为达成信息被理解和掌握的目标还需对其进行统一化和显示整合。

（2）人得到充分的系统相关训练。实现交互过程自动化后，自动控制系统就使得复杂任务简单化；一方面，自动控制系统的任务经常发生变化，所以作业人员不仅要理解自动控制系统的功能和局限性，还要完成抽象的推理和判断。种种因素都说明进行自动控制系统相关训练的必要性，特别是作业人员应通过交互的方式探索和掌握自动控制系统的各种功能和特征，这方面应安排大量训练。另一方面，只要自动控制系统可能失灵，就需要人们及时干预。为避免技能丧失问题，保留操作人员执行在一般情况下被自动化功能的能力是非常必要的。

（3）作业人员始终处于系统控制环路中。以人为中心的自动控制系统最具挑战性的目标在于作业人员充分介入控制环路，从而在无须完全将系统变为手动控制的情况下维持对自动化状态的意识水平，避免丧失自动控制系统的本来优势。不过，有证据表明只要人们在是否接受自动系统建议的决策中保持一定程度的介入，那么即使在工作负荷减轻时也能维持足够高的情境意识水平，二者之间的权衡并非不可避免。

（4）为不完善的自动控制系统选择适宜的阶段和水平。设计人员也许时常需要确定自动控制的阶段和水平并将其整合进系统，原因有三：一是阶段或水平较低的自动系统迫使作业人员在控制环路中为其做出选择，作业人员的情境意识随之提升；二是较高阶段中即使认识到错误也可能已完成了相应操作，错误结果难以逆转；三是某阶段的自动化控制明显考虑到价值问题，而先前阶段没有。若自动控制系统遵循的价值区别于操作人员，将提升自动控制第 3 阶段中系统失灵的风险。在不同阶段和水平的辅助风险决策自动化中都需要清楚认识时间压力的作用。若是在决策时间紧迫的晚期阶段，自动控制系统通常能比作业人员更快地提供建议和执行决策。因此，要求迅速反应可能引发对自动控制第 3 阶段的较低需求水平。

（5）使自动控制系统更灵活和适应性更强。进行自动控制系统研究可发现，任何作业任务对自动化程度的需求因人而异，对作业人员也因时而异。人们更喜欢控制水平灵活可变的自动控制系统，而非固定一成不变的。灵活的自动控制系统可调节其自动化水平，其重要程度相当于专家决策过程灵活且适应性强；灵活的辅助决策系统成功率更高，尤其适合不可完全预测掌握的应用场景。与基于环境、用户和任务特点来实现自动控制水平调节的自动控制系统相比，适应性的自动控制系统才是未来该领域的发展方向。

（6）人对系统保持积极的管理态度。上级和管理者对自动控制系统的接受度和认可度很容易影响实际作业人员。一方面，如果因为自动控制系统比人的作业能力更强而将其强加于作业人员，可能使他们对自动控制系统产生抵触情绪；另一方面，如果自动控制系统被当作提高人机系统效率的辅助工具而引入，操作人员会更容易接受。这往往是伴随着对自动控制系统的高质量培训而形成的。事实上，管理层应当负责组织自动控制系统的引入。

第四节 系统设计原理

"系统"的概念最早出现于古希腊语中，是"部分构成整体"的意思。根据《系统架构》一书的定义，系统由互相作用、具有有机联系的事物构成，是具备特定功能的有序集合体。系统的可用性（Usability）现在被广泛认为是交互系统成功的关键。对于许多设计不良和无法使用的系统，用户会发现这些系统难以学习、操作复杂。这些系统可能会面临使用不足、被误用甚至被废弃的结局。对使用该系统的组织来说，他们付出了高昂的代价却没有得到使用的系统，并且对开发和提供该系统的公司的声誉也有害。

一个可用系统有如下优点：

（1）提高生产力。按照可用性原则设计并根据用户的首选工作方式进行定制的系统，将保障用户有效地运行系统而无须浪费时间在复杂的功能集和效率低下的用户界面上。一个可用系统允许用户将关注点放在任务本身而不是使用的工具上。

（2）降低错误。人误的原因很大一部分在于交互界面设计不良，消除不一致、歧义或其他错误的接口设计可显著减少用户操作失误。

（3）减少对培训和支持的需求。一个设计良好的可用系统能够自身加强学习，从而减少培训时间和对人力支持的需求。

（4）提高接受度。提高用户接受度通常是设计可用系统的间接结果。大多数用户愿意使用设计良好的系统，也更愿意相信该系统，该系统提供的信息易于访问，呈现方式也易于理解和运用。

（5）提高设计方声誉。设计良好的系统促使用户积极响应和反馈，提升设计公司在市场上的声誉。

因此，在现代社会，为了提高复杂工业系统的安全性和效率，面向航空、航天、核电站、高铁、船舶、复杂装备等安全关键的领域，应当慎重设计系统，提高系统的可用性，将人的因素纳入系统工程设计、建设与运营管理中。

一、系统设计的意义

为了设计出一个可用的系统，研究人员需要研究在实际系统中发生的真相，需要采用合适的方法，使用科学有效的方法针对具体问题采集数据，并综合分析所采集的数据的意义。人因工程领域常需要说明哪种方案适用、哪种设计有危险性、怎样改进效果更好，这些内容常需要使用作业负荷、速度、准确度等进行具体分析。人因工程在解析问题时还会经常使用不同系统中的人具备功能的普遍原理和相关模型。由于其终极目标是在人机系统条件下明确人作业的基本原理并提升作业绩效，因此人因工程的工作基础是利用实验室和现场研究总结出科学原理。人因工程研究人员必须首先清楚认知用户对他们研究成果的使用目的，尽量在做研究时就考虑其成果在系统设计过程中的应用，这样有助于提升科研成果的可用性。

深入探究优秀的人因系统设计，对日益复杂化的人-机-环境系统关系有重要现实意义。首先，高质量的人因系统设计能够维护环境生态平衡，保障人、机、环境的可持续协调发展。其次，人因系统设计是产品成果功能实现的有力保证。只有从产品的生命周期出发，在不断发展变化的生产生活方式中挖掘和发展产品与外部环境的互作，才能进行长远意义上的产品定位，争取产品价值最优化。更重要的是，人因系统设计是形成产品的有效方式。产品定位形成了产品最终形式的有限概定，通过系统分析，系统要素和结构的协调能创造出多样化的设计方案；在多种方案之间通过系统综合和优化，寻求最佳方案，是提高新产品最终质量的有效方式。

二、系统设计的一般程序

在软件开发领域，有许多设计软件应用程序的方法。所有这些都强调需要满足软件的技术和功能要求。如果要实现上述好处，考虑用户需求同样重要。人因系统设计强调以人为中心，关注将用户的观点纳入软件开发过程，以最大化系统的可用性。人因系统设计的主要原则如下：

（1）用户的积极参与以及对用户和任务需求的清晰理解。人因系统设计的一个关键优势是最终用户的积极参与，他们了解系统将在其中使用的环境。让最终用户参与也可以提高对新软件的接受度和承诺，因为该系统是在研究人员与他们协商的情况下设计的，而不是强加给他们的。

（2）用户和系统之间适当的功能分配。确定工作或任务的哪些方面应由人员处理，哪些方面可以由软件和硬件处理，这一点很重要。这种分工应基于对人的能力及其局限性的认识，以及对任务具体要求的透彻理解。

（3）设计解决方案的迭代。迭代软件设计需要在最终用户使用早期设计解决方案后接收他们的反馈。这些可能包括屏幕布局的简单纸面模型到更逼真的软件原型。用户试图使用原型完成“真实世界”的任务。此练习的反馈用于进一步开发设计。

（4）多学科设计团队。以人为中心的系统开发是一个协作过程，得益于各方的积极参与，各方都有见解和专业知识可供分享。因此，开发团队必须由具有技术技能的专家和与拟议软件有“利害关系”的专家组成。因此，团队可能包括经理、可用性专家、最终用户、软件工程师、图形设计师、交互设计师、培训和支持人员以及任务专家。

为了开发优秀的人因系统，应执行五个基本过程，包括：人因系统的目标建立与功能分析；功能分配；作业描述；界面设计；系统综合评价。这些过程以迭代方式执行，如图 9.2 所示，循环重复，直到达到特定的可用性目标。

（1）人因系统的目标建立与功能分析。确定系统的客观目标对设计有决定性作用，因此应首先明确人-机-环全系统所具有的目标，详细填写系统目标说明书。确定系统目标需要从技术可行性、生产成本等方面与用户要求进行比较，然后详细分析探讨并确定实现该目标所需的策略方法，也就是确定应赋予系统的功能。该过程可得出若干可行方案，得到的可行方案越多则留有越大的选择余地，从而在有了一定的条件限制后仍能筛选出较好的方案。若想得到更多可行方案，不应将目标设置局限在具体而狭小的局部，应将视野范围放大，看到更多层次。

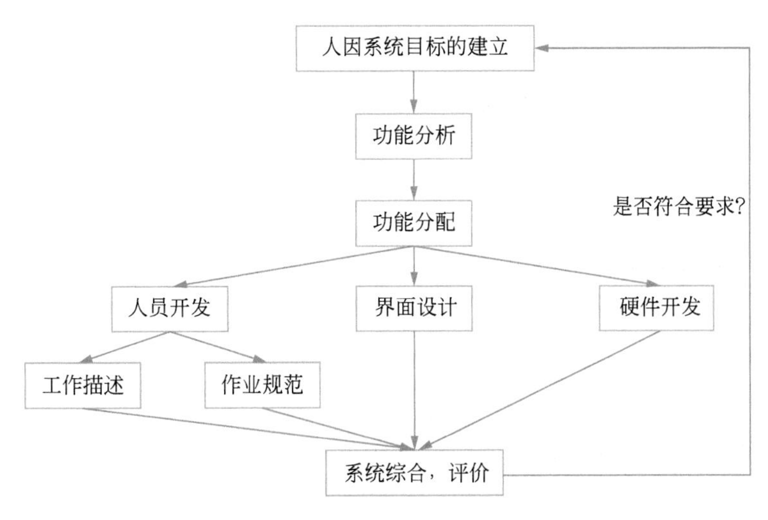

图 9.2　人因系统设计模型

（2）功能分配。为实现系统最佳匹配效果，基于人与机器特性的研究分析应充分挖掘利用二者潜能，将系统各项功能合理分配给人与机器。功能分配就是决策将系统的哪些功能由人完成，哪些功能由机器完成。因此，必须对人和机器的特性充分分析比较，详见表 9.3。通常来说，应考虑人与机器的性能、负荷能力、潜力及局限性，以及机器替代人作业的绩效和成本。通常可在等效等质条件下，利用下式是否成立判断用机器替代人是否经济可行：

（设备原值 ×（折旧率 + 大修率）+ 设备能耗 + 设备维修保养费 + 设备原值的银行利率）<（人工工资 + 工资附加费 + 社会保险费）

表 9.3　人与机器的特征比较

能力分类	人的特性	机器的特性
物理功能	能以 1.5 kW 输出 10s，以 0.15 kW 的输出连续工作一天，并能作精细调整	输出极大和极小功率，但不能像人手进行精细调整
计算能力	计算速度慢且易出错，但能巧妙修正错误	计算速度快，能够正确计算但不会修正错误
记忆容量	能够实现大容量、长期的记忆，并能同时和几个对象联系	能进行大容量数据的记忆和读取
反应时间	最小值为 200 ms	反应时间可达 μs 级
通道	只能单通道	能够进行多通道复杂动作
监控	难以监控偶然发生的事件	监控能力很强
操作内容	超精密重复操作易出错，可靠性较低	能够连续进行超精密的重复操作和程序化的常规操作，可靠性较高

续表

能力分类	人的特性	机器的特性
手指能力	可以完成细致而灵活快速的动作	只能进行特定工作
图形识别	图形识别能力强	图形识别能力弱
预测能力	对事物发展能做出相应预测	预测能力有很大局限性
经验性	能够从经验中发现规律，并根据经验进行修正总结	不能自动归纳经验
创造力	具有创造力，能够对各种问题具有全新见解，具有发现特殊原理或关键措施的能力	完全没有自发创造力，但可以在程序功能的范围内进行一定的创造性工作
随机应变能力	有随机应变能力	无随机应变能力
高噪声特性	在高噪声环境下能够检出所需信号	在高噪声环境下很难正确无误地接收信号
多样性	能够利用知觉从众多目标中找出真正的目标	只能发现特定目标
适应性	能够处理意料之外的突发事件，当设备功能或周围环境发生异常时，均能想出一定的应对办法	只能处理既定事件
耐久性、可维修性和持续性	工作一定时间后需要适当地休息、保健、娱乐，难以长时间保持紧张状态，不适合从事刺激性小、重复性强、单调乏味的工作	视成本而定，设计合理的机器对既定作业耐久性良好，在适当的维修保养下能可靠地完成单调的重复性工作
归纳能力	能够根据特定情况推断出一般结论，即具有归纳思维能力	只能理解特定事物
学习能力	具有很强的学习能力，能阅读理解和接受口头指令，灵活性很强	学习能力较弱，灵活性差
视觉	视觉范围有一定限制，可感受波长为400~800 nm的可见光，能够识别物体的位置、色彩及其移动	能够使用人视觉范围以外的红外线和电磁波工作
环境条件	倾向于舒适的环境条件，但对特定的环境有适应性	可耐受恶劣环境，能在放射性、尘埃、有毒气体、噪声、黑暗、强风、大雨、高温等条件下工作
成本	除基本工资外，还需福利保障及对亲属的照顾，万一遭遇事故灾害可能产生生命安全的巨大损失	购置费、运转费和维修保养费，万一不能继续使用，失去其本身价值

（3）作业描述。完成功能分配应进行作业描述，检验功能分配是否恰当，能否适应人与机器的能力特性。作业描述的主要形式是对任务中的活动逐项分析。

（4）界面设计。人与机器通过人机界面完成信息交换和功能上的相互接触和影响。显示器和控制器是最主要的人机界面，人机界面设计主要就是指显示器、控制器及二者之间关系的设计，还包括作业空间分析。人机界面设计必须处理好人类控制机器与接收信息的两个主要问题，控制器应设计符合人的操作需求，包括对人操作空间和控制器配置等方面的考虑。

（5）系统地评价和发展。系统发展建立在系统评价之上，需要持续不断地进行系统评价。对系统正确地分析评价才能进一步提出设计方面的改进。若设计人员认为设计工作在系统投入运行后就彻底停止，那么系统就无法继续发展和完善。总的来说，系统设计是一个持续发展的设计-评价-再设计-再评价过程。

三、系统设计的具体内容

在以上提到的流程中，首先需要在系统设计的最初阶段仔细地规划以人为本的设计过程。人因工程学的重要特征是剖析人、机、环境三方面因素本身特性，不局限于个别要素的好或坏，而是将人与其设计生产使用的机器以及人机共处的环境视为整体进行研究；人因工程的系统设计需要正确利用三方面因素之间的有机联系获得系统参数的最优值。一项高质量的设计必须要平衡人、技术、环境、经济、文化等因素，因此设计人员需要在众多条件制约下寻求各因素的最佳平衡。人是人因系统的核心和基础，设计中判断最佳平衡点时应坚持“以人为本”的主体思想，人因工程系统设计以考虑系统中人的因素为先。

一般地，人的因素包括人体尺度、人的信息处理与认知、人的心理因素等内容。

（一）人体尺度

任何操纵装置都应设置在人肢体和躯干活动能达到的范围内，位置需适应人体操纵部位的高低位置，这样人在操作装置时才能方便迅速，反应灵活，实现作业的安全性、健康性、舒适性，有利于降低人体疲劳和提升人因系统绩效。人体的各部位尺寸测量数据使设计人员明确个体与个体、群体与群体之间的人体尺寸差异，方便进行人的形态特征研究，为人因工程系统设计提供客观依据。为使大量人体尺寸相关的设计适应目标用户的生理特点，让用户在舒适的身体状态和环境下使用，设计人员必须了解人体测量学的基本知识、方法，在设计过程中全面考虑人体的各种尺寸参数，并熟练掌握相关设计所必需的人体测量基本数据信息和使用条件。

人体测量数据可分为两种：人体构造尺寸（静态尺寸）和人处于作业或活动状态下的人体功能尺寸（动态尺寸）。任何机器、设备和工具等为使设计能满足人的使用便利性及舒适性，都需要参考人体的构造尺寸和功能尺寸。许多因素会影响人体测量数据，有研究表明，先天遗传占身高因素的33%。先天遗传因素包括民族、性别等。根据图9.3，全球平均身高最高的几个国家基本被欧洲囊括，而平均身高最矮的国家多分布在撒哈拉以南的非洲以及东南亚；男性的平均身高比女性高13 cm左右。另外，人的职业也对其体型及尺寸有影响，长期职业劳动可能使身体特定部分高频率使用而发生改变，使人产生体型的职业性差异。所以，直接使用欧美进口的产品，例如汽车、加工车床等，可能会面临中国人体型不适应的问题。这就需要我们根据中国人的体型，制作适合我国人民的产品。

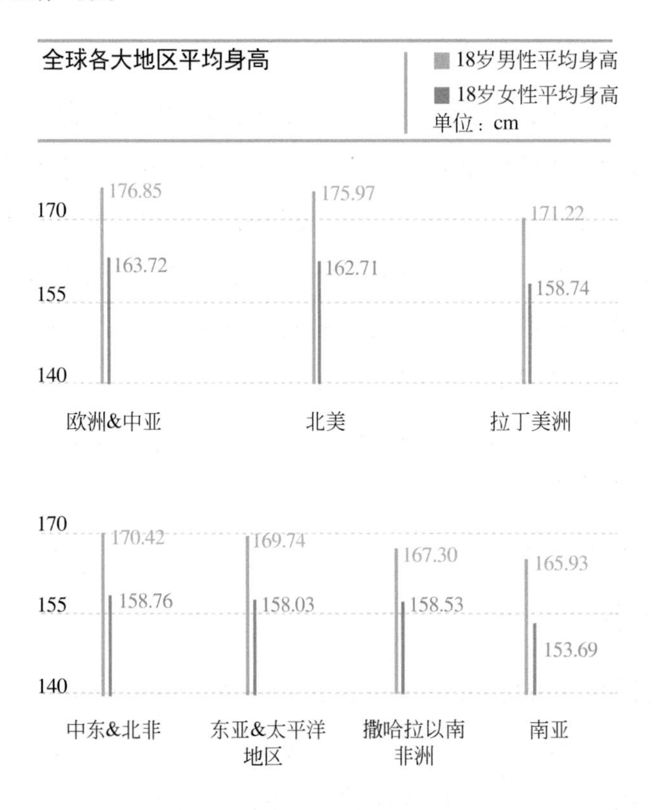

图9.3 世界各国平均身高

根据人体测量数据经处理和筛选得到的标准人体尺寸，以1∶1.1∶5（或其他实际需求）的比例，利用塑料板或纤维板等制成肢体各关节部位可活动的二维人体模型叫作人体模板（见图9.4）。人体模板在美、德、日等国都是一种有效的辅助设计工具，在人因系统设计中广泛应用，市场上也有成套的标准人体模板可供辅助设计。人体模板是三维的，又被称作模拟人或假人。根据设计试验的不同要求，有时使用模拟人体全身的模拟人，有时使用模拟部分人体的头部或胸部模板等。根据不同的人体尺寸，常用的包括 95%、50% 和 5% 人体尺寸数据模板，分别称作 AM95%、AM50% 和 AM5% 模拟人。

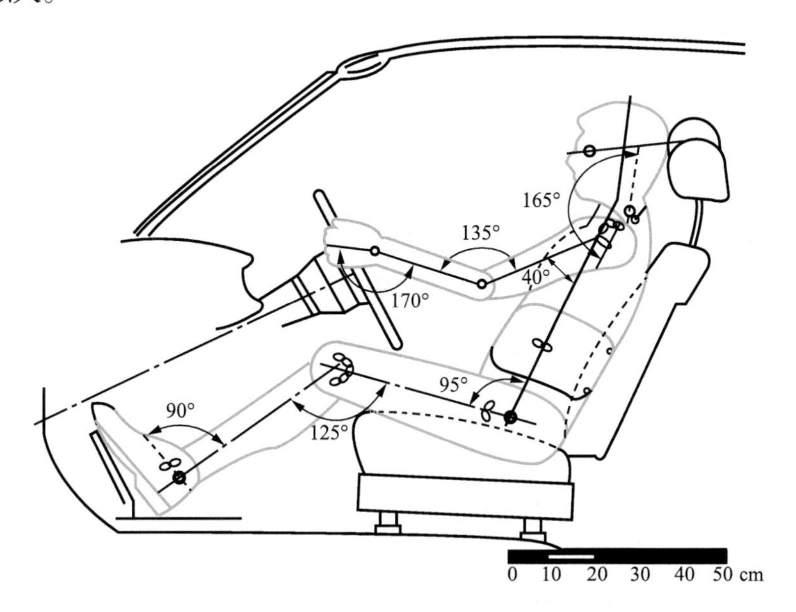

图 9.4 用于轿车驾驶室设计的人体模板

（二）人的信息处理

随着科学技术的进步，人在人机系统中的作用经历了巨大转变。在人机系统中，作业人员逐渐由系统的直接控制人员转化为监控者和决策者。作业过程中信息具有时空密集性的特点，很容易影响到作业人员的任务执行，其面对大量信息加工的要求，不仅要保证注意力高度集中，还需要保持一定的反应灵敏度和准确性。为提升系统工作绩效，有效研究脑力作业负荷，需要熟悉人的信息处理系统、信息处理过程及特征，这也有助于设计人员实现更高水平的系统设计。人因工程研究人员在解释人的认知活动时，将

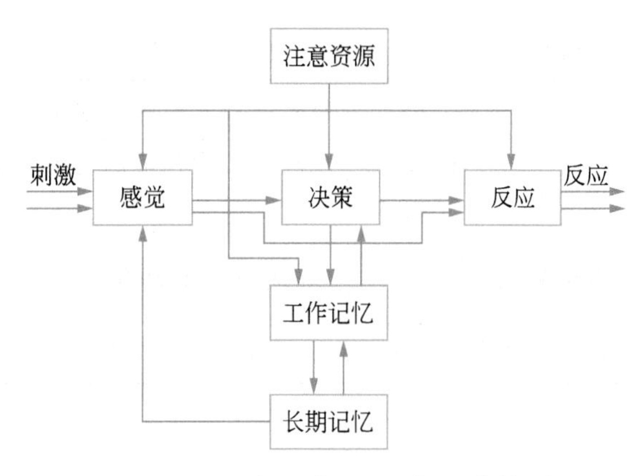

图 9.5 人的信息处理系统结构图

人模拟为一个类似计算机信息处理系统的结构，其基本组成如图 9.5 所示。

感觉是人进行信息处理的第一个阶段。人在这一阶段运用各种感官接受来自外界的大量信息，并将其传递至中枢信息处理系统。中枢信息处理系统的认知系统将感知系统接收并编码的信息存入系统的工作记忆中，并且从长时记忆内提取先前储存过的相关信息与加工方式，综合分析并进行反应决策，最终将决策信息传至反应（运动）系统。反应系统负责执行中枢信息系统的决策指令，形成信息处理系统的输出。

1. 人的感官系统

人体的感觉器官由视觉、听觉、嗅觉、味觉、肤觉等组成。人的感觉是人脑对直接作用于感觉器官的客观事物个别属性的反映，是最简单、最基本、最普遍的心理过程。一定条件下，各种感觉器官由于刺激的相互干扰而产生感受性变化。利用感觉的相互作用规律提升作业环境和条件来适应作业人员的主观状态，对作业绩效有促进作用。

如表 9.4 所列，感受器官一般仅能接受一种刺激，识别一种特征。刺激本身必须达到一定的强度，才能对感受器官发生作用，超过一定强度，不但无效反而引起不适的感觉。感受器官经连续刺激一段时间后，产生适应现象，敏感性降低。各感受器官对信号变化的感觉取决于变化的相对量。

表 9.4 人感官的刺激接受与特征识别

感觉类型	感　官	适宜刺激	刺激来源	识别的特征
视觉	眼	一定频率范围内的电磁波	外部	形状、大小、色彩、光线、位置、距离、运动方向等
听觉	耳	一定频率范围内的声波	外部	声音的强弱和高低，声源的方向和远近等
嗅觉	鼻	挥发和飞散的物质	外部	香气、臭气、辣气等
味觉	舌	可被唾液溶解的物质	接触面	甜、咸、酸、辣、苦等
皮肤感觉	皮肤及皮下组织	物理和化学性质的皮肤作用	直接和间接接触	触压觉、温度觉、痛觉等
深部感觉	肌体神经及关节	物质对肌体的作用	外部和内部	碰撞、重力、姿势等
平衡感觉	半规管	运动和位置变化	外部和内部	直线运动、转动、摆动等

2. 人的信息加工

知觉的产生以人的知识经验和现实刺激为双重前提。人知觉过程的信息加工方式主要分为自下而上的加工和自上而下的加工。自下而上的加工始于外部刺激，一般先分析较小的知觉单元，进而处理较大的知觉单元，通过若干阶段的连续加工实现对感觉刺激的理解；自上而下加工始于知觉对象相关的一般知识，最终产生对知觉对象的假设或预期。非感觉信息在人的知觉活动中含量越高，人需要的感觉信息就越少，此时以自上而下的加工为主导；相反，非感觉信息含量越低，人就需要更多感觉信息，则自下而上的加工占优势。

人脑处理信息的能力有限，众多因素影响着信息处理的速度。大脑皮质有时无法确切地加工连续接收的全部信息，例如大脑皮质在判断从感官得到的信息，进行行动决策时，就不可能同时处理两种以上的信息。若人有充足的时间处理各种信息，基本能够对信息正确地处理；若信息处理时间紧迫且信息复杂繁多，人就无法处理得当，可能出现各种问题：信息被遗漏未处理、做出错误决策、处理迟滞、信息的部分内容被遗漏、信息处理质量下降、使用不合规的处理方法、放弃处理部分信息。

记忆是大脑获得、储存和提取信息的过程，对人类活动意义重大。大脑基于长期记忆中积累的经验判断处理新传入信息的方式和对其做出何种反应行为。德国心理学家 H. Ebbinghaus 在 19 世纪末通过大量系统实验研究了记忆和遗忘，图 9.6 是利用其 1885 年实验数据得到的记忆保持和遗忘曲线。记忆分为四个阶段：瞬时记忆、短时记忆、长时记忆和遗忘。记忆的初期阶段称为瞬时记忆，此时信息记忆量较大但仅能保持极短时间。短时记忆也称作操作记忆或工作记忆，特点是信息记忆量小且极易被中

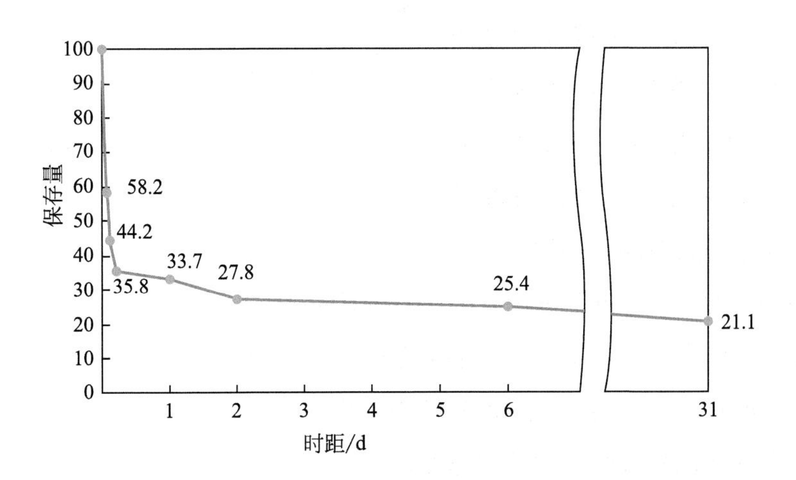

图 9.6　Ebbinghaus 保持和遗忘曲线

断，但其在现代生产、管理、沟通中起到重要作用，也是人因系统的重点关注对象。人因系统的设计要根据人的短时记忆特性，避免发生人为失误。长时记忆是记忆的高级阶段，提取方法是再认或回忆。记忆的最后阶段是遗忘，储存在大脑中的信息会受到时间推移和逐渐积累的其他经验的影响，发生数量和质量上的变化，包括储存的信息量减少，无法对储存过的信息再认、回忆，或者发生再认、回忆错误。

信息处理过程与人的知识、技能等个体因素密切相关，也同时受到作业时间及环境条件等客观因素影响，如作业环境会直接和间接影响作业人员的生理和心理状态。众多因素的共同作用，使人的信息处理能力水平上升或下降。

3. 人的运动反应系统

作业人员接收来自系统的信息，中枢信息系统完成对信息的加工，按照加工的结果对决定做出的反应并执行。许多事故都是由于工人的生理能力与实际工作要求不匹配造成的，采用合理的姿势和工作频率有利于操作效果的改善。因此，研究人体运动系统对人因系统设计也很重要。骨是运动的杠杆，关节是运动的枢纽，而肌肉是运动的动力。人体各关节的活动有一定的限度，超过限度必然造成损伤，应使关节处在一定的舒适调节范围内。系统设计中需考虑重复性运动的速度。许多操作都含有某些效应器的重复运动，例如书写、打字等。所需效应器重复运动的速度快慢显著影响操作速度。若人进行连续手部操作运动，手臂的颤动容易使操作运动与设计轨迹出现偏差，降低操作动作的准确性。图 9.7 刻画了操作运动的速度与准确度之间的关系，即速度、准确度操作特性曲线；曲线的拐点（*A* 点）表示速度-准确度的最佳综合绩效，即综合来说该点代表的操作速度较快且准确度高，称为最佳工作点。实际工作中作业人员普遍将工作点落在最佳工作点右侧近处的某一位置。

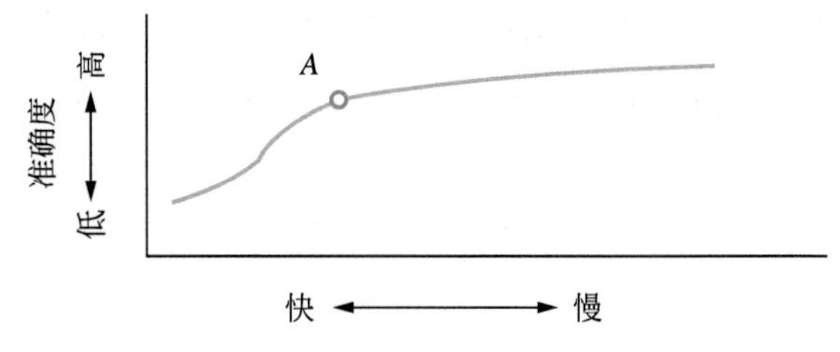

图 9.7 速度－准确度操作特征曲线

对于手部运动，其速度和准确度的一般规律如下：

（1）运动速度右手比左手快，右手由左向右运动比由右向左快；

（2）手朝向身体比远离身体运动速度快，往复性运动前后方向比左右方向快；

（3）从上到下比垂直面内的运动速度快；

（4）水平面内比垂直面内的运动速度快；

（5）旋转运动比直线运动速度快，旋转方向为顺时针比逆时针快；

（6）按钮操作方向向下按比向前按准确性更高，水平安装的旋钮比竖直安装的旋钮操作准确性更高；

（7）就操作准确性而言，手操作旋钮最佳，其次是指轮，滑块最差。

人为失误是指由于人的因素未能准确完成规定的作业任务，从而可能引发计划运行中断或财产和设备损失。人的生理构造的原本特性无法改变，很难完全避免人为失误。所以应在系统设计时采取容错措施，提升设计可靠度，针对人为失误提供可逆、防误、记忆辅助以及警示等措施。

（三）心理因素

人因工程领域的各个方向都涉及心理因素研究，包括人的心理因素结构、可靠性、心理与安全行为关系、心理健康状况测评等。心理学具有广泛的研究方向和大量研究目标，从人因工程安全性角度来看，人的心理因素分为以下五方面。

（1）性格：指人在生活经历中形成的相对稳定的面对现实的态度和与之相适应的习惯行为方式。性格是人心理特征中最重要和显著的部分，也是人作为个体与他人之间差异的主要体现。

（2）能力：指对行为效率产生直接影响，使行为顺利完成的个性心理特征。能力可分为一般能力和特殊能力。一般能力包括观察力、记忆力、注意力、思维能力、感觉能力和想象力等。所谓的智力就是与认识活动紧密联系的一般能力。特殊能力指针对特殊活动起作用的能力，如特定精细操作力、节奏感、颜色鉴别力等。

（3）动机：指一种内部的心理过程或心理状态。动机的心理状态称为激励，是需要、愿望、兴趣和情感等内外部刺激作用下产生的持续兴奋状态，是一种促进行为的有效手段。人们对工作有各式各样的动机，影响着工作态度和绩效。

（4）情绪：指人对客观现实的特定反应形式，是人对于客观现实符合其需要情况产生的态度。情绪体验可分为心境、激情和应激。

（5）意志：指人自发确定目的，通过支配和调节行为，为实现目的而努力克服困难的心理过程。意志占据了一个人性格特征中的重要地位，性格坚强与否等特征往往由意志特征决定。良好的意志特征包括坚定的目的性、自律性、果断性、坚韧性和自制性。

心理因素中的各方面都一定程度上影响人的安全行为。研究表明，理智型性格的人，通常行为稳重，具有较强的自控能力，发生行为失误的概率低；情绪重的人则易发生情绪波动和受到外界因素影响，相对来说更容易发生行为失误。另外，行为失误还与人的心理定势、挫折感、白日梦等紧密相关。

心理因素既可以引发不安全的行为，也可导致安全的行为。从心理学的角度来看，人本身是一种不可靠的装置；从生物的演化角度来看，人的构造大致基于可用性原则，其可靠程度只要达到满足生存需求的条件就已足够；人自身并没有形成规律性方式以维持某种可靠程度，只能依赖与外界的交互作用建立一种与外界的平衡。随着自动控制系统的发展，系统运行过程中似乎不需要作业人员随时保持注意力集中，但同样是由于人-机系统的程序化和复杂化，作业人员放松散漫的错误态度也可能导致严重后果。例如，阀门操作失误是较为常见的作业行为错误，这类错误已引发过许多重大事故（如美国三哩岛核电站反应堆泄漏事故）。另一方面，人们的实践经验表明，每个人在尽其所能以正确方法进行事故预防是有效的：人只需在一定程度上多加注意，就可以使事故发生率降低，改善人力、物力和资源的实际和潜在损失状况。从心理因素着手加强对作业人员的培训、管理和关怀，可以将大多数事故防患于未然。

四、系统设计的方法

人因工程的根本研究方向是揭示并运用人-机-环之间的关系规律，使人-机-环境系统总体性能达到最优化。人因工程的研究范畴包括：人的生理、心理特性和能力范围；系统功能在人机间的合理分配；人机相互作用及人机交互界面设计；作业任务及其优化；作业环境设计及优化；系统的安全可靠性；组织与管理效率等。研究人员必须了解最基本的研究方法，随着对需要设计的问题了解得更多，再根据情况做更适合的研究，以达到最好地解决问题的目的。最常用的研究方法包括

（1）实测法：使用仪器设备进行实际测定。

（2）观察法：研究人员通过观察、测定并记录不加干涉的自然情境下发生的现象来认识研究对象。

（3）实验法：在人工控制条件下，精确改变系统内特定变量因素，根据引发研究对象的相应变化进行因果推论和实际变化预测。

（4）模拟和模型试验法：对于较为复杂的机器系统，对其进行人因工程研究时常采用模拟的方法。该方法可能使用到多种技术和装置模拟，如操作训练模拟器、模型

机械以及人体模型等。

（5）分析法：通过上述各种方法获得一定的数据资料后可进一步采用的一种研究方法。人因工程研究常用分析法包括瞬间操作分析法、知觉与运动信息分析法、动作负荷分析法、频率分析法、危象分析法以及相关分析法。

（6）调查法：获取研究对象相关材料的一种基本方法，包括访谈法（研究人员通过询问交谈的方式收集相关资料）、考察法（通过实地考察，找到实际人-机-环境系统中存在的问题，作为深入开展分析、模拟和实验的基础资料，在研究实际问题时常用此法）和问卷法（研究人员有目的地编制一系列项目及问题，以问卷或量表的形式请调查对象作答，收集结果并进行分析）。

（7）感觉评价法：人通过主观感受判断和评价系统的质量、性质等特性，即人主观上对事物客观参数作出的感觉度量。感觉评价有两类对象，分别是产品或系统的特定因素或性质，或者是产品或系统的综合整体。评价产品或系统的特定因素或性质可利用测量仪器，而产品或系统整体综合评价只能由人来完成。进行感觉评价的主要目的是根据一定标准为所有对象确定类别等级，即评定各个对象的因素水平和优劣，以及按某种标准确定对象的水平和优劣顺序等。

（8）心理测验法：基于心理学中个体差异的理论基础，让被试进行心理测验并将个体的成绩与常模对比，从而分析被试的心理素质。该方法在人员选拔、素质测试与培训检验等方面广泛应用。按照测试内容，心理测验分为个性测验、能力测验和智力测验；按照测试方式，心理测验分为团体测验和个体测验。团体测验允许多人同时进行，相对节约时间和费用；个体测验仅允许单人进行，可得到个体更全面和具体的信息。

（一）系统使用环境

系统被开发后，通常将在特定环境中使用。它将被具有某些特征的用户群体使用，并且他们会有特定的目标并希望执行特定的任务。系统的使用质量，包括可用性和用户健康与安全，取决于对系统使用环境的深入了解。例如，如果汽车的设计是为需要在夜间、大雾、山地、或沙地等环境下驾驶的人使用的，那么它的设计将更加有用。同样，在办公环境中，有许多特征会影响新软件产品的可用性（例如自动存储、常用功能快捷键等）。因此，明确使用环境对于帮助指定用户需求以及为以后的评估活动提供良好的基础非常重要。对于易于理解的系统，识别利益相关者并安排会议审查使用环境可能就足够了。对于更复杂的系统，可能需要通过任务分析和对现有用户的研究来补充。表 9.5 根据 M.MAGUIRE 总结了不同的使用环境，可用于帮助研究者为不同的系统设计情况选择适当的方法。

表 9.5　不同系统使用环境的比较

方　法	优　点	应　用	实现的方法
识别利益相关者	列出系统的所有用户和利益相关者。确保系统设计过程中不遗漏任何一个	应该适用于所有系统；对于通用系统，可能会辅以对客户的市场分析	与项目经理和用户代表举行会议
使用情境分析	提供设计和评估所依据的背景信息	所有系统都需要	与每个主要用户组的代表和设计团队代表会面
现有用户调查	问卷分发给未来用户的样本群体。提供来自大量用户的定量数据	当有不同的用户群体时；当用户因位置、角色或状态而难以访问时；当需要定量数据时	一开始就制定调查目标；仔细试验问题和指示；提供开放式和封闭式问题的组合；保持尽可能短；提供回收邮件
实地研究/用户观察	调查员在用户工作时查看用户，并记录所发生的活动。提供有关当前系统使用情况和系统应用环境的数据	当用户难以在访谈中描述情况时；当环境背景有重大影响时	确定要记录的事件的目标和类型。制定基本规则、时间表
活动日志	记录一段时间内的用户行为，以预测未来系统如何支持用户	当需要获取有关当前用户活动的数据时	创建并测试日记格式；分发给用户以在特定时间或特定活动期间完成
任务分析	研究用户在完成任务的行动和/或认知过程中需要做什么	当必须详细了解任务操作作为系统开发的基础时	列出用户的主要角色；计划会议和可能的观察会议；检查用户是否理解

（二）作业空间设计方法

应在各个系统设计阶段努力消除众多环境因素可能对人产生的负面影响，使人具有“舒适”的作业环境，不仅保护作业人员的身体健康与安全，还有利于保障系统的综合效能。对系统产生影响的环境主要有热环境、照明、噪声、振动等。

人体具有较强的恒温控制系统，可适应较大范围的热环境条件，若人所处环境远远偏离热舒适范围，则可能导致人体恒温控制系统失调，将对人体造成低温冻伤、高温灼伤、全身性低温或高温反应等伤害。

作业场所的合理采光与照明，对生产中的效率、安全和卫生都有重要意义。良好的光环境主要是通过改善人的视觉条件和改善人的视觉环境帮助提高生产绩效，调查显示良好的光环境能够明显降低事故发生率，保护作业人员视力健康与安全。尽管作业光环境的第一要素是明视性，提升环境舒适感，保证作业人员心情舒畅也同样非常重要；前者与视觉工作对象的关系密切，而后者与环境舒适性的关系很大。光环境设计的目的是从单纯提高照度转向创造舒适的照明环境，即由量向质的方向转化。从人因工程学对光环境的要求来看，更需要对光环境进行综合评价。可以利用问卷法得到的主观判断结果判定各项评价项目条件所处状态，运用评价系统计算各项目评分，得出总的光环境指数，最终确定光环境质量等级。

环境噪声不仅会干扰作业人员正确接收听觉信息，也可能对人的生理或心理健康造成危害，因而影响作业人员的作业绩效。和谐的生产性音乐对某些工种的工作效率是有益的。劳动在生理上、心理上产生一定的负荷，适宜的音乐能使环境产生欢乐的气氛，减轻噪声干扰，驱除疲劳单调感，使作业人员不感到上班时间枯燥漫长，提高生产效率。

在振动环境之中，感受器官和神经的功能受到振动的刺激，并通过神经系统影响人体的其他功能，如分散注意力，降低工作效率和舒适性，形成健康和安全威胁。振动还使仪表、设备、机械等无法正常工作。振动造成的影响程度主要由其强度和频率决定，人和物体受到的振动都会使人视觉发生模糊，认读仪表以及视分辨困难；人机界面振动可使手部、脚部动作不协调，增大操作误差；强烈振动下大脑中枢机能水平下降，语言功能明显失真或被迫间断，注意力无法集中，容易疲劳，进一步加剧振动的心理损伤。

第五节　系统综合评价方法

人因学研究者在系统设计阶段，不仅要遵循第一节中提到的各种基本设计方法，也应该在产品（系统）开发完成后，对其进行最后的测试和评估。传统的设计工作中，系统评估用来确定真实系统在功能使用方面是否正确，确定产品是否符合设计规格以及能否正常使用。就拿照相机的例子来说，应该对机械性能、防水、抗压等方面进行评价。对人因学测试和评估来说，设计人员关注影响人的操作、安全或整个人因系统性能等方面的问题。通过评估应该收集可接受性、可用性、人因系统的效益等方面的数据。

一、系统评价标准

为了能够对人因系统进行评估，应当先建立一些评估标准。由于人因系统设计牵涉到许多因素，要想建立一套可行的评估标准是一个十分复杂的过程，评估标准的好坏不仅决定着人因系统设计的成功与否，还直接影响着评估过程的难易程度。Nielsen提出了十个主要可用性标准来评估人因系统，具体如下：

（一）系统状态具有可视性

系统应随时能显示一定的即时状态信息，以便用户随时掌握。

（二）用户拥有自主控制权

用户在使用系统提供的工具时应感到对系统使用自如，而不是被系统控制进行操作。

（三）系统应与符合用户使用习惯

系统界面应适应用户的语言体系，不仅是语种，还包括用户日常熟悉的词汇、惯用语等，而不仅使用系统的专业性术语。非语言性信息（如图标）和工作流程等也要贴近用户的使用习惯。

（四）一致性

一致性包括内部一致性和外部一致性。前者指系统各部件之间保持一致，出现同样的信息需用词、外观和布局一致，以帮助用户快速适应并熟练掌握系统的功能；后者指系统应与其他系统、普遍习惯及相关标准保持一致。外部一致性使用户能够运用其已掌握的知识和经验习惯来学习一个新系统，有效减少新系统所需的培训时间。

（五）错误防范

系统应及时为用户提供正确的提示、告警信息，帮助他们更快更好地解决出现的问题，同时进一步正确理解系统状态和功能，如提供一些明确的文字或非语言信息提示等。

（六）帮助用户识别、诊断和改正错误

正确恰当地处理系统错误信息是提高其可用性的重要手段。若用户得到了错误

信息却无法及时解决出现的问题，那么其很可能对系统失去信心而停止使用。因此，系统错误信息的显示方式应通俗易懂，简明传达问题的具体位置及有效解决方案相关建议。

（七）重点在于识别而非记忆

系统应提供一些必要的信息，避免用户需要耗费精力进行大量记忆。用户需要时应容易找到系统使用说明，且内容清晰，降低用户理解的脑力负荷。该条标准意味着系统界面应显示必要选项，而不是显示填写框让用户自己填写命令。

（八）使用的灵活性及高效性

系统应设置一些方便有经验用户迅速启动功能的快捷键。优良的系统设计能兼顾新用户和熟练用户的需求，提高产品的自动化程度以帮助用户省去不必要动作，从而提高用户的整体使用效率。

（九）最小化设计

系统应按照用户的需求显示信息，尽量减少无关或不常用的信息，增加其有效信息的可见性，使用户界面美观、精练。

（十）帮助及文档

系统应提供一些方便用户检索、辅助用户自身学习的帮助信息，能使用户更高效地加深对系统的理解。

二、系统阶段评估方法

系统的评估方法有许多，人机界面开发过程的评估基本分为两类：设计过程中的评估称为阶段评估，设计全部完成后进行的评估称为总结评估。对开发过程来说这两类评估的作用都是系统设计的重要有机组成部分。阶段评估包括人机界面、工作环境等，通常开发过程中的阶段评估采用开放式方法，包括访谈、问卷及量表调查等。

（一）工作环境指数评价法

工作环境的评价包括空间指数法、视觉环境综合评价指数法、会话指数法。

1. 空间指数法

狭窄的空间阻碍正常作业操作，作业人员被迫使用非常规姿势和体位，限制作业能力的正常发挥，加速和促进疲劳感的产生，损失作业绩效。另外，狭窄的空间内作业人员还可能意外触碰开关等部件或发生误操作引发事故。为评价人-机、人人、机-机之间的互相空间位置安排，以便改进设计，可利用多种指标评价空间环境状况。

密集指数是指作业空间对作业人员操作活动范围的限制程度，可通行指数是指人通过通道、入口的通畅程度。这两个指数均分为4级，见表9.6和表9.7。设计作业环境时，可通行指数由作业场所中作业人员数量、人员进出频率、发生紧急状况造成入口堵塞的可能性及堵塞潜在后果的严重程度决定。

表9.6 作业人员活动范围密集指数

指数值	密集程度	典型事例
3	能舒适地进行作业	在宽敞的空间操作机械
2	身体部分受到限制	在无容膝空间工作台边坐姿作业
1	身体整体活动受到限制	在高台上仰姿作业
0	动作受到显著限制，作业困难	在狭窄管道内维修

表9.7 场所可通行性指数

指数值	入口密度 /mm	说　明
3	>900	可两人并行
2	600~900	容一人自由通行
1	450~600	仅容一人通行
0	<450	通行相当困难

2. 视觉环境综合评价指数法

视觉环境综合评价指数用于评价作业场所内能见度和视觉对象（显示器、控制器等人机界面）的能见状况。该方法通常以评价问卷的形式，综合衡量光环境中工作效率与舒适度的众多影响因素，主观判断各评价项目的条件状态，运用评价系统计算各项目条件评分及总的视觉环境指数，完成视觉环境评价。该过程评价项目包括对环境第一印象、照度、亮度分布、眩光感觉、光影、光色、颜色显现、色彩、装修、室内结构与陈设等。最终根据获得的综合评价指数，查表9.8确定评价等级。

表 9.8　视觉环境综合评价指数

视觉环境指数 S	S=0	0<S≤10	10<S≤50	S>50
等级	1	2	3	4
评价意义	没有问题	稍有问题	问题较大	问题很大

3. 会话指数法

会话指数指工作环境中人与人进行语言交流的通畅程度。通常使用的语言干扰级（SIT）作为指标衡量特定噪声条件下，人相隔指定距离讲话，声音强度必须多高才可保证会话通畅，或人以某一强度声音的讲话时，环境噪声必须多低才可保证会话通畅。

（二）检查表评价法

检查表评价法，指利用人因工程学理论和方法检查系统中各种因素及作业过程中作业人员能力、心理和生理实际状况的评价方法。国际人因工程学学会提出的“人因工程学系统分析检查表”的主要内容有

（1）作业空间分析。分析作业场所空间的宽敞程度，作业人员执行任务的影响因素，人机交互界面的位置是否便于作业人员的观察和操作。

（2）作业方法分析。分析作业方法的合理性，是否迫使作业人员采用不良的体位和姿势，作业速度及作业人员施力是否合理。

（3）作业环境分析。分析作业场所的温度、湿度、照明、气流、噪声、振动等条件，评价环境条件是否符合作业人员的生理和心理需求，是否会加速疲劳或有害健康。

（4）作业组织分析。分析作业时间、休息时间的分配以及轮班形式、制度，判断作业速率和时间是否影响作业人员的健康和作业能力发挥。

（5）负荷分析。分析作业强度，系统信息接收、处理通道与容量的分配合理性，控制装置的操作阻力是否适应人的生理特性。

（6）信息输入和输出分析。分析系统的信息显示和传递方式是否易于作业人员觉察和接收，操纵装置是否易于辨识和操作。

（三）系统界面评估方法

测试人员常用的系统可用性评估方法包括用户模型法、启发式评估、认知性遍历、用户测试和问卷调查等。

1. 用户模型法

用户模型法以数学模型模拟人机交互。该方法认为人机交互是一个解决问题的过程，用户基于特定目标使用软件系统，可以将一个大的目标细化分成若干小目标。在完成每个小目标时可选择许多执行动作和方法，可计算每个细节过程的完成时间，因此该模型能够预测用户达成总目标的时间。该方法尤其适用于难以进行用户测试的情况。GOMS 模型是人机交互领域最著名的预测模型，是一种交互系统中解析用户复杂性的建模技术，设计人员主要用其构建用户行为模型。GOMS 模型可用于测定在特定界面设计下，有经验的作业人员完成特定操作所需的时间；该模型还可进行错误预测、功能性覆盖、学习时间等方面的分析。使用 GOMS 模型可定量和定性分析系统及其设计理念，以及预测学习时间、作业时间等。该模型的方法的局限性在于，根据其表示方法，系统无法处理由于一个子目标发生错误而导致目标无法正常实现、只得异常终止的状况，无论是用户决策错误、操作错误还是系统发生错误，GOMS 模型都无法描述问题。GOMS 模型不能清晰描述问题的处理过程，其假设用户是领域内不会犯错的专业研究人员，会按照完全正确的方式进行人机交互；但事实上任何人都有可能犯错，而且该模型忽略了系统的初级和不熟练的中间用户。GOMS 认为任务都是目标导向的，没有考虑到任务过程需解决的问题本质及不同用户间的个体化差异。

2. 启发式评估

启发式评估是用来发现系统设计中可用性问题的可用性工程方法，该方法在使用时需要 3~5 个人进行评估，每位评估人员需要单独遍历系统界面完成检查。评估人员具有一份启发的清单，每遇到问题就与启发进行匹配，再为问题的严重性评价打分。启发式评估基于观察找出各个设计的优缺点，目的在于发现系统设计的可用性问题。该方法虽然简单易行，但缺乏精度，故它只适用于设计的前中期。

3. 认知性遍历

认知性遍历指专家或测评人员基于说明书或者早期原型构建任务场景，再使用户运用此场景系统（即“遍历”界面）完成任务。用户以使用实际系统的方式完成任务，即完成系统遍历。测试人员认真观察用户使用系统的每一步，若用户在某处执行任务时受阻，说明缺失了某些必要内容；若系统中执行任务的功能顺序繁杂反复，表明系统需要修改功能顺序、简化功能甚至增加新功能。

4. 用户测试

用户测试法是测试人员请用户试用设计原型或成型产品完成操作任务，通过观察、记录和分析用户行为和所得数据，进行产品可用性评估。用户测试是一种能够全面评价系统可用性的常用方法，适合在产品界面和系统设计的中后期使用。用户测试时，测试人员不能也无需严格控制无关变量，否则可能影响测试性质和测试效度。用户测试法目前有待改进，例如确定典型任务时使用的方法以任务分析、观察用户访问情况为主，容易受到分析人员主观因素的干扰，因此典型任务难以全面覆盖全部界面可能性。若需为规模较大的用户测试安排统一的上机环境及时间，则经济性差、时间精力投入量大，并且用户在陌生环境中的界面访问习惯及用户体验都可能与日常一般状态产生差异。

5. 问卷调查

问卷调查法是在系统投入使用后，通过可用性问卷调查的方式收集用户对系统的实际使用情况，包括满意程度和出现的问题等，基于调查收集到的信息持续优化，提升系统质量和可用性，方法操作较为简单，但时间经济成本较高。

6. 其　他

近年来随着数学在各种评价中的应用，以及学者们对前人经验的总结，国内外出现了一些新的系统品质的评估方法。如颜声远、李庆芬采用的灰色关联分析法；黄坤采用的层次分析和灰色关联相结合的方法；滕学伟提出适合层次量化模型和用户满意度测试（QUIS）；郑仁广利用模糊评估模型对系统可用性测试评估；程时伟、石元伍等人提出结合视觉认知和界面设计，建立了基于眼动的可用性评估方法；刘青，薛澄岐利用眼动跟踪技术对系统进行评估；王常青使用概率规则文法评估人因系统；朱佳提出混合式可用性评估方法；蒋兵等人还提到了人工神经网络和模糊综合评价等方法。另外，国外也出现了许多新的方法，比如融合算法、VFSM 图形评估用户界面等。

从以上论述我们可知，现在人机系统界面评估的方法既有定性分析也有定量分析，但是这些方法都存在一些不足，不是其评估结果不准确，就是其评估过程过于复杂。应开发一种新的人因系统评估方法，使测试者能方便、快速、准确地进行评估。

三、系统总结性评估方法

在系统完成之后，需要做出最终评估，也就是总结评估。总结性评估通常包括安全分析、效益评估等。

（一）系统安全评估

有时安全事故仿佛源于作业人员的粗心大意，但事故的本质原因并非注意不集中；人们在分析大量事故后发现，事故原因也往往不是作业人员操作技术不够熟练。正常情况下作业人员不可能故意引发事故，同样也不会主观性地“不注意”。实际情况下，某些人机系统的设计使作业人员在执行作业任务的过程中承担的体力负荷或脑力负荷接近极限状态，正是这些设计形成了导致事故性差错的最大隐患。从图 9.8 的事故发生阶段顺序图可知，不良的物理环境、强烈的无关刺激对注意的干扰、对象物设计欠佳造成意识混乱等客观因素是引起事故的根本原因。具体地，事故的物理条件因素如下。

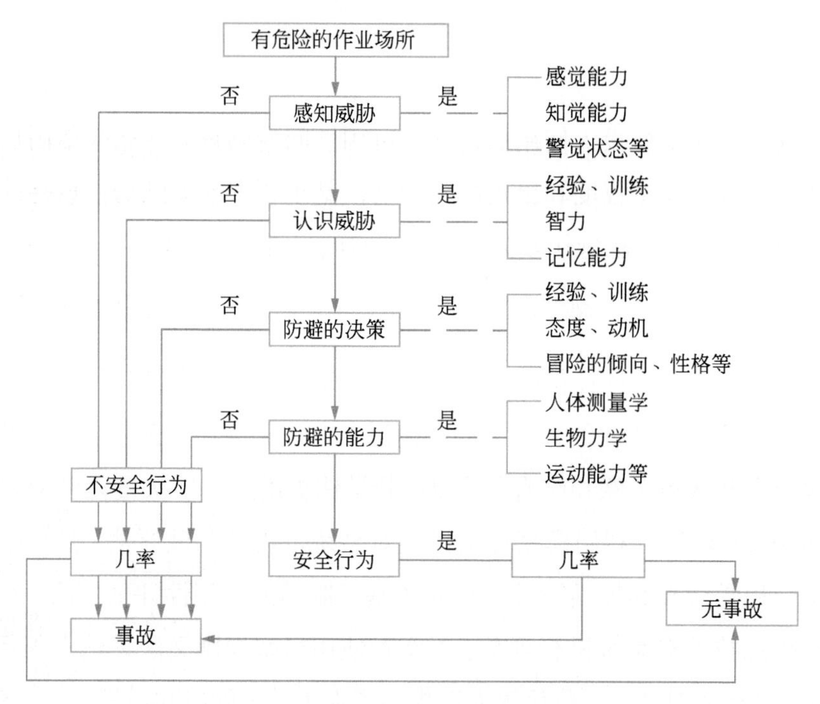

图 9.8 事故发生阶段顺序图

1. 人与机功能分配不当

作业任务分配没有充分考虑到人和机器各自的功能特性，如人在感知、学习、反应能力与紧急情况应变处理等方面显著优于机器，而机器的操作动作速度、精度、力度等方面可显著超越人类。错误的作业分配使分配给人与机器的工作都无法较好完成，还容易引发事故。

2. 工具、作业场所等设计失误

若人因系统的设计阶段忽略人因工程学原理和规律，那么作业过程中将产生很多潜在的事故引发要素。例如显示器和控制器的布局设计不合理，二者相对位置没有考虑显示-控制相合性，以及告警装置所在位置是视听盲区等。

3. 缺少必要的安全装置与防护措施

设计相对危险的作业场所机械设备时，避免人员伤害的安全装置是设计的重点；从个人防护的角度上来说，设置必要的安全设施能在紧急情况下保护人员，避免或减轻恶劣作业环境的影响。

4. 物理环境对人造成生理、心理压力

作业环境恶劣的物理环境，如高温、高湿、高噪声、低照明等，都可能诱发安全事故。

从人的因素来看，管理人员或作业人员都具有事故诱因。人的因素可分为行为因素以及生理与心理因素两方面。

为了避免事故，从人因工程学出发的设计重点应包括：及时、准确、清晰地传递系统问题或危险的相关信息（如显示器）；设置事故应对要素（如控制器、作业场所）；认真完成作业人员培训，使其具备在面对可能出现的事故时，迅速反应并采取适当应对措施的能力。应以人为中心改善作业环境不适应人员特性的因素。基于作业人员特性，设计适应人认知作业和操作作业的条件，易看、易听、易读、易操作、易判断。同时应当尽可能消除作业场所潜在的危险因素，为作业操作留有足够空间，并在方便位置摆放工具等物品。

（二）系统效益评估

进行人因系统设计需花费人力、物力和时间，设计产生的效益在系统投入使用后的作业效率和操作运行费用上才能体现。系统效益的评价从以下几个方面进行：

（1）提高作业效能。合理的作业任务分配，科学的系统设计，良好的作业环境，都有助于提升作业人员效能。

（2）节约培训的费用和时间。设计优良的人机交互系统和作业程序能够降低作业人员满足正式作业标准所需的培训费用和时间。

（3）增大人力资源利用率。科学合理的作业系统和工具设计有助于降低任务对作

业人员特殊能力和专项技能的需求，便于更高效地分配人力资源。人力资源的利用百分数是常用的人因系统设计评价因素。

（4）降低事故和人为错误。系统分析和设计内容包括可能的人为错误，将从设计角度上规避人为错误和安全事故。

（5）生产效率提升。

（6）使用者的满意度。

四、系统评估方法小结

一个系统的成功与否，直观地取决于设计的好坏，这样我们只要通过对其进行评估，就可以了解其的可用性。因此，对人因系统的测试和评估，不仅可以降低系统技术支持的费用，缩短最终用户训练时间，还能增强产品或系统的可用性，引导系统设计人员深入理解和掌握以用户为核心的设计原则。可用性是在特定使用环境条件下，特定用户出于特定目的使用产品时所展现的有效性、效率及用户主观满意度等。作为技术研究的一环，人因系统评估的最根本目的是保障系统可用性。提升可用性有助于提高系统的使用率、用户使用系统完成任务的效率以及用户满意度。

第六节　装备虚拟人技术的应用

一、虚拟人概述

（一）虚拟人特点

应用需求主要是由作为社会主体的人产生。现代社会中人类的生命安全与周围环境和谐共处受到大量关注。虚拟人技术基于虚拟现实技术，主要用于研究人类的各种特性。虚拟人技术将人的行为、感知、心理、生理及社会性等特性在虚拟空间中以数字化形式表示，是人类特性高度真实的数字化再现。虚拟人具体特点如下：

（1）具有自身几何模型，在计算机生成的时空维度内有自身几何与时间特性。三维虚拟人的模型及其所在空间都是三维的。

（2）能够与周围的环境交互作用，感知周围环境并对环境施加一定影响。

（3）可被计算机程序控制行为的虚拟人被称为智能体。人类可控制虚拟人的行为，这种情况下的虚拟人被叫作真人的化身，无论何种情况，其行为特征必须与真人一致。

（4）虚拟人与虚拟人、或虚拟人与真人之间可通过自然的语言、肢体语言等方式进行交流、交互。

（二）虚拟人几何建模

造型是三维动画的基础，制作三维人体动画需要首先解决的问题就是构造逼真的人体模型。人体外形主要由骨骼结构和附着在骨骼上的肌肉运动状态所决定，人体在运动过程中由于骨骼弯曲伸直和肌肉的收缩拉伸，皮肤外形随之产生丰富变化。虚拟人体的建模通常使用棒模型、实体模型和表面模型三种方法。

1. 棒模型

棒模型用棒图形和关节表示人体，将人体关节简化成点，关节之间的骨骼简化为线段，按照一定层次和顺序通过关节将骨骼对象连接起来，形成类似树状的结构，如图 9.9 所示。每层骨骼或关节的位置决定了其下一层的位置，即父节点的运动会影响到其全部后代节点的运动。例如，肘关节运动不仅带动下层手下臂的运动，还会影响到手部至手指的运动位置。棒模型是最简单的人体模型表示方式，缺点在于缺乏表现真实感，且很难弄清楚肢体之间的遮挡情况，也无法表示接触、扭曲等运动形式。

图 9.9　人体棒模型

2. 实体模型

实体模型运用基本体素的组合，如圆柱体、球体、椭球体等表示人体外形构成，但该方法的缺陷同样是逼真度较低、无法表示表面的局部变化。在人体初步设计时可用多面体组成，设计反映人体动态特征的关节多面体，通过交互性修改人体多面体的顶点坐标构建人体的粗略模型，将多面体逐步细化后近似地反映人体实际曲面。

3. 表面模型

表面模型是由许多多边形或曲面片、样条表面包围人体骨骼表示人体外形的该模型可以通过更改表面模型上的点表示某些部位的运动状态，还能够消除隐藏面，逼真程度较高，但多边形面形状有限，不易用来形成某些人体动作时的肘关节、膝关节等光滑过渡的特性曲面。

Bezier 曲面可用来构建模拟人体的皮肤模型。将人体的每个部位定义为一个 Bezier 曲面集，把它们平滑地连接起来，变换曲面集坐标即可模拟真实人体活动的皮肤自然变化。该方法需要处理大量的数据，建立平滑连接的自然皮肤活动模型难度很高。目前还有一种分层表示模型，可弥补上述方法的不足。如图 9.10 所示，该模型结构包含人体骨骼层、肌肉层、皮肤层和人手模型，有时还会加上表示虚拟人头发、衣服等人体装饰性物体的服饰层。分层表示模型中，关节决定基本骨架的状态，同时确定了人体基本姿态；肌肉层确定人体各部位的变形情况，并影响皮肤变形，最终虚拟人的外观由皮肤层确定。

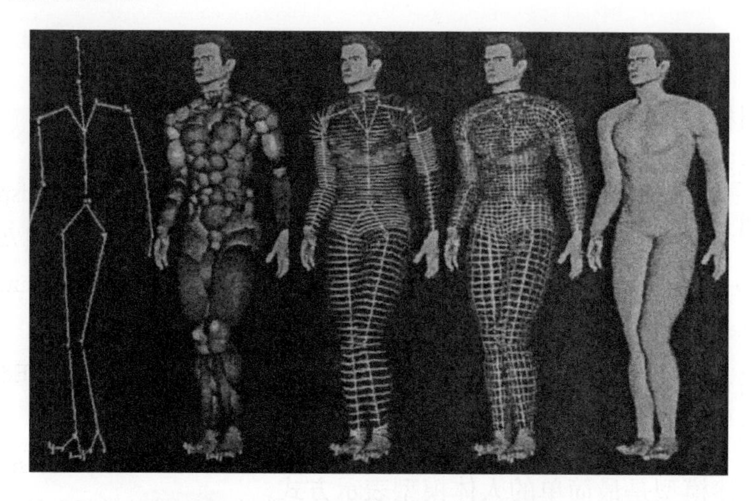

图 9.10　分层虚拟人表示模型

在对虚拟人的层次模型进行具体构建时，就人体骨骼层而言，目前有两个重要的国际标准——VRML（Virtual Reality Modeling Language）和 MPEG-4，都可支撑虚拟人的表示。

VRML 是一种广泛用于表示和传递三维虚拟人、物和场景的虚拟现实建模语言。虚拟现实中最重要的对象就是虚拟人，为便于对各种环境条件下构造的虚拟人进行互操作和共享，VRML 设置了一个用来描述虚拟人模型的针对性子标准 H-Anim。H-Anim 中表示虚拟人体模型的有三种节点，分别是人体的重心、关节和骨骼段，它们将整个人体分为 1 个重心、77 个关节和 47 个骨骼段；另外，运用 VRML 中的几何模型表示方法定义肢体每部分（即骨骼段）的几何模型。骨骼段的位置都均在其所处关节，与附着在对应骨骼段上的几何模型共同组成完整的虚拟人模型。

关节连接着虚拟人的各个骨骼段，人体重心、骨骼段及关节的运动会改变与其相联的其他节点状态。例如，肩关节运动会带动手臂关节运动，而人体重心的运动影响全身关节。如图 9.11 所示，整个人体各部分之间的运动关系可用一棵以人体重心为根节点、以关节为节点、节点之间以骨骼段连线的树状图表示。

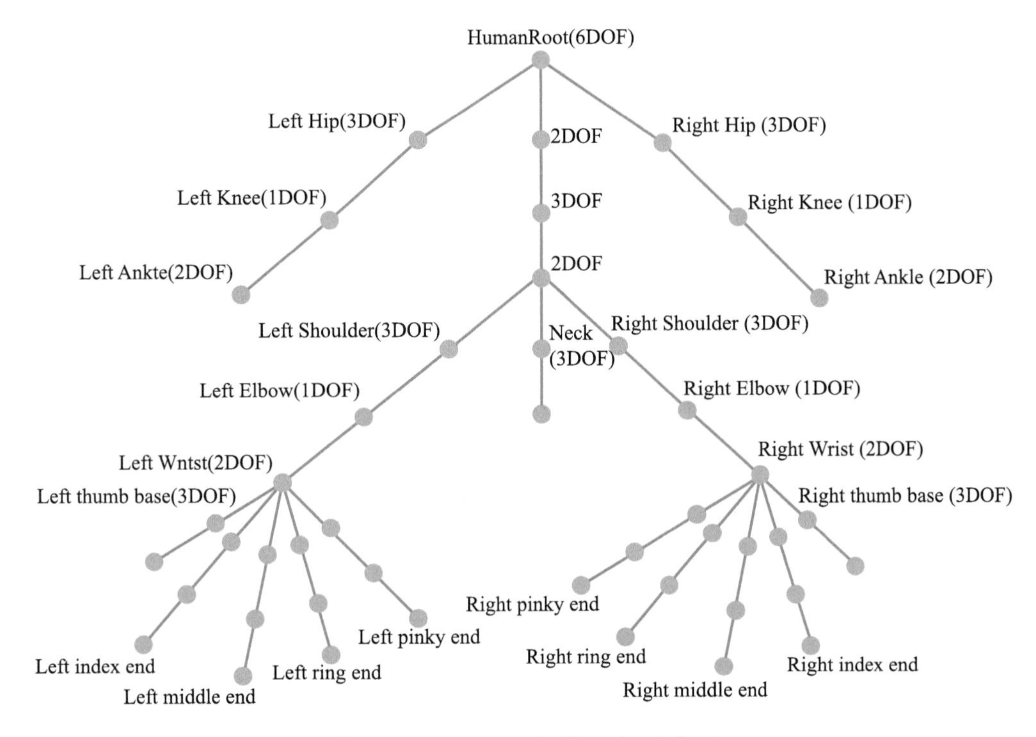

图 9.11 VRML 中虚拟人的表示

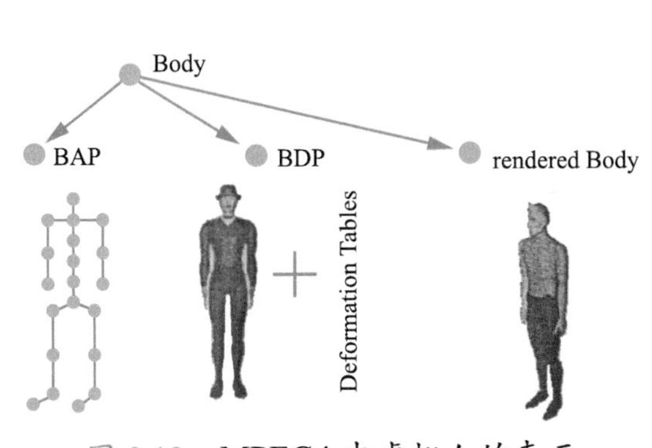

图 9.12 MPEG4 中虚拟人的表示

MPEG-4 从 version 2 开始支持人体对象，ISO/IECJTC1/SC29/WG11N2802 将人体模型定义为虚拟人或类似角色的表示，可描述人体运动，进行非语言交流及一般人体行为。MPEG 中虚拟人由一系列节点构成，顶层节点至少含有两个子节点，分别表示人体运动参数和人体模型定义参数，如图 9.12 所示。人体运动参数 BAP 含有 296 个虚拟人骨架拓扑结构的描述参数，可用于 MPEG-4 标准所兼容的虚拟人体，形成相同的虚拟人运动。

（三）虚拟人运动控制方法

最早控制虚拟人运动的手段是关键帧技术，概念源于迪士尼公司早期的动画制作：

制作动画时由高级动画师首先设计出关键的画面，即关键帧，后续由助理动画师设计填补中间帧。在行业内使用计算机技术之前，助理动画师需要手工完成大量复杂的中间帧绘制。计算机图形学的发展，让计算机自动生成插补替代了人工设计中间帧，中间帧可以采用计算机自动生成。关键帧技术最开始只用于插补动画帧与帧之间的图形，后被发展为用于插值影响运动的任意参数。人体运动关键帧生成与原本动画关键帧技术的区别在于，后者针对 2D 画面设计，中间帧和关键帧均为 2D 平面图形，而前者使用 3D 方法生成，无论关键帧还是中间帧都是描述人体运动状态值的关键姿态。为区别于传统关键帧方法，该方法又称为参数化关键帧。

运用参数化关键帧技术生成虚拟人的运动时，所插值的参数很重要，不适宜的参数会导致不恰当的运动。关键帧插值并不包含人体的物理属性，也不考虑各参数间的相互关系，因而关键帧技术插值得到的运动可能不完全合理，一般还需专业人员对运动进行仔细的调整。人体有近百个自由度，手动确定每个关键姿态的所有自由度极为困难，而且难以验证其自然逼真程度；但相对来说关键帧技术使用方便高效，其目前仍是使用最广泛的动画生成方法。

1. 插补算法

插补算法对关键帧技术产生最终动画的作用重大。线性插补法是较为简单的插补方法。假设有两个相邻关键帧 t_1 和 t_2，$G(t_1)$ 和 $G(t_2)$ 是对应时刻的关键姿态，则 t 时刻的人体姿态算法为

$$G(t) = G(t_1) = (t-t_1)[G(t_2)-G(t_1)]/(t_2-t_1)$$

关键帧技术生成的动画常有姿态急剧改变的情况，这种情况主要是因为人体运动速度不连续。为修正这个问题，通常会采取更先进的插补技术（如 splines 插补法）生成平滑的插补曲线，使动画看起来更流畅、自然。使用 Catmull-Rom 插值方法，可通过曲度、连续量和偏移量控制有效避免线性易出现的问题。

运用关键帧技术控制虚拟人运动，必须要解决位置插值和朝向插值的问题。关键帧的位置插值的方式分为样条驱动插值和速度曲线插值。样条驱动动画是预先设定物体的运动轨迹，物体按照指定的轨迹运动。用户交互给出的物体运动轨迹一般分为三次样条曲线。速度曲线插值指使用速度曲线控制物体的运动，先由速度曲线得出给定时间的弧长，然后根据弧长计算出轨迹曲线上的点，最终完成位置插值。

最常用的物体朝向表示方式是欧拉角。物体的朝向以围绕三个正交坐标轴旋转的欧拉角表示。然而欧拉角的局限性在于，旋转矩阵不可交换，只能以特定次序进

行等量的欧拉角变化，但实际上欧拉角旋转不一定产生等量变化，因而导致旋转的不均匀性，使用欧拉角还可能损失自由度。为解决该问题引入了角位移方法，以角位移（θ, n）的形式表示旋转，即绕空间轴 n 旋转 θ 角。角位移的参数化有效解决了欧拉角的不足，却但仍然无法解决多个朝向之间插值的光滑性。后来四元数被引入到动画中，可利用单位四元数空间上的 Bezier 样条进行插值，该方法效果优于旋转矩阵且不存在冗余信息，有效解决了角位移未能解决的问题。四元数尤其适用于计算机图形学和计算机动画设计中的呈现物体旋转和朝向，但其不易于交互的特性限制了其应用。

2. 运动学方法

正向和逆向运动学能够有效设置虚拟人关节运动。正向运动学是将末端效应器（手或脚）视为与时间相关的函数，通过设定关节旋转角的关键帧计算确定相关联的末端效应器位置，而不考虑引起运动的力和力矩。经验丰富的动画专家利用正向运动学方法能生成非常自然逼真的运动过程，通过各个关节的关键帧设置来产生逼真的运动对于普通水平的动画师却十分困难。一种有效手段是利用实时记录设备录入实际人体各关节的空间运动数据，根据这些数据生成的运动约等于真人运动的复制品，能生成很多复杂动作且效果非常逼真。

正向运动学技术以分级结构为基础，物体在分级结构中的已定义优先级，正向运动学技术通过设置关节运动角度来获得模型的运动方向和最终位置。人体模型的划分各个部位以关节为界，形成不同部位部件之间的层次链接关系，由高层级部位决定（或带动）低层级部位的扭转或运动。

逆向运动学方法基于对运动有决定性作用的几个主关节的最终角度确定整个骨架的运动情况，通常对环节物体，即由运动约束不同的关节相连接的环节构成分级结构骨架使用。分级结构骨架包括分级结构关节或链，运动约束和效应器，效应器带动骨架的所有部分同时运动，但各部分之间始终遵循特定的等级关系，否则在发生运动变换各个部件可能会向不同方向散开。逆向运动学在一定程度上节省了正向运动学繁重的工作量。用户只需设定末端关节的位置，计算机就能自动计算出中间各个关节的位置。例如，设定某只脚的世界坐标系位置，运用伪逆 Jacobian 矩阵求解从臀部到脚部各关节的旋转角。逆向运动学用于生成关节运动状态是效果最逼真的方法之一。

人们已利用正向和逆向运动学原理，实现了虚拟人的步行和跑步运动。但由于该方法没有响应重力、惯性等基本的物理性质和规律，基于该方法的运动学系统一般比较直观，缺乏完整性。

3. 动力学方法

在生成人体运动时，关键帧方法和运动学方法都没有参考人体的受力和力矩参数，所以生成结果的逼真程度很大程度上由技术人员的水平决定，无法验证其物理逼真性。动力学方法也可以分为正向和逆向动力学。正向动力学利用人体各关节承受的力与力矩计算其速度和加速度，最终确定运动过程中人体各种姿态。动力学方法比关键帧方法或运动学方法生成的人体运动更符合物理规律，满足物理逼真性。但在该方法中，设定运动的控制人员计算出人体各关节的力与力矩较为困难，逆动力学方法或基于约束的方法可用于解决这个问题，其中逆向动力学根据关节运动状态求解合适的力与力矩。

牛顿-欧拉公式作为动力学方程应用较为广泛，先定义特定运动状态下每个连杆的角速度、线速度和加速度方程，然后给出作用于各连杆上的力和力矩方程。有一种基于牛顿-欧拉公式的递归算法，其复杂度与自由度数量具有线性关系，计算速度快且稳定，缺点在于该方法仅对球关节适用。

正向动力学由于需要力和力矩作为控制指令而不够直观，需要借助于高层的控制方式。有一种所谓的补偿方法将控制与约束转换为适当的力和力矩，将其纳入动力学方程中。补偿方法通常是利用弹簧阻尼模型模拟力和力矩，不足是容易产生数值求解的刚性问题，并且容易在约束点周围发生振荡。另一种方法用方程表达约束，若约束方程的数量等于未知数的数量，即系统是全约束的，则可用一般的稀疏矩阵快速求解；若系统是欠约束的，则会有无穷多的解，情况复杂。

4. 运动捕获方法

运动捕获技术使用传感器跟踪设备在线记录人体运动数据并用其驱动显示在屏幕上的虚拟人。该方法的最大优点是可实时捕捉人类的真实运动数据，其生成的运动状态可视为人真实运动的复制品，不仅效果逼真还能生成大量复杂运动。典型的运动捕获设备包括光学式设备、电磁式设备和机械式设备三大类，图 9.13 示意了典型的传感器放置位置。

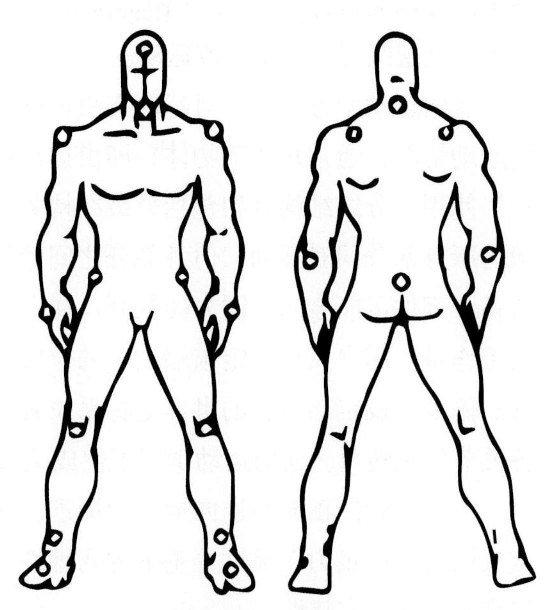

图 9.11 使用 20 个传感器的运动捕获系统

然而，该技术还存在很多制约性问题。首先，由于传感器贴附在运动人员的皮肤或衣服上，在运动过程中会出现一定程度的位移，造成运动捕获技术得到的人体运动数据有一定冗余，有时还会导致虚拟人的动作部分失真。以捕获人将胳膊放在桌面上的动作为例，若捕获到冗余数据，可能发生计算机显示的虚拟人手臂不是放在桌子上，而是在空中悬浮或直接穿过桌面的严重失真状况。其次，运动捕获技术可能本身有一定局限性，导致部分运动无法被捕获。例如，金属可能干扰电磁式传感器捕获数据，而部分传感器要求被捕获的运动人员与计算机连接，导致运动人员的运动光学传感器受到限制，容易混淆其运动数据。虽然运动捕获技术仍有不足，由于其能够自动实时捕获人体运动的真实细节，该项技术目前被广泛运用。

北京航空航天大学的研究人员使用摄像机对人体上的固定标记点进行跟踪光学测量，基于此将人体空间测量数据转化为关节运动角度数据，构造并驱动三维高仿真人体模型，并应用于作战环境下的士兵及救援作业人员仿真，获得良好效果。中国科学院计算所构造了基于关节角度的人体上肢模型，利用所设计的两只数据手套辅以自由度位置跟踪器，实现了人体上肢运动的快速跟踪。

（四）虚拟人合成系统

虚拟人合成研究是一个交叉应用学科，包含计算机图形学、运动学、动力学、多功能感知、人工智能、虚拟现实等多学科领域，具有很强的实际应用需求。虚拟人合成是目前计算机应用领域的研究热点，鉴于人体本身高度复杂和计算资源限制，该领域仍然存在许多亟待解决的问题。

1. DI-Guy

Boston Dynamics 公司开发的虚拟人合成软件 DI-Guy 可以将虚拟人加入到实时仿真环境中，所合成的虚拟人不仅可以做出逼真的行为运动，还能够响应简单命令并根据指令引导在环境中漫游。DI-Guy 可以无需人工控制地自动驱动每个虚拟人，还能够实现由一种人体行为到另一种行为的自然转换。该软件最初的设计目的是军事仿真（特别是士兵角色仿真），现已包含了多种仿真角色，包括男性与女性、飞行甲板人员、防化人员以及职业体育人员等。

由 DI-Guy 合成的虚拟人可在虚拟环境及其他环境中与其他角色发生实时交互。很多优化技术保障了实时交互效果，包括运动缓存、运动层次转换、细节层次转换和任务级控制，系统运用这些技术实现了多个虚拟人体运动状态的同时控制。另外，DI-

Guy 基于 DIS/HLA 标准，意味着其开发的虚拟人被容许进入由美国陆军、海军及潜艇部队开发的基于该标准的分布交互仿真等虚拟战场环境中。我国也有很多基于 DI-Guy 的虚拟人设计技术及应用，如杜健运用 DI-Guy 在航海仿真系统中合成行为动作仿真的虚拟船员；李洁采用四元数权值关节法克服了一部分 DI-Guy 的模拟人精细维修动作生成困难；李石磊结合手动编辑和运动捕获的方法生成人体动作，实现在 DI-Guy 中自定义模拟人动作。

DI-Guy 的实时仿真系统中可加载多种虚拟人，灵活驱动其在三维虚拟环境中的动作，动作之间的过渡自然流畅。DI-Guy 搭载多种对象类型，不同类型的对象骨架结构相同，但具有特征性动作行为和表面纹理。运用 DI-Guy 完成虚拟人仿真使设计人员免去了大量关节运动控制、关键帧与过渡帧合成、虚拟人模型层次管理以及表面纹理映射机制等底层基础性工作，该软件还支持利用应用程序实现与 API 函数接口，实际应用时通过编程响应特定消息，非常便于在仿真系统中设计及合成虚拟人。DI-Guy 可提供约 2500 个人体基本动作及过渡动作，但这些固定动作仅方便演示，很难用它们实现实际训练动作的精细控制；为解决动作固化、允许新动作定制，DI-Guy 还提供了可控制虚拟人体主要关节的 API 函数。此外，在 DI-Guy 中还可以针对特定人员特殊运动（如操作人员的特殊操作和指挥人员的特殊手势等）使用的关节进行控制。

MultiGen-Paradigm 公司开发的实时场景管理及驱动软件 Vega 具有实时视景仿真、声音仿真、虚拟现实及其他可视化功能，该软件环境处世界领先地位。与同类型软件的相比，除了功能强大，Vega 拥有独一无二的 LynX 图形用户界面，在该界面中鼠标点击即可配置、驱动图形。此外，Vega 还含有完整的 C 语言应用程序接口 API 和 VC6.0 的开发环境，以最大限度满足开发人员对于灵活性和功能定制的需求。DI-Guy 是 Vega 中的一个独立模块，协同其他模块可开发出各种虚拟仿真系统。

2. VLNet

VLNet（Virtual Life Network，虚拟生命网络）是瑞士联邦技术研究所计算机图形实验室研发的在线虚拟人合成系统。该系统设立一个支持多用户同时共享的网络虚拟环境，用户可在虚拟环境中与其他用户实时交互，每名用户在虚拟环境中合成一个虚拟人替身进行活动，虚拟人与用户真人的外表与行为特性有相似性，增强用户在虚拟环境中的仿真临场体验。VLNet 灵活性很强，用户可在命令行中选取不同的 VLNet 驱动组合，就能实现以不同方式在多种设备上漫游虚拟环境，例如用传感器控制虚拟人姿态动作，用实时视频分析法控制或从表情菜单中选取虚拟人的脸部表情。

3. JACK

宾夕法尼亚大学人体仿真与建模中心研制出一个虚拟合成软件系统 JACK，可以导入 CAD 模型作为虚拟世界并在其中加入多个虚拟人，不仅能控制虚拟人运动，还可以利用图形工作站实现虚拟人的定义、定位，分析动画及人的相关因素。系统提供了多种虚拟人的复杂运动交互控制方式，包括行走、抓取、平衡、运动约束、碰撞检测与碰撞响应等。JACK 的用户不仅能用鼠标、菜单和键盘等方式控制虚拟人运动，还可以通过运动跟踪感知自身真实运动，并将感知到的运动数据投放于控制虚拟人的运动。总体来说，JACK 的功能有①生成的虚拟人身体完全关节化，可控制其在三维环境中的实时运动状态；②虚拟人体模型具有不同精度，虚拟人有真实的运动自由度，所有关节的运动范围均基于实际解剖学模型；③虚拟人手部完全关节化，使其能够完成接触与抓取等精细行为动作；④可进行虚拟人体模型的动力学分析；⑤含有虚拟人姿态与运动转换命令设定；⑥可快速生成和实时预览人体行为动画及事件；⑦可控制人体进行与平衡；⑧可实现人体表面特征自由变形，生成拉伸、弯曲、扭曲等动作。

4. JointMotion

中国科学院计算技术研究所数字化技术研究室开发出名为 JointMotion 的虚拟人运动合成系统。该系统给人使用定位跟踪器和数据手套，可测量并同时计算出人体颈部关节、肩关节、肘关节以及各指关节的角度，确定包含头部在内的人体上肢运动。

使用 JointMotion 控制虚拟人手臂运动时，真实人每只手臂上仅设置一个直接感知小臂位置与方向的自由度接收器。根据逆运动方法求解人体大臂的位置与方向，据此可进一步计算出肩关节与肘关节的运动状态。数据手套可确定手腕和手指的状态。因此，JointMotion 系统利用一个传感器和一只数据手套就能确定一只手臂从肩关节、肘关节、腕关节至各个手指的状态，经济便利且仿真效果好。

JointMotion 同时提供了一项基于 VRML 的虚拟人显示技术，可使用相同的运动数据驱动各种 VRML 虚拟人显示模型。基于 JointMotion 已开发了一个我国聋哑人手语运动的合成系统。

5. Poser

Curious Labs 公司开发的三维人体动画制作软件 Poser 具有各种各样的人体三维模型，在这些模型的帮助下，人体建模不再复杂耗时，各种造型和动作都可轻松设计。根据用户需要，Poser 提供的人物模型可定制成各式各样的类型和体态姿势直接应用于设计，使人物设计、动画设定和动作暂定简单高效。Poser 针对脸部写真实现了头发长度和发型可调，其动态与动作协调一致，进一步增强制作的 3D 人物真实感。Poser 还提供了帮助快速塑造人物姿态的特殊工具。其关键帧制作方式简单直观，方便获得细腻逼真的人体动作，生成的虚拟人物可以作为静止形象或者动态影视形象在 WEB、印刷品、录像等作品中快速导出。

二、虚拟人技术的应用

（一）虚拟人技术在武器装备方面的应用

现代武器装备具有强大的功能、复杂的结构组成，且自动化、智能化程度高，装备系统迅速发展、广泛应用的信息技术使得现代战争的构成、形态等方面产生巨大变化，武器装备保障体系迎来新的机遇和挑战。要保障功能复杂、结构庞大、资源种类众多的现代化武器装备，加之陆、海、空、天一体化的战场环境，传统的保障理论和技术已相对落后，武器装备保障系统的分析、设计与评价是亟待解决的重大问题。曾经在研究中常使用实验和部件仿真法解析保障系统的特性，确定保障系统的真实参数及性能，这些研究结果为保障系统设计提供了相应依据，但仍不足以有效解决装备和保障系统之间的适应性和匹配性问题，并缺乏可视化和整体系统集成效果。大力发展虚拟现实、计算机等数字化技术方法，让虚拟设计、虚拟制造和虚拟维修手段应用于装备设计、制造和维修领域，有效缩短了装备开发周期，降低了生产制造成本，但相应技术在武器装备保障领域的应用基本空白。下面将从武器装备保障的虚拟人新技术（简称虚拟人武器装备保障技术）出发，分析该项保障技术的内涵，提供其技术框架，讨论技术运行和系统评价的方法，为武器装备保障系统的设计、分析和评价提供参考。

1. 虚拟人武器装备保障技术的概念和内涵

武器装备保障是装备科研、生产、采购、部署、储备、训练、使用、维修、退役及报废的全寿命周期保障。装备保障指通过统筹规划，利用人力、物力、经济资源，在物资和技术两方面保障装备在作业过程中质量优良、配套完备，以达成部队训练与作战的需求保障目标。针对各类武器装备的保障能够使装备在真正使用时发挥出最佳战技效能，延长其最佳状态。新型武器装备在交付部队后，战士通过训练、维修等保障活动，使装备个体、武器系统和装备体系都达到既定战技指标要求的状态，并能持续至训练和作战任务的完成。另外也必须兼顾注重人–机因素，充分形成和发挥武器装备应有的战斗力，实现和谐、安全及高效的人-机关系。

虚拟人武器装备保障技术，是综合使用仿真建模、数字化样机、虚拟现实等计算机处理技术，实现人体测量学、物理学和生物力学等信息的数字化，形成可替代自然人的虚拟人体用于武器装备的人-机-环境适配性研究。如图 9.14 所示，在武器装备新型号设计研制和型号改型定型的过程中，改变传统的样机实测方法，将虚拟人武器装备保障技术深入武器装备顶层设计之中，根据人因工程学原理在设计阶段进行装备空间布局、操作、维护等方面的合理性评价，提出优化措施并落实于样车研制，提出实测法的优化改进措施并对其进行虚拟验证。

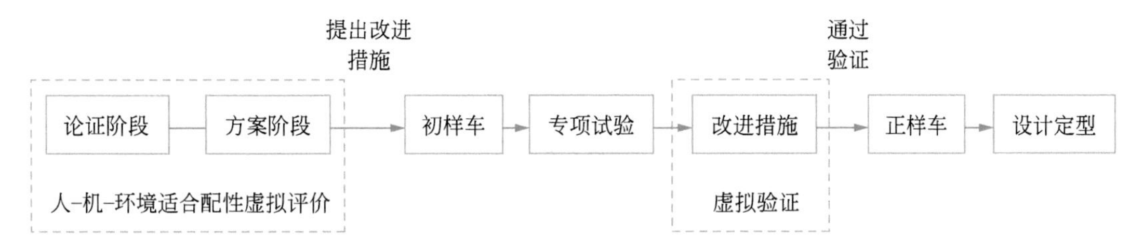

图 9.14　虚拟人武器装备保障在型号研制中的作用

虚拟人武器装备保障技术是实际装备保障在计算机中的系统映射，是集建模、仿真、控制、评价于一体的装备保障系统设计虚拟环境，展现出如下特点：

（1）将事后评价变为设计阶段过程评价。在装备设备设计初期，及时进行虚拟人模拟试验，发现设计中存在的问题，提出和落实解决措施，并验证优化方案，从而消除实车试验阶段才能发现、修正成本高的人机界面适配性缺陷等重大问题。

（2）变数据描述为可视化仿真过程。实现任务导向的人机交互全过程仿真，利用计算机图形仿真手段将交互过程可视化，提高虚拟试验的直观性。

（3）优化设计方案。在一定特种装备设计条件的限制下，协调各部件之间设计上的约束关系，优化得到整体布置的最佳方案。

（4）可缩短型号机的研制周期，使研制过程经济合理。

2. 虚拟人武器装备保障技术框架

图 9.15 展示了虚拟人装备保障的技术框架，主要由 5 个模块构成：可视化仿真、保障对象建模、系统任务建模、虚拟人体模型和综合评价模型。基于成熟的虚拟人体建模系统研发武器装备人-机-环境适配性的虚拟分析与评价软件系统，将大大提高系统的研发效率。构建人机适配性保障系统仿真模型，生成适应要求的虚拟人体模型；将虚拟人体模型设置在作业位置上，建立人机交互模型，进行虚拟人执行系统任

务建模；在元件库中选取作业任务，使虚拟人执行作业任务，并为保障对象建模，运用人机适配性仿真模型计算完成适配性评价，根据结果开发虚拟人武器装备综合保障系统。

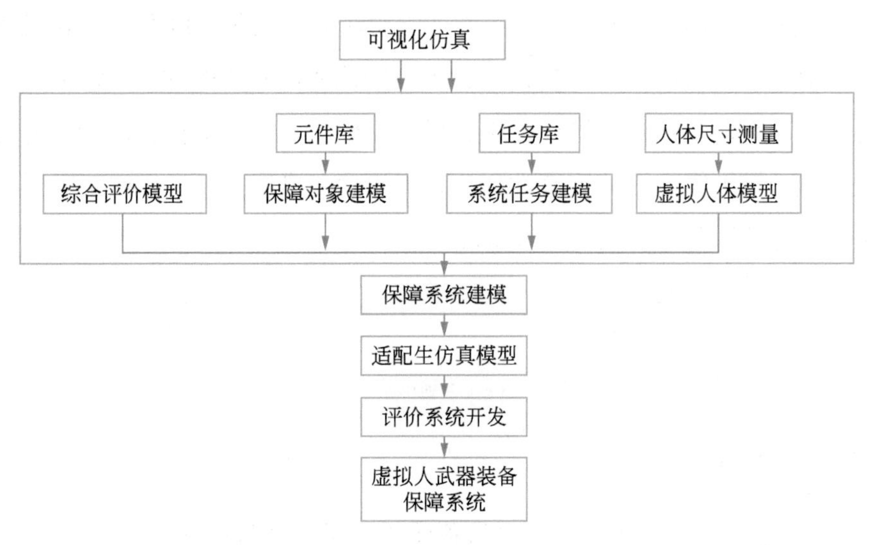

图 9.15 虚拟人武器装备保障技术框架

目前已有一些工程实践中运用了 DI-GUY、JACK 等系统软件，如使用 JACK 虚拟人制定虚拟维修方案，将动作库分为动作元素和动作单元两个层级，便于动作的重用和各种方式组合；使用 DI-GUY 软件动作库中的动作，或由 DI-GUY 虚拟人执行行走和跑步的动作，当其运动到指定位置时再以自定义虚拟人模型替代 DI-GUY 虚拟人，调控改造后模型的 DOF 节点使其完成自定义动作。

基于装备的基本任务模型、计划任务模型及作战单元进行系统任务建模。基本任务模型指武器装备执行的巡航、高原习服训练等基本任务类型，要素包括基本任务的任务持续时间、所需装备数量及执行模式等，进而建立人机交互形式的基本任务模型。

保障系统以装备为保障对象，对其提供全寿命周期各个阶段层次上的全过程保障支持；因此，无论是装备的研制阶段还是使用阶段，虚拟保障系统都可给出技术手段支撑装备保障的分析、设计和评价。另一方面，装备涉及使用保障的设计特性也是保障系统设计的重要因素。装备作为保障对象建模可构建装备层次关系模型、任务可靠性模型和预防性维修模型。装备层次关系模型反映了装备结构的系统性分解情况，可看到装备的组成部分包括系统、分系统、操作单元等元件库；任务可靠性模型反映了装备各单元间的逻辑关系和发生故障的逻辑关系，包括串联、并联和旁联等。

虚拟人武器装备保障技术的另一个重要模块是可视化仿真，其功能既有保障任务的具体情境设计，也包括保障可视化仿真引擎通过任务逻辑关系驱动将保障任务执行过程在三维空间中进行三维展示。各种保障情境都有其对应的虚拟保障，具备静态和动态物体（如虚拟人、汽车等）及环境条件（如照明），利用虚拟保障场景可迅速而高效获得各个视角下各种行为的执行过程。

基于武器装备保障的需求牵引，综合评价模型将保障理论与技术相结合，形成全时空、全纵深、全方位的全部模块信息整合。落实全寿命周期保障，也就是全过程参与武器装备的论证、研发、生产、应用、保障和维护，根据装备保障原理评价装备空间布局及部件设计的合理性，提出优化方案并应用于正样车研制。若使用仿真法在车辆三维模型内生成虚拟人，可在型号论证和方案设计的阶段，虚拟评价人机界面适配性、各种工况环境下人员作业舒适性及装备可靠性等方面，提出优化方案并应用于正样车研制，同时虚拟验证实测法的改进措施，最终节约全寿命周期费用。对保障对象模型（包括虚拟人和系统人物等）的数字化仿真可打破时空限制，更高效地获取更多信息，自然逼真地模拟装备装配、故障维修处理、内部环境控制等操作，检验武器装备性能参数，提升人与装备及二者适配作业可靠性，保障装备优生。

评价系统不必使用以前对装备实物的实测法，通过信息化手段将数据全部数字化，便于整体系统的管理、使用和供给，提高武器装备和作业人员绩效，基于数字模型建立交互模型，初步得到评价系统，验证并最终建立虚拟装备保障系统。

在现代战争装备保障需求的引导和高新技术迅速发展的推动下，装备保障理论和技术不断发展创新，也有机会在局部战争中得到实战检验，对加快构建符合现代化信息化战争需求的保障体制，总领各种先进制造、维修技术的发展具有重大的借鉴意义。综合上述各方面来看，虚拟人武器装备保障的技术框架还需要覆盖：强化装备全系统全寿命保障思想，改善装备保障效费比；发展创新性、可靠性高的维修保障设计理念和技术，落实装备优生；大力使用信息化手段提升保障供应与管理水平；推进维修技术和思想理念更新，从根本性方法上提高装备维修效能。

3. 虚拟人武器装备保障技术运行与评价

在研究武器装备的人-机-环境时，与一般理论上的人员舒适原则不同，对人机适配性的研究应兼顾人员作业绩效与武器装备结构的约束条件，并且将人员作业的合理性作为武器装备人机适配性表征的一部分。

图 9.16 给出了虚拟人武器装备综合评价模型确定方法。以作业人员—武器系统的

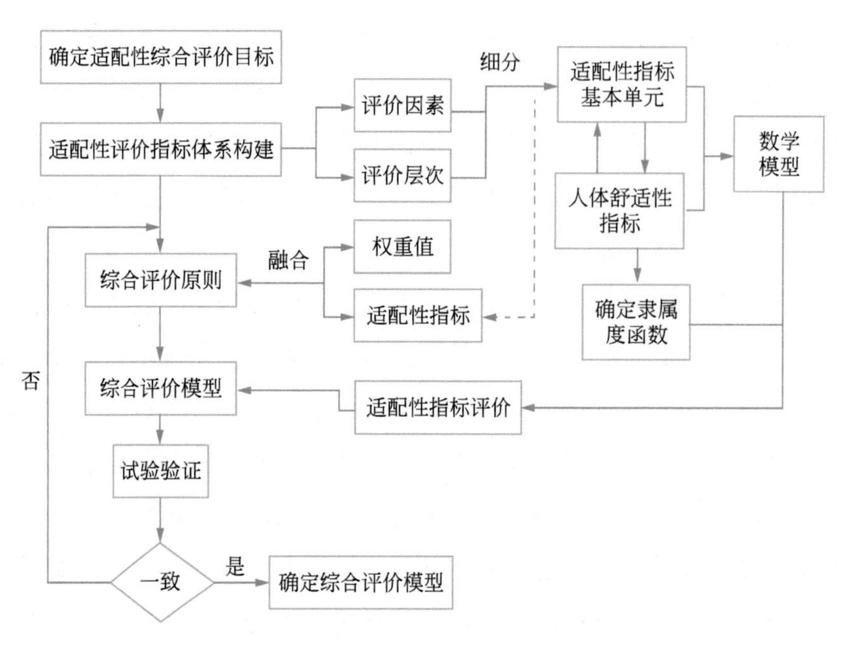

图 9.16　虚拟人武器装备综合评价模型确定方法

作业特性与结构特点为重点，总结提炼出人机系统适配性的评价指标体系。构建基于模糊数学理论的人员作业特性与人机适配性指标关系的数学模型，构造隶属度函数，从而完成单向指标评价。在确定适配性各个指标的权重时借助于主观调查问卷；根据适配性指标的重要性和使用频率定量化原则，基于层次综合模糊评价建立关于虚拟人武器装备保障技术的个人作业特性及人机适配性综合评价模型，并通过试验验证评价模型实际应用的准确性，最终定量评价武器装备从部件级、子系统级到系统级的人机适配性。

4. 虚拟人技术在军事装备研究中的不足

得益于计算机技术高速发展，我国注重军事装备信息化建设，研究出了各种各样的军事装备工效仿真系统，虚拟人在仿真系统中的核心性作用是当前的研究热点。然而目前相关研究暴露出如下问题：

（1）人体数据分散、缺失

外部形态数据、关节活动数据、生物力学数据、运动生理数据等种类繁多的人体数据是工效仿真系统虚拟人合成不可或缺的基础资料。虚拟人构建基于真实可靠的人体数据才可实现人体各种特性的仿真模拟。我国虚拟人发展的主要限制是一直以来都没有形成系统、完整的军人人体数据库。防化研究院于 2009—2012 年基于大规模人体测量工作，建立了参数覆盖面广、数据系统完备的陆军人体数据库，弥补了我国军人人体数据库的短板，丰富了军用工效仿真虚拟人技术发展的基础性支撑。

（2）基础研究较弱

虚拟人技术是与人体解学、人体运动学、生理学、心理学、计算机学、图形学等学科紧密相关的多学科综合交叉领域。发展虚拟人技术需要各相关学科的基础研究提供基本推动力，为提高虚拟人系统的研究效率，需要各学科进行深入细致的基础研究。

（3）分类重复

我国各军兵种的许多科研单位基于需求特征已开展了大量的虚拟人技术研究工作。但虚拟人技术在反映军人群体性特征的本质上具有大量共性，因而已有研究实际上存在部分技术性和功能性的重复低效工作。集中各方人力、物力和财力合作开展标准性虚拟人研发，将会更高效地推动虚拟人和工效仿真领域的进步。

（二）虚拟人技术在航空装备维修中的应用

1. 民机维修任务仿真及人机工效评估

发展迅速的虚拟现实技术在民用飞机领域的设计过程中广泛应用。如今在飞机产品的设计阶段提倡对维修性的设计，在设计阶段研发虚拟样机，利用虚拟环境中生成的虚拟人执行维修任务的情况对人机工效做出评估，能够得到较为准确全面的优化改进评估报告。我国许多研究型院所和机构都开展了民用飞机维修的工效学研究，例如，沈阳飞机设计研究所开发了基于 DELMIA 的虚拟维修任务仿真评价流程与方法；南京航空航天大学在评估飞机驾驶舱的维修工效时，在改进模糊综合评估方法的基础上对民用飞机维修工效完成了综合评估。

（1）维修任务仿真过程与人机工效评估流程

评估装备维修任务仿真及装备人机工效时，首先应确定维修任务的评价目标，完成该维修任务并评估虚拟人在任务仿真全程的可视性、可达性和舒适度。图 9.17 为维修任务仿真及人机工效评估流程图。

类似于前述虚拟人在武器装备保障方面的应用，该流程前期同样需要进行虚拟人模型的建立；然后需要建立维修对象，可利用 JACK 软件对机务维修任务进行虚拟仿真。以发动机维修任务为例，第一步是在 JACK 软件中导入基于人机工效学原理设计的发动机 UG 模型并创建分析对象。UG 软件制作的 WRL 格式发动机虚拟样机无法在 JACK 中直接打开，可通过 import 命令在 JACK 中打开 WRL 文件，在该界面将 WRL 格式的文件转为 FIG 格式并保存，根据仿真需求，可以放大或缩小虚拟样机。可在 JACK 实物模型库中选择维修工具和维修场景，完成三维虚拟环境的建立。

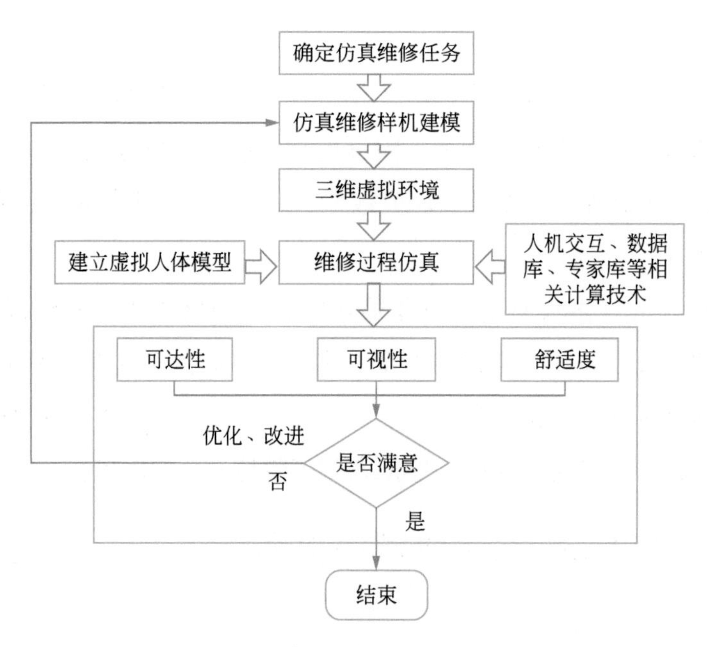

图 9.17 虚拟维修任务仿真及人机工效评估实现流程

（2）**维修任务仿真**

要使虚拟维修任务仿真逼真、高效，应将事件相关维修任务层次化地自上而下分解，基于人机工效学的动素概念，将维修动作具体划分成不同的动素集单元，构建层次化动作流程，再将动素过程流程在 JACK 任务仿真模拟器中进行映射，从而形成虚拟维修动作流程图。

维修活动可根据任务动作的复杂程度和使用语义抽象程度分成不同层次，大致上自下而上可分成 3 层：无关任务的动作元素、通用语义相关的动作单元和面向任务的作业单元。有一种分层方法是将以人体行为为核心的维修任务模型自上而下分解为一系列作业单元，再将每个作业单元划分成不同的动作单元和动作元素，复杂的维修任务通过这种层次化分解转换为人体基本运动，更易于理解、传递和仿真。以表 9.9 为例，可将飞机发动机更换油滤的仿真实验进行如下动作流程层次分解。

结合 JACK 软件的任务仿真模拟界面和虚拟人动画仿真模拟界面基本可完成虚拟维修的任务仿真。基于维修任务将模型分解，可编辑虚拟人的每个姿势和动作单元，通过调试和设定约束条件定义动作单元，最后再拼接所有动画片段形成完整的维修任务动画。维修时间预测分析工具用于预测虚拟维修任务仿真过程的维修时间，时间预测需根据所定义的维修动作单元任务难度。

表 9.9　飞机发动机更换油滤仿真实验动作流程层次分解

维修任务	油滤故障处理
维修作业单元层	故障定位→更换油滤→检验
基本维修动作单元层	定位至油滤位置→打开盖板→拆卸油滤→安装新油滤→盖上盖板→离开油滤位置
动作元素层	行走→爬入→伸手至盖板→握取→移动物体→放手→伸手至工具→握取→移物体→拆卸螺钉→移动工具→放手→伸手至油滤→捏取→拆卸→移动油滤→放手→伸手至新油滤→捏取→移动物体→放手→伸手至工具→握取→移动物体→装配螺钉→移动至工具→放手→伸手至盖板→握取→移动盖板→放手→爬出→行走

（3）维修任务人机工效学评估

虚拟维修的仿真过程通过分析虚拟人的受力（力矩）、舒适度、疲劳度以及可见性、可达性、易操作性、安全性等重要人机工效指标，既便于设计人员优化产品设计，还能够调整改进维修作业的任务安排、作业方法、作业姿势体位以及工具选择与配置，综合提升维修作业的安全性、舒适性及人员作业绩效，极大服务于以人为本的产品设计和维修保障。

维修可达性指人员进行产品维修时接触到问题部件、附件等的难易程度。可达性通常分为实体可达性与视觉可达性。实体可达性指维修人员肢体能否接触目标部件。人体上肢的触及范围在 JACK 软件内利用可达包膜描述，能够对维修部位是否位于可达包膜内做出精确判断。图 9.18 展示了一种维修任务仿真过程的虚拟人实体可达性分析，可达包膜能够包裹需要维修的零部件，说明维修任务的可达性良好。

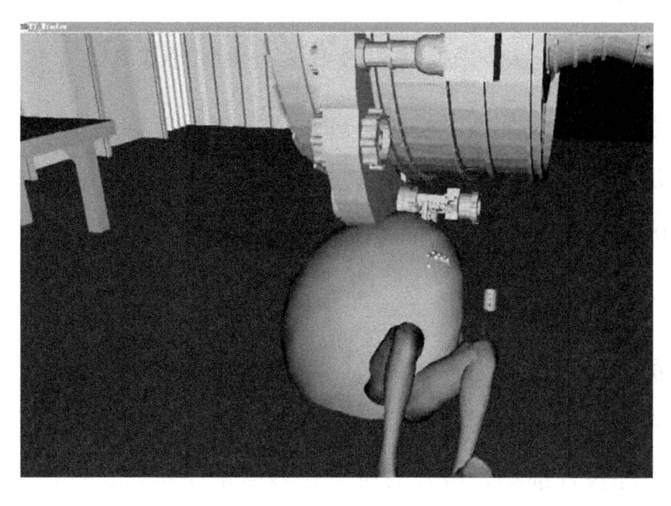

图 9.18　维修任务仿真的虚拟人实体可达性分析

视觉可达性指目标件在维修人员视野内，并且其能够看清自己的任务动作。如图 9.19 所示，JACK 软件的视野观察窗口可在线监测虚拟人的视野可达范围，表明虚拟人可以清晰看到需要维修的零部件，即产品维修具有良好的可视性。

虚拟人在维修过程中的姿势合理性决定了能否安全完成维修。为尽可能提升作业舒适度，对维修过程中虚拟人的作业姿势进行下背部压力分析，可利用下背部各部位的实时受力分析表示虚拟人的舒适度，根据结果合理调整，改善原本受力较大的部位情况，使其满足舒适度要求。评价特定姿势和整体受力的虚拟人下背部脊柱受力需使用下背部压力分析工具，具体来说是评估特定任务中下背部受伤风险以及是否符合美国国家职业与健康研究所（NIOSH）的指导要求。在虚拟维修场景中可调整、修改影响下背部脊柱压力的任务参数，包括人员姿势及负载情况等。

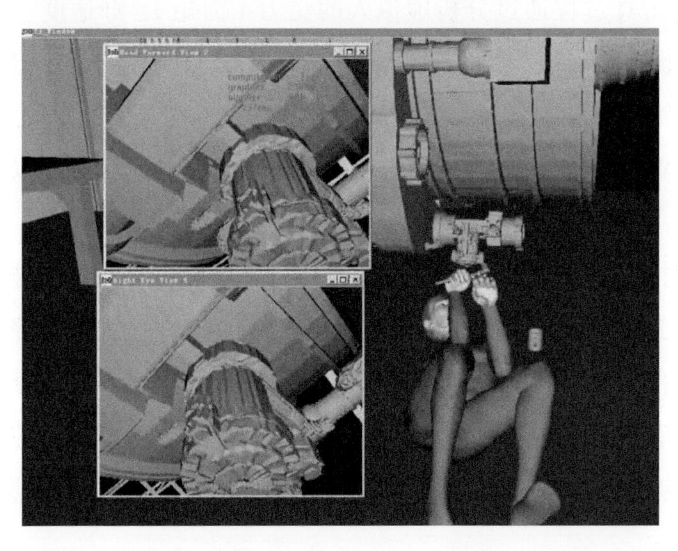

图 9.19 维修任务仿真的虚拟人体视野可达性分析

特定作业强度对作业人员来说是否合理主要用静强度评估工具进行评估，若维修任务超出作业人员的正常承受范围，该工具将明确反映。在虚拟情境中调整静强度的影响参数（如身体姿势和载荷），最终将静强度调整到满足人体舒适度要求。

2. 航空发动机维修性人机核查应用研究

维修性设计覆盖各种设计因素和参数，不仅要求定性、定量，也受到维护任务过程、使用工具和人素分析等的影响，因此维修性核查对设计成果有重要作用。维修性核查工作集中于产品设计前期，应及时维修性核查电子样机，找出产品的维修性设计问题并改进和完善，将维修性问题尽量在设计阶段解决。目前的研究和应用趋势是以人机核查为重点的航空发动机维修性核查，以其推动已有的维修性核查方法发展进步。

（1）维修性人机核查内容与流程

维修性人机核查主要包括两方面：人机可行性核查和人素核查。

通过静态或动态虚拟维修仿真试验，人机可行性核查将核查维修舱门、口盖、通道、或空间设计的合理性，机器设备的布局设置是否符合规定，设备维修可达性、可视性以及维修安全设计的合理性等维修性设计问题。人机可行性核查根据电子样机的维修核查结果提出维修性改进方案，完成产品的设计优化。

人素核查主要依赖于动态虚拟维修仿真试验，核查并评价典型电子样机拆装、维护程序的合理性，或基于针对产品系统或特定部位的常用维修（维护）动作、姿态进行人素分析，运用人因工程学理论综合评价维修通道、空间、设备布局等方面的设计合理性，根据评估结论为维修设计提供设备拆装、维护程序的优化建议。

在进行人机可行性核查时，首先构建初始电子样机情境，按顺序进行可视性、可达性和动态核查，发现不满足维修性设计要求的结构，对其改进并再次核查，直至系统全部满足要求为止。人素核查从初始电子样机的动态仿真开始，然后利用软件处理人素数据，评估数据风险性，改进不满足维修性设计要求的设备结构或虚拟人维修动作并再次核查，直至全部符合要求。

如图 9.18 所示，维修性人机核查的流程：在 JACK 软件导入包括虚拟人模型和分析目标对象的初始电子样机，进行首次虚拟维修仿真；若仿真满足核查要求，则维修性核查结束；若不满足则需修改电子样机不满足核查要求的内容，或是调整虚拟人参数，然后对改进后的产品、设备进行维修性核查，确认设计迭代和优化的有效性，以实现航空发动机及其相关零部件维修性核查的根本目的。

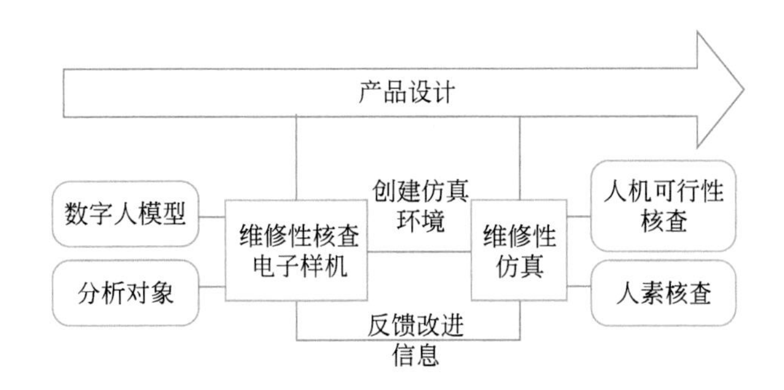

图 9.20 维修性人机核查流程

（2）滑油箱核查过程

利用 JACK 软件，按照维修性人机核查流程，以某发动机滑油箱的两个相关维护项目为例进行维修性人机核查。

在虚拟人模型方面，JACK 软件根据中国 18~60 岁男性和 18~55 岁女性的人体尺寸数据（GB 10000—88）将人体尺寸大小分为不同等级，利用软件数据库表示类型和创建体型百分比描述虚拟人体型。通常人们在建立虚拟人模型时选择百分位数 50 的中国男性虚拟人，大致满足我国作业人员群体的平均水平。因此，确定虚拟人身高为 167.8 cm，体重为 59 kg。

该发动机滑油箱的维护要求注油盖满足可通过口盖拆卸。目标口盖位于飞机短舱上，周围空间布局紧凑，该口盖位置和尺寸的维修设计需满足维修人员的操作。本次维修性核查将具有口盖的飞机短舱和带注油盖的发动机滑油箱导入 JACK 软件作为分析目标对象。JACK 软件的障碍域分析功能可分析视野中存在的障碍物对虚拟人形成的视觉障碍域。根据人机可行性分析特性，利用静态分析确定位于操作位置上的虚拟人的可视区域和操作可达区域，若维护目标注油盖满足二者要求，则继续动态可行性分析；若注油盖落在任一区域范围外，就要按照超出范围区域与注油盖的相对空间位置关系来调整口盖的尺寸及位置。

基于虚拟人操作可达范围与注油盖的相对空间位置关系做出可达性核查，若注油盖位于虚拟人操作用手的可达范围内，即通过可达区域核查要求。虚拟人操作用手在 JACK 软件的可达区域是根据肩关节和臂长确定的类球体，判定可达区域是否满足要求的标准是虚拟人与注油盖定位后，以舒适度为前提，手是否可以触及注油盖或其特定位置（部分）。动态核查是仿真维护项目基于可视性、可达性要求满足的完整过程。如图 9.21 所示，使用 JACK 软件动态仿真完整的维护动作，虚拟人全过程中均使用正常动作，其操作用手也没有碰撞到飞机短舱，因此可判定该设计口盖满足人机可行性核查要求。

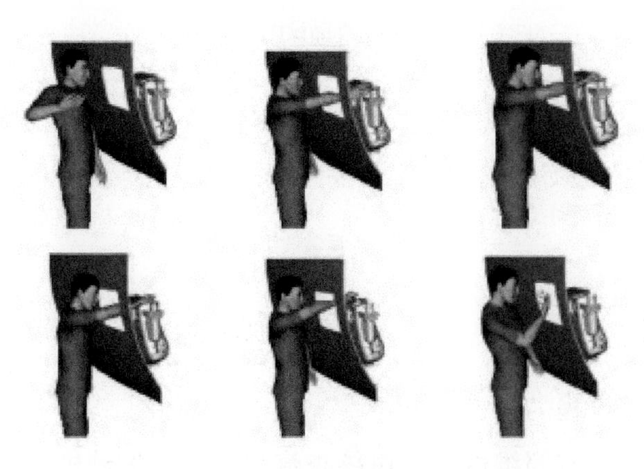

图 9.21 动态核查

进行滑油箱搬运的人素核查时，维护设计要求一名作业人员可进行滑油箱的独立拆卸，在设计阶段核查评估滑油箱的重量和尺寸，规定满足滑油箱维护使用的设计参数范围。这一部分电子样机的分析目标为滑油箱和设备安置架。滑油箱的空间位置为高度距离地面 1 m，与安置架水平距离 4 m，安置架高度 0.2 m。基于 JACK 软件的功能特性，设计生成虚拟人的操作动作过程为：将滑油箱从发动机上取下，再将其稳定放置在设备安置架上。在设计参数范围内确定不同的滑油箱重量值，运用 JACK 软件的 Task Analysis Toolkit（TAT）工具分别进行各滑油箱重量对应的作业人员背部受力分析和静态强度预测，核查滑油箱搬运作业的人素问题。

该仿真的作业任务总时长 10 s，其中虚拟人取下滑油箱耗时 2 s，将滑油箱从发动机前搬运至设备安置架处耗时 6 s，将滑油箱搬起放到安置架上耗时 2 s。TAT 工具采用静态计算方法，因而任务仿真时长仅影响数据采集量，不会改变计算精度，无需评估现场真实作业时长。人素核查区别于人机可行性核查之处在于，人素核查更重视载荷作用下虚拟人整个维护动作过程中各种人素评价参数的变化规律，TAT 工具可导出任务仿真中的虚拟人人素数据，该数据可利用 Matlab 软件深入分析。

TAT 工具含有下背部受力分析功能，可分析特定情境中人体脊髓受力对下背部受力的影响；通过复杂的下背部生理学模型计算 L4/L5 脊椎处压力，并将计算结果与 NIOSH 给出的推荐压力和极限压力对比。该工具用于判定仿真作业任务是否符合 NIOSH 的标准，会否增大作业人员的背部伤病概率。

滑油箱搬运作业仿真选取的重量分别为 15 kg、16 kg、17 kg 和 18 kg，利用 TAT 工具导出的 L4/L5 脊椎处压力数据如图 9.20 所示。NIOSH 标准提供的背部压力推荐值为 3400 N，压力超出该值就表明作业动作令部分作业人员受伤的风险提高；NIOSH 标准提供的背部压力极限值为 6400 N，一旦超出该值，大部分作业人员都会面临受伤风险。由图 9.22 可知，滑油箱质量为 16 kg 时，作业人员放置过程中下背部受力基本

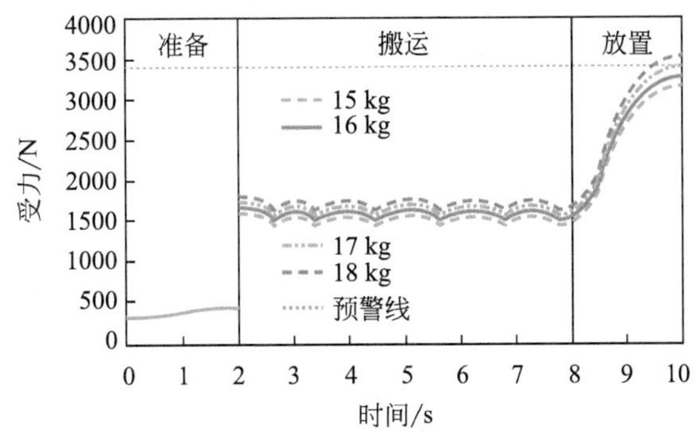

图 9.22　不同重量滑油箱的背部受力对比图

到达 NIOSH 推荐值；滑油箱重量不超过 16 kg，作业人员搬运过程中下背部受力基本是安全的；滑油箱质量不应设计超过 16 kg，否则会形成人体健康风险。完成此项作业任务时应重点关注放置滑油箱过程中脊柱部位的受力情况，可预先在脊柱处佩戴防护用具形成保护。

TAT 工具的静态强度预测功能（SSP）从动力学角度评估可保持特定任务所需姿势进行作业的人占多少百分比，还可根据 JACK 软件中特定姿势、人体测量学工具、附加压力计算特定姿势下人承受的扭矩。SSP 通过仿真可评估虚拟人姿势的强度是否符合 NIOSH 提出的强度标准，判定作业人员的作业姿势是否适宜。SSP 尤其适用于分析持续时间较长的任务。本维修性人素核查整个任务过程中，搬运动作持续的时间最长，在时间轴上为 2 s 至 8 s，对该动作过程进行 SSP 评估分析。基于上述 LBA 分析结果，选用滑油箱质量为设计最大值 16 kg。

初步评估虚拟人可能发生的相对危险动作后，选取搬运过程中单脚支撑身体的姿态进一步评估，发现手腕和脚踝是该姿态下的危险部位，再将这两个危险部位在时间轴上进一步分析。搬运过程中，虚拟人手腕和脚踝的安全性变化情况如图 9.23 所示，可以看出安全性更低的是左手腕，仅有约 50% 的人能保持该姿态；单脚支撑搬运造成了较大的脚踝处危险，安全性最低的情况下仅有超过 20% 的人能保持该动作。由 SSP 评估结果可知，尽管一定的滑油箱重量使下背部受力在允许范围内，仍然建议作业人员搬运滑油箱时使用脚踝部位的安全防护用具。

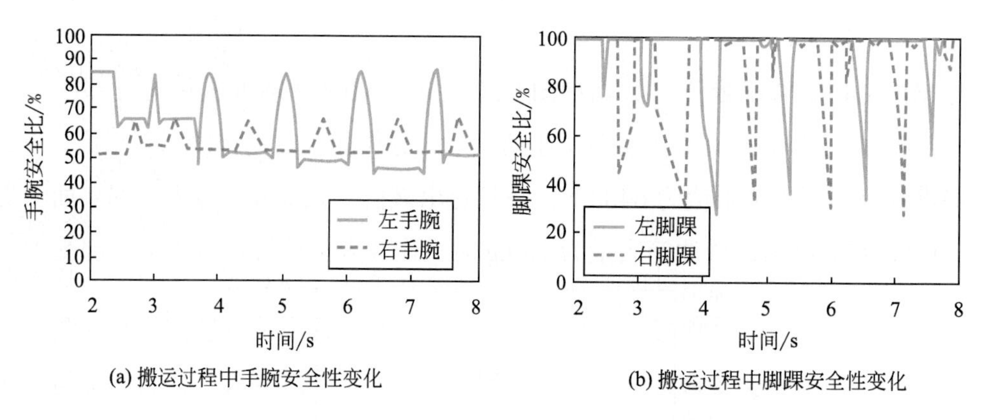

(a) 搬运过程中手腕安全性变化

(b) 搬运过程中脚踝安全性变化

图 9.23 搬运过程中手腕与脚踝的安全性变化

在 JACK 软件中结合某型号航空发动机滑油箱维护的具体情景，对涉及的飞机短舱维护口盖设计与滑油箱重量及搬运任务进行了较全面的人机核查，核查内容涵盖可视区域核查、可达区域核查、动态核查、下背部受力分析和静态强度预测等方面，论证了设计参数和维护动作的合理性与安全性。在设计发图前应确保核查项目符合维修性要求，杜绝在生产和试飞阶段的显著维修性设计调整，保障产品试飞和交付使用后便于维护和维修。维修性人机核查具有提升维修性设计效率，节省设计人力物力以及缩短设计周期的重要作用，应在设计阶段予以充分重视。

参考文献

[1] Bahrick H P, Shelly C. Time-sharing as an index of automization[J]. Journal of Experimental Psychology, 1958, 56: 288-293.

[2] Donmez B, Boyle L, Lee J D. The impact of distraction mitigation strategies on driving performance[J]. Human Factors, 2006, 48: 785-801.

[3] Fitts P M, Posner M A. Human Performance[M]. Pacific Palisades, CA: Brooks Cole, 1967.

[4] Fougnie D, Marois R. Executive working memory load induces inattentional blindness[J]. Psychonomic Bulletin & Review, 2007, 14: 142-147.

[5] Gopher D, Brickner M, Navon D. Different difficulty manipulations interact differently with task performance: evidence for multiple resources[J]. Journal of Experimental Psychology: Human Perception and Performance, 1982, 8: 146-157.

[6] Halford G S, Baker R, McCredden J E, et al. How many variables can humans process?[J]. Psychological Science, 2005, 16(1): 70-76.

[7] Halford G, Wilson W, Philips S. Processing capacity defined by relational complexity[J]. Behavioral and Brain Sciences, 1998, 21: 803-831.

[8] Hasher L, Zacks R. Automatic and effortful processes in memory[J]. Journal of Experimental Psychology: General, 1979, 108: 356-388.

[9] Horrey W J, Wickens C D, Consalus K P. Modeling drivers' visual attention allocation while interacting with in-vehicle technologies[J]. Journal of Experimental Psychology: Applied, 2006, 12: 67-86.

[10] Isreal J B, Wickens C D, Chesney G L, et al. The event-related brain potential as a selective index of display monitoring workload[J]. Human Factors, 1980, 22: 211-224.

[11] Kaplan S, Berman M G. Directed attention as a common resource for executive functioning and self-regulation[J]. Perspectives on Psychological Science, 2010, 5: 43-57.

[12] Kahneman, D. Attention and Effort[M]. Englewood Cliffs, NJ: Prentice Hall, 1973.

[13] Kantowitz B H, Knight J L. Testing tapping timesharing. I. Auditory secondary task[J]. Acta Psychologica, 1976, 40: 343-362.

[14] Liu Y C, Wickens C D. Visual scanning with or without spatial uncertainty and divided and selective attention[J]. Acta Psychologica, 1992, 79: 131-153.

[15] Liu Y. Quantitative assessment of effects of visual scanning on concurrent task performance[J].

Ergonomics, 1996, 39: 382-289.
[16] Lu S, Wickens C D, Sarter N, et al. Informing the design of multimodal displays: A meta-analysis of empirical studies comparing auditory and tactile interruptions[C]//In Proceedings of the 55th Annual Meeting of the Human Factors and Ergonomics Society. Santa Monica, CA: Human Factors and Ergonomics Society, 2011.
[17] Mayer R. Research Guidelines for Multimedia Instructions[M]. In F. Durso (Ed.), Reviews of Human Factors & Ergonomics vol 5. Santa Monica, CA: Human Factors, 2007.
[18] Meyer D E, Kieras D E. A computational theory of executive cognitive processes and multiple-task performance: Part 1. Basic mechanisms[J]. Psychological Review, 1997, 104: 3-65.
[19] McCarley J S, Vais M J, Pringle H, et al. Conversation disrupts change detection in complex traffic scenes[J]. Human Factors, 2004, 46: 424-436.
[20] Navon D, Gopher D. On the economy of the human processing system[J]. Psychological Review, 1979, 86: 254-255.
[21] Neider M B, McCarley J S, Crowell J A, et al. Pedestrians, vehicles, and cell phones[J]. Accident Analysis and Prevention, 2010, 42: 589-594.
[22] Nikolic M I, Sarter N B. Peripheral visual feedback[J]. Human Factors, 2001, 43: 30-38.
[23] Norman D A, Bobrow D G. On data-limited and resource-limited processing[J]. Cognitive Psychology, 1975, 7: 44-60.
[24] Paas F, van Gog T. Principles for Designing Effective and Efficient Training of Complex Cognitive Skills[M]. In F. Durso (Ed.), Reviews of Human Factors and Ergonomics, Vol. 5. Santa Monica, CA: Human Factors and Ergonomics Society, 2009.
[25] Parasuraman R, Bahri T, Deaton J E, et al. Theory and design of adaptive automation in aviation systems[J]. theory & design of adaptive automation in aviation systems, 1992.
[26] Parkes A M, Coleman N. Route Guidance Systems: A Comparison of Methods of Presenting Directional Information to the Driver[M]. In E. J. Lovesey (Ed.), Contemporary ergonomics 1990. London: Taylor & Francis, 1990.
[27] Polson M C, Friedman A. Task-sharing within and between hemispheres: A multiple-resources approach[J]. Human Factors, 1988, 30: 633-643.
[28] Sarter N B. Multimodal information presentation: Design guidance and research challenges[J]. International Journal of Industrial Ergonomics, 2007, 36: 439-445.
[29] Sarno K J, Wickens C D. Role of multiple resources in predicting time-sharing efficiency: Evaluation of three workload models in a multiple-task setting[J]. International Journal of Aviation Psychology, 1995, 5: 107-130.
[30] Schneider W, Shiffrin R M. Controlled and automatic human information processing I: Detection, search, and attention[J]. Psychological Review, 1977, 84: 1-66.

[31] Shallice T, McLeod P, Lewis K. Isolating cognition modules with the dual-task paradigm: Are speech perception and production modules separate?[J]. Quarterly Journal of Experimental Psychology, 1985, 37: 507-532.

[32] Strayer D L, Drews F A. Multitasking in the Automobile[M]. In A. F. Kramer, D. A. Wiegmann, & A. Kirlik (Eds.), Attention: From theory to practice. Oxford UK: Oxford University Press, 2007.

[33] Tsang P S, Vidulich M A. Mental Workload and Situation Awareness[M]. In G. Salvendy (Ed.), Handbook of Human Factors & Ergonomics. Hoboken, NJ: Wiley, 2006.

[34] Treisman A M, Davies A. Divided Attention to Eye and Ear[M]. In S. Kornblum (Ed.), Attention and performance IV. New York: Academic Press, 1973.

[35] Wickens C D. Multiple resources and performance prediction[J]. Theoretical Issues in Ergonomics Science, 2002, 3: 159-177.

[36] Wickens C D. Multiple resources and mental workload[J]. Human Factors, 2008, 50: 449-455.

[37] Wickens C D, Horrey W. Models of attention, distraction and highway hazard avoidance[M]. In M. Regan, Lee, J. D., & Young, K. L. (Eds.), Driver distraction:Theory, effects, and mitigation. Boca Raton, FL: CRC Press, 2009.

[38] Wickens C D, Hollands J G, Banbury S, et al. Engineering Psychology and Human Performance[M]. Routledge: Taylor & Francis, London & New York, 2013.

[39] Young M S, Stanton N A. Malleable attentional resources theory: A new explanation for the effects of mental underload on performance[J]. Human Factors, 2002, 44: 365-375.

[40] 陈霞, 刘双 . 海军装备领域人因工程研究现状及发展 [J]. 舰船科学技术 , 2017, 39(07): 8-13.

[41] 李宝瑜，刘雪晨，刘洋 . 特征样本重复抽样建模方法和应用研究 [J]. 统计研究 , 2016, 33(10): 93-99.

[42] 厉钰琪，巩淼森 . 复杂驾驶任务下基于多资源理论的汽车人机交互设计方法 [J]. 设计 , 2022, 35(10): 24-27.

[43] 刘维平，聂俊峰，刘西侠 . 基于多资源理论的乘员信息处理作业认知行为建模研究 [J]. 兵工学报 , 2017, 38(06): 1215-1222.

[44] 吕建伟，刘波，曾宏军 . 多属性权衡理论在舰船优化设计中的应用研究 [J]. 船海工程 , 2006(06): 81-83.

[45] 吕建伟，仲晨华 . 舰船研制中设计余量的权衡分析 [J]. 海军工程大学学报 , 2001(03): 53-56.

[46] 金菊良，魏一鸣，周玉良 . 复杂系统综合评价的理论框架及其在水安全评价中的应用 [J]. 农业系统科学与综合研究 , 2008(04): 391-397.

[47] 秦寿康 . 综合评价原理与应用 [M]. 北京 : 电子工业出版社 , 2003.

[48] 王春瑶，王晓峰 . 多质量特性综合权衡设计方法研究 [J]. 船舶标准化工程师 , 2016, 49(05):

53-57.
[49] 王成山，刘洪，罗凤章. 配电系统综合技术评价理论及其工程应用 [J]. 天津科技, 2010, 37(02): 16-17.
[50] 许为，葛列众. 人因学发展的新取向 [J]. 心理科学进展, 2018, 26(09): 1521-1534.
[51] 许为，葛列众. 智能时代的工程心理学 [J]. 心理科学进展, 2020, 28(09): 1409-1425.
[52] 陈善广，李志忠，葛列众，等. 人因工程研究进展及发展建议 [J]. 中国科学基金, 2021, 35(02): 203-212.
[53] 陈善广，姜国华，王春慧. 航天人因工程研究进展 [J]. 载人航天, 2015, 21(02): 95-105.
[54] C.D. 威肯斯. 人因工程学导论 [M]. 上海：华东师范大学出版社, 2007.
[55] 张梁娟，胡长明，江帅，等. 基于人因工程的雷达显控台设计研究 [J]. 电子机械工程, 2022, 38(01): 14-20.
[56] Gawron V J, Duruy C G, Fairbanks R J, et al. Medical error and human factors engineering: Where are we now?[J]. American Journal of Medical Quality, 2006, 21(1): 57-67.
[57] Mcfarland R A. Human factors in air transport design[J]. The Journal of the Royal Aeronautical Society, 1947, 51(433): 69-70.
[58] 吴翔. 产品系统设计：产品设计 [M]. 北京：中国轻工业出版社, 2000.
[59] Crawley E, Cameron B, Selva D. System Architecture: Strategy and Product Development for Complex Systems[M]. Prentice Hall Press, 2015.
[60] 吴志军，那成爱，王沈策. 以产品系统设计理念提升企业的核心竞争力 [J]. 轻工机械, 2007(01): 130-133.
[61] 吴志军，那成爱. 产品系统设计的内涵及其思维方式 [J]. 装饰, 2005(04): 44.
[62] Rosenzweig E. Successful User Experience: Strategies and Roadmaps[M]. Boston, Morgan Kaufmann, 2015.
[63] Lewis J R. IBM computer usability satisfaction questionnaires: Psychometric evaluation and instructions for use[J]. International Journal of Human-Computer Interaction, 1995, 7: 57-78.
[64] Marcelo M S, Karen J, Luciana L F, et al. A literature review about usability evaluation methods for e-learning platforms[J]. Work, 2012, 41: 1038-1044.
[65] Brian S. Usability–Context, framework, definition, design and evaluation[J]. Interacting with Computers, 2009, 21(5): 339-346.
[66] EASON K D. Towards the experimental study of usability[J]. Behaviour & Information Technology, 1984, 3(2): 133-143.
[67] Whiteside J, Bennet J, Holtzblatt K. Handbook of Human-Computer Interaction[M]. Amsterdam: North-Holland, 1988.
[68] Maguire M. Methods to support human-centred design[J]. International Journal of Human-Computer Studies, 2001, 55(4): 587-634.

[69] 简召全，冯明，朱崇贤 . 工业设计方法学 [M]. 北京：北京理工大学出版社 , 2000.

[70] Damodaran L. User involvement in the systems design process-a practical guide for users[J]. Behaviour & Information Technology, 1996, 15(6): 363-377.

[71] Savazzi F, Isernia S, Jonsdottir J, et al. Engaged in learning neurorehabilitation: Development and validation of a serious game with user-centered design[J]. Computers & Education, 2018, 125: 53-61.

[72] 刘海波 . 人和机器—相互作用与适应系统 [J]. 科学对社会的影响 , 1983(02): 39-45.

[73] 田辉，王聪，马文峰，等 . 一种人与人和机器到机器共存下能效最大化的上行用户分配算法 [J]. 电子与信息学报 , 2021, 43(10): 2902-2910.

[74] 付亚芝，郭进利 . 基于非合作博弈的动态人机系统功能分配法 [J]. 火力与指挥控制 , 2021, 46(02): 30-34.

[75] 李月 . 身高的百年变迁 [J]. 百科知识 , 2016(19): 35-39.

[76] 张力，黄曙东，何爱武，等 . 人因可靠性分析方法 [J]. 中国安全科学学报 , 2001(03): 9-19.

[77] 肖国清，陈宝智 . 人因失误的机理及其可靠性研究 [J]. 中国安全科学学报 , 2001(01): 25-29.

[78] 郭仕杰，付茂洺 . 基于双目视觉系统的测距研究 [J]. 中国民航飞行学院学报 , 2022, 33(02): 26-30.

[79] 殷文茜 . 双目视觉系统标定方法的研究 [D]. 西安：西安理工大学 , 2021.

[80] Franus N, 李维晗 . 声觉营销的威力 [J]. 市场观察 , 2007, (11): 56-57.

[81] 边玉芳 . 遗忘的秘密——艾宾浩斯的记忆遗忘曲线实验 [J]. 中小学心理健康教育 , 2013, (03): 31-32.

[82] 孙未冉 . 艾宾浩斯遗忘曲线在学习中的应用 [J]. 科学大众 (科学教育), 2018, (10): 32.

[83] 吴晓伟 . 优化人体系统结构 , 探索体能训练创新 [J]. 体育世界 (学术版), 2018, (05): 5-6.

[84] 郭晓艳，张力 . 安全人因工程中的心理因素 [J]. 工业安全与环保 , 2007, (10): 29-32.

[85] 刘润三 . 违章操作的心理因素 [J]. 湖南有色金属 , 1987, (04): 6-9.

[86] 赵娟，郑铭磊 . 浅谈展示设计中人性化因素 [J]. 广西轻工业 , 2009, 25(12): 119.

[87] 雷翔 . 浅谈心理因素与安全生产的关系 [C]. 郑州铁路局“十百千”人才培育助推工程论文集 , 2011.

[88] Gould J D, Lewis C . Designing for usability: key principles and what designers think[J]. Communications of the ACM, 1983: 50-53.

[89] Maguire M. A study of student creative thinking in user-centred design[C]. International Conference on Human-Computer Interaction, Design, User Experience, and Usability: UX Research and Design, HCII 2021.

[90] Lee-Smith M, Ross T, Maguire M, et al. What can we expect from navigating?: Exploring navigation, wearables and data through critical design concepts[C]. Companion Publication of the 2019 on Designing Interactive Systems Conference 2019 Companion - DIS’ 19 Companion,

2019.

[91] Haslam C, Haslam R, Clemes S, et al. Working Late: strategies to enhance productive and healthy environments for the older workforce[J]. Proceedings of the Human Factors and Ergonomics Society Annual Meeting, 2012, 56(1): 140-143.

[92] Maguire M, Isherwood P. A comparison of user testing and heuristic evaluation methods for identifying website usability problems[C]. International Conference of Design, User Experience, and Usability. Design, User Experience, and Usability: Theory and Practice, 2018: 429-438.

[93] Maguire M. Guidelines for a university short course on human-computer interaction[C]. International Conference on Human-Computer Interaction. Human-Computer Interaction. User Interface Design, Development and Multimodality, 2017: 38-46.

[94] Maguire M. Better patient-doctor communication – a survey and focus group study[C]. International Conference on HCI in Business, Government, and Organizations.HCI in Business, Government, and Organizations: Information Systems, 2016: 56-66.

[95] Schimmer R, Orre C, Öberg U, et al. Digital person-centered self-management support for people with type 2 diabetes: Qualitative study exploring design challenges[J]. JMIR diabetes, 2019, 4(3): e10702.

[96] Thomas C, Bevan N. Usability context analysis: A practical guide[R]: Loughborough University, 2007.

[97] Maguire M. Context of use within usability activities[J]. International Journal of Human-Computer Studies, 2001, 55(4): 453-483.

[98] Preece J, Rogers Y. Human Information Processing[M]. Morgan Kaufmann, 1995.

[99] Caldera S, Desha C, Reid S, et al. Applying a place making sustainable centres framework to transit activated corridors in Australian cities[J]. SDEWES Centre, 2020, 10(2): 1080360.

[100] Vacca R. Intersectional elaboration: Using a multiracial feminist co-design technique with Latina teens for emotional health[J]. Feminist Theory, 2022, 23(2): 207-231.

[101] Bucalon B, Shaw T, Brown K, et al. State-of-the-art dashboards on clinical indicator data to support reflection on practice: Scoping review[J]. JMIR Medical Informatics, 2022, 10(2): e32695.

[102] 张学莹 . 面向复杂人机系统的人因工程方法适应性研究 [D]. 北京：北京交通大学 , 2021.

[103] 王奥博 . 复杂人机系统人因工程评估指标体系动态构建技术研究 [D]. 北京：北京交通大学 , 2020.

[104] Trinder J. The Humane interface: New directions for designing interactive systems[J]. Interactive Learning Environments, 2002, 10(3): 299-302.

[105] 王建冬 . 网络广告界面评价中的人机交互理论——网络广告交互界面与广告效果关系模型 [J]. 现代图书情报技术 , 2009(03): 69-73

[106]杨明朗，王红．人机交互界面设计中的感性分析 [J]. 包装工程 , 2007, 28(11): 3.

[107]徐佳理．基于多重触控的多通道人机交互界面设计研究 [D]. 上海：同济大学 , 2008.

[108]颜声远，李庆芬．计算机人机交互输入装置设计质量的综合评价方法 [J]. 人类工效学 , 2003(03): 28-29.

[109]黄坤．软件交互界面的人机工程学研究和评估 [D]. 上海：东华大学 , 2006.

[110]滕学伟．GIS 人机交互界面可用性评估研究 [D]. 南京：南京师范大学 , 2007.

[111]郑仁广．嵌入式人机交互研究与设计 [D]. 厦门：厦门大学 , 2008.

[112]程时伟，石元伍，孙守迁．移动计算用户界面可用性评估的眼动方法 [J]. 电子学报 , 2009, 37(S1): 146-150.

[113]刘青，薛澄岐 , Falk H. 基于眼动跟踪技术的界面可用性评估 [J]. 东南大学学报 (自然科学版), 2010, 40(02): 331-334.

[114]王常青，王绪刚，马翠霞，等．使用概率规则文法评估人机界面可用性 [J]. 计算机辅助设计与图形学学报 , 2005(12): 2709-2715.

[115]朱佳．基于设计心理学与人机交互技术的界面可用性研究 [D]. 上海：上海交通大学 , 2010.

[116]蒋兵，徐佳佳，冯龙江．火电厂 DCS 系统人机界面的综合评价探析 [J]. 科技与企业 , 2011(14): 56-57.

[117]REDDY B S, BASIR O A. Concept-based evidential reasoning for multimodal fusion in human-computer interaction[J]. Applied Soft Computing, 2010, 10(2): 567-577.

[118]SHEHADY R K, SIEWIOREK D P. A method to automate user interface testing using variable finite state machines[C]. Proceedings of the Proceedings of IEEE 27th International Symposium on Fault Tolerant Computing, 1997: 24-27.

[119]张力，王以群，邓志良．复杂人 – 机系统中的人因失误 [J]. 中国安全科学学报 , 1996(06): 38-41.

[120]刘涛，孙守迁，潘云鹤．面向艺术与设计的虚拟人技术研究 [J]. 计算机辅助设计与图形学学报 , 2004(11): 1475-1484.

[121]王兆其．虚拟人合成研究综述 [J]. 中国科学院研究生院学报 , 2000(02): 89-98.

[121]Magnenat-Thalmann N, Thalmann D. Computer Animation: Theory and Practice [M]. Springer-Verlag, 1990.

[122]宋顺林，詹永照，薛安荣，等．三维计算机动画中人体建模方法的研究 [J]. 软件学报 , 1995(05): 311-315.

[123]Komatsu K. Human skin model capable of natural shape variation[J]. The Visual Computer, 1988, 3(5): 265-271.

[124]Thalmann D, Shen J, Chauvineau E. Fast realistic human body deformations for animation and VRapplications[C]. Proceedings of the Computer Graphics International, 1996.

[125]魏斌，袁修干．人机系统仿真中三维人体建模的研究 [J]. 航天医学与医学工程 , 1997, 10(6): 55-58.

[126]姜大龙，王兆其，高文 . 基于 MPEG–4 的三维人脸动画实现方法 [J]. 系统仿真学报 , 2001(S2): 493-496.
[127]王晓山，郭巧 . 虚拟人步行运动的计算模型 [J]. 计算机工程与应用 , 2005, 41(3): 55-57.
[128]Shoemake K. Animating rotation with quaternion curves[C]. Proceedings of the ACM, 1985.
[129]贺怀清，洪炳熔 . 虚拟人实时运动控制的研究 [J]. 计算机工程 , 2000, 26(11): 52-55.
[130]何凯，姜昱明 . 虚拟人行走运动的研究与实现 [J]. 计算机仿真 , 2005, 22(2): 139-142.
[131]王建军，姜昱明 . 虚拟人跑步运动的仿真 [J]. 微电子学与计算机 , 2004, 21(11): 117-120.
[132]Armstrong W W, Green M，Lake R. Near-real-time control of human figure models[J]. IEEE Computer Graphics and Applications, 1987, 7(6): 52-61.
[133]纪庆革，潘志庚，李祥晨 . 虚拟现实在体育仿真中的应用综述 [J]. 计算机辅助设计与图形学学报 , 2003, 15(11): 1333-1338.
[134]龚光红，冯勤，彭晓源，等 . 人体运动的形象化建模与仿真 [J]. 系统仿真学报 , 2002(03): 281-283.
[135]王兆其，高文 . 基于虚拟人合成技术的中国手语合成方法 [J]. 软件学报，2002，13(10): 2051-2056.
[136]杜健 . MFC 框架下基于 Vega 的航海仿真系统视景驱动程序的开发 [D]. 大连海事大学 , 2005.
[137]刘雁菲 . 虚拟空间会议系统中若干关键技术的研究及实现 [D]. 西安：西安电子科技大学 , 2008.
[138]黄芬 . 虚拟空间会议系统的设计及实现 [D]. 西安：西安电子科技大学 , 2010.
[139]李洁 . 虚拟人及其在某型武器维修训练系统中的应用研究 [D]. 南京：南京理工大学 , 2010.
[140]李石磊，梁加红，柏友良，等 . DI-Guy 中人体动作生成方法研究 [J]. 计算机仿真 , 2008(10): 232-235.
[141]陈喜春 . 基于 DI-Guy 和 VR-Link 的分布交互仿真的实现 [J]. 计算机应用与软件 , 2011, 28(5): 233-235.
[142]Capin T K, Noser H, Thalmann D, et al. Virtual human representation and communication in the VLNET networked virtual environments [J]. IEEE Computer Graphics and Applications, 1997, 17(2): 42-53.
[143]Badler N I, Phillips C B, Webber B L. Simulating Humans: Computer Graphics, Animation, and Control[M]. Oxford University Press, Inc., 1999.
[144]Badler N I, Becket W M, Webber B L. Simulation and analysis of complex human tasks for manufacturing[J]. Proceedings of SPIE - The International Society for Optical Engineering, 1995, 2596: 225-233.
[145]王兆其，高文，陈益强，等 . 虚拟人行为交互方法研究 [J]. 系统仿真学报 , 2001(S2): 591-594.

[146]刘辉，阮拥军 . 装备保障力量模块化设计构想 [J]. 四川兵工学报 , 2010, 31(9): 35-36.

[147]王东南，王文峰，孙亮，等 . 基于 HLA 的维修保障仿真系统开发 [J]. 计算机与数字工程 , 2006, 34(5): 123-126.

[148]李彭城，王俊 . 用面向对象方法建模实现后勤保障仿真 [J]. 北京理工大学学报 , 1998(06): 100-104.

[149][1] Zhang W J, Kang R, Guo L H, et al. Study on military equipment support modeling and simulation[J]. Chinese Journal of Aeronautics, 2005, 18(2): 142-146.

[150]Hoen P J, Redekar G, Robu V, et al. Simulation and visualization of a market-based model for logistics management in transportation[C]. 3rd International Joint Conference on Autonomous Agents and Multiagent Systems, 2004.

[151]《可靠性维修性保障性术语集》编写组 . 可靠性维修性保障性术语集 [M]. 北京：国防工业出版社 , 2002.

[152]洪炳熔，贺怀清 . 虚拟人步行和跑步运动方式的实现 [J]. 计算机应用研究 , 2000, 17(011): 15-19.

[153]Marcelo K, Amaury A, Tolga A, et al. Planning collision-free reaching motions for interactive object manipulation and grasping[J]. Computer Graphics Forum, 2003, 22(3): 313-322.

[154]Bindiganavale R N. Building parameterized action representations from observation[M]. University of Pennsylvania, 2000.

[155]Raibert M H, Hodgins J K. Animation of dynamic legged locomotion[C]. Conference on Computer Graphics & Interactive Techniques. ACM, 1991.

[156]栗琳，王绪智 . 美军装备保障新理论新技术发展趋势 [J]. 中国表面工程 , 2007, 20(1): 6-10.

[157]Bruce Mc. The Fractal Structure of Data Reference[M]. Springer, Boston, MA, 2002.

[158]黄冬梅，杜艳玲，贺琪 . 混合云存储中海洋大数据迁移算法的研究 [J]. 计算机研究与发展 , 2014, 51(01): 199-205.

[159]王刚，王冬，李文，等 . 大数据环境下的数据迁移技术研究 [J]. 微型电脑应用 , 2013, 30(05): 1-3.

[160]陈伟，丁秋林，谢强 . 交互式数据迁移系统及其相似检测效率优化 [J]. 华南理工大学学报 (自然科学版), 2004(02): 58-61.

[161]吕帅，刘光明，徐凯，等 . 海量信息分级存储数据迁移策略研究 [J]. 计算机工程与科学, 2009，31(A01): 5.

[162]袁俊，王莹，张平 . 单业务多连接承载方式下的业务分割方法 [J]. 北京邮电大学学报 , 2011, 34(S1): 73-76.

[163]Rahm E, Hong H D. Data cleaning: Problems and current approaches[J]. IEEE Data Engineering Bulletin, 2000, 23(4): 3-13.

[164]Monge A. Matching algorithms within a duplicate detection system[J]. IEEE Transactions on

Knowledge and Data Engineering, 2000, 23: 14-20.

[165]周相兵，马洪江，苗放 . 云计算环境下的一种基于 Hbase 的 ORM 设计实现 [J]. 西南师范大学学报 (自然科学版), 2013, 38(08): 130-135.

[166]周骏，徐林，李征 . 元模型驱动的企业建模 [J]. 计算机工程与应用 , 2005, 41(27): 215-217.

[167]张献 . 基于 AOP 的软件运行时验证关键技术研究 [D]. 长沙：国防科学技术大学 , 2014.

[168]赵杰，牛保宁 . 基于缓冲池描述的 DBMS 分层排队网络模型 [J]. 计算机工程与设计 , 2013, 34(11): 3971-3976.

[169]戈尔法等 . 数据仓库设计：现代原理与方法 [M]. 北京：清华大学出版社 , 2010.

[170]李建华，郝建平，王松山，等 . 基于 JACK 的虚拟人行走建模与实现 [J]. 计算机仿真 , 2009, 26(09): 207-210.

[171]张大可 . 基于 Jack 的 VDT 作业肌肉疲劳研究 [J]. 科技风 , 2010(05): 255-256.

[172]Vassiliou M S, Sundareswaran V, Chen S, et al. Integrated multimodal human-computer interface and augmented reality for interactive display applications[C]. Rockwell Science Ctr. (United States), 2000: 4022.

[173]臧爱云 . 虚拟手术系统中的接触交互技术研究 [D]. 北京：中国科学院自动化研究所 , 2004.

[174]罗刚 . 基于数据手套的虚拟手实时交互平台的研究与设计 [D]. 杭州：浙江大学 , 2006.

[175]Satava R M. Robotics, telepresence and virtual reality: A critical analysis of the future of surgery[J]. Minimally Invasive Therapy, 1992, 1(6): 357-363.

[176]Satava R M. Surgical education and surgical simulation[J]. World Journal of Surgery, 2001, 25(11): 1484-1489.

[177]Birch L, Jones N, Doyle P M, et al. Obstetric skills drills: Evaluation of teaching methods[J]. Nurse Education Today, 2007, 27(8): 915-922.

[178]石教英 . 虚拟现实基础及实用算法 [M]. 北京：科学出版社 , 2002.

[179]Marklin R W, Cherney K. Working postures of dentists and dental hygienists[J]. Journal of the California Dental Association, 2005, 33(2): 133-136.

[180]赵川，余隋怀，初建杰，等 . 基于模糊逻辑的快速上肢评估方法 (RULA) 改进 [J]. 哈尔滨工业大学学报 , 2018, 50(07): 87-93.

[181]McAtamney L, Nigel C E. RULA: a survey method for the investigation of work-related upper limb disorders[J]. Applied Ergonomics, 1993, 24(2): 91-99.

[182]Karhu O, Härkönen R, Sorvali P, Vepsäläinen P. Observing working postures in industry: Examples of OWAS application[J]. Applied Ergonomics, 1981, 12(1): 13-17.

[183]Hignett S, Mcatamney L. Rapid entire body assessment (REBA) [J]. Applied Ergonomics, 2000, 31(2): 201-205.

[184]Dohyung K, Waldemar K. LUBA: an assessment technique for postural loading on the upper body based on joint motion discomfort and maximum holding time[J]. Applied Ergonomics,

2001, 32(4): 357-366.

[185]Waters T R, Putz-Anderson V, Garg A, et al. Revised NIOSH equation for the design and evaluation of manual lifting tasks[J]. Ergonomics, 1993, 36(7): 749-776.

[186]李成轩，郭嘉楠 . 猎豹出击 从 VN1 看我国新型 8 × 8 轮式装甲车的发展 [J]. 现代兵器 , 2008(06): 12-19.

[187]Marcelo M S, Karen J, Lizandra da S, et al. Comfort model for automobile seat[J]. Work, 2012, 41(Supplement 1): 295-302.

[188]Taboun S. Ergonomics modelling and evaluation of automobile seat comfort[J]. Ergonomics, 2004, 47(8): 841-863.

[189]刘明周，张淼，扈静，等 . 基于操纵力感知场的人机系统操纵舒适性度量方法研究 [J]. 机械工程学报 , 2016, 52(12): 192-198.

[190]兰爽 . 基于 Jack 虚拟仿真技术的人因工效分析 [J]. 工业工程 , 2017, 20(6): 96-100.

[191]龙圣杰，胡虹 . 汽车座椅造型设计分析 [J]. 包装工程 , 2013, 34(8): 124-126.